内蒙古锈菌志

刘铁志　著

国　家　自　然　科　学　基　金
内蒙古自治区自然科学基金　资助
赤峰学院学术专著出版基金

科学出版社
北　京

内 容 简 介

锈菌是一类常见的植物病原菌，本书介绍了锈菌的基本特征和分类系统，记载了内蒙古自治区的锈菌 10 科 22 属 257 种和变种，提供了科、属、种分类检索表，每个分类群均有详细的形态描述和附图，并列出了学名、汉名、主要异名、寄主、采集地点和标本号。寄主植物达 52 科 193 属 520 余种和变种。

本书可供从事真菌学、微生物学、植物学、植物保护学和生物多样性研究的科技工作者以及大专院校生物学、植物保护学、保护生物学等相关专业的师生参考，同时也可作为农林生产单位植物锈病诊断和鉴定的工具书。

图书在版编目(CIP)数据

内蒙古锈菌志/刘铁志著. —北京：科学出版社，2020.3

ISBN 978-7-03-064536-4

Ⅰ. ①内…　Ⅱ. ①刘…　Ⅲ. ①锈菌目-真菌门-植物志-内蒙古
Ⅳ. ①Q949.329

中国版本图书馆 CIP 数据核字(2020)第 033961 号

责任编辑：李秀伟　郝晨扬/责任校对：郑金红
责任印制：吴兆东/封面设计：刘新新

科学出版社 出版
北京东黄城根北街 16 号
邮政编码：100717
http://www.sciencep.com
北京虎彩文化传播有限公司 印刷
科学出版社发行　各地新华书店经销
*
2020 年 3 月第　一　版　开本：787×1092　1/16
2020 年 3 月第一次印刷　印张：26 5/8
字数：631 000

定价：268.00 元
(如有印装质量问题，我社负责调换)

THE RUST FUNGI OF INNER MONGOLIA

by

Liu Tie-Zhi

Science Press

Beijing

ABSTRACT

Species of rust fungi are all obligate parasites of vascular plants. This book is a comprehensive descriptive account of rust fungi hitherto recorded from Inner Mongolia of China. A total of 257 taxa in 22 genera of 10 families parasitic on more than 520 host plant species in 193 genera of 52 families are included. Accepted scientific names, important synonyms or synonyms which previously appeared in Chinese literature, host plants, and citation of collections with annotation of local distribution and herbarium accession number are given for each species. There are keys to genera and species. All species are described and illustrated by line drawings. The collections cited are deposited in the Mycological Herbarium of Chifeng University (CFSZ), Chifeng, Inner Mongolia, Herbarium Mycologicum Academiae Sinicae (HMAS), Beijing, and Mycological Herbarium of Inner Mongolia Agricultural University (HNMAP), Hohhot.

This is a reference book for mycologists and plant pathologists and for researchers and technicians who are involved with plant protection, forest protection and plant quarantine.

作 者 简 介

刘铁志，男，1965年2月出生，内蒙古赤峰市喀喇沁旗人，蒙古族，毕业于内蒙古大学生命科学学院，理学博士，赤峰学院生命科学学院菌物研究所所长，三级教授。中国菌物学会永久会员，菌物多样性及系统学专业委员会副主任；内蒙古生态学会第六届理事会理事。长期从事菌物和植物系统分类学的教学及研究工作。主持国家自然科学基金项目2项，省部级科研项目4项。在国内外发表学术论文100余篇。报道真菌新分类群21个、新组合6个、中国新记录种40多个。出版专著主要有《内蒙古白粉菌志》《内蒙古赛罕乌拉大型菌物图鉴》《赤峰维管植物检索表》《内蒙古维管植物图鉴》（二卷册）等。曾获内蒙古自治区高等教育教学成果奖一等奖、内蒙古自治区青年科技奖、内蒙古自治区高等学校教学名师奖、内蒙古自治区自然科学奖三等奖、赤峰市五一劳动奖章；并获内蒙古最美科技工作者和赤峰市优秀科技工作者荣誉称号。

序

内蒙古自治区地域辽阔，地处蒙古高原，地形地貌多样。从植物区系地理分异看，大兴安岭地区属于泛北极植物区欧亚森林植物亚区，草原地区属于欧亚草原植物亚区，西部荒漠区则是亚洲荒漠植物亚区的一部分。锈菌是植物的专性寄生菌，其多样性和分布与植物多样性和分布密切相关。内蒙古自治区特殊的气候、地形、植被组合使其锈菌区系组成有别于我国其他省区，然而该方面还没有系统研究，资料甚少，仅内蒙古农业大学尚衍重教授和侯振世教授作过零散报道，我本人也仅在大兴安岭和锡林郭勒草原个别地区作过短期考察，因此在我主编的《中国真菌志 锈菌目》各卷中所引证的内蒙古自治区的标本数量甚少。

《内蒙古锈菌志》记载了内蒙古自治区已知锈菌 10 科 22 属 250 余种及其寄主植物 52 科 193 属 520 余种，每种锈菌均有详细的形态特征描述、标本引证及附图。这是一部系统记载内蒙古锈菌种类、寄主植物和地理分布的科学专著，对于摸清内蒙古菌物多样性和资源家底有重要的参考价值，也是对《中国真菌志 锈菌目》各卷的重要补充，是一部值得推荐的优秀专著。

作者刘铁志教授原先从事植物分类研究，他利用熟悉内蒙古地区植物的有利条件转向研究菌物分类学，专业基础非常扎实，在缺少科研经费和助手的艰难条件下，凭着顽强毅力和吃苦耐劳的精神坚持进行野外标本采集，足迹遍及内蒙古全区，历时 20 余年，日积月累，采集获得锈菌标本近 4000 份。标本制作精美，记录翔实，他亲自镜检、描述和绘图，对鉴定有疑的标本特地寄给我复检，认真与我讨论，还将一些标本分出副份，保藏在中国科学院菌物标本馆（HMAS），以便日后得到其他专家的复查订正，作风之严谨令人钦佩。

当前学界浮躁成风，许多精英唯英文 SCI 论文马首是瞻，对于用本国母语发表的论著不屑一顾，以致一些需要长期调查研究和资料积累且不易发表“高精尖”SCI 论文的领域长期被冷落，菌物分类学就是被冷落的学科之一，后继乏人。幸运的是，这门被冷落的学科还有一些几乎无人知晓的中青年有志者艰苦守护着，刘铁志教授就是其中的优秀传承者，作为老人我为学科得以延续发展感到欣慰，在该书即将付梓之际，愿为他审阅书稿并作序。

庄剑云

中国科学院微生物研究所真菌学国家重点实验室 研究员

《中国真菌志 锈菌目》主编

《菌物学报》原主编

2019 年 2 月 19 日

前　言

继拙作《内蒙古白粉菌志》于2010年出版问世后，其姊妹篇《内蒙古锈菌志》终将付梓了。锈菌和白粉菌一样，都是重要的植物病原真菌，寄生在多种植物上，使植物罹病。我毕业于内蒙古大学生物系植物专业，1988年被分配到赤峰学院（原名昭乌达蒙古族师范专科学校）后从事植物学相关学科的教学。我一直对植物病原真菌情有独钟，为它们著书立传缘起于1993年。是年我校承担了一项由国家教委立项的师范教育改革项目“北方农作物病害防治技术的教学”，并准备开设“植物保护通论”课程，让我主讲植物病理学部分。为完成此项目，单位领导指派我去沈阳农业大学植物保护系进修植物病理学及相关课程。于是，当年9月我便踏上了开往沈阳的列车，开启我植物病理学求学之路。在沈阳农业大学的一年里，的确是时间紧、任务重，为了较系统地学习“普通植物病理学”“农业植物病理学”“化学保护”“植病研究方法”“真菌分类”等课程，我不得不跟三个年级的本科生和一个年级的研究生一起上课。就是这一年的学习，让我对真菌有了较深入的认识和了解：原来小时候经常采摘的高粱乌米、黍子乌米竟是黑粉菌导致的黑穗病；田野路边的植物上常见撒上一层白色“面粉”竟是白粉菌导致的白粉病；秋季向日葵和菜豆叶片上红褐色粉斑竟是锈菌导致的锈病。就是这次偶然的进修让我对植物专性寄生菌产生了浓厚的兴趣，随后的发展也改变了我一生的兴趣和爱好。

1994年6月，我以优异的结业成绩完成了进修学习并返回赤峰学院。为了能够马上开出植物病理学实验课，我便利用周末和暑假深入田间地头、温室大棚，采集各种植物病原菌和农作物病害标本。在不断采集和积累中，我发现赤峰地区白粉菌、锈菌和黑粉菌非常多，尤其前两类，罹病植物随处可见。赤峰到底有多少种白粉菌、黑粉菌和锈菌？内蒙古有多少种？于是我萌生了开展植物专性寄生菌物种多样性研究的念头。从此我便利用一切可以利用的时间和机会，收集赤峰地区的植物病原菌标本。因为没有项目资助，野外采集差旅费、购置采集工具和粘标本袋的牛皮纸、图书资料购买和复印等所有费用都出自微薄的工资。但是经过几年努力，我们的白粉菌分类研究成果发表在国家一级学报上，上述教改项目也得以按时结题，并于2000年荣获内蒙古自治区高等教育教学成果一等奖。2004 年我考取内蒙古大学生命科学学院博士研究生，开始“回炉深造”。为了完成博士论文《内蒙古白粉菌分类及区系研究》，在导师、同学、亲友和学生的帮助下，我在三年内完成了内蒙古自治区各个盟、市重点地区的植物病原菌标本采集，使研究范围从赤峰扩大到全区。2008年终于结束了自费科研的历史，先后得到内蒙古自治区自然科学基金项目和国家自然科学基金项目的资助，使内蒙古白粉菌、黑粉菌和锈菌物种多样性研究得以深入。

自1994年赤峰学院菌物标本室建立并收藏第一号标本CFSZ 1（采自赤峰市红山区的菜豆锈病标本），至2019年已25年。其间采集地点、菌物种类和标本数量不断增加。特别是2010年以后，为出版《内蒙古锈菌志》积累素材，我们又把内蒙古从东到西走了一遍。迄今，采集地遍布全区12个盟、市的78个旗、县、区，收集锈菌标本3900余号，采用经典分类方法，共鉴定出10科22属257种和变种。其中，发表新种和新变种7个，中国新记录种和变种8个，内蒙古新记录属5个，新记录种104个。本志提供了内蒙古锈菌科、属、种分类检索表；对每个分类群都列出了汉名、学名和主要异名，依据我们测得的数据做了详细的形态描述，并绘制了线条图；标本引证列出了寄主汉名和学名、采集地点和标本号；种下还附有必要的讨论。寄主植物达52科193属520余种和变种。

在本书出版之际，感谢国家自然科学基金项目（31160012、31760004）、内蒙古自治区自然科学基金项目（20080404Zd11、2016MS0327）和赤峰学院学术专著出版基金对本项研究的资助。

在锈菌鉴定和分类工作中，得到中国科学院微生物研究所庄剑云研究员、内蒙古农业大学尚衍重教授的悉心指导和热情帮助；在文献检索和收集过程中，中国科学院微生物研究所庄剑云研究员、郭林研究员、赵鹏博士，沈阳农业大学刘志恒教授，北京市农林科学院刘伟成研究员，大连民族大学吕国忠教授，中国农业大学赵文生教授，中国科学院沈阳应用生态研究所常禹研究员，青岛农业大学梁晨教授，北京林业大学田呈明教授、梁英梅教授、游崇娟博士、杨婷博士，德国马丁·路德大学U. Braun教授，日本高知大学康峪梅教授，阿尔法拉比哈萨克国立大学乔晓慧博士等以不同的方式提供了许多相关资料；在标本采集中，内蒙古农业大学尚衍重教授、侯振世教授，内蒙古赛罕乌拉国家级自然保护区管理局李桂林局长、巴特尔副局长，内蒙古黑里河国家级自然保护区管理局于昌志主任、牛林龙副主任，乌兰察布市凉城县文化和旅游局王利生局长，内蒙古扎兰屯林业学校李月胜老师，锡林郭勒盟苏尼特左旗科技局退休干部王长荣先生，赤峰学院徐振军教授、朱月教授、郭成教授、段永平教授、田慧敏副教授、杨晓坡副教授及赤峰市林业局副局长张书理博士也提供了诸多帮助和支持；在本书撰写过程中，内蒙古大学白学良教授、王迎春教授及张若芳教授给予了极大支持和鼓励，谨向各位专家和学者致以衷心的感谢！

庄剑云研究员、郭林研究员和尚衍重教授不仅惠赠了大量相关文献，还在通信中多次为我答疑解惑，鉴定疑难标本，我尤其有幸能与他们一同采集标本、面对面交流与讨论，得以对锈菌有了进一步的认识和理解。最后承蒙庄剑云研究员审阅书稿并作序，谨向他们表示最诚挚的感谢！

在历次标本采集中，提供诸多帮助的同学、亲友和学生有：张学民、宝芙蕖、徐振军、白金彩、彭桂贤、李少华、杨俊平、刘一惟、陶都、白永利、孙立杰、赵家明、孟志涛、杜强根、恩格乐、晓征、吴俊军、宋丽霞、王宏、秦晓春、李庆辉、李亚军、白广军、魏永贵、徐杰、田桂泉、赵东平、张学明、张立全、荆慧敏、刘铁强、刘铁华、刘枭、温泉、吴峻岭、牛业祥、李云华、杨天祥、廖彤、胡文涛、张国军、王越财、魏艳华、丁海英、刘文莲、李向前、高玉军、陈焕才、李鸿霞、李春祥、张红英、于志远、秦桂珍、刘兴江、马玉华、邓玉山、于国林、高祥文、侯德新、李良、周秘、耿银云、李笑宇、马明、吕海燕、敖杰、刘连喜、肖春媛、康惠、孙瑶、王建伟、曹海义、范春阳、张彦军、郑淑芹、任军、张权力、张杰、孙超、蒋蒙田、陈明、王维礼、张建、庞军峰、徐伟良、刘小荣、郑果珍、李亚娜、王玮、贾振华、苏德南、华伟乐、王位、乔龙厅、卜范博、杨海波、周焱林、孟海龙、赵建宁、夏奎、田旭春、高信、胡玉亭、宋泽林、薛显国等，谨对他们深表谢意！

还要感谢夫人关宇清和犬子刘楠，多次驾车同我外出采集标本，披星戴月、风雨兼程，没有他们的鼎力支持和帮助，该项工作是不可能顺利完成的！

内蒙古地域辽阔，还有广大地区未能调查，标本采集难免遗漏，有待今后补充和完善。限于作者水平，书中不足之处在所难免，敬请同行批评指正。

刘铁志
2019 年 1 月 16 日于赤峰学院

目　录

绪　　论

柄锈菌目 Pucciniales（锈菌目 Uredinales）的成员统称为锈菌（rust fungi）。在自然界中它们专性寄生在维管植物上，广布全球。由于许多种类在寄主植物表面产生黄色或褐色粉状孢子堆，肉眼看上去似生锈状，因此而得菌名。

经济重要性

锈菌是重要的植物病原菌，由它们引起的病害称为锈病。锈病在世界各地均有发生（Ainsworth et al. 1973；庄剑云等 1998）。柄锈菌目有 14 科 166 属 7798 种（Kirk et al. 2008）。有些种是农作物、园林植物、牧草和其他资源植物的重要病原菌，严重发生时造成重大的经济损失，甚至使作物绝收。不少作物的锈病是世界性的，有些具有大区流行的特点，产量损失常以万吨计。粮食作物最重要的锈病是 3 种小麦锈病，即小麦条锈病（*Puccinia striiformis* Westend.）、小麦秆锈病（*P. graminis* Pers.）和小麦叶锈病（*P. recondita* Roberge ex Desm.）；此外危害严重的还有玉米锈病（*P. sorghi* Schwein.）、燕麦锈病（*P. coronata* Corda）和粟锈病（*Uromyces setariae-italicae* Yoshino）。油料作物的锈病主要有大豆锈病（*Phakopsora pachyrhizi* Syd. & P. Syd.）、花生锈病（*Puccinia arachidis* Speg.）和向日葵锈病（*Puccinia helianthi* Schwein.）。蔬菜类的锈病主要有菜豆锈病[*Uromyces appendiculatus* (Pers.) Unger]、蚕豆锈病[*U. viciae-fabae* (Pers.) J. Schröt.]、豇豆锈病（*U. vignae* Barclay）、葱类锈病[*Puccinia allii* (DC.) F. Rudolphi]和黄花菜锈病（*Puccinia hemerocallidis* Thüm.）。果树的锈病主要有苹果锈病（*Gymnosporangium yamadae* Miyabe ex G. Yamada）、梨锈病（*G. asiaticum* Miyabe ex G. Yamada）、枣锈病（*Phakopsora ziziphi-vulgaris* Dietel）、桃锈病[*Tranzschelia pruni-spinosae* (Pers.) Dietel]和板栗锈病（*Pucciniastrum castaneae* Dietel）等。森林的锈病主要有红松疱锈病（*Cronartium ribicola* J.C. Fisch.）和樟子松疱锈病[*C. flaccidum* (Alb. & Schwein.) G. Winter]等。经济作物的锈病主要有桑赤锈病（*Aecidium mori* Barclay）和咖啡锈病（*Hemileia vastatrix* Berk. & Broome）等；甜菜锈病（*Uromyces betae* Lév.）是我国重要的检疫对象（庄剑云等 1998）。

由于锈菌的专性寄生性和狭窄而特定的寄主范围，可以利用它们防治某些外来杂草。例如，澳大利亚用 *Puccinia chondrillina* Bubák & Syd.防治从美国传入的粉苞菊 *Chondrilla juncea*，用 *Maravalia cryptostegiae* (Cummins) Y. Ono 防治从马达加斯加传入的桉叶藤 *Cryptostegia grandiflora*；智利用 *Phragmidium violaceum* (Schultz) G. Winter 防治从欧洲传入的悬钩子 *Rubus* spp.；南非用 *Uromycladium tepperianum* (Sacc.) McAlpine 防治从澳大利亚传入的金环相思树 *Acacia saligna*；美国用 *Uredo eichhorniae* Gonz. Frag. & Cif.防治从阿根廷传入的凤眼蓝属 *Eichhornia* sp.等（Cummins and Hiratsuka 2003）。

症　状

锈菌侵染植物的叶、茎和果实等器官，产生各种症状。转主寄生的种类在互转的两种寄主上的症状常显著不同。常见症状有以下几种。

（1）发育不良：受害植株生长不良，结实少，籽粒小，产量降低，如禾本科植物上的多种锈病。

（2）褪绿或黄化：锈菌侵染引起的变色或褪色反应，常发生在孢子堆或孢子堆群周围。有时叶片已大面积褪绿而孢子堆周围仍保持绿色，形成所谓“绿岛现象”。

（3）落叶：侵染严重时造成植物提前落叶，如菜豆锈病等。

（4）坏死：锈菌侵染造成寄主细胞、器官或整株死亡。由锈菌寄生引起寄主植物的坏死现象较为少见，往往在患部大面积扩展从而足以切断植株局部或整体的水分和营养运输时才发生，如苹果锈病和梨锈病在发病后期引起患部坏死。

（5）斑点：锈菌在免疫、抗病或不适宜的植物上侵染受阻而在寄主上留下的斑点，病菌最终因缺乏营养而死亡，这样的病斑既不扩展也不产生孢子堆，常见于小麦抗锈病品种植株上。

（6）肿胀：锈菌侵染时引起的寄主细胞的过度增生，多发生在春孢子器周围的表皮细胞或殃及邻近的薄壁细胞，如早开堇菜锈病（*Puccinia violae* DC.）。当发生在分生组织时，过度肿胀会造成植物器官的扭曲变形，如黄花铁线莲锈病（*P. recondita* Roberge ex Desm.）。

（7）瘿或瘤：锈病患部组织肿胀，形成大小不等的病瘿或瘤，持续时间可达一年至多年，如梭梭锈病（*Uromyces sydowii* Z.K. Liu & L. Guo）。

（8）丛枝或帚状枝：锈菌入侵芽或嫩枝的分生组织，引起枝叶丛生呈“扫帚”状，如山刺玫锈病[*Phragmidium kamtschatkae* (H.W. Anderson) Arthur & Cummins]。

（9）溃疡：发生于多年生枝干皮部，患部常呈梭形肿胀，粗糙开裂，溢脂，逐渐产生黄白色或枯黄色疱囊（春孢子器），疱囊破裂散发春孢子，如红松疱锈病。

一般形态特征

菌丝体（mycelium）：锈菌菌丝（hypha）有隔膜（septum）并有分枝，初生菌丝单核，随后双核化，生长在寄主的细胞间隙，以吸器（haustorium）侵入寄主细胞从而吸收养分。吸器形状有疣状、囊状、螺旋状、分枝状、葡萄状等。锈菌的细胞质中含有核微粒、线粒体、内质网、糖原颗粒和类脂体。隔膜的结构不同于高等担子菌的桶孔隔膜（dolipore septum），而近似于子囊菌所具有的简单的中央具孔隔膜。向心生长，上下各有一层电子密集层，中间为一层电子稀薄层，从四周向中心逐渐变薄。中央有被填充物填塞的孔，上下无盖状结构。菌丝上的锁状联合极为少见。

多型现象（polymorphism）：典型的锈菌一生中可以产生 5 种不同类型的孢子，这是锈菌区别于其他真菌的一个重要特征。除担孢子（basidiospore）外，还顺序产生性孢子（spermatium）、春孢子（锈孢子）（aeciospore）、夏孢子（urediniospore）和冬孢子（teliospore）。

产生这 4 种孢子的结构分别称作性孢子器（spermogonium）、春孢子器（锈孢子器）（aecium）、夏孢子堆（uredinium）和冬孢子堆（telium）。这 4 种孢子阶段及担孢子常用 0、Ⅰ、Ⅱ、Ⅲ、Ⅳ表示。

性孢子器和性孢子（0）：性孢子器是由担孢子萌发形成的单核菌丝体侵染寄主形成的一种有孔口、近球形的结构。性孢子器内有许多平行排列的孢子梗，从它们顶端相继产生球形或卵形的性孢子。性孢子为单细胞，壁薄，表面光滑，内有大细胞核，单倍体，无直接侵染寄主的能力，起着配子的作用。突出在性孢子器口外的菌丝称为周丝或缘丝（periphysis），起着受精丝的作用。性孢子器在形成过程中常分泌蜜类物质，将性孢子裹在一起，分泌物产生特殊气味从而吸引昆虫，昆虫则成为传播性孢子的媒介。

根据界限结构（bounding structure）（缘丝或包被）的有无、子实层形状、在寄主组织中的着生位置及开展方式将性孢子器分为 6 组 12 种类型。性孢子器类型是锈菌科、属分类的重要依据之一（Cummins and Hiratsuka 2003）（图Ⅰ）。

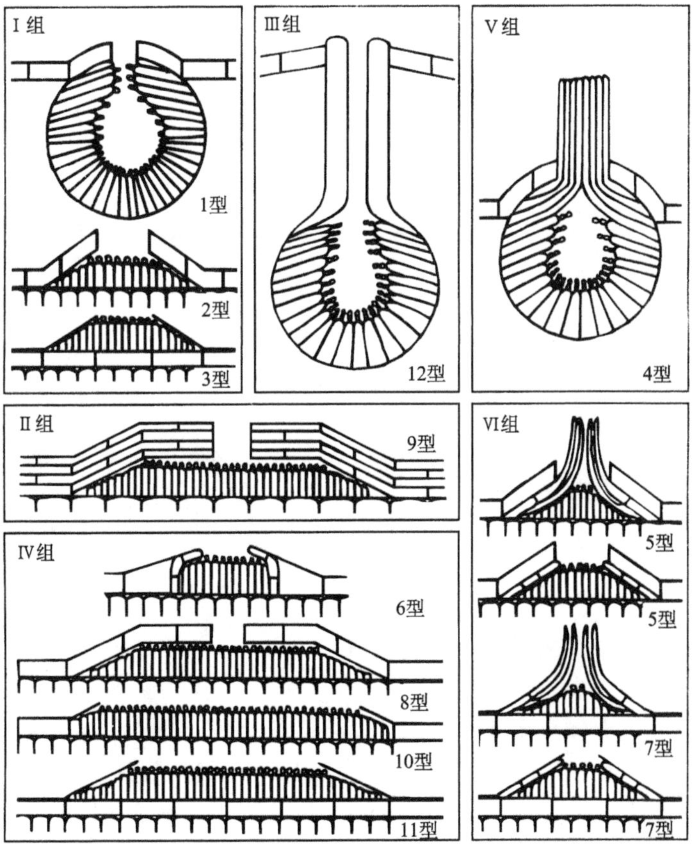

图Ⅰ　性孢子器的形态组和类型示意图（Cummins and Hiratsuka 2003）

1 型：生于表皮下，子实层深凹埋入叶肉，通常近球形或扁球形，缺界限结构。

2 型：生于表皮下，界限明确，子实层平展，无界限结构。

3 型：生于角质层下，界限明确，子实层平展，无界限机构。

4 型：生于表皮下，界限明确，子实层深凹，界限结构为缘丝。

5 型：生于表皮下，界限明确，子实层平展，界限结构为缘丝或包被。

6 型：生于表皮下，界限明确，子实层平展，界限结构为包被。

7 型：生于角质层下，界限明确，子实层平展，界限结构为缘丝或包被。

8 型：生于表皮下，无限扩展，子实层平展，在表皮和叶肉之间展开使两种组织分开。

9 型：生于皮层内或周皮和皮层之间，无限扩展，子实层平展，此型仅见于柱锈菌属 *Cronartium*。

10 型：生于表皮中，无限扩展，子实层平展。

11 型：生于角质层下，无限扩展，子实层平展。

12 型：子实层深埋于组织内，无限生长，有明显的喙。

春孢子器（锈孢子器）和春孢子（锈孢子）（Ⅰ）：春孢子器和春孢子是由性孢子器中的性孢子与受精丝交配后形成的双核菌丝体产生的，因此春孢子器和春孢子一般伴随性孢子器和性孢子产生。春孢子双核，单细胞，在春孢子器内产生。春孢子器可分为 6 种类型（图 Ⅱ）。

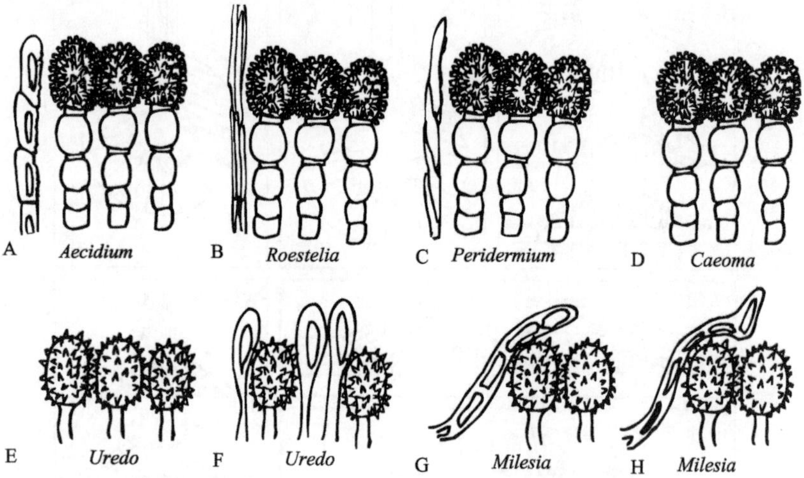

图Ⅱ　各种类型春孢子器示意图（Cummins and Hiratsuka 2003）

（1）杯型春孢子器（aecidioid aecium）：有包被，开口呈杯状，包被由一层细胞组成，不完全锈菌类（Uredinales imperfecti）中的代表属为春孢锈菌属 *Aecidium*（图Ⅱ-A）。

（2）毛型春孢子器（roestelioid aecium）：也称角状春孢子器，常呈角状、管状、橡子状或毛状，包被由一层细胞组成，侧面开裂成许多长缝，不完全锈菌类中的代表属为角春孢锈菌属 *Roestelia*（图Ⅱ-B）。

（3）有被春孢子器（peridermioid aecium）：叶生的常呈舌状或圆筒状，枝干生的常呈疱状或扁平，导致寄主组织肥大，树干上有时形成大的菌瘿，包被由一层或多层细胞组成，开裂不规则，生于针叶树，不完全锈菌类中的代表属为被孢锈菌属 *Peridermium*（图Ⅱ-C）。

（4）裸春孢子器（caeomoid aecium）：无包被结构的春孢子器，有的属如多胞锈菌属 *Phragmidium* 和拟多胞锈菌属 *Xenodochus* 等有周生侧丝（paraphysis）；栅锈菌属 *Melampsora* 在球果植物上的春孢子器有时尚可见到发育不全的包被细胞。在不完全锈菌类中的代表属为裸孢锈菌属 *Caeoma*（图Ⅱ-D）。

（5）夏型春孢子器（uredinoid aecium）：无包被结构的夏孢子堆式的春孢子器，孢子单生，有柄，有刺，与正常夏孢子一样，但在生活史中却占着春孢子器的地位，亦称为初生夏孢子堆（primary uredinium）或春型夏孢子堆（aecial uredinium），在不完全锈菌类中的代表属为夏孢锈菌属 *Uredo*（图Ⅱ-E，F）。

（6）有被夏型春孢子器（*Milesia*-type aecium）：是有圆拱形的多细胞包被、口缘细胞分化明显的夏孢子堆式的春孢子器，孢子单生，有柄，有刺，在不完全锈菌类中的代表属为有被夏孢锈菌属 *Milesia*，为直秀锈菌属 *Naohidemyces* 所特有（图Ⅱ-G，H）。

除了夏型春孢子器和有被夏型春孢子器的春孢子单生、有柄外，其他类型的春孢子器的春孢子都是串珠似地形成孢子链，一般为亚球形、椭圆形或卵形，有疣，新鲜时内含物橙黄色，孢子壁无色或有色，彼此挤在一起的春孢子常呈多角形。

夏孢子堆和夏孢子（Ⅱ）：是在春孢子萌发形成双核菌丝体上产生的孢子堆和孢子类型。一些低等类型如膨痂锈菌科 Pucciniastraceae 的夏孢子堆有包被，其中某些属如长栅锈菌属 *Melampsoridium* 还有由特化的细胞所组成的孔口。大多数锈菌的夏孢子堆没有包被，但有一些种类的夏孢子堆有周生侧丝，如赭痂锈菌属 *Ochropsora*、多胞锈菌属 *Phragmidium* 等。单胞锈菌属 *Uromyces*、柄锈菌属 *Puccinia* 和栅锈菌属 *Melampsora* 等属的一些种的夏孢子堆中也有侧丝掺杂在内。

夏孢子在功能上类似于分生孢子，是一种连续产生的孢子，有利于锈菌传播蔓延。一般不休眠，萌发时菌丝通过气孔入侵寄主。夏孢子单细胞，单生于孢子梗顶端，孢子壁有色或无色，大多数有刺或疣。孢子形状、大小、孢子壁的厚度、颜色、表面纹饰（图Ⅲ）以及芽孔的数目和位置（图Ⅳ）都是鉴定锈菌的重要依据。有些锈菌尚可产生厚壁并有较深色泽的休眠夏孢子（amphispore），以渡过不良环境。鞘锈菌属 *Coleosporium* 和金锈菌属 *Chrysomyxa* 的夏孢子成串形成，外观酷似春孢子，有人称之为夏型春孢子器（uredinial aecium）。

冬孢子堆和冬孢子（Ⅲ）：冬孢子是锈菌的有性孢子，它可以从春孢子、夏孢子或担孢子萌发所产生的菌丝体上形成，是厚壁双核孢子，一般在生长后期形成。冬孢子聚集在一起成为冬孢子堆，它一般在寄主的角质层或表皮下生成，最后暴露在外面呈粉状、垫状、壳状或柱状，有些永久埋生于寄主表皮下、表皮细胞内或寄主组织内。冬孢子大多是单细胞、双细胞或多细胞，单生或簇生于孢子柄上；也可以是缺孢子柄单层或多层连接或聚集在一起，如鞘锈菌属、栅锈菌属、层锈菌属 *Phakopsora* 等；也有结成圆柱状、丝状或毛状的冬孢子堆，如戟孢锈菌属 *Hamaspora*、柱锈菌属 *Cronartium*、被链双孢锈菌属 *Pucciniosira* 等。有些属的冬孢子呈串珠状，如金锈菌属。还有一些属的冬孢子柄能全部或部分胶化，如胶锈菌属 *Gymnosporangium*。

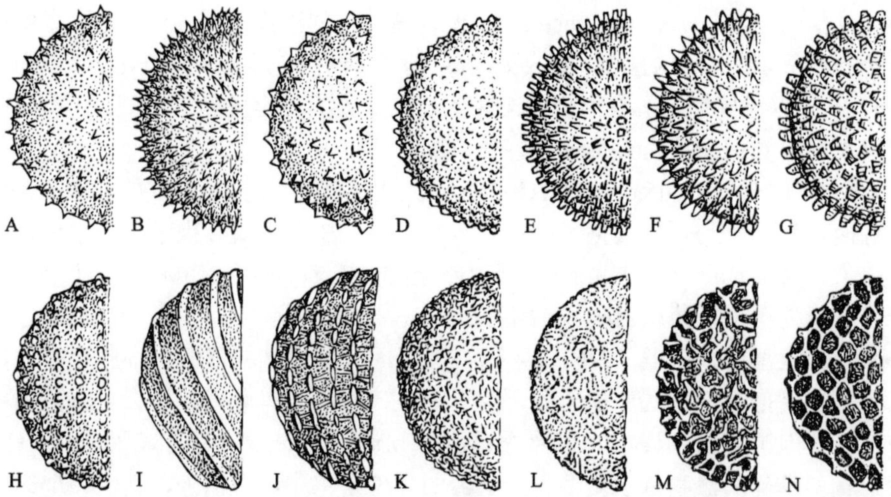

图III　孢子表面纹饰（Cummins and Hiratsuka 2003）

A～C. 刺，刺间距有大有小；D～G. 疣；H. 条纹状排列的疣；I. 脊，可呈直线状、螺纹状、放射状、波状或鸡冠状；J. 间断的脊；K.皱纹，皱纹无规律；L. 迷宫状或脑回状；M. 拟网状，不规则且不完整；N. 网状，规则的网，有脊和凹坑

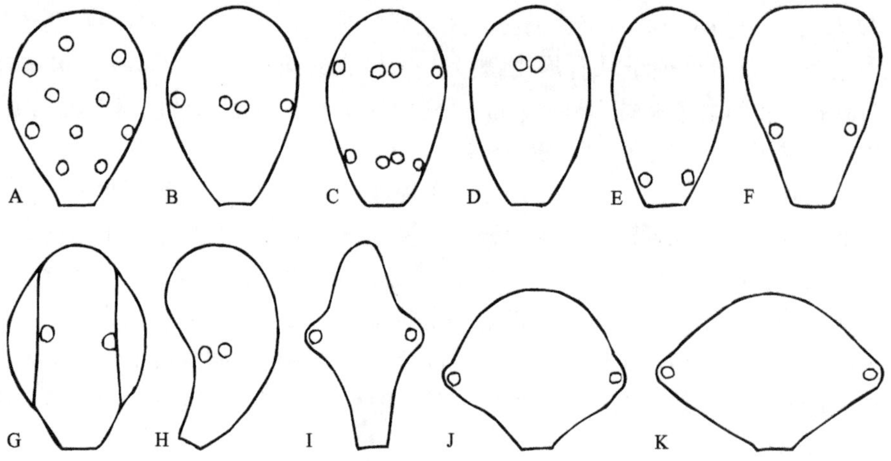

图Ⅳ　芽孔在孢子上的排列方式（Cummins and Hiratsuka 2003）

A. 散生；B. 赤道生；C. 双带状排列；D. 赤道上方生，单带状排列；E. 基生，单带状排列；F. 近赤道生；G. 赤道生，有孔帽；H. 赤道生，单带状排列；I. 生在赤道外伸的角上；J. 赤道生，孢子扁球形或盔状；K. 赤道生，孢子横向椭圆形

冬孢子是锈菌双核进行核配的场所，一般需要经过一个或长或短的休眠期后才萌发，但也有些种类的冬孢子成熟后就立即萌发。有些原来产生双胞冬孢子的锈菌有时也产生单细胞的冬孢子。这种单细胞冬孢子称为变态冬孢子或一室冬孢子（mesospore）。柄锈菌属的冬孢子绝大多数是双胞，变态冬孢子偶见或少见。冬孢子的形状、细胞数、壁的厚度、纹饰、颜色以及芽孔数目和位置等性状也都是鉴定锈菌的重要依据。

担子和担孢子（Ⅳ）：冬孢子萌发产生担子，有时也称为先菌丝（promycelium），担子通常分成 4 个细胞，每个细胞有 1 个单倍体的细胞核，并产生 1 个小梗（sterigma），担孢子生在小梗顶端。冬孢子是核配场所，因此可称为原担子（probasidium），而担子是减数分裂的场所，可称为异担子或变态担子（metabasidium）。担子一般有外生担子（external basidium）、内生担子（internal basidium）和半内生担子（semi-internal basidium）3 种类型。大多数种类的锈菌产生外生担子，即担子在冬孢子外面形成和成熟。有些属的锈菌如鞘锈菌属、赭痂锈菌属等由冬孢子本身的原生质体分隔成 4 个细胞，每个细胞萌发并在冬孢子外产生担孢子，这样冬孢子不再产生担子，称为内生担子。还有个别属如囊孢锈菌属 *Blastospora* 等，它们的冬孢子成为担子的一部分，担子的另一部分由孢子顶端延伸而形成，而基孔单胞锈菌属 *Zaghouania* 的担子一部分留在孢子内，另一部分伸出孢子外，这两种情况的担子称为半内生担子。基孔单胞锈菌属还有一个特别之处，冬孢子直接生在担子上，缺冬孢子梗，不能弹射。内柱锈菌属 *Endocronartium* 的种则直接在担子上产生侵染性菌丝而产生担孢子。

锈菌的担孢子是经过减数分裂后形成的单细胞、单核、单倍体孢子，一般呈圆形、卵形、卵圆形或肾形，壁薄，光滑。担孢子立即萌发生出芽管，侵入寄主的角质层和表皮细胞，有时亦可通过气孔侵入寄主。

生 活 史

一些锈菌的春孢子萌发后所侵染的寄主植物与原来产生春孢子器和春孢子的寄主植物相同，称为单主寄生（autoecious）锈菌，它们的性孢子器、春孢子器、夏孢子堆和冬孢子堆全在同一寄主上形成。另外一些锈菌的春孢子萌发后所侵染的寄主植物与原来产生春孢子器的寄主植物不同种，而且在亲缘关系上不相近。这些需要两种完全不同的寄主来完成生活史的锈菌称为转主寄生（heteroecious）锈菌。例如，禾柄锈菌 *Puccinia graminis* Pers.在小檗属 *Berberis* 或十大功劳属 *Mahonia* 上产生性孢子器和春孢子器，春孢子萌发后不再侵染小檗或十大功劳，只能侵染小麦或其他禾本科植物，在其上产生夏孢子堆和冬孢子堆。生活史中可循序产生性孢子、春孢子、夏孢子、冬孢子和担孢子 5 种孢子类型的锈菌，称为全孢型（eu-form）锈菌或长循环型（macrocyclic）锈菌。锈菌的生活史并非都是全孢型，其中可能缺少一种或一种以上类型的孢子。根据锈菌所产生的孢子类型可将它们的生活史划分为以下几类[（0）表示性孢子器有或无]（Cummins and Hiratsuka 2003）。

（1）转主长循环型（heteromacrocyclic）：（0）+ Ⅰ + Ⅱ +Ⅲ+Ⅳ，转主寄生，如紫菀鞘锈菌 *Coleosporium asterum* (Dietel) Syd. & P. Syd.、茶藨子生柱锈菌 *Cronartium ribicola* J.C. Fisch.等。

（2）单主长循环型（automacrocyclic）：（0）+ Ⅰ + Ⅱ +Ⅲ+Ⅳ，单主寄生，如短尖多胞锈菌 *Phragmidium mucronatum* (Pers.) Schtdl.、向日葵柄锈菌 *Puccinia helianthi* Schwein. 等。

（3）转主半循环型（heterodemicyclic）：（0）+ Ⅰ +Ⅲ+Ⅳ，转主寄生，缺夏孢子阶段，如亚洲胶锈菌 *Gymnosporangium asiaticum* Miyabe ex G. Yamada、匍匐苦荬菜柄锈菌 *Puccinia lactucae-repentis* Miyabe & T. Miyake 等。

（4）单主半循环型（autodemicyclic）：（0）+ Ⅰ +Ⅲ+Ⅳ，单主寄生，缺夏孢子阶段，如佩克裸双胞锈菌 *Gymnoconia peckiana* (Howe) Trotter 等。

（5）短循环型（microcyclic）：（0）+III+IV，缺春孢子和夏孢子阶段，如林克柄锈菌 *Puccinia linkii* Klotzsch、细纹单胞锈菌 *Uromyces striatellus* Tranzschel 等。

（6）内循环型（endocyclic）：（0）+III+IV，亦称春孢状冬孢型（endo-form）。此型形成性孢子器和类似春孢子器的冬孢子堆，冬孢子外观似春孢子，萌发不形成双核菌丝，而是形成担子，如鸡爪簕内锈菌 *Endophyllum griffithiae* (P. Henn.) Racib.、鸡矢藤内锈菌 *E. paederiae* (Dietel) F. Stevens & Mendiola 等。

以上类型的生活史并不是一成不变的。哈克尼斯内柱锈菌 *Endocronartium harknessii* (J.P. Moore) Y. Hirats.（在我国未记载）的春孢状冬孢子萌发后在担子上直接产生侵染性菌丝而不形成担孢子，春孢状冬孢子可重复侵染同一种松树。在上述各种生活史类型中，有些种可省略性孢子器阶段，我们称之为无性孢子器锈菌种（cata-species）。在极少数的种中，如咖啡驼孢锈菌 *Hemileia vastatrix* Berk. & Broome，除产生正常的冬孢子外，有时核配和减数分裂可发生在夏孢子中，这样的夏孢子实际上起着冬孢子的作用，称为夏型冬孢子（uredinoid teliospore），这种现象被称为夏孢核融合现象（Kamat-phenomenon）。凡未发现冬孢子的种都归入式样属（form genus）（如春孢锈菌属、夏孢锈菌属等），习惯上仍置于柄锈菌目的不完全锈菌类而不放入半知菌中。

一种短生活史锈菌的冬孢子有时与另一种单主或转主寄生长生活史锈菌的冬孢子形态相似。这个现象常被作为研究锈菌系统发育和预测春孢子阶段寄主的线索。例如，生在酸模属 *Rumex* 上的饰顶柄锈菌 *Puccinia ornata* Arthur & Holw.与芦苇属 *Phragmites* 上产生冬孢子而在酸模属上形成春孢子器的芦苇柄锈菌 *Puccinia phragmitis* (Schumach.) Körn.有这种现象，二者的冬孢子在形态上很相似，前者可能由后者演化而来。这种现象在锈菌中例子不少，由此引出了这样一个规律，即短循环种可模拟其亲本长循环种的习性，在后者的春孢子器寄主上形成冬孢子堆。这个规律为 Tranzschel（1904）所发现，因此称为 Tranzschel 规律。

寄　主

锈菌都生长在绿色植物的活体上，其寄主包括陆生维管植物的蕨类、裸子植物和被子植物。尽管已有少数几种锈菌可以在人工综合培养基上进行纯培养，但在自然界中未发现锈菌能营腐生生活，因此人们仍把锈菌称为专性寄生菌或绝对寄生菌（obligate parasite）。

锈菌的寄生专化性很强。不同种类寄生在不同的植物科、属或种上。如果是转主寄生菌，生活史中的两个阶段也分别寄生在一定范围的植物科、属或种上。一个形态种在不同寄主或栽培品种上可以分化出许多专化型和生理小种。

蕨类植物上的锈菌有 4 个属：分别是拟夏孢锈菌属 *Uredinopsis*、迈尔锈菌属 *Milesina*、明痂锈菌属 *Hyalopsora* 和束柄锈菌属 *Desmella*。前 3 个属的春孢子阶段则转主寄生在冷杉属 *Abies* 植物上，被认为是锈菌中最古老的类群（庄剑云等 1998）。

侵染锈菌的裸子植物多属于松科 Pinaceae 和柏科 Cupressaceae。柏科植物上的锈菌以胶锈菌属为主，寄主范围包括翠柏属 *Calocedrus*、扁柏属 *Chamaecyparis*、柏木属 *Cupressus*、刺柏属 *Juniperus* 和圆柏属 *Sabina* 等。崖柏属 *Thuja* 和罗汉柏属 *Thujopsis* 上

仅见桦囊孢锈菌 *Blastospora betulae* S. Kaneko & Hirats. f.。松科植物上的锈菌种类较多，包括膨痂锈菌科、鞘锈菌科 Coleosporiaceae、柱锈菌科 Cronartiaceae 和栅锈菌科 Melampsoraceae 的所有属。蕨类锈菌的 3 个属以及小栅锈菌属 *Melampsorella*、膨痂锈菌属 *Pucciniastrum* 和茎痂锈菌属 *Calyptospora* 仅限于冷杉属植物上；长栅锈菌属仅限于落叶松属 *Larix* 植物上；鞘锈菌属和柱锈菌属仅限于松属 *Pinus* 植物上。金锈菌属已知寄主有云杉属 *Picea*、油杉属 *Keteleeria* 和铁杉属 *Tsuga*。栅锈菌属寄主包括落叶松属、松属、冷杉属等植物。南洋杉科 Araucariaceae 上仅有小内格尔锈菌属 *Mikronegeria*（庄剑云等 1998）。

被子植物的锈菌占锈菌种类的绝大多数。所有被子植物科都已发现有锈菌寄生，并且双子叶植物上的种类远较单子叶植物上的多。种系发生上较原始的杨柳科 Salicaceae、桦木科 Betulaceae 和壳斗科 Fagaceae 上，寄生种类以较低等的长栅锈菌属、膨痂锈菌属、栅锈菌属等为多，这些植物上至今未见较高等的柄锈菌科 Pucciniaceae 的种。金锈菌属的被子植物寄主仅限于杜鹃花科 Ericaceae、鹿蹄草科 Pyrolaceae 和岩高兰科 Empetraceae。帽孢锈菌属 *Pileolaria* 仅寄生于漆树科 Anacardiaceae。多胞锈菌属、拟多胞锈菌属、戟孢锈菌属和鞘柄锈菌属 *Coleopuccinia* 的种全部寄生于蔷薇科 Rosaceae 植物上。豆科 Fabaceae（Leguminosae）植物上的锈菌种类非常丰富，包括歧柄锈菌属 *Uromycladium* 和品字锈菌属 *Hapalophragmium* 的所有种、伞锈菌属 *Ravenelia* 和球锈菌属 *Sphaerophragmium* 的绝大多数种以及单胞锈菌属的大多数种。菊科 Asteraceae（Compositae）植物上的锈菌种类最多，以柄锈菌属和鞘锈菌属为主，估计有 1000 种以上。还有一些小属如罩膜单胞锈菌属 *Corbulopsora*、金痂锈菌属 *Chrysopsora*、罩膜双胞锈菌属 *Miyagia* 等仅限于菊科植物上（庄剑云等 1998）。

单子叶植物上的锈菌大多数集中于禾本科 Poaceae（Gramineae）、莎草科 Cyperaceae 和百合科 Liliaceae 植物上，以柄锈菌属和单胞锈菌属为主。禾本科植物上的种类最多，Cummins（1971）的禾本科锈菌专著记载了 419 种，现在估计已超过 500 种（庄剑云等 1998）。

锈菌大多数种的寄主仅限于 1 个属的植物或 1 个科中相近的几个属的植物。但也有一些种的寄主范围可包括同科植物的许多属，如禾柄锈菌 *Puccinia graminis* Pers.的寄主包括禾本科的近 100 个属数百种植物；隐匿柄锈菌 *P. recondita* Roberge ex Desm.的禾本科寄主也有 40 多个属。蚤缀柄锈菌 *P. arenariae* (Schumach.) G. Winter、薄荷柄锈菌 *P. menthae* Pers.等都是著名的多寄主锈菌。有些锈菌的寄主仅限于 1 个属的植物，如薹草柄锈菌 *P. caricina* DC.是一个大的集合种，寄生于薹草属 *Carex* 的许多种植物上。堇菜柄锈菌 *P. violae* DC.也仅限于堇菜属 *Viola* 植物，但可寄生的堇菜种类很多（庄剑云等 1998）。

有些锈菌的春孢子阶段的寄主范围可以很广，如北非芦苇柄锈菌 *P. isiacae* (Thüm.) G. Winter 的春孢子阶段可寄生在木犀科 Oleaceae、十字花科 Brassicaceae（Cruciferae）等 20 余科植物上。狗牙根柄锈菌 *Puccinia cynodontis* Lacroix ex Desm.的春孢子阶段寄主包括大戟科 Euphorbiaceae、车前科 Plantaginaceae、毛茛科 Ranunculaceae、虎耳草科 Saxifragaceae、玄参科 Scrophulariaceae、败酱科 Valerianaceae、堇菜科 Violaceae 等许多植物（庄剑云等 1998）。

分　类

锈菌已有 200 多年的研究历史。最早对锈菌进行较系统研究的是 Persoon，他的专著 *Synopsis Methodica Fungorum*（1801）在 1981 年以前的《国际植物命名法规》中一直被作为锈菌命名起点著作。1981 年生效的《国际植物命名法规》虽然把真菌的命名起点改为 1753 年 5 月 1 日（起点著作为 Linnaeus，*Species Plantarum* ed. 1），但 Persoon 著作中的名称仍被给予特殊的保护地位。

Sydow 和 Sydow（1904，1910，1915，1924）在他们的世界性专著 *Monographia Uredinearum* 中，根据冬孢子柄的有无和担子类型建立了 4 个科：Pucciniaceae、Melampsoraceae、Zaghouaniaceae 和 Coleosporiaceae。在科下设有亚科，所有未见冬孢子的种归入不完全锈菌类 Uredineae Imperfectae。

一些作者把锈菌分为栅锈菌科和柄锈菌科两个科，这些作者包括 Dietel（1928）、Cunningham（1931）、Arthur（1934）、Hiratsuka（1955）和 Azbukina（1974）。Gäumann（1949，1959）承认了这两个科及膨痂锈菌科、柱锈菌科、金锈菌科 Chrysomyxaceae 和鞘锈菌科。Wilson 和 Henderson（1966）只设立了鞘锈菌科、栅锈菌科及柄锈菌科 3 个科。科下可再分为亚科或族。大多数分类学家都十分重视冬孢子的形态学。Hiratsuka 和 Cummins（1963）对以往过分强调冬孢子特征作为分科依据提出了疑问，认为一向被忽视的性孢子器在锈菌各类群中性状非常稳定，于是强调性孢子器在分类上的重要性，并描述了 11 种性孢子器类型。Hiratsuka 和 Hiratsuka（1980）增加了性孢子器的第 12 种类型，并根据 73 属 224 种的性孢子器形态学研究，把这些属分成 6 个组。根据性孢子器类型并结合其他性状，Cummins 和 Hiratsuka（1983，1984，2003）把已知锈菌划分为以下 13 个科（最初 14 个科，后来把球锈菌科 Sphaerophragmiaceae 和伞锈菌科 Raveneliaceae 合并）：膨痂锈菌科（9 属）、鞘锈菌科（3 属）、柱锈菌科（2 属）、小内格尔锈菌科 Mikronegeriaceae（3 属）、栅锈菌科（1 属）、层锈菌科 Phakopsoraceae（13 属）、查科锈菌科 Chaconiaceae（10 属）、肥柄锈菌科 Uropyxidaceae（14 属）、帽孢锈菌科 Pileolariaceae（4 属）、伞锈菌科 Raveneliaceae（22 属）、多胞锈菌科 Phragmidiaceae（10 属）、柄锈菌科（16 属）、链孢锈菌科 Pucciniosiraceae（9 属），另有科地位未定的 3 个属。此系统在新版的《日本锈菌志》（Hiratsuka et al. 1992）和《俄罗斯远东地区锈菌志》（Azbukina 2005）中被采用。《中国真菌志 锈菌目》大体上也赞同和采用了这个系统。不同的是不赞成把产生链状冬孢子和外生担子的金锈菌属置于鞘锈菌科，而保留了金锈菌科（庄剑云等 1998）。Cummins 和 Hiratsuka（2003）在 *Illustrated Genera of Rust Fungi*（第三版）中列出了 13 个锈菌无性型属，即 *Aecidium*、*Caeoma*、*Calidion*、*Elateraecium*、*Lecythea*、*Malupa*、*Milesia*、*Peridermium*、*Petersonia*、*Roestelia*、*Uredo*、*Uredostilbe*、*Wardia*。

《真菌字典》第 10 版中，柄锈菌目 Pucciniales 被置于担子菌门 Basidiomycota 柄锈菌亚门 Pucciniomycotina 柄锈菌纲 Pucciniomycetes 之中，柄锈菌纲包括 5 个目。柄锈菌目下设 14 科：膨痂锈菌科（11 属）、鞘锈菌科（6 属）、柱锈菌科（2 属）、小内格尔锈菌科（4 属）、栅锈菌科（1 属）、层锈菌科（18 属）、查科锈菌科（8 属）、肥柄锈菌科（15 属）、帽孢锈菌科（4 属）、伞锈菌科（26 属）、多胞锈菌科（14 属）、柄锈菌科（20 属）、链孢锈菌科（10 属）和钩锈菌科 Uncolaceae（2 属）。另有一些科地位未定的属，共 166 属 7798 种（Kirk et al. 2008）。

自 20 世纪 70 年代以来，分子系统学的研究成果在生物分类学中得到了广泛的应用。利用 ITS、5.8S、18S、28S、LSU、CO I 等序列分析来区分和鉴定形态相近的种已成为锈菌系统分类研究的重要手段，如金锈菌属 *Chrysomyxa*（Feau et al. 2011）、柱锈菌属 *Cronartium*（Vogler and Bruns 1998）、胶锈菌属 *Gymnosporangium*（Yun et al. 2009）、栅锈菌属 *Melampsora*（Nakamura et al. 1998; Smith and Newcombe 2004; Bennett et al. 2011）、长栅锈菌属 *Melampsoridium*（Hantula et al. 2009）、多胞锈菌属 *Phragmidium*（Yun et al. 2011）、柄锈菌属 *Puccinia*（Zambino and Szabo 1993；Roy et al. 1998；Virtudazo et al. 2001；Barnes and Szabo 2007；Liu and Hambleton 2010，2012，2013；Tanner et al. 2015；Kabaktepe et al. 2016）、膨痂锈菌属 *Pucciniastrum*（Liang 2006）、单胞锈菌属 *Uromyces*（Pfunder et al. 2001；Chung et al. 2003）等。关于锈菌 DNA 的提取，Virtudazo 等（2001）提出了一套操作简便有效的方法，仅需单个孢子堆的 100～200 个夏孢子即可完成。他们利用两个灭菌的载玻片代替传统方法中的研钵和研磨棒，不仅减少了研磨过程中的损耗，而且材料研磨得更加充分。DNA 提取方法的改进和高质量 DNA 的获得，为锈菌分子系统学研究提供了重要的基础。

中国锈菌分类研究现状

我国早期系统记述锈菌的专著主要有王云章（1951）的《中国锈菌索引》、邓叔群（1963）的《中国的真菌》和戴芳澜（1979）的《中国真菌总汇》。目前已知锈菌 15 科 70 属（包括 5 个式样属）1100 多种（Zhuang 1994；庄剑云等 1998）。《中国真菌志 锈菌目》已出版 4 卷，详细描述了柄锈菌科、肥柄锈菌科、帽孢锈菌科、伞锈菌科和多胞锈菌科共 31 属 671 种（庄剑云等 1998，2003，2005，2012）。另外，曹支敏和李振岐（1999）出版了《秦岭锈菌》；Zhuang 和 Wei 发表了《中国热带锈菌名录》（2001a）和《中国西北地区锈菌名录》（2005）。发表过锈菌志或名录的还有吉林（戚佩坤等 1966；李茹光 1991；纪景欣 2017）、西藏（王云章等 1983；庄剑云 1984；Zhuang 1986；Zhuang and Wei 1993，1994，1999a，2000，2002a）、福建（Zhuang 1983；庄剑云 1983）、湖北神农架（郭林 1989）、河北小五台山（魏淑霞和庄剑云 1997a）、秦岭（魏淑霞和庄剑云 1997b；Cao et al. 2000a，2000b，2000c）、大巴山（Zhang et al. 1997）、广西（Zhuang and Wei 1999c）、甘肃（Zhuang and Wang 2006）、新疆（赵震宇和姜本华 1986；Zhuang 1989a，1999；田黎等 1991；徐灵芝等 1995，1996；徐彪等 2008a，2008b，2009，2011；Xu et al. 2013）、宁夏（王宽仓等 2009；查仙芳等 2009）、河南（喻璋和任国兰 1999a，1999b；林晓民等 2012）和乌苏里江流域（Azbukina and Zhuang 2011）等。

近年来，国内学者在锈菌研究中也开展了较为广泛的分子系统学研究，如针对鞘锈菌属（游崇娟 2012；田呈明和游崇娟 2017）、鞘柄锈菌属（Cao et al. 2018）、胶锈菌属（Zhao et al. 2016；Cao et al. 2016，2017）、栅锈菌属（Tian et al. 2004；Zhao et al. 2013，2014，2015；白鹏华等 2015；高鹏等 2017）、柄锈菌属（杨晓坡等 2018，2019）、膨痂锈菌属（Yang et al. 2014；杨婷 2015）、单胞锈菌属（支叶等 2014；杨晓坡等 2018）等。

在内蒙古，尚衍重等对栅锈菌属有深入的研究，发表过 2 个新种和 1 个中国新记录种（尚衍重和裴明浩 1984；裴明浩和尚衍重 1984；尚衍重等 1986a，1986b，1990a，1990b；刘文霞等 2006）；尚衍重（1997）在《内蒙古资源大辞典菌类资源分册》中，根据前人文献和他们自己的研究结果，报道锈菌 15 属 134 种；随后发表了《荒漠植物锈菌研究》，采到锈菌 11 属 73 种，但没有给出具体名录、寄主和产地等信息（尚衍重等 1998）。刘振钦（1983）、白金铠等（1987）、刘伟成等（1991）、刘伟成（1993）、Zhuang 和 Wei（2002b）先后报道了内蒙古大兴安岭地区的锈菌。

从 1994 年开始，我们首先对赤峰地区的锈菌标本进行了比较系统的采集和研究，后来逐渐扩展到整个内蒙古自治区的 12 个盟、市。尤其锈菌物种多样性研究获得 2011 年国家自然科学基金资助，使得更为广泛和深入地进行调查及采集成为可能。目前收集锈菌标本达 3900 余号，先后报道锈菌达 235 种和变种，其中发表新种和新变种 7 个，中国新记录种和变种 7 个，内蒙古新记录种 86 个（刘铁志等 2004，2006，2014，2015，2017a，2017b；陈明和刘铁志 2011；Liu et al. 2014，2016a，2016b；刘铁志和田慧敏 2014；Liu and Zhuang 2015，2016；刘铁志和侯振世 2015；刘铁志和庄剑云 2018；杨晓坡等 2018，2019）。本志出版之际，又增加国内新记录变种 1 个，内蒙古新记录种 18 个，内蒙古已知种 3 个，使内蒙古已知锈菌达 10 科 22 属 257 种和变种。

说　明

1. 锈菌和寄主名称

锈菌的拉丁学名除个别种外都按国际农业与生物科学研究中心（CABI）的 Index Fungorum 和 Authors of Fungal Names（http://www.indexfungorum.org/Names/AuthorsOfFungalNames.asp）做了订正；寄主（种子植物）的拉丁学名按尚衍重（2012a，2012b，2012c）的《种子植物名称 卷 1～3 拉汉英名称》做了订正。

2. 标本室名称缩写

赤峰学院菌物标本室：CFSZ。

中国科学院菌物标本馆：HMAS。

内蒙古农业大学农学院菌物标本室：HNMAP。

北京林业大学博物馆标本库：BJFC。

3. 标本引证

文中寄主前标**为该种的世界寄主新记录，标*为该种的我国寄主新记录。一个分类群的若干标本，其寄主植物按拉丁学名的字母顺序排序。同一寄主的分布区中不同盟、市按其汉语拼音字母顺序排列。盟、市之间用“。”区分；县级市、旗、县、区、山之间用“；”区分；乡、镇、苏木及不同采集地点之间用“，”区分；同一采集地点（如村、嘎查等）的标本之间用“、”区分。借阅或他人惠赠标本均标明了采集人，凡未标明采集人者均是刘铁志独自采集或与他人共同采集。保存于赤峰学院菌物标本室的标本在正文（除图注外）引证时均省去了标本编号前的标本室名称缩写“CFSZ”，藏于其他标本室的标本编号前均有标本室名称缩写。绘图标本的标本号**加粗**显示。

4. 国内外分布

每个种的国内分布区和世界分布区是根据参考文献整理而成的，在每个具体地名后不再给出文献引证。国内分布区给出了具体的省、自治区、直辖市的名称，按东北、华北、华东、华中、华南、西北和西南顺序排列。在世界分布中，对于广布种和分布较广的种，标注世界广布、北温带广布、欧亚温带广布等，或大洲名称，如欧洲、亚洲等；分布较窄的种列出了具体国家和地区名称。

专　　论

柄锈菌目 Pucciniales (锈菌目 Uredinales)

专性寄生于陆生绿色维管植物上，转主寄生或单主寄生，多数局部侵染，单核菌丝阶段常系统侵染；菌丝在寄主细胞间生长，产生吸器，一般无锁状联合；无担子果，形成孢子堆；孢子多型，全孢型（长循环型）产生性孢子、春孢子（锈孢子）、夏孢子、冬孢子和担孢子，生活史中可缺少 1 种或 1 种以上类型的孢子；担子从冬孢子上产生，一般分成 4 个细胞（亦有 2 个细胞者），每个细胞产生 1 个小梗，担孢子生于小梗顶端。

分科检索表

1. 冬孢子堆外露或较少埋于寄主组织中，冬孢子有柄或无柄……………………………………2
1. 冬孢子堆永久埋于寄主组织内，冬孢子无柄……………………………………………………8
2. 冬孢子有柄…………………………………………………………………………………………3
2. 冬孢子无柄…………………………………………………………………………………………6
3. 性孢子器 4 型……………………………………………………………10 **柄锈菌科 Pucciniaceae**
3. 性孢子器非 4 型……………………………………………………………………………………4
4. 性孢子器无限扩展，6、8、10、11 型……………………………………9 **多胞锈菌科 Phragmidiaceae**
4. 性孢子器有界限，5、7 型…………………………………………………………………………5
5. 冬孢子通常被横隔膜分为 2 个细胞（偶尔多于 2 个细胞）……………7 **肥柄锈菌科 Uropyxidaceae**
5. 冬孢子被横隔膜或纵隔膜分为 2 个或多个细胞…………………………8 **伞锈菌科 Raveneliaceae**
6. 性孢子器 2 型，夏孢子串生………………………………………………2 **鞘锈菌科 Coleosporiaceae**
6. 夏孢子器非 2 型，夏孢子单生于柄上……………………………………………………………7
7. 性孢子器 9 型，冬孢子排列成链状，单细胞……………………………3 **柱锈菌科 Cronartiaceae**
7. 性孢子器 5、7 型，冬孢子不排列成链状，冬孢子生于产孢基部细胞或无产孢基部细胞…………………………………………………………………………………6 **查科锈菌科 Chaconiaceae**
8. 性孢子器 1、2、3 型，冬孢子侧面相连成单层壳状孢子堆……………………………………9
8. 性孢子器 5、7 型，冬孢子上、下和侧面相连成数层壳状孢子堆………5 **层锈菌科 Phakopsoraceae**
9. 性孢子器 1、2、3 型，春孢子器为有被春孢子器…………………1 **膨痂锈菌科 Pucciniastraceae**
9. 性孢子器 2、3 型，春孢子器为裸春孢子器…………………………4 **栅锈菌科 Melampsoraceae**

1　膨痂锈菌科 Pucciniastraceae Gäum. ex Leppik

性孢子器 1 型、2 型或 3 型。春孢子器大多为有被春孢子器，包被柱状（直秀锈菌属 *Naohidemyces* 的 2 个种具有被夏型春孢子器）；春孢子串生（除直秀锈菌属外），大多具疣。夏孢子堆有细胞状包被，以小孔开裂，常有特化的口缘细胞；夏孢子单生，多数具刺，在一些属中，芽孔不清楚，位置不固定，但多数散生或双带状生。冬孢子堆生于寄主表皮下或寄主表皮中，不外露，冬孢子侧面连合，1 层孢子厚，由纵隔膜分隔成多细胞或单细胞，无柄，芽孔不清楚，多为 1 个，或许不分化。担子外生。转主寄生，而且大多为长循环型的种类，春孢子器生于针叶树上。

模式属：*Pucciniastrum* G.H. Otth

本科所有已知种的春孢子器阶段均生于针叶树上，主要生于冷杉属 *Abies* 上，但也见于云杉属 *Picea* 和铁杉属 *Tsuga* 上（Cummins and Hiratsuka 2003）。全世界已知 11 属 158 种（Kirk et al. 2008）。内蒙古有 6 属（刘铁志等 2017a）。

分属检索表

1. 冬孢子壁无色 ·· 2
1. 冬孢子壁黄褐色到褐色 ·· 4
2. 夏孢子无色；冬孢子生于叶肉中 ································ （6）**拟夏孢锈菌属 *Uredinopsis***
2. 夏孢子壁无色，但含有黄色到橘黄色内含物；冬孢子生于寄主表皮细胞内或表皮下 ·················· 3
3. 冬孢子生于寄主表皮细胞内；夏孢子堆包被无特化的口缘细胞 ·········· （1）**明痂锈菌属 *Hyalopsora***
3. 冬孢子生于寄主表皮下；夏孢子堆包被的口缘细胞发达 ············ （2）**长栅锈菌属 *Melampsoridium***
4. 春孢子器为有被夏型春孢子器（*Milesia* 型） ································ （3）**直秀锈菌属 *Naohidemyces***
4. 春孢子器为有被春孢子器（*Peridermium* 型） ·· 5
5. 冬孢子生于寄主表皮下 ·· （4）**膨痂锈菌属 *Pucciniastrum***
5. 冬孢子生于寄主表皮细胞内 ··· （5）**盖痂锈菌属 *Thekopsora***

（1）明痂锈菌属 **Hyalopsora** Magnus

Ber. Dtsch. Bot. Ges. 19: 582, 1902 [1901].

性孢子器生于寄主表皮下（2 型）。春孢子器为有被春孢子器，初生于寄主表皮下，后外露，具包被；春孢子串生，具疣。夏孢子堆初生于寄主表皮下，后外露，具包被，有时包被不明显，没有特化的口缘细胞，有时薄壁的侧丝也存在；夏孢子单生，壁无色，但细胞质有色，壁具疣或刺，芽孔多散生，不清楚。冬孢子堆很少形成组织；冬孢子生于寄主表皮细胞内，由纵隔膜分成 2 个至多个细胞；无柄，壁薄，无色，每个细胞有 1 个芽孔，生于外壁上，不清楚；萌发不需要休眠。担子外生。

模式种：*Hyalopsora aspidiotus* (Magnus) Magnus

≡ *Melampsorella aspidiotus* Magnus

寄主：*Phegopteris dryopteris* (L.) Fée (Polypodiaceae)

产地：美国。

本属全世界约有 11 种，其中已知性孢子器和春孢子器的生于松科 Pinaceae 的冷杉属 *Abies* 上；夏孢子堆和冬孢子堆生于蕨类植物 Pteridophyta 上，世界广布，尤其北温带（Kirk et al. 2008；Cummins and Hiratsuka 2003）。中国报道 3 种（戴芳澜 1979；薛煜等 1997），内蒙古有 1 种（刘铁志等 2017a）。

水龙骨明痂锈菌 图 1

Hyalopsora polypodii (Dietel) Magnus, Ber. Dtsch. Bot. Ges. 19: 582, 1902 [1901]; Wang, Index Ured. Sin.: 25, 1951; Tai, Syll. Fung. Sin.: 493, 1979; Wei & Zhuang, Fungi of the Qinling Mountains: 35, 1997; Liu et al., J. Fungal Res. 4(1): 49, 2006; Liu et al., J. Inner Mongolia Univ. (Nat. Sci. Ed.) 48(6): 647, 2017; Liu et al., J. Fungal Res. 15(4): 244, 2017.

Pucciniastrum polypodii Dietel, Hedwigia 38: 260, 1899.

Uredo linearis var. *polypodii* Pers., Syn. Meth. Fung. 1: 217, 1801.

Uredo polypodii (Pers.) DC., *in* de Candolle & Lamarck, Fl. Franç., Edn 3, 6: 81, 1815.

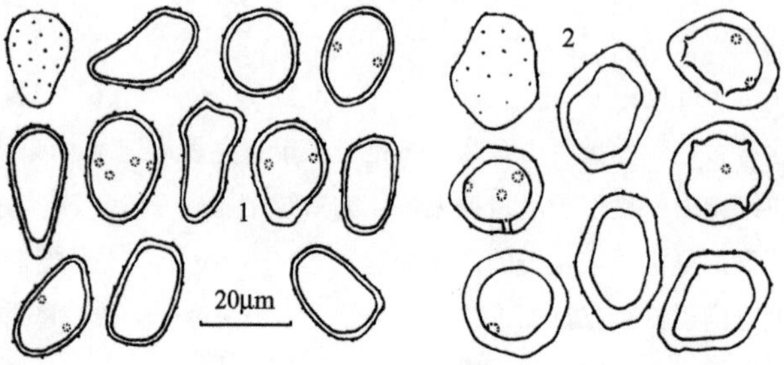

图 1 水龙骨明痂锈菌 *Hyalopsora polypodii* 的夏孢子（1）和休眠夏孢子（2）（CFSZ 86）

夏孢子堆叶两面生，也生于叶轴上，散生或稍聚生，圆形或椭圆形，泡状隆起，0.2～0.6mm，有一薄的包被，后期不规则破裂，粉状，鲜时金黄色，干后黄色或淡黄色；夏孢子近球形、椭圆形、卵形或不规则形，15～30×11～22.5μm，壁 1～1.5μm 厚，近无色，表面有细疣，芽孔似 2～4 个，腰生，常不清楚；休眠夏孢子近球形、卵形、椭圆形或多角形，20～30×15～22.5μm，壁 1.5～5μm 厚，角隅处加厚，近无色，表面有细疣或近光滑，芽孔似 4～8 个，散生，常不清楚。在两种夏孢子之间常有过渡类型。

冬孢子未产生。

Ⅱ，（Ⅲ）

冷蕨 *Cystopteris fragilis* (L.) Bernh.：赤峰市巴林右旗赛罕乌拉自然保护区砬子沟 **86**（= HMAS 245250），正沟 9658；宁城县黑里河自然保护区大坝沟 8357、8365、9563，三道河 9644。

国内分布：内蒙古，台湾，陕西，云南，四川。

世界分布：欧洲；北美洲；亚洲（土耳其，伊朗，印度，日本，中国，俄罗斯远东地区）；传播到大洋洲（新西兰）。

关于本种夏孢子的描述，不同文献略有不同，Wilson 和 Henderson（1966）描述夏孢子 22～35×13～20μm，壁 1～1.5μm 厚，芽孔 4 个，腰生；休眠夏孢子 26～38×18～29μm，壁 2～3μm 厚，芽孔 6～8 个，散生。Hiratsuka 等（1992）描述夏孢子 20～35×10～22μm，壁 1～1.5μm 厚，芽孔 2～4 个（多为 4 个），腰生；休眠夏孢子 20～37.5×

15～27.5μm，壁 1.25～5μm 厚，角隅处加厚，芽孔 4～8 个，散生。赤峰的菌没有产生冬孢子，两种夏孢子均略小。

据 Hiratsuka 等（1992）报道，冬孢子堆多生于叶下面，在黄褐色到褐色的病斑上，常布满整个羽片；冬孢子在表皮细胞内，球形、近球形或扁平，有时角状，高 14～24μm，宽 15～35μm，由垂直或倾斜的隔膜分成 2 个到多个细胞（通常 2～7 个细胞），壁光滑，无色，厚度均匀，1μm 或不及。

（2）长栅锈菌属 Melampsoridium Kleb.

Z. PflKrankh. PflSchutz 9: 21, 1899.

性孢子器生于寄主角质层下（3 型）。春孢子器为有被春孢子器，初生于寄主表皮下，后外露，具包被；春孢子串生，具疣。夏孢子堆初生于寄主表皮下，具包被，通过孔口开放，有明显的口缘细胞；夏孢子单生，具刺，壁无色，芽孔的位置和数目不定。冬孢子堆生于寄主表皮下，不外露，由 1 层孢子侧面相连紧密排列呈壳状；冬孢子无柄，单细胞，壁薄而无色，芽孔如有分化则顶生；萌发发生在越冬后的落叶上。担子外生；担孢子球形。

模式种：*Melampsoridium betulinum* (Fr.) Kleb.

≡ *Sclerotium betulinum* Fr.

寄主：*Betula verrucosa* Ehrh. (Betulaceae)

产地：瑞典。

本属已知 9 种，其中已知性孢子器和春孢子器的生于松科 Pinaceae 落叶松属 *Larix* 上，夏孢子堆和冬孢子堆多生于桦木科 Betulaceae 上，世界广布，尤其北温带（Kirk et al. 2008）。中国报道 5 种（戴芳澜 1979），内蒙古有 3 种（刘铁志等 2017a）。

分种检索表

1. 夏孢子壁顶端光滑；生于桦木属 *Betula* 上……………………**桦长栅锈菌 *M. betulinum***
1. 夏孢子壁具均匀的刺；生于桤木属 *Alnus* 上……………………2
2. 夏孢子较大，长 27.5～45μm……………………**桤长栅锈菌 *M. alni***
2. 夏孢子较小，长 20～32.5μm……………………**平冢长栅锈菌 *M. hiratsukanum***

桤长栅锈菌　　图 2

Melampsoridium alni (Thüm.) Dietel, Nat. Pflanzenfam., Teil. I Abt. 1: Fungi (Eumycetes): 551, 1900; Wang, Index Ured. Sin.: 30, 1951; Tai, Syll. Fung. Sin.: 541, 1979; Liu et al., J. Inner Mongolia Univ. (Nat. Sci. Ed.) 48(6): 647, 2017.

Melampsora alni Thüm., Bull. Soc. Imp. Nat. Moscou 53: 226, 1878.

Melampsoridium alni-firmae Hirats. f., J. Fac. Agric., Hokkaido Imp. Univ., Sapporo 21: 9, 1927.

Melampsoridium alni-pendulae Hirats. f., J. Fac. Agric., Hokkaido Imp. Univ., Sapporo 21: 8, 1927.

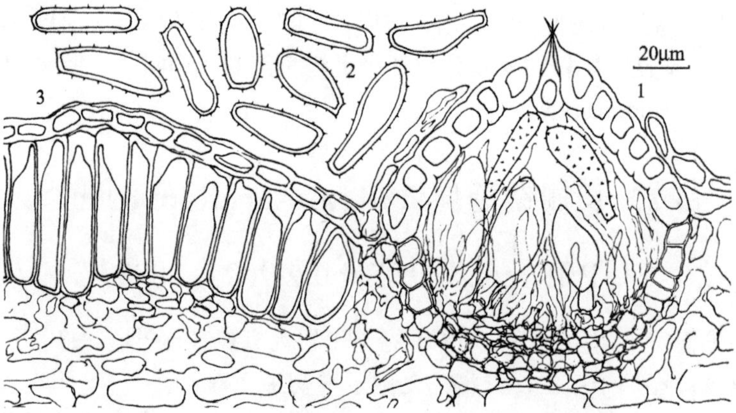

图 2　桤长栅锈菌 *Melampsoridium alni* 的夏孢子堆（1）、夏孢子（2）和冬孢子堆（3）（CFSZ 7696）

夏孢子堆生于叶下面，表皮下生，散生或疏聚生，圆形或矩圆形，直径 0.1～0.3mm，黄色到黄褐色；包被半球形，坚固，包被上部细胞等径或不规则多角形，直径 7.5～22.5μm，下部细胞径向拉长，壁光滑，无色，口缘细胞卵状圆锥形，顶端长刺状，25～40μm 长；夏孢子矩圆状棍棒形、线状矩圆形或宽卵形，27.5～45×7.5～17.5μm，壁 1.5～2.5μm 厚，无色，表面具疏而均匀的细刺，芽孔不清楚；夏孢子堆内有初生侧丝混生，侧丝囊状，25～55×10～17.5μm，无色，后期萎缩。

冬孢子堆生于叶下面，表皮下生，圆形至不规则形，直径 0.1～5mm，散生或聚生，常互相汇合连片，受叶脉限制，橘黄色或黄褐色，后期红褐色至黑褐色，壳状，稍隆起；冬孢子棱柱形，（25～）30～57.5×11～20μm，侧壁 1～2.5μm 厚，顶壁增厚，4～17.5μm 厚，淡黄色至近无色，表面光滑，内含物橘黄色，芽孔 1 个，顶生。

II，III

东北桤木（矮桤木）*Alnus mandshurica* (Callier ex C.K. Schneid.) Hand.-Mazz.（= *Alnus fruticosa* Rupr.）：呼伦贝尔市根河市得耳布尔 **7696**（= HMAS 246766），金林 9272。

国内分布：内蒙古，四川。

世界分布：中国，日本，朝鲜半岛，俄罗斯西伯利亚和萨哈林岛（库页岛）。

Hiratsuka 等（1992）描述本种性孢子器和春孢子器生于落叶松属 *Larix* 上；夏孢子芽孔 1 个，顶生；冬孢子大小为 32～37×12～18μm，壁薄。我们的菌（7696 号）冬孢子较大，并且顶壁明显加厚。

桦长栅锈菌　　图 3

Melampsoridium betulinum (Fr.) Kleb., Z. Pflanzenkr. 9: 22, 1899; Tai, Syll. Fung. Sin.: 541, 1979; Wang et al., Fungi of Xizang (Tibet): 34, 1983; Wei & Zhuang, Fungi of the Qinling Mountains: 39, 1997; Zhuang & Wei, J. Jilin Agr. Univ. 24(2): 7, 2002; Liu et al.,

J. Inner Mongolia Univ. (Nat. Sci. Ed.) 48(6): 647, 2017; Liu et al., J. Fungal Res. 15(4): 244, 2017.

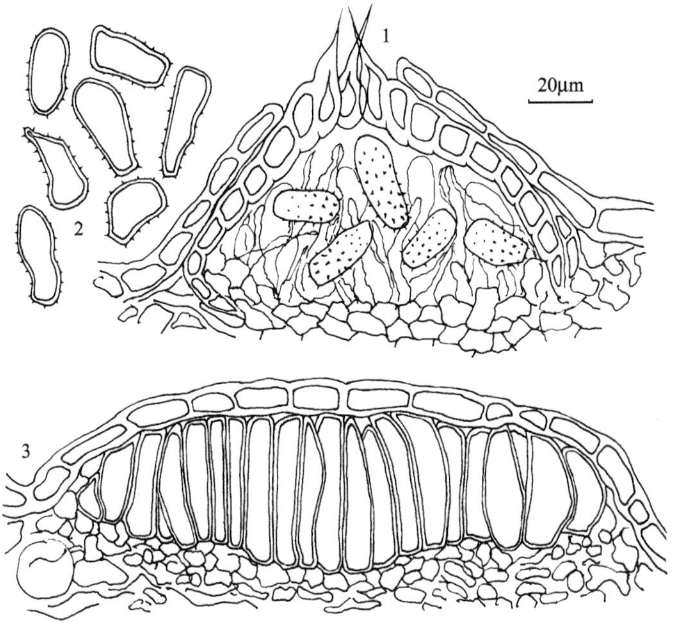

图 3 桦长栅锈菌 *Melampsoridium betulinum* 的夏孢子堆（1）、夏孢子（2）和冬孢子堆（3）（CFSZ 8203）

夏孢子堆生于叶下面，表皮下生，散生或聚生，圆形，直径 0.1～0.2mm，黄色至黄褐色，后期有时包被开裂呈粉状；包被半球形，坚固，包被上部细胞小，等径或不规则多角形，直径 7.5～17.5μm，下部细胞径向拉长，壁光滑，无色，口缘细胞卵状圆锥形，顶端长刺状，25～42.5μm 长；夏孢子椭圆形、矩圆形、矩圆状棒形，有时多角形，19～35×9～15μm，壁 1～2μm 厚，无色，表面具刺，从孢子基部向上刺逐渐变小，顶端光滑，芽孔不清楚；夏孢子堆内有初生侧丝混生，侧丝囊状，20～50×10～20μm，无色，后期萎缩。

冬孢子堆生于叶下面，表皮下生，圆形至不规则形，直径 0.1～3mm，散生或聚生，常覆盖整个叶面，蜡黄色至黄褐色，后期棕黑色，壳状，稍隆起；冬孢子棱柱形，（25～）30～50（～55）×7～17.5μm，壁 1～2μm 厚，顶壁有时稍增厚，表面光滑，淡黄色至近无色，内含物橘黄色或黄褐色。

II，III

柴桦 *Betula fruticosa* Pall.：呼伦贝尔市鄂伦春自治旗克一河 7634、7636；根河市得耳布尔 7699。

白桦 *Betula platyphylla* Sukaczev：赤峰市巴林右旗赛罕乌拉自然保护区荣升 8136、8140；喀喇沁旗美林镇韭菜楼 7981、8005；克什克腾旗黄岗梁 9796；林西县新林镇哈什吐 9855；宁城县黑里河自然保护区三道河 8158，上拐 **8203**。兴安盟阿尔山市 7822、7897。

Zhuang 和 Wei（2002b）报道本种在兴安盟阿尔山市还生于坚桦 *B. chinensis* Maxim.

和黑桦 *B. dahurica* Pall.上。

国内分布：北京，河北，内蒙古，陕西，甘肃，新疆，西藏。

世界分布：欧洲；北美洲；大洋洲（新西兰）；亚洲（土耳其，中亚，俄罗斯，蒙古国，中国，日本）。

Hiratsuka 等（1992）描述本种夏孢子芽孔 4～6 个，双带状排列。

平冢长栅锈菌　　图 4

Melampsoridium hiratsukanum S. Ito, *in* Hirats. f., J. Fac. Agric., Hokkaido Imp. Univ., Sapporo 21: 10, 1927; Tai, Syll. Fung. Sin.: 541, 1979; Liu et al., J. Inner Mongolia Univ. (Nat. Sci. Ed.) 48(6): 647, 2017.

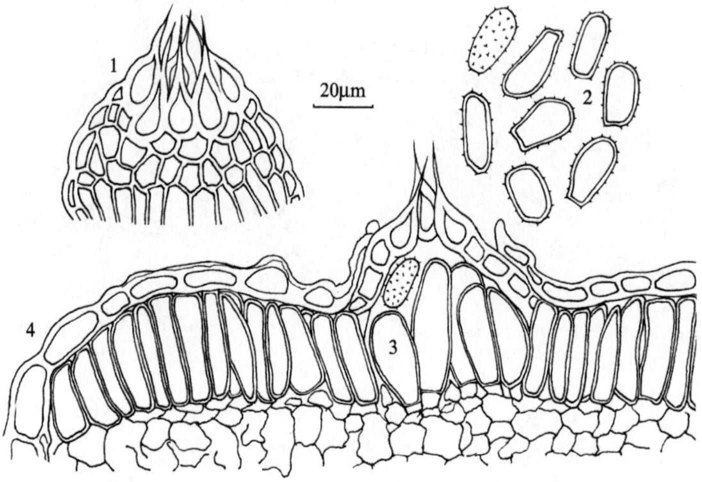

图 4　平冢长栅锈菌 *Melampsoridium hiratsukanum* 的夏孢子堆包被（1）、夏孢子（2）、夏孢子堆初生侧丝（3）和冬孢子堆（4）（CFSZ 7715）

夏孢子堆生于叶下面，表皮下生，散生或小群聚生，圆形或椭圆形，直径 0.1～0.2mm，后期包被常从顶孔开裂而呈粉状，橘黄色；包被半球形，坚固，包被上部细胞小，等径或不规则多角形，直径 7.5～17.5μm，下部细胞径向拉长，壁光滑，无色，口缘细胞卵状圆锥形，顶端长刺状，35～55μm 长；夏孢子宽卵形、椭圆形或矩圆形，20～32.5×9～15μm，壁 1～2μm 厚，无色，表面具疏而均匀的细刺，芽孔不清楚；夏孢子堆内有初生侧丝混生，侧丝囊状，20～50×10～22.5μm，无色，后期常萎缩。

冬孢子堆生于叶下面，表皮下生，圆形至不规则形，直径 0.1～5mm，散生或聚生，常互相汇合连片，有时覆盖整个叶面，橘黄色或黄褐色，壳状，稍隆起；冬孢子棱柱形，（25～）30～50（～60）×7.5～17.5μm，壁 1～1.5μm 厚，淡黄色至近无色，顶壁有时稍增厚，表面光滑，内含物橘黄色。

II，III

辽东桤木（水冬瓜赤杨）*Alnus hirsuta* (Spach) Turcz. ex Rupr. [= *Alnus sibirica* (Spach) Fisch. ex Kom.]：呼伦贝尔市根河市得耳布尔 **7715**；牙克石市博克图 9201。

国内分布：'东北' [1]，内蒙古。

世界分布：欧洲（奥地利，爱沙尼亚，芬兰，瑞士，挪威）；北美洲；南美洲；亚洲[土耳其，日本，朝鲜半岛，俄罗斯西伯利亚和萨哈林岛（库页岛），中国]。

Hiratsuka 等（1992）描述本种性孢子器和春孢子器生于落叶松属 *Larix* 上；夏孢子芽孔 4～6 个，双带状排列。

（3）直秀锈菌属 **Naohidemyces** S. Sato, Katsuya & Y. Hirats.

Trans. Mycol. Soc. Japan 34(1): 48, 1993.

性孢子器生于寄主角质层下，无限扩展（3 型）。春孢子器为有被夏型春孢子器，生于寄主表皮下，具穹窿形包被，并有显著的口缘细胞；春孢子单生于不明显的柄上，具刺。夏孢子堆具穹窿形包被和显著的口缘细胞；夏孢子单生于不明显的柄上，具刺。冬孢子堆几乎没有区别；冬孢子 1 个细胞厚，在寄主表皮细胞内具几个侧面连合的细胞，每个细胞中心有 1 个芽孔，壁有色；在死叶上休眠后（越冬）萌发。担子外生。

模式种：*Naohidemyces vaccinii* (G. Winter) S. Sato, Katsuya & Y. Hirats.

≡ *Melampsora vaccinii* G. Winter

寄主：*Vaccinium myrtillus* L. (Ericaceae)

产地：瑞士。

本属已知 2 种(Sato et al. 1993)，性孢子器和春孢子器生于松科 Pinaceae 铁杉属 *Tsuga* 上，夏孢子堆和冬孢子堆生于杜鹃花科 Ericaceae 越桔属 *Vaccinium* 上。该属最鲜明的特点是春孢子器为 *Milesia* 型，而非 *Peridermium* 型。这是到目前为止认可的在转主寄生锈菌中具有 *Milesia* 型春孢子器唯一的属。其冬孢子芽孔的位置与盖痂锈菌属 *Thekopsora* 不同，该属芽孔位于每个冬孢子细胞的中心，而盖痂锈菌属芽孔位于孢子球中心每个细胞的拐角处。分布于北温带（Cummins and Hiratsuka 2003；Kirk et al. 2008）。我国有 1 种（戴芳澜 1979），内蒙古有分布（刘铁志等 2017a）。

越桔直秀锈菌　图 5

Naohidemyces vaccinii (Jørst.) S. Sato, Katsuya & Y. Hirats. ex Vanderweyen & Fraiture, Lejeunia 183: 14, 2007.

Naohidemyces vaccinii (G. Winter) S. Sato, Katsuya & Y. Hirats., Trans. Mycol. Soc. Japan 34(1): 48, 1993; Liu et al., J. Inner Mongolia Univ. (Nat. Sci. Ed.) 48(6): 647, 2017.

Caeoma vacciniorum Link, *in* Willd., Sp. Pl., Edn 4, 6(2): 15, 1825.

Melampsora vaccinii G. Winter, Rabenh. Krypt.-Fl., Edn 2, 1.1: 244, 1881 [1884].

Naohidemyces vacciniorum (J. Schröt.) Spooner, *in* Spooner & Butterfill, Vieraea 27: 175, 1999.

Pucciniastrum myrtilli (Schumach.) Arthur, Résult. Sci. Congr. Bot. Wien 1905: 337, 1906.

---

① 引自《中国真菌总汇》（戴芳澜　1979），后同

Pucciniastrum vaccinii Jørst., Skr. Vidensk.-Akad. Oslo 1(2): 55, 1952 [1951].

Thekopsora hakkodensis S. Ito & Hirats. f., *in* Hiratsuka, J. Fac. Agric., Hokkaido Imp. Univ., Sapporo 21: 21, 1927.

Thekopsora vaccinii (G. Winter) Hirats. f., Uredin. Studies: 260, 1955; Tai, Syll. Fung. Sin.: 739, 1979.

Uredo pustulata γ *vaccinii* Alb. & Schwein., Consp. Fung.: 126, 1805.

Uredo vacciniorum DC., Fl., Fr. 6: 85, 1815.

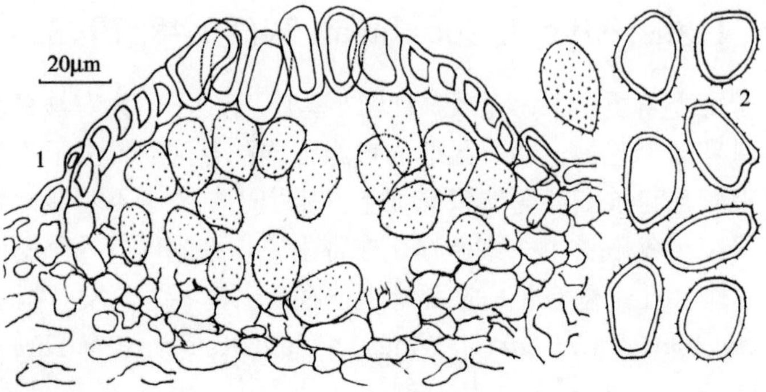

图 5　越桔直秀锈菌 *Naohidemyces vaccinii* 的夏孢子堆（1）和夏孢子（2）（CFSZ 8303）

夏孢子堆生于叶下面，表皮下生，散生或有时聚生，圆形，直径 0.1～0.2mm，黄红色褪色至浅黄色，泡状，从顶端孔口释放孢子；长期被表皮覆盖，包被扁半球形，坚固，包被细胞小，等径到不规则多角形，直径 6～20μm，部分重叠，壁 1～2μm 厚，光滑，近无色，口缘细胞卵形或矩圆形，20～35×7.5～20μm，壁 2.5～6μm 厚，光滑，近无色；夏孢子近球形、宽卵形或椭圆形，（15.5～）20～30×（12.5～）14～20μm，壁 1～2μm 厚，无色或淡黄绿色，表面有细刺，顶部刺小，向下刺由小到大，基部刺最长；常有未发育完全的侧丝混生。

冬孢子堆未见。

II，（III）

笃斯越桔 *Vaccinium uliginosum* L.：呼伦贝尔市根河市，任玉柱 **8303**（= HNMAP 1589）、8304（= HNMAP 1592），金林 9298，满归镇九公里 9346、9351。

国内分布：内蒙古，四川。

世界分布：欧洲；北美洲；中美洲；亚洲（俄罗斯西伯利亚地区和千岛群岛，朝鲜半岛，日本，中国）。

Sato 等（1993）描述本种冬孢子生于寄主表皮细胞内，几个细胞侧面连合，表面观大小为 20～30×18～23μm，高 16～22μm，每个细胞中央有 1 个芽孔，休眠（越冬）后萌发，担子外生。性孢子器和春孢子器生于铁杉属 *Tsuga* 上。

（4）膨痂锈菌属 **Pucciniastrum** G.H. Otth

Mitt. Naturforsch. Ges. Bern 1861: 71, 1861.

Calyptospora J.G. Kühn, Hedwigia 8: 81, 1869.

Phragmopsora Magnus, Hedwigia 14: 123, 1875.

性孢子器生于寄主角质层下（3 型）。春孢子器为有被春孢子器，初生于寄主表皮下，后裸露，具包被；春孢子串生，具疣。夏孢子堆初生于寄主表皮下，具包被，由分化明显或不明显的口缘细胞形成的孔口开放；夏孢子单生，壁无色，具刺，芽孔散生，不清楚。冬孢子堆 1 层孢子厚，在寄主表皮下侧面连合呈垫状；冬孢子无柄，由纵隔膜或斜隔膜分成 2 个至多个细胞，每个细胞有 1 个芽孔，生于外壁上，壁有色；休眠后萌发。担子外生。

模式种：*Pucciniastrum epilobii* G.H. Otth

寄主：*Epilobium angustifolium* L. (Onagraceae)

产地：瑞士。

本属全世界约有 34 种，性孢子器和春孢子器生于松科 Pinaceae 的冷杉属 *Abies*、云杉属 *Picea* 和铁杉属 *Tsuga* 上；夏孢子堆和冬孢子堆生于双子叶植物上，也可能生在兰花上，世界广布，尤其北温带（Kirk et al. 2008）。中国有 18 种（戴芳澜 1979；杨婷 2015），内蒙古有 5 种（刘铁志等 2006，2017a）。

通过扫描电镜观察，发现广义膨痂锈菌属（包括盖痂锈菌属）的部分种夏孢子表面具有光滑区，并且光滑区出现的频率、位置及面积大小可作为稳定的分类依据，用于不同种的区分（Liang 2006；杨婷 2015）。因夏孢子较小，刺较短，在光学显微镜下这一特征不易观察。

分种检索表

1. 夏孢子堆包被的口缘细胞分化不明显或近球形，光滑；生于柳叶菜科 Onagraceae 上…………………2
1. 夏孢子堆包被的口缘细胞分化明显，表面具小刺或近光滑；生于其他科上……………………………3
2. 口缘细胞近球形；生于柳兰属 *Chamerion* 和柳叶菜属 *Epilobium* 上………**柳叶菜膨痂锈菌 *P. epilobii***
2. 口缘细胞不明显；生于露珠草属 *Circaea* 上…………………………………**露珠草膨痂锈菌 *P. circaeae***
3. 口缘细胞上部具明显的刺；夏孢子大，长 24～42.5μm；生于鹿蹄草科 Pyrolaceae 鹿蹄草属 *Pyrola* 上 ………………………………………………………………………………**鹿蹄草膨痂锈菌 *P. pyrolae***
3. 口缘细胞具不明显的小刺或近光滑；夏孢子小，长 13～25μm；生于蔷薇科 Rosaceae 上…………4
4. 口缘细胞高 17.5～20μm；生于草莓属 *Fragaria* 和委陵菜属 *Potentilla* 上 ………………………………………………………………………………**委陵菜膨痂锈菌 *P. potentillae***
4. 口缘细胞高 20～25μm；生于龙芽草属 *Agrimonia* 上……………………**龙芽草膨痂锈菌 *P. agrimoniae***

龙芽草膨痂锈菌　　图 6

Pucciniastrum agrimoniae (Dietel) Tranzschel, Scripta Bot. Horti Univ. Imper. Petrop. 4: 301, 1895; Wang, Index Ured. Sin.: 76, 1951; Tai, Syll. Fung. Sin.: 692, 1979; Liu, J. Jilin

Agr. Univ. 1983(2): 5, 1983; Bai et al., J. Shenyang Agr. Univ. 18(3): 61, 1987; Guo, Fungi and Lichens of Shennongjia: 117, 1989; Zhang et al., Mycotaxon 61: 74, 1997; Zhuang & Wei, J. Jilin Agr. Univ. 24(2): 10, 2002; Liu et al., J. Fungal Res. 4(1): 51, 2006; Liu & Tian, J. Fungal Res. 12(4): 212, 2014; Liu et al., J. Inner Mongolia Univ. (Nat. Sci. Ed.) 48(6): 648, 2017; Liu et al., J. Fungal Res. 15(4): 244, 2017.

Thekopsora agrimoniae Dietel, Hedwigia 29: 153, 1890.

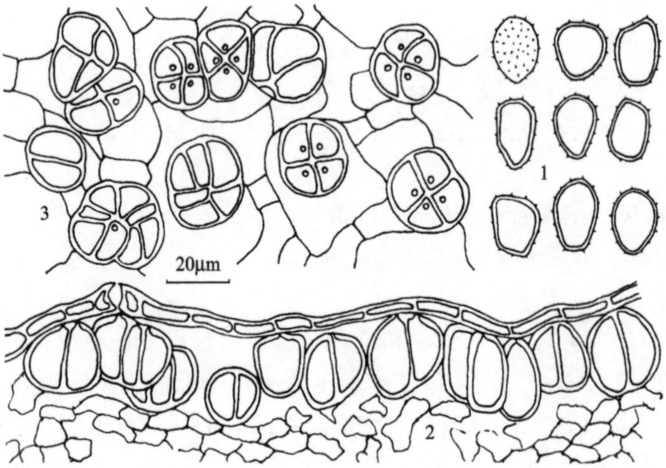

图 6　龙芽草膨痂锈菌 *Pucciniastrum agrimoniae* 的夏孢子（1）、冬孢子堆（2）和冬孢子堆表面观（3）（CFSZ 6875）

夏孢子堆生于叶下面，表皮下生，散生或聚生，圆形或矩圆形，0.1～0.4mm，常覆盖整个叶面，包被半球形，通过顶端孔口散出孢子，近粉状，橘黄色或淡黄色；包被细胞不规则多角形，直径 6～18μm，壁 1～2μm 厚，光滑，近无色，口缘细胞近球形或矩圆形，高 20～25μm，壁 2.5～5μm 厚，有不明显的小刺或近光滑；夏孢子球形、近球形、椭圆形或卵形，13～25×12～20μm，壁 1～1.5μm 厚，淡黄色或近无色，芽孔不清楚，表面被细刺，鲜时含橘黄色内含物。

冬孢子堆主要生于叶下面，表皮下生，非常小，直径 0.1～0.2mm，多数成组，淡褐色至红褐色，有时覆盖整个叶面；冬孢子在细胞间单生或群生，球形、近球形或椭圆形，（1～）2～7 个细胞，17～35μm 宽，17.5～30μm 高，壁 1～2μm 厚，顶壁可达 3μm 厚，表面光滑，黄褐色，每个细胞顶端有 1 个芽孔。

II，III

龙芽草（龙牙草）*Agrimonia pilosa* Ledeb.：赤峰市阿鲁科尔沁旗高格斯台罕乌拉自然保护区 5794；敖汉旗大黑山自然保护区 8770；巴林右旗赛罕乌拉自然保护区大西沟 9105，砬子沟 9896，西沟 6527，西山 6414；巴林左旗浩尔吐乡乌兰坝 692；喀喇沁旗马鞍山 5235、5265、8855，美林镇韭菜楼 5058、7991，旺业甸 5080、6956，茅荆坝 8936；克什克腾旗桦木沟 7177，黄岗梁 **6875**、9772，经棚 9630；林西县富林林场 5687，新林镇哈什吐 9890；宁城县黑里河自然保护区大坝沟 22，东打 5447，三道河 6174。呼伦贝尔市阿荣旗得力其尔 9144，三岔河 7359，辋窑，华伟乐 6361、7219；鄂伦春自治旗大杨树 7518；鄂温克族自治旗红花尔基 7791；根河市得耳布尔 7718，金河 9387；莫力达瓦达斡尔族自治旗尼尔基 7485；扎兰屯林业学校 1676；牙克石市乌尔其汉 9241。通辽市科尔沁左翼后旗大青沟 335、6274。乌兰察布市凉城县蛮汉山二龙什台 6002；兴和县苏木山 5909。兴安盟阿尔山市东山 7814，五岔沟 7948；科尔沁右翼前旗索伦牧场鸡冠山 1550。

国内分布：黑龙江，吉林，辽宁，北京，河北，山西，内蒙古，山东，江苏，浙江，安徽，江西，台湾，湖南，湖北，河南，广西，陕西，甘肃，青海，宁夏，云南，四川，贵州，重庆，西藏。

世界分布：世界广布。

露珠草膨痂锈菌　图 7

Pucciniastrum circaeae (Schumach.) Speg., *in* Berlese, De Toni & Fischer, Syll. Fung. 7: 763, 1888; Wang, Index Ured. Sin.: 77, 1951; Tai, Syll. Fung. Sin.: 693, 1979; Guo, Fungi and Lichens of Shennongjia: 117, 1989; Liu et al., J. Inner Mongolia Univ. (Nat. Sci. Ed.) 48(6): 648, 2017.

Caeoma onagrarum Link, *in* Willd., Sp. Pl., Edn 4, 6(2): 29, 1825.

Melampsora circaeae (Schumach.) Thüm., Mycoth. Univ., Cent. 5: 447, 1876.

Phragmopsora circaeae G. Winter, Hedwigia 18: 171, 1879.

Uredo circaeae Alb. & Schwein., Consp. Fung.: 124, 1805.

Uredo circaeae Schumach., Enum. Pl. 2: 228, 1803.

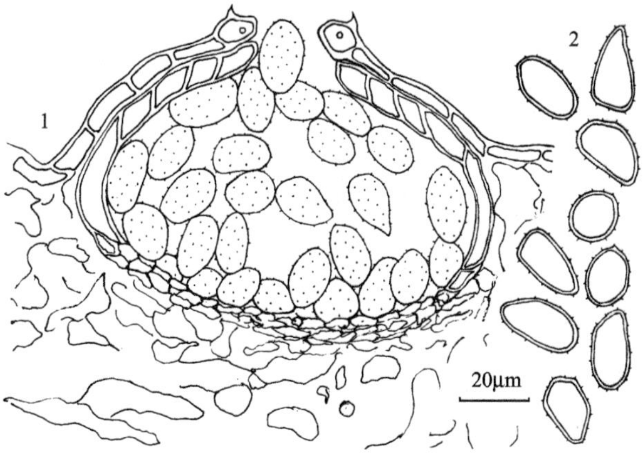

图 7　露珠草膨痂锈菌 *Pucciniastrum circaeae* 的夏孢子堆（1）和夏孢子（2）（CFSZ 7282）

夏孢子堆生于叶下面，表皮下生，散生或稍聚生，常布满整个叶面，圆形，直径 0.1～0.2mm，被表皮覆盖，淡黄色或黄色，包被半球形，通过顶端孔口散出孢子，橘黄色，包被细胞不规则多角形，直径 8～17.5μm，壁 1～2μm 厚，光滑，近无色，无明显分化的口缘细胞；夏孢子近球形、椭圆形或卵形，14～25×10～15μm，壁 1～1.5μm 厚，无色，表面被细刺，芽孔不清楚。

冬孢子堆未见。

II，（III）

深山露珠草 *Circaea alpina* L. subsp. *caulescens* (Kom.) Tatew.：赤峰市宁城县黑里河自然保护区三道河 **7282**、8350。

国内分布：‘东北’，内蒙古，台湾，湖北，云南，四川。

世界分布：欧洲；亚洲[土耳其，俄罗斯萨哈林岛（库页岛）和千岛群岛，尼泊尔，中国，日本，朝鲜半岛]。

我们的菌未产生冬孢子。Hiratsuka 等（1992）的描述为：冬孢子堆多生于叶下面，表皮下生，密集成群，受叶脉限制，常布满整个叶面，淡黄色；冬孢子单生或群生，常紧贴在表皮下面，球形、近球形到卵形，侧面有时具角或扁平，纵向分成 2～4 个细胞（少数超过 4 个），18～30μm 高，16～30μm 宽，壁 1.5～2μm 厚，均匀，光滑，淡黄色。

柳叶菜膨痂锈菌　　图 8

Pucciniastrum epilobii G.H. Otth, Mitt. Naturf. Ges. Bern 469-496: 72, 1861; Tai, Syll. Fung. Sin.: 694, 1979; Guo, Fungi and Lichens of Shennongjia: 118, 1989; Zhang et al., Mycotaxon 61: 75, 1997; Zhuang & Wei, J. Jilin Agr. Univ. 24(2): 10, 2002; Liu et al., J. Inner Mongolia Univ. (Nat. Sci. Ed.) 48(6): 648, 2017; Liu et al., J. Fungal Res. 15(4): 244, 2017.

Pucciniastrum abieti-chamaenerii Kleb., *in* Pringsheim, Jb. Wiss. Bot. 34: 387, 1900.

Pucciniastrum pustulatum Dietel, *in* Engler & Prantl, Nat. Pflanzenfam., Teil. I 1: 47, 1897.

Uredo pustulata Pers., Syn. Meth. Fung. 1: 219, 1801.

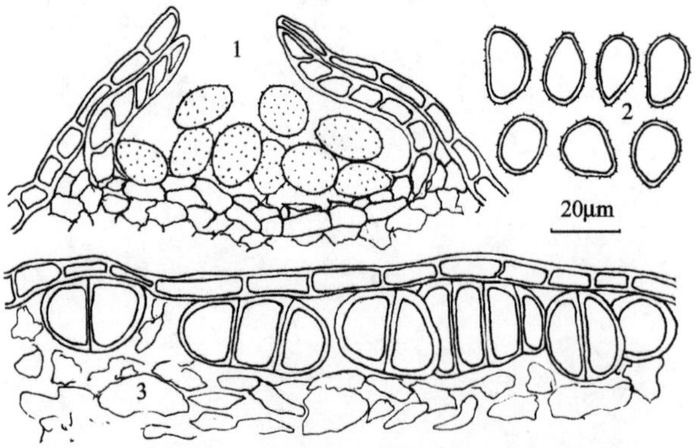

图 8　柳叶菜膨痂锈菌 *Pucciniastrum epilobii* 的夏孢子堆（1）、夏孢子（2）和冬孢子堆（3）（CFSZ 1512）

夏孢子堆生于叶下面和茎上，表皮下生，散生或聚生，圆形，直径 0.1～0.3mm，被表皮覆盖，淡黄褐色或黄色，包被半球形，通过顶端孔口散出孢子，橘黄色；包被细胞不规则多角形，直径 6～17.5μm，壁 1～2μm 厚，光滑，近无色，口缘细胞近球形，壁 2～3μm 厚，光滑；夏孢子近球形、椭圆形或卵形，15～24×10～16μm，壁 1～1.5μm 厚，无色，表面被细刺，芽孔不清楚，鲜时含橘黄色内含物。

冬孢子堆生于叶下面，偶尔生于叶上面和茎上，表皮下生或沉于叶肉组织内，非常小，直径 0.1～0.2mm，多数成组，在叶表常形成受叶脉限制的多角形壳状斑，稍隆起，有时覆盖整个叶面，淡褐色或黑褐色；冬孢子在细胞间单生或群生，近球形、矩圆形或短柱形，1～4 个细胞，7～35μm 宽，15～35μm 高，壁薄，1～1.5μm 厚，顶壁 1.5～3μm 厚，表面光滑，黄褐色。

II，III

柳兰 *Chamerion angustifolium* (L.) Holub（≡ *Epilobium angustifolium* L.）：呼伦贝尔市鄂伦春自治旗大杨树 7497、7506，加格达奇 7601，乌鲁布铁 7581。兴安盟阿尔山市伊尔施 7866。

沼生柳叶菜 *Epilobium palustre* L.：赤峰市巴林右旗赛罕乌拉自然保护区荣升 6574、6580、9501。呼伦贝尔市阿荣旗三岔河 7345。锡林郭勒盟正蓝旗元上都 8726、8743。兴安盟阿尔山市 7905，白狼镇洮儿河 1645；科尔沁右翼前旗索伦牧场三队 **1512**。

Zhuang 和 Wei（2002b）报道本种还分布于呼伦贝尔市牙克石市乌尔其汉，生于柳兰上。

国内分布：‘东北’，内蒙古，广东，陕西，甘肃，新疆，云南。

世界分布：欧洲；北美洲；中美洲；南美洲；大洋洲（新西兰）；亚洲[土耳其，以色列，俄罗斯萨哈林岛（库页岛）和千岛群岛，蒙古国，中国，日本，朝鲜半岛]。

委陵菜膨痂锈菌　　图 9

Pucciniastrum potentillae Kom., *in* Jaczewski, Komarov & Tranzschel, Fungi Rossiae Exsicc., Fasc. 7: 327, 1900 [1899]; Wang, Index Ured. Sin.: 78, 1951; Tai, Syll. Fung. Sin.: 694, 1979; Wang et al., Fungi of Xizang (Tibet): 33, 1983; Liu, J. Jilin Agr. Univ. 1983(2): 5, 1983; Zhuang & Wei, J. Jilin Agr. Univ. 24(2): 10, 2002; Liu et al., J. Inner Mongolia Univ. (Nat. Sci. Ed.) 48(6): 648, 2017.

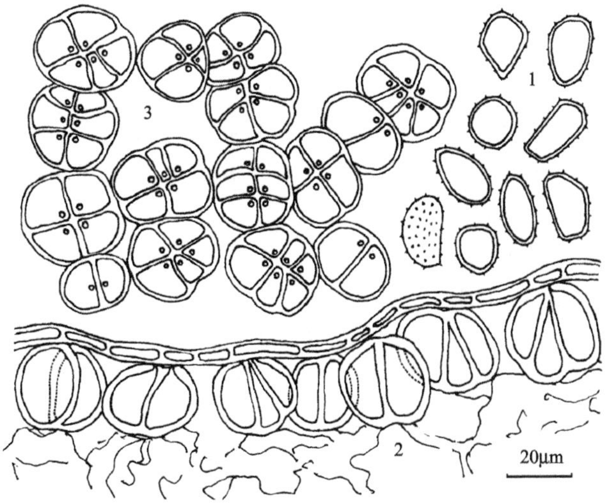

图 9　委陵菜膨痂锈菌 *Pucciniastrum potentillae* 的夏孢子（1）、冬孢子堆（2）和冬孢子堆表面观（3）（CFSZ 6908）

夏孢子堆生于叶下面，表皮下生，散生或聚生，圆形或宽椭圆形，0.1～0.4mm，包被半球形，通过顶端孔口散出孢子，近粉状，橘黄色或淡黄色；包被细胞不规则多角形，直径 7.5～18μm，壁 1.5～2μm 厚，光滑，近无色，口缘细胞近球形或椭圆形，高 17.5～20μm，壁 2～4μm 厚，有不明显的细刺或近光滑；夏孢子球形、近球形、椭圆形或卵形，14～25×11～17.5μm，壁 1～1.5μm 厚，淡黄色或近无色，表面被细刺，芽孔不清楚，鲜时含橘黄色内含物。

冬孢子堆生于叶下面，表皮下生，非常小，直径 0.1～0.2mm，多数成组，红褐色；冬孢子在细胞间单生或群生，球形、近球形或椭圆形，（1～）2～8 个细胞，17.5～35μm 宽，17.5～32.5μm 高，壁 1～2μm 厚，顶壁可达 3μm 厚，表面光滑，肉桂褐色，每个细胞顶端有 1 个芽孔。

II，III

东方草莓 *Fragaria orientalis* Losinsk.：呼伦贝尔市根河市阿龙山 9300。

莓叶委陵菜 *Potentilla fragarioides* L.：赤峰市克什克腾旗黄岗梁 **6908**；林西县新林镇哈什吐 9883。呼伦贝尔市阿荣旗阿力格亚 9181，三岔河 7381、7448；鄂伦春自治旗加格达奇 7606，乌鲁布铁 7570；莫力达瓦达斡尔族自治旗尼尔基 7481；牙克石市博克图 9202，乌尔其汉 9244。兴安盟阿尔山市东山 7823，五岔沟 7943，伊尔施 7858。

三叶委陵菜 *Potentilla freyniana* Bornm.：呼伦贝尔市阿荣旗三岔河 7455；鄂伦春自治旗加格达奇 7599，乌鲁布铁 7566。

国内分布：辽宁，吉林，内蒙古，安徽，江西，台湾，云南，西藏。

世界分布：中国，日本，朝鲜半岛，俄罗斯西伯利亚和萨哈林岛（库页岛），蒙古国，巴布亚新几内亚，美国，加拿大，东印度群岛。

据王云章（1951）记载，Cummins（1950）把产自安徽青阳生于 *Fragaria* sp.上的一种菌鉴定为委陵菜膨痂锈菌。我们采集的东方草莓上的菌除了夏孢子堆包被的口缘细胞顶端刺非常明显与本种稍有不同外，其他特征基本相符。

鹿蹄草膨痂锈菌　　图 10

Pucciniastrum pyrolae Dietel ex Arthur, N. Amer. Fl. 7(2): 108, 1907; Tai, Syll. Fung. Sin.: 694, 1979; Liu et al., J. Inner Mongolia Univ. (Nat. Sci. Ed.) 48(6): 648, 2017.

Aecidium pyrolae J.F. Gmel. [as'*pirolae*'], Syst. Nat., Edn 13, 2(2): 1473, 1792.

Melampsora pyrolae (J.F. Gmel.) J. Schröt. [as'*pirolae*'], *in* Cohn, Krypt.-Fl. Schlesien 3.1(17-24): 366, 1887 [1889].

Thekopsora pyrolae (J.F. Gmel.) P. Karst. [as'*pirolae*'], Symb. Mycol. Fenn. 4: 59, 1879.

Trichobasis pyrolae Berk., Outl. Brit. Fung.: 332, 1860.

夏孢子堆生于叶下面，散生或小群聚生，导致寄主叶片出现淡红色或棕红色病斑，表皮下生，圆形，0.1～0.4mm，棕黄色，长期被表皮覆盖或后期通过顶端孔口散出孢子，近粉状，橘黄色或淡黄色；包被半球形，上部包被细胞不规则多角形，直径 7.5～20μm，下部细胞径向拉长，壁约 2μm 厚，从下面向孔口逐渐增厚，光滑，无色，口缘细胞近球形或倒卵形，18～22.5×12.5～17.5μm，上部表面具刺，下部壁明显增厚；夏孢子椭圆形、矩圆形、倒长卵形、长茄形或棍棒形，24～42.5×10～19μm，壁 1.5～2.5μm 厚，近无色，表面被刺，芽孔不清楚，鲜时含橘黄色内含物。

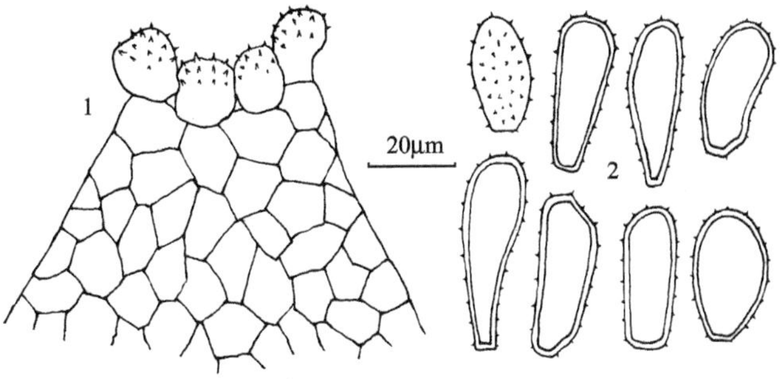

图 10　鹿蹄草膨痂锈菌 *Pucciniastrum pyrolae* 的夏孢子堆包被（1）和夏孢子（2）（CFSZ 7456）

冬孢子未见。

II，（III）

红花鹿蹄草 *Pyrola asarifolia* Michx. subsp. *incarnata* (DC.) Haber & Hir. Takah. [≡ *Pyrola incarnata* (DC.) Fisch. ex Kom.]：赤峰市巴林右旗赛罕乌拉自然保护区乌兰坝 8070。呼伦贝尔市阿荣旗阿力格亚 9177，三岔河 **7456**；鄂伦春自治旗乌鲁布铁 7552；根河市敖鲁古雅 7666。锡林郭勒盟东乌珠穆沁旗宝格达山 9421。

国内分布：吉林，内蒙古，台湾。

世界分布：欧洲；北美洲（包括格陵兰岛）；亚洲[土耳其，俄罗斯萨哈林岛（库页岛）和千岛群岛，蒙古国，中国，朝鲜半岛，日本]。

Hiratsuka 等（1992）描述夏孢子堆包被的口缘细胞大，长 32～46μm。我们观察到的口缘细胞则小得多。在我们的标本上未见到冬孢子堆和冬孢子，Arthur（1934）和 Hiratsuka 等（1992）描述冬孢子堆生于叶下面，表皮下生，不明显，平坦；冬孢子矩圆形或柱形，24～28×10～12μm，壁约 1μm 厚，均匀，光滑，无色。

（5）盖痂锈菌属 **Thekopsora** Magnus

Sitzungsber. Ges. Naturf. Freunde Berl.: 58, 1875.

性孢子器生于寄主角质层下（3 型）。春孢子器为有被春孢子器，初生于寄主表皮下，后裸露，柱形，包被细腻，近无色或淡黄色，包被细胞不规则多角形；春孢子球形、近球形到宽椭圆形。夏孢子堆生于寄主表皮下，包被扁半球形到圆锥形，包被细胞不规则多角形，口缘细胞发达或不发达。冬孢子堆叶两面生；冬孢子在寄主表皮细胞内产生，由纵隔膜分成 3～6 个细胞，在孢子球中央每个细胞有 1 个芽孔。担子外生。

模式种：*Thekopsora areolata* (Fr.) Magnus

≡ *Xyloma areolatum* Fr.

寄主：*Prunus padus* L. (Rosaceae)

产地：瑞典。

全世界约有 16 种，性孢子器和春孢子器生于松科 Pinaceae 的云杉属 *Picea* 和铁杉属 *Tsuga* 上，夏孢子堆和冬孢子堆生在双子叶植物上，北温带广布（Kirk et al. 2008；Cummins and Hiratsuka 2003；Müller 2010；Yang et al. 2014，2015；杨婷 2015）。中国有 9 种（戴芳澜 1979；Yang et al. 2014，2015；杨婷 2015），内蒙古有 3 种（刘铁志等 2017a）。

本属以其冬孢子在寄主表皮细胞内产生而与冬孢子在寄主表皮下产生的膨痂锈菌属 *Pucciniastrum* 相区别。但最近通过 ITS 和 28S 的系统发育分析表明，冬孢子堆在寄主上的着生位置不能作为区分两个属的分类依据，建议将 *Thekopsora* 作为 *Pucciniastrum* 的同物异名（杨婷 2015）。本志仍按多数学者观点视盖痂锈菌属为独立的属。

分种检索表

1. 夏孢子表面密生细疣；生于茜草科 Rubiaceae 拉拉藤属 *Galium* 上……… **日本盖痂锈菌 *Th. nipponica***

1. 夏孢子表面疏生细刺……………………………………………………………………………………2

2. 生于菊科 Asteraceae（Compositae）紫菀属 *Aster*、狗娃花属 *Heteropappus* 和马兰属 *Kalimeris* 上……
……………………………………………………………………………………… **紫菀盖痂锈菌 *Th. asterum***

2. 生于茜草科 Rubiaceae 茜草属 *Rubia* 上 …………………………………………… **茜草盖痂锈菌 *Th. rubiae***

紫菀盖痂锈菌　　图 11

Thekopsora asterum Tranzschel, Conspectus Uredinalium URSS: 380, 1939; Liu et al., J. Inner Mongolia Univ. (Nat. Sci. Ed.) 48(6): 648, 2017; Liu et al., J. Fungal Res. 15(4): 244, 2017.

Pucciniastrum asterum (Tranzschel) Jørst., Nytt Mag. Bot. 6: 139, 1958.

Thekopsora asteridis Tranzschel ex Hirats. f., Monogr. Pucciniastr.: 328, 1936.

Thekopsora asteris Tranzschel ex Kuprev. & Tranzschel, Fl. Pl. Crypt. URSS, 4(1): 246, 1957.

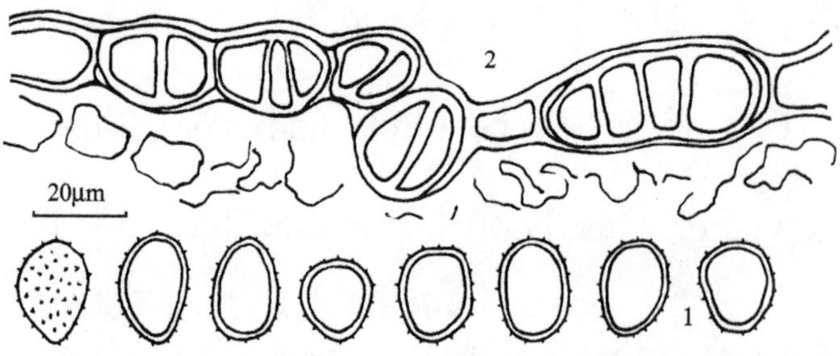

图 11　紫菀盖痂锈菌 *Thekopsora asterum* 的夏孢子（1）和冬孢子堆（2）（CFSZ 6088）

夏孢子堆生于叶下面，也生于茎上，表皮下生，散生或聚生，圆形，直径 0.1～0.4mm，棕黄色或黄色，包被扁半球形，后期通过顶端孔口散出孢子，粉状，橘黄色或淡黄色，口缘细胞分化不明显；夏孢子近球形、卵形或椭圆形，15～25（～27.5）×12.5～20μm，壁 1～1.5μm 厚，无色，有细刺，芽孔不清楚。

冬孢子堆生于叶下面，聚生，近圆形或不规则形，直径 0.2～0.6mm，棕黑色或黑褐色，稍突起，胶质壳状；冬孢子生于寄主表皮细胞内，球形、椭圆形或矩圆形，22.5～

45（～67.5）×15～32.5μm，2～4（～6）室，壁 2～3μm 厚，肉桂褐色至栗褐色，光滑，芽孔顶生。

II，III

三脉紫菀 *Aster ageratoides* Turcz.：乌兰察布市凉城县蛮汉山二龙什台 **6088**（= HMAS 246759）。

阿尔泰狗娃花 *Aster altaicus* Willd. [≡ *Heteropappus altaicus* (Willd.) Novopokr.]：鄂尔多斯市伊金霍洛旗乌兰木伦，乔龙厅 8235（= HMAS 246765）。

蒙古马兰 *Aster mongolicus* Franch. [≡ *Kalimeris mongolica* (Franch.) Kitam.]：赤峰市宁城县黑里河自然保护区大坝沟 26。

全叶马兰 *Aster pekinensis* (Hance) F.H. Chen （= *Kalimeris integrifolia* Turcz. ex DC.）：赤峰市敖汉旗大黑山自然保护区 9560；喀喇沁旗十家 828。兴安盟科尔沁右翼前旗居力很 937；科尔沁右翼中旗布敦化 7468（= HMAS 246761）。

紫菀 *Aster tataricus* L. f.：赤峰市巴林右旗赛罕乌拉自然保护区正沟 6481。通辽市科尔沁左翼后旗大青沟 338。

国内分布：内蒙古，甘肃，四川。

世界分布：日本，俄罗斯远东地区，朝鲜半岛，中国。

日本盖痂锈菌　图 12

Thekopsora nipponica Hirats. f., J. Jap. Bot. 16: 615, 1940; Liu & Tian, J. Fungal Res. 12(4): 212, 2014; Liu et al., J. Inner Mongolia Univ. (Nat. Sci. Ed.) 48(6): 648, 2017.

Pucciniastrum nipponicum (Hirats. f.) Jørst., Nytt Mag. Bot. 6: 139, 1958.

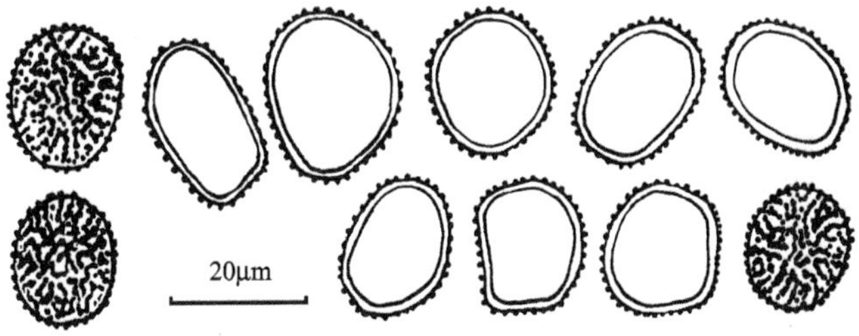

图 12　日本盖痂锈菌 *Thekopsora nipponica* 的夏孢子（CFSZ 6332）

夏孢子堆生于叶下面，也生于茎上，表皮下生，散生或聚生，圆形或椭圆形，直径 0.2～1mm，黄色或黄白色，包被扁半球形，包被细胞不规则多角形，直径 6～12.5μm，近无色，后期通过顶端孔口散出孢子，口缘细胞分化不明显；夏孢子球形、近球形、卵形或宽椭圆形，15～25（～27.5）×13～22.5μm，壁 1.5～2.5μm 厚，无色或淡黄色，密生细疣，有时呈迷宫状，芽孔不清楚。

冬孢子堆未产生。

II，(III)

猪殃殃 *Galium spurium* L.：通辽市科尔沁左翼后旗大青沟 **6332**（= HMAS 246768）。

国内分布：内蒙古，甘肃。

世界分布：日本，俄罗斯远东地区，中国。

茜草盖痂锈菌 图 13

Thekopsora rubiae Kom., *in* Jaczewski, Komarov & Tranzschel, Fungi Rossiae Exsicc., Fasc. 7: 328, 1900 [1899]; Wang, Index Ured. Sin.: 80, 1951; Tai, Syll. Fung. Sin.: 739, 1979; Liu et al., J. Fungal Res. 4(1): 51, 2006; Liu & Tian, J. Fungal Res. 12(4): 212, 2014; Liu et al., J. Inner Mongolia Univ. (Nat. Sci. Ed.) 48(6): 648, 2017.

Pucciniastrum rubiae (Kom.) Jørst., Nytt Mag. Bot. 6: 139, 1958; Tai, Syll. Fung. Sin.: 694, 1979.

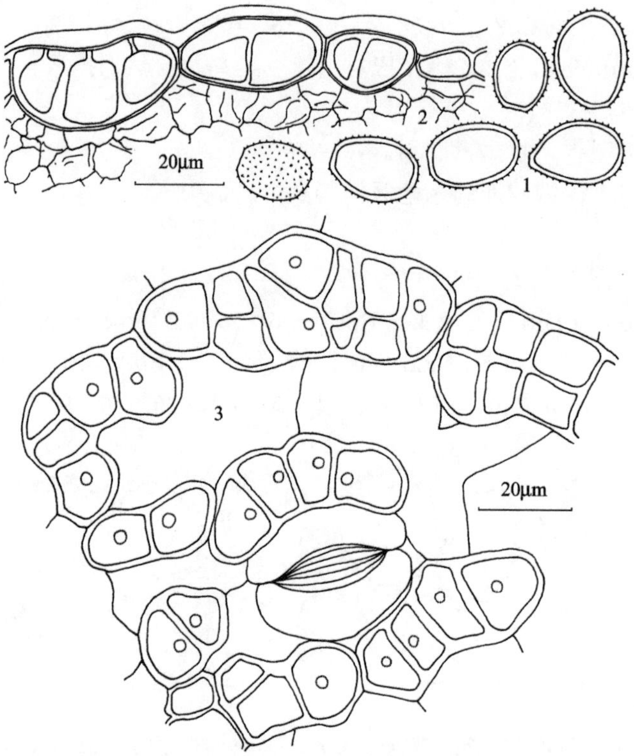

图 13 茜草盖痂锈菌 *Thekopsora rubiae* 的夏孢子（1）、冬孢子堆（2）和冬孢子堆表面观（3）（CFSZ 105）

夏孢子堆生于叶下面，表皮下生，散生或聚生，圆形，直径 0.2～0.5mm，棕黄色，包被扁半球形，不破裂，包被细胞不规则多角形，直径 7.5～12.5μm，后期通过顶端孔口释放孢子，口缘细胞分化不明显；夏孢子近球形、卵形或椭圆形，16～26×12～16μm，壁 1～1.5μm 厚，无色或淡黄色，有细刺，芽孔不清楚。

冬孢子堆生于叶下面，散生或聚生，近圆形，直径 0.2～0.3mm，常互相愈合成不规则形大斑，长达 2～5mm，有时覆盖叶片整个表面，棕黑色或黑褐色，稍突起，胶质壳状；冬孢子生于寄主表皮细胞内，球形、椭圆形或矩圆形，22.5～35（～45）×17.5～25（～30）μm，2～5 室，壁 2～3μm 厚，黄褐色至栗褐色，光滑，芽孔顶生。

II，III

茜草 *Rubia cordifolia* L.：赤峰市敖汉旗大黑山自然保护区 9561；喀喇沁旗旺业甸茅荆坝 8944；宁城县黑里河自然保护区三道河 9646，小城子镇高桥 9958；松山区老府镇五十家子 **105**。呼伦贝尔市鄂伦春自治旗乌鲁布铁 7546、7560；莫力达瓦达斡尔族自治旗尼尔基 7487；扎兰屯市秀水山庄 1694。通辽市科尔沁左翼后旗大青沟 6334、6338。

国内分布：辽宁，河北，内蒙古，甘肃，青海，西藏。

世界分布：俄罗斯西伯利亚，中国，朝鲜半岛，日本，尼泊尔。

（6）拟夏孢锈菌属 Uredinopsis Magnus

Atti Congl. Bot. Intern. di Genova, 1892: 167, 1893.

性孢子器生于寄主表皮下（1 型、2 型）或角质层下（3 型）。春孢子器初生于寄主表皮下，后外露，具白色包被；春孢子串生，具疣。夏孢子堆初生于寄主表皮下，后外露，具包被，不规则开裂，口缘细胞分化不明显；夏孢子单生，常由于挤压而呈白色卷须状物，或多或少呈披针形，且顶部具有短尖，无色，表面光滑或具几行齿状疣，芽孔靠近端部；某些种产生休眠夏孢子。冬孢子不形成组织，单个或松散地生于寄主的叶肉中；冬孢子单细胞，或由垂直或倾斜的隔膜分成 2～6 个细胞，无色，芽孔 1 个，生于外壁上，不清楚；萌发发生在越冬后的植物体上；担子外生。

模式种：*Uredinopsis filicina* (Niessl) Magnus

≡ *Protomyces filicinus* Niessl

寄主：*Phegopteris polypodioides* Fée (Polypodiaceae)

产地：奥地利。

本属全世界约有 25 种。拟夏孢锈菌属通常被认为是柄锈菌目中现存的最原始的属。原因之一是它们的春孢子器生在冷杉属 *Abies* 植物的叶片上，简单的冬孢子堆生在蕨类植物上；另外一个原因是它们的孢子细胞质和细胞壁均无任何颜色。推测所有的种均为转主寄生，并且为长循环型生活史。世界广布，尤其北温带（Kirk et al. 2008；Cummins and Hiratsuka 2003）。中国报道 9 种（戴芳澜 1979；薛煜等 1995），内蒙古已知 1 种（刘铁志等 2017a）。

蕨拟夏孢锈菌　图 14

Uredinopsis pteridis Dietel & Holw., *in* Dietel, Ber. Dt. Bot. Ges. 13: 331, 1895; Wang, Index Ured. Sin.: 82, 1951; Tai, Syll. Fung. Sin.: 762, 1979; Liu et al., J. Inner Mongolia Univ. (Nat. Sci. Ed.) 48(6): 648, 2017.

夏孢子堆生于叶下面，表皮下生，散生或聚生于受叶脉限制的淡黄褐色病斑上，或生于不规则的褐色区域内，圆形或不规则形，泡状隆起，0.1～0.8mm，有一薄的淡黄褐色包被，后期在顶端出现一孔口；包被牢固；包被细胞小，不规则多角形，直径 7.5～

17.5μm，壁不及 1μm 厚，无色，光滑；夏孢子堆粉状，白色；夏孢子梭形、椭圆形、矩圆状棍棒形或棍棒形，27.5～60×10～19μm，顶端渐尖或急尖，有短喙，长 3～7.5μm，基部或多或少地变窄，壁薄，约 1μm 厚，无色，表面具从孢子顶端到基部的齿状疣，芽孔不清楚，可能为 4 个，双带状排列；休眠夏孢子无色，有棱角的倒卵形或不规则多面体，20～45×15～22.5μm，表面有密细疣，壁 1.5～4μm 厚，无色，柄长达 45μm，脱落或否。

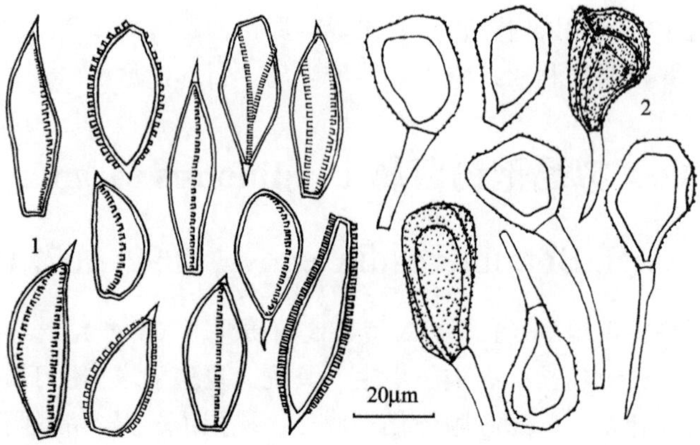

图 14　蕨拟夏孢锈菌 *Uredinopsis pteridis* 的夏孢子（1）和休眠夏孢子（2）（CFSZ 7457）

冬孢子在引证标本上未见。

II，（III）

蕨 *Pteridium aquilinum* (L.) Kuhn var. *latiusculum* (Desv.) Underw. ex Heller：赤峰市宁城县黑里河自然保护区大坝沟 8391，四道沟 9057，小柳树沟 8395。呼伦贝尔市阿荣旗三岔河 **7457**。

国内分布：吉林，河北，内蒙古，台湾，广西。

世界分布：欧洲；北美洲；亚洲（印度，日本，中国，俄罗斯远东地区）。

Hiratsuka 等（1992）描述冬孢子堆生于叶两面黄褐色到褐色的不固定的区域内；冬孢子生于胞间隙内，在表皮下散生或松散地聚生成一层，或在叶肉内单生，球形、近球形或椭圆形，被垂直隔膜分成 2～6 个细胞（通常 4 个），直径 18～36μm，壁无色，光滑，薄，1μm 厚或不及。

2　鞘锈菌科 Coleosporiaceae Dietel

性孢子器 2 型。春孢子器为有被春孢子器，包被多发达；春孢子串生并有疣。夏孢子堆有不明显的包被或无包被；夏孢子串生并且多数具疣，同一个种的夏孢子与春孢子极相似，芽孔多不清楚，散生。冬孢子堆后期外露，蜡质或凝胶状，干时硬，垫状或柱状；冬孢子单细胞，无柄，串生、假串生或形成单层，壁薄，芽孔不明显；萌发不需要休眠，内容物本身 4 裂为内生担子（鞘锈菌属 *Coleosporium*），或每个冬孢子细胞萌发形成一个外生担子（金锈菌属 *Chrysomyxa*）。大多数种都为转主寄生，春孢子器生在针叶树的针叶、芽或球果上。

模式属：*Coleosporium* Lév.

本科春孢子器阶段全部生于针叶树上，尤其云杉属 *Picea*（*Chrysomyxa*，*Ceropsora*）和松属 *Pinus*（*Coleosporium*）（Cummins and Hiratsuka 2003）。全世界已知 6 属 131 种（Kirk et al. 2008）。内蒙古有 2 属（刘铁志等 2017a）。

分属检索表

1. 冬孢子串生或链状，担子外生 …………………………………………（7）**金锈菌属 *Chrysomyxa***
1. 冬孢子侧面相连成单层壳状孢子堆，担子内生 ……………………………（8）**鞘锈菌属 *Coleosporium***

（7）金锈菌属 **Chrysomyxa** Unger

Beitr. Vergleich. Pathologie: 24, 1840.

Barclayella Dietel, Hedwigia 29: 266, 1890.

Coleosporium subgen. *Melampsoropsis* J. Schröt., *in* Cohn, Beitr. Biol. Pfl. 3: 57, 1879.

Melampsoropsis (J. Schröt.) Arthur, Résult. Sci. Congr. Bot. Wien 1905: 338, 1906.

Stilbechrysomyxa M.M. Chen, Sci. Silvae Sin. 20: 267, 1984.

性孢子器生于寄主表皮下（2 型）。春孢子器为有被春孢子器，初生于寄主表皮下，后裸露，具包被；春孢子串生，具疣。夏孢子堆初生于寄主表皮下，后裸露，无包被或有一不明显的包被；夏孢子串生，具疣，同一个种的夏孢子与春孢子极相似；芽孔散生。冬孢子堆初生于寄主表皮下，后外露，蜡质，垫状或强烈隆起，有时基部具菌丝束状梗；冬孢子单细胞，串生或链状，密集并互相聚结；壁薄，无色，芽孔不明显，发芽不需要休眠。担子外生。

模式种：*Chrysomyxa abietis* (Wallr.) Unger

≡ *Blennoria abietis* Wallr.

寄主：*Picea abies* Karst. (Pinaceae)

产地：奥地利。

本属全世界约有 23 种，性孢子器和春孢子器生于云杉属 *Picea* 上，夏孢子堆（类似 *Caeoma* 并常有易消失的包被）和冬孢子堆生于双子叶植物上，短生活史的种冬孢子堆（= *Melampsoropsis*）生于松科 Pinaceae 的云杉属 *Picea* 或铁杉属 *Tsuga* 上，北半球广布（Kirk et al. 2008）。中国报道 12 种（戴芳澜 1979；王云章等 1980；谌谟美 1984；刘铁志等 2017a；庄剑云和郑晓慧 2017），内蒙古已知 4 种，琥珀色金锈菌 *Chrysomyxa succinea* (Sacc.) Tranzschel 为内蒙古新记录种（刘铁志等 2017a；庄剑云和郑晓慧 2017）。

分种检索表

1. 夏孢子长 20～42.5（～52.5）μm；冬孢子堆有柄 ……………………… **琥珀色金锈菌 *Ch. succinea***
1. 夏孢子长 16～35μm；冬孢子堆无柄 ……………………………………………………………… 2
2. 夏孢子表面密布粗疣，生于鹿蹄草科 Pyrolaceae 上 ………………………**鹿蹄草金锈菌 *Ch. pirolata***

2. 夏孢子表面密布柱状疣，生于杜鹃花科 Ericaceae 上 …………………………………………………………3
3. 夏孢子较小，16～28×15～20μm；生于杜香属 *Ledum* 上 ……………………………… **杜香金锈菌 *Ch. ledi***
3. 夏孢子较大，17.5～35×12.5～22.5μm；生于杜鹃属 *Rhododendron* 上 ……………………………………
…………………………………………………………………………………………… **杜鹃金锈菌 *Ch. rhododendri***

杜香金锈菌 图 15

Chrysomyxa ledi (Alb. & Schwein.) de Bary, Bot. Ztg. 37: 809, 1879; Zhuang & Wei, J. Jilin Agr. Univ. 24(2): 6, 2002; Liu et al., J. Inner Mongolia Univ. (Nat. Sci. Ed.) 48(6): 649, 2017; Zhuang & Zheng, J. Xichang Univ. (Nat. Sci. Ed.) 31(4): 4, 2017.

Caeoma ledi (Alb. & Schwein.) Schltdl., Fl. Berol. 2: 122, 1824.

Melampsoropsis ledi (Alb. & Schwein.) Arthur, Résult. Sci. Congr. Bot. Wien 1905: 338, 1906.

Uredo ledi Alb. & Schwein., Consp. Fung.: 125, 1805.

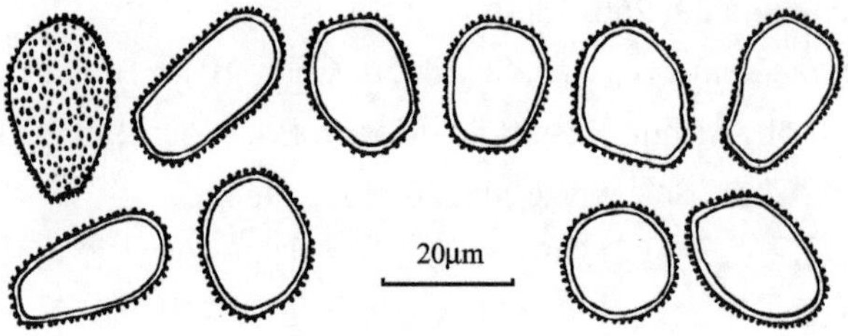

图 15 杜香金锈菌 *Chrysomyxa ledi* 的夏孢子（CFSZ 7703）

夏孢子堆生于叶下面，散生或稍小群聚生，圆形，直径约 0.1mm，粉状，鲜时橙红色，干时黄白色，基部有简单的包被；夏孢子近球形、椭圆形或卵形，16～28×15～20μm，壁 0.5～1μm 厚，近无色，表面密布柱状疣，疣高约 1.5μm，鲜时有橙黄色内含物，芽孔不清楚。

冬孢子未产生。

II，(III)

宽叶杜香 *Ledum palustre* L. var. *dilatatum* Wahlenb.：呼伦贝尔市根河市得耳布尔 **7703**。

Zhuang 和 Wei（2002b）报道本种在兴安盟阿尔山市还生于细叶杜香 *L. palustre* L. var. *angustum* N. Busch.上。

国内分布：黑龙江，内蒙古。

世界分布：欧洲、亚洲、北美洲寒带和亚寒带广布。

据 Hiratsuka 等（1992）报道，本种冬孢子堆出现在春季，生于叶下面，平，起初血红色，后变为橙红色；冬孢子链生，长 70～100μm，5～6 个细胞，13～30×10～20μm，易分离，壁无色，薄而光滑，内含物橙红色。庄剑云和郑晓慧（2017）描述本种夏孢子 17～30×15～25μm，表面密布柱状疣；冬孢子堆扁平；冬孢子矩圆形、椭圆形、长矩圆形或近四方形，18～38×10～20μm，3～6 个串生。

鹿蹄草金锈菌 图 16

Chrysomyxa pirolata (Körn.) G. Winter, Rabenh. Krypt.-Fl., Edn 2, 1.1: 250, 1881 [1884]; Zhuang & Zheng, J. Xichang Univ. (Nat. Sci. Ed.) 31(4): 4, 2017.

Chrysomyxa pyrolata (Körn.) G. Winter [as'*pirolata*'], Rabenh. Krypt.-Fl., Edn 2, 1.1: 250, 1881 [1884]. (Index Fungorum)

Chrysomyxa pyrolae Rostr., Botan. Zbl. 5: 127, 1881; Wang, Index Ured. Sin.: 11, 1951; Teng, Fungi of China: 320, 1963; Tai, Syll. Fung. Sin.: 397, 1979.

Uredo pirolata Körn., Hedwigia 16: 28, 1877.

Uredo pyrolata Körn. [as'*pirolata*'], Hedwigia 16: 28, 1877. (Index Fungorum)

图 16 鹿蹄草金锈菌 *Chrysomyxa pirolata* 的夏孢子（CFSZ 9986）

夏孢子堆生于叶下面，散生或稍聚生，圆形，直径 0.2～0.4mm，常常覆盖整个叶片下表面，粉状，黄色；夏孢子近球形、椭圆形、卵形或不规则形，17.5～32.5×15～22.5μm，壁 1.5～2μm 厚，近无色或淡黄褐色，表面密布粗疣，疣高 1.5～2μm，芽孔不清楚。

冬孢子未产生。

II，（III）

红花鹿蹄草 *Pyrola asarifolia* Michx. subsp. *incarnata* (DC.) Haber & Hir. Takah. [≡ *Pyrola incarnata* (DC.) Fisch. ex Kom.]：兴安盟阿尔山市，张玉良 **9986**（=HMAS 42812），天池林场，何秉章 9987（=HMAS 54236）。

国内分布：内蒙古，新疆。

世界分布：北温带广布。

据 Hiratsuka 等（1992）报道，本种冬孢子堆通常生于越冬叶下表面，圆形或不规则形，蜡质，红色；冬孢子串生，12～25×6～11μm，形成 100～140μm 长链，壁光滑。庄剑云和郑晓慧（2017）描述本种夏孢子 18～38×12～23（～25）μm，表面布满粗疣；冬孢子堆圆形或椭圆形，垫状；冬孢子无定形，近矩圆形或近椭圆形，15～32×6～10μm。

杜鹃金锈菌 图 17

Chrysomyxa rhododendri (DC.) de Bary, Bot. Ztg. 37: 809, 1879; Wang, Index Ured. Sin.: 11, 1951; Tai, Syll. Fung. Sin.: 397, 1979; Liu, J. Jilin Agr. Univ. 1983(2): 1, 1983; Zhuang & Zheng, J. Xichang Univ. (Nat. Sci. Ed.) 31(4): 5, 2017.

Chrysomyxa ledi (Alb. & Schwein.) de Bary var. *rhododendri* (de Bary) Savile, Can. J. Bot. 33: 491, 1955; Wang et al., Fungi of Xizang (Tibet): 34, 1983; Zhuang & Wei, J. Jilin Agr. Univ. 24(2): 6, 2002; Liu et al., J. Inner Mongolia Univ. (Nat. Sci. Ed.) 48(6): 649, 2017.

Caeoma rhododendri (DC.) Link, *in* Willd., Sp. Pl., Edn 4, 6(2): 16, 1825.

Melampsoropsis rhododendri (DC.) J. Schröt. ex Sacc., Syll. Fung. 7: 760, 1888.
Melampsoropsis rhododendri (DC.) Arthur, Résult. Sci. Congr. Bot. Wien 1905: 338, 1906.
Uredo rhododendri DC., *in* de Candolle & Lamarck, Fl. Franç., Edn 3, 5/6: 86, 1815.

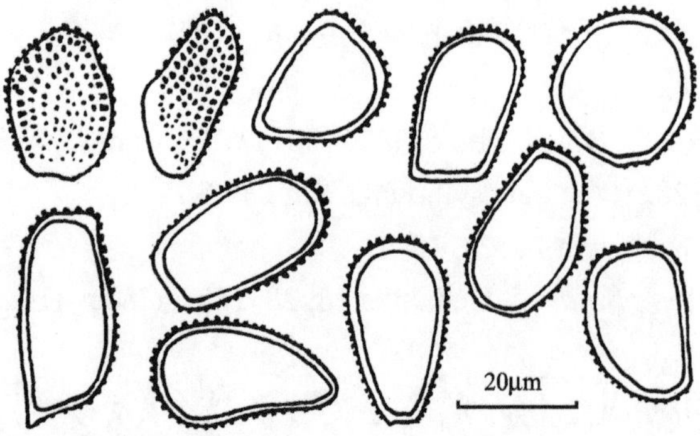

图 17　杜鹃金锈菌 *Chrysomyxa rhododendri* 的夏孢子（CFSZ 1607）

夏孢子堆生于叶下面，常生于黄色病斑上，散生或稍聚生，圆形，直径 0.1～0.2mm，粉状，橙黄色；夏孢子近球形、椭圆形、卵形或不规则形，常一端平截或具角，17.5～35×12.5～22.5μm，壁 1～2μm 厚，近无色，表面密布柱状疣，疣高约 1.5μm，鲜时有橙黄色内含物，芽孔不清楚。

冬孢子未产生。

II，（III）

兴安杜鹃 *Rhododendron dauricum* L.：呼伦贝尔市阿荣旗三岔河 7365、7383；鄂伦春自治旗克一河 7638；根河市敖鲁古雅 7662，得耳布尔 7705，满归镇凝翠山 9331。兴安盟科尔沁右翼前旗索伦牧场鸡冠山 1557。

照山白 *Rhododendron micranthum* Turcz.：兴安盟阿尔山市白狼镇鸡冠山 **1607**。

国内分布：黑龙江，吉林，北京，内蒙古，甘肃。

世界分布：北温带广布。

据 Hiratsuka 等（1992）报道，本种冬孢子堆生于叶下面，在越冬叶上，多聚生，红褐色；冬孢子排列长达 130μm，4～6 个细胞，20～30×10～14μm，壁无色，薄而光滑，内含物橙红色。庄剑云和郑晓慧（2017）描述本种夏孢子 18～38×13～25μm，表面密布柱状疣，常具不规则的纵向条斑；冬孢子堆基部无梗；冬孢子矩圆形、近方形、椭圆形或短柱形，20～33×10～20μm。

琥珀色金锈菌　　图 18

Chrysomyxa succinea (Sacc.) Tranzschel, Conspectus Uredinalium URSS: 70, 314, 1939; Tai, Syll. Fung. Sin.: 397, 1979; Zhuang, Acta Mycol. Sin. 5: 80, 1986; Zhuang & Zheng, J. Xichang Univ. (Nat. Sci. Ed.) 31(4): 6, 2017.
Gloeosporium succineum Sacc., Michelia 2(6): 146, 1880.
Stilbechrysomyxa succinea (Sacc.) M.M. Chen, Scientia Silvae Sinicae 20: 268, 1984.

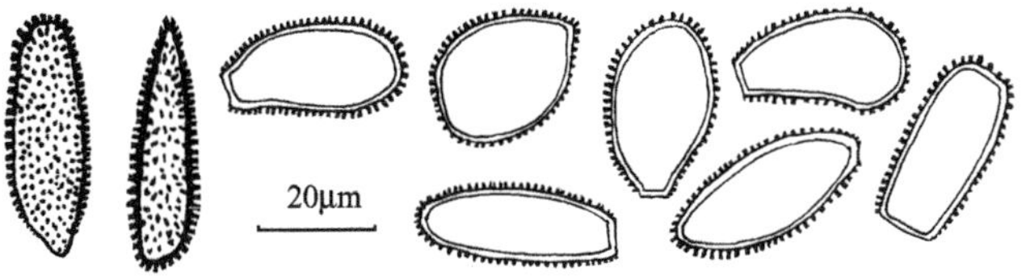

图 18　琥珀色金锈菌 *Chrysomyxa succinea* 的夏孢子（CFSZ 9645）

夏孢子堆生于叶下面，散生或稍小群聚生，圆形，直径 0.1～0.3mm，粉状，鲜时橙红色，干时黄白色，基部有简单的包被；夏孢子近球形、椭圆形、卵形、长椭圆形或长卵形，20～42.5（～52.5）×13～22.5μm，壁 0.5～1μm 厚，近无色，表面密布柱状疣，疣高 1～2.5μm，有时部分区域无疣或疣逐渐变矮形成不规则光滑区，鲜时有橙黄色内含物，芽孔不清楚。

冬孢子未产生。

II，（III）

照山白 *Rhododendron micranthum* Turcz.：赤峰市宁城县黑里河自然保护区三道河 **9645**（= HMAS 247616）；喀喇沁旗马鞍山 9711、9714。

国内分布：内蒙古，台湾，甘肃，云南，四川，西藏。

世界分布：欧亚温带广布。

Azbukina（2005）和 Hiratsuka 等（1992）描述本种夏孢子大小分别为 17～38×11～23μm 和 18～41×11～26μm。我们的菌少数夏孢子稍长。据 Hiratsuka 等（1992）报道，本种冬孢子堆生于叶下面，散生或聚生，头状，近球形或椭圆形，有短柄，0.25～0.6mm，诱发叶上面出现红色或褐色斑点；冬孢子串生，柱形到棱柱形，侧面矩圆形或卵圆形，14～32×7～15μm，壁薄，光滑。庄剑云和郑晓慧（2017）描述本种夏孢子 18～37×13～23μm，表面密布柱状疣，常在侧面或端部呈现条状或帽状斑；冬孢子堆基部具短柄；冬孢子近球形、矩圆形或椭圆形，15～35×8～18μm。本种为内蒙古新记录。

（8）鞘锈菌属 Coleosporium Lév.

Ann. Sci. Nat., Bot., sér. 3, 8: 373, 1847.

Stichopsora Dietel, Bot. Jb. 27: 565, 1899 [1900].

Synomyces Arthur, N. Amer. Fl. 7: 661, 1924.

性孢子器生于寄主表皮下（2 型）。春孢子器为有被春孢子器，初生于寄主表皮下，后外露，具显著的包被；春孢子串生，具疣，疣柱状或瘤状，某些种的疣具环纹或宽圆锥形。夏孢子堆初生于寄主表皮下，后外露，新鲜时亮橙色，褪色后发白；夏孢子串生，具疣或刺，某些种具网状纹饰，通常与该种的春孢子相似，芽孔散生，不清楚。冬孢子堆初生于寄主表皮下，后外露呈低垫状或罕为柱形垫状，潮湿时凝胶状；冬孢子无柄，单细胞，1 层孢子厚，壳状，或由于新孢子从老孢子堆中钻出而呈假串生，或为串生，壁厚，上部胶质；萌发不需要休眠，本身 4 裂为担子，每个细胞上再产生 1 个小梗和 1 个担孢子。

模式标本：*Coleosporium senecionis* (Pers.) Fr. (Index Fungorum)

Coleosporium campanulae (F. Strauss) Tul.（补选模式）

≡ *Uredo tremellosa* F. Strauss var. *campanulae* F. Strauss

寄主：*Campanula* sp. (Campanulaceae)

产地：欧洲。

本属全世界约有 100 种，性孢子器和春孢子器生于松科 Pinaceae 的松属 *Pinus* 上；夏孢子堆和冬孢子堆生于双子叶植物（尤其菊类植物）和一些单子叶植物（兰科）上，世界广布，5 个短生活史的种生在松属上（Kirk et al. 2008）。中国报道 59 种（戴芳澜 1979；王云章等 1983；刘振钦 1986；潘学仁和薛煜 1992；薛煜和邵力平 1995；曹支敏和李振岐 1999；严进等 2006；刘铁志等 2006，2017a；李瑾 2009；You et al. 2010；游崇娟 2012；田呈明和游崇娟 2017），内蒙古已知 14 种，其中香茶菜鞘锈菌 *Coleosporium plectranthi* Barclay 为内蒙古新记录种（刘铁志等 2017a）。

据 Kaneko（1981）观察，有的种的冬孢子成熟时基部产生一隔膜，隔膜以上为内生担子，以下不孕部分呈柄状[不孕细胞（sterile cell）]，遂将冬孢子的柄状不孕细胞作为重要的分类依据。本志在种的划分上采用此观点。但庄剑云（个人通信）认为，鞘锈菌与其他锈菌一样，冬孢子在孢子堆原基菌丝团的菌丝顶端形成，冬孢子（内生担子）下部的所谓“不孕细胞”实际上就是与孢子相连的菌丝段。锈菌分类通常将孢子柄的有无和柄的长度作为重要特征描述，以往诸多作者不可能看不到或忽略了 Kaneko（1981）所称的柄状“不孕细胞”，一些早期作者（Liro 1908；Sydow and Sydow 1915；Gäumann 1959）的线条图都有绘出，推测此不孕菌丝段随着孢子成熟或早或晚自行消解。由于此不孕菌丝段在同一个种不同标本（同一寄主或不同寄主，同一采集地或不同采集地，同一采集时间或不同采集时间）中时有时无、长短变化无常，以致从未有人将它作为重要性状加以利用并描述。基于上述认识而不采纳 Kaneko（1981）的分类意见，《中国真菌志 锈菌目（五）》在鞘锈菌属分种方面仍然采用欧美早期作者的分类意见。

分种检索表

1. 夏孢子表面具锥状刺；生于芸香科 Rutaceae 黄檗 *Phellodendron amurense* 上……………………………………………………………………………………………… **黄檗鞘锈菌 *C. phellodendri***

1. 夏孢子表面具粗疣；生于其他科上……………………………………………………………2

2. 夏孢子和冬孢子生于桔梗科 Campanulaceae 上…………………………………………………3

2. 夏孢子和冬孢子生于其他科上……………………………………………………………4

3. 四细胞内生担子比单细胞的冬孢子短，基部有柄状细胞；生于风铃草属 *Campanula* 上……………………………………………………………………………………………… **风铃草鞘锈菌 *C. campanulae***

3. 四细胞内生担子与单细胞的冬孢子等长，基部无柄状细胞；生于沙参属 *Adenophora* 上……………………………………………………………………………………………… **地笋鞘锈菌 *C. lycopi***

4. 夏孢子和冬孢子生于毛茛科 Ranunculaceae 上……………………………………………5

4. 夏孢子和冬孢子生于其他科上……………………………………………………………6

5. 夏孢子较小，19～31（～35）×14～22.5μm；四细胞内生担子与单细胞冬孢子等长，基部无柄状细胞；生于升麻属 *Cimicifuga* 上 ……………………………… **升麻鞘锈菌 *C. cimicifugatum***

5. 夏孢子较大，19～42（～55）×11～22.5μm；四细胞内生担子较单细胞冬孢子短，基部有柄状细胞；生于白头翁属 *Pulsatilla* 上 ·· **白头翁鞘锈菌 *C. pulsatillae***

6. 夏孢子和冬孢子生于玄参科 Scrophulariaceae 马先蒿属 *Pedicularis* 上；四细胞内生担子比单细胞的冬孢子短，基部有柄状细胞 ·· **马先蒿鞘锈菌 *C. pedicularis***

6. 夏孢子和冬孢子生于其他科上 ·· 7

7. 夏孢子和冬孢子生于唇形科 Lamiaceae（Labiatae）香茶菜属 *Isodon* (*Plectranthus*)上；四细胞内生担子较单细胞的冬孢子长或近等长，基部无柄状细胞 ································ **香茶菜鞘锈菌 *C. plectranthi***

7. 夏孢子和冬孢子生于菊科 Asteraceae（Compositae）上 ·· 8

8. 四细胞内生担子基部无柄状细胞 ·· 9

8. 四细胞内生担子基部有柄状细胞 ·· 10

9. 冬孢子较大，50～100×17.5～27.5μm；生于旋覆花属 *Inula* 上 ················ **旋覆花鞘锈菌 *C. inulae***

9. 冬孢子较小，30～55×15～25μm；生于风毛菊属 *Saussurea* 上 ··········· **风毛菊鞘锈菌 *C. saussureae***

10. 柄状细胞长 15～55μm，内生担子间易分离；生于风毛菊属 *Saussurea* 上 ·· **具柄鞘锈菌 *C. pedunculatum***

10. 柄状细胞长 10～35μm，内生担子间不易分离；生于其他属上 ·· 11

11. 夏孢子多为长椭圆形、长卵圆形或棍棒形，长 21～40（～50）μm；生于橐吾属 *Ligularia* 上 ·· **庄氏鞘锈菌 *C. zhuangii***

11. 夏孢子多为近圆形、椭圆形或倒卵形，长 17.5～35（～42.5）μm；生于橐吾属 *Ligularia* 或其他属上 ·· 12

12. 冬孢子长 45～112.5μm；生于千里光属 *Senecio* 和狗舌草属 *Tephroseris* 上 ·· **千里光鞘锈菌 *C. senecionis***

12. 冬孢子长 50～90μm；生于其他属上 ·· 13

13. 夏孢子 22.5～32.5（～36）×15～27.5μm；冬孢子 50～90×20～32.5μm；生于蟹甲草属 *Parasenecio*（*Cacalia*）上 ·· **兔儿伞鞘锈菌 *C. cacaliae***

13. 夏孢子 20～35（～42.5）×15～22.5μm；冬孢子 55～90×15～25μm；生于橐吾属 *Ligularia* 上 ·· **橐吾鞘锈菌 *C. ligulariae***

兔儿伞鞘锈菌　图 19

Coleosporium cacaliae G.H. Otth, Mitteil. Naturforsch. Ges. Bern 1865: 179, 1866; Wang, Index Ured. Sin.: 13, 1951; Tai, Syll. Fung. Sin.: 409, 1979; Wei & Zhuang, Fungi of the Qinling Mountains: 28, 1997; Zhang et al., Mycotaxon 61: 55, 1997; Zhuang & Wei, J. Jilin Agr. Univ. 24(2): 6, 2002; Liu et al., J. Inner Mongolia Univ. (Nat. Sci. Ed.) 48(6): 649, 2017.

夏孢子堆生于叶下面，散生，圆形，直径 0.2～0.6mm，橙黄色，粉状；夏孢子近圆形、椭圆形或长卵形，22.5～32.5（～36）×15～27.5μm，表面有粗疣，无色，疣 0.5～2μm 宽，1～2μm 高，芽孔不清楚。

冬孢子堆生于叶下面，散生或聚生，圆形、椭圆形或不规则形，0.2～1.5mm，初为淡黄色，后为橘红色或黄褐色，胶质，垫状；冬孢子圆柱形、长椭圆形或棍棒形，单层或不规则 2 层排列，50～90×20～32.5μm，侧壁约 1μm 厚，无色，顶壁胶质鞘 5～25μm

厚，近无色。

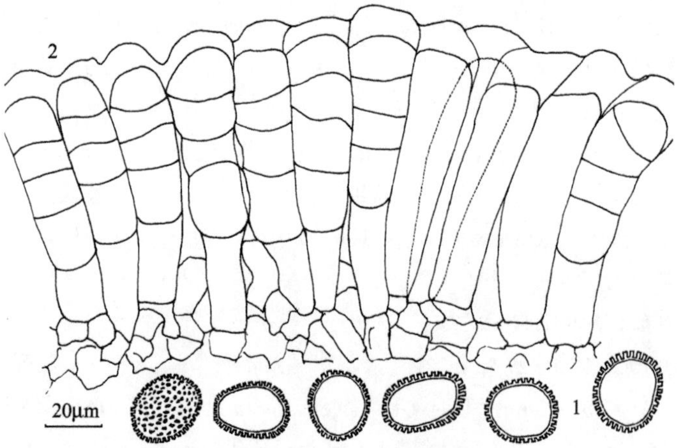

图 19　兔儿伞鞘锈菌 *Coleosporium cacaliae* 的夏孢子（1）、冬孢子堆中的冬孢子和四细胞内生担子（2）（CFSZ 7877）

四细胞内生担子 55～75×19～27.5μm，偶尔有斜隔膜，基部有柄状细胞，长 10～35μm；担孢子椭圆形，20～27.5×15～20μm，壁不及 1μm 厚，无色。

Ⅱ，Ⅲ，Ⅳ

山尖子 *Parasenecio hastatus* (L.) H. Koyama（≡ *Cacalia hastata* L.）：赤峰市喀喇沁旗美林镇韭菜楼 7966；克什克腾旗黄岗梁 9780、9782、9814、9821。呼伦贝尔市鄂伦春自治旗加格达奇 7605，乌鲁布铁 7587、7590；根河市满归镇凝翠山 9303。锡林郭勒盟东乌珠穆沁旗宝格达山 9427。兴安盟阿尔山市五岔沟 7953，伊尔施 **7877**。

国内分布：内蒙古，甘肃，陕西。

世界分布：欧洲；亚洲（日本，朝鲜半岛，中国）。

Kaneko（1981）把日本生于山尖子 *Cacalia hastata* L.两个变种上的鞘锈菌鉴定为新兔儿伞鞘锈菌 *Coleosporium neocacaliae* Saho。该种与兔儿伞鞘锈菌 *C. cacaliae* G.H. Otth 的区别在于前者夏孢子表面有网状光滑区，内生担子基部无不孕细胞，而后者夏孢子表面疣突分布均匀，无光滑区，内生担子基部有不孕细胞。我们采到的菌内生担子基部大多具有明显的柄状细胞（不孕细胞），故鉴定为兔儿伞鞘锈菌。Saho（1966）认为东亚产的蟹甲草 *Cacalia* spp.上的鞘锈菌夏孢子普遍都较小，与欧洲产的 *Coleosporium cacaliae* 有别，遂改订为 *C. neocacaliae* Saho。欧洲的 *C. cacaliae* 的夏孢子可达 40μm 长或过之，冬孢子亦可达 140μm 长（Sydow and Sydow 1915；Kuprevich and Tranzschel 1957；Gäumann 1959）。庄剑云（个人通信）在《中国真菌志 锈菌目（五）》中接受 Saho（1966）的意见，依据孢子大小把以往国内鉴定为 *C. cacaliae* G.H. Otth 的菌也改订为 *C. neocacaliae* Saho，但不是因为其夏孢子表面有光滑区和内生担子基部无不孕细胞，与此相反，他们发现我国的标本有时可见短柄状不孕细胞。

风铃草鞘锈菌 图 20

Coleosporium campanulae (F. Strauss) Tul., Ann. Sci. Nat. Bot., sér. 4, 2: 137, 1854; Wei & Zhuang, Fungi of the Qinling Mountains: 29, 1997; Liu et al., J. Inner Mongolia Univ. (Nat. Sci. Ed.) 48(6): 649, 2017.

Coleosporium campanulae (Pers.) Lév., Fl. Crypt. Flandres 2: 54, 1867; Wang, Index Ured. Sin.: 13, 1951; Tai, Syll. Fung. Sin.: 409, 1979; Zhuang, Acta Mycol. Sin. 2(3): 147, 1983; Guo, Fungi and Lichens of Shennongjia: 108, 1989.

Uredo campanulae Pers., Syn. Meth. Fung. 1: 217, 1801.

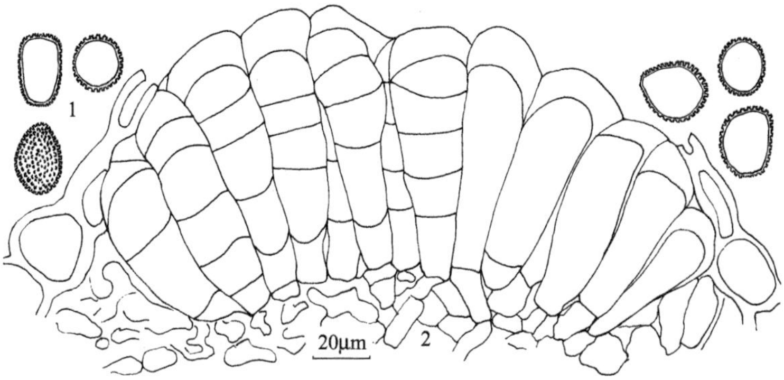

图 20 风铃草鞘锈菌 *Coleosporium campanulae* 的夏孢子（1）、冬孢子堆中的冬孢子和四细胞内生担子（2）（CFSZ 7856）

夏孢子堆生于叶下面，散生，圆形，直径 0.2～1mm，橙黄色或乳白色，粉状；夏孢子圆形、近圆形、椭圆形或矩圆形，17.5～30（～37.5）×16～22.5μm，表面有粗疣，无色，疣 0.5～2μm 宽，0.5～1.5μm 高，芽孔不清楚。

冬孢子堆生于叶下面，散生或聚生，圆形、椭圆形或不规则形，0.2～1.5mm，初为淡黄色，后为橘红色或黄褐色，胶质，垫状；冬孢子圆柱形、长椭圆形或棍棒形，单层排列，50～100×15～30μm，侧壁约 1μm 厚，无色，顶端胶质鞘 10～20μm 厚，无色。

四细胞内生担子 55～90×15～30μm，偶尔有斜隔膜或纵隔膜，基部有柄状细胞，长 7.5～30μm，有时无；担孢子椭圆形、倒卵形，17.5～25×14～17.5μm，壁不及 1μm 厚，无色。

II，III，IV

聚花风铃草 *Campanula glomerata* L. subsp. *speciosa* (Spreng.) Domin（= *Campanula glomerata* L.）：呼伦贝尔市牙克石市博克图 9190，乌尔其汉 9239、9264。锡林郭勒盟东乌珠穆沁旗宝格达山 9412。兴安盟阿尔山市东山 7812，伊尔施 **7856**、7861、7875。

国内分布：内蒙古，陕西。

世界分布：北温带广布，传播到新西兰。

Wilson 和 Henderson（1966）、Kaneko（1981）、Hiratsuka 等（1992）、Azbukina（2005）、田呈明和游崇娟(2017)均将该名作为款冬鞘锈菌 *Coleosporium tussilaginis* (Pers.) Lév. 的异名。Laundon（1975）和 Cummins（1978）将此菌视为独立的种。

升麻鞘锈菌 图 21

Coleosporium cimicifugatum Thüm. ex Kom., *in* Jaczewski, Komarov & Tranzschel, Fungi Rossiae Exsicc., Fasc. 6: 175, 1899; Guo, Fungi and Lichens of Shennongjia: 109, 1989 ; Zhang et al., Mycotaxon 61: 55, 1997; Zhuang & Wei, J. Jilin Agr. Univ. 24(2): 6, 2002; Liu et al., J. Inner Mongolia Univ. (Nat. Sci. Ed.) 48(6): 649, 2017.

Coleosporium cimicifugatum Thüm., Bull. Soc. Imp. Nat. Moscou 53: 222, 1878; Wang, Index Ured. Sin.: 14, 1951; Tai, Syll. Fung. Sin.: 410, 1979; Wei & Zhuang, Fungi of the Qinling Mountains: 30, 1997.

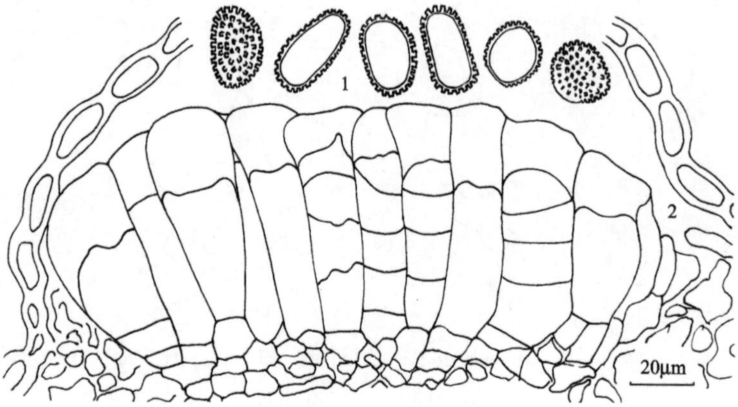

图 21 升麻鞘锈菌 *Coleosporium cimicifugatum* 的夏孢子（1）、冬孢子堆中的冬孢子和四细胞内生担子（2）（CFSZ 7504）

夏孢子堆生于叶下面，散生，圆形，直径 0.2～0.5mm，乳白色至淡黄色，粉状；夏孢子近圆形、椭圆形、卵圆形或矩圆形，19～31（～35）×14～22.5μm，表面疏生粗疣，疣 1～3μm 宽，1～2μm 高，基部渐光滑，无色或淡黄色，芽孔不清楚。

冬孢子堆生于叶下面，散生或聚生，圆形、椭圆形或不规则形，0.2～1.5mm，初为淡黄色，后为橘红色或黄褐色，胶质，垫状；冬孢子柱形、长椭圆形或棍棒形，单层或不规则排列，（35～）45～85×17.5～27.5μm，侧壁 1～1.5μm 厚，无色或淡黄色，顶端胶质鞘 10～30μm 厚，无色。

四细胞内生担子 50～87.5×17.5～27.5μm，偶尔有纵隔膜或斜隔膜，基部无柄状细胞；担孢子椭圆形，20～29×15～20μm，壁约 1μm 厚，无色。

II，III，IV

兴安升麻 *Cimicifuga dahurica* (Turcz.) Maxim.：呼伦贝尔市鄂伦春自治旗大杨树 **7504**，乌鲁布铁 7577。

Zhuang 和 Wei（2002b）报道本种也分布于兴安盟阿尔山市。

国内分布：吉林，河北，内蒙古，陕西，甘肃，云南。

世界分布：俄罗斯远东地区，中国，朝鲜半岛，日本，蒙古国。

邵力平等（1988）通过接种试验证明黑龙江省伊春地区红松 *Pinus koraiensis* Siebold

& Zucc.上的春孢子可以侵染升麻 *Cimicifuga foetida* L.、单穗升麻 *C. simplex* (DC.) Turcz.、北风毛菊 *Saussurea discolor* Diels、卵叶风毛菊 *S. grandifolia* Maxim.、燕尾风毛菊 *S. serrata* DC.和东北燕尾风毛菊 *S. serrata* DC. var. *amurensis* Herder，从而证明红松松针锈病病原菌为升麻鞘锈菌 *Coleosporium cimicifugatum*，并建议将风毛菊鞘锈菌 *C. saussureae* Thüm. 作为其异名。

旋覆花鞘锈菌　　图 22

Coleosporium inulae Rabenh., Bot. Ztg. 9: 455, 1851; Wang, Index Ured. Sin.: 16, 1951; Tai, Syll. Fung. Sin.: 413, 1979; Liu et al., J. Inner Mongolia Univ. (Nat. Sci. Ed.) 48(6): 649, 2017.

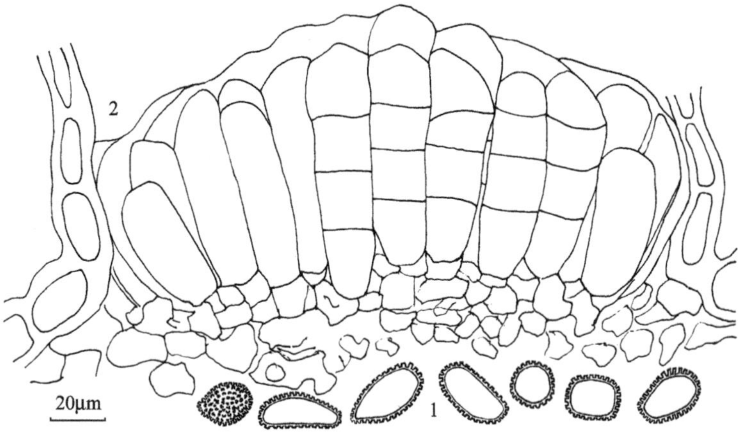

图 22　旋覆花鞘锈菌 *Coleosporium inulae* 的夏孢子（1）、冬孢子堆中的冬孢子和四细胞内生担子（2）（CFSZ 7862）

夏孢子堆生于叶下面，散生，圆形，直径 0.2～0.6mm，橙黄色或乳白色，粉状；夏孢子近圆形、椭圆形、倒卵形或矩圆形，17.5～30（～37.5）×12.5～21μm，表面有粗疣，无色，疣 0.3～0.5μm 宽，0.5～2μm 高，芽孔不清楚。

冬孢子堆生于叶下面，散生或聚生，圆形、椭圆形或不规则形，0.2～1.5mm，初为淡黄色，后为橘红色或黄褐色，胶质，垫状；冬孢子圆柱形、长椭圆形或棍棒形，单层排列，50～100×17.5～27.5μm，侧壁约 1μm 厚，无色，顶壁胶质鞘 5～25μm 厚，无色。

四细胞内生担子 50～100×17.5～30μm，偶尔有斜隔膜，基部无柄状细胞；担孢子椭圆形，20～30×15～17.5μm，壁不及 1μm 厚，无色。

II，III，IV

柳叶旋覆花 *Inula salicina* L.：兴安盟阿尔山市伊尔施 7859、**7862**。

国内分布：内蒙古，广西，云南，贵州。

世界分布：土耳其，以色列，中国。

橐吾鞘锈菌 图 23

Coleosporium ligulariae Thüm., Bull. Soc. Imp. Nat. Moscou 52: 140, 1877; Wang, Index Ured. Sin.: 16, 1951; Teng, Fungi of China: 317, 1963; Tai, Syll. Fung. Sin.: 414, 1979; Liu, J. Jilin Agr. Univ. 1983(2): 1, 1983; Wang et al., Fungi of Xizang (Tibet): 36, 1983; Zhuang, Acta Mycol. Sin. 5(2): 79, 1986; Guo, Fungi and Lichens of Shennongjia: 110, 1989; Wei & Zhuang, Fungi of the Qinling Mountains: 31, 1997; Zhang et al., Mycotaxon 61: 56, 1997; Zhuang & Wei, J. Jilin Agr. Univ. 24(2): 6, 2002; Liu et al., J. Inner Mongolia Univ. (Nat. Sci. Ed.) 48(6): 649, 2017; Liu et al., J. Fungal Res. 15(4): 244, 2017.

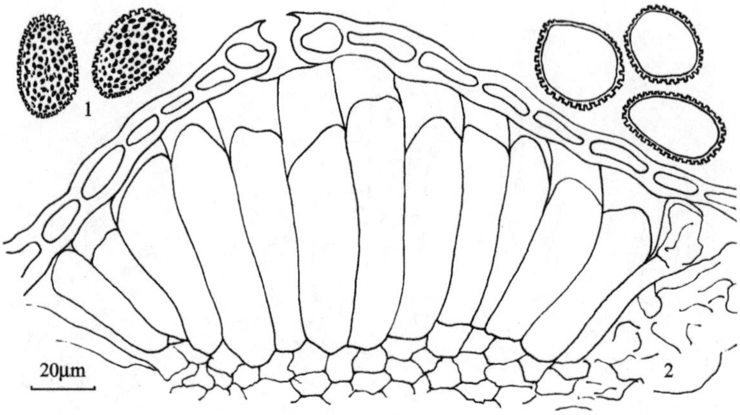

图 23 橐吾鞘锈菌 *Coleosporium ligulariae* 的夏孢子（1）和冬孢子堆（2）（CFSZ 7529）

夏孢子堆生于叶下面，散生，圆形，直径 0.2～0.6mm，橙黄色或乳白色，粉状；夏孢子多近圆形或椭圆形，20～35（～42.5）×15～22.5μm，表面有粗疣，无色，疣 0.3～0.5μm 宽，0.5～1μm 高，芽孔不清楚。

冬孢子堆生于叶下面，散生或聚生，圆形、椭圆形或不规则形，0.2～1.5mm，初为淡黄色，后为橘红色或黄褐色，胶质，垫状；冬孢子圆柱形、长椭圆形或棍棒形，单层排列，55～90×15～25μm，侧壁约 1μm 厚，无色，顶壁胶质鞘 5～27.5μm 厚，无色。

四细胞内生担子 50～80×19～27.5μm，偶尔有斜隔膜和纵隔膜，基部有柄状细胞，长 12.5～25μm；担孢子椭圆形，20～25×15～18μm，壁不及 1μm 厚，无色。

Ⅱ，Ⅲ，Ⅳ

蹄叶橐吾 *Ligularia fischeri* (Ledeb.) Turcz.：赤峰市巴林右旗赛罕乌拉自然保护区大东沟 9540，荣升 8119、8121、8144；克什克腾旗黄岗梁 6889、6893、9778，经棚镇昌兴 9641；林西县新林镇哈什吐 9845。呼伦贝尔市鄂伦春自治旗大杨树 **7529**；牙克石市博克图 9187。锡林郭勒盟东乌珠穆沁旗宝格达山 9425、9440。兴安盟阿尔山市 7911，五岔沟 7936、7940、7944，伊尔施 7871、7872、7880。

国内分布：吉林，内蒙古，浙江，台湾，湖南，广东，陕西，甘肃，云南。

世界分布：欧洲；亚洲温带地区（中国，蒙古国）。

地笋鞘锈菌　图 24

Coleosporium lycopi Syd. & P. Syd., Annls Mycol. 11: 402, 1913; Zhang et al., Mycotaxon 61: 56, 1997; Zhuang & Wei, J. Jilin Agr. Univ. 24(2): 6, 2002; Liu et al., J. Inner Mongolia Univ. (Nat. Sci. Ed.) 48(6): 649, 2017; Liu et al., J. Fungal Res. 15(4): 244, 2017.

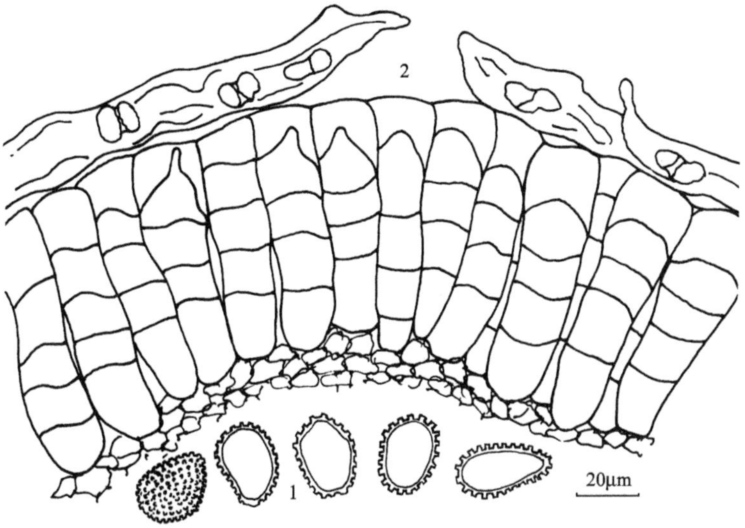

图 24　地笋鞘锈菌 *Coleosporium lycopi* 的夏孢子（1）和四细胞内生担子（2）（CFSZ 560）

夏孢子堆生于叶下面，也生于茎和萼片上，圆形或椭圆形，散生或近聚生，直径 0.2～1mm，乳白色至橘黄色，裸露，粉状；夏孢子近球形、椭圆形、宽椭圆形、卵圆形或不规则形，17.5～35（～40）×12.5～22.5（～25）μm，无色或淡黄色，表面密生粗疣，疣 0.5～1.5μm 宽，1～1.5μm 高，芽孔不清楚。

冬孢子堆生于叶下面，也生于茎和萼片上，散生或聚生，圆形、椭圆形或不规则形，0.2～1mm，常汇合成片，直径达 5mm，有时覆盖整个叶面，初为淡黄色，后为橘黄色或橘红色，胶质，垫状；冬孢子柱形、棍棒状或椭圆形，单层排列，40～105×16～27.5μm，壁约 1μm 厚，无色，内部常含有橘红色内含物，顶壁胶质鞘 10～30μm 厚，无色。

四细胞内生担子与单细胞的冬孢子等长，偶尔有纵隔膜或斜隔膜，基部无柄状细胞；担孢子椭圆形、倒卵形或肾形，20～25×10～20μm，壁约 1μm 厚，无色。

Ⅱ，Ⅲ，Ⅳ

北方沙参 *Adenophora borealis* D.Y. Hong & Y.Z. Zhao：赤峰市克什克腾旗黄岗梁 6868。

细叶沙参（紫沙参）*Adenophora capillaris* Hemsl. subsp. *paniculata* (Nannf.) D.Y. Hong & S. Ge（≡ *A. paniculata* Nannf.）：赤峰市克什克腾旗经棚镇昌兴 9639。

狭叶沙参 *Adenophora gmelinii* (Spreng.) Fisch.：赤峰市克什克腾旗浩来呼热 6665。

柳叶沙参 *Adenophora gmelinii* (Spreng.) Fisch. var. *coronopifolia* (Fisch.) Y.Z. Zhao：赤

峰市克什克腾旗黄岗梁 6904。

小花沙参 *Adenophora micrantha* D.Y. Hong：赤峰市巴林右旗赛罕乌拉自然保护区王坟沟 6605、6612。

齿叶紫沙参 *Adenophora paniculata* Nannf. var. *dentata* Y.Z. Zhao：呼伦贝尔市根河市敖鲁古雅 7683。

长白沙参 *Adenophora pereskiifolia* (Fisch. ex Roem. & Schult.) G. Don：赤峰市松山区老府镇神仙沟 1372。呼伦贝尔市鄂伦春自治旗克一河 7640，乌鲁布铁 7580；根河市满归镇九公里 9340、9345、9357，凝翠山 9310、9332。

石沙参 *Adenophora polyantha* Nakai：赤峰市克什克腾旗黄岗梁 1062、9797、9800、9823。

长柱沙参 *Adenophora stenanthina* (Ledeb.) Kitag.：赤峰市克什克腾旗黄岗梁 **560**、9771。呼伦贝尔市根河市二道河 7739；海拉尔区 916。乌兰察布市凉城县蛮汉山二龙什台 6102。锡林郭勒盟多伦县蔡木山 757。兴安盟阿尔山市伊尔施 7895。

轮叶沙参 *Adenophora tetraphylla* (Thunb.) Fisch.：呼伦贝尔市鄂伦春自治旗克一河 7650，乌鲁布铁 7582。

锯齿沙参 *Adenophora tricuspidata* (Fisch. ex Roem. & Schult.) A. DC.：赤峰市巴林右旗赛罕乌拉自然保护区正沟 9912；克什克腾旗黄岗梁 9768。呼伦贝尔市根河市金林 9295；牙克石市乌尔其汉 9253、9261。锡林郭勒盟东乌珠穆沁旗宝格达山 9420、9434。兴安盟阿尔山市东山 7817，白狼镇鸡冠山 1604，伊尔施 7870。

多歧沙参 *Adenophora wawreana* Zahlbr.：赤峰市敖汉旗大黑山自然保护区 8831。

国内分布：黑龙江，吉林，内蒙古，台湾，河南，陕西，甘肃，宁夏，四川。

世界分布：日本，尼泊尔，俄罗斯远东地区，中国，朝鲜半岛。

马先蒿鞘锈菌　　图 25

Coleosporium pedicularis F.L. Tai [as'*pedicularidis*'], Farlowia 3: 100, 1947; Tai, Syll. Fung. Sin.: 414, 1979; Wei & Zhuang, Fungi of Xiaowutai Mountains in Hebei Province: 104, 1997; Zhang et al., Mycotaxon 61: 57, 1997; Liu et al., J. Inner Mongolia Univ. (Nat. Sci. Ed.) 48(6): 649, 2017.

夏孢子堆生于叶下面，圆形，直径 0.2～0.5mm，黄色至黄褐色，裸露，粉状；夏孢子近球形、宽椭圆形或倒卵圆形，20～40（～45）×16～25μm，壁 1～1.5μm 厚，淡黄褐色至近无色，表面有粗疣，高 0.5～1.5μm，芽孔不清楚。

冬孢子堆生于叶下面，散生或聚生，圆形、椭圆形或不规则形，0.2～1.5mm，初为淡黄色，后为橘黄色或橘红色，胶质，垫状；冬孢子柱形、棍棒状或椭圆形，单层或 2 层排列，50～80×16～25μm，壁 1μm 厚，无色，内部常含有橘红色内含物，顶壁胶质鞘 6～25μm 厚，无色。

四细胞内生担子 45～75×16～27.5μm，基部有柄状细胞，长 10～25μm；担孢子椭圆形、倒卵形或肾形，17.5～22.5×12.5～17.5μm，壁约 1μm 厚，无色。

Ⅱ，Ⅲ，Ⅳ

返顾马先蒿 *Pedicularis resupinata* L.：呼伦贝尔市鄂伦春自治旗乌鲁布铁 **7586**。

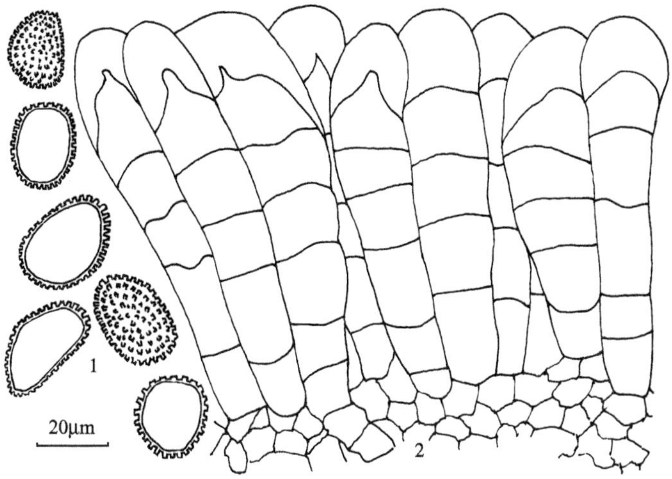

图 25　马先蒿鞘锈菌 *Coleosporium pedicularis* 的夏孢子（1）和四细胞内生担子（2）（CFSZ 7586）

国内分布：河北，内蒙古，陕西，云南。

世界分布：中国，土耳其。

产于云南和河北的马先蒿鞘锈菌的夏孢子明显小，大小分别为 18～30×13～20μm（戴芳澜 1979）和 18～30×12～23μm（魏淑霞和庄剑云 1997a）。Zhang 等（1997）把陕西平利生于返顾马先蒿 *Pedicularis resupinata* 的菌鉴定为马先蒿鞘锈菌。

具柄鞘锈菌　图 26，图 27

Coleosporium pedunculatum S. Kaneko, Rep. Tottori Mycol. Inst. 15: 18, 1977; Cao & Li, Rust Fungi of Qinling Mountains: 18, 1999; Liu et al., J. Inner Mongolia Univ. (Nat. Sci. Ed.) 48(6): 649, 2017.

夏孢子堆生于叶下面，散生，少聚生，圆形，直径 0.2～0.6mm，淡黄色至黄褐色，粉状；夏孢子近圆形、椭圆形、长椭圆形、卵圆形或不规则形，20～42.5×15～25μm，表面密生粗疣，无色或淡黄色，疣 0.5～2μm 宽，1～2μm 高，芽孔不清楚。

冬孢子堆生于叶下面，散生或环状聚生，圆形、椭圆形或不规则形，0.2～1.5mm，常相互愈合呈弧状，长达 5mm 或更长，初为淡黄色，后为橘红色或黄褐色，胶质，垫状；冬孢子长圆柱形、长椭圆形或棍棒形，单层排列，（35～）60～140×16～25μm，侧壁约 1μm 厚，无色，顶端胶质鞘 5～25μm 厚，无色。

四细胞内生担子 60～100×16～25μm，偶有斜隔膜，基部有柄状细胞，长 15～55μm，内生担子间易分离；担孢子椭圆形，20～30（～32.5）×14～18μm，壁不及 1μm 厚，无色。

II，III，IV

硬叶风毛菊 *Saussurea firma* (Kitag.) Kitam.：赤峰市克什克腾旗黄岗梁 9799。

蒙古风毛菊 *Saussurea mongolica* (Franch.) Franch.：赤峰市宁城县黑里河自然保护区上拐 **8215**，下拐 **6206**。

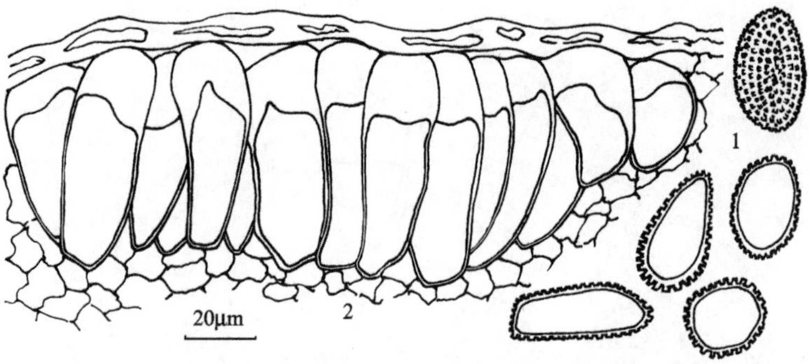

图 26 具柄鞘锈菌 *Coleosporium pedunculatum* 的夏孢子（1）和冬孢子堆（2）（CFSZ 6206）

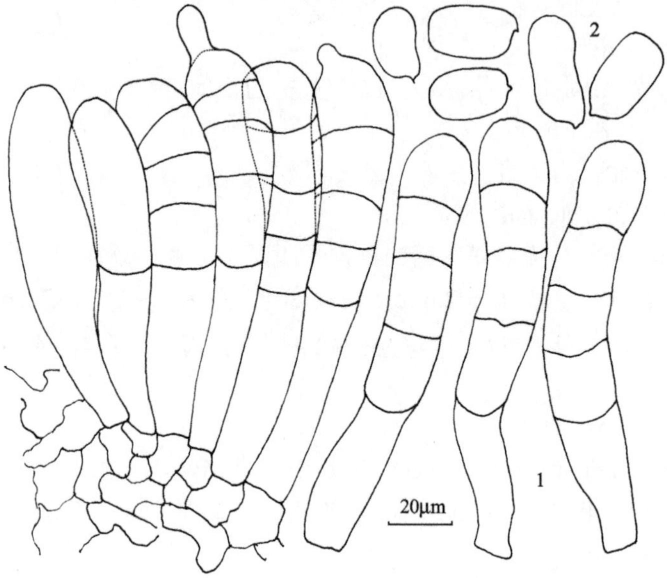

图 27 具柄鞘锈菌 *Coleosporium pedunculatum* 的四细胞内生担子（1）和担孢子（2）（CFSZ 8215）

国内分布：内蒙古，陕西。

世界分布：中国，俄罗斯西伯利亚地区，朝鲜半岛，日本。

黄檗鞘锈菌 图 28

Coleosporium phellodendri Kom., Fungi Rossiae Exsicc.: 274, 1899; Wang, Index Ured. Sin.: 18, 1951; Tai, Syll. Fung. Sin.: 415, 1979; Zhuang, Acta Mycol. Sin. 2(3): 148, 1983; Wei & Zhuang, Fungi of the Qinling Mountains: 29, 1997; Zhang et al., Mycotaxon 61: 57, 1997; Liu & Tian, J. Fungal Res. 12(4): 212, 2014; Liu et al., J. Inner Mongolia Univ. (Nat. Sci. Ed.) 48(6): 650, 2017.

Coleosporium phellodendri Dietel, Engl. Bot. Jahrb. 28: 287, 1900.

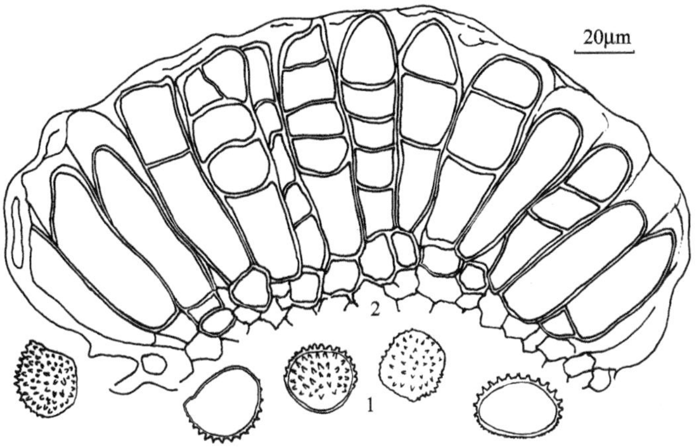

图 28　黄檗鞘锈菌 *Coleosporium phellodendri* 的夏孢子（1）、冬孢子堆中的冬孢子和四细胞内生担子（2）（CFSZ 6308）

夏孢子堆生于叶下面，圆形，直径 0.2～0.4mm，黄色至黄褐色，裸露，粉状；夏孢子球形、近球形、宽椭圆形、卵圆形或不规则形，20～31×15～25μm，无色、淡黄色或黄褐色，表面有锥状刺，高 1～2μm，芽孔不清楚。

冬孢子堆生于叶下面，散生或聚生，常环状排列，圆形、椭圆形或不规则形，0.2～1.5mm，初为淡黄色，后为橘黄色或橘红色，胶质，垫状；冬孢子柱形、棍棒状或椭圆形，单层排列，40～85×17.5～29μm，壁 1～1.5μm 厚，无色，内部常含有橘红色内含物，顶端胶质鞘 5～15μm 厚，无色。

四细胞内生担子 45～60×20～32.5μm，常有纵隔膜，基部有柄状细胞，长 5～25μm；担孢子椭圆形、倒卵形或肾形，20～30×12.5～20μm，壁约 1μm 厚，无色。

II，III，IV

黄檗 *Phellodendron amurense* Rupr.：赤峰市宁城县黑里河自然保护区上拐 8206。通辽市科尔沁左翼后旗大青沟 **6308**、6311。

国内分布：黑龙江，吉林，辽宁，内蒙古，安徽，福建，海南，陕西，云南，四川。

世界分布：日本，朝鲜，中国，俄罗斯远东地区。

香茶菜鞘锈菌　图 29

Coleosporium plectranthi Barclay, Descr. List Ured. Simla 3: 104, 1889; Wang, Index Ured. Sin.: 18, 1951; Tai, Syll. Fung. Sin.: 416, 1979; Guo, Fungi and Lichens of Shennongjia: 111, 1989; Wei & Zhuang, Fungi of the Qinling Mountains: 31, 1997; Zhang et al., Mycotaxon 61: 58, 1997.

夏孢子堆生于叶下面，散生，圆形，直径 0.2～0.4mm，黄色或乳白色，裸露，粉状；夏孢子近球形、椭圆形或卵圆形，15～25（～30）×12.5～20μm，表面有粗疣，有光滑区，无色或淡黄色，疣 0.5～1.5μm 宽，1～1.5μm 高，芽孔不清楚。

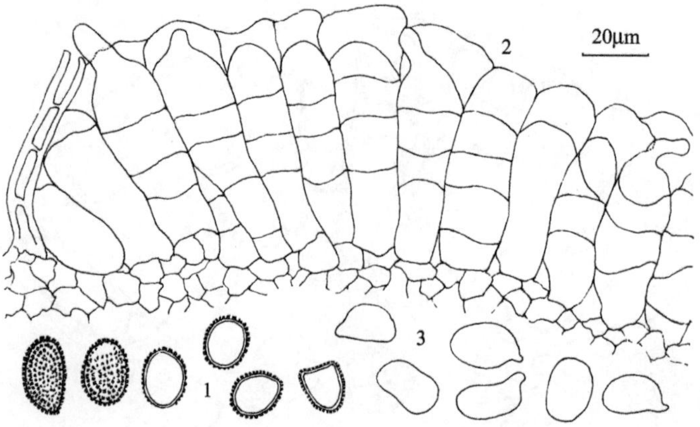

图 29　香茶菜鞘锈菌 *Coleosporium plectranthi* 的夏孢子（1）、冬孢子堆中的冬孢子和四细胞内生担子（2）、担孢子（3）（CFSZ 9675）

冬孢子堆生于叶下面，散生或聚生，圆形、椭圆形或不规则形，0.2～0.6mm，初为淡黄色，后为橘黄色或橘红色，胶质，垫状；冬孢子柱形、棍棒状或椭圆形，单层排列，32.5～65×15～25μm，侧壁 1～1.5μm 厚，无色，内部常含有橘红色内含物，顶端胶质鞘 7.5～17.5μm 厚，无色。

四细胞内生担子 40～75×15～25μm，偶有纵隔膜，基部无柄状细胞；担孢子椭圆形、倒卵形或肾形，15～24×10～15μm，壁约 1μm 厚，无色。

Ⅱ，Ⅲ，Ⅳ

毛叶香茶菜蓝萼变种（蓝萼香茶菜）*Isodon japonicus* (Burm. f.) H. Hara var. *glaucocalyx* (Maxim.) H.W. Li [≡ *Plectranthus glaucocalyx* Maxim.; ≡ *Plectranthus japonicus* (Burm. f.) Koidz. var. *glaucocalyx* (Maxim.) Koidz.; ≡ *Rabdosia japonica* (Burm. f.) H. Hara var. *glaucocalyx* (Maxim.) H. Hara]：赤峰市宁城县黑里河自然保护区三道河 **9675**，四道沟 9678。

国内分布：黑龙江，吉林，辽宁，山西，内蒙古，山东，江苏，浙江，安徽，江西，福建，上海，台湾，湖南，湖北，广东，广西，陕西，甘肃，新疆，云南，四川，贵州，重庆，西藏。

世界分布：印度，菲律宾，中国，朝鲜，日本，俄罗斯远东地区。

Hiratsuka 等（1992）描述本种的冬孢子和四细胞内生担子均较大，分别是 42～85×16～23μm 和 53～86×16～24μm。本种为内蒙古新记录。

白头翁鞘锈菌　图 30，图 31

Coleosporium pulsatillae (F. Strauss) Lév., Ann. Sci. Nat. sér. 3, 8: 373, 1847; Wang, Index Ured. Sin.: 18, 1951; Teng, Fungi of China: 315, 1963; Tai, Syll. Fung. Sin.: 416, 1979; Wei & Zhuang, Fungi of the Qinling Mountains: 31, 1997; Wei & Zhuang, Fungi of Xiaowutai Mountains in Hebei Province: 104, 1997; Liu et al., J. Fungal Res. 4(1): 49, 2006; Liu et al., J. Inner Mongolia Univ. (Nat. Sci. Ed.) 48(6): 650, 2017.

Coleosporium pulsatillae (F. Strauss) Fr., Summa Veg. Scand., Section Post.: 512, 1849.

（Index Fungorum）

Uredo tremellosa M.J. Decne. var. *pulsatillae* F. Strauss, Ann. Wetter. Gesellsch. Ges. Naturk. 2: 89, 1811 [1810].

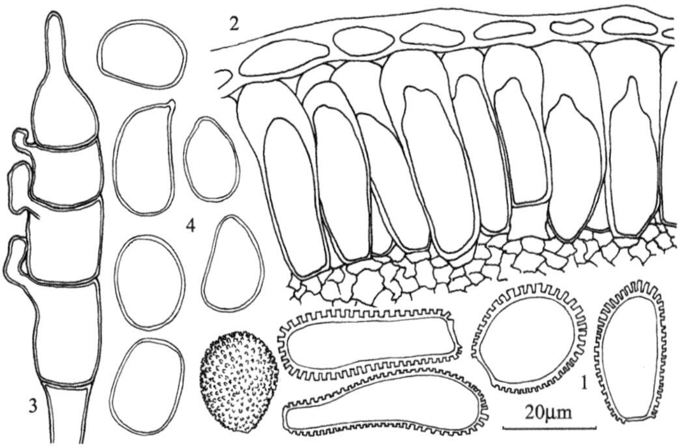

图 30　白头翁鞘锈菌 *Coleosporium pulsatillae* 的夏孢子（1）、冬孢子堆（2）、四细胞内生担子（3）和担孢子（4）（CFSZ 27）

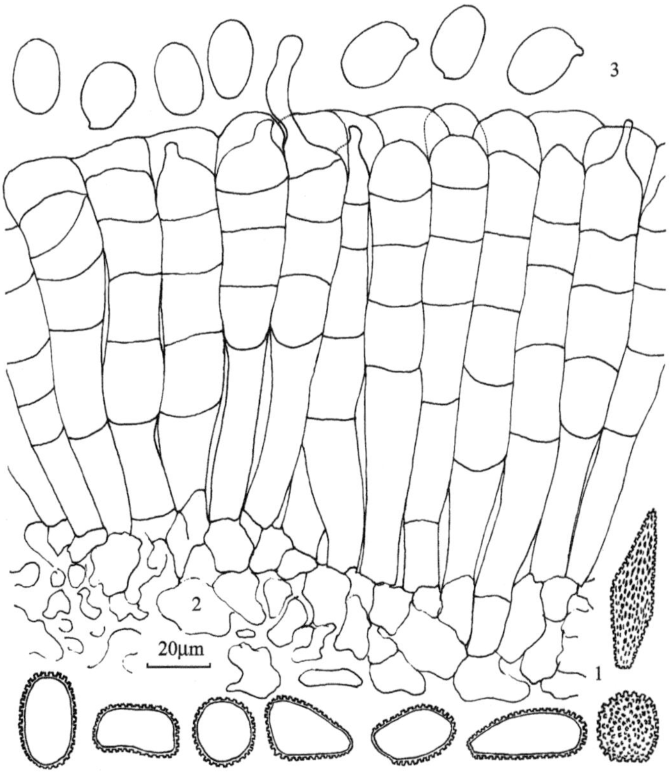

图 31　白头翁鞘锈菌 *Coleosporium pulsatillae* 的夏孢子（1）、四细胞内生担子（2）和担孢子（3）（CFSZ 7774）

夏孢子堆生于叶下面，散生，少聚生，圆形，直径 0.2～1.2mm，乳白色至淡黄色，粉状；夏孢子形状多样，大小相差悬殊，椭圆形、宽椭圆形、卵圆形、矩圆形或不规则形，19～42（～55）×11～22.5μm，表面有粗疣，无色或淡黄色，疣 1～1.5μm 宽，1～2μm 高，芽孔不清楚，似多个散生。

冬孢子堆生于叶下面，散生或聚生，圆形、椭圆形或不规则形，0.2～1.5mm，初为淡黄色，后为橘红色或黄褐色，胶质，垫状；冬孢子圆柱形、长椭圆形或棍棒形，成熟时 2 层排列，（45～）65～125×13～22.5（～27.5）μm，侧壁 1～1.5μm 厚，淡黄色或无色，顶端胶质鞘 8～30μm 厚，无色。

四细胞内生担子较单细胞冬孢子短，50～90×17.5～22.5（～27.5）μm，基部有柄状细胞，长 20～60μm；担孢子椭圆形、倒卵形或肾形，19～29×12～20μm，壁约 1μm 厚，淡黄色或无色。

Ⅱ，Ⅲ，Ⅳ

朝鲜白头翁 *Pulsatilla cernua* (Thunb.) Bercht. & C. Presl：呼伦贝尔市根河市满归镇九公里 9344、9352。

白头翁 *Pulsatilla chinensis* (Bunge) Regel：赤峰市宁城县黑里河自然保护区大坝沟 **27**。

兴安白头翁 *Pulsatilla dahurica* (Fisch.) Spreng.：呼伦贝尔市鄂伦春自治旗加格达奇 7603。

掌叶白头翁 *Pulsatilla patens* (L.) Mill. subsp. *multifida* (Pritz.) Zämels：呼伦贝尔市鄂温克族自治旗红花尔基 **7774**。

细叶白头翁 *Pulsatilla turczaninovii* Kryl. & Serg.：呼伦贝尔市鄂温克族自治旗红花尔基 7771。

国内分布：吉林，辽宁，河北，山西，内蒙古，山东，江苏，陕西，云南。

世界分布：欧洲；亚洲（中国，朝鲜半岛，日本，俄罗斯西伯利亚）。

风毛菊鞘锈菌　图 32

Coleosporium saussureae Thüm., Bull. Soc. Imp. Nat. Moscou 55: 212, 1880; Wang, Index Ured. Sin.: 19, 1951; Tai, Syll. Fung. Sin.: 417, 1979; Zhuang & Wei, J. Jilin Agr. Univ. 24(2): 6, 2002; Liu et al., J. Inner Mongolia Univ. (Nat. Sci. Ed.) 48(6): 650, 2017.

Coleosporium saussureae Dietel, Bot. Jb. 34: 588, 1905.

夏孢子堆生于叶下面，散生，圆形，直径 0.2～0.6mm，淡黄色至黄褐色，粉状；夏孢子近球形、椭圆形、长椭圆形或卵圆形，20～30×15～20μm，表面密生粗疣，无色或淡黄色，疣 0.5～1μm 宽，0.5～1μm 高，芽孔不清楚。

冬孢子堆生于叶下面，散生或聚生，圆形或椭圆形，0.2～1.5mm，常相互愈合，初为淡黄色，后为橘红色或黄褐色，胶质，垫状；冬孢子长圆柱形、长椭圆形或棍棒形，单层排列，30～55×15～25μm，侧壁约 1μm 厚，无色，顶端胶质鞘 5～15μm 厚，无色。

四细胞内生担子 35～60×17.5～25μm，偶有斜隔膜，基部无柄状细胞；担孢子椭圆形，20～30×12.5～20μm，壁不及 1μm 厚，无色。

Ⅱ，Ⅲ，Ⅳ

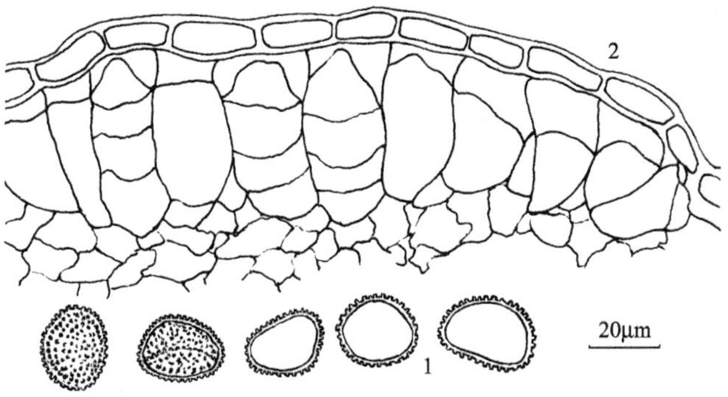

图 32 风毛菊鞘锈菌 *Coleosporium saussureae* 的夏孢子（1）、冬孢子堆内的冬孢子和四细胞内生担子（2）（CFSZ 9989）

小花风毛菊 *Saussurea parviflora* (Poir.) DC.：兴安盟阿尔山市太平岭，刘晓娟 9988（= HMAS 74295），兴安林场，庄剑云、魏淑霞 **9989**（= HMAS 74296）。

国内分布：黑龙江，吉林，辽宁，河北，山西，内蒙古，山东，江苏，浙江，安徽，台湾，湖南，陕西，甘肃，云南，四川，贵州。

世界分布：中国，俄罗斯，朝鲜半岛，日本。

据 Kaneko（1981）、Hiratsuka 等（1992）和 Azbukina（2005）报道，本种冬孢子和四细胞内生担子均较大，分别为 36～92×17～31μm 和 53～92×19～31μm，除风毛菊属外，还生于多种橐吾 *Ligularia* spp.上。我们的菌冬孢子和四细胞内生担子均较小。上述两号标本（9988 号和 9989 号）在 Zhuang 和 Wei（2002b）报道中，寄主鉴定为燕尾风毛菊 *Saussurea serrata* DC.。

千里光鞘锈菌 图 33

Coleosporium senecionis Fr. ex J.J. Kichx, Fl. Crypt. Flanders 2: 53, 1867; P. Syd. & Syd., Monogr. Ured. 3: 615, 1915; Zhuang & Wei, J. Jilin Agr. Univ. 24(2): 6, 2002; Liu et al., J. Inner Mongolia Univ. (Nat. Sci. Ed.) 48(6): 650, 2017.

Coleosporium senecionis (Pers.) Fr., Fl. Crypt. Flandres 2: 53, 1867; Wang, Index Ured. Sin.: 19, 1951; Tai, Syll. Fung. Sin.: 417, 1979.

Uredo farinosa ß *senecionis* Pers., Syn. Meth. Fung. 1: 218, 1801.

夏孢子堆生于叶下面，散生，圆形，直径 0.2～0.6mm，橙黄色，粉状；夏孢子近圆形、椭圆形或长卵形，17.5～30（～36）×14～25（～27.5）μm，表面密生粗疣，无色，疣 0.5～2μm 宽，1～2μm 高，芽孔不清楚。

冬孢子堆生于叶下面，散生或聚生，圆形、椭圆形或不规则形，0.2～1.5mm，初为淡黄色，后为橘红色或黄褐色，胶质，垫状；冬孢子圆柱形、长椭圆形或棍棒形，单层或不规则 2 层排列，45～112.5×17.5～27.5μm，侧壁约 1μm 厚，无色，顶壁胶质鞘 7.5～25μm 厚，近无色。

四细胞内生担子 50～85×17.5～30μm，偶尔有斜隔膜和纵隔膜，基部有柄状细胞，长 7.5～30μm；担孢子椭圆形，21～30×15～20μm，壁不及 1μm 厚，无色，内含物橘红色。

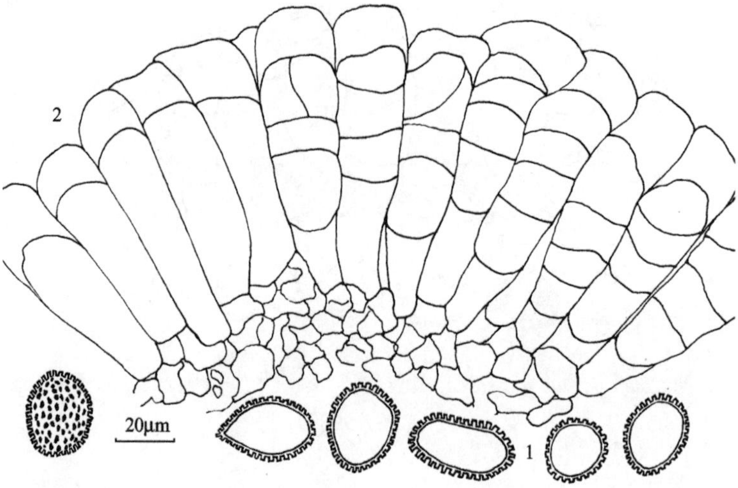

图 33　千里光鞘锈菌 *Coleosporium senecionis* 的夏孢子（1）、冬孢子堆内的冬孢子和四细胞内生担子（2）（CFSZ 7593）

Ⅱ，Ⅲ，Ⅳ

麻叶千里光 *Senecio cannabifolius* Less.：呼伦贝尔市鄂伦春自治旗乌鲁布铁 7584、**7593**。兴安盟阿尔山市伊尔施 7845。

林荫千里光 *Senecio nemorensis* L.：呼伦贝尔市鄂伦春自治旗加格达奇 7602、7611。

红轮狗舌草 *Tephroseris flammea* (Turcz. ex DC.) Holub （≡ *Senecio flammeus* Turcz. ex DC.）：赤峰市克什克腾旗黄岗梁 9817。呼伦贝尔市牙克石市博克图 9218，乌尔其汉 9236。兴安盟阿尔山市东山 7825，五岔沟 7951，伊尔施 7843。

国内分布：吉林，辽宁，内蒙古，台湾，广西，四川，云南。

世界分布：欧洲；亚洲（伊朗，中国，蒙古国，日本，俄罗斯远东地区）；北美洲（美国）；南美洲；大洋洲（新西兰）。

庄氏鞘锈菌　图 34

Coleosporium zhuangii C.M. Tian & C.J. You, *in* You, Liang, Li & Tian, Mycotaxon 111: 235, 2010; Liu et al., J. Inner Mongolia Univ. (Nat. Sci. Ed.) 48(6): 650, 2017.

夏孢子堆生于叶下面，散生，圆形，直径 0.2～0.6mm，橙黄色，粉状；夏孢子近圆形、椭圆形、长椭圆形、长卵圆形、棍棒形或不规则形，21～40（～50）×12.5～22.5μm，表面有粗疣，无色，疣 0.5～1μm 宽，0.3～0.6μm 高，芽孔不清楚。

冬孢子堆生于叶下面，散生或聚生，圆形、椭圆形或不规则形，0.2～1.5mm，初为淡黄色，后为橘红色或黄褐色，胶质，垫状；冬孢子圆柱形、长椭圆形或棍棒形，单层排列，50～87.5×17.5～27.5μm，侧壁约 1μm 厚，无色，顶壁胶质鞘 5～20μm 厚，近无色。

四细胞内生担子 45～75×20～27.5μm，偶尔有斜隔膜，基部有柄状细胞，长 12.5～22.5μm；担孢子椭圆形，17.5～25（～30）×15～18μm，壁不及 1μm 厚，无色。

Ⅱ，Ⅲ，Ⅳ

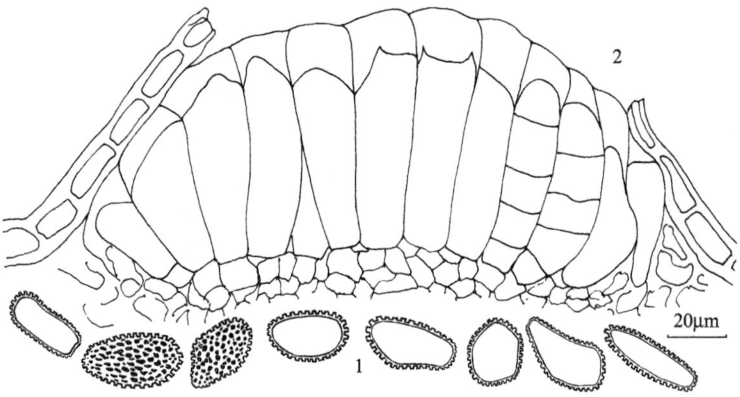

图 34　庄氏鞘锈菌 *Coleosporium zhuangii* 的夏孢子（1）、冬孢子堆内的冬孢子和四细胞内生担子（2）（CFSZ 7340）

蹄叶橐吾 *Ligularia fischeri* (Ledeb.) Turcz.：呼伦贝尔市阿荣旗三岔河 **7340**。锡林郭勒盟东乌珠穆沁旗宝格达山 9418、9454。兴安盟阿尔山市东山 7813、7821。

国内分布：黑龙江，内蒙古，西藏。

世界分布：中国。

You 等（2010）在建立本种时与生于同一寄主属上的橐吾鞘锈菌 *Coleosporium ligulariae* Thüm.做了比较，其主要区别是：前者夏孢子为长椭圆形或棍棒形，20.6～38.5×15.4～25.7μm，表面无光滑区或网纹区，密疣，疣突为钉头状，冬孢子单层排列；后者夏孢子多为近圆形或圆形，17.9～28.2×12.8～23.1μm，表面有光滑区，疣突为环纹型，冬孢子多为 2 层或多层排列；二者内生担子基部均无柄状细胞。与此不同的是，我们的菌内生担子基部有柄状细胞，本种很可能是橐吾鞘锈菌 *C. ligulariae* Thüm.的异名。

3　柱锈菌科 **Cronartiaceae** Dietel

性孢子器 9 型。春孢子器为有被春孢子器，包被大而泡状，发达，1 层或多层细胞，广泛开裂；春孢子串生，具粗疣，柱状或盘状，通常有环纹。夏孢子堆具包被并有特化的口缘细胞，有时也有口内侧丝；夏孢子单生，具刺，芽孔双带状生。冬孢子堆柱状，坚固；冬孢子单细胞，埋于一个共同的基质中，芽孔 1～3 个；萌发不需要休眠。担子外生。

模式属：*Cronartium* Fr.

除具内环型生活史的内柱锈菌属 *Endocronartium* 外，本科所有种都是转主寄生，长生活史型，春孢子器阶段均专门生于松属 *Pinus* 植物的茎和球果上（Cummins and Hiratsuka 2003）。全世界已知2属24种（Kirk et al. 2008）。内蒙古有1属（刘铁志等 2017a）。

（9）柱锈菌属 Cronartium Fr.

Obs. Mycol. 1: 220, 1815.

性孢子器生于寄主表皮下的皮层内（9 型）。春孢子器为有被春孢子器，初生于寄主皮层内，后外露，通常具极发达的包被；多年侵染，常常引起枝干和球果的肿胀；春孢子串生，具柱状疣，通常有环纹。夏孢子堆初生于寄主表皮下，通过孔口开放，具圆顶形的包被，有时具混生的侧丝；夏孢子单生，具刺，芽孔散生或双行排列，不清楚。冬孢子堆初生于寄主表皮下，常从夏孢子堆中长出，外露呈毛柱状，冬孢子紧密结合并埋于一个共同的基质中；冬孢子单细胞，串生，芽孔 1～3 个，不清楚，壁厚，苍白色到褐色；萌发不需要休眠。担子外生；担孢子椭圆形到球形。

模式种：*Cronartium asclepiadeum* (Willd.) Fr.

= *Cronartium flaccidum* (Alb. & Schwein.) G. Winter

寄主：Asclepiadaceae 一未确定种。

产地：欧洲。

本属约有 20 种，性孢子器和春孢子器生于松科 Pinaceae 松属 *Pinus* 上，夏孢子堆和冬孢子堆生于双子叶植物上，世界广布（Kirk et al. 2008）。我国报道 5 种（戴芳澜 1979），内蒙古已知 3 种（刘铁志等 2017a）。

分种检索表

1. 冬孢子矩圆形、椭圆形或纺锤状，宽 15～27.5μm；夏孢子堆和冬孢子堆生于壳斗科 Fagaceae 栎属 *Quercus* 上 ······ **东方柱锈菌 *C. orientale***
1. 冬孢子矩圆形、椭圆形或棍棒形，宽 10～20μm；生于其他科上 ······ 2
2. 冬孢子壁 1～1.5μm 厚；担孢子较小，直径 5～7μm；夏孢子堆和冬孢子堆生于芍药科 Paeoniaceae 芍药属 *Paeonia* 上 ······ **松芍柱锈菌 *C. flaccidum***
2. 冬孢子壁 1.5～3μm 厚；担孢子较大，直径 8～15μm；夏孢子堆和冬孢子堆生于虎耳草科 Saxifragaceae（茶藨子科 Grossulariaceae）茶藨子属 *Ribes* 上 ······ **茶藨子生柱锈菌 *C. ribicola***

松芍柱锈菌　　图 35

Cronartium flaccidum (Alb. & Schwein.) G. Winter, Hedwigia 19: 55, 1880; Wang, Index Ured. Sin.: 20, 1951; Teng, Fungi of China: 321, 1963; Tai, Syll. Fung. Sin.: 439, 1979; Wang et al., Fungi of Xizang (Tibet): 35, 1983; Liu, J. Jilin Agr. Univ. 1983(2): 2, 1983; Zhuang & Wei, J. Jilin Agr. Univ. 24(2): 6, 2002; Liu et al., J. Inner Mongolia Univ. (Nat. Sci. Ed.) 48(6): 650, 2017.

Sphaeria flaccida Alb. & Schwein., Consp. Fung.: 31, 1805.

夏孢子堆生于叶下面，聚生，半球形，很小，直径 0.1～0.2mm，黄褐色，顶端有小孔口；夏孢子卵形、椭圆形或近球形，20～30（～32.5）×15～20（～22.5）μm，壁 1～2μm 厚，淡黄褐色至近无色，有细刺，芽孔不清楚，似多个散生。

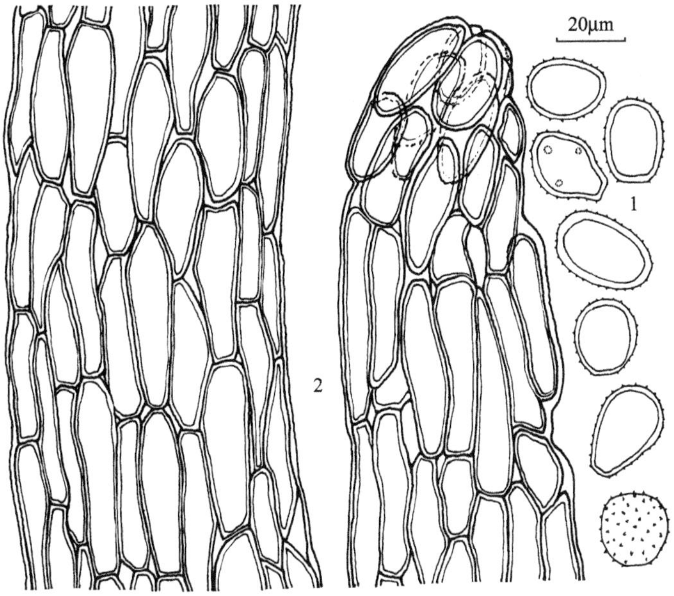

图 35　松芍柱锈菌 *Cronartium flaccidum* 的夏孢子（1）和冬孢子堆（2）（CFSZ 1532）

冬孢子堆生于叶下面，聚生，常从夏孢子堆中心产生，圆柱形，长可达 2.5mm，直径 50～125μm，多弯曲，黄褐色或褐色；冬孢子矩圆形、椭圆形或棍棒形，（20～）25～60（～75）×10～17.5μm，壁 1～1.5μm 厚，黄褐色，光滑。担孢子球形，直径 5～7μm。

Ⅱ，Ⅲ，Ⅳ

芍药 *Paeonia lactiflora* Pall.：呼伦贝尔市阿荣旗三岔河 7348，三号店 9160；根河市二道河 7738。兴安盟阿尔山市东山 7829，五岔沟 7923，伊尔施 7893；科尔沁右翼前旗索伦牧场鸡冠山 1547，三队 **1532**。

国内分布：黑龙江，吉林，辽宁，内蒙古，江苏，浙江，陕西，云南，四川。

世界分布：欧洲；亚洲（俄罗斯西伯利亚，日本，朝鲜半岛，中国）。

本种性孢子器和春孢子器寄生于松属 *Pinus* 多种植物上，是樟子松疱锈病病原菌，我们暂未采到标本。

东方柱锈菌　　图 36

Cronartium orientale S. Kaneko, Mycoscience 41(2): 116, 2000; Zhuang & Wei, J. Jilin Agr. Univ. 24(2): 6, 2002; Liu et al., J. Inner Mongolia Univ. (Nat. Sci. Ed.) 48(6): 650, 2017.

夏孢子堆生于叶下面，散生或小群聚生，很小，直径 0.1～0.2mm，黄褐色，被半球形包被覆盖，后从顶端破裂；夏孢子卵形、椭圆形或近球形，17.5～30×12.5～20μm，壁 2～3μm 厚，黄褐色至无色，有细刺，芽孔 7～12 个，散生，不清楚。

冬孢子堆生于叶下面，小群聚生，圆柱形，长可达 3mm，直径 80～180μm，直或弯曲，初期橘黄色，后期黄褐色或褐色；冬孢子矩圆形、椭圆形或纺锤状，27.5～50（～70）×15～27.5μm，侧壁 1～3μm 厚，顶壁 3～5（～9）μm 厚，黄褐色至近无色，内表面光滑，暴露在外的表面有大小不等的粗疣。担孢子球形或近球形，直径 10～17.5μm，无色透明。

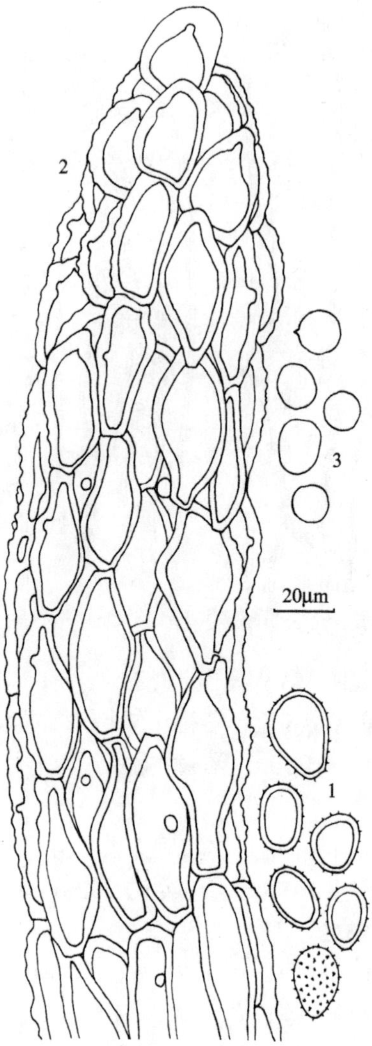

图 36　东方柱锈菌 *Cronartium orientale* 的夏孢子（1）、冬孢子堆（2）和担孢子（3）
（CFSZ 7536）

Ⅱ，Ⅲ，Ⅳ

蒙古栎 *Quercus mongolica* Fisch. ex Ledeb.：呼伦贝尔市鄂伦春自治旗吉文 7628；乌鲁布铁 **7536**。

Zhuang 和 Wei（2002b）报道本种还分布于兴安盟阿尔山市。

国内分布：黑龙江，内蒙古，江苏，浙江，安徽，江西，台湾，湖北，河南，广西，陕西，甘肃，四川，贵州，云南。

世界分布：尼泊尔，俄罗斯西伯利亚地区，中国，日本。

Kaneko（2000）指出，本种与栎柱锈菌 *Cronartium quercuum* (Berk.) Miyabe ex Shirai 的区别是前者性孢子器和春孢子器生在硬松上，担孢子球形，透明；后者的担孢子椭圆形，橙黄色。

茶藨子生柱锈菌　图 37

Cronartium ribicola J.C. Fisch., Hedwigia 11: 182, 1872; Wang, Index Ured. Sin.: 21, 1951; Tai, Syll. Fung. Sin.: 441, 1979; Wang et al., Fungi of Xizang (Tibet): 35, 1983; Guo, Fungi and Lichens of Shennongjia: 113, 1989; Zhang et al., Mycotaxon 61: 58, 1997; Liu et al., J. Inner Mongolia Univ. (Nat. Sci. Ed.) 48(6): 650, 2017.

Cronartium ribicola A. Dietr., *in* Rabenhorst, Fungi Europ. Exsicc.: 1595, 1856.

Peridermium kurilense Dietel, Bot. Jb. 37: 107, 1905.

Peridermium strobi Kleb., Hedwigia 27: 119, 1888.

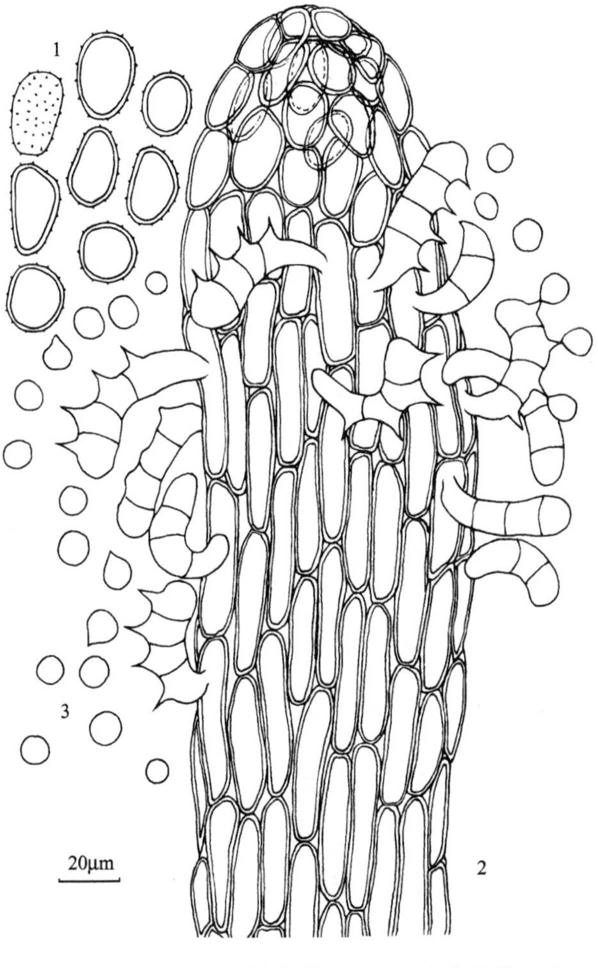

图 37　茶藨子生柱锈菌 *Cronartium ribicola* 的夏孢子（1）、冬孢子堆（2）、担子和担孢子（3）（CFSZ 454）

夏孢子堆生于叶下面，聚生，半球形，很小，直径 0.1～0.2mm，黄褐色，顶端有小孔口；夏孢子卵形、椭圆形或近球形，19～35×15～22.5μm，壁 1.5～2.5μm 厚，淡黄色至近无色，有细刺，芽孔不清楚。

冬孢子堆生于叶下面，聚生，常从夏孢子堆中心产生，圆柱形，长可达 2mm，直径

（80～）100～200（～275）μm，多弯曲，初期橘黄色，后期黄褐色或褐色；冬孢子矩圆形、椭圆形或柱形，22.5～75×10～20μm，壁 1.5～3μm 厚，淡黄褐色至近无色，光滑。担孢子球形或近球形，直径 8～15μm，无色透明。

Ⅱ，Ⅲ，Ⅳ

黑茶藨子（兴安茶藨子）*Ribes nigrum* L.（= *R. pauciflorum* Turcz. ex Ledeb.）：呼伦贝尔市根河市敖鲁古雅 7672、7673，满归镇凝翠山 9325。

英吉利茶藨子 *Ribes palczewskii* (Jancz.) Pojark.：呼伦贝尔市根河市金林 9275，满归镇九公里 9354。

美丽茶藨子（小叶茶藨子）*Ribes pulchellum* Turcz.：呼和浩特市树木园 **454**。

国内分布：'东北'，内蒙古，台湾，湖北，陕西，甘肃，新疆，四川，西藏。

世界分布：欧洲；北美洲；亚洲[巴基斯坦，印度，俄罗斯西伯利亚、萨哈林岛（库页岛）和千岛群岛，蒙古国，中国，日本，朝鲜半岛]。

本种性孢子器和春孢子器寄生于松属 *Pinus* 多种植物上，是著名的红松疱锈病病原菌，我们暂未采到标本。

4　栅锈菌科 **Melampsoraceae** Dietel

性孢子器 2 型或 3 型。春孢子器为裸春孢子器，有不发达的包被或无包被；春孢子串生，有疣。夏孢子堆具丰富的头状侧丝，有时也有不发达的包被；夏孢子单生，具刺，芽孔散生或双带状生。冬孢子堆生于寄主表皮下或很少生于角质层下，不外露，由 1 层孢子侧向连合呈壳状，或某些种的冬孢子与其下方的不育的孢子状细胞相连；冬孢子单细胞，无柄，着色，芽孔 1 个；担子外生。转主寄生或单主寄生；大多为长生活史型。

模式属：*Melampsora* Castagne

全世界已知 1 属 90 种（Kirk et al. 2008）。内蒙古有分布（刘铁志等 2017a）。

（10）栅锈菌属 **Melampsora** Castagne

Observ. Uréd. 2: 18, 1843.

Chnoopsora Dietel, Annls Mycol. 4: 423, 1906.

Mesopsora Dietel, Annls Mycol. 20: 30, 1922.

Necium Arthur, N. Amer. Fl. 7(2): 114, 1907.

Podocystis Fr., Summa Veg. Scand., Section Post.: 512, 1849.

性孢子器生于寄主表皮下（2 型）或角质层下（3 型）。春孢子器初生于寄主表皮下，后外露，通常为 *Caeoma* 型，但某些种有黏附于寄主表皮的包被细胞；春孢子串生，具疣，疣柱状或齿状。夏孢子堆初生于寄主表皮下，后外露，*Uredo* 型，新鲜时亮黄色或橙色，褪色至近无色，具大量的头状侧丝，某些种也有部分包被；夏孢子单生于柄上，壁无色，具刺，芽孔散生或双带状生，不清楚。冬孢子堆生于寄主表皮下或很少生于角质层下，不外露，由 1 层孢子侧向连合呈壳状；冬孢子单细胞，无柄（某些种在冬孢子下有孢子状细胞，推测此细胞是不育的），壁褐色或带褐色，芽孔 1 个。担子外生。

模式种：*Melampsora euphorbiae* (Ficinus & C. Schub.) Castagne

≡ *Xyloma euphorbiae* Ficinus & C. Schub.

寄主：*Euphorbia exigua* L. (Euphorbiaceae)

产地：德国。

本属全世界约有 90 种，单主寄生的种侵染大戟属 *Euphorbia*、金丝桃属 *Hypericum* 和亚麻属 *Linum* 等植物；转主寄生的种性孢子器和春孢子器生于冷杉属 *Abies*、落叶松属 *Larix*、松属 *Pinus* 和铁杉属 *Tsuga* 等针叶树上，或生于葱属 *Allium*、山靛属 *Mercurialis* 和茶藨子属 *Ribes* 等被子植物上，夏孢子堆和冬孢子堆生于杨柳科 Salicaceae 上，世界广布，尤其北温带（Kirk et al. 2008）。中国报道 44 种（戴芳澜 1979；尚衍重等 1986，1990；Tian and Kakishima 2005；刘文霞等 2006；Zhao et al. 2013，2014，2015），内蒙古已知 23 种，其中北海道栅锈菌 *Melampsora yezoensis* Miyabe & T. Matsumoto 为内蒙古新记录（刘铁志等 2017a）。

分种检索表

1. 冬孢子堆生于藤黄科 Clusiaceae 金丝桃属 *Hypericum* 上……2

1. 冬孢子堆生于其他科上……3

2. 有春孢子器，春孢子表面具细疣；无夏孢子堆……**金丝桃栅锈菌 *M. hypericorum***

2. 无春孢子器；有夏孢子堆，夏孢子表面具细刺……**草野栅锈菌 *M. kusanoi***

3. 夏孢子堆和冬孢子堆生于大戟科 Euphorbiaceae 大戟属 *Euphorbia* 上……**大戟栅锈菌 *M. euphorbiae***

3. 夏孢子堆和冬孢子堆生于其他科上……4

4. 夏孢子堆和冬孢子堆生于亚麻科 Linaceae 亚麻属 *Linum* 上……**亚麻栅锈菌 *M. lini***

4. 夏孢子堆和冬孢子堆生于其他科上……5

5. 夏孢子堆和冬孢子堆生于瑞香科 Thymelaeaceae 狼毒 *Stellera chamaejasme* 上……**狼毒栅锈菌 *M. stellerae***

5. 夏孢子堆和冬孢子堆生于其他科上……6

6. 夏孢子堆和冬孢子堆生于茜草科 Rubiaceae 六月雪 *Serissa serissoide* 上……**六月雪栅锈菌 *M. serissicola***

6. 夏孢子堆和冬孢子堆生于杨柳科 Salicaceae 上……7

7. 夏孢子堆和冬孢子堆生于杨属 *Populus* 上……8

7. 夏孢子堆和冬孢子堆生于钻天柳属 *Chosenia* 或柳属 *Salix* 上……10

8. 夏孢子顶部表面有光滑区或刺小，壁在“赤道”处加厚；冬孢子堆主要生在叶上面……**落叶松杨栅锈菌 *M. larici-populina***

8. 夏孢子表面全部有刺或疣状刺……9

9. 夏孢子表面具疣状刺；冬孢子堆生在叶两面……**灰胡杨栅锈菌 *M. pruinosae***

9. 夏孢子表面具小刺；冬孢子堆生在叶下面……**山杨栅锈菌 *M. populnea***

10. 夏孢子大，长度为 16～35（～37.5）μm，达到 25μm 以上的常见……11

10. 夏孢子小，长度通常为 10～25μm，多在 20μm 以下……15

11. 夏孢子侧壁 2～2.5（～5）μm 厚，顶壁 2.5～7.5（～10）μm 厚；生于钻天柳 *Chosenia arbutifolia* 上 ……………………………………………………………………………上高地栅锈菌 ***M. kamikotica***
11. 夏孢子侧壁厚度通常小于 2.5μm，均匀或顶壁加厚；生于柳属 *Salix* 上……………………………… 12
12. 夏孢子较小，17.5～29×12.5～18μm，顶部无光滑区 ……………………北海道栅锈菌 ***M. yezoensis***
12. 夏孢子较大，常超过 30μm 长，顶部有或部分有光滑区 ……………………………………………… 13
13. 夏孢子侧壁 1～2μm 厚，顶壁 2～5μm，顶部有光滑区 ……………………………………………… ………………………………………………………………落叶松五蕊柳栅锈菌 ***M. larici-pentandrae***
13. 夏孢子壁 1.5～2.5μm 厚，均匀，顶部有或部分有光滑区………………………………………………… 14
14. 夏孢子堆生于叶和嫩枝上，夏孢子顶部有光滑区…………………………白柳栅锈菌 ***M. salicis-albae***
14. 夏孢子堆仅生于叶上，部分夏孢子顶部有光滑区……………………鞘锈状栅锈菌 ***M. coleosporioides***
15. 冬孢子堆在角质层下，有时在表皮下…………………………………………………………………… 16
15. 冬孢子堆在表皮下…………………………………………………………………………………………… 18
16. 冬孢子顶壁不加厚；生于蒿柳 *Salix viminalis* 上 ……………茶藨子蒿柳栅锈菌 ***M. ribesii-viminalis***
16. 冬孢子顶壁加厚；生于其他种上………………………………………………………………………… 17
17. 冬孢子顶壁 3～10μm 厚；夏孢子 12.5～22.5×10～17.5μm ………………………………………… ……………………………………………………………………中国黄花柳栅锈菌 ***M. salicis-sinicae***
17. 冬孢子顶壁 2.5～5μm 厚；夏孢子 11～20×10～14μm ………………………叶生栅锈菌 ***M. epiphylla***
18. 夏孢子较小，10～17.5×7.5～13μm……………………………………………………………………… 19
18. 夏孢子较大，长度可达 20μm 或更长 ……………………………………………………………………… 20
19. 夏孢子多为椭圆形或倒卵形，少数近圆形，11～17.5×7.5～12.5μm，生于三蕊柳 *Salix triandra* 上 ……………………………………………………………………………九州栅锈菌 ***M. kiusiana***
19. 夏孢子多为圆形或近圆形，少数倒卵形，10～15（～17.5）×10～13μm，生于沼柳 *Salix rosmarinifolia* var. *brachypoda* 上 ………………………………………………………库氏栅锈菌 ***M. kupreviczii***
20. 冬孢子较短，12.5～35×7.5～15（～17.5）μm ………………………………矮小栅锈菌 ***M. humilis***
20. 冬孢子较长，可长达 45μm 或更长 ……………………………………………………………………… 21
21. 夏孢子较小，12.5～20×10～17.5μm，壁 2～4μm 厚…………………………北极栅锈菌 ***M. arctica***
21. 夏孢子较大，长可达 25μm，壁 1.5～3μm 厚 ……………………………………………………………… 22
22. 夏孢子 14～21.5（～25）×10～16（～17.5）μm，壁 1.5～3μm 厚；冬孢子 25～45×7.5～15μm；生于北沙柳 *Salix psammophila* 上 ……………………………………………伊朗栅锈菌 ***M. iranica***
22. 夏孢子 12.5～25×10～17.5μm，壁 1～2.5μm 厚；冬孢子 20～50（～55）×6～15μm；生于其他种上 ………………………………………………………………………………柳叶栅锈菌 ***M. epitea***

北极栅锈菌　　图 38

Melampsora arctica Rostr., Meddr Grønland, Biosc. 3: 535, 1888; Cao & Li, Rust Fungi of Qinling Mountains: 30, 1999; Zhuang & Wei, J. Jilin Agr. Univ. 24(2): 7, 2002; Liu et al., J. Inner Mongolia Univ. (Nat. Sci. Ed.) 48(6): 650, 2017.

夏孢子堆叶两面生，以叶下面为主，散生至聚生，圆形，直径 0.1～0.5mm，有时聚生在一起形成大孢子堆，达 1mm，干后淡黄色或黄褐色，裸露，粉状；侧丝头状，长 40～65μm，头部宽 12.5～25μm，顶壁 3～6μm 厚，无色；夏孢子圆形、近圆形、宽椭圆形或倒卵形，12.5～20×10～17.5μm，壁 2～4μm 厚，均匀，无色，表面密生细刺疣。

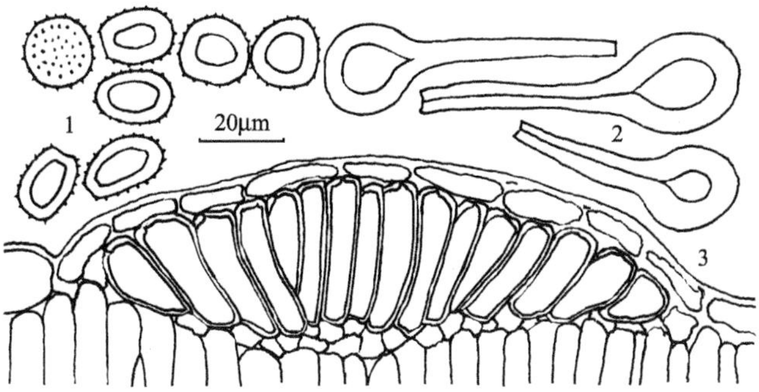

图 38　北极栅锈菌 *Melampsora arctica* 的夏孢子（1）、夏孢子堆侧丝（2）和冬孢子堆（3）（CFSZ 9990）

冬孢子堆叶两面生，在表皮下，散生或聚生，稍隆起，圆形或不规则形，直径 0.2～1mm，常汇合成大片，红褐色至栗褐色，壳状；冬孢子棱柱形，20～45×7.5～12.5μm，壁 1～1.5μm 厚，均匀，有时顶壁加厚达 2.5μm，淡黄褐色，有 1 个芽孔，常含金黄色内含物。

II，III

柳属 *Salix* sp.：呼伦贝尔市根河市，陈佑安 **9990**（=HMAS 42842）。

国内分布：内蒙古，陕西。

世界分布：欧洲；北美洲；亚洲（俄罗斯远东地区，日本，中国）。

Bagyanarayana（2005）把本种处理为 *Melampsora epitea* (Kunze & Sch.) Thüm. f. sp. *arctica* (Rostr.) Bagyan.。

鞘锈状栅锈菌（拟鞘锈栅锈菌）　　图 39

Melampsora coleosporioides Dietel, Bot. Jb. 32: 50, 1903; Wang, Index Ured. Sin.: 27, 1951; Teng, Fungi of China: 319, 1963; Tai, Syll. Fung. Sin.: 534, 1979; Wang et al., Fungi of Xizang (Tibet): 37, 1983; Wei & Zhuang, Fungi of the Qinling Mountains: 36, 1997; Liu et al., J. Fungal Res. 4(1): 50, 2006; Liu et al., J. Inner Mongolia Univ. (Nat. Sci. Ed.) 48(6): 650, 2017.

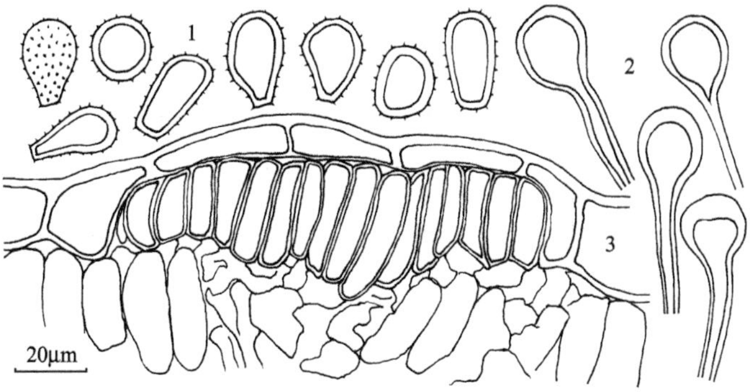

图 39　鞘锈状栅锈菌 *Melampsora coleosporioides* 的夏孢子（1）、夏孢子堆侧丝（2）和冬孢子堆（3）（CFSZ 8293）

夏孢子堆叶两面生，以叶下面为主，散生至聚生，圆形，直径 0.1～0.4mm，鲜时橘黄色，干后淡黄色或黄褐色，裸露，粉状；侧丝头状，长 30～70μm，头部宽 12.5～20μm，顶壁 2～4μm 厚，无色；夏孢子形状多样，卵形、长卵形、长椭圆形、梨形或不规则形，16～35×12.5～17.5μm，壁 1.5～2.5μm 厚，均匀，无色，表面有稀疏小刺，有时顶部有光滑区，内含物常呈黄色或淡黄色。

冬孢子堆叶两面生，以叶下面为主，在表皮下，偶尔在角质层下，散生或聚生，稍隆起，圆形或不规则形，直径 0.2～0.8mm，常汇合成大片，初为橘黄色，后为红褐色至栗褐色，壳状；冬孢子棱柱形，20～45（～55）×5～15μm，壁 1～1.5μm 厚，均匀，淡褐色，常含金黄色内含物。

II，III

垂柳 *Salix babylonica* L.：呼和浩特市玉泉区南湖湿地公园 8289。

旱柳 *Salix matsudana* Koidz.：赤峰市敖汉旗四道湾子镇小河沿 7113、7116、7119；喀喇沁旗十家乡头道营子 383、395；宁城县黑里河自然保护区上拐 8176，西泉 5406。呼和浩特市赛罕区满都海公园 448、8277；玉泉区南湖湿地公园 **8293**，昭君墓 597。乌兰察布市凉城县岱海 6140、6271。

柳属 *Salix* spp.：呼伦贝尔市阿荣旗阿力格亚 9178；莫力达瓦达斡尔族自治旗塔温敖宝镇霍日里绰罗，陈明 5153。

国内分布：辽宁，北京，河北，山西，内蒙古，江苏，江西，台湾，河南，陕西，甘肃，新疆，云南，四川，西藏。

世界分布：南美洲；大洋洲（澳大利亚，新西兰）；亚洲（俄罗斯西伯利亚，中国，日本）。

Bagyanarayana（2005）把 *Melampsora coleosporioides* Dietel 列为 *M. epitea* (Kunze & J.C. Schmidt) Thüm.的异名。

叶生栅锈菌　　图 40

Melampsora epiphylla Dietel, Bot. Jb. 32: 50, 1902; Tai, Syll. Fung. Sin.: 535, 1979; Zhuang & Wei, J. Jilin Agr. Univ. 24(2): 7, 2002; Liu et al., J. Inner Mongolia Univ. (Nat. Sci. Ed.) 48(6): 650, 2017; Liu et al., J. Fungal Res. 15(4): 244, 2017.

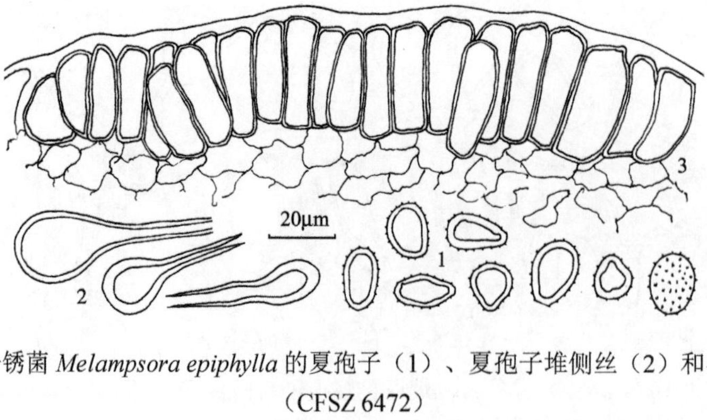

图 40　叶生栅锈菌 *Melampsora epiphylla* 的夏孢子（1）、夏孢子堆侧丝（2）和冬孢子堆（3）（CFSZ 6472）

夏孢子堆生于叶下面，散生，圆形，直径 0.1～0.2mm，淡黄色，裸露，粉状；侧丝头状，长 30～42.5μm，头部宽 12.5～17.5μm，顶壁 2.5～6μm 厚，无色；夏孢子圆形、近圆形、椭圆形或倒卵形，11～20×10～14μm，壁 1.5～2.5μm 厚，均匀，无色，表面密生细刺，芽孔散生，不清楚。

冬孢子堆叶两面生，以叶上面为主，在角质层下或表皮下，散生或聚生，稍隆起，圆形或不规则形，直径 0.1～0.5mm，常汇合成大片，红褐色至栗褐色，壳状；冬孢子棱柱形，20～50×7.5～15μm，侧壁约 1μm 厚，顶壁略加厚，可达 2.5～5μm，淡褐色，常含金黄色内含物。

II，III

粉枝柳 *Salix rorida* Laksch.：赤峰市巴林右旗赛罕乌拉自然保护区乌兰坝 8059、8077、8089，正沟 6468、**6472**、6474、9526。呼伦贝尔市阿荣旗得力其尔 9147；鄂伦春自治旗吉文 7633。兴安盟阿尔山市五岔沟 7954。

中国黄花柳 *Salix sinica* (K.S. Hao ex C.F. Fang & A.K. Skvortsov) Z. Wang & C.F. Fang：赤峰市巴林右旗赛罕乌拉自然保护区荣升 9940；林西县新林镇哈什吐 9842、9888。

柳属 *Salix* spp.：赤峰市克什克腾旗乌兰布统小河 7146。呼和浩特市和林格尔县南天门 642。

据 Zhuang 和 Wei（2002b）报道，本种在兴安盟阿尔山市生于细叶沼柳 *Salix rosmarinifolia* L.和皂柳 *S. wallichiana* Andersson 上。

国内分布：黑龙江，北京，内蒙古，陕西。

世界分布：中国，日本，俄罗斯远东地区。

Bagyanarayana（2005）记载本种冬孢子堆在角质层下。Hiratsuka 等（1992）记载本种冬孢子堆在表皮下或角质层下。我们观察到本种即使同一个冬孢子堆也会一部分在表皮下，另一部分在角质层下。

柳叶栅锈菌　　图 41

Melampsora epitea (Kunze & J.C. Schmidt) Thüm., Mitt. Ver. Österr. 2: 38 & 40, 1879; Wei & Zhuang, Fungi of the Qinling Mountains: 36, 1997; Zhang et al., Mycotaxon 61: 60, 1997; Zhuang & Wei, J. Jilin Agr. Univ. 24(2): 7, 2002; Liu et al., J. Inner Mongolia Univ. (Nat. Sci. Ed.) 48(6): 651, 2017; Liu et al., J. Fungal Res. 15(4): 244, 2017.

Melampsora larici-epitea Kleb., Z. PflKrankh. PflSchutz 9: 88, 1899; Wang, Index Ured. Sin.: 28, 1951; Tai, Syll. Fung. Sin.: 536, 1979; Wei & Zhuang, Fungi of the Qinling Mountains: 37, 1997.

Melampsora orchidi-repentis Kleb., Jb. Wiss. Bot. 34: 369, 1900.

Melampsora ribesii-purpureae Kleb., Pringsheims Jb. Wissenschaftl. Botanik 35: 667, 1901; Tai, Syll. Fung. Sin.: 538, 1979.

夏孢子堆叶两面生，以叶下面为主，散生至聚生，圆形，直径 0.2～1mm，有时聚生在一起形成大孢子堆，达 2mm，鲜时橘黄色，干后淡黄色或黄褐色，裸露，粉状；侧丝头状，长 40～75μm，头部宽 12.5～20μm，顶壁多为 2.5～5（～7.5）μm 厚，有的壁薄，仅为 1μm 厚或不及，无色；夏孢子圆形、近圆形、椭圆形或倒卵形，12.5～25×10～17.5μm，壁 1～2.5μm 厚，均匀，无色，表面密生细刺疣，内含物常呈黄色或淡黄色。

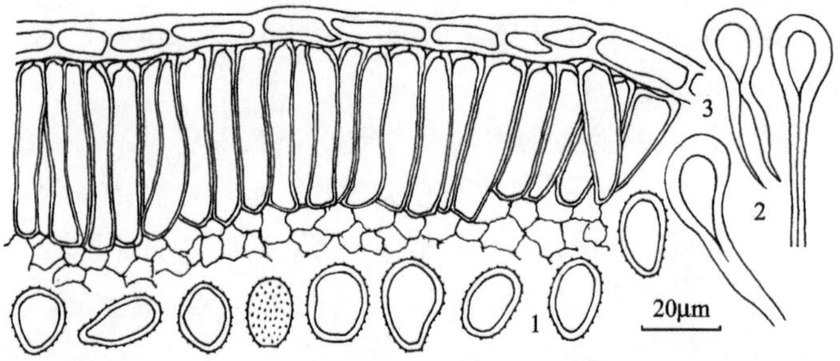

图 41 柳叶栅锈菌 *Melampsora epitea* 的夏孢子（1）、夏孢子堆侧丝（2）和冬孢子堆（3）（CFSZ 1899）

冬孢子堆叶两面生，在表皮下，散生或聚生，稍隆起，圆形或不规则形，直径 0.2～1mm，常汇合成大片，初为橘黄色，后为红褐色至栗褐色，壳状；冬孢子棱柱形，20～50（～55）×6～15μm，壁 1～1.5μm 厚，均匀，有时顶壁加厚达 2.5μm，淡黄褐色，有 1 个芽孔，常含金黄色内含物。

II，III

乌柳 *Salix cheilophila* C.K. Schneid.：呼和浩特市和林格尔县南天门 652。乌兰察布市凉城县蛮汉山二龙什台 5990。

毛枝柳 *Salix dasyclados* Wimm.：呼伦贝尔市牙克石市乌尔其汉 9258。

黄柳 *Salix gordejevii* Y.L. Chang & Skvortsov：呼和浩特市玉泉区南湖湿地公园 8285。锡林郭勒盟锡林浩特市白音锡勒扎格斯台 1898；正蓝旗伊和海尔罕 733（1）。

杞柳 *Salix integra* Thunb.：通辽市科尔沁左翼后旗大青沟 6324。

沙杞柳（砂杞柳）*Salix kochiana* Trautv.：赤峰市巴林右旗赛罕乌拉自然保护区荣升 9488，乌兰坝 8048、8063、8100；克什克腾旗黄岗梁 6874、9770、9781、9803。锡林郭勒盟锡林浩特市白音锡勒扎格斯台 1878、1881。

筐柳 *Salix linearistipularis* (Franch.) K.S. Hao：赤峰市巴林右旗赛罕乌拉自然保护区苗圃 6408，荣升 8131、8135、9502、9938、9945，正沟 6476、6479；克什克腾旗黄岗梁 9779。呼伦贝尔市鄂伦春自治旗大杨树 7521。兴安盟阿尔山市伊尔施 7873、7874。

小红柳 *Salix microstachya* Turcz. var. *bordensis* (Nakai) C.F. Fang：赤峰市敖汉旗金厂沟梁 9477、9479；巴林右旗赛罕乌拉自然保护区荣升 9500。锡林郭勒盟锡林浩特市白银库伦 6708。

卷边柳 *Salix siuzevii* Seemen：呼伦贝尔市鄂伦春自治旗大杨树 7501。

波纹柳 *Salix starkeana* Willd.：呼伦贝尔市鄂伦春自治旗克一河，特木钦 9580（=HNMAP 1972）。

柳属 *Salix* spp.：赤峰市克什克腾旗桦木沟 7183。乌兰察布市凉城县蛮汉山二龙什台 6007。锡林郭勒盟锡林浩特市白音锡勒扎格斯台 1874、**1899**；正蓝旗伊和海尔罕 733（2）。

据 Zhuang 和 Wei（2002b）报道，本种在呼伦贝尔市鄂伦春自治旗加格达奇生于卷边柳上。

国内分布：内蒙古，陕西，甘肃，新疆。

世界分布：欧洲；北美洲；亚洲（中亚，巴基斯坦，俄罗斯远东地区，蒙古国，中国，日本，韩国）；传播到大洋洲（新西兰）。

Bagyanarayana（2005）在 *Melampsora epitea* (Kunze & J.C. Schmidt) Thüm.名下根据春孢子阶段的寄主不同，建立了 9 个专化型（formae speciales）。刘铁志和田慧敏（2014）曾把杞柳 *Salix integra*（6324）上的菌误订为叶生栅锈菌 *Melampsora epiphylla* Dietel，后改订为柳叶栅锈菌 *M. epitea*（刘铁志等 2017a）。Hiratsuka 等（1992）将日本杞柳上的菌鉴定为矮小栅锈菌 *M. humilis* Dietel，但我们的菌冬孢子较长（可达 45μm），故鉴定为柳叶栅锈菌。

大戟栅锈菌　　图 42

Melampsora euphorbiae (Ficinus & C. Schub.) Castagne, Observ. Uréd. 2: 18, 1843; Wang, Index Ured. Sin.: 27, 1951; Tai, Syll. Fung. Sin.: 535, 1979; Liu, J. Jilin Agr. Univ. 1983(2): 2, 1983; Guo, Fungi and Lichens of Shennongjia: 113, 1989; Wei & Zhuang, Fungi of Xiaowutai Mountains in Hebei Province: 105, 1997; Wei & Zhuang, Fungi of the Qinling Mountains: 36, 1997; Zhang et al., Mycotaxon 61: 60, 1997; Zhuang & Wei, J. Jilin Agr. Univ. 24(2): 7, 2002; Liu et al., J. Fungal Res. 4(1): 50, 2006; Liu et al., J. Inner Mongolia Univ. (Nat. Sci. Ed.) 48(6): 651, 2017; Liu et al., J. Fungal Res. 15(4): 244, 2017.

Melampsora euphorbiae-dulcis G.H. Otth, Mitt. Naturf. Ges. Bern: 70, 1868; Wang, Index Ured. Sin.: 27, 1951; Teng, Fungi of China: 319, 1963; Tai, Syll. Fung. Sin.: 535, 1979; Wang et al., Fungi of Xizang (Tibet): 39, 1983; Liu et al., J. Fungal Res. 4(1): 50, 2006.

Xyloma euphorbiae Ficinus & C. Schub., Fl. Geg. Dresd. 2: 310, 1823.

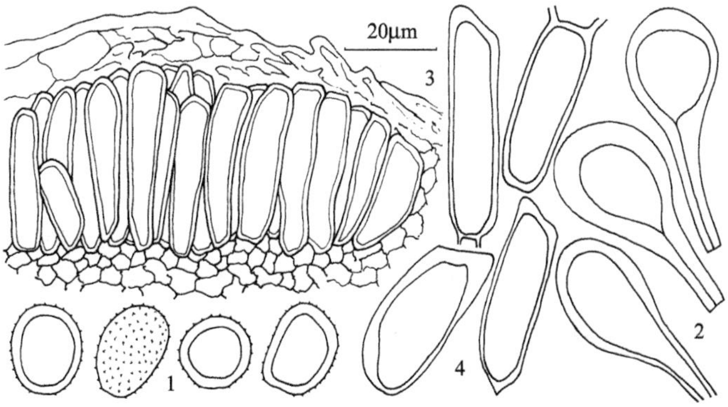

图 42　大戟栅锈菌 *Melampsora euphorbiae* 的夏孢子（1）、夏孢子堆侧丝（2）、冬孢子堆（3）和冬孢子（4）（CFSZ 21）

性孢子器和春孢子器在引证标本上未见。

夏孢子堆叶两面生，以叶下面为主，也生于茎上，散生至聚生，圆形或椭圆形，直径 0.1～1mm，白色至淡褐色，裸露，粉状，周围有破裂的寄主表皮围绕；侧丝头状或囊状，长 30～54μm，头部宽 16～26μm，顶壁 3～10μm 厚，无色；夏孢子球形、椭圆形或不规则形，14～25×10～20μm，壁 2.5～3.5μm 厚，无色或淡黄色，表面具小刺，芽孔不清楚。

冬孢子堆叶两面生，以叶下面为主，也生于茎上，散生或聚生，隆起，圆形或不规则形，直径 0.2～1.2mm，常汇合成片，至布满整个叶面，初为橘黄色，后为栗褐色或黑褐色，壳状；冬孢子棱柱形，19～61×7～16μm，侧壁 1～1.5μm 厚，淡黄褐色，顶壁 1.5～3μm 厚，黄褐色，有 1 个芽孔。

（0），（Ⅰ），Ⅱ，Ⅲ

乳浆大戟 *Euphorbia esula* L.：包头市达尔罕茂明安联合旗希拉穆仁草原 618。赤峰市巴林右旗赛罕乌拉自然保护区正沟 6458；克什克腾旗大青山 299，黄岗梁 551、1067、9804，新井青山林场 321；宁城县热水 5364；新城区锡伯河 9971。鄂尔多斯市达拉特旗德胜太 8504；伊金霍洛旗阿勒腾席热 8529、8558、8562；准格尔旗喇嘛湾 776。呼和浩特市大青山 625。呼伦贝尔市根河市满归镇凝翠山 9316；新巴尔虎右旗贝尔 903；牙克石市博克图 9191。通辽市科尔沁左翼后旗努古斯台镇衙门营子 7296。乌兰察布市兴和县大同窑 5943、5952，苏木山 5923。兴安盟阿尔山市白狼镇鸡冠山 1611、1616；科尔沁右翼前旗索伦牧场鸡冠山 1545。锡林郭勒盟正蓝旗桑根达来 6852。

狼毒大戟 *Euphorbia fischeriana* Steud.：赤峰市巴林右旗赛罕乌拉自然保护区大东沟 6422。

钩腺大戟 *Euphorbia sieboldiana* C. Morren & Decne.：赤峰市巴林右旗赛罕乌拉自然保护区东山 6594；宁城县黑里河自然保护区大坝沟 **21**。

大戟属 *Euphorbia* sp.：赤峰市阿鲁科尔沁旗高格斯台罕乌拉自然保护区 5784、5803。

据刘振钦（1983）报道，本种在兴安盟阿尔山市还生于大戟 *E. pekinensis* Rupr.上。

国内分布：黑龙江，吉林，河北，山西，内蒙古，山东，江苏，浙江，安徽，江西，湖北，广西，陕西，甘肃，青海，新疆，云南，四川，贵州，西藏。

世界分布：欧洲；北美洲；非洲；亚洲（以色列，伊朗，日本，中国，尼泊尔，蒙古国，俄罗斯，朝鲜半岛）；传播到大洋洲（新西兰）。

矮小栅锈菌 图 43

Melampsora humilis Dietel, Bot. Jb. 32: 50, 1902; Zhao et al., Mycotaxon 123: 84, 2013; Liu et al., J. Inner Mongolia Univ. (Nat. Sci. Ed.) 48(6): 651, 2017.

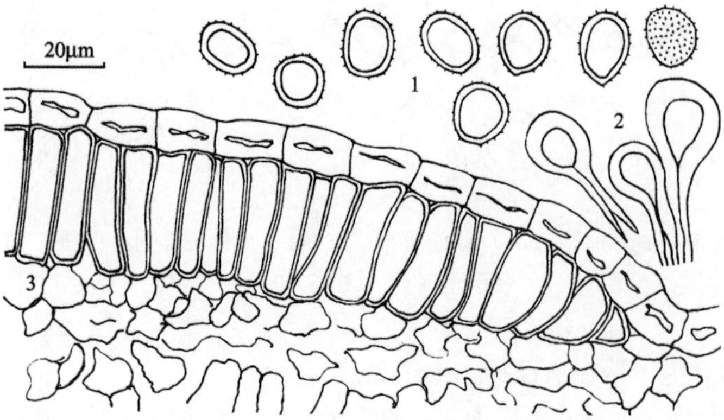

图 43　矮小栅锈菌 *Melampsora humilis* 的夏孢子（1）、夏孢子堆侧丝（2）和冬孢子堆（3）（CFSZ 8309）

夏孢子堆生于叶下面，偶尔生于叶上面，散生，圆形，直径 0.1～0.2mm，淡黄色或黄褐色，裸露，粉状；侧丝头状，长 30～65μm，头部宽 12.5～22.5μm，顶壁 2～6（～7.5）μm 厚，无色；夏孢子圆形、近圆形、椭圆形或倒卵形，11～20（～22.5）×9.5～15（～17.5）μm，壁 1.5～2.5μm 厚，均匀，无色，表面密生细刺，芽孔散生，不清楚。

冬孢子堆叶两面生，以叶下面为主，在表皮下，散生或聚生，稍隆起，圆形或不规则形，直径 0.2～1mm，初为橘黄色，后为红褐色至栗褐色，壳状；冬孢子棱柱形，12.5～35×7.5～15（～17.5）μm，壁约 1μm 厚，均匀，有时顶壁略加厚，可达 3μm。

Ⅱ，Ⅲ

越桔柳 *Salix myrtilloides* L.：呼伦贝尔市根河市 8324（= HNMAP 3140），满归镇九公里 9356；上央格气林场，侯振世等 **8309**（= HNMAP 3162）。

卷边柳 *Salix siuzevii* Seemen：呼伦贝尔市根河市，任玉柱 9579（= HNMAP 1594）、侯振世等 9581（= HNMAP 3197），敖鲁古雅 9403；牙克石市博克图 9219。

国内分布：内蒙古，台湾。

世界分布：日本，俄罗斯远东地区，中国。

Azbukina（2005）和刘文霞（2006）分别把越桔柳上的菌鉴定为奇异栅锈菌 *Melampsora paradoxa* Dietel & Holw.和卫矛黄花柳栅锈菌 *M. euonymi-capraearum* Kleb.。Zhao 等（2015）根据分子数据把越桔柳（HNMAP 3140）上的菌鉴定为柳叶栅锈菌 *Melampsora epitea* (Kunze & J.C. Schmidt) Thüm.。Bagyanarayana（2005）则把 *M. humilis* 列为 *M. epitea* 的异名。国内 Zhao 等（2013）首次报道本种，包括上述引证标本中的 HNMAP 1594 和 HNMAP 3197。

金丝桃栅锈菌　　图 44

Melampsora hypericorum Winter, Rabh. Krypt. Fl. Ed. 2, 1(1): 241, 1882; Wang, Index Ured. Sin.: 28, 1951; Teng, Fungi of China: 341, 1963; Tai, Syll. Fung. Sin.: 536, 1979; Wei & Zhuang, Fungi of Xiaowutai Mountains in Hebei Province: 105, 1997; Liu et al., J. Fungal Res. 4(1): 50, 2006; Liu et al., J. Inner Mongolia Univ. (Nat. Sci. Ed.) 48(6): 651, 2017.

Melampsora hypericorum (DC.) J. Schröt., Jber. Schles. Ges. Vaterl. Kultur 49: 1, 1871 [1869].

Caeoma hypericorum Schltdl., Fl. Berol. 2: 122, 1824.

Mesopsora hypericorum (DC.) Dietel, Annls Mycol. 20: 30, 1922.

Uredo hypericorum DC., Mém. Agric. Soc. Agric. Dép. Seine 10: 235, 1807.

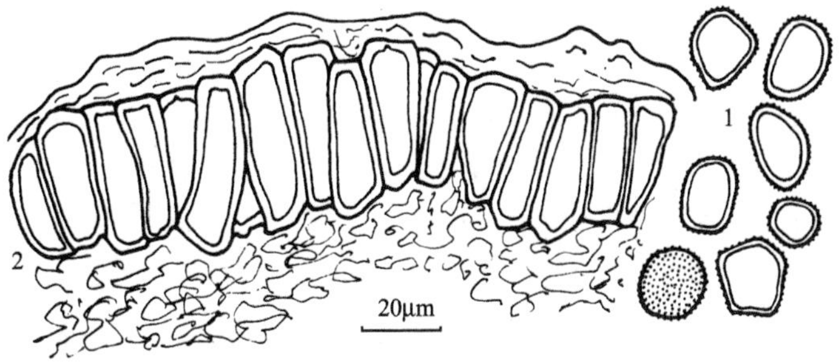

图 44　金丝桃栅锈菌 *Melampsora hypericorum* 的春孢子（1）和冬孢子堆（2）（CFSZ 306）

春孢子器生于叶下面，散生至聚生，圆形，直径 0.2～0.5mm，鲜时橘黄色，干后乳白色至淡褐色，裸露，粉状，周围有破裂的寄主表皮围绕；春孢子串生，近球形、椭圆形、卵圆形或多角形，（10～）14～23×9～18μm，壁 2～2.5μm 厚，无色或淡黄色，表面具细疣，芽孔不清楚。

冬孢子堆生于叶下面，散生至聚生，隆起，圆形或不规则形，直径 0.1～1mm，常汇合成片，有时布满整个叶面，初为橘黄色，后为红褐色至栗褐色，壳状；冬孢子棱柱形，15～40（～52）×7.5～18μm，侧壁 1.5～2.5μm 厚，淡黄褐色，顶壁 2.5～4.5μm 厚，黄褐色，有 1 个芽孔。

Ⅰ，Ⅲ

赶山鞭（乌腺金丝桃）*Hypericum attenuatum* Choisy：赤峰市克什克腾旗经棚 **306**；林西县富林林场 5686，新林镇哈什吐 9864、9868。锡林郭勒盟东乌珠穆沁旗宝格达山 9439。

国内分布：河北，内蒙古，江苏，浙江，江西，台湾，湖北，陕西，甘肃。

世界分布：欧洲；亚洲（以色列，印度，俄罗斯，中国，朝鲜半岛，日本）；传播到大洋洲（新西兰）。

伊朗栅锈菌　图 45

Melampsora iranica Damadi, M.H. Pei, J.A. Sm. & M. Abbasi, For. Path. 41(5): 396, 2011; Zhao et al., Mycol Progress 14: 66, 2015; Liu et al., J. Inner Mongolia Univ. (Nat. Sci. Ed.) 48(6): 651, 2017.

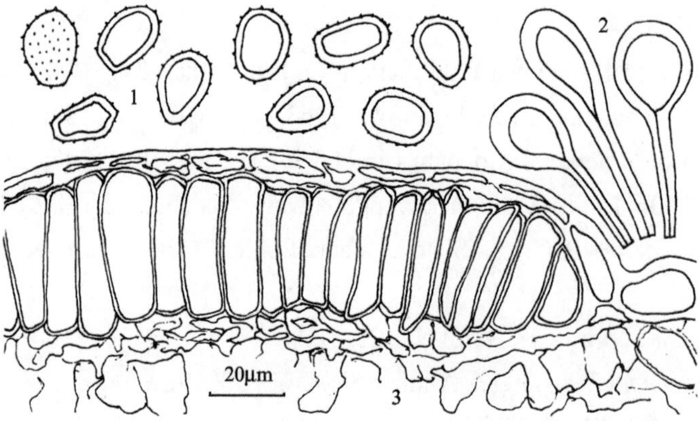

图 45　伊朗栅锈菌 *Melampsora iranica* 的夏孢子（1）、夏孢子堆侧丝（2）和冬孢子堆（3）（CFSZ 9578）

夏孢子堆叶两面生，以叶下面为主，偶尔生于茎上，散生至聚生，圆形，直径 0.2～1mm，鲜时橘黄色，干后淡黄色或黄褐色，裸露，粉状；侧丝头状或棍棒状，长 45～70μm，头部宽 12.5～25μm，顶壁 2.5～7.5μm 厚，无色；夏孢子圆形、椭圆形或倒卵形，14～21.5（～25）×10～16（～17.5）μm，壁 1.5～3μm 厚，均匀，无色，表面密生细刺。

冬孢子堆叶两面生，在表皮下，散生，稍隆起，圆形或不规则形，直径 0.2～1mm，初为橘黄色，后为红褐色至栗褐色，壳状；冬孢子棱柱形，25～45×7.5～15μm，壁 1～

1.5μm 厚，均匀，有时顶壁加厚达 2.5μm，淡黄褐色，有 1 个芽孔。

Ⅱ，Ⅲ

北沙柳 *Salix psammophila* Z. Wang & Chang Y. Yang：鄂尔多斯市乌审旗纳林河林场，采集人不详，**9578**（= HNMAP 3136）；伊金霍洛旗乌兰木伦，乔龙厅 8249。

国内分布：内蒙古，新疆。

世界分布：伊朗，中国。

本种是 Damadi 等（2011）基于形态特征和分子数据建立的新种。在形态上与 *Melampsora larici-epitea* Kleb.难以区分，但其核糖体 DNA 内部转录间隔区（ITS）数据与生于杨属 *Populus* spp.上的 *Melampsora allii-populina* Kleb.和 *M. pruinosae* Tranzschel 接近，生于 *Salix elbursensis* 上，导致 1～5 年生的植株发生茎溃疡病，分布于伊朗的西北部。国内 Zhao 等（2015）也主要是根据分子数据报道本种分布于新疆和内蒙古，分别生于白柳 *S. alba* 和北沙柳（HNMAP 3136）上。据我们观察，本种从夏孢子和冬孢子的形态特征上无法与柳叶栅锈菌 *Melampsora epitea* (Kunze & J.C. Schmidt) Thüm.（= *M. larici-epitea* Kleb.）区分。采自伊金霍洛旗的标本（8249）寄主和菌的形态特征均与 HNMAP 3136 一致，故鉴定为本种。

上高地栅锈菌　图 46

Melampsora kamikotica S. Kaneko & Hirats. f., *in* Hiratsuka & Kaneko, Rep. Tottori Mycol. Inst. 20: 3, 1982; Liu et al., Mycosystema 25: 686, 2006; Liu et al., J. Inner Mongolia Univ. (Nat. Sci. Ed.) 48(6): 651, 2017.

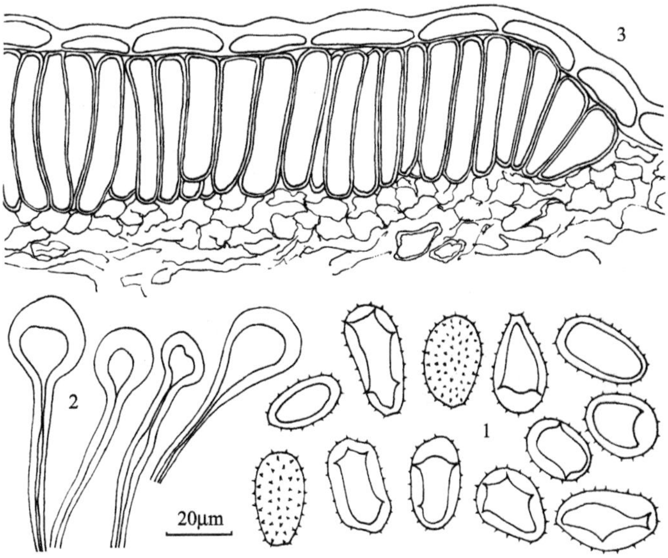

图 46　上高地栅锈菌 *Melampsora kamikotica* 的夏孢子（1）、夏孢子堆侧丝（2）和冬孢子堆（3）（CFSZ 8301）

夏孢子堆叶两面生，以叶下面为主，散生或聚生，圆形，直径0.1～0.5mm，黄褐色，裸露，粉状；侧丝头状，长40～80μm，头部宽15～25μm，侧壁2～2.5μm厚，顶壁加厚，2.5～6.5（～10）μm厚；夏孢子倒卵形、椭圆形或宽椭圆形，20～35×11～20μm，具粗刺，侧壁2～2.5（～5）μm厚，顶壁2.5～7.5（～10）μm厚，无色，芽孔4～6个，散生，鲜时内含物黄色。

冬孢子堆叶两面生，在表皮下，散生或聚生，隆起，圆形，直径0.1～1mm，红褐色，壳状；冬孢子棱柱形，25～55×7.5～17.5μm，壁约1μm厚，黄褐色，顶壁不加厚。

Ⅱ，Ⅲ

钻天柳 *Chosenia arbutifolia* (Pall.) A.K. Skvortsov：呼伦贝尔市阿荣旗三号店9166、9167；鄂伦春自治旗阿里河7625，吉文7632，克一河7643；根河市得耳布尔7731，开拉气林场，侯振世等 **8301**（= HNMAP 3186）。

国内分布：内蒙古。

世界分布：日本，中国。

刘文霞（2006）把采自呼伦贝尔市根河市、生于朝鲜柳 *Salix koreensis* Andersson（HNMAP 3185）上的菌鉴定为秦岭栅锈菌 *Melampsora tsinlingensis* Z.M. Cao & J.Y. Zhuang。据她描述：夏孢子堆叶两面生；夏孢子14.5～39×9～21μm，侧壁1.5～3μm厚，顶壁4～6.5μm厚；侧丝头状，长达82μm，头部宽12～26μm，顶壁厚2.5～6.5μm。冬孢子堆叶背面表皮下生，极小，不明显；冬孢子13～32.5×6.5～11μm，壁1～2.5μm厚，有时顶壁略加厚2.5～4μm。我们镜检了这号标本，其夏孢子大小为19～35（～40）×10～20μm，具刺，侧壁2～4μm厚，顶壁2.5～6.5μm厚；冬孢子未见。我们认为这号标本寄主鉴定可能有误，很可能是钻天柳，其上的菌则是上高地栅锈菌 *Melampsora kamikotica*。

九州栅锈菌　图47

Melampsora kiusiana Hirats. f., Bot. Mag., Tokyo 57: 281, 1943; Zhao et al., Mycotaxon 123: 86, 2013; Liu et al., J. Inner Mongolia Univ. (Nat. Sci. Ed.) 48(6): 651, 2017.

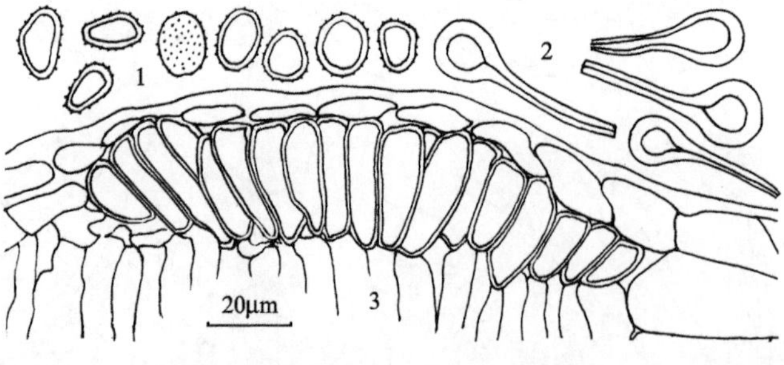

图47　九州栅锈菌 *Melampsora kiusiana* 的夏孢子（1）、夏孢子堆侧丝（2）和冬孢子堆（3）（CFSZ 9577）

夏孢子堆叶两面生，散生至聚生，圆形，直径0.1～0.4mm，鲜时橘黄色，干后淡黄色或黄褐色，裸露，粉状；侧丝头状，长30～55μm，头部宽12.5～20μm，顶壁1.5～5.5μm厚，无色；夏孢子近圆形、椭圆形或倒卵形，11～17.5×7.5～12.5μm，壁1.5～2μm厚，均匀，无色，表面密生细刺。

冬孢子堆叶两面生，以叶上面为主，在表皮下，散生或聚生，稍隆起，圆形或不规则形，直径 0.1～0.4mm，橘黄色，壳状；冬孢子棱柱形，20～45×7.5～12.5μm，壁 1～1.5μm 厚，均匀，有时顶壁稍增厚。

II，III

三蕊柳 *Salix triandra* L.：赤峰市巴林右旗赛罕乌拉自然保护区正沟 9524。呼伦贝尔市根河市上央格气林场，侯振世等 **9577**（= HNMAP 3181）。

国内分布：内蒙古。

世界分布：日本，中国。

据 Hiratsuka 等（1992）描述，本种夏孢子和冬孢子大小分别是 11～17×10～15μm 和 30～62×7～10μm。与柳叶栅锈菌 *Melampsora epitea* (Kunze & J.C. Schmidt) Thüm.的主要区别是本种的夏孢子较小，后者夏孢子较大，大小为 13～23×11～18μm。Zhao 等（2013）基于形态特征和分子数据把内蒙古生于三蕊柳（HNMAP 3161、HNMAP 3181）和波纹柳 *S. starkeana* Willd.（HNMAP 1972）上的 3 号标本鉴定为本种，他们描述的夏孢子和冬孢子大小分别是 9～18×6～14μm 和 14～56×5～12μm。我们镜检了 HNMAP 3181 和 HNMAP 1972，前者除冬孢子较短外（冬孢子堆很少，颜色较淡，似未成熟）其他特征与上述文献一致，故鉴定为本种；后者夏孢子则较大，大小为 15～22.5×12.5～17.5μm，与柳叶栅锈菌更加吻合。Bagyanarayana（2005）则把本种列为 *M. epitea* 的异名。

库氏栅锈菌　图 48

Melampsora kupreviczii Zenkova, Nov. Syst. Pl. Non Vasc.: 197, 1964; Liu et al., J. Inner Mongolia Univ. (Nat. Sci. Ed.) 48(6): 651, 2017.

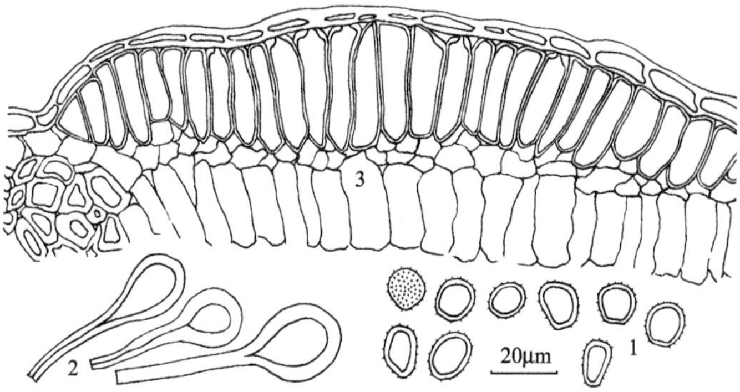

图 48　库氏栅锈菌 *Melampsora kupreviczii* 的夏孢子（1）、夏孢子堆侧丝（2）和冬孢子堆（3）（CFSZ 8321）

夏孢子堆生于叶下面，散生，圆形，直径 0.1～0.2mm，淡黄色或乳白色，裸露，粉状；侧丝头状，长 30～60（～75）μm，头部宽 15～25μm，顶壁 2.5～6μm 厚，无色；夏孢子圆形、近圆形或倒卵形，10～15（～17.5）×10～13μm，壁 1.5～2μm 厚，均匀，无色，表面密生细刺。

冬孢子堆叶两面生，以叶上面为主，在表皮下，散生或聚生，稍隆起，圆形或不规则形，直径 0.2～1mm，初为橘黄色，后为红褐色至栗褐色，壳状；冬孢子棱柱形，25～45×7.5～15μm，侧壁约 1μm 厚，有时顶壁稍加厚，可达 3μm 厚，淡黄褐色。

II，III

沼柳 *Salix rosmarinifolia* L.var. *brachypoda* (Trautv. & C.A. Mey.) Y.L. Chou：赤峰市阿鲁科尔沁旗高格斯台罕乌拉自然保护区 5716、5718；巴林右旗赛罕乌拉自然保护区乌兰坝 8052。呼伦贝尔市根河市敖鲁古雅 7657，得耳布尔 7714，开拉气林场，侯振世等 **8321**（= HNMAP 3195）；牙克石市博克图 9183，乌尔其汉 9256。兴安盟阿尔山市伊尔施 7840。

国内分布：内蒙古。

世界分布：俄罗斯远东地区，中国。

本种主要特征是夏孢子圆形、近圆形或倒卵形，长一般不超过 15μm。Azbukina（2005）和 Bagyanarayana（2005）描述冬孢子堆生于叶上面，冬孢子大小为 30～37×10～15μm。

草野栅锈菌　　图 49

Melampsora kusanoi Dietel, Bot. Jb. 37: 104, 1905; Wang, Index Ured. Sin.: 28, 1951; Tai, Syll. Fung. Sin.: 536, 1979; Liu, J. Jilin Agr. Univ. 1983(2): 2, 1983; Guo, Fungi and Lichens of Shennongjia: 114, 1989; Wei & Zhuang, Fungi of Xiaowutai Mountains in Hebei Province: 105, 1997; Wei & Zhuang, Fungi of the Qinling Mountains: 37, 1997; Zhang et al., Mycotaxon 61: 60, 1997; Zhuang & Wei, J. Jilin Agr. Univ. 24(2): 7, 2002; Liu et al., J. Fungal Res. 4(1): 50, 2006; Liu et al., J. Inner Mongolia Univ. (Nat. Sci. Ed.) 48(6): 652, 2017; Liu et al., J. Fungal Res. 15(4): 244, 2017.

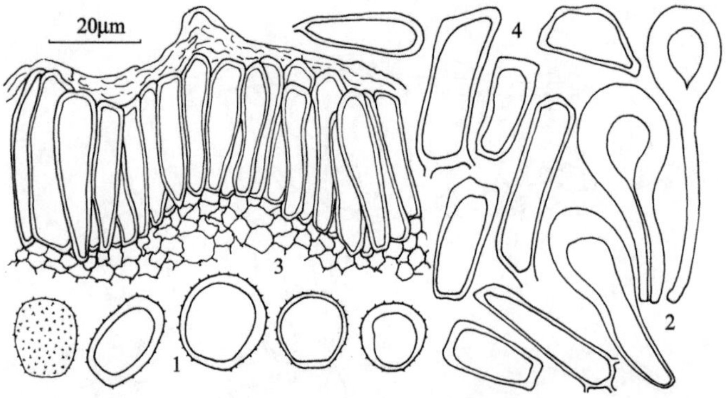

图 49　草野栅锈菌 *Melampsora kusanoi* 的夏孢子（1）、夏孢子堆侧丝（2）、冬孢子堆（3）和冬孢子（4）（CFSZ 20）

夏孢子堆生于叶下面，散生，圆形，直径 0.2～0.4mm，白色至淡褐色，裸露，粉状，周围有破裂的寄主表皮围绕；侧丝头状、棍棒状或囊状，长 26～64μm，头部宽 11～25μm，顶壁 5～10μm 厚，无色；夏孢子近球形、宽椭圆形、矩圆形或梨形，16～21×13～17μm，壁 2.5～3μm 厚，无色或淡黄色，表面具细刺，芽孔不清楚。

冬孢子堆生于叶下面，散生至聚生，隆起，圆形或不规则形，直径 0.2～1.5mm，常汇合成片，有时布满整个叶面，初为橘黄色，后为红褐色至栗褐色，壳状；冬孢子棱柱形，16～48×6～13μm，侧壁 1～1.5μm 厚，淡黄色，顶壁 1.5～3.5μm 厚，黄褐色。

Ⅱ，Ⅲ

黄海棠（长柱金丝桃）*Hypericum ascyron* L.：赤峰市巴林右旗赛罕乌拉自然保护区西沟 6515，正沟 9914；喀喇沁旗美林镇韭菜楼 5042；林西县新林镇哈什吐 9869、9881；宁城县黑里河自然保护区大坝沟 **20**，八沟道 5520。呼伦贝尔市鄂伦春自治旗大杨树 7526，乌鲁布铁 7592。兴安盟阿尔山市白狼镇洮儿河 1642，五岔沟 7947，伊尔施 7849。

短柱黄海棠（短柱金丝桃）*Hypericum ascyron* L. subsp. *gebleri* (Ledeb.) N. Robson（≡ *H. gebleri* Ledeb.）：呼伦贝尔市鄂伦春自治旗大杨树 7533。

国内分布：辽宁，北京，河北，山西，内蒙古，台湾，广西，陕西，甘肃，青海，新疆，云南，四川，贵州。

世界分布：尼泊尔，日本，朝鲜半岛，中国，俄罗斯远东地区，新西兰，澳大利亚。

落叶松五蕊柳栅锈菌　图 50

Melampsora larici-pentandrae Kleb., Forst. Naturw. Zeitschr. 6: 470, 1897; Liu et al., J. Inner Mongolia Univ. (Nat. Sci. Ed.) 48(6): 652, 2017; Liu et al., J. Fungal Res. 15(4): 244, 2017.

Uredo larici-pentandrae Arthur, Rés. Sci. Congr. Intern. Bot. Vienne (1905): 388, 1906.

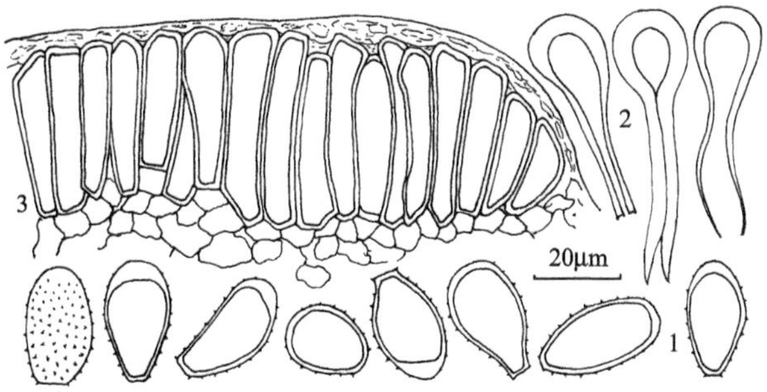

图 50　落叶松五蕊柳栅锈菌 *Melampsora larici-pentandrae* 的夏孢子（1）、夏孢子堆侧丝（2）和冬孢子堆（3）（CFSZ 6722）

夏孢子堆叶两面生，以叶下面为主，散生至聚生，圆形，直径 0.1～1mm，鲜时橘黄色，干后淡黄色或黄褐色，裸露，粉状；侧丝头状或棍棒状，长 50～70μm，头部宽 10～25μm，壁 2.5～5.5μm 厚，无色；夏孢子卵形、长椭圆形或梨形，20～37.5×12.5～20μm，侧壁 1～2μm 厚，顶壁 2～5μm 厚，无色，表面有稀疏小刺，顶部有光滑区，内含物常呈黄色或淡黄色。

冬孢子堆叶两面生，以叶下面为主，叶上面极少，在表皮下，聚生或散生，稍隆起，圆形或不规则形，直径 0.2～0.5mm，常汇合成大片，至布满整个叶面，初为橘黄色，后为红褐色至栗褐色，壳状；冬孢子棱柱形，25～55×7.5～17.5μm，壁 1～1.5μm 厚，淡褐色，含金黄色内含物。

Ⅱ，Ⅲ

五蕊柳 *Salix pentandra* L.：赤峰市巴林右旗赛罕乌拉自然保护区荣升 6583、9946；喀喇沁旗旺业甸大店 8023；克什克腾旗达里诺尔 1089，乌兰布统小河 7164。呼伦贝尔市鄂伦春自治旗乌鲁布铁 7589；根河市阿龙山 9376，敖鲁古雅 7656、7684，得耳布尔 7687，金林 9288；牙克石市博克图 9213。锡林郭勒盟东乌珠穆沁旗宝格达山 9428；锡林浩特市白银库伦 6694、6713、**6722**、6726。兴安盟阿尔山市 7907，伊敏，庄剑云、魏淑霞 9984（=HMAS 82407）。

国内分布：内蒙古。

世界分布：中国，蒙古国，俄罗斯远东地区。

产于兴安盟阿尔山的标本 9984（=HMAS 82407）原定为 *Melampsora amygdalinae* Kleb.，寄主鉴定为康定柳 *Salix paraplesia* C.K. Schneid.（Zhuang and Wei 2002b）。经复查，该寄主应为五蕊柳，未见性孢子器和春孢子器，夏孢子 17.5～30×12.5～17.5μm，顶部有光滑区，部分顶壁明显加厚，可达 5μm，故改订为本种。

落叶松杨栅锈菌　图 51

Melampsora larici-populina Kleb., Z. Pflkr. 12: 32, 1902; Wang, Index Ured. Sin.: 28, 1951; Tai, Syll. Fung. Sin.: 537, 1979; Yuan, Journal of Beijing Forestry College 1984(1): 56, 1984; Shang et al., Acta Agriculturae Boreali-Sinica 5(2): 88, 1990; Wei & Zhuang, Fungi of Xiaowutai Mountains in Hebei Province: 106, 1997; Wei & Zhuang, Fungi of the Qinling Mountains: 37, 1997; Zhuang & Wei, J. Jilin Agr. Univ. 24(2): 7, 2002; Liu et al., J. Fungal Res. 4(1): 50, 2006; Liu et al., J. Inner Mongolia Univ. (Nat. Sci. Ed.) 48(6): 652, 2017; Liu et al., J. Fungal Res. 15(4): 244, 2017.

Melampsora populina (Jacq.) Lév., Annls Sci. Nat., Bot., sér. 3, 8: 375, 1847.

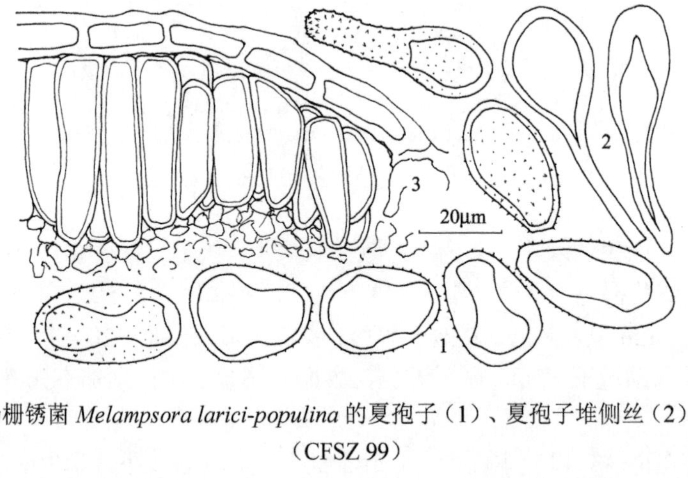

图 51　落叶松杨栅锈菌 *Melampsora larici-populina* 的夏孢子（1）、夏孢子堆侧丝（2）和冬孢子堆（3）（CFSZ 99）

性孢子器叶两面生，常呈点线状，生于角质层下，形成锥形或半球形突起，直径 50～100μm，高 40～65μm，黄色。

春孢子器生于叶下面，散生或稍聚生，椭圆形，长 0.2～1mm，裸露，橘黄色，周围有包被细胞围绕；包被细胞椭圆形或近球形，25～37.5×17.5～27.5μm，壁 2.5～5μm 厚；

春孢子近球形、椭圆形或卵形，18～31×16.5～25μm，壁 1.5～3μm 厚，近无色，表面密生细疣，芽孔不清楚，散生，内有橘黄色内含物。

夏孢子堆叶两面生，以叶下面为主，叶上面极少，散生至聚生，圆形或椭圆形，直径 0.2～1mm，白色或黄褐色，裸露，粉状，周围有破裂的寄主表皮围绕；侧丝头状或棍棒状，长 38～83μm，头部宽 13～23μm，顶壁 3～10（～15）μm 厚，无色，有些内部含黄色内含物；夏孢子椭圆形、矩圆形、倒卵形或棒状，22～48（～55）×16～25（～30）μm，侧壁“赤道”处常加厚，5～10μm 厚，顶壁 2.5～3μm 厚，无色，表面小刺非均匀分布，顶部有光滑区，从顶部向下刺由小到大，基部刺最长，内含物常呈黄色或淡黄色。

冬孢子堆叶两面生，以叶上面为主，叶下面极少，在表皮下，聚生或散生，隆起，圆形或不规则形，直径 0.2～1.2mm，常汇合成片，布满整个叶面，初为橘黄色，后为红褐色至栗褐色，壳状；冬孢子棱柱形，20～48（～55）×8～14μm，壁 1～2μm 厚，淡褐色，含金黄色内含物。

0，I

华北落叶松 *Larix gmelinii* (Rupr.) Rupr. var. *principis-rupprechtii* (Mayr) Pilg.（= *Larix principis-rupprechtii* Mayr）：赤峰市喀喇沁旗旺业甸 9016（= HMAS 246802）、9019。

II，III

加杨 *Populus*×*canadensis* Moench：赤峰市敖汉旗大黑山自然保护区 8804。呼和浩特市树木园 456。锡林郭勒盟锡林浩特市辉腾锡勒 6740。

青杨 *Populus cathayana* Rehder：赤峰市敖汉旗大黑山自然保护区 8816；巴林右旗赛罕乌拉自然保护区大东沟 6438，场部 9935，西沟 6529，正沟 6469、9082；红山区林研所 **99**；喀喇沁旗旺业甸新开坝 6995；宁城县黑里河自然保护区八沟道 5488，大坝沟 8360、8361。

香杨 *Populus koreana* Rehder：赤峰市宁城县黑里河自然保护区大坝沟 8374，道须沟 5613。呼伦贝尔市扎兰屯市吊桥公园 1662。

阔叶杨 *Populus platyphylla* T.Y. Sun：赤峰市喀喇沁旗美林镇韭菜楼 7962；红山区赤峰学院 8256。

小青杨 *Populus pseudo-simonii* Kitag.：赤峰市喀喇沁旗旺业甸新开坝 6975；宁城县黑里河自然保护区大坝沟 8362、8382，三道河 8161。

小叶杨 *Populus simonii* Carrière：赤峰市敖汉旗大黑山自然保护区 8749、8757、8794，四道湾子镇小河沿 7127，四家子镇热水 7060；巴林右旗赛罕乌拉自然保护区场部 6505、9930；喀喇沁旗马鞍山 8857，美林镇韭菜楼 7968，十家乡头道营子 833、843，旺业甸 5028；宁城县热水 5352；松山区老府镇蒙古营子 5823，新城区龙熙园 8907；翁牛特旗乌丹，陈明 5143；元宝山区小五家 8871。鄂尔多斯市伊金霍洛旗乌兰木伦，乔龙厅 8244。呼伦贝尔市阿荣旗三岔河 7357；鄂伦春自治旗大杨树 7493；莫力达瓦达斡尔族自治旗尼尔基 7476。通辽市科尔沁区 6347；库伦旗扣河子镇五星，卜范博 9552；扎鲁特旗鲁北 7460，炮台山 7310。乌兰察布市集宁区老虎山公园 863；凉城县岱海 6135，蛮汉山二龙什台 6101；兴和县大同窑 5937。

甜杨 *Populus suaveolens* Fisch. ex Loudon：呼伦贝尔市阿荣旗阿力格亚 9175；鄂伦春自治旗吉文 7631；根河市满归镇九公里 9347、9359。兴安盟阿尔山市伊尔施 7890。

杨属 *Populus* spp.：赤峰市喀喇沁旗十家 405；克什克腾旗书声，于国林 42；宁城县黑里河自然保护区大营子 5401；热水 211、5378。呼和浩特市树木园 457；昭君墓 604。呼伦贝尔市阿荣旗三岔河镇辋窑，华伟乐 7216。

袁毅(1984)报道本种在内蒙古生于杨属的多种植物上，其中也包括胡杨 *P. euphratica* Oliv.。尚衍重等（1990）报道本种在内蒙古分布十分广泛，生于杨属的许多种、变种和杂交种上。

国内分布：黑龙江，吉林，辽宁，北京，河北，山西，内蒙古，河南，陕西，甘肃，新疆，青海，云南。

世界分布：欧洲；亚洲（克什米尔巴基斯坦实际控制区，蒙古国，俄罗斯远东地区，中国，日本，朝鲜半岛）；传播到大洋洲（澳大利亚，新西兰）。

亚麻栅锈菌　图 52

Melampsora lini (Ehrenb.) Lév., Ann. Sci. Nat., Bot., sér. 3, 8: 376, 1847; Wang, Index Ured. Sin.: 28, 1951; Tai, Syll. Fung. Sin.: 538, 1979; Liu, J. Jilin Agr. Univ. 1983(2): 2, 1983; Wei & Zhuang, Fungi of Xiaowutai Mountains in Hebei Province: 106, 1997; Liu et al., J. Inner Mongolia Univ. (Nat. Sci. Ed.) 48(6): 652, 2017; Liu et al., J. Fungal Res. 15(4): 244, 2017.

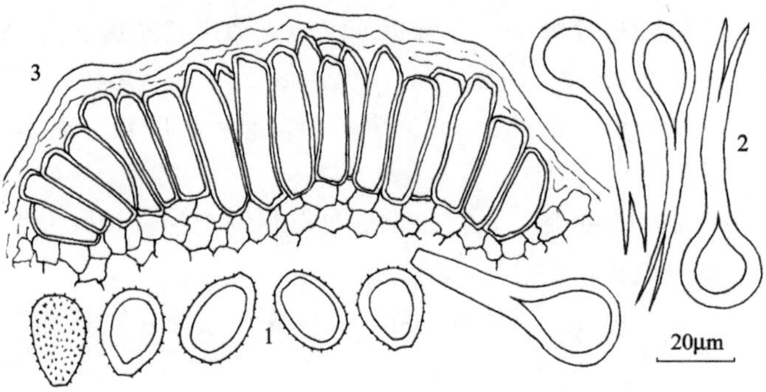

图 52　亚麻栅锈菌 *Melampsora lini* 的夏孢子（1）、夏孢子堆侧丝（2）和冬孢子堆（3）（CFSZ 6860）

性孢子器和春孢子器在引证标本中未见。

夏孢子堆生于叶两面和茎上，散生或聚生，圆形或椭圆形，直径 0.2～0.8mm，常覆盖整个叶面，茎上者长达 1.5mm，橘黄色或乳白色，裸露，粉状，周围有破裂的寄主表皮围绕；侧丝头状，长 30～80μm，头部宽 15～25μm，顶壁 2～4μm 厚，无色；夏孢子近球形、椭圆形、倒卵形或梨形，16～25（～27.5）×13～17.5（～20）μm，壁 1.5～2μm 厚，无色或淡黄色，表面具小刺，芽孔不清楚，内含物橘黄色。

冬孢子堆生于叶两面和茎上，在表皮下，散生至聚生，隆起，圆形或不规则形，直径 0.2～0.5mm，常汇合成片，初为橘黄色，后为红褐色至栗褐色，壳状；冬孢子棱柱形，25～55×7.5～15μm，侧壁约 1μm 厚，顶壁 1～1.5μm 厚，淡黄色或无色。

（0），（Ⅰ），Ⅱ，Ⅲ

宿根亚麻 *Linum perenne* L.：赤峰市巴林右旗赛罕乌拉自然保护区西山 6392，正沟 6471；克什克腾旗黄岗梁 **6860**、9767。锡林郭勒盟西乌珠穆沁旗古日格斯台 8109。

据刘振钦（1983）报道，本种在兴安盟阿尔山市五叉沟有分布，生于贝加尔亚麻 *L. baicalense* Juz.上。

国内分布：黑龙江，辽宁，河北，山西，内蒙古，陕西，甘肃，青海，新疆，云南，四川。

世界分布：世界广布。

Wilson 和 Henderson（1966）把亚麻属 *Linum* 上的栅锈菌鉴定成 2 个变种，分别是 *Melampsora lini* (Ehrenb.) Lév. var. *lini* 和 *M. lini* (Ehrenb.) Lév. var. *liniperda* Körn.。主要区别在于前者不产生性孢子器和春孢子器，冬孢子较小，大小为 35～55×10～20μm；后者产生性孢子器和春孢子器，冬孢子较大，长达 60～80μm。Hiratsuka 等（1992）则把 *M. lini* var. *liniperda* Körn.列为 *M. lini* (Ehrenb.) Lév.的异名。我们的菌与 Wilson 和 Henderson（1966）的 *M. lini* (Ehrenb.) Lév. var. *lini* 相符。

山杨栅锈菌　图 53

Melampsora populnea (Pers.) P. Karst., Bidr. Känn. Finl. Nat. Folk 31: 53, 1879; Liu et al., J. Inner Mongolia Univ. (Nat. Sci. Ed.) 48(6): 652, 2017; Liu et al., J. Fungal Res. 15(4): 244, 2017.

Melampsora aecidioides Plowr., Brit. Ured. Ustil.: 241, 1889; Shang et al., Acta Agriculturae Boreali-Sinica 5(2): 87, 1990; Liu et al., J. Fungal Res. 4(1): 49, 2006.

Melampsora laricis R. Hartig, Allg. Forst-u. Jagdztg., Frankfurt 61: 326, 1885; Wang, Index Ured. Sin.: 28, 1951; Tai, Syll. Fung. Sin.: 537, 1979; Yuan, Journal of Beijing Forestry College 1984(1): 51, 1984; Shang et al., Acta Agriculturae Boreali-Sinica 5(2): 87, 1990; Guo, Fungi and Lichens of Shennongjia: 114, 1989; Zhuang & Wei, J. Jilin Agr. Univ. 24(2): 7, 2002; Liu et al., J. Fungal Res. 4(1): 50, 2006.

Melampsora larici-tremulae Kleb., Forst. Naturw. Zeitschr. 6: 470, 1897; Wang et al., Fungi of Xizang (Tibet): 39, 1983.

Melampsora rostrupii G.H. Wagner, Öst. Bot. Z. 46: 274, 1896; Wang, Index Ured. Sin.: 29, 1951; Tai, Syll. Fung. Sin.: 539, 1979.

Sclerotium populneum Pers., Observ. Mycol. 2: 25, 1800 [1799].

夏孢子堆叶两面生，也生于叶柄和幼茎上，散生至聚生，圆形或椭圆形，直径 0.1～0.5mm，橘黄色至黄褐色，裸露，粉状，周围有破裂的寄主表皮围绕；侧丝头状或棍棒状，长 32～110μm，头部宽 6～25（～36）μm，壁 2～7.5μm 厚，顶壁不增厚或稍增厚，无色或黄褐色；夏孢子椭圆形、倒卵形或梨形，15～29×10～20μm，壁 1.5～3μm 厚，个别者“赤道”处加厚，淡黄褐色或无色，表面具小刺，芽孔不清楚。

冬孢子堆生于叶下面，叶上面偶见，在表皮下，聚生，少散生，隆起，圆形或不规则形，直径 0.2～1.2mm，常汇合成片，至布满整个叶面，初为橘黄色，后为红褐色至栗褐色，壳状；冬孢子棱柱形，29～60×8～12（～16）μm，侧壁 1～2.5μm 厚，浅褐色，顶壁稍加厚，褐色。

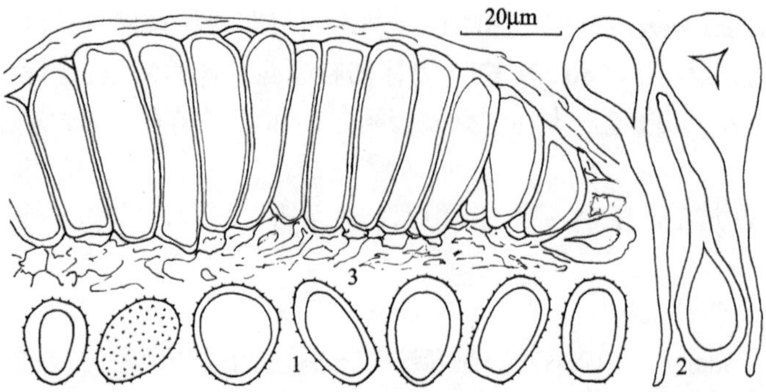

图 53　山杨栅锈菌 *Melampsora populnea* 的夏孢子（1）、夏孢子堆侧丝（2）和冬孢子堆（3）（CFSZ 113）

Ⅱ，Ⅲ

新疆杨 *Populus alba* L. var. *pyramidalis* Bunge：阿拉善盟阿拉善左旗巴彦浩特公园 8602。赤峰市红山区宝山桥 9730、9969，林研所 357、415、428、8932，赤峰学院 8253。乌海市海勃湾区植物园 8577。

山杨 *Populus davidiana* Dode：赤峰市敖汉旗大黑山自然保护区 8783；巴林右旗赛罕乌拉自然保护区王坟沟 6598；喀喇沁旗马鞍山 5281，美林镇韭菜楼 5050、7978，旺业甸 6965；克什克腾旗黄岗梁 6873、9791、9809；宁城县黑里河自然保护区大坝沟 8359，道须沟 5461；松山区老府镇五十家子 **113**、5820，新城区兴安南麓植物园 8930。呼和浩特市和林格尔县南天门 631。呼伦贝尔市阿荣旗得力其尔 9132，三岔河 7380、7444；鄂伦春自治旗乌鲁布铁 7537；鄂温克族自治旗红花尔基 7792；根河市得耳布尔 7698；莫力达瓦达斡尔族自治旗塔温敖宝镇霍日里绰罗，陈明 5146；牙克石市博克图 9197。锡林郭勒盟西乌珠穆沁旗古日格斯台 8116。兴安盟阿尔山市 7837、7916。

河北杨 *Populus hopeiensis* Hu & H.F. Chow：包头市赛罕塔拉公园 822。

据尚衍重等（1990）报道，本种（在 *Melampsora aecidioides* Plowr.名下）生于新疆杨上的分布区还有巴彦淖尔市的临河、磴口县、五原县；包头市；呼和浩特市的托克托县；鄂尔多斯市的东胜的达拉特旗；通辽市。另外，在包头市还生于银白杨 *P. alba* L.上；在巴彦淖尔市五原县还生于青毛杨 *P. shanxiensis* Z. Wang & S.L. Tung 上；在呼和浩特市和阿拉善左旗还生于毛白杨 *P. tomentosa* Carrière 上；生于河北杨上的分布区还有鄂尔多斯市。本种（在 *Melampsora laricis* R. Hartig 名下）在巴彦淖尔市乌拉山和阿拉善左旗贺兰山；呼伦贝尔市的根河市也生于山杨 *Populus davidiana* 上（尚衍重等 1990；Zhuang and Wei 2002b）。

国内分布：黑龙江，北京，河北，内蒙古，河南，广西，陕西，甘肃，新疆，西藏。

世界分布：欧洲；亚洲（哈萨克斯坦，俄罗斯，中国，日本）。

Tian 和 Kakishima（2005）把尚衍重等（1990）鉴定为 *Melampsora aecidioides* 的种都鉴定为 *M. magnusiana* G.H. Wagner，在后者异名中包括前者和 *M. populnea* (Pers.) P. Karst.。在内蒙古，新疆杨和河北杨上的菌仅产生夏孢子，夏孢子堆叶两面生，也生于叶柄和幼茎上，聚生，常汇合成大斑，结实，似春孢子器，鲜时橘黄色，干后淡黄色。尚衍重（1986）和尚衍重等（1986，1990）对本种有详细的讨论。

灰胡杨栅锈菌　图 54

Melampsora pruinosae Tranzschel, *in* Tranzschel & Serebr., Mycotheca Rossica: 265, 1912; Tai, Syll. Fung. Sin.: 538, 1979; Yuan, Journal of Beijing Forestry College 1984(1): 54, 1984; Shang et al., Acta Agriculturae Boreali-Sinica 5(2): 86, 1990; Liu et al., J. Inner Mongolia Univ. (Nat. Sci. Ed.) 48(6): 652, 2017.

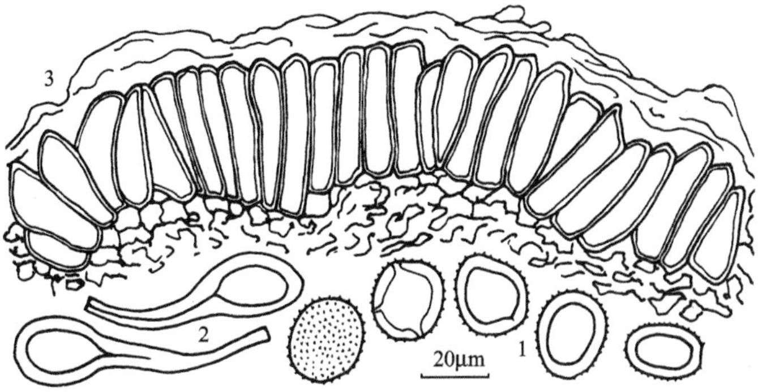

图 54　灰胡杨栅锈菌 *Melampsora pruinosae* 的夏孢子（1）、夏孢子堆侧丝（2）和冬孢子堆（3）（CFSZ 484）

夏孢子堆叶两面生，散生至局部近聚生，圆形或椭圆形，直径 0.1～0.8mm，橘黄色至黄褐色，裸露，粉状，周围有破裂的寄主表皮围绕；侧丝头状或棍棒状，长 40～105μm，头部宽 15～25μm，顶壁 2.5～6μm 厚，无色；夏孢子球形、近球形或椭圆形，20～25×15～22.5μm，壁 3～5μm 厚，无色或淡黄褐色，表面密被疣状刺，芽孔不清楚。

冬孢子堆叶两面生，聚生或散生，隆起，圆形或不规则形，直径 0.1～1mm，常汇合成片，至布满整个叶面，初为橘黄色，后为红褐色至栗褐色，壳状；冬孢子棱柱形，25～60×7.5～15μm，壁 1～2μm 厚，均匀，淡黄褐色。

II，III

胡杨 *Populus euphratica* Oliv.：阿拉善盟阿拉善左旗，尚衍重，特木钦 8307（= HNMAP 1830）。巴彦淖尔市磴口县三盛公 8651；杭锦后旗，尚衍重 8315（= HNMAP 1300）；临河区双河镇 **484**；乌拉特前旗西山咀林场，尚衍重 8311（= HNMAP 3107）。

本种在内蒙古的分布区还有巴彦淖尔市的五原县、呼和浩特市（袁毅 1984；尚衍重等 1990）。另外，据尚衍重等（1990）报道，本种在阿拉善左旗还生于小钻杨（合作杨）*Populus*×*xiaozhuanica* W.Y. Hsu & C.F. Liang 上。

国内分布：内蒙古，甘肃，青海，宁夏，新疆。

世界分布：欧洲；亚洲。

茶藨子蒿柳栅锈菌　图 55

Melampsora ribesii-viminalis Kleb., Pringsheims Jb. Wissenschaftl. Botanik 34: 363, 1900;

Zhuang & Wei, J. Jilin Agr. Univ. 24(2): 7, 2002; Liu et al., J. Inner Mongolia Univ. (Nat. Sci. Ed.) 48(6): 653, 2017; Liu et al., J. Fungal Res. 15(4): 244, 2017.

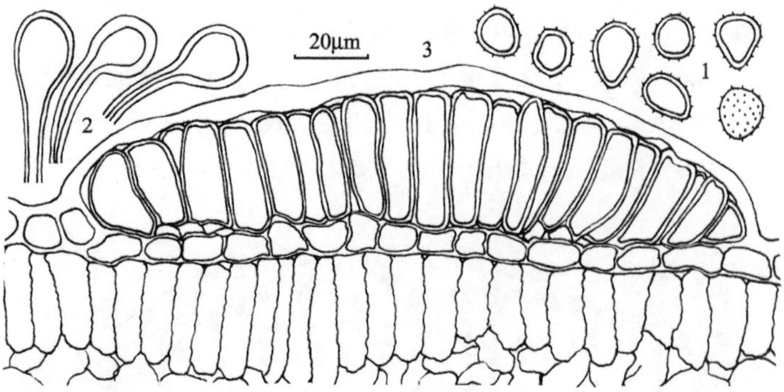

图 55 茶藨子蒿柳栅锈菌 *Melampsora ribesii-viminalis* 的夏孢子（1）、夏孢子堆侧丝（2）和冬孢子堆（3）（CFSZ 7500）

夏孢子堆生于叶下面，散生至聚生，圆形，直径 0.1～0.3mm，鲜时橘黄色，干后淡黄色，裸露，粉状；侧丝头状，长 25～60μm，头部宽 10～27.5μm，顶壁 1～5μm 厚，无色；夏孢子圆形、近圆形、椭圆形或倒卵形，10～19×7.5～15μm，壁 1.5～2μm 厚，均匀，无色，表面密生细刺，内含物常呈黄色或淡黄色。

冬孢子堆生于叶上面，在角质层下，散生或聚生，稍隆起，光亮，圆形或不规则形，直径 0.1～0.5mm，常汇合成大片，红褐色，壳状；冬孢子棱柱形，有时不规则，25～45×7.5～15μm，壁约 1μm 厚，均匀，淡褐色，常含金黄色内含物。

II，III

蒿柳 *Salix viminalis* L.：赤峰市巴林右旗赛罕乌拉自然保护区荣升 8123、9498、9499，王坟沟 9091，西山 6411。呼伦贝尔市阿荣旗得力其尔 9139、9152，三岔河 7332、7368、7438；鄂伦春自治旗大杨树 7498、**7500**；根河市敖鲁古雅 9394、9397，得耳布尔 7704，金河 9384，满归镇九公里 9364；牙克石市博克图 9222、9225，免渡河农场四队，侯振世等 8323（= HNMAP 3209），乌尔其汉 9248、9249。锡林郭勒盟东乌珠穆沁旗宝格达山 9411。兴安盟阿尔山市东山 7836，五岔沟 7950。

国内分布：黑龙江，内蒙古。

世界分布：欧洲；亚洲（亚美尼亚，中国）。

以往文献记载，该种的夏孢子大小为 15～19×14～16μm，侧丝头状，长 50～70μm，头部宽 18～25μm（Gäumann 1959; Wilson and Henderson 1966），与其相比，我们的菌夏孢子略小，大多在 15×12.5μm 左右，侧丝也较短。

白柳栅锈菌 图 56

Melampsora salicis-albae Kleb., Pringsheims Jb. Wissenschaftl. Botanik 35: 679, 1901; Wang, Index Ured. Sin.: 29, 1951; Tai, Syll. Fung. Sin.: 539, 1979; Wei & Zhuang, Fungi of the Qinling Mountains: 38, 1997.

Melampsora vitellinae (DC.) Thüm., Hedwigia 18(5): 79, 1879.
Melampsora allii-salicis-albae Kleb., Z. PflKrankh. PflSchutz 12: 19, 1902.

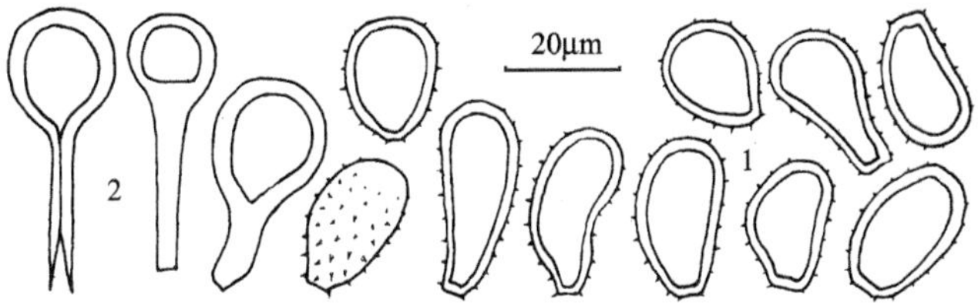

图 56 白柳栅锈菌 *Melampsora salicis-albae* 的夏孢子（1）和夏孢子堆侧丝（2）（CFSZ 1695）

夏孢子堆叶两面生，也生于嫩枝上，散生至聚生，圆形或椭圆形，直径 0.1～2mm，在嫩枝上为条形，长 4～10mm，淡黄色，裸露，粉状；侧丝头状或棒状，长 35～55μm，头部宽 15～20μm，顶壁 2.5～5μm 厚，无色；夏孢子椭圆形、倒卵形、矩圆形、棍棒形或梨形，16～35×11～17.5μm，壁 1.5～2.5μm 厚，均匀，无色，表面疏生细刺，基部最明显，向上渐短，顶部有光滑区。

冬孢子堆未见。

II，（III）

朝鲜柳 *Salix koreensis* Andersson：呼伦贝尔市扎兰屯市秀水山庄 **1695**。

国内分布：北京，内蒙古，甘肃，新疆。

世界分布：欧洲；亚洲（印度，中国）。

据 Wilson 和 Henderson（1966）报道，本种夏孢子堆两型：春季生在幼枝和幼叶上，夏季和秋季生在叶上；冬孢子堆叶两面生，在表皮下，冬孢子大小为 24～45×7～10μm，壁 1μm 厚，顶端不加厚，芽孔不明显。

中国黄花柳栅锈菌　图 57

Melampsora salicis-sinicae P. Zhao, C.M. Tian & Y.J. Yao, *in* Zho et al., Mycoscience 55: 395, 2014; Liu et al., J. Inner Mongolia Univ. (Nat. Sci. Ed.) 48(6): 653, 2017; Liu et al., J. Fungal Res. 15(4): 244, 2017.

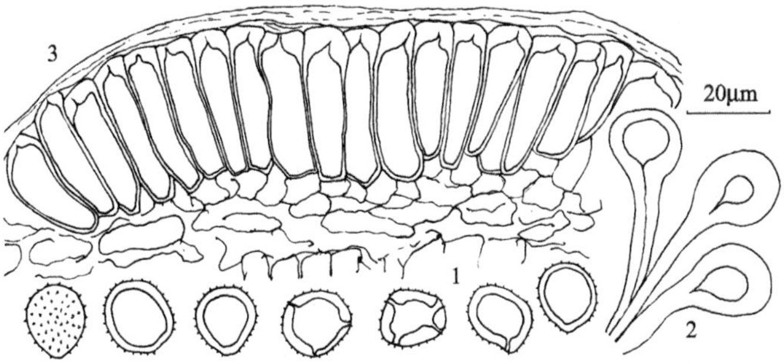

图 57 中国黄花柳栅锈菌 *Melampsora salicis-sinicae* 的夏孢子（1）、夏孢子堆侧丝（2）和冬孢子堆（3）（CFSZ 630）

夏孢子堆生于叶下面，散生至聚生，圆形，直径 0.1～0.5mm，鲜时橘黄色，干后淡黄色或黄褐色，裸露，粉状；侧丝头状，长 40～75μm，头部宽 10～25μm，顶壁 4～7.5μm 厚，无色；夏孢子球形、近球形、椭圆形或倒卵形，12.5～22.5×10～17.5μm，壁 1.5～4μm 厚，无色，表面有小刺，芽孔散生，内含物常呈黄色或淡黄色。

冬孢子堆叶两面生，以叶上面为主，在角质层下，聚生或散生，稍隆起，圆形或不规则形，直径 0.2～1mm，常汇合成大片，至布满整个叶面，红褐色至栗褐色，壳状；冬孢子棱柱形，17.5～50×7.5～16μm，壁 1～2.5μm 厚，顶壁 3～10μm 厚，黄褐色，顶端有 1 个芽孔，内含物黄色。

II，III

崖柳 *Salix floderusii* Nakai：兴安盟阿尔山市五岔沟，尚衍重 8305（= HNMAP 3111）。

大黄柳 *Salix raddeana* Laksch. ex Nasarow：赤峰市喀喇沁旗旺业甸茅荆坝 8948；宁城县黑里河自然保护区东打 5446，上拐 8211。呼伦贝尔市根河市敖鲁古雅 7678。兴安盟阿尔山市 7912。

中国黄花柳 *Salix sinica* (K.S. Hao ex C.F. Fang & A.K. Skvortsov) Z. Wang & C.F. Fang：赤峰市巴林右旗赛罕乌拉自然保护区砬子沟 9898、9906，荣升 8139；克什克腾旗黄岗梁 9816、9822；林西县新林镇哈什吐 9859。呼和浩特市和林格尔县南天门 **630**、633。乌兰察布市兴和县苏木山 5873。

波纹柳 *Salix starkeana* Willd.：呼伦贝尔市根河市上央格气林场，侯振世等 8310（= HNMAP 3165）。

皂柳 *Salix wallichiana* Andersson：乌兰察布市凉城县蛮汉山二龙什台 5989；兴和县苏木山 5864、5871、5876、5878、5907、5911、5914。

国内分布：黑龙江，内蒙古。

世界分布：中国。

本种是 Zhao 等（2014）根据形态学特征和分子系统发育建立的新种，模式标本采自呼和浩特市和林县，寄主为中国黄花柳（HNMAP 1710），此外寄主还有兴安柳 *S. hsinganica* Y.L. Chang & Skvortsov、波纹柳、皂柳和燥柳 *S. xerophila* Flod.，并且在内蒙古均有分布。过去本种多被鉴定为黄花柳栅锈菌 *Melampsora capraearum* Thüm.，二者区别在于前者冬孢子堆叶两面生，冬孢子较细长（17～49×4～17μm），顶壁较薄（厚达 9.8μm）；后者冬孢子堆生于叶上面，冬孢子较短粗（14～37×6～17μm），顶壁较厚（厚达 10.3μm）（Zhao et al. 2014）。

六月雪栅锈菌　图 58

Melampsora serissicola Y.Z. Shang, R.X. Li & D.S. Wang, Acta Mycol. Sin. 9(2): 109, 1990; Liu et al., J. Inner Mongolia Univ. (Nat. Sci. Ed.) 48(6): 653, 2017.

夏孢子堆叶两面生，初生表皮下，后外露，粉状，散生，圆形，橘黄色，直径 0.2～0.5mm；夏孢子倒卵形、球形、椭圆形，14.4～23×12～16.8μm，平均 18.5×13.6μm，周身具刺，壁厚均匀，厚 2.5～3.6μm；夏孢子堆中混生有侧丝，侧丝头状至棍棒状，长 36～62μm，平均 52μm，头部宽 12～14.4μm，平均 13.6μm，壁无色，3～4μm 厚。

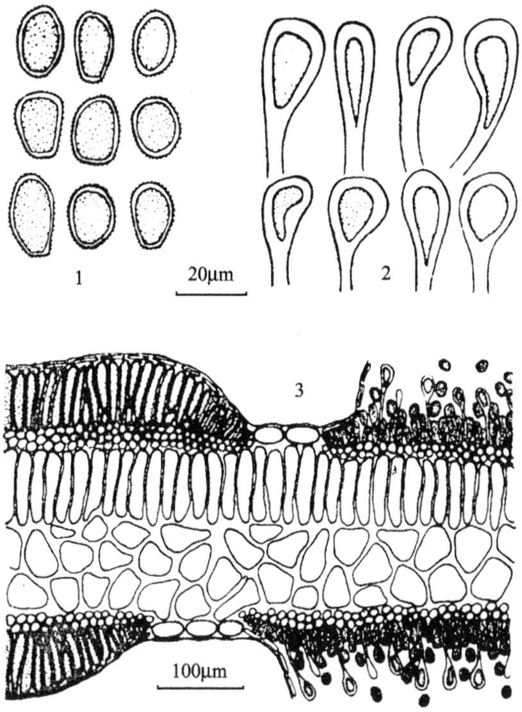

图 58　六月雪栅锈菌 *Melampsora serissicola* 的夏孢子（1）、夏孢子堆侧丝（2）、冬孢子堆和夏孢子堆（3）

冬孢子堆叶两面生，圆形至不规则形，稍隆起，锈褐色，散生，直径 0.5～0.8mm；冬孢子棱柱形，38～60×7.2～10.8μm，平均 50×9.2μm，壁光滑，浅褐色，厚约 1μm。个别冬孢子下面有孢子样细胞。

II，III

六月雪 *Serissa serissoide* (DC.) Druce：包头市，王东升 88055。主模式保存于内蒙古林学院真菌与森林病理学标本室（HIM），等模式保存于包头市园林科技研究所标本室（HBT）。

国内分布：内蒙古。

世界分布：中国。

未能见到主模式和等模式标本，此处描述和绘图均摘自尚衍重等（1990）的原始文献。

狼毒栅锈菌　图 59

Melampsora stellerae Teich, Sitzungsber. Ges. Morph. Phys. München 19: 181, 1934; Wang, Index Ured. Sin.: 30, 1951; Tai, Syll. Fung. Sin.: 540, 1979; Wang et al., Fungi of Xizang (Tibet): 40, 1983; Liu et al., J. Fungal Res. 4(1): 50, 2006; Liu et al., J. Inner Mongolia Univ. (Nat. Sci. Ed.) 48(6): 653, 2017; Liu et al., J. Fungal Res. 15(4): 244, 2017.

夏孢子堆生于叶下面，散生或聚生，圆形或椭圆形，直径 0.1～0.6mm，乳白色至淡黄褐色，裸露，粉状，周围有破裂的寄主表皮围绕；侧丝头状，长 40～80μm，头部宽

17.5～25μm，顶壁 2～5μm 厚，无色；夏孢子近球形、椭圆形或倒卵形，15～25（～27.5）× 11～18μm，壁 1.5～2μm 厚，无色，表面密生小刺，芽孔不清楚。

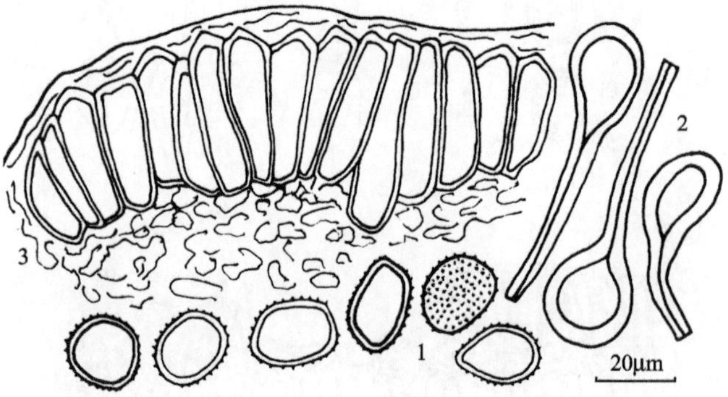

图 59 狼毒栅锈菌 *Melampsora stellerae* 的夏孢子（1）、夏孢子堆侧丝（2）和冬孢子堆（3）（CFSZ 548）

冬孢子堆叶两面生，以叶下面为主，也生于茎上，散生或聚生，隆起，圆形或不规则形，直径 0.2～1.2mm，常汇合成片，至布满整个叶面，初为橘黄色，后为橘红色或栗褐色，壳状；冬孢子棱柱形，20～50×7.5～15μm，侧壁 1～2μm 厚，顶壁 2～3μm 厚，栗褐色。

II，III

狼毒 *Stellera chamaejasme* L.：赤峰市巴林右旗赛罕乌拉自然保护区乌兰坝 8062；克什克腾旗黄岗梁 **548**、6898，热水 6857，乌兰布统小河 7144。乌兰察布市察哈尔右翼中旗辉腾锡勒 8433。锡林郭勒盟西乌珠穆沁旗古日格斯台 8111。兴安盟阿尔山市东山 7811。

国内分布：山西，内蒙古，陕西，甘肃，青海，西藏。

世界分布：中国，蒙古国。

北海道栅锈菌　　图 60

Melampsora yezoensis Miyabe & T. Matsumoto, Trans. Sapporo Nat. Hist. Soc. 6(1): 8, 1915; Tai, Syll. Fung. Sin.: 540, 1979.

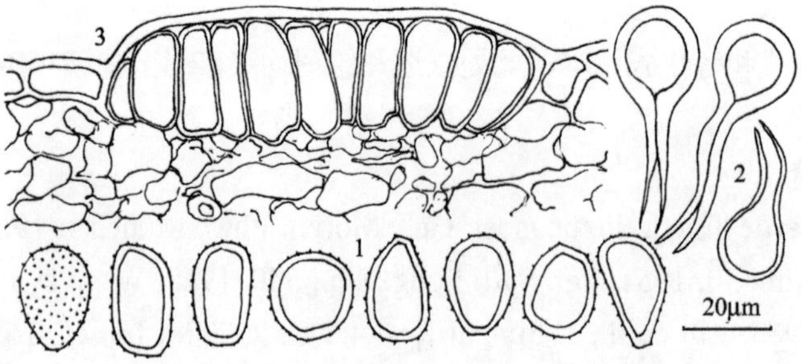

图 60 北海道栅锈菌 *Melampsora yezoensis* 的夏孢子（1）、夏孢子堆侧丝（2）和冬孢子堆（3）（CFSZ 9534）

夏孢子堆生于叶下面，散生至聚生，圆形，直径 0.1～0.5mm，鲜时橘黄色，干后淡黄色，裸露，粉状；侧丝头状，长 30～60μm，头部宽 12.5～20μm，顶壁 2.5～5μm 厚，无色；夏孢子倒卵形、椭圆形或少数近球形，17.5～29×12.5～18μm，壁 2～2.5μm 厚，无色，表面有小刺，芽孔散生，不清楚。

冬孢子堆生于叶下面，在角质层下，聚生或散生，稍隆起，圆形或不规则形，直径 0.2～0.5mm，常汇合成大片，至布满整个叶面，红褐色至栗褐色，壳状；冬孢子棱柱形，20～37.5×7.5～17.5μm，壁约 1μm 厚，顶部不增厚。

II，III

柳属 *Salix* sp.：赤峰市巴林右旗赛罕乌拉自然保护区王坟沟 **9534**。

国内分布：内蒙古，贵州。

世界分布：日本，中国，俄罗斯远东地区。

本种的性孢子器和春孢子器生于东北延胡索 *Corydalis ambigua* Cham. & Schltdl.上（Hiratsuka et al. 1992；Bagyanarayana 2005），内蒙古尚未发现。本种为内蒙古新记录。

5 层锈菌科 Phakopsoraceae (Arthur) Cummins & Hirats. f.

性孢子器 5 型或 7 型。春孢子器为杯型春孢子器、裸春孢子器或夏型春孢子器，包被有或无；春孢子串生或单生，有疣或刺。夏孢子堆多数有向内弯曲、背部厚壁的周生侧丝；夏孢子单生，但 *Arthuria* 为串生，具刺，芽孔不清楚，多为散生。冬孢子堆外露或嵌入寄主组织中，2 到几个孢子厚；冬孢子单细胞，无柄，串生或不规则排列，每个细胞具 1 个芽孔或在某些细胞中也许没有分化；担子外生。转主寄生；没有寄主范围限制。

模式属：*Phakopsora* Dietel

本科全世界已知 18 属 205 种（Kirk et al. 2008）。内蒙古有 2 属（刘铁志等 2017a）。

分属检索表

1. 冬孢子一型 ……………………………………………………………（11）**假伞锈菌属 *Nothoravenelia***
1. 冬孢子二型 ……………………………………………………………（12）**两型锈菌属 *Pucciniostele***

（11）假伞锈菌属 Nothoravenelia Dietel

Annls Mycol. 8(3): 310, 1910.

性孢子器生于寄主角质层下（7 型）。春孢子器为裸春孢子器，初生于寄主表皮下，后外露，无包被；春孢子串生，具疣。夏孢子堆初生于寄主表皮下，后裸露，具周生侧丝；夏孢子具刺，芽孔不清楚。冬孢子堆初生于寄主表皮下，后外露，具基部连合的周生侧丝；冬孢子横向牢固连合成圆盘状的孢子头状体，头状体 1～3 个孢子厚，每个孢子串对应于 1 个囊状细胞，囊状细胞连接在孢子头上，但可以与孢子堆分离；孢子壁有色，囊状细胞无色，芽孔未见；发芽情况不详，但担孢子可能外生。

模式种：*Nothoravenelia japonica* Dietel

寄主：*Flueggea suffruticosa* (Pall.) Baill. (Euphorbiaceae)

≡ *Securinega suffruticosa* (Pall.) Rehder

产地：日本高知县。

本属全世界仅有 2 种，分别寄生于大戟科 Euphorbiaceae 和橄榄科 Burseraceae 上，分布于东南亚和非洲（Kirk et al. 2008；Cummins and Hiratsuka 2003）。中国产 1 种（戴芳澜 1979），内蒙古有分布（刘铁志等 2017a）。

日本假伞锈菌 图 61

Nothoravenelia japonica Dietel, Annls Mycol. 8(3): 310, 1910; Wang, Index Ured. Sin.: 31, 1951; Tai, Syll. Fung. Sin.: 549, 1979; Wei & Zhuang, Fungi of Xiaowutai Mountains in Hebei Province: 107, 1997; Liu et al., J. Inner Mongolia Univ. (Nat. Sci. Ed.) 48(6): 653, 2017.

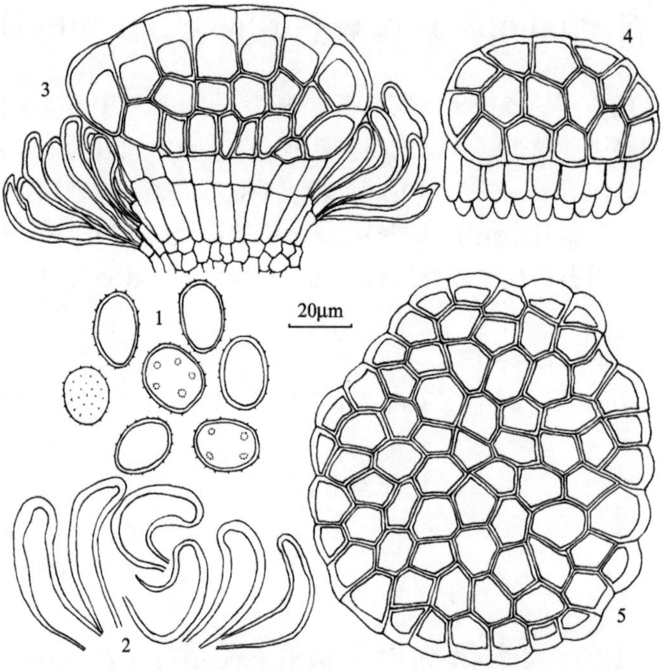

图 61 日本假伞锈菌 *Nothoravenelia japonica* 的夏孢子（1）、夏孢子堆侧丝（2）、冬孢子堆（3）和冬孢子（4，5）（CFSZ 7343）

夏孢子堆生于叶下面，散生或聚生，圆形或椭圆形，直径 0.1～0.2mm，裸露，粉状，肉桂褐色；周生侧丝极多，棍棒状，向内弯曲，基部连合，30～60×（7～）9～15（～17.5）μm，背部和顶部壁 2.5～4μm 厚，腹部壁较薄，1.5～2.5μm 厚，黄褐色；夏孢子倒卵形、椭圆形或近球形，17.5～24×14～17.5μm，壁 1～1.5μm 厚，淡黄褐色，表面具均匀的小刺，芽孔不清楚，似 4～6 个，散生。

冬孢子堆（头状体）生于叶下面，由冬孢子横向牢固连合而成，散生或聚生，圆盘状、椭圆盘状或不规则盘状，直径 50～250μm，裸露，黑褐色或黑色；周生侧丝同夏孢子堆；冬孢子单细胞，矩圆状椭圆形到矩形，15～25×10～17.5μm，头状体各方向直径排列 4～24 个孢子，1～3 个孢子厚，下面孢子壁 1.5～2μm 厚，均匀，黄色至黄褐色，上面孢子顶壁 5～10μm 厚，光滑，栗褐色；囊状细胞圆柱形、矩圆形或椭圆形，15～25×7.5～15μm，壁不及 1μm 厚，无色，光滑，贴生于头状体下面。

II，III

一叶萩 *Flueggea suffruticosa* (Pall.) Baill. [≡ *Securinega suffruticosa* (Pall.) Rehder]：赤峰市敖汉旗大黑山自然保护区 8751、8792、8795、9474、9684；宁城县小城子镇高桥 9956。呼伦贝尔市阿荣旗三岔河 **7343**、7347、7351。

国内分布：黑龙江，吉林，辽宁，北京，河北，内蒙古，山东，江苏，浙江，福建。

世界分布：中国，日本，朝鲜半岛，俄罗斯远东地区。

Hiratsuka 等（1992）描述夏孢子堆侧丝的背部和顶部壁厚 3～8μm，我们的菌仅有 2.5～4μm 厚。

（12）两型锈菌属 **Pucciniostele** Tranzschel & Kom.

in Komarov, Arb. Naturforsch. Ges. St. Petersb. 30: 138, 1899.

性孢子器生于寄主角质层下（7 型）。春孢子器为裸春孢子器，初生于寄主表皮下，后外露，无包被；春孢子串生，具疣。夏孢子堆初生于寄主表皮下，后裸露，具包被和串生的夏孢子，或有周生侧丝和单生于柄上的夏孢子。冬孢子堆初生于寄主表皮下，不明显外露；冬孢子串生，有 2 种类型：初生冬孢子在春孢子器中发育，或与春孢子器紧密相连而串生，4 个细胞，四分体盘状；次生冬孢子在独立的孢子堆中发育，单细胞，串生，芽孔未见。担子外生。

模式种：*Pucciniostele clarkiana* (Barclay) Tranzschel & Kom.

≡ *Xenodochus clarkianus* Barclay

= *Pucciniostele mandshurica* Dietel

寄主：*Astilbe chinensis* (Maxim.) Maxim. ex Franch. & Sav.(Saxifragaceae)

产地：中国吉林。

本属全世界约有 4 种，生于虎耳草科 Saxifragaceae 的落新妇属 *Astilbe* 上，分布于亚洲（Kirk et al. 2008；Cummins and Hiratsuka 2003）。中国报道 3 种（戴芳澜 1979），内蒙古已知 1 种（刘铁志等 2017a）。

东北两型锈菌　图 62

Pucciniostele mandshurica Dietel, Annls Mycol. 2: 21, 1904; Wang, Index Ured. Sin.: 78, 1951; Tai, Syll. Fung. Sin.: 696, 1979; Guo, Fungi and Lichens of Shennongjia: 119, 1989; Wei & Zhuang, Fungi of Xiaowutai Mountains in Hebei Province: 127, 1997; Zhang et al., Mycotaxon 61: 75, 1997; Liu & Tian, J. Fungal Res. 12(4): 212, 2014; Liu et al., J. Inner Mongolia Univ. (Nat. Sci. Ed.) 48(6): 653, 2017.

Pucciniostele mandschurica Dietel, Annls Mycol. 2: 21, 1904.（Index Fungorum）

Pucciniostele clarkiana (Barclay) Tranzschel & Kom., *in* Komarov, Arb. Nat. Ges. St.-Petersb. 30: 138, 1899.

Xenodochus clarkianus Barclay, Addit. Ured. of Simla: 222, 1891.

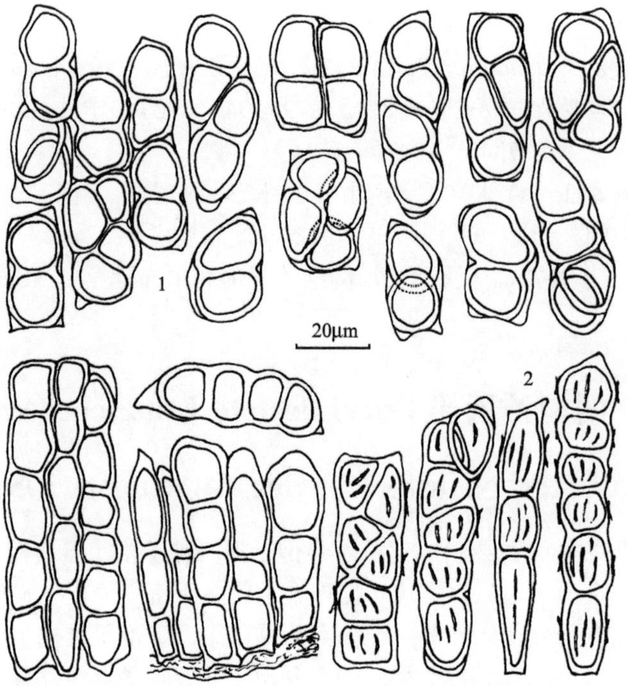

图 62　东北两型锈菌 *Pucciniostele mandshurica* 的初生冬孢子（1）和次生冬孢子（2）（CFSZ 6191）

性孢子器生于叶上面角质层下。

春孢子器叶柄上生，聚生，圆形或椭圆形，长 1～5mm，常相互汇合长达 15cm，裸露，周围有寄主表皮围绕，鲜时橙黄色，干后黄褐色或肉桂褐色，初期坚硬，后期粉状；春孢子近圆形、椭圆形、矩圆形或不规则形，常有角，（17.5～）21～32.5（～40）×15～22.5（～25）μm，侧壁 2～3μm 厚，顶壁常加厚，可达 3～6μm，橙黄色或黄褐色，密生细疣。

初生冬孢子堆自春孢子器中产生，初期胶质，后期粉状，橙黄色；初生冬孢子一般由 4 个细胞构成，即由两个 2 细胞结构侧面或近侧面黏结而成，或首尾相接，偶尔为 3 个或 5 个细胞，平面呈长方形或正方形，有时稍不规则，30～62.5×15～30μm，有时为 2 细胞结构，22.5～35（～42.5）×12.5～25μm，两端圆、渐狭或斜尖，隔膜处缢缩或稍缢缩，侧壁 1～2μm，顶壁 2～7.5μm 厚，黄色或黄褐色，光滑；次生冬孢子堆生于叶下面和叶柄上，散生或聚生，圆形、椭圆形或不规则形，长 0.1～1mm，初期扁平，后半球状，长期被寄主表皮覆盖或后期裸露，先蜡质，后近粉状，周围有破裂的寄主表皮围绕，淡黄色至黄褐色；次生冬孢子 2～12 个串生，棒状圆柱形或圆柱形，35～165×10～20μm，后期较易分离，单个孢子椭圆形或长椭圆形，常有棱角，10～34×9～20μm，偶尔基部孢子长达 50μm，壁多为 1.5～2.5μm 厚，孢子串最上面的孢子顶端常呈斜圆锥形，顶壁可达 5μm 厚，淡黄色，表面有明显突起的纵条纹，芽孔不清楚。

0，Ⅰ，Ⅲ

落新妇 *Astilbe chinensis* (Maxim.) Maxim. ex Franch. & Sav.：赤峰市宁城县黑里河自然保护区下拐 **6191**（= HMAS 247625）、6212。通辽市科尔沁左翼后旗大青沟 6296。

国内分布：吉林，辽宁，河北，山西，内蒙古，安徽，江西，湖北，广西，陕西，四川，贵州。

世界分布：俄罗斯远东地区，中国，日本，朝鲜半岛。

6 查科锈菌科 **Chaconiaceae** Cummins & Y. Hirats.

性孢子器 5 型或 7 型。春孢子器为夏型春孢子器或杯型春孢子器，包被有或无；春孢子单生或串生，多具刺，芽孔多样。夏孢子堆有或无侧丝；夏孢子单生，多数具刺，芽孔多样。冬孢子堆外露；冬孢子单细胞，侧面游离，无柄或有柄，薄壁，芽孔不清楚或无；萌发不需要休眠；担子外生或孢子内有隔膜的为内生。单主寄生或转主寄生；寄主多种多样。

模式属：*Chaconia* Juel

本科全世界已知 8 属 75 种（Kirk et al. 2008）。内蒙古有 1 属（刘铁志等 2017a）。

（13）赭痂锈菌属 **Ochropsora** Dietel

Ber. Dt. Bot. Ges. 13: 401, 1895.

性孢子器生于寄主角质层下（7 型）。春孢子器为杯型春孢子器，初生于寄主表皮下，后外露，有包被；春孢子串生，具疣。夏孢子堆生于寄主表皮下，外露，模式种有丰富的周生侧丝，在底部连合成包被组织；夏孢子单生于短柄上，具刺，芽孔不清楚。冬孢子堆生于寄主表皮下，壳状，1 细胞厚，外观蜡状，后外露；冬孢子单细胞，后因原生质分裂而成 4 个细胞（内生担子），每个细胞产生 1 个担孢子；担孢子生于短梗上；萌发不需要休眠。

模式种：*Ochropsora sorbi* (G. Winter) Dietel

≡ *Caeoma sorbi* G. Winter

= *Ochropsora ariae* (Fuckel) Ramsb.

寄主：*Sorbus aucuparia* L. (Rosaceae)

产地：德国。

本属已知 4 种，生于双子叶植物上，世界广布，尤其北温带（Cummins and Hiratsuka 2003；Kirk et al. 2008）。这个属可能不属于查科锈菌科 Chaconiaceae 而属于肥柄锈菌科 Uropyxidaceae（Dai and Shen 1993；Kirk et al. 2008）。中国报道 1 种（戴芳澜 1979），内蒙古有分布（刘铁志等 2017a）。

美赭痂锈菌　图 63

Ochropsora ariae (Fuckel) Ramsb., Trans. Brit. Myc. Soc. 4: 337, 1914: Tai, Syll. Fung. Sin.: 551, 1979; Liu et al., J. Inner Mongolia Univ. (Nat. Sci. Ed.) 48(6): 653, 2017.

Aecidium anemones Pers., *in* Gmelin, Systema Naturae, Edn 13, 2: 1473, 1792.

Aecidium leucospermum DC., *in* Lamarck & de Candolle, Fl. Franç., Edn 3, 2: 239, 1805.

Caeoma leucospermum (DC.) Schltdl., Fl. Berol. 2: 116, 1824.

Caeoma sorbi Oudem., Ned. Kruidk. Archf, sér. 1, 1: 177, 1873.

Coleosporium sorbi (Oudem.) Lagerh., Ured. Herbar. El. Fries: 95, 1895.

Melampsora ariae Fuckel, Jb. Nassau. Ver. Naturk. 23-24: 45, 1870 [1869-70].

Ochropsora anemones (Pers.) Ferd. & C.A. Jørg., Skovtraeernes Sygdomme 1: 253, 1938.

Ochropsora sorbi Dietel, Ber. Dt. Bot. Ges. 13: 401, 1895; Wang, Index Ured. Sin.: 32, 1951.

Uredo ariae Schleich., Cat. Pl. Helv.: 1821, 1821.

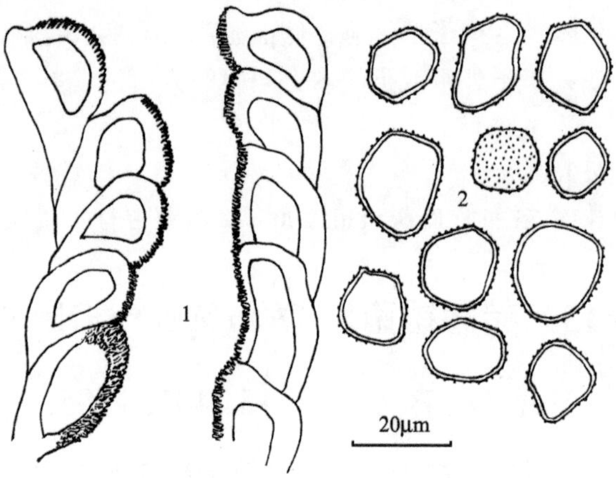

图 63　美赭痂锈菌 *Ochropsora ariae* 的春孢子器包被细胞（1）和春孢子（2）（CFSZ 9004）

性孢子器生于叶上面，或多或少地均匀散生，钝圆锥形，直径 100～200μm，褐色。

春孢子器叶两面生，以叶下面为主，直径 0.3～0.4mm，初期有白色膜状包被，后破裂，外围有发达的包被，杯状，包被细胞近圆形、方形或多角形，19～40×16～25μm，壁 3～5μm 厚，黄褐色，外壁光滑，内壁有疣；春孢子串生，近球形或宽椭圆形，常有角，15～27.5×12.5～20μm，壁约 1μm 厚，近无色，表面有细疣。

0，Ⅰ

小花草玉梅 *Anemone rivularis* Buch.-Ham. var. *flore-minore* Maxim.：赤峰市喀喇沁旗旺业甸 **9004**；宁城县黑里河自然保护区大坝沟 9590，三道河 5582、7278，小柳树沟 521（= HMAS 199188）。乌兰察布市兴和县苏木山 5910。

国内分布：内蒙古，青海，福建。

世界分布：亚洲（中国，以色列，日本，尼泊尔，土耳其）；欧洲（保加利亚，丹麦，芬兰，德国，希腊，挪威，波兰，瑞典，英国）。

本种的夏孢子堆和冬孢子堆生于蔷薇科唐棣属 *Amelanchier*、假升麻属 *Aruncus* 和花楸属 *Sorbus* 上（Wilson and Henderson 1966; Hiratsuka et al. 1992），内蒙古尚未发现。

7　肥柄锈菌科 **Uropyxidaceae** (Arthur) Cummins & Y. Hirats.

性孢子器 5 型或 7 型。春孢子器为杯型春孢子器、裸春孢子器或夏型春孢子器，后者更普遍，包被有或无，或者具侧丝；春孢子串生或单生，具疣或刺。夏孢子堆有侧丝或无侧丝，有些种在寄主气孔上形成；夏孢子单生，多数具刺，芽孔多为散生。冬孢子堆具侧丝或缺侧丝；冬孢子 2 细胞或多细胞，具柄，具横隔膜，有些种具双层壁，外层吸湿性肿胀，每个细胞具 1 或多个芽孔，有些种的柄常吸湿性膨大。担子外生。单主寄生或转主寄生；寄主多种多样。

模式属：*Uropyxis* J. Schröt.

本科全世界已知 15 属 143 种（Kirk et al. 2008）。我国已知 5 属 8 种（庄剑云等 2012）。内蒙古已知 1 属（刘铁志等 2017a）。

（14）疣双胞锈菌属 **Tranzschelia** Arthur

Résult. Sci. Congr. Bot. Wien 1905: 340, 1906.

Lipospora Arthur, Bull. Torrey Bot. Club 48: 36, 1921.

Polythelis Arthur, Résult. Sci. Congr. Bot. Wien 1905: 341, 1906.

性孢子器生于寄主角质层下，子实层平展，有界限（7 型）。春孢子器为杯型春孢子器，初生于寄主表皮下，后裸露，具包被，春孢子串生。夏孢子堆初期生于寄主表皮下，后裸露，具侧丝；夏孢子单生于柄上，表面有刺，芽孔腰生。冬孢子堆初期生于寄主表皮下，后裸露；冬孢子具 1 横隔膜，通常 2 细胞，单生于柄上，柄基部常合生，孢子看似捆成一束，壁有色，休眠后萌发，表面有刺或疣，每个细胞有 1 个芽孔，二细胞易分离；担子外生。

模式种：*Tranzschelia cohaesa* (Long) Arthur

≡ *Puccinia cohaesa* Long

寄主：*Anemone caroliniana* Walter (Ranunculaceae)

= *A. berlandieri* Pritzel

产地：美国得克萨斯。

本属已知 12 种（Kirk et al. 2008）或 15 种（Cummins and Hiratsuka 2003），转主长循环型的种性孢子器和春孢子器生于毛茛科 Ranunculaceae 上，夏孢子堆和冬孢子堆生于蔷薇科 Rosaceae 李属 *Prunus* 上；有 2 个种的生活史为单主长循环型，生于毛茛科银莲花属 *Anemone* 上；还有 1 个为短循环型的种，生于多种毛茛科植物上，世界广布，尤其北温带（Kirk et al. 2008; Cummins and Hiratsuka 2003）。中国报道 3 种（庄剑云等 2012），内蒙古已知 1 种（刘铁志等 2017a）。

暗棕疣双胞锈菌（银莲花疣双胞锈菌） 图 64

Tranzschelia fusca (Pers.) Dietel, Annls Mycol. 20: 31, 1922; Wang, Index Ured. Sin.: 81, 1951; Teng, Fungi of China: 350, 1963; Wei & Zhuang, Fungi of the Qinling Mountains: 75, 1997; Zhang et al., Mycotaxon 61: 75, 1997; Liu et al., J. Fungal Res. 4(1): 51, 2006; Zhuang et al., Fl. Fung. Sin. 41: 58, 2012; Liu et al., J. Inner Mongolia Univ. (Nat. Sci. Ed.) 48(6): 653, 2017.

Aecidium fuscum Pers., *in* Gmelin, Syst. Nat. 2: 1473, 1791 (based on Telia)

Dicaeoma pulsatillae Opiz, Böh. Phänerogam. Cryptogam. Gewächse: 148, 1823.

Puccinia anemones Pers., Synopsis Methodica Fungorum 1: 226, 1801.

Puccinia pulsatillae (Opiz) Rostr., Cat. Pl. Copenh.: 1, 1881.

Puccinia suffusca Holw., J. Mycol. 8(4): 171, 1902.

Puccinia thalictri Chevall., Fl. Gén. Env. Paris 1: 417, 1826; Wang, Index Ured. Sin.: 75, 1951.

Tranzschelia anemones (Pers.) Nannf., *in* Lundell & Nannfeldt, Fungi Exsiccati Suecici: 839a, 1939; Tai, Syll. Fung. Sin.: 750, 1979; Wei & Zhuang, Fungi of Xiaowutai Mountains in Hebei Province: 129, 1997.

Tranzschelia pulsatillae (Opiz) Dietel, Annls Mycol. 20: 31, 1922; Wang, Index Ured. Sin.: 81, 1951.

Tranzschelia suffusca (Holw.) Arthur, Manual of the Rusts in United States and Canada: 73, 1934; Wang, Index Ured. Sin.: 81, 1951.

Tranzschelia thalictri (Chevall.) Dietel, Annls Mycol. 20: 31, 1922.

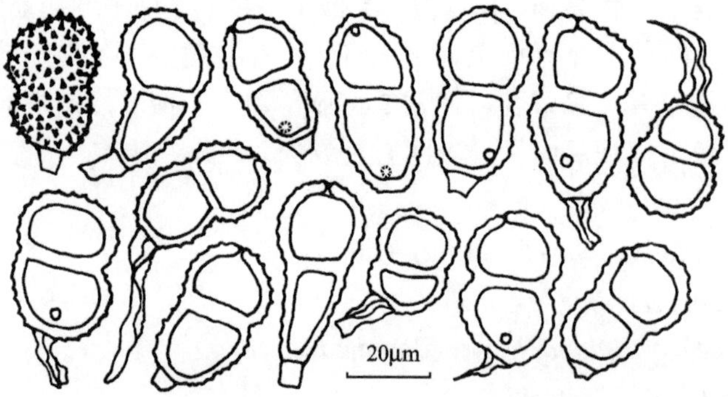

图 64 暗棕疣双胞锈菌 *Tranzschelia fusca* 的冬孢子（CFSZ 5620）

性孢子器叶两面生，以叶上面为主，稀疏散生，叶下面者与冬孢子堆混生，小，黑褐色。

冬孢子堆生于叶下面，圆形，直径 0.2～0.5mm，散生至稀聚生，常均匀散布于大部分或整个叶面，有时相互连合，裸露，粉状，周围有破裂的寄主表皮围绕，似春孢子器包被，暗褐色；冬孢子葫芦形、椭圆形或棍棒形，25～52×15～27.5（～30）μm，两端圆或基部略狭，隔膜处强烈缢缩，2 细胞易分离，壁 1.5～3μm 厚，栗褐色，有时下细胞略淡，表面密生粗疣，疣顶钝或尖，上细胞芽孔顶生或近顶生，有时具无色孔帽，下细胞芽孔在中部以下或近基生；柄无色，长达 30μm 或更长，萎缩，易脱落或易断。

0，III

白头翁 *Pulsatilla chinensis* (Bunge) Regel：赤峰市宁城县黑里河自然保护区四道沟 0530。

唐松草（翼果唐松草）*Thalictrum aquilegiifolium* L. var. *sibiricum* Regel & Tiling：赤峰市宁城县黑里河自然保护区道须沟 **5620**，四道沟 508。

亚欧唐松草 *Thalictrum minus* L.：赤峰市巴林左旗浩尔吐乡乌兰坝 687。

据庄剑云等（2012）报道，这个种在锡林郭勒盟锡林浩特市还生于展枝唐松草 *Th. squarrosum* Stephan ex Willd.上。

国内分布：黑龙江，吉林，辽宁，北京，河北，山西，内蒙古，河南，陕西，新疆，四川，重庆。

世界分布：北温带广布。

8　伞锈菌科 **Raveneliaceae** (Arthur) Leppik

性孢子器 5 型、7 型或 11 型。春孢子器为杯型春孢子器或裸春孢子器，包被有或无，或为典型的夏型春孢子器，有或无侧丝；春孢子多数单生于柄上，具刺，少数串生，具疣。夏孢子堆有或无侧丝；夏孢子单生，大多具刺，芽孔多样，通常不清楚。冬孢子堆裸露，有或无侧丝；冬孢子具柄，单细胞、双细胞、三细胞或多细胞，单细胞冬孢子常在柄上呈辐射状排列或聚成头状体，一些属的头状体下方悬附或贴附吸湿性膨大的无色囊状体，有些属的冬孢子柄常具特化的顶细胞（apical cell），冬孢子每个细胞有 1 或 2 个芽孔；担子外生。单主寄生；寄主多数为豆科 Fabaceae 或蔷薇科 Rosaceae 植物，但也生于大戟科 Euphorbiaceae、伞形科 Apiaceae、椴树科 Tiliaceae 和薯蓣科 Dioscoreaceae 上。

模式属：*Ravenelia* Berk.

本科全世界已知 26 属 323 种（Kirk et al. 2008）。我国有 9 属 25 种（庄剑云等 2012）。内蒙古有 1 属（刘铁志等 2017a）。

（15）三胞锈菌属 **Triphragmium** Link

in Linnaeus, Species Plantarum. Edn 4, 6(2): 84, 1825.

性孢子器生于寄主角质层下，子实层平展，有界限（7 型）。春孢子器为夏型春孢子器，初期生于寄主表皮下，后裸露；春孢子单生于柄上，表面有刺，形似夏孢子，芽孔不明显。夏孢子堆初期生于寄主表皮下，后裸露，具周生侧丝；夏孢子单生于柄上，表面有刺，芽孔不明显。冬孢子堆初期生于寄主表皮下，后裸露；冬孢子单生于柄上，3 个细胞（上部 2 个细胞，下部 1 个细胞附着于柄上）呈倒“品”字排列，壁有色，表面有纹饰，芽孔周围尤为明显，每个细胞具 1 个芽孔。担孢子外生。

模式种：*Triphragmium ulmariae* (DC.) Link

≡ *Puccinia ulmariae* DC.

寄主：*Spiraea ulmaria* L. (Rosaceae)

≡ *Filipendula ulmaria* (L.) Maxim.

产地：法国。

本属已知 3 种，生于蔷薇科 Rosaceae 蚊子草属 *Filipendula* 上，北温带广布（Kirk et al. 2008）。中国报道 1 变种（庄剑云等 2012），内蒙古亦产之（刘铁志等 2017a）。

旋果蚊子草三胞锈菌畸孢变种 图 65

Triphragmium ulmariae Link var. **anomalum** (Tranzschel) Lohsomb. & Kakish., *in* Lohsomboon et al., Trans. Mycol. Soc. Japan 31: 223, 1990 [as'*Triphragmium ulmariae* (DC.) Link' *in*: Miura, Flora of Manchuria and East Mongolia 3: 380, 1928; Wang, Index Ured. Sin.: 81, 1951; Tai, Syll. Fung. Sin.: 755, 1979; Zhuang & Wei, J. Jilin Agr. Univ. 24(2): 10, 2002]; Zhuang et al., Fl. Fung. Sin. 41: 112, 2012; Liu et al., J. Inner Mongolia Univ. (Nat. Sci. Ed.) 48(6): 654, 2017.

Triphragmium anomalum Tranzschel, J. Soc. Bot. Russ. 8: 126, 1925.

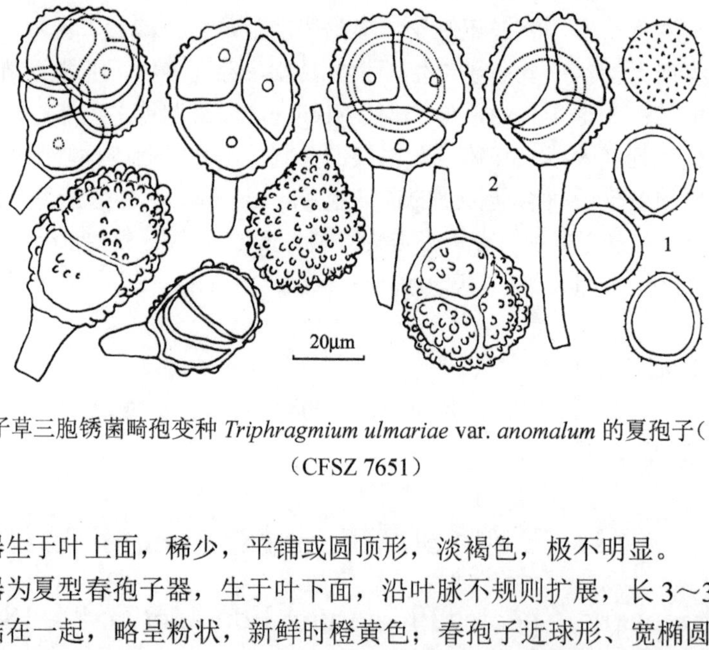

图 65 旋果蚊子草三胞锈菌畸孢变种 *Triphragmium ulmariae* var. *anomalum* 的夏孢子(1)和冬孢子(2)（CFSZ 7651）

性孢子器生于叶上面，稀少，平铺或圆顶形，淡褐色，极不明显。

春孢子器为夏型春孢子器，生于叶下面，沿叶脉不规则扩展，长 3～30mm，裸露，春孢子常黏结在一起，略呈粉状，新鲜时橙黄色；春孢子近球形、宽椭圆形或椭圆形，20～30×15～25μm，壁 1.5～2.5μm 厚，表面密生细刺，黄褐色或淡黄色，芽孔不清楚。

夏孢子堆生于叶下面，散生，圆形，直径 0.5～1mm，裸露，粉状，新鲜时黄色；夏孢子近球形或宽椭圆形，22.5～28×20.5～25μm，壁 1～1.5μm 厚，淡黄褐色至近无色，表面密生细刺，芽孔不清楚。

冬孢子堆生于叶下面，散生至稍聚生，圆形或椭圆形，直径 0.5～2mm，裸露，粉状，栗褐色至黑褐色；冬孢子近球形、近倒卵形或椭圆形，（30～）35～60×（22.5～）30～

50μm，（1～）3～4（～5）个细胞，4 个细胞最多，隔膜处略缢缩，壁 1.5～3μm 厚，栗褐色，表面密生或疏生无色或近无色粗瘤，每个细胞有 1 个芽孔；柄无色，长达 65μm，易断或脱落。

0，I，II，III

蚊子草 *Filipendula palmata* (Pall.) Maxim.：赤峰市喀喇沁旗旺业甸大东沟 7027。呼伦贝尔市鄂伦春自治旗克一河 **7651**；根河市敖鲁古雅 7677，得耳布尔 7720。兴安盟阿尔山市白狼镇，庄剑云、魏淑霞 9702（= HMAS 67481），桑都尔，庄剑云、魏淑霞 9697（= HMAS 67480），五岔沟 7934，兴安林场，庄剑云、魏淑霞 9696（= HMAS 67479）、9709（= HMAS 67478），伊尔施 7839。

国内分布：黑龙江，吉林，辽宁，内蒙古。

世界分布：俄罗斯远东地区，中国东北，朝鲜半岛。

9　多胞锈菌科 Phragmidiaceae Corda

性孢子器 6 型、8 型、10 型或 11 型。春孢子器为裸春孢子器，春孢子串生，具疣；或为夏型春孢子器，春孢子单生于柄上，具刺。夏孢子堆常见周生、向内弯曲的薄壁侧丝；夏孢子单生，多具刺，芽孔散生。冬孢子堆裸露，侧丝有或无；冬孢子具柄，单细胞或由横隔膜分隔成多细胞，每个细胞具 1 个或数个芽孔；个别种冬孢子堆似裸春孢子器，冬孢子似春孢子；担子外生。寄主大多为蔷薇科 Rosaceae 植物，单主寄生。

模式属：*Phragmidium* Link

本科全世界已知 14 属 164 种（Kirk et al. 2008）。我国已知 7 属 52 种（庄剑云等 2012）。内蒙古已知 2 属（刘铁志等 2017a）。

分属检索表

1. 夏孢子堆具周生侧丝，夏孢子单生于柄上；冬孢子柄长，吸湿性或非吸湿性……………………………………………………………………（16）**多胞锈菌属 *Phragmidium***
1. 夏孢子堆形似裸春孢子器，夏孢子串生；冬孢子柄短，非吸湿性……………………………………………………………………（17）**拟多胞锈菌属 *Xenodochus***

（16）多胞锈菌属 Phragmidium Link

Mag. Gesell. Naturf. Freunde, Berlin 7: 30, 1816 [1815].

Ameris Arthur, Résult. Sci. Congr. Bot. Wien 1905: 342, 1906.

Earlea Arthur, Résult. Sci. Congr. Bot. Wien 1905: 341, 1906.

Phragmotelium Syd., Annls Mycol. 19: 167, 1921.

Teloconia Syd., Annls Mycol. 19: 168, 1921.

性孢子器生于寄主角质层下（11 型），或生于表皮细胞中（10 型），子实层平展，无限扩展。春孢子器为裸春孢子器，春孢子串生，较少为夏型春孢子器，春孢子单生于柄上。夏孢子堆初期生于寄主表皮下，后裸露，常具周生侧丝；夏孢子单生于柄上，通常表面具刺，芽孔散生，多数不明显。冬孢子堆初期生于表皮下，后裸露；冬孢子被横隔膜分隔成 2 至多个细胞，孢壁有色，常明显分层，表面常有粗疣或光滑，每个细胞有 2 或 3 个芽孔，柄常为吸湿性，下部膨大。担子外生。

模式种：*Phragmidium mucronatum* (Pers.) Schltdl.

≡ *Puccinia mucronata* Pers.

寄主：*Rosa centifolia* L. (Rosaceae)

产地：欧洲。

本属全世界约有 110 种，生于蔷薇科 Rosaceae 的蔷薇属 *Rosa*、悬钩子属 *Rubus* 和委陵菜属 *Potentilla*（包括金露梅属 *Dasiphora*）上，单主寄生。世界广布，尤其温带（Kirk et al. 2008）。中国报道 37 种（庄剑云等 2012），内蒙古已知 14 种（刘铁志等 2017a）。

分种检索表

1\. 生于金露梅属 *Dasiphora* 或委陵菜属 *Potentilla* 上 ……2

1\. 生于蔷薇属 *Rosa* 或悬钩子属 *Rubus* 上……4

2\. 冬孢子 2～5（～6）个细胞，表面密生粗疣，柄下部膨大；生于金露梅属 *Dasiphora* 上……**安德森多胞锈菌 *Ph. andersoni***

2\. 冬孢子表面光滑，柄不膨大；生于委陵菜属 *Potentilla* 上……3

3\. 冬孢子（1～）3～4（～6）个细胞，顶端圆，具近无色不明显的短乳突 ……**乳突多胞锈菌 *Ph. papillatum***

3\. 冬孢子（1～）4～6（～9）个细胞，顶端圆、钝、略尖或具短乳突 ……**委陵菜多胞锈菌 *Ph. potentillae***

4\. 生于蔷薇属 *Rosa* 上……5

4\. 生于悬钩子属 *Rubus* 上 ……10

5\. 冬孢子 2 个细胞……**堪察加多胞锈菌 *Ph. kamtschatkae***

5\. 冬孢子多个细胞……6

6\. 冬孢子（3～）7～12（～14）个细胞 ……**纺锤状多胞锈菌 *Ph. fusiforme***

6\. 冬孢子通常不超过 10 个细胞……7

7\. 春孢子或夏孢子无孔膜或孔膜不明显；冬孢子（3～）6～9（～11）个细胞……**漫山多胞锈菌 *Ph. montivagum***

7\. 春孢子或夏孢子有较明显的隆起的孔膜 ……8

8\. 冬孢子（1～）5～7（～8）个细胞，乳突长 6～22.5（～25）μm……**小瘤多胞锈菌 *Ph. tuberculatum***

8\. 冬孢子可达 10 个细胞……9

9\. 冬孢子（4～）6～8（～10）个细胞；乳突长 5～7.5μm……**短尖多胞锈菌 *Ph. mucronatum***

9\. 冬孢子（1～）5～9（～10）个细胞；乳突长 7～20（～25）μm ……**刺蔷薇多胞锈菌 *Ph. rosae-acicularis***

10\. 冬孢子光滑，柄最宽处 8～15μm ……**灰色多胞锈菌 *Ph. griseum***

10. 冬孢子有疣，柄最宽处常大于 15μm ··· 11

11. 冬孢子乳突短，长 2～7.5μm；冬孢子（1～）4～7（～8）个细胞 ·· ··· **陕西多胞锈菌 *Ph. shensianum***

11. 冬孢子乳突明显，长可达 10μm 或更长 ·· 12

12. 冬孢子柄长 75～160（～170）μm；冬孢子（2～）7～9（～10）个细胞，乳突长 2.5～15μm ······ ··· **覆盆子多胞锈菌 *Ph. rubi-idaei***

12. 冬孢子柄长不超过 150μm ··· 13

13. 冬孢子（1～）6～8（～9）个细胞；乳突长 5～15（～17.5）μm ········ **北极多胞锈菌 *Ph. arcticum***

13. 冬孢子（1～）5～7（～8）个细胞，乳突长 4～17.5μm ················ **尖头多胞锈菌 *Ph. acuminatum***

尖头多胞锈菌　图 66

Phragmidium acuminatum (Fr.) Cooke, Handb. Brit. Fungi 2: 490, 1871; Zhuang et al., Fl. Fung. Sin. 41: 164, 2012; Liu et al., J. Inner Mongolia Univ. (Nat. Sci. Ed.) 48(6): 654, 2017; Liu et al., J. Fungal Res. 15(4): 244, 2017.

Aregma acuminatum Fr., Observ. Mycol. 1: 226, 1815.

Phragmidium rubi-saxatilis Liro, Bidr. Känn. Finl. Nat. Folk 65: 421, 1908.

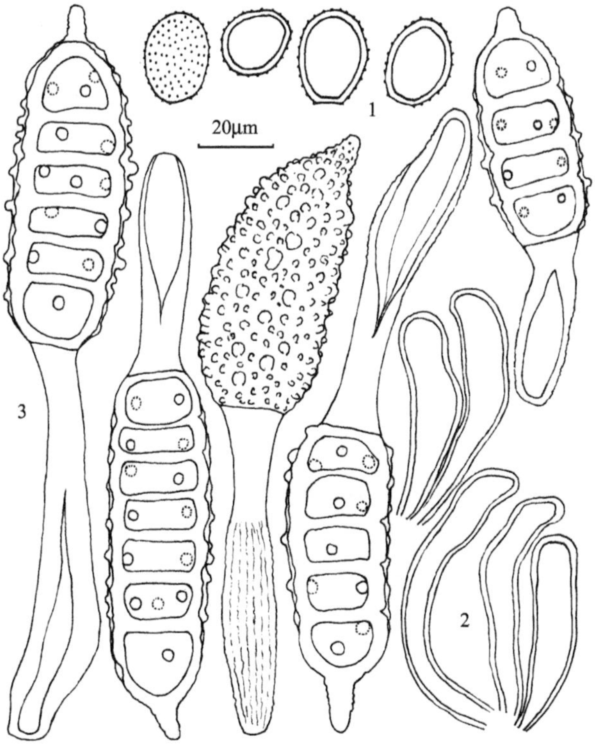

图 66　尖头多胞锈菌 *Phragmidium acuminatum* 的夏孢子（1）、夏孢子堆侧丝（2）和冬孢子（3）（CFSZ 8069）

性孢子器和春孢子器未见。

夏孢子堆生于叶下面，散生或聚生，圆形，直径 0.1～0.2mm，裸露，粉状；侧丝周生，圆柱形或棍棒形，向内弯曲或直立，35～75×6～17.5μm，壁 1～2μm 厚，无色；夏孢子近球形、椭圆形或倒卵形，19～25×15～20μm，壁 1.5～2μm 厚，表面密生细刺，无色，芽孔不清楚。

冬孢子堆生于叶下面，散生或聚生，圆形，直径 0.2～1mm，裸露，粉状，黑色；冬孢子圆柱形或纺锤状圆柱形，（30～）40～112.5×（21～）25～32.5μm，（1～）5～7（～8）个细胞，顶端圆或渐尖，具 4～17.5μm 长淡褐色或近无色的粗糙乳突，隔膜处不缢缩，壁 3～5μm 厚，栗褐色至黑褐色，表面密生无色或近无色不规则粗疣，每个细胞有 2～3 个芽孔，柄 30～120（～140）μm 长，上部淡褐色，向下渐淡至无色，下部膨大，宽 12.5～17.5（～23.5）μm，粗糙，不脱落。

（0），（Ⅰ），Ⅱ，Ⅲ

石生悬钩子 *Rubus saxatilis* L.：赤峰市巴林右旗赛罕乌拉自然保护区乌兰坝 **8069**（=HMAS 247624）、8084。

国内分布：内蒙古，新疆。

世界分布：欧洲及亚洲大陆北部。

有关本种冬孢子大小和细胞数目的描述，不同文献略有不同，分别为：30～117×20～34μm，（2～）5～7（～9）个细胞（Gäumann 1959）；52～110×25～32μm，（4～）6～7（～8）个细胞（Wilson and Henderson 1966）；50～118×27～34μm，（4～）6～7（～10）个细胞（Ul'yanishchev 1978）；60～117×26～34μm，（2～）6～7（～9）个细胞（Azbukina 2005）；（25～）40～125×25～33μm，（3～）6～8（～10）个细胞（庄剑云等 2012）。采自赤峰的菌冬孢子大小为（30～）40～112.5×（21～）25～32.5μm，（1～）5～7（～8）个细胞。

庄剑云等（2012）在本种下引证的采自兴安盟阿尔山的 HMAS 67213 寄主鉴定为石生悬钩子。经复查发现该寄主属鉴定错误，实为库页悬钩子 *R. sachalinensis* H. Lév.，我们把其上的菌鉴定为覆盆子多胞锈菌 *Phragmidium rubi-idaei* (DC.) P. Karst.

安德森多胞锈菌　　图 67

Phragmidium andersoni Shear, Bull. Torrey Bot. Club 29: 453, 1902; Liu, J. Jilin Agr. Univ. 1983(2): 3, 1983; Wei, Mycosystema 1: 180, 1988; Zhuang & Wei, Mycosystema 7: 46, 1994; Zhuang & Wei, J. Jilin Agr. Univ. 24(2): 7, 2002; Zhuang et al., Fl. Fung. Sin. 41: 134, 2012; Liu et al., J. Inner Mongolia Univ. (Nat. Sci. Ed.) 48(6): 654, 2017.

性孢子器和春孢子器未见。

夏孢子堆生于叶下面，散生或聚生，圆形，直径 0.2～1mm，裸露，粉状，新鲜时橙黄色，干时白色；侧丝周生，棍棒形，25～87.5×7.5～20μm，通常向内弯曲，壁在腹面 1～2.5μm 厚，背部和顶端 2.5～5（～10）μm 厚，无色；夏孢子近球形或宽椭圆形，17.5～25×15～20.5μm，壁 1.5～2.5μm 厚，无色，有细疣，新鲜时内含物橙黄色，芽孔不清楚，似 5～8 个，散生。

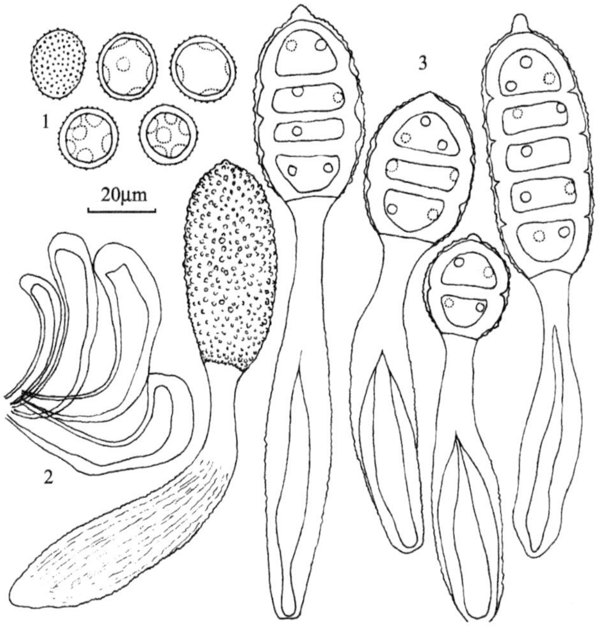

图 67　安德森多胞锈菌 *Phragmidium andersoni* 的夏孢子（1）、夏孢子堆侧丝（2）和冬孢子（3）（CFSZ 7922）

冬孢子堆生于叶下面，散生或聚生，圆形或椭圆形，直径 0.2～1mm，裸露，粉状，黑色；冬孢子圆柱形或宽椭圆形，（30～）35～75（～80）×（22.5～）27.5～32.5μm，2～5（～6）个细胞，顶端呈半球形，常具不明显的短乳突，乳突长 2.5～5μm，黄褐色或近无色，基部圆形，隔膜处不缢缩或稍缢缩，壁 4～6（～7.5）μm 厚，暗褐色至黑褐色，表面密生无色不规则粗疣，每个细胞有 2～3 个芽孔，柄 60～115μm 长，近孢子处淡褐色，向下渐变无色，下部粗糙，膨大，17.5～25（～30）μm 宽，不脱落。

（0），（Ⅰ），Ⅱ，Ⅲ

金露梅 *Dasiphora fruticosa* (L.) Rydb. [≡ *Potentilla fruticosa* L.; ≡ *Pentaphylloides fruticosa* (L.) O. Schwarz]：呼伦贝尔市根河市敖鲁古雅 7667、7682，得耳布尔 7694，金林 9289、9296；牙克石市图里河，陈佑安 9708（= HMAS 4463）。兴安盟阿尔山市白狼镇 **7922**，兴安林场，庄剑云、魏淑霞 9691（= HMAS 67247）。

国内分布：内蒙古，甘肃，青海，新疆，四川，西藏。

世界分布：北美洲北部；欧洲北部；亚洲（俄罗斯东西伯利亚，蒙古国，中国北部及青藏高原）。

北极多胞锈菌　图 68

Phragmidium arcticum Lagerh. ex Liro, Bidr. Känn. Finl. Nat. Folk 65: 419, 1908; Wei & Zhuang, Fungi of the Qinling Mountains: 42, 1997; Zhuang & Wei, J. Jilin Agr. Univ. 24(2): 7, 2002; Zhuang et al., Fl. Fung. Sin. 41: 165, 2012; Liu et al., J. Inner Mongolia Univ. (Nat. Sci. Ed.) 48(6): 654, 2017.

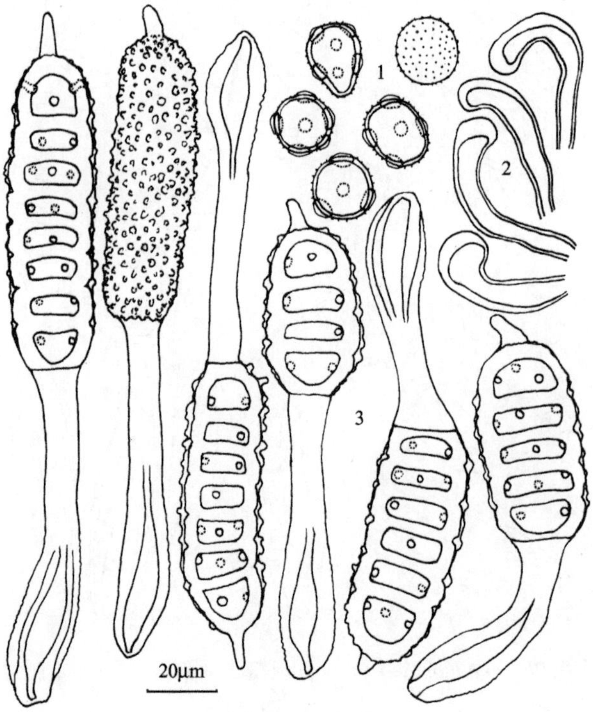

图 68　北极多胞锈菌 *Phragmidium arcticum* 的夏孢子（1）、夏孢子堆侧丝（2）和冬孢子（3）（CFSZ 9338）

性孢子器和春孢子器在引证标本上未见。

夏孢子堆生于叶下面，散生或聚生，圆形，直径 0.1～0.5mm，裸露，粉状，新鲜时橙黄色，干后淡黄色至苍白色；侧丝周生，棍棒形，向内弯曲，30～70×7.5～15μm，壁约 1μm 厚，顶部和背部可增厚到 5μm，无色；夏孢子近球形、椭圆形或倒卵形，17.5～25×15～20μm，壁 1～1.5μm 厚，密生细刺，无色，新鲜时内含物黄色，芽孔不清楚，约 5～6 个，散生。

冬孢子堆生于叶下面，散生或聚生，圆形，直径 0.2～1mm，有时相互连合，裸露，粉状，黑色；冬孢子圆柱形，（25～）30～105（～120）×（17.5～）25～30μm，（1～）6～8（～9）个细胞，隔膜处不缢缩，顶端圆，有淡褐色或近无色粗糙的乳突，长 5～15（～17.5）μm，壁 3～5μm 厚，暗褐色至黑褐色，表面密生无色或近无色不规则粗疣，每个细胞有 2～3 个芽孔；柄 55～125μm 长，上部淡褐色，向下颜色渐淡至无色，下部膨大，宽 12.5～17.5μm，粗糙，不脱落。

（0），（Ⅰ），Ⅱ，Ⅲ

北悬钩子（北极悬钩子）*Rubus arcticus* L.：呼伦贝尔市根河市，陈佑安 9706（= HMAS 43077），满归镇九公里 **9338**、9341、9355、9361。

国内分布：内蒙古，甘肃。

世界分布：欧洲（瑞典，芬兰）；亚洲[俄罗斯西伯利亚、堪察加半岛及萨哈林岛（库页岛），中国]；北美洲（加拿大魁北克）。

纺锤状多胞锈菌 图 69

Phragmidium fusiforme J. Schröt., Abh. Schles. Ges. Vaterl. Kult. Abth. Naturwiss. 48: 24, 1870 [1869]; Wei, Mycosystema 1: 187, 1988; Zhang et al., Mycotaxon 61: 63, 1997; Zhuang & Wei, J. Jilin Agr. Univ. 24(2): 7, 2002; Liu et al., J. Fungal Res. 4(1): 50, 2006; Zhuang et al., Fl. Fung. Sin. 41: 144, 2012; Liu et al., J. Inner Mongolia Univ. (Nat. Sci. Ed.) 48(6): 654, 2017; Liu et al., J. Fungal Res. 15(4): 244, 2017.

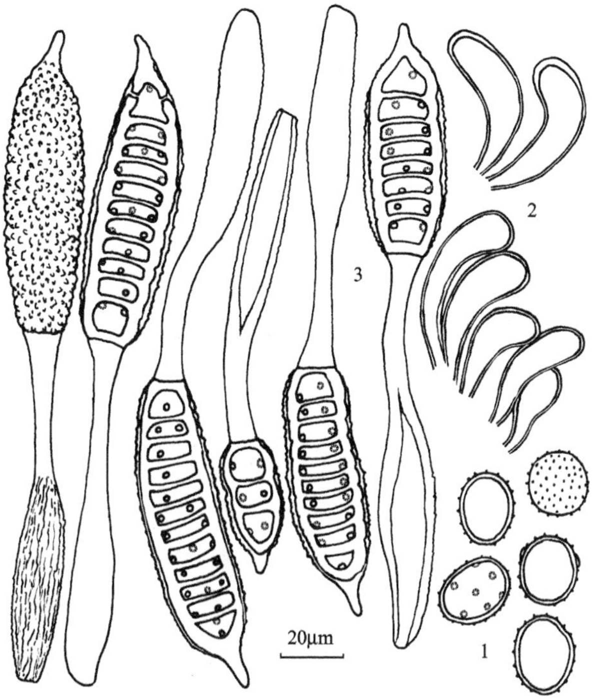

图 69 纺锤状多胞锈菌 *Phragmidium fusiforme* 的夏孢子（1）、夏孢子堆侧丝（2）和冬孢子（3）（CFSZ 542）

性孢子器和春孢子器未见。

夏孢子堆生于叶下面，散生或聚生，圆形或近圆形，直径 0.1～0.5mm，裸露，粉状，新鲜时橙黄色，干后淡黄色至苍白色；侧丝周生，棍棒形，直立或向内弯曲，25～75×6～20μm，壁约 1μm 厚，均匀，有时顶部和背部增厚到 2μm 或更厚，无色；夏孢子近球形或椭圆形，17.5～25（～27.5）×16～20（～22.5）μm，壁 1.5～2μm 厚，密生细刺，无色，新鲜时内含物黄色，芽孔不清楚，散生，有时有孔帽。

冬孢子堆生于叶下面，散生或聚生，圆形，直径 0.2～0.5mm，裸露，粉状，黑色；冬孢子圆柱形或纺锤状圆柱形，（35～）45～120×（17.5～）20～27.5μm，（3～）7～12（～14）个细胞，隔膜处不缢缩，顶端圆或渐狭，有淡褐色或近无色的粗糙乳突，长 5～12.5μm，壁 3～5μm 厚，暗褐色至黑褐色，表面密生无色或近无色不规则粗疣，每个细胞有 2～3 个芽孔，柄 50～160μm 长，上部淡褐色，向下颜色渐淡至无色，下部膨大，宽 12.5～17.5μm，粗糙，不脱落。

（0），（Ⅰ），Ⅱ，Ⅲ

刺蔷薇（大叶蔷薇）*Rosa acicularis* Lindl.：赤峰市巴林右旗赛罕乌拉自然保护区正沟 6470；克什克腾旗黄岗梁 **542**。呼伦贝尔市额尔古纳市莫尔道嘎 885；根河市阿龙山 9302，敖鲁古雅 9391，得耳布尔 7708，金林 9279、9294。乌兰察布市凉城县蛮汉山二龙什台 6039、6050、6071。兴安盟阿尔山市白狼镇 7919，鸡冠山 1621。

国内分布：黑龙江，吉林，内蒙古，湖北，陕西，甘肃，新疆，四川，重庆，西藏。

世界分布：北温带广布。

灰色多胞锈菌　　图 70

Phragmidium griseum Dietel, Bot. Jb. 32: 49, 1903; Wang, Index Ured. Sin.: 35, 1951; Tai, Syll. Fung. Sin.: 575, 1979; Wei, Mycosystema 1: 200, 1988; Liu et al., J. Fungal Res. 4(1): 50, 2006; Zhuang et al., Fl. Fung. Sin. 41: 173, 2012; Liu et al., J. Inner Mongolia Univ. (Nat. Sci. Ed.) 48(6): 654, 2017.

Phragmidium yoshinagai Dietel, Bot. Jb. 34: 586, 1905.

Phragmidium sinicum F.L. Tai & C.C. Cheo, Bull. Chin. Bot. Soc. 3: 58, 1937; Tai, Syll. Fung. Sin.: 580, 1979.

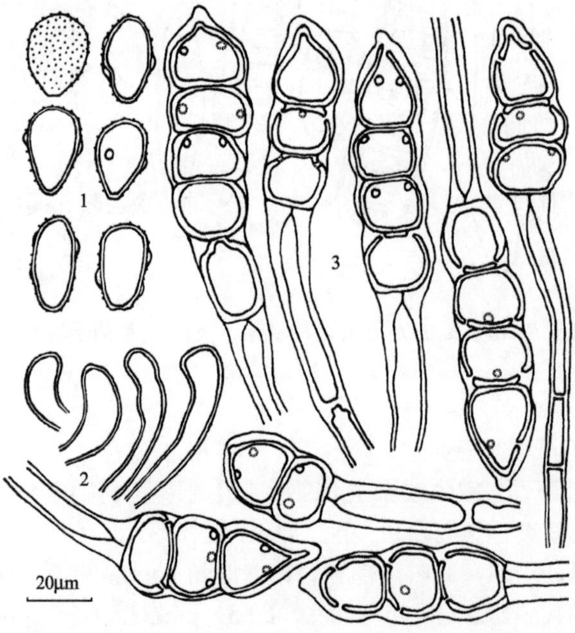

图 70　灰色多胞锈菌 *Phragmidium griseum* 的夏孢子（1）、夏孢子堆侧丝（2）和冬孢子（3）（CFSZ 5610）

夏孢子堆生于叶下面，圆形，直径 0.2～1mm，散生或聚生，裸露，粉状，新鲜时黄色，干时黄白色；侧丝圆柱形或棍棒形，直或稍弯曲，25～75×7.5～12.5μm，壁约 1.5μm 厚或不及，无色；夏孢子近球形、椭圆形、倒卵形或梨形，16～30×13～19μm，壁 1～

1.5μm 厚，无色，密生刺，顶部较粗，向下渐细，新鲜时内含物黄色，芽孔不清楚，似 2～4 个，腰生或近腰生，有不明显的孔帽。

冬孢子堆生于叶下面，散生或聚生，圆形或椭圆形，直径 0.2～1mm，有时相互连接，直径达 2mm，裸露，垫状，略隆起，黑褐色，萌发后变灰褐色或灰色；冬孢子圆柱形、长梭形或近棍棒形，（25～）32～100（～135）×（17.5～）20～28（～37.5）μm，（1～）3～5（～7）个细胞，顶端圆、略尖到明显突尖，基部圆形或略狭，隔膜处不缢缩或稍缢缩，壁 1.5～2.5μm 厚，顶壁 4～7.5μm 厚，栗褐色或暗褐色，光滑，每个细胞有 2～3 个芽孔；柄无色，多数上部较宽，向下渐变细，长 32～135μm，最宽处 8～15μm，不脱落，常具 1～2 隔膜。

II，III

牛叠肚 *Rubus crataegifolius* Bunge：赤峰市喀喇沁旗旺业甸大店 8019，茅荆坝 8959，新开坝 6996；宁城县黑里河自然保护区大坝沟 50、**5610**、9605，东打 5425，三道河 1941、8156、8162、8352，四道沟 9059，上拐 8197，下拐 6204。

国内分布：黑龙江，吉林，辽宁，北京，河北，山西，内蒙古，湖北，西藏。

世界分布：日本，朝鲜半岛，俄罗斯远东地区，中国。

堪察加多胞锈菌　图 71

Phragmidium kamtschatkae (H.W. Anderson) Arthur & Cummins, Mycologia 25(5): 401, 1933; Wang, Index Ured. Sin.: 36, 1951; Wei, Mycosystema 1: 188, 1988; Zhuang et al., Fl. Fung. Sin. 41: 149, 2012; Liu et al., J. Inner Mongolia Univ. (Nat. Sci. Ed.) 48(6): 654, 2017; Liu et al., J. Fungal Res. 15(4): 245, 2017.

Puccinia kamtschatkae H.W. Anderson, J. Mycol. 6(3): 125, 1891.

Gymnoconia rosae Liro, Uredineae Fennicae: 413, 1908; Miura, Flora of Manchuria and East Mongolia 3: 384, 1928.

Teloconia kamtschatkae (H.W. Anderson) Hirats. f., Bot. Mag., Tokyo 57: 283, 1943; Tai, Syll. Fung. Sin.: 736, 1979.

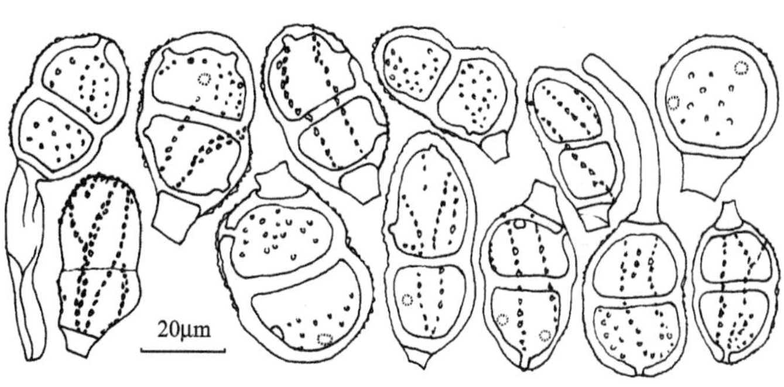

图 71　堪察加多胞锈菌 *Phragmidium kamtschatkae* 的冬孢子（CFSZ 8335）

性孢子器生于叶上面，不规则散生或聚生，小而不明显，蜜黄色。

罹病植株呈丛枝状，叶片小而厚，畸形；冬孢子堆生于叶两面和托叶上，以叶下面为主，常互相连合至布满全叶，裸露，粉状，鲜时橘黄色，干时锈褐色；冬孢子椭圆形或宽椭圆形，（20～）30～50（～55）×（17.5～）20～32.5μm，2 个细胞，少见 1 个细胞，偶见 3 个细胞，顶端圆，基部圆或略狭，隔膜处不缢缩或略缢缩，无乳突，壁 2～3.5（～5）μm 厚，黄色，表面有粗疣，疣排成 3～5 纵列或不规则散生或聚生，每个细胞有 2～3 个芽孔，柄短，有时长达 65μm，无色，不脱落或萎缩。

0，III

刺蔷薇 *Rosa acicularis* Lindl.：赤峰市巴林右旗赛罕乌拉自然保护区透气沟 9012。

山刺玫 *Rosa davurica* Pall.：赤峰市巴林右旗赛罕乌拉自然保护区小西沟 9010，正沟 9009；喀喇沁旗马鞍山 8998，旺业甸新开坝大西沟 9002、9733；宁城县黑里河自然保护区大坝沟 **8335**、9006、9030；新城区锡伯河绿地 8999。

国内分布：黑龙江，吉林，辽宁，内蒙古，新疆。

世界分布：欧洲和亚洲北部，喜马拉雅山。

漫山多胞锈菌　　图 72，图 73

Phragmidium montivagum Arthur, Torreya 9: 24, 1909; Wang, Index Ured. Sin.: 36, 1951; Tai, Syll. Fung. Sin.: 576, 1979; Liu, J. Jilin Agr. Univ. 1983(2): 3, 1983; Wei, Mycosystema 1: 189, 1988; Zhuang & Wei, J. Jilin Agr. Univ. 24(2): 7, 2002; Zhuang et al., Fl. Fung. Sin. 41: 150, 2012; Liu et al., J. Inner Mongolia Univ. (Nat. Sci. Ed.) 48(6): 654, 2017.

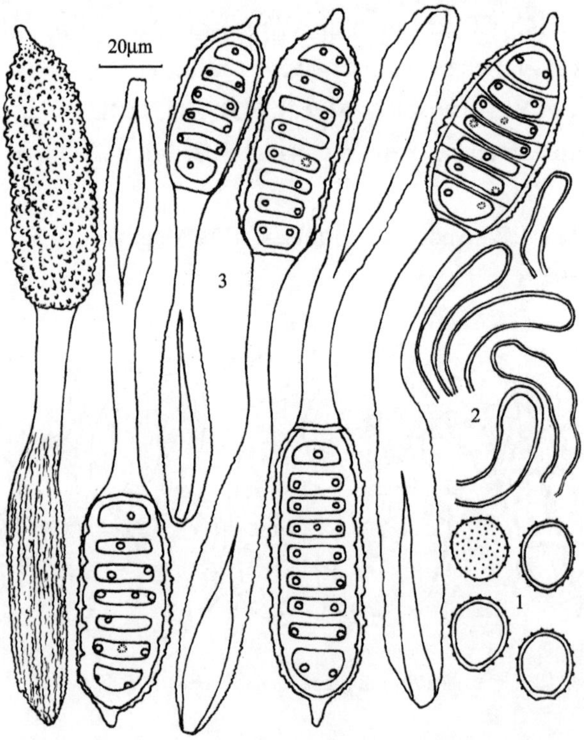

图 72　漫山多胞锈菌 *Phragmidium montivagum* 的夏孢子（1）、夏孢子堆侧丝（2）和冬孢子（3）（CFSZ 6348）

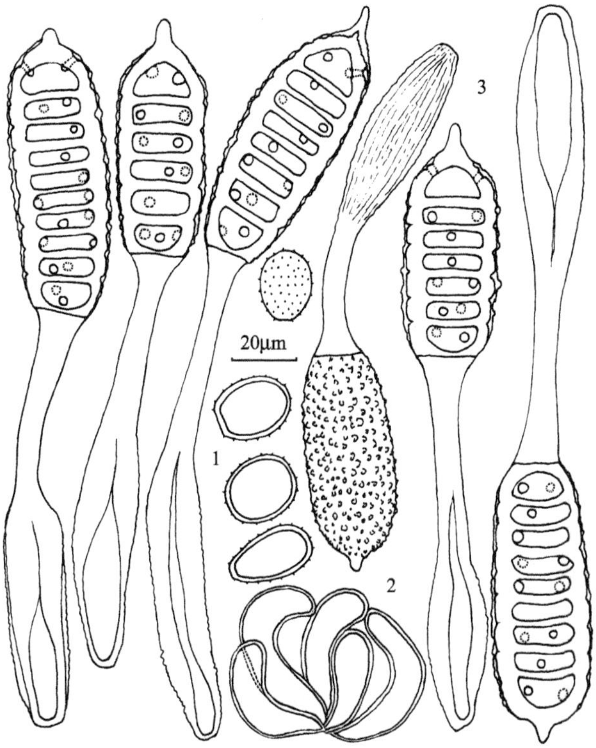

图 73 漫山多胞锈菌 *Phragmidium montivagum* 的夏孢子（1）、夏孢子堆侧丝（2）和冬孢子（3）（CFSZ 7979）

性孢子器生于叶上面，也生于茎和果实上，小群聚生，不明显。

春孢子器为裸春孢子器型，生于叶下面，也生于幼茎、芽和果实上，散生或聚生，圆形或椭圆形，直径 0.2～1mm，常相互连生，叶脉、叶柄和果实上的直径可达 1cm，造成寄主组织肿胀和变形，裸露，粉状，新鲜时橙黄色，干时淡黄色或苍白色；侧丝周生，棍棒形或近圆柱形，向内弯曲或直立，30～80×7.5～22.5μm，壁 1～2μm 厚，无色；春孢子近球形、宽椭圆形或倒卵形，17.5～30×15～22μm，壁 1.5～2.5μm 厚，无色，表面密生细疣或钝刺，新鲜时内容物橙黄色，芽孔不清楚。

夏孢子堆生于叶下面，散生或聚生，圆形，直径 0.1～0.5mm，裸露，粉状，新鲜时橙黄色，干时淡黄色；侧丝周生，与春孢子器侧丝相似；夏孢子形状和大小与春孢子相似，表面密生细刺，无色，新鲜时内容物橙黄色，芽孔不清楚。

冬孢子堆生于叶下面，散生或聚生，圆形，直径 0.1～0.5mm，裸露，粉状，黑色，常布满整个叶面；冬孢子圆柱形或椭圆状圆柱形，（35～）50～110×22.5～35μm，（3～）6～9（～11）个细胞，顶端圆或渐狭，具淡褐色至近无色的光滑或稍粗糙乳突，长 5～12.5（～15）μm，基部圆形，隔膜处不缢缩，壁 4～6μm 厚，暗褐色至黑褐色，表面密生无色或近无色不规则粗疣，每个细胞有 2～3 个芽孔；柄 75～165（～225）μm 长，上部淡褐色，向下渐无色，下部膨大，宽 12.5～25μm，粗糙，不脱落。

0，Ⅰ，Ⅱ，Ⅲ

刺蔷薇（大叶蔷薇）*Rosa acicularis* Lindl.：兴安盟阿尔山市桑都尔，魏淑霞、庄剑云 9698（=HMAS 67185），兴安林场摩天岭，庄剑云、魏淑霞 9690（=HMAS 67186）。

山刺玫 *Rosa davurica* Pall.：赤峰市喀喇沁旗美林镇韭菜楼 **7979**。呼伦贝尔市鄂伦春自治旗阿里河 7624，大杨树 7510，吉文 7629；根河市得耳布尔 7689。锡林郭勒盟东乌珠穆沁旗宝格达山 9423。

玫瑰 *Rosa rugosa* Thunb.：赤峰市红山区林研所 34；喀喇沁旗马鞍山 5214、8343；松山区新城 1841、1844，锡伯河绿地 5097、5098、8339、8340、8844、8898。鄂尔多斯市伊金霍洛旗阿勒腾席热 8545、8556。呼和浩特市满都海公园 450，内蒙古大学 435，树木园 461，植物园 469。呼伦贝尔市阿荣旗那吉镇 7231。通辽市科尔沁区 **6348**；扎鲁特旗鲁北镇炮台山 7307。锡林郭勒盟锡林浩特市植物园 6746。

据庄剑云等（2012）报道，本种在兴安盟阿尔山市也生于山刺玫上。

国内分布：黑龙江，吉林，北京，内蒙古，甘肃，青海，新疆。

世界分布：北美洲；亚洲（日本，俄罗斯远东地区，朝鲜半岛，中国）。

本种非常近似于短尖多胞锈菌 *Phragmidium mucronatum* (Pers.) Schltdl.，但其春孢子和夏孢子没有明显隆起的孔膜（pore membrane）。此外，前者冬孢子顶端乳突较光滑，后者冬孢子乳突明显粗糙（庄剑云等 2012）。我们采到的所有玫瑰上的菌春孢子和夏孢子均无明显隆起的孔膜，故鉴定为本种。庄剑云等（2012）把我国玫瑰上的菌鉴定为短尖多胞锈菌，其中包括一份采自呼和浩特的标本。短尖多胞锈菌是欧洲（Gäumann 1959；Wilson and Henderson 1966）玫瑰上的重要病原菌，而日本（Hiratsuka et al. 1992）和俄罗斯远东地区（Azbukina 2005）玫瑰上的菌均被鉴定为漫山多胞锈菌 *Ph. montivagum*。

短尖多胞锈菌　　图 74

Phragmidium mucronatum (Pers.) Schltdl., Fl. Berol. 2: 156, 1824; Wang, Index Ured. Sin.: 36, 1951; Teng, Fungi of China: 355, 1963; Tai, Syll. Fung. Sin.: 576, 1979; Wei, Mycosystema 1: 190, 1988; Zhuang et al., Fl. Fung. Sin. 41: 152, 2012; Liu et al., J. Inner Mongolia Univ. (Nat. Sci. Ed.) 48(6): 654, 2017.

Puccinia mucronata Pers., Neues Mag. Bot. 1: 118, 1794.

Phragmidium disciflorum (Tode) J. James, Contr. U.S. Natnl. Herb. 3(4): 276, 1895.

性孢子器生于叶上面，聚生或散生，子实层无限扩展，界限不明显。

春孢子器为裸春孢子器，生于叶下面，也生于茎上，圆形或近圆形，直径 0.1～0.2mm，常成片连生，裸露，粉状，新鲜时橙黄色，干时淡黄色或苍白色；侧丝周生，棍棒形或近头状棍棒形，常向内弯曲，30～65×5～15μm，壁薄，不及 1μm 厚，背部和顶端有时稍增厚，可达 2.5μm，无色；春孢子近球形、椭圆形或倒卵形，20～25×15～20μm，壁 1～2μm 厚，无色，疏生细疣，芽孔不清楚，多个，散生，孔膜隆起。

夏孢子堆生于叶下面，散生或聚生，圆形或近圆形，直径 0.1～0.2mm，裸露，粉状，新鲜时橙黄色，干时淡黄色；侧丝周生，棍棒形或近头状棍棒形，常向内弯曲，30～65×5～15μm，壁薄，不及 1μm 厚，背部和顶端有时稍增厚，可达 2.5μm，无色；夏孢子球形、近球形或倒卵形，17.5～25×15～20μm，壁 1～1.5μm 厚，淡黄色或无色，密生细刺，芽孔不清楚，似 6～8 个，散生，孔膜隆起。

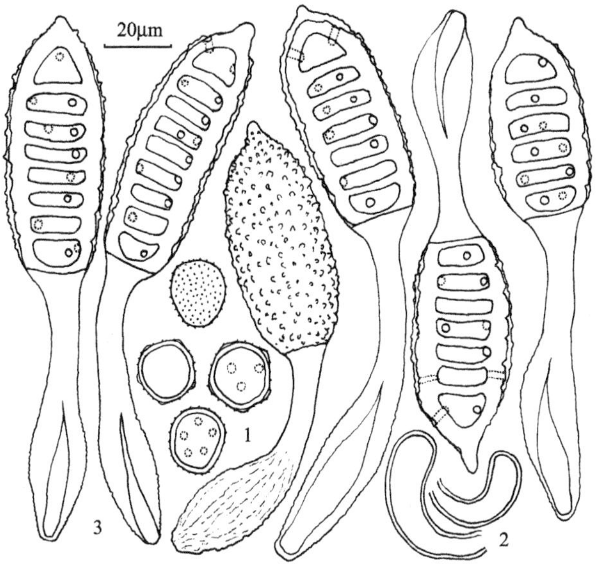

图 74　短尖多胞锈菌 *Phragmidium mucronatum* 的夏孢子（1）、夏孢子堆侧丝（2）和冬孢子（3）（CFSZ 7223）

冬孢子堆生于叶下面，散生或聚生，圆形，直径 0.2～0.5mm，裸露，粉状，黑色，常布满整个叶面；冬孢子圆柱形，（42.5～）50～95×24～32.5μm，（4～）6～8（～10）个细胞，顶端圆或渐狭，具淡褐色至近无色的粗糙乳突，长 5～7.5μm，基部圆形，隔膜处不缢缩，壁 4～6μm 厚，黑褐色，表面密生无色或近无色不规则粗疣，每个细胞有 2～3 个芽孔；柄 50～125μm 长，上部淡褐色，向下渐无色，下部膨大，宽 10～22.5μm，粗糙，不脱落。

0，Ⅰ，Ⅱ，Ⅲ

山刺玫 *Rosa davurica* Pall.：呼伦贝尔市阿荣旗三岔河 7388，锅窑，华伟乐 **7223**。

据庄剑云等（2012）报道，本种在呼和浩特市也有分布，生于玫瑰 *R. rugosa* Thunb.上。

国内分布：北京，山西，内蒙古，山东，江苏，湖北，陕西，甘肃，新疆，云南，四川，西藏。

世界分布：世界广布。

乳突多胞锈菌　　图 75

Phragmidium papillatum Dietel, Hedwigia 29: 25, 1890; Wang, Index Ured. Sin.: 36, 1951; Tai, Syll. Fung. Sin.: 577, 1979; Wei, Mycosystema 1: 182, 1988; Liu et al., J. Fungal Res. 4(1): 50, 2006; Zhuang et al., Fl. Fung. Sin. 41: 137, 2012; Liu et al., J. Inner Mongolia Univ. (Nat. Sci. Ed.) 48(6): 654, 2017; Liu et al., J. Fungal Res. 15(4): 245, 2017.

性孢子器和春孢子器未见。

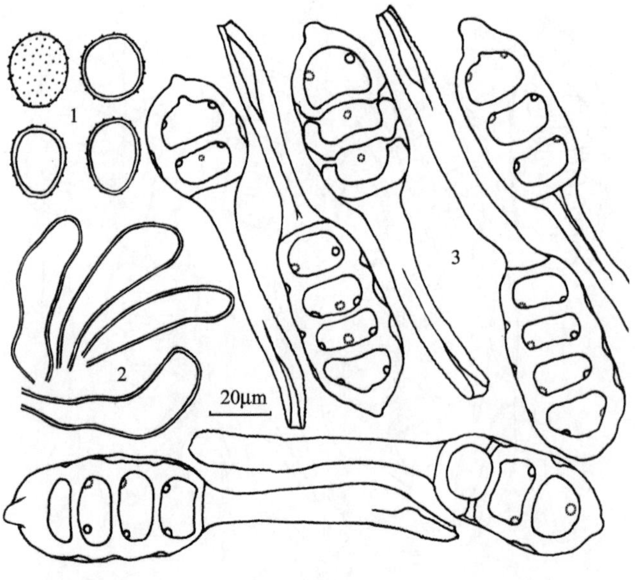

图 75 乳突多胞锈菌 *Phragmidium papillatum* 的夏孢子（1）、夏孢子堆侧丝（2）和冬孢子（3）（CFSZ 5668）

夏孢子堆生于叶下面，散生或聚生，常布满整个叶面，圆形或不规则形，直径 0.2～0.6mm，裸露，粉状，橙黄色，干时坚实，白色至淡黄色；侧丝多数，棍棒形，35～75×9～19μm，通常向内弯曲，壁不及 1μm 厚，无色；夏孢子近球形、倒卵形、梨形或不规则形，16～26×13～20μm，壁 1～2μm 厚，无色至淡黄色，有细疣，新鲜时内含物橙黄色，芽孔不清楚，似多个，散生。

冬孢子堆生于叶下面，也生于叶柄、茎和萼片上，散生或聚生，圆形、椭圆形或不规则形，直径 0.2～1mm，常布满全叶，裸露，粉状，黑色；冬孢子圆柱形或长椭圆形，（22～）30～85×（19～）23～35μm，（1～）3～4（～6）个细胞，顶端呈半球形，常具不明显的短乳突，有时乳突长达 6μm，基部圆形，隔膜处不缢缩或稍缢缩，壁 2～5μm 厚，暗褐色至黑褐色，乳头黄褐色、苍白色或近无色，光滑，每个细胞 2～3 个芽孔，柄无色或近孢子处淡黄色，上下近等粗或向下渐变细，有时基部略膨大，长 35～150μm，宽 6～14μm，下部略粗糙，不脱落。

（0），（Ⅰ），Ⅱ，Ⅲ

刚毛委陵菜 *Potentilla asperrima* Turcz.：兴安盟阿尔山市 7906。

大萼委陵菜 *Potentilla conferta* Bunge：赤峰市巴林右旗赛罕乌拉自然保护区大东沟 6433，幸福之路 7294。

菊叶委陵菜 *Potentilla tanacetifolia* Willd. ex Schltdl.：包头市达尔罕茂明安联合旗希拉穆仁草原 611；土默特右旗九峰山甘沟 8485，萨拉齐公园 8473。赤峰市阿鲁科尔沁旗高格斯台罕乌拉自然保护区 5705；敖汉旗大黑山自然保护区 8788、8817，四家子镇热水 7068；巴林右旗赛罕乌拉自然保护区场部 8032，大东沟 6446、6453、6454，王坟沟 9088；红山区南山 418；喀喇沁旗马鞍山 5229，十家乡头道营子 847、9964，旺业甸 5034、9013；克什克腾旗达里诺尔 97，曼陀山 1052，浩来呼热 8404，黄岗梁 1070，乌兰布统小河 7160；

林西县五十家子镇大冷山 **5668**，富林林场 5671、5679；宁城县黑里河自然保护区三道河 6169；松山区老府镇五十家子 121、1975、1980。鄂尔多斯市东胜区植物园 8520、8527、8528。呼伦贝尔市阿荣旗三岔河 7361，蝈窑，华伟乐 6366；鄂伦春自治旗加格达奇 7609；鄂温克族自治旗红花尔基 7765、7794；根河市得耳布尔 7727，二道河 7741。乌兰察布市察哈尔右翼中旗辉腾锡勒 8431；兴和县大同窑 5957。锡林郭勒盟阿巴嘎旗别力古台 6781；东乌珠穆沁旗宝格达山 9451，乌拉盖 9460；锡林浩特市白银库伦 1326、6698，白音锡勒牧场 1864；西乌珠穆沁旗古日格斯台 8113；正蓝旗乌和日沁敖包 736，伊和海尔罕 732，元上都 8721。兴安盟乌兰浩特市义勒力特，王维礼 1749。

据庄剑云等（2012）报道，这个种生于菊叶委陵菜上的分布区还有鄂尔多斯市伊金霍洛旗和呼和浩特市。

国内分布：黑龙江，吉林，辽宁，北京，河北，山西，内蒙古，甘肃，四川。

世界分布：俄罗斯西伯利亚，中国，朝鲜，日本。

委陵菜多胞锈菌　图 76

Phragmidium potentillae (Pers.) P. Karst., Bidr. Känn. Finl. Nat. Folk 31: 49, 1879; Wang, Index Ured. Sin.: 37, 1951; Tai, Syll. Fung. Sin.: 577, 1979; Liu, J. Jilin Agr. Univ. 1983(2): 2, 1983; Wei, Mycosystema 1: 182, 1988; Zhuang & Wei, Mycosystema 7: 48, 1994; Zhuang & Wei, J. Jilin Agr. Univ. 24(2): 7, 2002; Liu et al., J. Fungal Res. 4(1): 51, 2006; Zhuang et al., Fl. Fung. Sin. 41: 139, 2012; Liu & Tian, J. Fungal Res. 12(4): 212, 2014; Liu et al., J. Inner Mongolia Univ. (Nat. Sci. Ed.) 48(6): 655, 2017; Liu et al., J. Fungal Res. 15(4): 245, 2017.

Puccinia potentillae Pers., Syn. Meth. Fung. 1: 229, 1801.

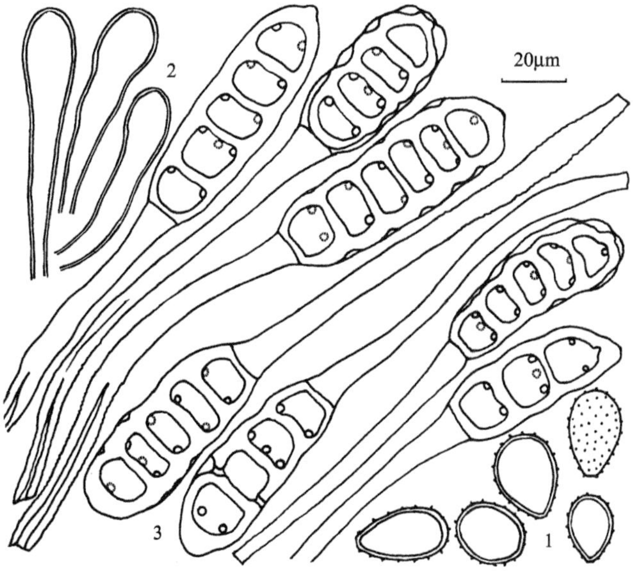

图 76　委陵菜多胞锈菌 *Phragmidium potentillae* 的夏孢子（1）、夏孢子堆侧丝（2）和冬孢子（3）（CFSZ 5658）

性孢子器叶两面生，以叶上面为主，被春孢子器包围，直径 80～150μm，蜜黄色。

春孢子器为裸春孢子器，叶两面生，以叶下面为主，散生或聚生，圆形，直径 0.5～2mm，沿叶脉互相连合成长条形，裸露，粉状，新鲜时橙黄色，干时淡黄色；侧丝周生，棍棒形或长圆柱形，35～75×7.5～20μm，直或向内弯曲，壁不及 1μm 厚，无色；春孢子近球形、宽椭圆形或宽倒卵形，20～30×15～25μm，壁 1.5～2μm 厚，无色，表面疏生细疣，新鲜时内含物橙黄色，干时淡黄色或无色，芽孔不清楚。

夏孢子堆生于叶下面，散生或聚生，圆形、椭圆形，直径 0.2～1mm，裸露，粉状，新鲜时橙黄色，干时淡黄色或无色；侧丝发达，周生，棍棒形或长圆柱形，35～75×7.5～20μm，直或向内弯曲，壁不及 1μm 厚，无色；夏孢子近球形、椭圆形、倒卵形或梨形，16～26（～32.5）×13～20μm，壁 1.5～2μm 厚，无色，有细刺，新鲜时内含物橙黄色，干时淡黄色或无色，芽孔不清楚，似多个，散生。

冬孢子堆生于叶下面，也生于叶柄和茎上，圆形，直径 0.2～1mm，散生至聚生，常布满整个叶面，裸露，粉状，黑色；冬孢子圆柱形，（26～）40～100（～120）×22～29μm，（1～）4～6（～9）个细胞，顶端圆、钝或略尖，有时具短乳突，基部圆形，隔膜处不缢缩或稍缢缩，侧壁 3～4（～6）μm 厚，顶壁略增厚，厚 5～10μm，栗褐色至暗褐色，顶端有时淡色或近无色，表面光滑，每个细胞有 2～3 个芽孔，柄无色或近孢子处淡黄色，上下近等粗或向下渐变细，少数下部略膨大，长 40～200（～350）μm，6～17.5μm 宽，下部粗糙，不脱落。

0，Ⅰ，Ⅱ，Ⅲ

星毛委陵菜 *Potentilla acaulis* L.：赤峰市克什克腾旗巴彦查干 536，达里诺尔 280、6684，经棚 6649，乌兰布统小河 7162。呼伦贝尔市鄂温克族自治旗红花尔基 7773；海拉尔区 913。乌兰察布市兴和县大同窑 5961；卓资县巴音锡勒 8464。锡林郭勒盟锡林浩特市白银库伦 1035；正蓝旗桑根达来 716；正镶白旗明安图 6830。

白萼委陵菜（三出委陵菜）*Potentilla betonicifolia* Poir.：赤峰市阿鲁科尔沁旗高格斯台罕乌拉自然保护区 5773；巴林右旗赛罕乌拉自然保护区正沟 6455。呼伦贝尔市阿荣旗得力其尔 9130。

委陵菜 *Potentilla chinensis* Ser.：赤峰市阿鲁科尔沁旗高格斯台罕乌拉自然保护区 5721、5758、5770，天山 5702，扎嘎斯台 573；敖汉旗大黑山自然保护区 8813、8776、8787、8805；巴林右旗 576，赛罕乌拉自然保护区场部 9925、9932，大西沟 9126，西山 6400；喀喇沁旗马鞍山 5255，十家乡头道营子 224、179、8888，松树梁 6639；克什克腾旗达里诺尔 9621，经棚 6656，书声，于国林 38；林西县新林镇哈什吐 9849，五十家子 5640；宁城县黑里河自然保护区打虎石 5415；热水 5354、5356；元宝山区小五家 9670。呼伦贝尔市阿荣旗得力其尔 9138，三岔河 7375、7440，辋窑，华伟乐 6357、7227；鄂伦春自治旗乌鲁布铁 7538。通辽市扎鲁特旗鲁北镇炮台山 7301、7316。乌兰察布市凉城县蛮汉山二龙什台 6023、6067；兴和县大同窑 5938，苏木山 5844。锡林郭勒盟太仆寺旗永丰 8704、8709、8712、8714；锡林浩特市水库 6768；正蓝旗桑根达来 719。

大萼委陵菜 *Potentilla conferta* Bunge：赤峰市阿鲁科尔沁旗高格斯台罕乌拉自然保护区 5726、5729、5761；巴林右旗赛罕乌拉自然保护区西山 6398。呼伦贝尔市新巴尔虎右旗贝尔 902。通辽市科尔沁左翼后旗大青沟 6310。锡林郭勒盟太仆寺旗永丰 8706；正蓝旗桑根达来 723，元上都 8722；正镶白旗明安图 6833、6846。

腺毛委陵菜 *Potentilla longifolia* Willd. ex Schltdl.：赤峰市阿鲁科尔沁旗高格斯台罕乌拉自然保护区 5722、5736、5810；巴林右旗赛罕乌拉自然保护区大西沟 9098，荣升 9481，王坟沟 9089，正沟 9915；巴林左旗浩尔吐乡乌兰坝 690；喀喇沁旗美林镇韭菜楼 5057，旺业甸新开坝 6972；克什克腾旗巴彦查干 539，达日罕 281，桦木沟 7169、7192，黄岗梁 6888、9826、9828，经棚 302，乌兰布统小河 7154；林西县五十家子镇大冷山 **5658**；宁城县黑里河自然保护区八沟道 5490，大坝沟 17，东打 5442、5445，下拐 6210。呼伦贝尔市阿荣旗得力其尔 9143；鄂伦春自治旗阿里河 7622，乌鲁布铁 7556；海拉尔区 918。锡林郭勒盟东乌珠穆沁旗宝格达山 9446，乌拉盖 9461；锡林浩特市白音锡勒扎格斯台 1893。兴安盟科尔沁右翼前旗索伦牧场三队 1511、1516、1534。

多茎委陵菜 *Potentilla multicaulis* Bunge：赤峰市巴林右旗赛罕乌拉自然保护区砬子沟 9907；喀喇沁旗美林镇韭菜楼 7982、7986；克什克腾旗浩来呼热 8406；松山区老府镇五十家子 111。呼伦贝尔市阿荣旗阿力格亚 9171，得力其尔 9134；根河市得耳布尔 7734。乌兰察布市凉城县岱海 6137。锡林郭勒盟东乌珠穆沁旗乌拉盖 9462。

多裂委陵菜 *Potentilla multifida* L.：阿拉善盟阿拉善左旗贺兰山 804，雪岭子 8629、8633。包头市达尔罕茂明安联合旗希拉穆仁草原 609。赤峰市阿鲁科尔沁旗高格斯台罕乌拉自然保护区 5717、5808；巴林右旗赛罕乌拉自然保护区 6511；巴林左旗浩尔吐乡乌兰坝 688；喀喇沁旗十家头道营子 848，旺业甸 1116，大东沟 7021，新开坝 7009；克什克腾旗黄岗梁 6883；林西县新林镇哈什吐 9852、9857；宁城县黑里河自然保护区小柳树沟 5516。呼伦贝尔市陈巴尔虎旗鄂温克民族乡 7754；鄂伦春自治旗乌鲁布铁 7575；根河市满归镇凝翠山 9318、9320；海拉尔区 915；牙克石市博克图 9182。通辽市霍林郭勒市公园 1720。乌兰察布市凉城县岱海 6252；兴和县苏木山 5931；卓资县巴音锡勒 8444。锡林郭勒盟锡林浩特市白银库伦 1325；正蓝旗元上都 8734。兴安盟科尔沁右翼前旗索伦牧场三队 1535。

掌状多裂委陵菜 *Potentilla multifida* L. var. *ornithopoda* Th. Wolf：赤峰市宁城县黑里河自然保护区大坝沟 19。

雪白委陵菜 *Potentilla nivea* L.：赤峰市巴林右旗赛罕乌拉自然保护区乌兰坝 8081；喀喇沁旗旺业甸大东沟 7035，茅荆坝 8952；克什克腾旗黄岗梁 568、9784。

茸毛委陵菜 *Potentilla strigosa* Pall. ex Pursh：呼伦贝尔市海拉尔区 920、926。

菊叶委陵菜 *Potentilla tanacetifolia* Willd. ex Schltdl.：赤峰市喀喇沁旗旺业甸 6951。

轮叶委陵菜 *Potentilla verticillaris* Stephan ex Willd.：赤峰市巴林右旗赛罕乌拉自然保护区西山 6391；松山区老府镇五十家子 106。鄂尔多斯市东胜区植物园 8518、8524。乌兰察布市兴和县大同窑 5964、5967。

据庄剑云等（2012）报道，这个种生于委陵菜上的分布区还有呼伦贝尔市的额尔古纳市和根河市。生于大萼委陵菜上的分布区还有呼和浩特市，呼伦贝尔市海拉尔和满洲里市，锡林郭勒盟锡林浩特市。生于腺毛委陵菜上的分布区还有兴安盟阿尔山市。生于多茎委陵菜上的分布区还有兴安盟乌兰浩特市。生于多裂委陵菜上的分布区还有呼和浩特市和林格尔县，兴安盟阿尔山市和乌兰浩特市。

国内分布：黑龙江，吉林，辽宁，北京，河北，山西，内蒙古，山东，河南，陕西，甘肃，青海，宁夏，新疆，云南，四川，西藏。

世界分布：北温带广布。

本种冬孢子细胞数变化较大，不同作者根据不同标本描述常有差异，庄剑云等(2012)有详细的讨论。在上述引证标本中细胞数和柄的长短也有很大变化，有些标本如委陵菜（8813、8888、9925）上的菌 8 个细胞的冬孢子很常见；白萼委陵菜（5773）上的菌冬孢子柄可长达 350μm；轮叶委陵菜（8524）冬孢子柄下部膨大，宽达 17.5μm。在同一份标本中，生于茎上的冬孢子往往细胞数目较少，柄较短。

刺蔷薇多胞锈菌　　图 77

Phragmidium rosae-acicularis Liro, Bidr. Känn. Finl. Nat. Folk 65: 428, 1908; Wang, Index Ured. Sin.: 37, 1951; Liu et al., J. Inner Mongolia Univ. (Nat. Sci. Ed.) 48(6): 655, 2017; Liu et al., J. Fungal Res. 15(4): 245, 2017.

Phragmidium fusiforme J. Schröt. var. *rosae-acicularis* (Liro) Savile, Fungi Canadenses, Ottawa: 54, 1974.

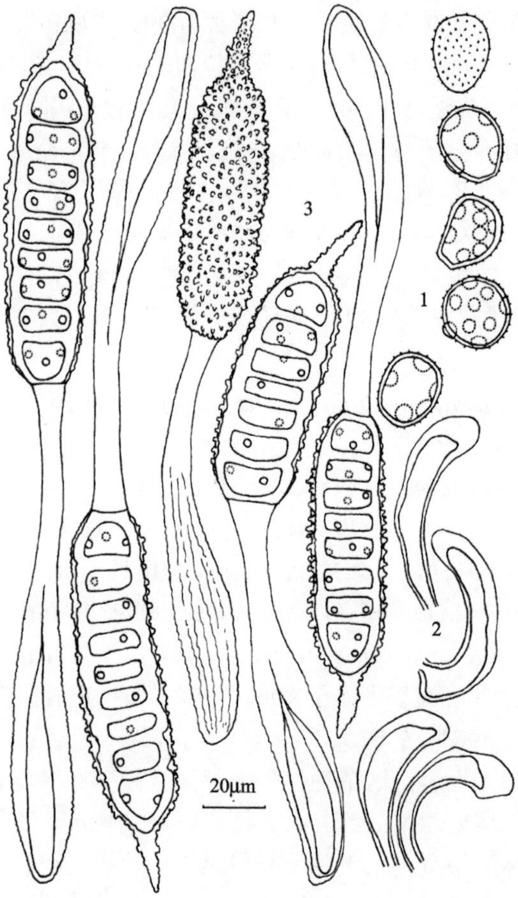

图 77　刺蔷薇多胞锈菌 *Phragmidium rosae-acicularis* 的夏孢子（1）、夏孢子堆侧丝（2）和冬孢子（3）（CFSZ 6464）

性孢子器和春孢子器在引证标本上未见。

夏孢子堆生于叶下面，散生或聚生，圆形，直径 0.1～0.5mm，裸露，粉状，新鲜时橙黄色，干后淡黄色至苍白色；侧丝周生，棍棒形，向内弯曲，35～75×5～15μm，侧壁约 1μm 厚，顶壁 5～10μm 厚，无色；夏孢子近球形、椭圆形或倒卵形，17.5～25×13～22.5μm，壁 1～1.5（～2）μm 厚，密生细刺，无色，新鲜时内含物黄色，芽孔不清楚，约 5～10 个，散生，孔膜明显。

冬孢子堆生于叶下面，散生或聚生，圆形，直径 0.2～1mm，有时互相愈合达 4mm，裸露，粉状，黑色；冬孢子圆柱形或纺锤状圆柱形，（25～）60～117.5×（20～）23～32.5（～37.5）μm，（1～）5～9（～10）个细胞，隔膜处不缢缩，顶端圆或渐狭，有淡褐色或近无色的粗糙乳突，长 7～20（～25）μm，壁 4～5μm 厚，栗褐色至黑褐色，表面密生无色或近无色不规则粗疣，每个细胞有 2～3 个芽孔，柄 60～175（～200）μm 长，上部淡褐色，向下颜色渐淡至无色，下部膨大，宽 7.5～20μm，粗糙，不脱落。

（0），（Ⅰ），Ⅱ，Ⅲ

刺蔷薇 *Rosa acicularis* Lindl.：赤峰市巴林右旗赛罕乌拉自然保护区大西沟 9118，乌兰坝 8083、8085、8097，正沟 **6464**（= HMAS 245254）、9916；克什克腾旗黄岗梁 9795。呼伦贝尔市根河市得耳布尔 7706，满归镇凝翠山 9307。兴安盟阿尔山市 7901。

国内分布：黑龙江，吉林，内蒙古，新疆。

世界分布：美国，加拿大，俄罗斯（东西伯利亚和远东地区），蒙古国，中国，日本。

本种冬孢子细胞数较少，通常为 5～11 个（Sydow and Sydow 1915；Arthur 1934）。但由于其他特征与纺锤状多胞锈菌 *Phragmidium fusiforme* J. Schröt.相似，多数作者（Săvulescu 1953；Cummins 1962；Hiratsuka et al. 1992；Wei 1988；Azbukina 2005；庄剑云等 2012）把它并入纺锤状多胞锈菌，庄剑云等（2012）在纺锤状多胞锈菌种下有详细的讨论。还有人把它作为纺锤状多胞锈菌的一个变种，即 var. *rosae-acicularis* (Liro) Savile（Braun 1999）。我们的菌冬孢子（1～）6～9（～10）个细胞，顶端乳突较长，为 7～20（～25）μm，Arthur（1934）描述冬孢子的乳突只有 7～12μm 长。庄剑云（个人通信）认为 *Ph. rosae-acicularis* Liro 在刺蔷薇上性状很稳定，应该视为独立的种，故我们鉴定为此名。

覆盆子多胞锈菌　　图 78

Phragmidium rubi-idaei (DC.) P. Karst., Bidr. Känn. Finl. Nat. Folk 31: 52, 1879; Wei, Mycosystema 1: 205, 1988; Wei & Zhuang, Fungi of the Qinling Mountains: 45, 1997; Zhuang et al., Fl. Fung. Sin. 41: 185, 2012; Liu et al., J. Inner Mongolia Univ. (Nat. Sci. Ed.) 48(6): 655, 2017.

Puccinia rubi-idaei DC., *in* de Candolle & Lamarck, Fl. Franç., Edn 3, 5/6: 54, 1815.

性孢子器和春孢子器未见。

夏孢子堆生于叶下面，散生或聚生，圆形，直径 0.1～0.2mm，裸露，粉状，新鲜时橙黄色，干后淡黄白色；侧丝周生，圆柱形或棍棒形，直立或向内弯曲，30～100×（5～）10～22.5（～34）μm，壁 1～2μm 厚，无色；夏孢子近球形、椭圆形或倒卵形，17.5～25×15～20μm，壁 1～2μm 厚，表面疏生锐刺，无色，新鲜时内含物黄色，芽孔不清楚，散生。

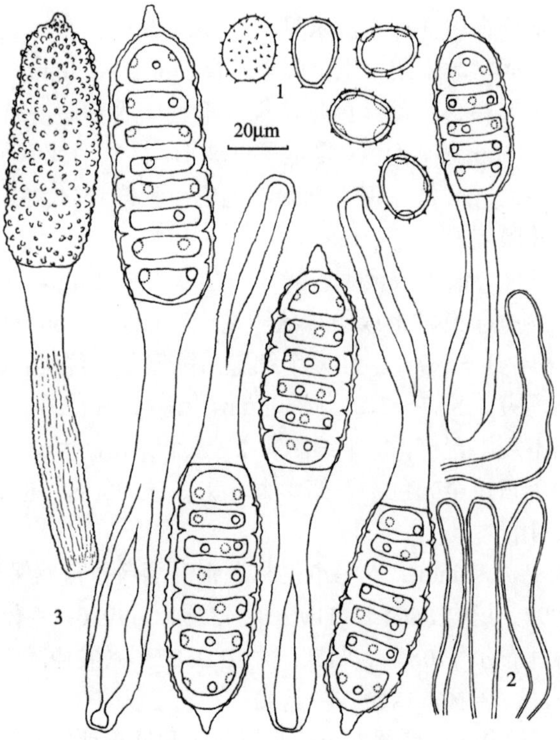

图 78　覆盆子多胞锈菌 *Phragmidium rubi-idaei* 的夏孢子（1）、夏孢子堆侧丝（2）和冬孢子（3）（CFSZ 7618）

冬孢子堆生于叶下面，散生或聚生，圆形，直径 0.2～0.5mm，裸露，粉状，黑色；冬孢子圆柱形或纺锤状圆柱形，（45～）60～130×24～32.5μm，（2～）7～9（～10）个细胞，顶端圆或渐尖，具 2.5～15μm 长淡褐色或近无色的粗糙乳突，隔膜处不缢缩，壁 3～5μm 厚，栗褐色至黑褐色，表面密生无色或近无色不规则粗疣，每个细胞有 3 个芽孔，柄 75～160（～170）μm 长，上部淡褐色，向下渐淡至无色，下部略膨大，宽 15～20μm，粗糙，不脱落。

（0），（Ⅰ），Ⅱ，Ⅲ

库页悬钩子 *Rubus sachalinensis* H. Lév.：赤峰市克什克腾旗黄岗梁 9812、9815。呼伦贝尔市鄂伦春自治旗阿里河 **7618**；根河市金林 9284，满归镇凝翠山 9313、9315、9321。兴安盟阿尔山市桑都尔，庄剑云、魏淑霞 9692（= HMAS 67213）。

国内分布：黑龙江，内蒙古，陕西，甘肃，新疆。

世界分布：北温带广布，新西兰。

陕西多胞锈菌　图 79

Phragmidium shensianum F.L. Tai & C.C. Cheo, Bull. Chin. Bot. Soc. 3: 57, 1937; Tai, Syll. Fung. Sin.: 579, 1979; Zhuang et al., Fl. Fung. Sin. 41: 189, 2012; Liu et al., J. Inner Mongolia Univ. (Nat. Sci. Ed.) 48(6): 655, 2017.

Phragmidium taipaishanense Y.C. Wang, Contr. Inst. Bot. Nat. Acad. Peiping 6(4): 226, 1949;

Wang, Index Ured. Sin.: 38, 1951; Cao et al., Mycosystema 19: 23, 2000.

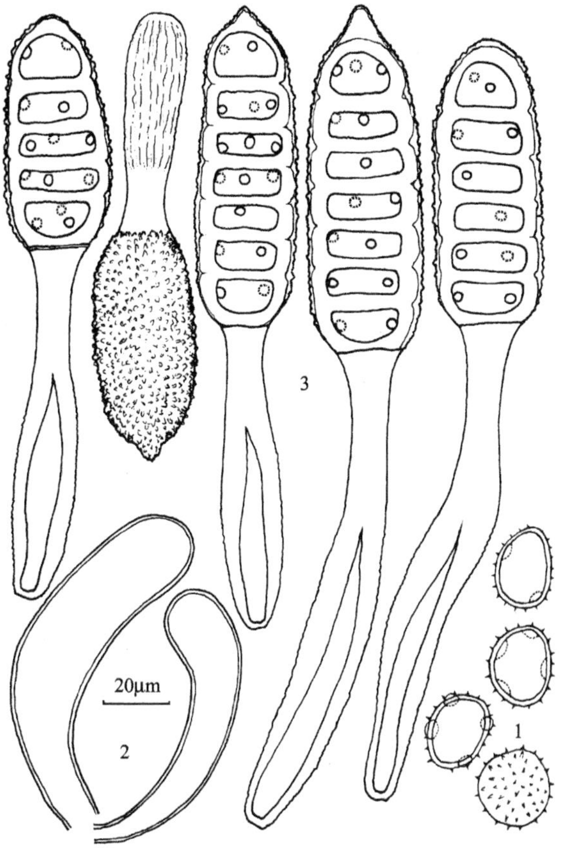

图 79 陕西多胞锈菌 *Phragmidium shensianum* 的夏孢子（1）、夏孢子堆侧丝（2）和冬孢子（3）（CFSZ 7028）

夏孢子堆生于叶下面，散生或稍聚生，圆形，直径 0.2～0.5mm，裸露，粉状，新鲜时橙黄色，干后淡黄白色；侧丝周生，圆柱形或棍棒形，直立或向内弯曲，50～135×10～27.5μm，壁不及 1μm 厚，无色；夏孢子近球形、椭圆形或倒卵形，17.5～27.5×15～22.5μm，壁 1～1.5μm 厚，表面疏生粗刺，无色，新鲜时内含物黄色，芽孔不清楚。

冬孢子堆生于叶下面，散生或聚生，圆形，直径 0.2～1mm，有时互相愈合，裸露，粉状，黑色；冬孢子圆柱形或纺锤状圆柱形，（25～）55～105（～115）×（20～）25～32.5（～37.5）μm，（1～）4～7（～8）个细胞，多数 6 或 7 个，顶端圆或渐狭，有 2～7.5μm 长淡褐色或近无色的粗糙乳突，或乳突不明显，隔膜处不缢缩，壁 3～5μm 厚，栗褐色至黑褐色，表面密生无色或近无色不规则粗疣，每个细胞有 2～3 个芽孔，柄 50～160μm 长，上部淡褐色，向下颜色渐淡至无色，下部略膨大，宽 12.5～20μm，粗糙，不脱落。

II，III

华北覆盆子 *Rubus idaeus* L. var. *borealisinensis* Te.T. Yu & L.T. Lu：赤峰市喀喇沁旗旺

业甸大东沟 **7028**（= HMAS 245255）、7040；宁城县黑里河自然保护区大坝沟 8993。

国内分布：山西，内蒙古，河南，陕西，甘肃。

世界分布：中国。

庄剑云等（2012）描述本种冬孢子由 2～8（～9）个细胞组成。在我们的标本中未见 9 个细胞的冬孢子。

小瘤多胞锈菌　图 80

Phragmidium tuberculatum Jul. Müll., Ber. Dt. Bot. Ges. 3: 391, 1885; Tai, Syll. Fung. Sin.: 580, 1979; Wei, Mycosystema 1: 196, 1988; Zhuang et al., Fl. Fung. Sin. 41: 159, 2012; Liu et al., J. Inner Mongolia Univ. (Nat. Sci. Ed.) 48(6): 655, 2017; Liu et al., J. Fungal Res. 15(4): 245, 2017.

Phragmidium rosae-davuricae Miura, Flora of Manchuria and East Mongolia 3: 374, 1928; Wang, Index Ured. Sin.: 37, 1951; Tai, Syll. Fung. Sin.: 578, 1979; Wei, Mycosystema 1: 192, 1988; Zhuang & Wei, J. Jilin Agr. Univ. 24(2): 7, 2002.

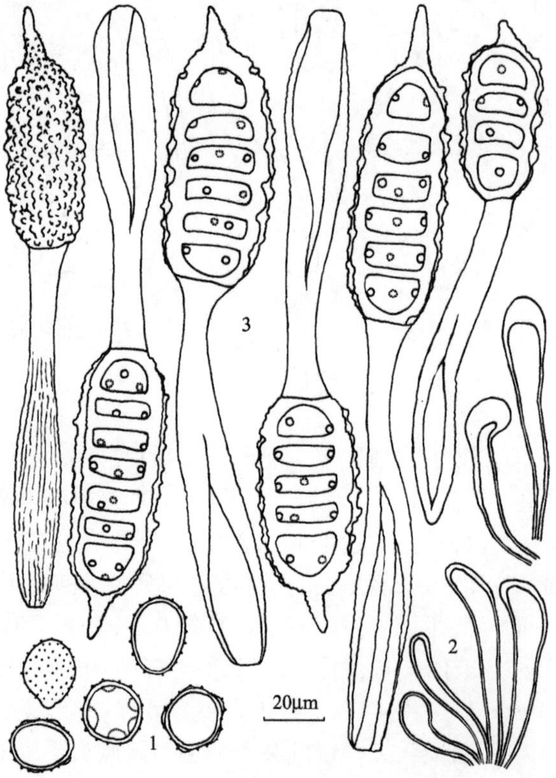

图 80　小瘤多胞锈菌 *Phragmidium tuberculatum* 的夏孢子（1）、夏孢子堆侧丝（2）和冬孢子（3）（CFSZ 5664）

性孢子器生于叶上面，小群聚生，叶片呈现褐色斑块，直径 90～110μm，蜜黄色。

春孢子器为裸春孢子器，大多生于叶下面、叶柄、枝条或果实上，在叶上为圆形，直径 0.2～0.5mm，叶柄、叶脉和枝条上的呈长条形，常相互连合，裸露，粉状，新鲜时橙黄色，干时黄色或苍白色；侧丝周生，棍棒形，向内弯曲，35～100×7.5～20μm，壁约 1μm 厚，少数背部和顶部增厚，达 2μm 或更厚，无色；春孢子近球形或椭圆形，15～25×12.5～20μm，壁 1～2μm 厚，表面密生细疣，无色，芽孔不清楚，5～7 个，散生，孔膜明显。

夏孢子堆生于叶下面，散生或聚生，圆形或近圆形，直径 0.2～0.5mm，裸露，粉状，新鲜时橙黄色，干后淡黄色至苍白色；侧丝周生，与春孢子器侧丝相似；夏孢子近球形或椭圆形，17.5～27.5×15～22.5μm，壁 1.5～2.5μm 厚，密生细刺，无色，新鲜时内含物黄色，芽孔不清楚，5～7 个，散生，孔膜明显。

冬孢子堆生于叶下面，散生或聚生，圆形，直径 0.2～1mm，有时互相愈合达 4mm，裸露，粉状，黑色；冬孢子圆柱形或纺锤状圆柱形，（25～）40～105（～125）×（22～）25～35（～37.5）μm，（1～）5～7（～8）个细胞，6 个最常见，隔膜处不缢缩，顶端圆或渐狭，有淡褐色或近无色的粗糙乳突，长 6～22.5（～25）μm，壁 5～6μm 厚，栗褐色，表面密生无色或近无色不规则粗疣，每个细胞有 2～3 个芽孔，柄 50～165（～190）μm 长，上部淡褐色，向下颜色渐淡至无色，下部膨大，宽 14～25μm，粗糙，不脱落。

0，Ⅰ，Ⅱ，Ⅲ

美蔷薇 *Rosa bella* Rehder & E.H. Wilson：乌兰察布市兴和县苏木山 5916、5934。

山刺玫 *Rosa davurica* Pall.：赤峰市阿鲁科尔沁旗高格斯台罕乌拉自然保护区 5788；巴林右旗赛罕乌拉自然保护区大东沟 6416、6449，荣升 8134、9485、9941，王坟沟 9093，正沟 6475、6493、9920；克什克腾旗白音敖包 1349、9838，白音高勒 292，浩来呼热 6670，桦木沟 7203，黄岗梁 6881、9759、9764、9825，经棚 304、9637，新井 318；林西县新林镇哈什吐 9848，五十家子镇大冷山 **5664**。呼伦贝尔市阿荣旗阿力格亚 9173、9174、9176，三岔河 7370、7371、7391，三号店 9164；鄂温克族自治旗红花尔基 7767、7782；牙克石市博克图 9216。锡林郭勒盟多伦县蔡木山 758；西乌珠穆沁旗古日格斯台 8104；正蓝旗贺日苏台 713。兴安盟阿尔山市白狼镇鸡冠山 1612，西山 1579、1582；五岔沟 7931；科尔沁右翼前旗索伦牧场三队 1520。

国内分布：北京，河北，山西，内蒙古，湖北，甘肃，青海，新疆，云南，四川，重庆，西藏。

世界分布：欧亚温带广布，传播到新西兰。

不同的标本冬孢子细胞数往往不同，5664 号标本为（1～）4～6（～7）个细胞，极个别为 7 个；5916 号标本为（1～）5～8 个；292、304 和 318 号标本为（1～）3～7 个。1612 号标本个别冬孢子顶端乳突可长达 30μm。

（17）拟多胞锈菌属 **Xenodochus** Schltdl.

Linnaea 1: 237, 1826.

性孢子器生于寄主表皮中，子实层平展，无限扩展（10 型）。春孢子器为裸春孢子器，初期生于寄主表皮下，后裸露，无侧丝；春孢子串生，表面有疣。夏孢子堆和夏孢子与春孢子器和春孢子相似但不与性孢子器相伴，在春孢子萌发形成的双核菌丝体上产生。冬孢子堆初期生于寄主表皮下，后裸露；冬孢子单生于短柄上，被横隔膜分隔成 2 至多个细胞，表面光滑，有色，顶端的细胞具 1（稀 2）个芽孔，其余细胞均具 2 个芽孔，两两相对生于细胞上部近隔膜处。担子外生。

模式种：*Xenodochus carbonarius* Schltdl.

寄主：*Sanguisorba officinalis* L. (Rosaceae)

产地：德国。

本属仅有 2 种，生于蔷薇科地榆属 *Sanguisorba* 上，为北温带分布种（Kirk et al. 2008），中国（庄剑云等 2012）及内蒙古（刘铁志等 2017a）均产之。

分种检索表

1. 冬孢子 3～20 个细胞或更多 …………………………………………………… **煤色拟多胞锈菌 *X. carbonarius***

1. 冬孢子（1～）2～9（～10）个细胞 …………………………………………………… **小拟多胞锈菌 *X. minor***

煤色拟多胞锈菌　图 81

Xenodochus carbonarius Schltdl., Linnaea 1: 237, 1826; Wang, Index Ured. Sin.: 97, 1951; Tai, Syll. Fung. Sin.: 812, 1979; Liu, J. Jilin Agr. Univ. 1983(2): 6, 1983; Bai et al., J. Shenyang Agr. Univ. 18(3): 62, 1987; Guo, Fungi and Lichens of Shennongjia: 147, 1989; Wei & Zhuang, Fungi of Xiaowutai Mountains in Hebei Province: 133, 1997; Wei & Zhuang, Fungi of the Qinling Mountains: 82, 1997; Zhang et al., Mycotaxon 61: 79, 1997; Zhuang & Wei, J. Jilin Agr. Univ. 24(2): 10, 2002; Liu et al., J. Fungal Res. 4(1): 51, 2006; Zhuang et al., Fl. Fung. Sin. 41: 195, 2012; Liu et al., J. Inner Mongolia Univ. (Nat. Sci. Ed.) 48(6): 656, 2017; Liu et al., J. Fungal Res. 15(4): 245, 2017.

Phragmidium carbonarium G. Winter, Rabenh. Krypt.-Fl., Edn 2, 1.1: 227, 1881 [1884].

性孢子器生于寄主表皮中，子实层平展，无限扩展。

春孢子器为裸春孢子器，生于叶下面、叶脉和叶柄上，散生或聚生，叶上的呈圆形，直径 0.5～1mm，叶脉和叶柄上的呈长条形，可达 10mm，裸露，粉状，新鲜时橙黄色，干时淡黄色，稍坚实，周围有破裂的寄主表皮围绕；无侧丝；春孢子近球形、椭圆形或倒卵形，20～27.5（～37.5）×15～22.5μm，壁 1.5～2μm 厚，淡黄色或近无色，表面密生细疣，新鲜时内含物黄色，芽孔不清楚。

夏孢子堆与春孢子器相似但不与性孢子器相伴；夏孢子似春孢子。

冬孢子堆叶两面生，圆形或椭圆形，直径 0.4～3mm，散生或聚生，常相互连合，裸露，粉状，黑色，周围常有破裂的寄主表皮围绕；冬孢子长圆柱形，常弯曲，50～350×20～30μm，3～20 个细胞，串珠状，顶端圆形，有小而透明的乳突，有时顶端细胞较长，基部圆形，隔膜处缢缩，壁 2～2.5μm 厚，表面光滑，暗褐色，顶细胞有 1 个芽孔，其他每个细胞有 2 个芽孔，对生于细胞上部；柄短，长 8～35μm，无色，不脱落。

0，Ⅰ，Ⅱ，Ⅲ

地榆 *Sanguisorba officinalis* L.：赤峰市阿鲁科尔沁旗高格斯台罕乌拉自然保护区 **5706**、5712；巴林右旗赛罕乌拉自然保护区王坟沟 6604，荣升 6541、6555、6571、8122，乌兰坝 8055、8099；喀喇沁旗旺业甸茅荆坝 8953；克什克腾旗阿斯哈图地质公园 285，桦木沟 7168，黄岗梁 558、559、565、1061、6906、6910、9776，经棚 301；宁城县黑里河自然保护区下拐 6195。呼伦贝尔市额尔古纳市莫尔道嘎 884；根河市金林 9290；新巴尔虎左旗诺干淖尔 7798；牙克石市博克图 9192。通辽市霍林郭勒市静湖 1706。锡林郭勒盟东乌珠穆沁旗宝格达山 9413、9419；锡林浩特市辉腾锡勒 6733、6734、6737、6741，植物园 6752；西乌珠穆沁旗古日格斯台 8114。兴安盟阿尔山市东山 7833，伊尔施 7844。

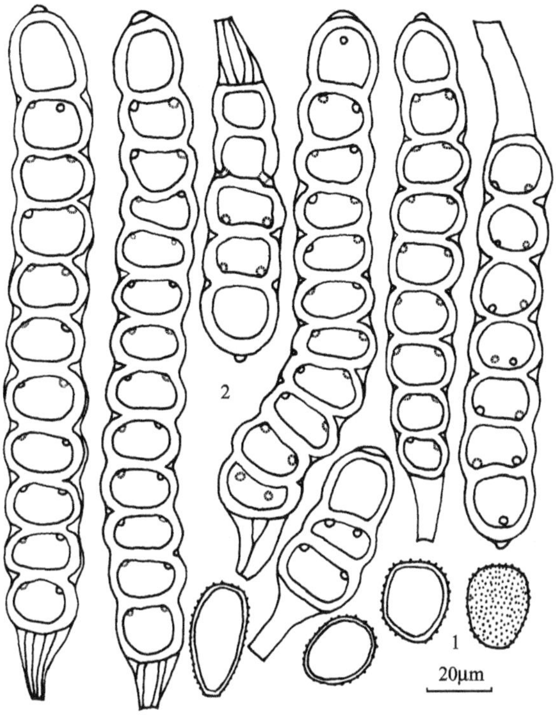

图 81　煤色拟多胞锈菌 *Xenodochus carbonarius* 的夏孢子（1）和冬孢子（2）（CFSZ 5706）

国内分布：黑龙江，吉林，北京，河北，山西，内蒙古，陕西，新疆，四川，重庆。

世界分布：欧洲；北美洲（美国阿拉斯加）；亚洲（俄罗斯西伯利亚及远东地区，蒙古国，中国，日本）。

小拟多胞锈菌　　图 82

Xenodochus minor Arthur, N. Amer. Fl. 7(3): 182, 1912; Tai, Syll. Fung. Sin.: 813, 1979; Wei & Zhuang, Fungi of Xiaowutai Mountains in Hebei Province: 133, 1997; Wei & Zhuang, Fungi of the Qinling Mountains: 82, 1997; Zhuang et al., Fl. Fung. Sin. 41: 197, 2012; Liu et al., J. Inner Mongolia Univ. (Nat. Sci. Ed.) 48(6): 656, 2017.

冬孢子堆叶两面生，圆形或椭圆形，直径 0.4～2mm，散生或聚生，裸露，粉状，黑色，周围常有破裂的寄主表皮围绕；冬孢子长圆柱形，直或弯曲，（21～）30～150（～190）×（17.5～）22～29（～32.5）μm，（1～）2～9（～10）个细胞，串珠状，顶端圆形，有时有小而透明的乳突，基部圆形，隔膜处缢缩，壁 2～2.5μm 厚，表面光滑，暗褐色，顶细胞有 1 个芽孔，其他每个细胞有 2 个芽孔，对生于细胞上部；柄短，长 10～25μm，无色，不脱落。

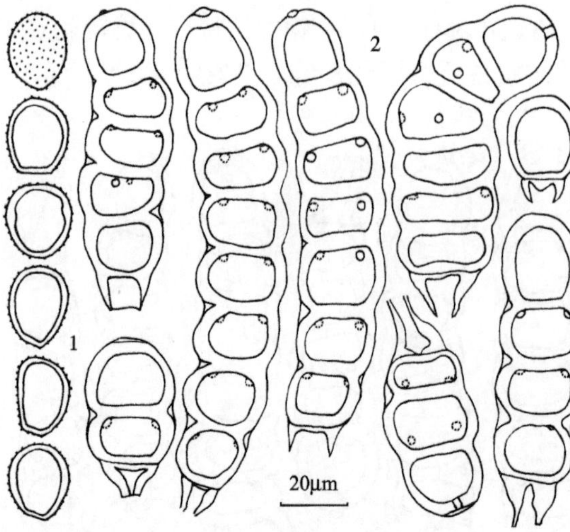

图 82　小拟多胞锈菌 *Xenodochus minor* 的夏孢子（1）和冬孢子（2）（CFSZ 9203）

III

地榆 *Sanguisorba officinalis* L.：呼伦贝尔市牙克石市博克图 **9203**（= HMAS 246800）。锡林郭勒盟锡林郭勒草原自然保护区，庄剑云 9693（= HMAS 172180）。

国内分布：河北，内蒙古，陕西，甘肃。

世界分布：北美洲（美国阿拉斯加）；亚洲（俄罗斯远东地区，中国北部，日本北部）。

本种一直被认为是冬孢型的种，广布北温带偏北地区（Arthur 1934；Hiratsuka et al. 1992；Azbukina 2005；庄剑云等 2012）。在我们采自牙克石市的标本（9203）上未见性孢子器，但有明显的夏孢子堆，很可能本种在偏南地区也有春孢子和夏孢子（两者形态相似），过去被许多作者忽略或从来没有见过。其夏孢子堆生于叶下面、叶脉和叶柄上，散生或聚生，叶上的呈圆形，直径 0.5～1mm，叶脉和叶柄上的呈长条形，可达 10mm，裸露，粉状，新鲜时橙黄色，干时淡黄色，稍坚实，周围有破裂的寄主表皮围绕；无侧丝；夏孢子近球形、椭圆形或倒卵形，17.5～24（～27.5）×15～20.5μm，壁 1～1.5μm 厚，淡黄色或近无色，表面密生细疣，新鲜时内含物黄色，芽孔不清楚。

10　柄锈菌科 **Pucciniaceae** Chevall.

性孢子器 4 型。春孢子器为杯状春孢子器或裸春孢子器，包被有或无，春孢子串生，多具疣，或为夏型春孢子器，无包被，春孢子单生，稀少无包被但有串生孢子。夏孢子堆有或无侧丝，稀具栅栏状包被；夏孢子单生，多数具刺，芽孔多样；冬孢子堆有或无侧丝，但稀具栅栏状包被，有时冬孢子堆被子座状的侧丝分成小室；冬孢子单生，多数具柄，1 个或 2 个（罕多个）细胞，多具横隔膜，稀具斜隔膜和纵隔膜，每个细胞大多具 1 个芽孔，少数具 2 个或 2 个以上芽孔，萌发时一般担子外生，偶有半内生者；转主寄生或单主寄生；寄主多种多样。

模式属：*Puccinia* Pers.

本科全世界已知 20 属约 4938 种（Kirk et al. 2008）。中国已知 9 属 642 种和变种（庄剑云等 1998，2003，2005，2012；Zhuang and Wei 1999a，2011，2012；曹支敏和李振岐 1999；Cao et al. 2000b；郑晓慧等 2001；Lu et al. 2004；Li and Zhuang 2005；Zhou and Zhuang 2005；赵震宇和徐彪 2007；徐彪等 2008a，2008b，2009；Zhao and Zhuang 2009；陈明和刘铁志 2011；Liu and Hambleton 2012；Liu et al. 2014，2016a，2016b；Liu and Zhuang 2015，2016；Cao et al. 2016，2017；杨晓坡等 2018）。内蒙古已知 3 属（刘铁志等 2014，2015）。

分属检索表

1. 冬孢子单细胞……………………………………………………………（20）**单胞锈菌属 *Uromyces***
1. 冬孢子双细胞（偶见单细胞或多细胞）…………………………………………………………2
2. 春孢子器毛状，冬孢子堆潮湿时胶质，冬孢子每个细胞芽孔 1 至数个，通常 2 个……………………………………………………………………………（18）**胶锈菌属 *Gymnosporangium***
2. 春孢子器杯状，冬孢子堆潮湿时不呈胶质，冬孢子每个细胞芽孔 1 个……（19）**柄锈菌属 *Puccinia***

（18）胶锈菌属 Gymnosporangium R. Hedw. ex DC.

in Lamarck & de Candolle, Fl. Franç., Edn 3, 2: 216, 1805.

Ceratitium Rabenh., Bot. Ztg. 9: 451, 1851.

Ciglides Chevall., Fl. Gén. Env. Paris 1: 384, 1826.

Gymnotelium Syd., Annls Mycol. 19: 170, 1921.

Podisoma Link, Mag. Gesell. Naturf. Freunde, Berlin 3: 9, 1809.

性孢子器生于寄主表皮下，子实层深凹，有缘丝（4 型）。春孢子器通常为毛状春孢子器，少数种为杯状春孢子器，起初生于寄主表皮下，后裸露，具包被；春孢子串生，表面有疣，孢壁大多有色。夏孢子堆起初生于寄主表皮下，后裸露，夏孢子单生，表面有疣，芽孔散生；大多数种缺夏孢子阶段。冬孢子堆起初生于寄主表皮下，后裸露，角状、鸡冠状或垫状，潮湿时呈胶质状，常引起寄主病部肿大或产生丛枝；冬孢子常有厚壁和薄壁两型，厚壁孢子色较深，薄壁孢子色浅，单细胞或多细胞，通常 2 细胞，具横隔膜，单生有柄，柄易胶化，每个细胞有 1 至数个芽孔，通常 2 个，壁通常有色，表面光滑，不休眠。担子外生。

模式种：*Gymnosporangium fuscum* R. Hedw.（补选模式）

寄主：*Juniperus sabina* L. (Cupressaceae)

产地：法国。

本属无性型为角春孢锈菌属 *Roestelia*，全世界约有 57 种，性孢子器和春孢子器生于蔷薇科 Rosaceae 上，冬孢子堆生于柏科 Cupressaceae 上，世界广布，主要分布于北温带（Kern 1973；Kirk et al. 2008；Cummins and Hiratsuka 2003）。国内报道 18 种（庄剑云等 2012；Cao et al. 2016，2017），内蒙古已知 5 种，梭孢胶锈菌 *Gymnosporangium fusisporum* E. Fisch.为内蒙古新记录种（尚衍重 1997；庄剑云等 2012；刘铁志等 2014；刘铁志和侯振世 2015）。

春孢子阶段分种检索表

1. 春孢子器长，通常超过 5mm，可达 10mm……2
1. 春孢子器短，通常不超过 5mm……3
2. 春孢子器顶端撕裂，管体不撕裂；包被细胞内壁和侧壁密生不规则皱纹状的长条形突起；生于山楂属 *Crataegus* 和梨属 *Pyrus* 上……**亚洲胶锈菌 *G. asiaticum***
2. 春孢子器撕裂呈网状，整体仍保持长角状；包被细胞内壁和侧壁有不规则的刺状突起和疣状突起；生于苹果属 *Malus* 上……**山田胶锈菌 *G. yamadae***
3. 春孢子器包被细胞在水中易卷曲，密生形状大小不一的乳突……**珊瑚胶锈菌 *G. clavariiforme***
3. 春孢子器包被细胞在水中不卷曲，密生疣状或脊状突起……4
4. 春孢子器顶端开裂，后期略撕裂但整体常仍保持角状……**角状胶锈菌 *G. cornutum***
4. 春孢子器成熟时撕裂至基部……**梭孢胶锈菌 *G. fusisporum***

冬孢子阶段分种检索表

1. 冬孢子堆多生于叶上或绿色嫩枝上，不引起植物组织肿胀……**亚洲胶锈菌 *G. asiaticum***
1. 冬孢子堆生于茎或枝条上，引起植物组织肿胀……2
2. 植物病部形成球形肿瘿；冬孢子 30～60（～65）×15～27.5μm……**山田胶锈菌 *G. yamadae***
2. 植物病部呈纺锤形肿大……3
3. 冬孢子椭圆形或纺锤形，38～58×20～30μm……**角状胶锈菌 *G. cornutum***
3. 冬孢子披针形、纺锤形或长梭形……4
4. 冬孢子 50～115×10～22.5μm；生于刺柏属 *Juniperus* 上……**珊瑚胶锈菌 *G. clavariiforme***
4. 冬孢子 50～93（～100）×18～27μm；生于圆柏属 *Sabina* 上……**梭孢胶锈菌 *G. fusisporum***

亚洲胶锈菌 图 83

Gymnosporangium asiaticum Miyabe ex G. Yamada, *in* Omori & Yamada, Shokubutse Byorigaku (Pl. Path.) Tokyo Hakubunkwan 37(9): 304, 1904; Wang & Guo, Acta Mycol. Sin. 4: 26, 1985; Guo, Fungi and Lichens of Shennongjia: 120, 1989; Wei & Zhuang, Fungi of the Qinling Mountains: 34, 1997; Zhang et al., Mycotaxon 61: 59, 1997; Zhuang & Wei, J. Jilin Agr. Univ. 24(2): 7, 2002; Zhuang et al., Fl. Fung. Sin. 41: 3, 2012; Liu et al., J. Inner Mongolia Agr. Univ. (Nat. Sci. Ed.) 35(6): 55, 2014.

Gymnosporangium haraeanum Syd. & P. Syd., Annls Mycol. 10(4): 405, 1912; Wang, Index Ured. Sin.: 23, 1951; Teng, Fungi of China: 353, 1963; Tai, Syll. Fung. Sin.: 480, 1979; Zhuang, Acta Mycol. Sin. 2: 151, 1983.

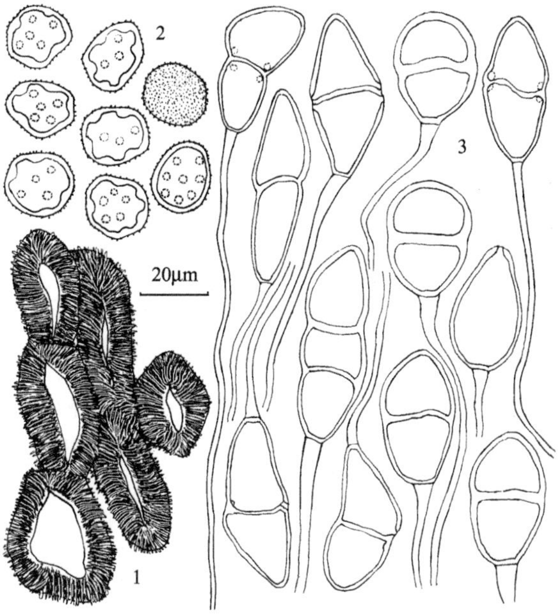

图 83　亚洲胶锈菌 *Gymnosporangium asiaticum* 的春孢子器包被细胞（1）、春孢子（2）和冬孢子（3）（CFSZ 5578、9701）

性孢子器主要生于叶上面，聚生成小群，点状，埋生于寄主表皮下，扁球形或烧瓶形，直径 100～200μm，初为蜡黄色，后呈黑色。

春孢子器生于叶下面，有时也生于果实和叶上面，管状，高 2～8（～10）mm，直径 300～400μm，包被顶端撕裂，管体不撕裂；包被细胞正面观为不规则长菱形或宽披针形，30～65×15～30μm，内壁和侧壁密生不规则皱纹状的长条形突起；春孢子近球形，17.5～25×15～22.5μm，壁 1.5～2.5μm 厚，表面密生细疣，黄褐色或肉桂褐色，芽孔 6～11 个，散生。

冬孢子堆叶上生，也生于绿色嫩枝上，偶生于木质老枝上，强烈隆起，略呈楔形，胶质，红褐色或暗褐色，不引起植物组织肿胀；冬孢子双胞，椭圆形、长椭圆形或纺锤形，32.5～60×16～30μm，两端圆或渐狭，隔膜处略缢缩或不缢缩，浅色孢子的壁约 1μm 厚，淡黄色，深色孢子的壁 1.5～2μm 厚，黄褐色，每个细胞有 2 个芽孔，近隔膜生，常不清楚，柄极长，无色，可达 500μm 或更长。1 室冬孢子常见，3 室冬孢子偶见。

0，I

山里红 *Crataegus pinnatifida* Bunge var. *major* N.E. Br.：赤峰市新城区锡伯河绿地 **5578**，兴安南麓植物园 8920（= BJFC-R02109）。

杜梨 *Pyrus betulifolia* Bunge：乌海市海勃湾区植物园 8593（= BJFC-R02113）、8595。

沙梨 *Pyrus pyrifolia* (Burm. f.) Nakai：乌海市海勃湾区植物园 8571、8573（= BJFC-R02112）。

苹果梨 *Pyrus* sp.：乌海市海勃湾区植物园 8579。

III

圆柏 *Sabina chinensis* (L.) Antoine（≡ *Juniperus chinensis* L.）：呼和浩特市内蒙古农业

大学林学院校区，侯振世 **9701**（= HMAS 82779）；植物园，华伟乐 8332（= BJFC-R02111）。

据庄剑云等（2012）报道，这个种的性孢子器和春孢子器阶段在兴安盟阿尔山生于山楂 *Crataegus pinnatifida* Bunge 上。

国内分布：辽宁，北京，河北，山西，内蒙古，山东，江苏，浙江，安徽，江西，福建，湖北，河南，广东，陕西，云南，四川，贵州。

世界分布：亚洲东部（日本，中国，朝鲜半岛），偶见于北美洲东部和西部沿海。

珊瑚胶锈菌 图 84

Gymnosporangium clavariiforme (Pers.) DC., *in* Lamarck & de Candolle, Fl. Franç., Edn 3, 2: 217, 1805; Wang, Index Ured. Sin.: 22, 1951; Tai, Syll. Fung. Sin.: 479, 1979; Wang et al., Fungi of Xizang (Tibet): 41, 1983; Wang & Guo, Acta Mycol. Sin. 4: 27, 1985; Zhuang et al., Fl. Fung. Sin. 41: 7, 2012; Liu & Hou, J. Fungal Res. 13(3): 136, 2015.

Tremella clavariaeformis Pers., Synopsis Methodica Fungorum: 629, 1801.

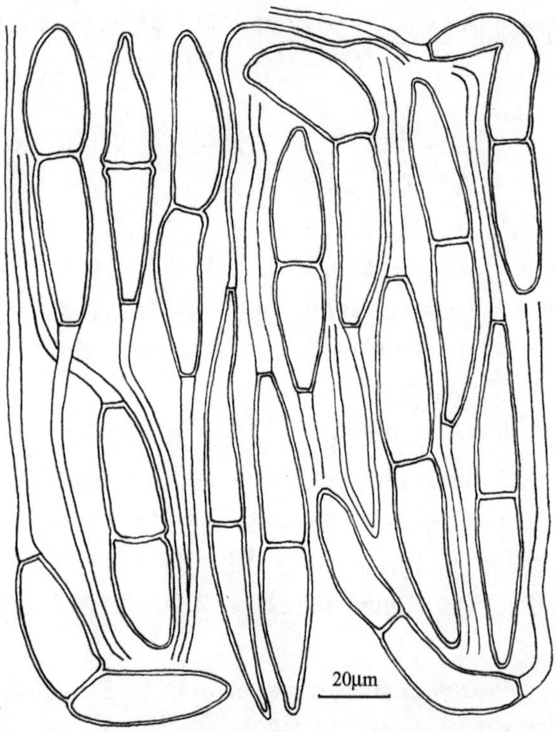

图 84 珊瑚胶锈菌 *Gymnosporangium clavariiforme* 的冬孢子（CFSZ 8296）

冬孢子堆生于茎和枝条上，引起染病部位长纺锤形肿大，孢子堆扁柱状，顶端尖、钝圆或叉状，高 2～8mm，宽达 1.5mm，橘黄色到黄褐色，胶质，干时深褐色，坚硬；冬孢子双胞，披针形、纺锤形、近棍棒形、长梭形或镰刀形，50～115×10～22.5μm，顶端钝圆或略尖，基部渐狭，隔膜处略缢缩或不缢缩，壁约 1μm 厚，淡黄色，有时含有橘黄色内含物，每个细胞似有 2 个芽孔，近隔膜生，常不清楚，柄极长，无色，可达 850μm 或更长。

III

杜松 *Juniperus rigida* Siebold & Zucc.：呼和浩特市林业职业中等专科学校 8300（= HNMAP 1225，= BJFC-R02106）；内蒙古师范大学 **8296**（= HMAS 246212，= BJFC-R02105）。

国内分布：吉林，内蒙古，甘肃，云南。

世界分布：北温带广布，传播到新西兰。

Wilson 和 Henderson（1966）描述冬孢子有褐色和淡黄色之分，其大小也不同，褐色孢子 50～60×15～21μm，淡黄色孢子 100～120×10～12μm。我们的菌冬孢子壁为淡黄色，未见明显褐色的孢子，但似乎可以分成短而粗（50～100×15～22.5μm）和细而长（55～115×10～16μm）两种类型（刘铁志和侯振世 2015）。据庄剑云等（2012）报道，在国内，本种春孢子阶段生于山楂属 *Crataegus* spp.上。其春孢子器包被细胞在水中易卷曲，密生形状大小不一的乳突；春孢子大小为 23～30×22～28μm，芽孔 6～10 个，散生。

角状胶锈菌　图 85

Gymnosporangium cornutum Arthur ex F. Kern, Bulletin of the New York Botanical Garden 7: 444, 1911; Wang & Guo, Acta Mycol. Sin. 4: 28, 1985; Zhuang et al., Fl. Fung. Sin. 41: 11, 2012; Liu et al., J. Inner Mongolia Agr. Univ. (Nat. Sci. Ed.) 35(6): 55, 2014.

Aecidium cornutum Pers., Syn. Meth. Fung. 1: 205, 1801.

Gymnosporangium cornutum Arthur, Mycologia 1(6): 240, 1910 [1909].

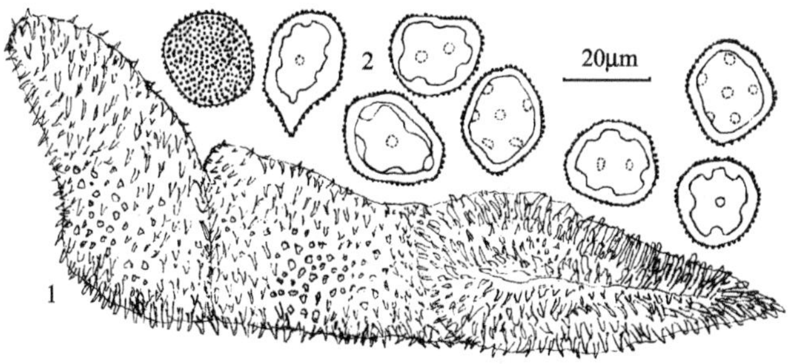

图 85　角状胶锈菌 *Gymnosporangium cornutum* 的春孢子器包被细胞（1）和春孢子（2）（CFSZ 9699）

性孢子器生于叶上面，小群聚生，埋生于寄主表皮下，近球形，直径 100～150μm，初期蜡黄色，后变黑色。

春孢子器生于叶下面，角状，高 2～4mm，直径 250～400μm，淡黄白色，顶端开裂，后期略撕裂但整体常仍保持角状；包被细胞不规则，35～120×15～47.5μm，内壁多为疣状或形状不规则的突起，侧壁多为短粗的脊状突起；春孢子近球形、角球形、近椭圆形或不规则形，20～32.5×17.5～25μm，壁 2～2.5μm 厚，表面密生细疣，黄褐色或肉桂褐色，芽孔 5～8 个或更多，散生。

0，Ⅰ

北京花楸 *Sorbus discolor* (Maxim.) Maxim.：兴安盟阿尔山市兴安林场，庄剑云、魏淑霞 **9699**（=HMAS 172202）、9700（=HMAS 172203）。

国内分布：内蒙古，青海，宁夏，新疆，四川。

世界分布：北温带广布。

据庄剑云等（2012）报道，在国内，本种冬孢子生于杜松 *Juniperus rigida* Siebold & Zucc.上，分布于宁夏贺兰山。冬孢子堆生于幼枝上，引起纺锤形肿胀，也散生或聚生于叶上，胶质；冬孢子椭圆形或纺锤形，38～58×20～30μm，光滑，黄褐色或肉桂褐色；柄无色，极长。

梭孢胶锈菌　　图 86

Gymnosporangium fusisporum E. Fisch., Mitt. Naturf. Ges. Bern 3: 58, 1918; Zhao & Jiang, J. Bayi Agr. Coll. 1986(2): 31, 1986; Zhuang, Acta Mycol. Sin. 8: 260, 1989; Zhuang et al., Fl. Fung. Sin. 41: 15, 2012.

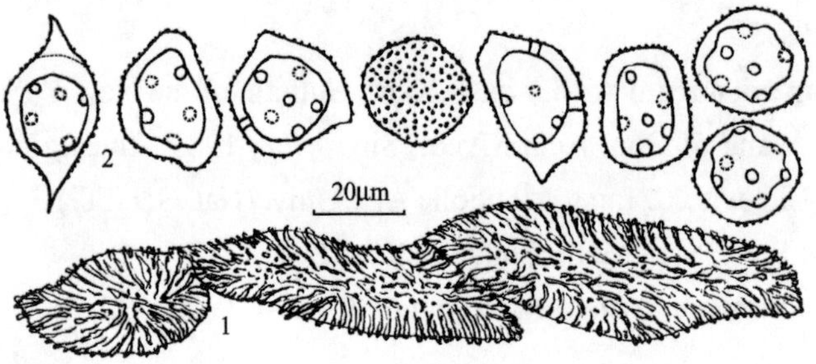

图 86　梭孢胶锈菌 *Gymnosporangium fusisporum* 的春孢子器包被细胞（1）和春孢子（2）（CFSZ 9836）

性孢子器生于叶上面，小群聚生，埋生于寄主表皮下，扁球形或烧瓶形，直径 100～200μm，初期蜡黄色，后变黑褐色。

春孢子器生于叶下面，圆柱形，高 3～5mm，直径 200～400μm，淡黄白色，顶端开裂，后期不规则撕裂至基部；包被细胞披针形、线状菱形或不规则形，45～120×15～30μm，内壁和侧壁密生疣及长度不等的扁柱状或脊状突起；春孢子近球形、角球形、近椭圆形或不规则形，17.5～30（～40）×17.5～25μm，壁 2～4（～5）μm 厚，表面密生细疣，黄褐色或肉桂褐色，芽孔 6～10 个，散生。

0，Ⅰ

黑果栒子 *Cotoneaster melanocarpus* Fisch. ex Loudon：赤峰市克什克腾旗白音敖包 **9836**、9839。

国内分布：内蒙古，新疆，西藏。

世界分布：欧洲中部，非洲北部，亚洲西部至中部，高加索地区，西伯利亚。

Kern（1973）和庄剑云等（2012）描述本种春孢子壁 2～3μm 厚，我们的菌春孢子壁更厚一些，有些部位可达 5μm 厚，并且少数孢子的壁向外形成 1～2 个锥状突起。本种为内蒙古新记录。据庄剑云等（2012）报道，在国内，本种冬孢子生于大果圆柏 *Sabina tibetica* Kom.上，分布于西藏昌都。冬孢子堆生于茎或小枝上，引起纺锤形肿大，锥状或垫状，胶质，暗褐色；冬孢子纺锤形、近棍棒形、镰刀形或偶见近“S”形，50～93（～100）×18～27μm，光滑，黄褐色或肉桂褐色；柄极长，胶化。

山田胶锈菌　图 87

Gymnosporangium yamadae Miyabe ex G. Yamada, *in* Omori & Yamada, Shokubutse Byorigaku (Pl. Path.) Tokyo Hakubunkwan 37(9): 306, 1904; Wang, Index Ured. Sin.: 24, 1951; Teng, Fungi of China: 352, 1963; Tai, Syll. Fung. Sin.: 482, 1979; Wang & Guo, Acta Mycol. Sin. 4: 32, 1985; Guo, Fungi and Lichens of Shennongjia: 121, 1989; Wei & Zhuang, Fungi of the Qinling Mountains: 34, 1997; Zhang et al., Mycotaxon 61: 59, 1997; Zhuang et al., Fl. Fung. Sin. 41: 24, 2012; Liu et al., J. Inner Mongolia Agr. Univ. (Nat. Sci. Ed.) 35(6): 55, 2014.

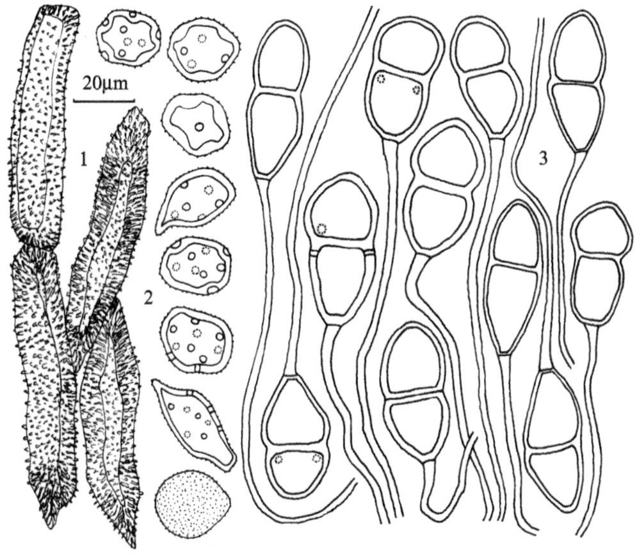

图 87　山田胶锈菌 *Gymnosporangium yamadae* 的春孢子器包被细胞（1）、春孢子（2）和冬孢子（3）（CFSZ 1949、8331）

性孢子器生于叶上面，小群聚生，点状，埋生于寄主表皮下，烧瓶形，直径 140～200μm，初期蜡黄色，后变黑色。

春孢子器生于叶下面，偶尔也生在茎和果实上，长角状，高 2～8（～10）mm，直径 350～600μm，包被撕裂呈网状，但整体常仍保持长角状；包被细胞不规则线状菱形或长披针形，45～120×15～30μm，内壁和侧壁生有形状、长短、大小不规则的刺状突起和疣状突起；春孢子近球形、角球形、近椭圆形或不规则形，17.5～30（～45）×16～22.5μm，壁 2～2.5μm 厚，表面密生细疣，污黄色或黄褐色，芽孔 5～10 个，散生。

冬孢子堆生于枝条上，染病部位形成球形肿瘿，直径可达 15mm，孢子堆舌状、鸡冠状或不规则，吸水膨大呈胶质花瓣状，高 2～5mm，肉桂色，干时深褐色；冬孢子双胞，椭圆形、长椭圆形或纺锤形，30～60（～65）×15～27.5μm，两端圆或多少渐狭，隔膜处略缢缩或不缢缩，浅色孢子的壁约 1μm 厚，淡黄色，深色孢子的壁 1.5～2.5μm 厚，黄褐色，每个细胞有 2 个芽孔，近隔膜生，常不清楚，柄极长，无色，可达 800μm 或更长。偶见 1 室和 3 室冬孢子混生。

0，I

花红 *Malus asiatica* Nakai：赤峰市敖汉旗大黑山自然保护区 9469。

山荆子 *Malus baccata* (L.) Borkh.：赤峰市敖汉旗大黑山自然保护区 8782（= BJFC-R02107）、9554。呼和浩特市赛罕区内蒙古大学 436，树木园 463。

西府海棠 *Malus micromalus* Makino：呼和浩特市赛罕区内蒙古农业大学 **1949**，植物园 470。

苹果 *Malus pumila* Mill.：赤峰市松山区景泰苑 8912（= BJFC- R02108），兴安南麓植物园 8931、9568。

苹果属 *Malus* spp.：赤峰市新城区锡伯河绿化带 6370。乌兰察布市凉城县城关镇 6121。

III

圆柏 *Sabina chinensis* (L.) Antoine（≡ *Juniperus chinensis* L.）：包头市土默特右旗萨拉齐公园 8470（= BJFC- R02110）。呼和浩特市东苗圃 7266（= HNMAP 1172），植物园 8299（= HNMAP 1505），华伟乐 **8331**、8333。

国内分布：北京，河北，山西，内蒙古，山东，江苏，湖北，陕西，甘肃，新疆，云南，四川。

世界分布：日本，朝鲜半岛，中国，俄罗斯远东地区。

（19）柄锈菌属 **Puccinia** Pers.

Neues Mag. Bot. 1: 119, 1794.

Bullaria DC., *in* Lamarck & de Candolle, Fl. Franç., Edn 3, 2: 226, 1805.

Coronotelium Syd., Annls Mycol. 19: 174, 1921.

Dicaeoma Gray [as'*Diceoma*'], Nat. Arr. Brit. Pl. 1: 541, 1821.

Leptopuccinia (G. Winter) Rostr., Plantepatologi: 268, 1902.

Lindrothia Syd., Annls Mycol. 20: 119, 1922.

Linkiella Syd., Annls Mycol. 19: 173, 1921.

Micropuccinia Rostr., Plantepatologi: 226, 1902.

Persooniella Syd., Annls Mycol. 20: 118, 1922.

Pleomeris Syd., Annls Mycol. 19: 171, 1921.

Poliomella Syd., Annls Mycol. 20: 122, 1922.

Rostrupia Lagerh., J. Bot., Paris 3: 188, 1889.

Schroeterella Syd., Annls Mycol. 20: 119, 1922.

Sclerotelium Syd., Annls Mycol. 19: 172, 1921.

Solenodonta Castagne, Cat. Pl. Mars.: 202, 1845.

Trailia Syd., Annls Mycol. 20: 121, 1922.

性孢子器生于寄主表皮下，瓶状，有缘丝（4 型）。春孢子器为杯状春孢子器，初生于寄主表皮下，后裸露，有包被，春孢子串生，有疣；有些种的春孢子器为夏型春孢子器，无包被，春孢子似夏孢子，单生于柄上，多具刺，亦称为初生夏孢子。夏孢子堆初生于表皮下，后裸露，无包被，或长期被寄主表皮覆盖，侧丝有或无；夏孢子单生于柄上，大多具刺，芽孔清楚或不清楚，数量和排列方式因种而异；有时夏孢子堆似春孢子器，有包被；夏孢子似春孢子，串生，有疣。冬孢子堆初生于寄主表皮下，后裸露或长期被表皮覆盖，有些种具表皮下侧丝，将孢子堆分成数室；冬孢子多为 2 室，有时亦可见 1 室、3 室或 4 室，隔膜多为横生，偶见斜生或纵生，孢子单生于柄上，有的种有基部产孢细胞，孢壁大多有色，稀近无色或无色，光滑或有各种纹饰，每室有 1 个芽孔或有时不清楚；冬孢子大多经休眠才萌发，亦有成熟后立即萌发者（无眠冬孢型 lepto-form）。担子外生。

模式种：*Puccinia graminis* Pers.（补选模式）

寄主：*Triticum vulgare* Vill. (Poaceae)

= *Triticum aestivum* L.

产地：欧洲。

本属是柄锈菌目中最大的属，全世界约有 4000 种，生于被子植物上，世界广布（Kirk et al. 2008；Cummins and Hiratsuka 2003）。截至 2018 年底，中国已报道 490 种和变种（庄剑云等 1998，2003；Zhuang and Wei 1999a，2011，2012；曹支敏和李振岐 1999；Cao et al. 2000b；郑晓慧等 2001；Lu et al. 2004；Li and Zhuang 2005；Zhou and Zhuang 2005；赵震宇和徐彪 2007；徐彪等 2008a；陈明和刘铁志 2011；Liu and Hambleton 2012；Liu et al. 2014，2016b；Liu and Zhuang 2015，2016；杨晓坡等 2018）。内蒙古已报道 119 种和变种（刘振钦 1983；白金铠等 1987；刘伟成等 1991；刘伟成 1993；尚衍重 1997；庄剑云等 1998，2003；Zhuang and Wei 2002b；刘铁志等 2004，2015，2017b；陈明和刘铁志 2011；Liu et al. 2014，2016b；Liu and Zhuang 2015，2016；杨晓坡等 2018，2019）。现确认有 131 种和变种，其中山柳菊柄锈菌绿毛山柳菊变种 *Puccinia hieracii* (Röhl.) H. Mart. var. *piloselloidearum* (Probst) Jørst.为中国新记录，阿丽索娃柄锈菌 *P. alisovae* Tranzschel、天冬柄锈菌 *P. asparagi* DC.、白玉草柄锈菌 *P. behenis* G.H. Otth、钝鳞薹草柄锈菌 *P. caricis-amblyolepis* Homma、根状柄薹草柄锈菌 *P. caricis-rhizopodae* Miura、旋花柄锈菌 *P. convolvuli* (Pers.) Castagne、卡累利阿柄锈菌 *P. karelica* Tranzschel、滨海柄锈菌 *P. littoralis* Rostr.、异纳茜菜柄锈菌 *P. metanarthecii* Pat.、南布柄锈菌 *P. nanbuana* Henn. 和周丝柄锈菌 *P. saepta* Jørst.等 11 种为内蒙古新记录。

五福花科 Adoxaceae 上的种

白柄锈菌　　图 88

Puccinia albescens Plowr., Monograph Brit. Ured.: 153, 1889; Grove, Brit. Rust Fungi: 162, 1913; Yang et al., Mycosystema 37: 265, 2018.

Aecidium albescens Grev., Fl. Edin.: 444, 1824.

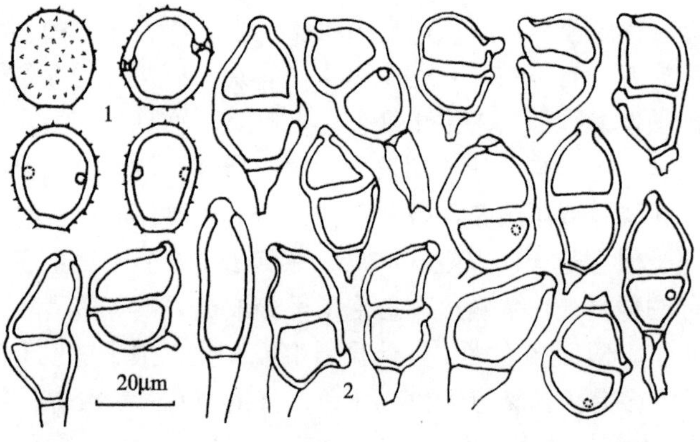

图 88　白柄锈菌 *Puccinia albescens* 的夏孢子（1）和冬孢子（2）（CFSZ 9055）

性孢子器与春孢子器混生，埋于寄主表皮之下，近球形或扁球形，直径 100～150μm，黄色。

春孢子器叶两面生，聚生，也生于叶柄和茎上，常致叶柄和茎肿胀、畸形，杯状，直径 0.2～0.5mm，边缘不规则深裂，反卷，乳白色；包被细胞多角形，15～45×14～30μm，壁 1.5～2μm 厚，内壁具细疣，外壁可达 4～5μm 厚，光滑，无色；春孢子近球形、角球形、椭圆形或不规则多角形，13～22.5×11～17.5μm，壁约 1μm 厚，有细疣，近无色，鲜时黄色。

夏孢子堆生于叶下面，散生或小群聚生，圆形，直径 0.1～0.2mm，被表皮长期覆盖，褐色；夏孢子椭圆形或近球形，20～27.5（～31）×17.5～22.5（～25）μm，壁 1.5～2.5μm 厚，有细刺，黄褐色，芽孔 2 个，腰生或近腰生。

冬孢子堆生于叶下面，散生或小群聚生，有时散布于整个叶面，圆形，直径 0.1～0.8mm，长期被寄主表皮覆盖或后期裸露，粉状，黑褐色，周围有破裂的寄主表皮围绕；冬孢子椭圆形、纺锤形或卵形，（25～）30～45×15～22.5（～25）μm，顶端圆或渐尖，基部渐狭，隔膜处不缢缩或稍缢缩，壁 1.5～2.5μm 厚，均匀，肉桂褐色至栗褐色，光滑，上细胞芽孔顶生，偶尔侧生，下细胞芽孔近隔膜，个别稍偏下，有明显的乳头状孔帽，无色或淡黄色；柄无色，短，偶尔长达 50μm，易断或脱落。1 室冬孢子常见。

0，Ⅰ，Ⅱ，Ⅲ

五福花 *Adoxa moschatellina* L.：赤峰市喀喇沁旗旺业甸新开坝大西沟 9600、9734；宁城县黑里河自然保护区大坝沟 9589（= HMAS 247620），道须沟 9594，四道沟 **9055**（= HMAS 246780）、9058，张胡子沟 9731。

国内分布：内蒙古。

世界分布：欧洲；亚洲（俄罗斯西伯利亚和远东地区，中国北部）。

本种是单主长循环型的种，与短循环型的五福花柄锈菌 *Puccinia adoxae* R. Hedw.的区别不但在于其产生春孢子和夏孢子，而且还在于其冬孢子堆的外观特征。本种冬孢子堆广泛分散，且多数单生；五福花柄锈菌的冬孢子堆在或多或少有些畸形的植物体上形成大的集群，而且没有夏孢子（Grove 1913；Wilson and Henderson 1966）。

在赤峰地区本种的春孢子器发生在5～6月，并常导致罹病叶片或整株枯死，故在秋季采集的标本上很难见到其春孢子器（杨晓坡等 2018）。

伞形科 Apiaceae（Umbelliferae）上的种

分种检索表

1\. 不产生夏孢子；冬孢子表面密布网状突起；生于羊角芹属 *Aegopodium* 上 ………………………………………………………… **贝加尔柄锈菌 *P. baicalensis***

1\. 产生夏孢子；冬孢子表面光滑，或有疣，或具网状纹饰 ……………………………… 2

2\. 夏孢子较大，长度可达35μm或更长，有宽大而明显的孔帽 ……………………… 3

2\. 夏孢子较小，长度通常小于35μm，无孔帽或孔帽小而不明显 ………………… 7

3\. 冬孢子表面或多或少地被有细疣 ……………………………………………… 4

3\. 冬孢子表面光滑 ………………………………………………………………… 5

4\. 冬孢子有低而宽的孔帽，表面细疣较明显，孔帽上尤为明显；生于当归属 *Angelica* 上 ………………………………………………………… **阿丽索娃柄锈菌 *P. alisovae***

4\. 冬孢子有小而不明显的孔帽，表面细疣不甚明显；生于葛缕子属 *Carum* 上 ………………………………………………………… **密堆柄锈菌 *P. microsphincta***

5\. 夏孢子壁（2.5～）3～5μm厚，均匀；生于珊瑚菜属 *Glehnia* 上 ………… **珊瑚菜柄锈菌 *P. phellopteri***

5\. 夏孢子侧壁1.5～2.5μm厚，顶壁4～8μm厚；生于当归属 *Angelica* 上 ………… 6

6\. 冬孢子下细胞芽孔多在中部以下或近基部，孔帽小而不明显 ………… **当归柄锈菌 *P. angelicae***

6\. 冬孢子下细胞芽孔近隔膜，偶见近中部，孔帽宽大而明显 ………… **南布柄锈菌 *P. nanbuana***

7\. 夏孢子淡黄褐色至近无色，芽孔不清楚；冬孢子表面密布细疣；生于水芹属 *Oenanthe* 上 ………………………………………………… **水芹柄锈菌 *P. oenanthes-stoloniferae***

7\. 夏孢子淡黄褐色或肉桂褐色，芽孔明显；冬孢子表面有明显的条状粗疣或网状突起 ………… 8

8\. 夏孢子较小，20～27.5×17.5～25μm，壁1.5～2.5μm厚，芽孔2～3（～4）个，腰生；冬孢子表面有明显的网状突起；生于山芹属 *Ostericum* 上 ………… **当归生柄锈菌 *P. angelicicola***

8\. 夏孢子较大，22.5～32.5×17.5～22.5μm，壁1.5～2μm厚，芽孔3个，腰生；冬孢子表面有明显的条状粗疣，有时近网状；生于毒芹属 *Cicuta* 上 ………… **毒芹柄锈菌 *P. cicutae***

阿丽索娃柄锈菌　　图89

Puccinia alisovae Tranzschel, Conspectus Uredinalium URSS: 304, 1939; Li, Mycosystema 2: 213, 1989; Zhuang et al., Fl. Fung. Sin. 19: 110, 2003.

夏孢子堆叶两面生，以叶上面为主，散生或小群聚生，圆形，直径0.2～1mm，裸露，粉状，肉桂褐色或栗褐色，周围有破裂的寄主表皮围绕；夏孢子倒卵形、椭圆形或近球形，24～37.5×20～27.5μm，侧壁2～3μm厚，顶壁4～9μm厚，基部2.5～5μm厚，有疏刺，黄褐色，芽孔（2～）3个，腰生，有无色宽大孔帽。

冬孢子堆叶两面生，以叶上面为主，散生或聚生，圆形，直径0.2～1mm，裸露，粉状，黑褐色，周围有破裂的寄主表皮围绕；冬孢子椭圆形、矩圆形、倒卵形或近棍棒形，30～50×20～27.5μm，顶端圆形，基部圆或渐狭，隔膜处不缢缩或稍缢缩，壁1.5～2.5μm

厚，均匀，黄褐色至栗褐色，表面有不规则细疣，上细胞芽孔顶生，下细胞芽孔生于中部或中部偏下，少数近隔膜，有不明显的低而宽的孔帽，淡黄褐色，其上疣较明显；柄无色，长达 25μm 或更长，易断或萎缩。

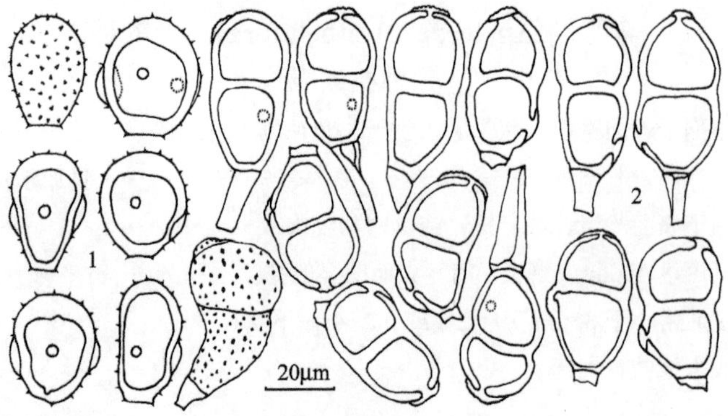

图 89　阿丽索娃柄锈菌 *Puccinia alisovae* 的夏孢子（1）和冬孢子（2）（CFSZ 8302）

II，III

狭叶当归 *Angelica anomala* Avé-Lall.：呼伦贝尔市根河市，侯振世等 **8302**（= HNMAP 3297），满归镇凝翠山 9312、9319、9330、9334。

国内分布：吉林，内蒙古。

世界分布：俄罗斯远东地区，中国东北。

本种为内蒙古新记录。

当归柄锈菌　　图 90

Puccinia angelicae (Schumach.) Fuckel, Jb. Nassau. Ver. Naturk. 23-24: 52, 1870 (1869-1870); Tai, Syll. Fung. Sin.: 613, 1979; Liu, J. Jilin Agr. Univ. 1983(2): 5, 1983; Li, Mycosystema 2: 206, 1989; Wei & Zhuang, Fungi of the Qinling Mountains: 47, 1997; Zhuang et al., Fl. Fung. Sin. 19: 111, 2003; Liu et al., J. Fungal Res. 2(3): 12, 2004; Liu et al., J. Inner Mongolia Univ. (Nat. Sci. Ed.) 46(3): 278, 2015.

Uredo angelicae Schumach., Enum. Pl. Saell. 2: 233, 1803.

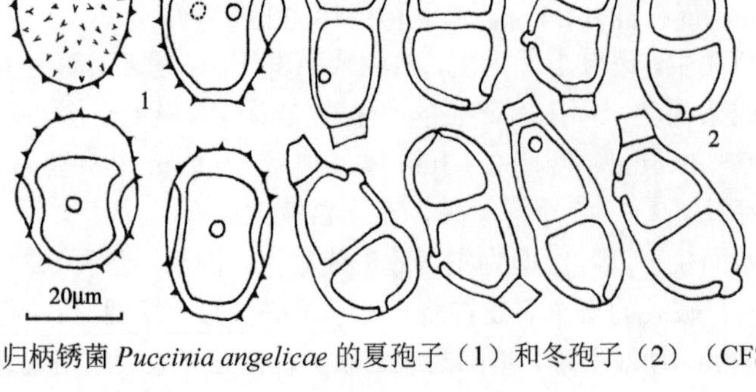

图 90　当归柄锈菌 *Puccinia angelicae* 的夏孢子（1）和冬孢子（2）（CFSZ 1337）

性孢子器和春孢子器在引证标本上未见。

夏孢子堆叶两面生，以叶下面为主，多散生，圆形，直径 0.1～0.5mm，裸露，粉状，栗褐色，周围有破裂的寄主表皮围绕；夏孢子倒卵形、椭圆形或近球形，25～40（～42.5）×17.5～27.5μm，侧壁 1.5～2.5μm 厚，顶壁 4～8μm 厚，基部 2.5～5μm 厚，有疏刺，黄色至黄褐色，芽孔 3（～4）个，腰生，有无色宽大孔帽。

冬孢子堆叶两面生，以叶下面为主，散生至聚生，圆形或长圆形，直径 0.2～1mm，裸露，粉状，黑褐色，周围有破裂的寄主表皮围绕；冬孢子卵圆形、矩圆形、倒卵形或近棍棒形，31～45（～50）×16～25μm，顶端圆形，基部圆或渐狭，隔膜处不缢缩或稍缢缩，壁 1.5～2.5μm 厚，均匀，光滑，栗褐色，上细胞芽孔顶生或略侧生，下细胞芽孔位置不定，多在中部以下生或近基部，有时有无色孔帽，小而不明显；柄短，无色，易断或脱落。偶见 1 室冬孢子。

（0），（Ⅰ），Ⅱ，Ⅲ

白芷 *Angelica dahurica* (Fisch. ex Hoffm.) Benth. & Hook. f. ex Franch. & Sav.：赤峰市克什克腾旗白音敖包 295、**1337**，黄岗梁 6923、9773、9775，经棚镇昌兴 9640。

据刘振钦（1983）报道，本种还分布于兴安盟阿尔山市五岔沟的牛汾台，生于狭叶当归 *A. anomala* Avé-Lall.上。

国内分布：内蒙古，陕西，新疆。

世界分布：北温带广布。

当归生柄锈菌　图 91

Puccinia angelicicola Henn., Hedwigia 32: 107, 1903; Li, Mycosystema 2: 212, 1989; Zhuang et al., Fl. Fung. Sin. 19: 113, 2003; Liu et al., J. Inner Mongolia Univ. (Nat. Sci. Ed.) 46(3): 278, 2015; Liu et al., J. Fungal Res. 15(4): 245, 2017.

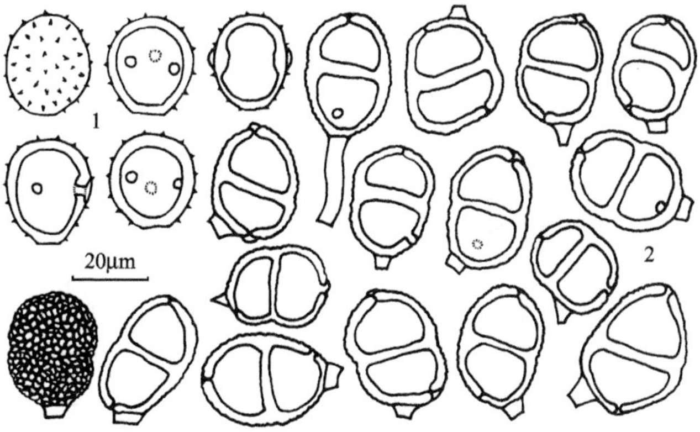

图 91　当归生柄锈菌 *Puccinia angelicicola* 的夏孢子（1）和冬孢子（2）（CFSZ 6054）

夏孢子堆叶两面生，散生或疏聚生，圆形或椭圆形，直径 0.2～0.5mm，裸露，粉状，肉桂褐色，周围常有破裂的寄主表皮围绕；夏孢子近球形、倒卵形或椭圆形，20～27.5×17.5～25μm，壁 1.5～2.5μm 厚，有刺，淡黄褐色，芽孔 2～3（～4）个，腰生，有时具小孔帽。

冬孢子堆叶两面生，散生至疏聚生，圆形或椭圆形，直径 0.2～0.5mm，裸露，粉状，深栗褐色，周围有破裂的寄主表皮围绕；冬孢子卵圆形、椭圆形或矩圆形，25～35（～40）×17.5～25（～27.5）μm，两端圆形，少数基部略狭，隔膜处稍缢缩，壁 1.5～2μm 厚，均匀，表面有明显的网状突起，栗褐色，上细胞芽孔顶生，下细胞芽孔在中部或近基生，有时具无色小孔帽；柄无色，短，偶尔长达 30μm，易断或脱落，有时斜生。

Ⅱ，Ⅲ

山芹 *Ostericum sieboldii* (Miq.) Nakai：赤峰市林西县新林镇哈什吐 9858。乌兰察布市凉城县蛮汉山二龙什台 **6054**、6082、6086。

绿花山芹 *Ostericum viridiflorum* (Turcz.) Kitag.：赤峰市巴林右旗赛罕乌拉自然保护区王坟沟 6620；喀喇沁旗旺业甸大店 8021。

国内分布：吉林，内蒙古，安徽。

世界分布：日本，中国。

贝加尔柄锈菌　图 92

Puccinia baicalensis Tranzschel, Acta Inst. Bot. Acad. Sci. USSR Plant. Crypt., Ser. Ⅱ 1: 269, 1933; Li, Mycosystema 2: 208, 1989; Zhuang et al., Fl. Fung. Sin. 19: 114, 2003; Liu et al., J. Inner Mongolia Univ. (Nat. Sci. Ed.) 46(3): 278, 2015; Liu et al., J. Fungal Res. 15(4): 245, 2017.

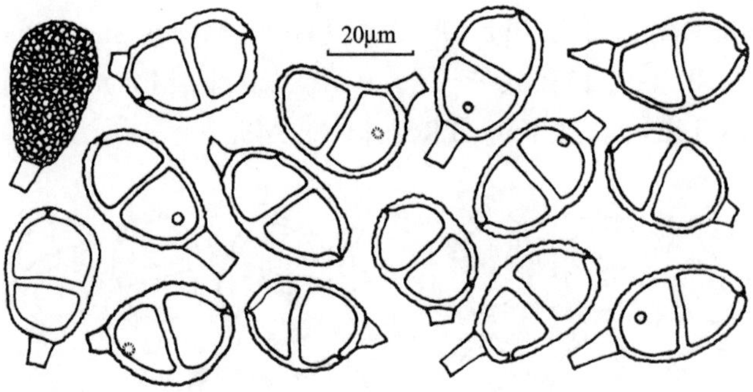

图 92　贝加尔柄锈菌 *Puccinia baicalensis* 的冬孢子（CFSZ 5883）

性孢子器叶两面生，与春孢子器混生，深埋于寄主表皮下。

春孢子器生于叶下面或生于叶柄上，聚生，常致寄主受害部位变形扭曲，杯状，直径 0.2～0.5mm，直立，边缘有不规则缺刻，乳白色；春孢子近球形、椭圆形或不规则多角形，17.5～25（～30）×15～20（～24）μm，壁约 1μm 厚，密生细疣，无色。

冬孢子堆生于叶下面，散生，圆形，直径 0.2～0.5mm，裸露，常有破裂的寄主表皮围绕，粉状，暗褐色；冬孢子椭圆形、倒卵圆形或矩圆形，27.5～45×17.5～27.5μm，两端圆形或基部略狭，隔膜处不缢缩或稍缢缩，壁 1.5～2.5μm 厚，均匀或顶部稍增厚，表面密布网状突起，栗褐色，上细胞芽孔顶生，下细胞芽孔基生或近基生；柄无色，通常短，有时长达 25μm，易断。

0，Ⅰ，Ⅲ

东北羊角芹 *Aegopodium alpestre* Ledeb.：赤峰市巴林右旗赛罕乌拉自然保护区乌兰坝 8051、8068；喀喇沁旗美林镇太平庄 9743，旺业甸 9591，大东沟 7029。乌兰察布市兴和县苏木山 **5883**、5886。

国内分布：黑龙江，吉林，内蒙古。

世界分布：俄罗斯西伯利亚，哈萨克斯坦，中国，日本。

毒芹柄锈菌 图 93

Puccinia cicutae Lasch, Klotzschii Herb. Viv. Mycol.: 787, 1845; Wang, Index Ured. Sin.: 47, 1951; Li, Mycosystema 2: 212, 1989; Zhuang et al., Fl. Fung. Sin. 19: 118, 2003; Liu et al., J. Fungal Res. 2(3): 13, 2004; Liu et al., J. Inner Mongolia Univ. (Nat. Sci. Ed.) 46(3): 278, 2015.

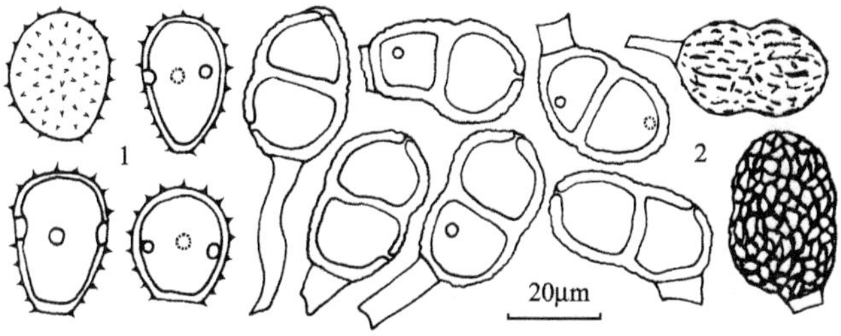

图 93 毒芹柄锈菌 *Puccinia cicutae* 的夏孢子（1）和冬孢子（2）（CFSZ 1638）

夏孢子堆叶两面生，以叶下面为主，散生或聚生，圆形，直径 0.1～0.5mm，裸露，粉状，肉桂褐色，周围有寄主表皮围绕；夏孢子倒卵形、椭圆形或近球形，22.5～32.5×17.5～22.5μm，壁 1.5～2μm 厚，有刺，肉桂褐色，芽孔 3 个，腰生。

冬孢子堆叶两面生，以叶下面为主，也生于叶柄上，散生至聚生，圆形，直径 0.2～0.5mm，叶柄上者长条形，相互连接可达 5mm，裸露，粉状，深栗褐色，周围有寄主表皮围绕；冬孢子卵圆形或矩圆形，27.5～40×20～25μm，两端圆形，少数基部渐狭，隔膜处稍缢缩，壁 1.5～2.5μm 厚，均匀，表面有明显的条状粗疣，有时近网状，肉桂褐色至栗褐色，上细胞芽孔顶生，下细胞芽孔在中部或中部偏下，偶尔可见无色小孔帽；柄无色，长达 60μm，易断或脱落，有时斜生。

Ⅱ，Ⅲ

毒芹 *Cicuta virosa* L.：赤峰市克什克腾旗白音敖包 1336；林西县新林镇哈什吐 9891；宁城县黑里河自然保护区东打 5452，上拐 8190，四道沟 489、520，西泉 5404。呼伦贝尔市陈巴尔虎旗鄂温克民族乡 7759。兴安盟阿尔山市白狼镇洮儿河 **1638**、1648。锡林郭勒盟东乌珠穆沁旗宝格达山 9432；锡林浩特市白银库伦 6689。

国内分布：‘东北’，内蒙古，新疆。

世界分布：北温带广布。

密堆柄锈菌 图 94

Puccinia microsphincta Lindr., Acta Soc. Sci. Fenn. 22: 74, 1902; P. Syd. & Syd., Monogr. Ured. 1: 366, 1903 [1904]; Liu et al., Mycosystema 35: 1491, 2016; Liu et al., J. Fungal Res. 15(4): 247, 2017.

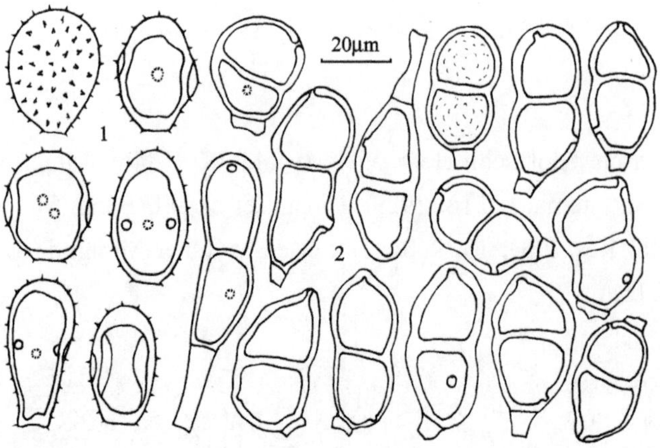

图 94 密堆柄锈菌 *Puccinia microsphincta* 的夏孢子（1）和冬孢子（2）（CFSZ 7295）

夏孢子堆叶两面生，也生于叶柄和茎上，散生或聚生，圆形或椭圆形，直径 0.1～2mm，裸露，粉状，肉桂褐色，常有破裂的寄主表皮围绕；夏孢子近球形、椭圆形或倒卵形，25～40（～47.5）×（15～）20～27.5μm，侧壁 1.5～2.5μm 厚，基部 2～4（～5）μm 厚，顶壁 3～6μm 厚，黄褐色至肉桂褐色，有疏刺，芽孔（2～）3（～4）个，腰生，常有明显的孔帽。

冬孢子堆似夏孢子堆，黑褐色，有时茎上者梭形或长条形，可达 5mm；冬孢子椭圆形、矩圆形、倒卵形或近棍棒形，27.5～52.5×15～26μm，顶端圆或略尖，隔膜处稍缢缩，基部圆形或渐狭，壁 1.5～3μm 厚，均匀，肉桂褐色至栗褐色，多少有不甚明显的细疣，上细胞芽孔顶生或稍侧生，下细胞芽孔位于中部至近基部，极少近隔膜，常有近无色的小孔帽，柄短，无色，长达 40μm，易断或脱落。偶见 1 室冬孢子。

II，III

田葛缕子 *Carum buriaticum* Turcz.：赤峰市巴林右旗索博日嘎镇白塔 **7295**（= HMAS 246213）、9096。

国内分布：内蒙古。

世界分布：吉尔吉斯斯坦，中国。

本种首次描述于吉尔吉斯斯坦，寄主为暗红葛缕子 *C. atrosanguineum* Kar. & Kir.。根据 Sydow 和 Sydow（1904）的描述，无夏孢子堆和夏孢子的相关数据；冬孢子大小为 35～54×20～27μm，表面有不清晰的波状瘤，并在种下讨论中指出冬孢子下细胞芽孔位于隔膜下 2/3～5/6 处。我们的菌冬孢子大小、外表纹饰和下细胞芽孔位置均与其比较吻合，夏孢子堆和夏孢子是首次发现。产自新疆的葛缕子生柄锈菌 *Puccinia caricola* J.Y.

Zhuang（1989a）与本种近似，但它的夏孢子芽孔上没有明显的孔帽，冬孢子表面光滑，下细胞芽孔近隔膜（Liu et al. 2016b）。

南布柄锈菌　图 95

Puccinia nanbuana Henn., Hedwigia 40: 26, 1901; Wang, Index Ured. Sin.: 64, 1951; Teng, Fungi of China: 348, 1963; Tai, Syll. Fung. Sin.: 662, 1979; Guo, Fungi and Lichens of Shennongjia: 134, 1989; Li, Mycosystema 2: 204, 1989; Zhang et al., Mycotaxon 61: 71, 1997; Zhuang et al., Fl. Fung. Sin. 19: 123, 2003.

Puccinia angelicae-edulis T. Miyake, J. Sapporo Agric. Coll. 2(3): 111, 1906.

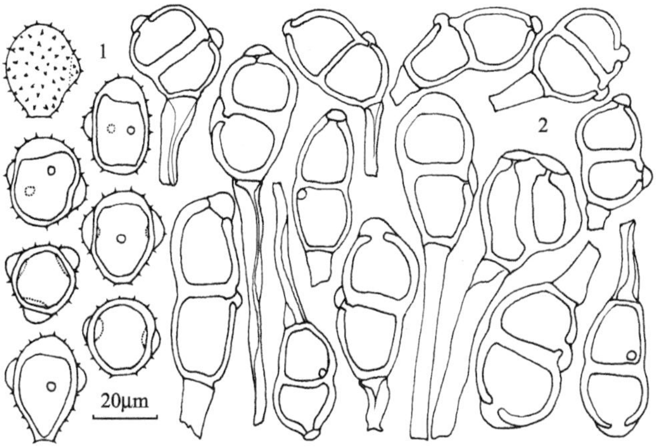

图 95　南布柄锈菌 *Puccinia nanbuana* 的夏孢子（1）和冬孢子（2）（CFSZ 7502）

性孢子器和春孢子器在引证标本上未见。

夏孢子堆生于叶下面，散生或聚生，圆形，直径 0.2～0.5mm，裸露，粉状，肉桂褐色或栗褐色，周围有破裂的寄主表皮围绕；夏孢子倒卵形、椭圆形或近球形，22.5～35×17.5～27.5μm，侧壁 1.5～2.5μm 厚，顶壁 3～7.5μm 厚，基部 2.5～5μm 厚，有疏刺，黄色至黄褐色，芽孔（2～）3（～4）个，腰生，有无色宽大孔帽。

冬孢子堆生于叶下面，偶见于叶上面，散生或聚生，圆形或长圆形，直径 0.2～2mm，裸露，粉状，黑褐色，周围有破裂的寄主表皮围绕；冬孢子椭圆形、矩圆形、倒卵形或近棍棒形，30～58×17.5～30μm，顶端圆形，基部圆或渐狭，隔膜处不缢缩或稍缢缩，壁 1.5～2.5μm 厚，均匀，光滑，栗褐色，上细胞芽孔顶生或偶见侧生，下细胞芽孔近隔膜，偶见近中部，有明显的宽大孔帽，淡黄褐色或近无色，含孢壁 4～8μm 厚；柄无色，长达 100μm，易断，有时斜生。偶见 1 室冬孢子。

（0），（Ⅰ），Ⅱ，Ⅲ

狭叶当归 *Angelica anomala* Avé-Lall.：呼伦贝尔市鄂伦春自治旗大杨树 **7502**、7512，吉文 7626。

白芷 *Angelica dahurica* (Fisch. ex Hoffm.) Benth. & Hook. f. ex Franch. & Sav.：赤峰市敖汉旗大黑山自然保护区 8823、8827、8829、9470。呼伦贝尔市阿荣旗三号店 9169；鄂

伦春自治旗乌鲁布铁 7553；牙克石市博克图 9185。

国内分布：黑龙江，吉林，北京，河北，内蒙古，山东，江苏，浙江，安徽，江西，福建，湖南，湖北，陕西，甘肃，四川，重庆。

世界分布：日本，俄罗斯远东地区，朝鲜半岛，中国。

本种为内蒙古新记录。

水芹柄锈菌 图 96

Puccinia oenanthes-stoloniferae S. Ito ex Tranzschel, Conspectus Uredinalium URSS: 299, 1939; Tai, Syll. Fung. Sin.: 664, 1979; Li, Mycosystema 2: 201, 1989; Zhuang et al., Fl. Fung. Sin. 19: 126, 2003; Liu et al., J. Inner Mongolia Univ. (Nat. Sci. Ed.) 46(3): 278, 2015.

Puccinia oenanthes (Dietel) T. Miyake, J. Sapporo Agric. Coll. 2(3): 106, 1906; Wang, Index Ured. Sin.: 65, 1951; Teng, Fungi of China: 348, 1963.

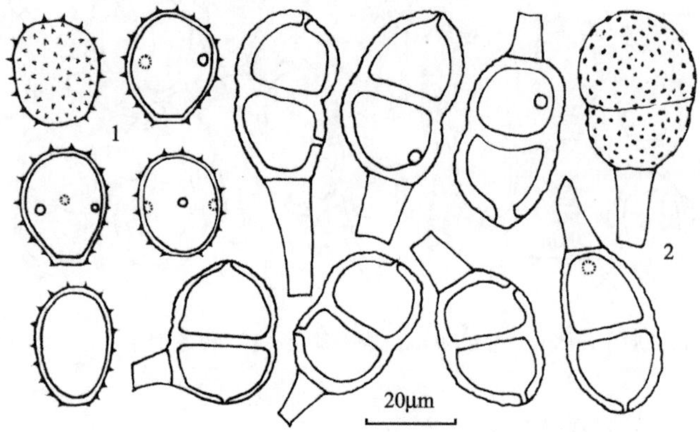

图 96 水芹柄锈菌 *Puccinia oenanthes-stoloniferae* 的夏孢子（1）和冬孢子（2）（CFSZ 1142）

夏孢子堆生于叶两面、叶柄和茎上，散生或较稀疏群生，圆形，直径 0.1～0.5mm，在叶柄和茎上呈条形，可达 1mm。被寄主表皮覆盖或后期裸露，黄褐色，粉状；夏孢子倒卵形、椭圆形或近球形，18～33×15～27μm，壁 1.5～2μm 厚，有刺，淡黄褐色至近无色，芽孔不清楚，可能 2～3 个，腰生。

冬孢子堆似夏孢子堆，黑褐色，裸露，粉状；冬孢子椭圆形或矩圆形，30～42.5×20～27.5μm，两端圆形，稀少基部狭，隔膜处不缢缩或稍缢缩，壁 1.5～2.5μm 厚，均匀，表面密布细疣，肉桂褐色，上细胞芽孔顶生或略侧生，下细胞芽孔在中部或偏下近基部，有不明显的无色小孔帽；柄无色，长达 40μm，易断，有时斜生。

II，III

水芹 *Oenanthe javanica* (Blume) DC.：赤峰市喀喇沁旗十家乡头道营子 **1142**；宁城县黑里河自然保护区西泉 5404，小城子镇高桥 9957。

国内分布：北京，河北，内蒙古，江苏，浙江，安徽，江西，福建，河南，广西，陕西，云南，四川，重庆。

世界分布：俄罗斯远东地区，日本，朝鲜半岛，中国。

珊瑚菜柄锈菌　图 97

Puccinia phellopteri P. Syd. & Syd., Monogr. Ured. 1: 406, 1903 [1904]; Wang, Index Ured. Sin.: 66, 1951; Zhuang et al., Fl. Fung. Sin. 19: 128, 2003; Liu et al., J. Inner Mongolia Univ. (Nat. Sci. Ed.) 46(3): 278, 2015.

Puccinia phellopterícola Sawada, Report of the Department of Agriculture, Government Research Institute of Formosa 87: 39, 1944.

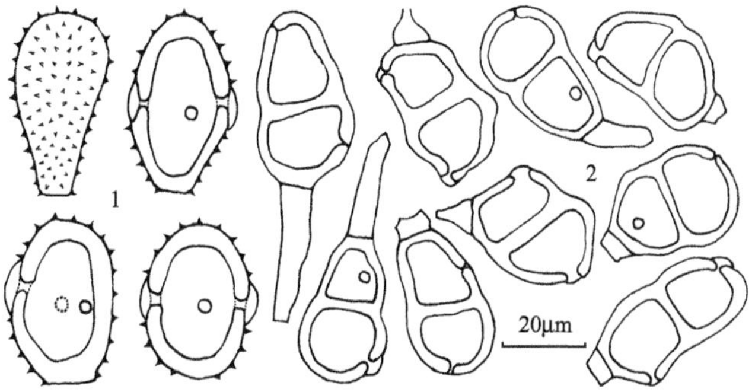

图 97　珊瑚菜柄锈菌 *Puccinia phellopteri* 的夏孢子（1）和冬孢子（2）（CFSZ 5019）

夏孢子堆生于叶两面和叶柄上，圆形，直径 0.1～0.5mm，裸露，常被破裂的寄主表皮围绕，肉桂褐色，粉状；夏孢子倒卵形、椭圆形或梨形，（27.5～）29～47.5（～52.5）×20～30μm，壁（2.5～）3～5μm 厚，有粗刺，淡黄褐色或黄褐色，芽孔 3 个，腰生，有宽矮的无色孔帽。

冬孢子堆似夏孢子堆，生于叶柄上的多为长梭形，长达 1cm，黑褐色；冬孢子椭圆形、长椭圆形、棍棒形或不规则形，27.5～42.5×15～22.5μm，两端圆或基部狭，隔膜处略缢缩，壁 1.5～2.5μm 厚，均匀或顶端微增厚，光滑或有极不明显的细疣，栗褐色，上细胞芽孔顶生，下细胞芽孔多在中部或偏下；柄无色，长达 40μm，易断，有时斜生。

II，III

珊瑚菜（北沙参）*Glehnia littoralis* F. Schmidt ex Miq.：赤峰市喀喇沁旗牛家营子镇药王庙 6243，于家营子 5017（= HMAS 242389）、**5019**、5576。

国内分布：北京，内蒙古，山东。

世界分布：朝鲜半岛，俄罗斯远东地区，中国，日本。

天南星科 Araceae 上的种

略小柄锈菌　图 98

Puccinia paullula Syd. & P. Syd., Philipp. J. Sci., C, Bot. 8(3): 195, 1913.

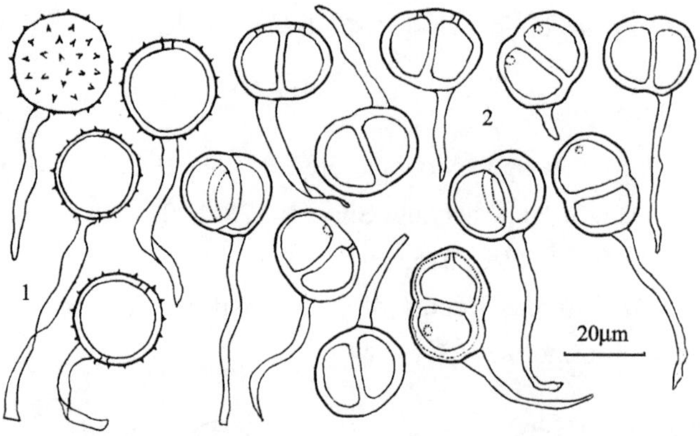

图 98　略小柄锈菌 *Puccinia paullula* 的夏孢子（1）和冬孢子（2）（CFSZ 9998）

夏孢子堆生于叶下面，聚生，圆形，少数生于叶上面，常沿叶脉两侧排列，初期被寄主表皮覆盖，深陷于气孔下的叶肉中，球形，直径 190～250μm，成熟后夏孢子从气孔伸出，在叶面上形成黄褐色至锈褐色孢子堆，粉状，整个病斑直径可达 5～15mm，叶上面出现橙黄色病斑，边缘模糊；夏孢子球形或近球形，20～30（～34）×19～25μm，壁 1.5～2μm 厚，淡黄褐色，有稀疏的刺，刺间距 3～5μm，芽孔 2（～3）个，1 顶生、1（～2）基生，多不清楚；柄无色，长达 65μm，易脱落。

冬孢子混生于夏孢子堆中，椭圆形或宽椭圆形，20～31×16～22.5μm，常具纵隔膜和斜隔膜，两端钝圆，隔膜处不缢缩或稍缢缩，壁 1～2μm 厚，或芽孔处略增厚，达 3μm，淡黄褐色，光滑，具横隔膜时上细胞芽孔顶生，下细胞芽孔近隔膜，具纵隔膜时二细胞芽孔多顶生；柄无色，长达 55μm，常萎缩。偶有 1 室冬孢子混生。

II，III

龟背竹 *Monstera deliciosa* Liebm.：赤峰市松山区富和园八区 9995、**9998**。

国内分布：内蒙古，台湾，广东。

世界分布：菲律宾，马来西亚，澳大利亚，巴布亚新几内亚，中国，英国。

本种最初报道于菲律宾，寄主为魔芋属 *Amorphophallus* sp.，原始描述夏孢子球形，直径 20～26μm，壁厚 1.5μm；冬孢子椭圆形，常具斜隔膜或纵隔膜，隔膜处明显缢缩，20～24×18～21μm，两室极易分离（Sydow and Sydow 1913）。我们的菌夏孢子和冬孢子较大，冬孢子隔膜处并非明显缢缩，也未见两室极易分离。原始描述中未提及夏孢子芽孔的相关数据，我们的菌夏孢子芽孔是 2（～3）个，1 个顶生、1（～2）个基生，但多不清楚，我们的观察结果与 Shaw（1991）的描述基本一致，尤其是孢子堆生于表皮气孔下方，成熟后夏孢子和冬孢子从气孔伸出，具长柄（杨晓坡等 2019）。本种与其他柄锈菌属的种都不同，通常柄锈菌的夏孢子堆和冬孢子堆初期被寄主表皮覆盖，后期裸露并常被破裂的寄主表皮围绕（长期被寄主表皮覆盖者除外），而本种的孢子堆深陷于表皮下的叶肉中，孢子成熟后从气孔钻出，在叶面上再形成粉状孢子堆，因寄主表皮未造成严重损伤，故孢子堆外围没有寄主表皮围绕，以至于从叶面上的孢子堆难以判断其类别，只有通过镜检看见夏孢子和冬孢子才确认为锈菌。

Shaw（1991）根据寄主范围和接种实验结果，在略小柄锈菌下报道了两个专化型：

略小柄锈菌魔芋专化型 *P. paullula* f. sp. *amorphophalli* D.E. Shaw 和略小柄锈菌龟背竹专化型 *P. paullula* f. sp. *monsterae* D.E. Shaw。Chung 等（2009）在我国台湾报道过略小柄锈菌，寄主为 *Raphidophora* sp.。

菊科 Asteraceae（Compositae）上的种

分种检索表

1. 不产生夏孢子……2
1. 产生夏孢子……5
2. 冬孢子顶壁不增厚，连同孔帽厚 4～7μm；生于蟹甲草属 *Parasenecio* 和橐吾属 *Ligularia* 上……**团集柄锈菌 *P. glomerata***
2. 冬孢子顶壁明显增厚……3
3. 冬孢子柄短，通常短于 75μm；生于多属植物上……**蔬食蓟柄锈菌 *P. cnici-oleracei***
3. 冬孢子柄较长，可长达 100μm 或更长……4
4. 冬孢子侧壁 1～2.5μm 厚，顶壁 4～12.5（～17.5）μm 厚，柄长达 150（～180）μm；生于鸦葱属 *Scorzonera* 上……**苏尼特柄锈菌 *P. sonidensis***
4. 冬孢子侧壁 1.5～3μm 厚，顶壁 4～13μm 厚，柄长达 100（～130）μm；生于蒿属 *Artemisia* 上……**凯氏蒿柄锈菌 *P. artemisiae-keiskeanae***
5. 夏孢子淡色或近无色，芽孔不明显……6
5. 夏孢子有色，芽孔明显……7
6. 夏孢子堆有侧面相连的侧丝环绕；夏孢子较大，21～40×（13～）16～22.5（～27.5）μm，壁 1.5～3μm 厚；生于苦苣菜属 *Sonchus* 上……**假球柄锈菌 *P. pseudosphaeria***
6. 夏孢子堆无侧丝；夏孢子较小，21～30×20～22.5μm，壁 1～1.5μm 厚；生于火绒草属 *Leontopodium* 上……**德永柄锈菌 *P. tokunagai***
7. 夏孢子芽孔散生或散生至腰生……8
7. 夏孢子芽孔腰生、近腰生或腰上生……13
8. 夏孢子具明显的孔帽；冬孢子下细胞芽孔在中部或中部以下……9
8. 夏孢子无孔帽或偶尔有不明显的孔帽；冬孢子下细胞芽孔在中部或近中部……10
9. 夏孢子芽孔 3～6 个；冬孢子表面有细疣；生于莴苣属 *Lactuca*（包括山莴苣属 *Lagedium*、乳苣属 *Mulgedium*、翅果菊属 *Pterocypsela*）和苦苣菜属 *Sonchus* 上……**米努辛柄锈菌 *P. minussensis***
9. 夏孢子芽孔 3～4 个；冬孢子表面有粗疣；生于盘果菊属 *Prenanthes* 上……**盘果菊柄锈菌 *P. tatarinovii***
10. 夏孢子芽孔 3～5 个，散生……11
10. 夏孢子芽孔 2～4 个，散生至腰生……12
11. 夏孢子芽孔 3～5 个；生于假还阳参属 *Crepidiastrum*、苦荬菜属 *Ixeris* 和莴苣属 *Lactuca*（包括山莴苣属 *Lagedium*、乳苣属 *Mulgedium*、翅果菊属 *Pterocypsela*）上……**低滩苦荬菜柄锈菌 *P. lactucae-debilis***
11. 夏孢子芽孔 3～4（～5）个；生于假还阳参属 *Crepidiastrum* 和黄鹌菜属 *Youngia* 上……**黄鹌菜柄锈菌 *P. crepidis-japonicae***
12. 夏孢子 19～30×15～22.5μm，芽孔 2～3（～4）个；冬孢子 21～36（～42.5）×17.5～25（～27.5）μm；

生于还阳参属 *Crepis* 上 ………………………………………………………… **还阳参柄锈菌 *P. crepidis***

12. 夏孢子 17.5～25×15～21μm，芽孔 2～4 个；冬孢子 22.5～32.5×15～22.5μm；生于假还阳参属 *Crepidiastrum* 和苦荬菜属 *Ixeris* 上 ………………………………… **苦荬菜柄锈菌 *P. lactucae-denticulatae***

13. 夏孢子芽孔腰生、腰上生或近顶生……………………………………………………………………… 14

13. 夏孢子芽孔腰生或略似腰生…………………………………………………………………………………… 16

14. 夏孢子芽孔腰上生或近顶生；冬孢子上细胞芽孔顶生或稍偏下；生于山柳菊属 *Hieracium*，毛连菜属 *Picris*，蒲公英属 *Taraxacum* 等多属上，寄主广泛 ……………………………………………………………………………………………… **山柳菊柄锈菌原变种 *P. hieracii* var. *hieracii***

14. 夏孢子芽孔腰生或腰上生；冬孢子上细胞芽孔位置多变………………………………………………… 15

15. 夏孢子较大，24～35×21～30μm，壁 1.5～2.5（～3）μm 厚，基部可达 4μm 厚，芽孔腰生或腰上生；生于猫儿菊 *Hypochaeris ciliata* 上 …………………………………………………………………… **山柳菊柄锈菌猫儿菊变种 *P. hieracii* var. *hypochaeridis***

15. 夏孢子较小，20～30×20～27.5μm，壁 1.5～2.5μm 厚，芽孔腰部略偏上生；生于粗毛山柳菊 *Hieracium virosum* 上 ……………………………… **山柳菊柄锈菌绿毛山柳菊变种 *P. hieracii* var. *piloselloidearum***

16. 冬孢子堆垫状；冬孢子顶壁明显增厚，厚达 3～10μm，柄长达 100μm 或更长，不脱落………… 17

16. 冬孢子堆粉状；冬孢子顶端不增厚或稍增厚，柄短易断或脱落，或长而易萎缩…………………… 18

17. 夏孢子芽孔 2 个，腰生，无孔帽；冬孢子表面光滑；生于向日葵属 *Helianthus* 上 ……………………………………………………………………………………………………… **向日葵柄锈菌 *P. helianthi***

17. 夏孢子芽孔（2～）3 个，腰生，有孔帽；冬孢子表面有细疣，顶端有皱纹；生于蒿属 *Artemisia*，菊属 *Chrysanthemum*（包括 *Dendranthema*）和栉叶蒿属 *Neopallasia* 等属上……………………………………………………………………………………… **艾菊柄锈菌原变种 *P. tanaceti* var. *tanaceti***

18. 冬孢子下细胞芽孔多数在中部以下或近基部……………………………………………………………… 19

18. 冬孢子下细胞芽孔多数在中部或近隔膜……………………………………………………………………… 21

19. 冬孢子下细胞芽孔多数近基部，稀在中部或近隔膜；夏孢子芽孔 2～3（～4）个，腰生，个别的似散生，有时有孔帽；生于鸦葱属 *Scorzonera* 上……………………………… **华北柄锈菌 *P. sinoborealis***

19. 冬孢子下细胞芽孔多数在中部以下；夏孢子芽孔 2～3 个，腰生 ……………………………………… 20

20. 冬孢子上细胞芽孔略侧生，下细胞芽孔在中部以下，柄无色，长达 120μm，易萎缩；生于顶羽菊属 *Acroptilon* 上 ………………………………………………………………… **顶羽菊柄锈菌 *P. acroptili***

20. 冬孢子上细胞芽孔顶生或侧生，下细胞芽孔近中部或中部以下，偶见有近隔膜者，柄短，易脱落；生于蒲公英属 *Taraxacum* 上……………………………… **多变柄锈菌原变种 *P. variabilis* var. *variabilis***

21. 冬孢子下细胞芽孔近隔膜；夏孢子芽孔 2～4 个，腰生，有时有孔帽；生于蓝刺头属 *Echinops* 上………………………………………………………………………………………… **蓝刺头柄锈菌 *P. echinopis***

21. 冬孢子下细胞芽孔多在中部，稀少在中部以上或以下……………………………………………………… 22

22. 夏孢子芽孔 2～3 个，腰生或散生；冬孢子壁 1.5～2.5μm 厚，均匀或顶壁略增厚达 4～5μm，柄可达 90μm，常萎缩；生于风毛菊属 *Saussurea* 上 ……………………………… **风毛菊柄锈菌 *P. saussureae***

22. 夏孢子芽孔（2～）3（～4）个，腰生或近腰生；冬孢子壁 1.5～2.5（～4）μm 厚，顶壁不增厚，柄可达 50μm，易断 …………………………………………………………………………………………… 23

23. 夏孢子芽孔（2～）3 个，基部光滑 ……………… **阿嘉菊柄锈菌原变种 *P. calcitrapae* var. *calcitrapae***

23. 夏孢子芽孔（2～）3（～4）个，基部有细刺 ……………………………………………………………

顶羽菊柄锈菌　图 99

Puccinia acroptili P. Syd. & Syd., Monogr. Ured. 1: 4, 1902 [1904]; Tai, Syll. Fung. Sin.: 611, 1979; Wei & Wang, Acta Mycol. Sin., Suppl. 1: 210, 1987 [1986]; Zhuang et al., Fl. Fung. Sin. 19: 201, 2003; Liu et al., J. Inner Mongolia Univ. (Nat. Sci. Ed.) 46(3): 278, 2015.

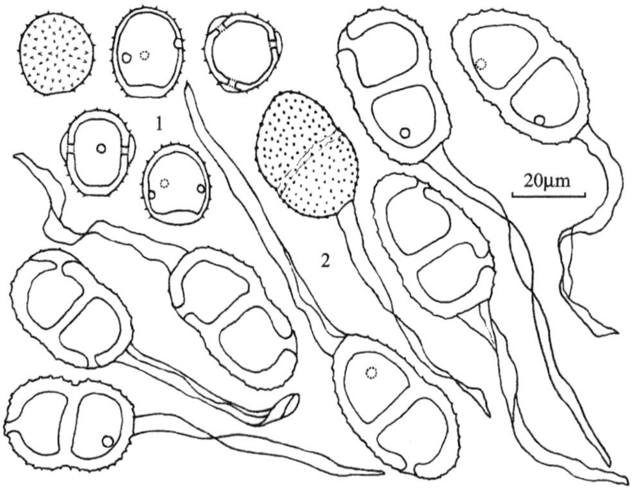

图 99　顶羽菊柄锈菌 *Puccinia acroptili* 的夏孢子（1）和冬孢子（2）（CFSZ 791）

夏孢子堆叶两面生，散生，圆形、近圆形或椭圆形，直径 0.1～0.5mm，粉状，黄褐色或肉桂褐色；夏孢子球形、近球形或宽椭圆形，20～26×17.5～23μm，壁 1.5～2μm 厚，基部可达 3μm，黄褐色，有细刺，芽孔（2～）3 个，腰生，常有小孔帽。

冬孢子堆生于叶两面和茎上，散生至稍聚生，圆形、近圆形或椭圆形，直径 0.1～0.5mm，裸露，粉状，黑褐色；冬孢子椭圆形、宽椭圆形或矩圆形，32.5～47（～50）×22.5～26（～30）μm，两端圆，隔膜处不缢缩或稍缢缩，壁 2～3μm 厚，顶端不增厚或稍增厚达 5（～6）μm，黄褐色或肉桂褐色，有明显的疣，上细胞芽孔略侧生，下细胞芽孔在中部以下，柄无色，细软，长达 120μm，易萎缩。

II，III

顶羽菊 *Acroptilon repens* (L.) DC.[≡ *Rhaponticum repens* (L.) Hidalgo]：阿拉善盟阿拉善左旗巴彦浩特公园 **791**、8606。包头市昆都仑区植物园 816。

据庄剑云等（2003）报道，这个种还分布于锡林郭勒盟的西乌珠穆沁旗。

国内分布：内蒙古，甘肃，青海，新疆。

世界分布：欧洲（俄罗斯，高加索地区）；亚洲（土耳其，伊朗，蒙古国，中国）；北美洲（美国）。

庄剑云等（2003）描述本种的夏孢子芽孔 3 个，不清楚；冬孢子有不明显的疣。我们的菌夏孢子芽孔较清楚，多为 3 个，少数 2 个，常有小孔帽；冬孢子上的疣明显，与

Cummins（1978）的描述一致。

凯氏蒿柄锈菌　　图 100

Puccinia artemisiae-keiskeanae Miura, *in* Sydow & P. Sydow, Ann. Mycol. 11: 95, 1913; Wang, Index Ured. Sin.: 43, 1951; Wei & Zhuang, Fungi of Xiaowutai Mountains in Hebei Province: 110, 1997; Zhuang & Wei, J. Jilin Agr. Univ. 24(2): 8, 2002; Zhuang et al., Fl. Fung. Sin. 19: 204, 2003; Liu et al., J. Fungal Res. 2(3): 13, 2004; Liu et al., J. Inner Mongolia Univ. (Nat. Sci. Ed.) 46(3): 278, 2015; Liu et al., J. Fungal Res. 15(4): 245, 2017.

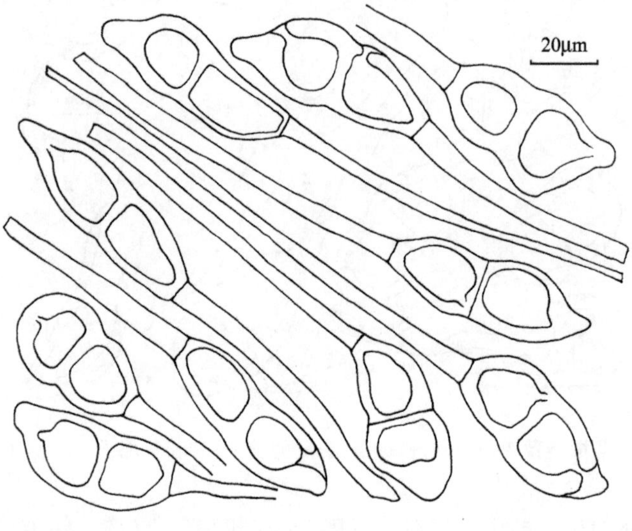

图 100　凯氏蒿柄锈菌 *Puccinia artemisiae-keiskeanae* 的冬孢子（CFSZ 286）

冬孢子堆叶两面生，也生于叶柄和茎上，散生至聚生，裸露，直径 0.2～2mm，常汇合达 4mm 以上，形状不规则，垫状，坚实，栗褐色至暗褐色；冬孢子椭圆形、宽椭圆形或长倒卵形，38～58（～65）×16～26（～29）μm，顶端锥尖或圆，基部圆或渐狭，隔膜处稍缢缩，侧壁 1.5～3μm 厚，顶壁 4～13μm 厚，黄褐色或肉桂褐色，光滑，上细胞芽孔顶生，下细胞芽孔近隔膜，多不清楚，孢子成熟后立即萌发，柄无色，长达 130μm，不脱落；有 1 室冬孢子混生。

III

龙蒿 *Artemisia dracunculus* L.：乌兰察布市凉城县蛮汉山二龙什台 6061。

裂叶蒿 *Artemisia tanacetifolia* L.：赤峰市阿鲁科尔沁旗高格斯台罕乌拉自然保护区 5715、5735、5807；巴林右旗赛罕乌拉自然保护区场部 6501，大东沟 6427；克什克腾旗阿斯哈图 **286**。兴安盟科尔沁右翼前旗索伦牧场鸡冠山 1543。

蒿属 *Artemisia* sp.：赤峰市宁城县黑里河自然保护区八沟道 5495。

据庄剑云等（2003）报道，这个种在锡林郭勒盟锡林浩特市的寄主还有冷蒿 *A. frigida* Willd.。在兴安盟阿尔山市的寄主还有蒙古蒿 *A. mongolica* (Fisch. ex Besser) Fisch. ex

Nakai、蒌蒿 *A. selengensis* Turcz. ex Besser、大籽蒿 *A. sieversiana* Ehrh. ex Willd.和阴地蒿 *A. sylvatica* Maxim.。

国内分布：黑龙江，吉林，河北，内蒙古，甘肃。

世界分布：日本，朝鲜半岛，中国，俄罗斯远东地区。

阿嘉菊柄锈菌原变种　　图 101

Puccinia calcitrapae DC., *in* Lamarck & de Candolle, Fl. Franç., Edn 3, 2: 221, 1805; Wei & Wang, Acta Mycol. Sin., Suppl. 1: 214, 1987 [1986]; Zhuang & Wei, Mycosystema 7: 51, 1994; Wei & Zhuang, Fungi of Xiaowutai Mountains in Hebei Province: 112, 1997; Wei & Zhuang, Fungi of the Qinling Mountains: 49, 1997; Zhuang et al., Fl. Fung. Sin. 19: 205, 2003; Liu et al., J. Fungal Res. 2(3): 13, 2004; Liu et al., J. Inner Mongolia Univ. (Nat. Sci. Ed.) 46(3): 279, 2015; Liu et al., J. Fungal Res. 15(4): 245, 2017. var. **calcitrapae**

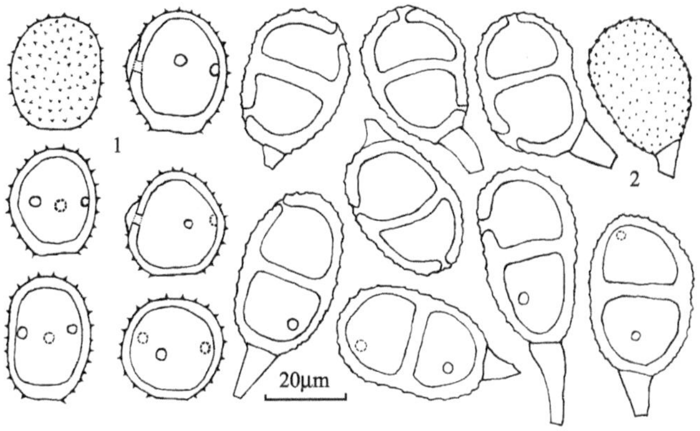

图 101　阿嘉菊柄锈菌原变种 *Puccinia calcitrapae* var. *calcitrapae* 的夏孢子（1）和冬孢子（2）（CFSZ 721）

性孢子器和夏型春孢子器在引证标本上未见。

夏孢子堆叶两面生，圆形或近圆形，散生或聚生，直径 0.2～0.7mm，粉状，褐色；夏孢子球形、近球形或椭圆形，（19～）22～26（～32.5）×（18～）19～22（～27.5）μm，黄褐色，壁 1～2μm 厚，基部可增厚到 2.5μm，有细刺，芽孔（2～）3 个，腰生或近腰生，有时有小孔帽。

冬孢子堆生于叶两面，也生于茎上，散生至聚生，有时连片布满叶面，圆形、近圆形或椭圆形，直径 0.2～1mm，粉状，栗褐色；冬孢子椭圆形、宽椭圆形或棒形，27～42（～50）×19～25.5（～30）μm，顶端圆形，隔膜处不缢缩或稍缢缩，基部圆或渐狭，壁 2～3（～4）μm 厚，顶端不增厚，肉桂褐色或黄褐色，有不明显的疣，上细胞芽孔顶生或近顶生，下细胞芽孔近隔膜或略下至中部；柄无色，长达 60μm，易断。

（0），（I），II，III

麻花头 *Klasea centauroides* (L.) Cass. ex Kitag. （≡ *Serratula centauroides* L.）：包头市

赛罕塔拉公园 821；石拐区矿区，杨俊平 652。赤峰市阿鲁科尔沁旗高格斯台罕乌拉自然保护区 5799、5812；敖汉旗大黑山自然保护区 8793，四家子镇热水 7061；巴林右旗赛罕乌拉自然保护区西山 6403；红山区南山 10；喀喇沁旗锦山 5329、5341，十家乡头道营子 161、832、841，松树梁 6634；克什克腾旗浩来呼热 6669、8410，经棚 305、9628，书声，于国林 37；林西县新林镇哈什吐 9863、9884，五十家子 5641；宁城县热水 5357；松山区老府镇五十家子 107；元宝山区小五家 9673。鄂尔多斯市伊金霍洛旗阿勒腾席热 8552。呼伦贝尔市鄂温克族自治旗红花尔基 7786。通辽市霍林郭勒市西山 1736；库伦旗扣河子镇五星，卜范博 8979。乌兰察布市商都县七台镇不冻河 8680；兴和县大同窑 5969；卓资县巴音锡勒 8457。锡林郭勒盟东乌珠穆沁旗额吉淖尔，荆慧敏 824；多伦县蔡木山 761；锡林浩特市白银库伦 6719，白音锡勒 1869；正蓝旗贺日苏台 707，伊和海尔罕 731；正镶白旗明安图 6844。

碗苞麻花头 *Klasea centauroides* (L.) Cass. ex Kitag. subsp. *chanetii* (H. Lév.) L. Martins（≡ *Serratula chanetii* H. Lév.）：赤峰市克什克腾旗黄岗梁 9761、9766；林西县富林林场 5688。

多花麻花头（多头麻花头）*Klasea centauroides* (L.) Cass. ex Kitag. subsp. *polycephala* (Iljin) L. Martins（≡ *Serratula polycephala* Iljin）：赤峰市敖汉旗新惠石羊石虎山 7136。

火媒草（鳍蓟）*Olgaea leucophylla* (Turcz.) Iljin：赤峰市敖汉旗大黑山自然保护区 14；巴林右旗 577。鄂尔多斯市伊金霍洛旗阿勒腾席热 8557。锡林郭勒盟苏尼特左旗满都拉图 6805；锡林浩特市白银库伦 1020、1319、6705；正蓝旗贺日苏台 709。

蝟菊 *Olgaea lomonossowii* (Trautv.) Iljin：赤峰市克什克腾旗巴彦查干 537，达里诺尔 278、1307、6681，达日罕 534。乌兰察布市化德县长顺镇小昔尼乌素 8697；兴和县大同窑 5945；卓资县巴音锡勒 8455。锡林郭勒盟正蓝旗桑根达来 **721**；正镶白旗明安图 6842。

据庄剑云等（2003）报道，这个变种在呼和浩特市和林格尔还生于多花麻花头上。

国内分布：北京，河北，山西，内蒙古，甘肃，西藏。

世界分布：欧洲；亚洲（中国，俄罗斯远东地区，蒙古国，伊朗，阿富汗，以色列）；大洋洲（新西兰）。

阿嘉菊柄锈菌矢车菊变种　　图 102

Puccinia calcitrapae DC. var. **centaureae** (DC.) Cummins, Mycotaxon 5(2): 402, 1977; Wei & Wang, Acta Mycol. Sin., Suppl. 1: 216, 1987 [1986]; Zhuang & Wei, Mycosystema 7: 51, 1994; Wei & Zhuang, Fungi of Xiaowutai Mountains in Hebei Province: 113, 1997; Wei & Zhuang, Fungi of the Qinling Mountains: 49, 1997; Zhuang & Wei, J. Jilin Agr. Univ. 24(2): 8, 2002; Zhuang et al., Fl. Fung. Sin. 19: 207, 2003; Liu et al., J. Fungal Res. 2(3): 13, 2004; Liu et al., J. Inner Mongolia Univ. (Nat. Sci. Ed.) 46(3): 279, 2015; Liu et al., J. Fungal Res. 15(4): 245, 2017.

Puccinia centaureae DC., *in* de Candolle & Lamarck, Fl. Franç., Edn 3, 5/6: 59, 1815.

Puccinia carthami Corda, Icon. Fung. 4: 15, 1840; Wang, Index Ured. Sin.: 47, 1951; Tai, Syll. Fung. Sin.: 623, 1979; Liu et al., J. Shenyang Agr. Univ. 22(4): 307, 1991.

Puccinia carduorum Jacky, Composit. Puccin. 9: 58, 1899; Wang, Index Ured. Sin.: 46, 1951;

Tai, Syll. Fung. Sin.: 622, 1979.

Puccinia cirsii Lasch, *in* Rabenhorst, Fungi Europ. Exsicc. 4: 89, 1859; Wang, Index Ured. Sin.: 47, 1951; Tai, Syll. Fung. Sin.: 625, 1979.

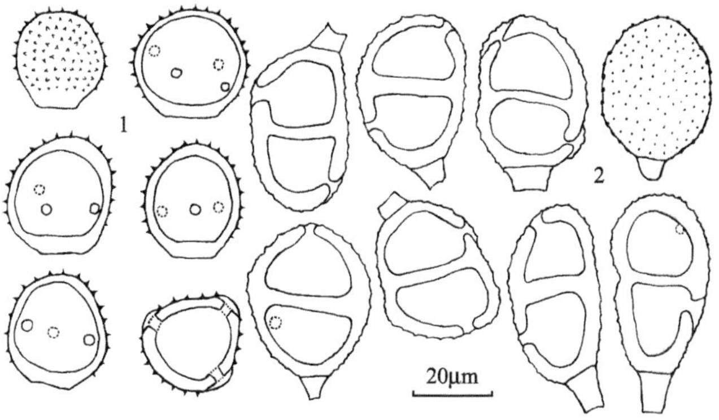

图 102　阿嘉菊柄锈菌矢车菊变种 *Puccinia calcitrapae* var. *centaureae* 的夏孢子（1）和冬孢子（2）（CFSZ 1324）

性孢子器叶两面生，聚生，常混生于春孢子器之间，蜜黄色。

春孢子器为夏型春孢子器（初生夏孢子堆），叶两面生，以叶下面为主，聚生，常汇集成片，有时布满整个叶面，似夏孢子堆；春孢子似夏孢子。

夏孢子堆叶两面生，以叶下面为主，散生或聚生，圆形或椭圆形，直径 0.2～1.5mm，粉状，黄褐色或褐色；夏孢子球形、近球形或椭圆形，（16～）21～30（～32.5）×19～27.5（～30）μm，壁 1.5～2.5μm 厚，黄褐色至肉桂褐色，基部可增厚到 5μm，有细刺，基部有光滑区，芽孔（2～）3（～4）个，腰生。

冬孢子堆叶两面生，以叶下面为主，也生于茎上，散生或聚生，有时扩散到整个叶片，圆形、椭圆形或不规则形，直径 0.2～1.5mm，粉状，栗褐色；冬孢子椭圆形、宽椭圆形、矩圆形或不规则卵形，26～40（～42.5）×（18～）20～25（～29）μm，顶端圆形，隔膜处不缢缩或稍缢缩，基部圆形或稍窄，壁 1.5～2.5μm 厚，顶端不增厚，少数可见有微小突起，可达 3.5μm 厚，有明显或不明显的疣，黄褐色、肉桂褐色，上细胞芽孔顶生或稍偏下，下细胞芽孔生于隔膜下或中部；柄无色，长达 50μm，易断，有时斜生。

0，I^{II}，II，III

丝毛飞廉 *Carduus crispus* L.：包头市达尔罕茂明安联合旗希拉穆仁草原 613。赤峰市巴林右旗赛罕乌拉自然保护区白塔 6387，场部 8046，砬子沟 9909，西山 6390、6410；巴林左旗野猪沟 698；喀喇沁旗马鞍山 5289，美林镇韭菜楼 7988，旺业甸 1109、5032、6943；林西县五十家子镇大冷山 5657；宁城县黑里河自然保护区大营子 5522；松山区老府镇五十家子 1997。呼和浩特市大青山哈拉沁沟 628。乌兰察布市化德县长顺镇小昔尼乌素 8698；凉城县蛮汉山二龙什台 6109；商都县七台镇不冻河 8683；兴和县大同窑 5956，苏木山 5849。锡林郭勒盟太仆寺旗永丰 8713；正蓝旗元上都 8746；正镶白旗明安图 6848，乌宁巴图 6819。兴安盟阿尔山市白狼镇 1583，伊尔施 7848、7886。

莲座蓟 *Cirsium esculentum* (Siev.) C.A. Mey.：赤峰市巴林右旗赛罕乌拉自然保护区王

坟沟 6599；克什克腾旗乌兰布统小河 7149。呼伦贝尔市陈巴尔虎旗鄂温克民族乡 7757。锡林郭勒盟锡林浩特市白银库伦 1013、**1324**、6690；正蓝旗元上都 8735。

烟管蓟 *Cirsium pendulum* Fisch. ex DC.：赤峰市喀喇沁旗马鞍山 8870，旺业甸 247、5036、6941，大东沟 7019，美林镇韭菜楼 7964、7977；宁城县黑里河自然保护区东打 5450，上拐 8216，下拐 6218。呼伦贝尔市鄂伦春自治旗大杨树 7527；根河市敖鲁古雅 7685，得耳布尔 892、7729，金林 9270，满归镇凝翠山 9309；牙克石市乌尔其汉 9242。兴安盟阿尔山市 7899。

刺儿菜 *Cirsium segetum* Bunge：赤峰市红山区 7；喀喇沁旗十家乡头道营子 377、995。呼和浩特市树木园 980；昭君墓 601。

大刺儿菜 *Cirsium setosum* (Willd.) M. Bieb.：阿拉善盟阿拉善左旗塔尔岭 8598。赤峰市敖汉旗四道湾子镇小河沿 7109、7115；巴林右旗赛罕乌拉自然保护区白塔 6586；喀喇沁旗十家乡头道营子 370、853，牛家营子 5010；红山区红山公园 267，锡伯河 5099，西郊 103、242、5344；宁城县黑里河自然保护区打虎石 5414；松山区老府镇五十家子 1986。鄂尔多斯市准格尔旗东孔兑 770。呼和浩特市内蒙古大学 438、779，南湖湿地公园 8291。呼伦贝尔市海拉尔区公园 896。乌兰察布市凉城县岱海 6146、6154、6261。通辽市霍林郭勒市镜湖 1713，西山 1734。兴安盟科尔沁右翼前旗居力很 932。

漏芦 *Rhaponticum uniflorum* (L.) DC. [≡ *Stemmacantha uniflora* (L.) Dittrich]：赤峰市巴林右旗赛罕乌拉自然保护区荣升 8137，西山 6394；红山区南山 9；克什克腾旗黄岗梁 6865，经棚 327。呼和浩特市大青山哈拉沁沟 624、629。呼伦贝尔市根河市二道河 7737。乌兰察布市凉城县蛮汉山二龙什台 6043、6052；兴和县大同窑 5951，苏木山 5930。锡林郭勒盟正蓝旗乌和日沁敖包 737。兴安盟阿尔山市伊尔施 7882。

据庄剑云等（2003）报道，这个变种在包头市和呼和浩特市还生于红花 *Carthamus tinctorius* L.上。生于烟管蓟上的分布区还有乌兰察布市商都。在呼和浩特市还生于蓟属 *Cirsium* sp.上。生于漏芦上的分布区还有锡林郭勒盟锡林浩特。

国内分布：黑龙江，吉林，辽宁，北京，河北，山西，内蒙古，山东，江苏，河南，陕西，甘肃，青海，宁夏，新疆，云南，四川，贵州，重庆，西藏。

世界分布：北温带广布，传播到新西兰。

产生性孢子器和春孢子器（初生夏孢子堆）时，未见冬孢子（如 5344、6154）；产生冬孢子时，往往见不到性孢子器和春孢子器。大刺儿菜上的菌有多号标本（103、242、438、853、1986、5010、8291）未见夏孢子。

蔬食蓟柄锈菌　　图 103

Puccinia cnici-oleracei Pers. ex Desm., Catal. Des Plantes Omis.: 24, 1823; Tai, Syll. Fung. Sin.: 627, 1979; Wang et al., Fungi of Xizang (Tibet): 46, 1983; Wei & Wang, Acta Mycol. Sin., Suppl. 1: 193, 1987 [1986]; Guo, Fungi and Lichens of Shennongjia: 128, 1989; Liu et al., J. Shenyang Agr. Univ. 22(4): 307, 1991; Zhuang & Wei, Mycosystema 7: 52, 1994; Wei & Zhuang, Fungi of the Qinling Mountains: 51, 1997; Zhuang & Wei, J. Jilin Agr. Univ. 24(2): 8, 2002; Zhuang et al., Fl. Fung. Sin. 19: 211, 2003; Liu et al., J. Inner Mongolia Univ. (Nat. Sci. Ed.) 46(3): 279, 2015; Liu et al., J. Fungal Res. 15(4):

246, 2017.

Puccinia asteris Duby, Bot. Gall., Edn 2, 2: 888, 1830; Wang, Index Ured. Sin.: 43, 1951; Tai, Syll. Fung. Sin.: 617, 1979.

Puccinia conferta Dietel & Holw., *in* Dietel, Erythea 1: 250, 1893; Syd. & Syd., Monogr. Ured. 1: 14, 1902 [1904]; Ul'yanishchev, Key to Rust Fungi of the USSR. 2: 269, 1978.

Puccinia conyzella P. Syd. & Syd., Monogr. Ured. 1: 62, 1902 [1904]; Tai, Syll. Fung. Sin.: 628, 1979.

Puccinia ferruginosa P. Syd. & Syd., Monogr. Ured. 1: 13, 1902 [1904]; Wang, Index Ured. Sin.: 53, 1951.

Puccinia millefolii Fuckel, Jb. Nassau. Ver. Naturk. 23-24: 55, 1870 [1869-1870]; Wang, Index Ured. Sin.: 62, 1951; Teng, Fungi of China: 349, 1963.

Puccinia phragmidioides Liou & Y.C. Wang, Contr. Inst. Bot. Nat. Acad. Peiping 2: 158, 1934; Wang, Index Ured. Sin.: 66, 1951.

Puccinia uralensis Tranzschel, Script. Bot. Hort. Univ. Imp. Petropol. 3: 138, 1891; Tai, Syll. Fung. Sin.: 689, 1979; Bai et al., J. Shenyang Agr. Univ. 18(3): 61, 1987.

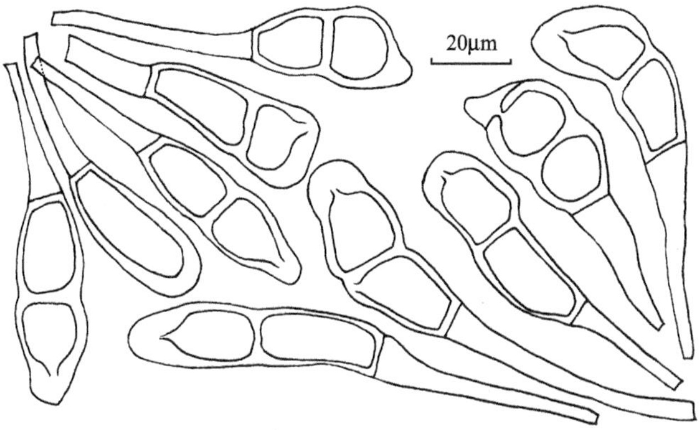

图 103　蔬食蓟柄锈菌 *Puccinia cnici-oleracei* 的冬孢子（CFSZ 1711）

冬孢子堆生于叶下面，裸露，圆形或近圆形，直径 0.2～0.6mm，紧密聚生，形成圆形或不规则形大斑，有时直径长达 1cm，垫状，坚实，栗褐色，萌发后变灰色；冬孢子棍棒形或长椭圆形，32.5～60（～75）×12.5～25（～31）μm，顶端圆或锥尖，基部渐狭，隔膜处缢缩，侧壁 1～2.5μm 厚，顶壁 5～10（～15）μm 厚，光滑，黄褐色，上细胞芽孔顶生，下细胞芽孔近隔膜，多不清楚，柄无色或淡黄色，长达 75μm，不脱落。偶有 1 室冬孢子。孢子成熟后立即萌发。

III

艾 *Artemisia argyi* H. Lév. & Vaniot：赤峰市阿鲁科尔沁旗高格斯台罕乌拉自然保护区 5778。通辽市霍林郭勒市镜湖 **1711**。

沙蒿（漠蒿）*Artemisia desertorum* Spreng.：赤峰市巴林右旗赛罕乌拉自然保护区大东沟 6441（= HMAS 244815），王坟沟 6611；红山区红山 6640、8994；克什克腾旗黄岗梁 6878、6918；林西县五十家子 5638。

野艾蒿 *Artemisia lavandulifolia* DC.：赤峰市巴林右旗赛罕乌拉自然保护区正沟 6466。呼伦贝尔市阿荣旗得力其尔 9154。

蒙古蒿 *Artemisia mongolica* (Fisch. ex Besser) Fisch. ex Nakai：呼伦贝尔市阿荣旗三岔河 7379。

魁蒿 *Artemisia princeps* Pamp.：赤峰市宁城县黑里河自然保护区四道沟 9054。

柔毛蒿 *Artemisia pubescens* Ledeb.：赤峰市克什克腾旗热水 6856。

裂叶蒿 *Artemisia tanacetifolia* L.：赤峰市克什克腾旗黄岗梁 9787。

蒿属 *Artemisia* sp.：乌兰察布市凉城县岱海 6255。

小红菊 *Chrysanthemum chanetii* H. Lév.：赤峰市宁城县黑里河自然保护区大坝沟 9606，三道河 9753，四道沟 9067、9651。

线叶菊 *Filifolium sibiricum* (L.) Kitam.：呼伦贝尔市鄂温克族自治旗红花尔基 7769（= HMAS 246214）。兴安盟阿尔山市伊尔施 7878。

阿尔泰狗娃花 *Heteropappus altaicus* (Willd.) Novopokr.（≡ *Aster altaicus* Willd.）：赤峰市巴林右旗赛罕乌拉自然保护区东山 6595。呼伦贝尔市鄂温克族自治旗红花尔基 7764。

银背风毛菊 *Saussurea nivea* Turcz.：赤峰市喀喇沁旗马鞍山 8850（= HMAS 246778）；宁城县黑里河自然保护区三道河 5597、7286。

长裂苦苣菜（苣荬菜）*Sonchus brachyotus* DC.（*Sonchus arvensis* auct. non L.）：呼伦贝尔市额尔古纳市上护林 7748。

据庄剑云等（2003）报道，这个种在兴安盟阿尔山还生于阴地蒿 *Artemisia sylvatica* Maxim.上；生于阿尔泰狗娃花 *Heteropappus altaicus* 上的分布区还有锡林郭勒盟的锡林浩特。据白金铠等（1987）报道，这个种（在乌拉尔柄锈菌 *Puccinia uralensis* Tranzschel 名下）在兴安盟阿尔山市还生于蟹甲草属 *Cacalia* sp.上。

国内分布：黑龙江，吉林，北京，河北，内蒙古，山东，福建，台湾，湖北，广西，陕西，甘肃，青海，宁夏，新疆，云南，四川，贵州，重庆，西藏。

世界分布：世界广布。

本种是无眠冬孢型（lepto-form）的种，冬孢子色淡，成熟后立即萌发。此前国内尚无沙蒿被锈菌侵染的报道。在俄罗斯远东地区其上的菌被鉴定为蔬食蓟柄锈菌 *Puccinia cnici-oleracei*（Azbukina 2005）。在我们采到的一些标本中（如 5638、6441、6878），冬孢子堆上发现有少数夏孢子，近球形、椭圆形、倒卵形或矩圆形，15～22.5×14～20μm，壁 1～2（～2.5）μm 厚，黄褐色到无色，有细刺，芽孔 2 个，腰生至腰上生，常不明显。但冬孢子的大小和形状与本种完全一致，故暂定为本种。小红菊上的菌萌发后的冬孢子堆土黄色，冬孢子淡黄色至近无色。Ul'yanishchev（1978）把线叶菊上的菌鉴定为 *Puccinia conferta* Dietel & Holw.，其他寄主为蒿属。Arthur（1934）将 *P. conferta* 作为 *P. millefolii* Fuckel 的异名，Cummins（1978）没有记载 *P. conferta*，但记载了 *P. millefolii*，并把它作为 *P. cnici-oleracei* Pers. ex Desm. 的异名，戴芳澜（1979）也把 *P. millefolii* 作为 *P. cnici-oleracei* 的异名。故我们把线叶菊（7769、7788）上的菌也暂放于此，但其冬孢子 40～80×15～30（～34）μm，顶壁（5～）10～20（～24）μm 厚，黄褐色至栗褐色，柄长达 100μm，并且似冬孢型（micro-form）的种而有待进一步研究。

还阳参柄锈菌　　图 104

Puccinia crepidis J. Schröt., *in* Cohn, Krypt.-Fl. Schlesien 3.1 (17-24): 319, 1887 [1889]; Wei & Wang, Acta Mycol. Sin., Suppl. 1: 202, 1987 [1986]; Zhuang et al., Fl. Fung. Sin. 19: 214, 2003; Liu et al., J. Inner Mongolia Univ. (Nat. Sci. Ed.) 46(3): 279, 2015; Liu et al., J. Fungal Res. 15(4): 246, 2017.

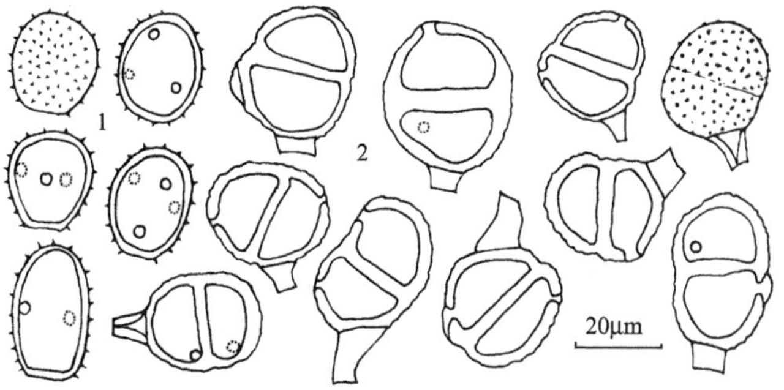

图 104　还阳参柄锈菌 *Puccinia crepidis* 的夏孢子（1）和冬孢子（2）（CFSZ 1571）

性孢子器和春孢子器在引证标本中未见。

夏孢子堆生于叶两面、叶柄和茎上，散生，圆形、椭圆形或长梭形，直径 0.2～2.5mm，肉桂褐色，粉状，有破裂的寄主表皮围绕；夏孢子椭圆形、倒卵形、球形或近球形，19～30×15～22.5μm，壁 1～2（～2.5）μm 厚，黄褐色，有刺，芽孔 2～3（～4）个，散生或腰生。

冬孢子堆生于叶两面、叶柄和茎上，散生，圆形、椭圆形或长梭形，直径 0.2～2.5mm，粉状，栗褐色，有破裂的寄主表皮围绕；冬孢子宽椭圆形、矩圆形或近圆形，21～36（～42.5）×17.5～25（～27.5）μm，两端圆，隔膜处不缢缩或稍缢缩，壁（1～）1.5～2.5μm 厚，顶壁不增厚，肉桂褐色或栗褐色，有疣，上细胞芽孔顶生或侧生，下细胞芽孔在中部或近中部，常有淡黄褐色的小孔帽，柄无色，短，可达 30μm，易脱落，有时斜生。

（0），（Ⅰ），Ⅱ，Ⅲ

北方还阳参（还阳参）*Crepis crocea* (Lam.) Babc.：赤峰市阿鲁科尔沁旗高格斯台罕乌拉自然保护区 5792；克什克腾旗达里诺尔砧子山 6679。鄂尔多斯市东胜区植物园 8511。乌兰察布市凉城县岱海 6157，蛮汉山二龙什台 5991；商都县七台镇 8414；兴和县大同窑 5944、5959。

西伯利亚还阳参 *Crepis sibirica* L.：赤峰市巴林右旗赛罕乌拉自然保护区乌兰坝 8079、8098。兴安盟阿尔山市 7910。

屋根草（窄叶还阳参）*Crepis tectorum* L.：兴安盟阿尔山市白狼镇西山 **1571**、1578。

国内分布：黑龙江，内蒙古，新疆。

世界分布：欧洲；亚洲（土耳其，伊朗，俄罗斯，中国）。

我们的菌（1571、1578）夏孢子芽孔 2～3（～4）个，与以往文献（Gäumann 1959;

庄剑云等 2003）描述的 2～3 个略有不同。

黄鹌菜柄锈菌　　图 105

Puccinia crepidis-japonicae Dietel, Annls Mycol. 6: 226, 1908; Wei & Wang, Acta Mycol. Sin., Suppl. 1: 197, 1987 [1986]; Wei & Zhuang, Fungi of the Qinling Mountains: 53, 1997; Zhuang et al., Fl. Fung. Sin. 19: 215, 2003; Liu et al., J. Inner Mongolia Univ. (Nat. Sci. Ed.) 46(3): 279, 2015.

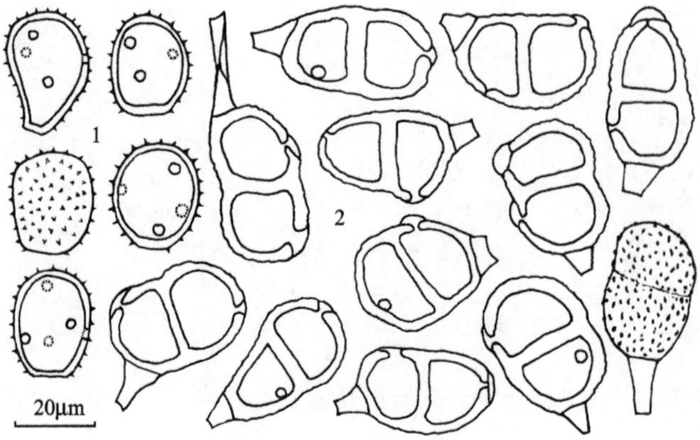

图 105　黄鹌菜柄锈菌 *Puccinia crepidis-japonicae* 的夏孢子（1）和冬孢子（2）（CFSZ 878）

夏孢子堆生于叶两面、叶柄和茎上，散生，有破裂的寄主表皮围绕，圆形、椭圆形或长梭形，直径 0.2～2.5mm，肉桂褐色，粉状；夏孢子椭圆形、倒卵形、球形或近球形，（16～）22～30×16～22.5μm，壁 1.5～2.5μm 厚，黄褐色，有刺，芽孔 3～4（～5）个，散生。

冬孢子堆生于叶两面、叶柄和茎上，散生，有破裂的寄主表皮围绕，圆形、椭圆形或长梭形，直径 0.2～2.5（～3）mm，粉状，栗褐色；冬孢子椭圆形、宽椭圆形或矩圆形，24～37.5×17.5～27.5μm，两端圆，隔膜处不缢缩或稍缢缩，壁 1.5～2.5μm 厚，顶壁不增厚，肉桂褐色或栗褐色，有疣，上细胞芽孔顶生或侧生，下细胞芽孔在中部或近中部，常有黄色或近无色的小孔帽，明显或不明显，柄无色，短，易脱落。

Ⅱ，Ⅲ

细叶假还阳参（细叶黄鹌菜）*Crepidiastrum tenuifolium* (Willd.) Sennikov [≡ *Youngia tenuifolia* (Willd.) Babc. & Stebbins]：呼伦贝尔市额尔古纳市室韦 **878**；海拉尔区 922。

国内分布：北京，内蒙古，台湾，湖南，香港，甘肃，新疆。

世界分布：日本，中国。

蓝刺头柄锈菌　　图 106

Puccinia echinopis DC., *in* de Candolle & Lamarck, Fl. Franç., Edn 3, 5/6: 57, 1815; Tai, Syll. Fung. Sin.: 634, 1979; Wei & Wang, Acta Mycol. Sin., Suppl. 1: 208, 1987 [1986]; Wei & Zhuang, Fungi of Xiaowutai Mountains in Hebei Province: 115, 1997; Zhuang et al., Fl. Fung. Sin. 19: 218, 2003; Liu et al., J. Inner Mongolia Univ. (Nat. Sci. Ed.) 46(3): 279, 2015; Liu et al., J. Fungal Res. 15(4): 246, 2017.

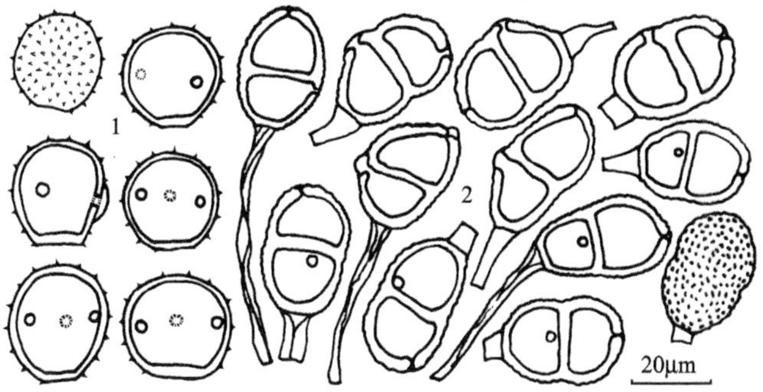

图 106　蓝刺头柄锈菌 *Puccinia echinopis* 的夏孢子（1）和冬孢子（2）（CFSZ 6047）

夏孢子堆生于叶上面，散生，圆形，直径 0.2～1mm，周围有破裂的寄主表皮围绕，粉状，肉桂褐色或黄褐色；夏孢子球形、近球形，22.5～30×19～27.5μm，壁 1.5～2.5μm 厚，黄褐色或肉桂褐色，疏生细刺，芽孔 2～4 个，腰生，有时有孔帽。

冬孢子堆生于叶上面，散生，裸露，有破裂的寄主表皮围绕，圆形或椭圆形，直径 0.2～1mm，粉状，黑褐色；冬孢子椭圆形、宽椭圆形、卵形或矩圆形，25～40×17.5～22.5μm，顶端圆形，隔膜处不缢缩或稍缢缩，基部圆形或渐狭，壁 1.5～3μm 厚，黄褐色或肉桂褐色，有细疣，上细胞芽孔顶生或稍偏下，下细胞芽孔近隔膜，有时有不明显的黄色孔帽；柄无色，长达 65μm，易脱落。

Ⅱ，Ⅲ

驴欺口 *Echinops davuricus* Fisch. ex Hornem.（= *Echinops latifolius* Tausch）：赤峰市巴林右旗赛罕乌拉自然保护区东山 6596。鄂尔多斯市东胜区植物园 8521。乌兰察布市凉城县蛮汉山二龙什台 6022、**6047**、6051、6073；兴和县苏木山 5917。

*东北蓝刺头 *Echinops dissectus* Kitag.：乌兰察布市卓资县巴音锡勒 8440。

砂蓝刺头 *Echinops gmelinii* Turcz.：巴彦淖尔市磴口县，尚衍重 8313（= HNMAP 1283）。

国内分布：北京，河北，内蒙古，新疆。

世界分布：欧亚大陆温带及非洲北部广布。

团集柄锈菌　　图 107

Puccinia glomerata Grev., *in* Berkeley, Engler's Flora 5: 356, 1837; Wei & Wang, Acta Mycol. Sin., Suppl. 1: 190, 1987 [1986]; Zhuang et al., Wei & Zhuang, Fungi of Xiaowutai Mountains in Hebei Province: 116, 1997; Wei & Zhuang, Fungi of the Qinling Mountains: 57, 1997; Zhuang & Wei, J. Jilin Agr. Univ. 24(2): 8, 2002; Zhuang et al., Fl. Fung. Sin. 19: 218, 2003; Liu et al., J. Inner Mongolia Univ. (Nat. Sci. Ed.) 46(3): 279, 2015.

Puccinia expansa Link, *in* Willd., Sp. Pl., Edn 4, 6(2): 75, 1825; Tai, Syll. Fung. Sin.: 637, 1979.

Puccinia tranzschelii Dietel, Hedwigia 30: 295, 1891; Tai, Syll. Fung. Sin.: 688, 1979.

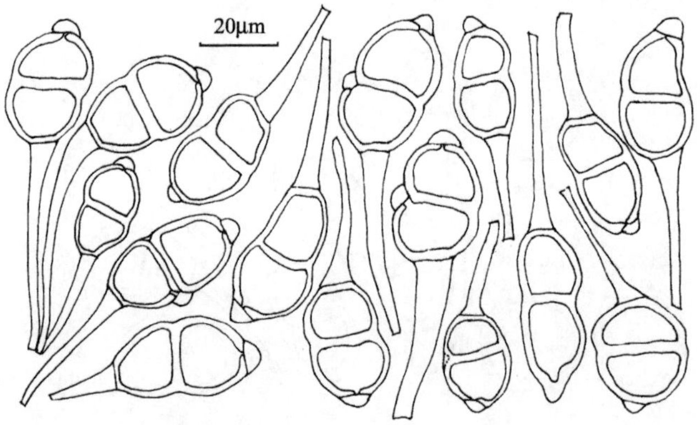

图 107　团集柄锈菌 *Puccinia glomerata* 的冬孢子（CFSZ 9705）

冬孢子堆生于叶下面，聚生，裸露，圆形，直径 0.2～0.5mm，粉状，黑褐色；冬孢子椭圆形、卵形或矩圆形，25～45×15～27.5μm，顶端圆或锥尖，隔膜处不缢缩或稍缢缩，基部圆或渐狭，壁 1.5～2μm 厚，黄褐色或肉桂褐色，光滑，上细胞芽孔顶生，下细胞芽孔近隔膜，孔上有 2.5～5μm 厚的黄色孔帽；柄无色，长达 90μm，不脱落。

III

山尖子 *Parasenecio hastatus* (L.) H. Koyama（≡ *Cacalia hastata* L.）：兴安盟阿尔山市，兴安林场摩天岭，庄剑云、魏淑霞 **9705**（=HMAS 67699）。

国内分布：吉林，河北，内蒙古，陕西。

世界分布：北温带广布。

据庄剑云等（2003）报道，本种在我国除山尖子外还生于橐吾属 *Ligularia* spp.上，冬孢子大小为 33～53×15～28μm。采自阿尔山的这份材料冬孢子较短。

向日葵柄锈菌　图 108

Puccinia helianthi Schwein., Schr. Naturf. Ges. Leipzig 1: 73, 1822; Wang, Index Ured. Sin.: 56, 1951; Teng, Fungi of China: 349, 1963; Tai, Syll. Fung. Sin.: 644, 1979; Wang et al., Fungi of Xizang (Tibet): 47, 1983; Wei & Wang, Acta Mycol. Sin., Suppl. 1: 189, 1987 [1986]; Wei & Zhuang, Fungi of the Qinling Mountains: 57, 1997; Zhuang et al., Fl. Fung. Sin. 19: 220, 2003; Liu et al., J. Fungal Res. 2(3): 14, 2004; Liu et al., J. Inner Mongolia Univ. (Nat. Sci. Ed.) 46(3): 279, 2015; Liu et al., J. Fungal Res. 15(4): 246, 2017.

性孢子器和春孢子器在引证标本上未见。

夏孢子堆叶两面生，以叶下面为主，散生或聚生，椭圆形或圆形，直径 0.2～1mm，粉状，黄褐色或肉桂褐色；夏孢子球形、近球形、倒卵形或椭圆形，22～30×16～27.5μm，壁黄褐色，1.5～2μm 厚，有细刺，芽孔 2 个，腰生。

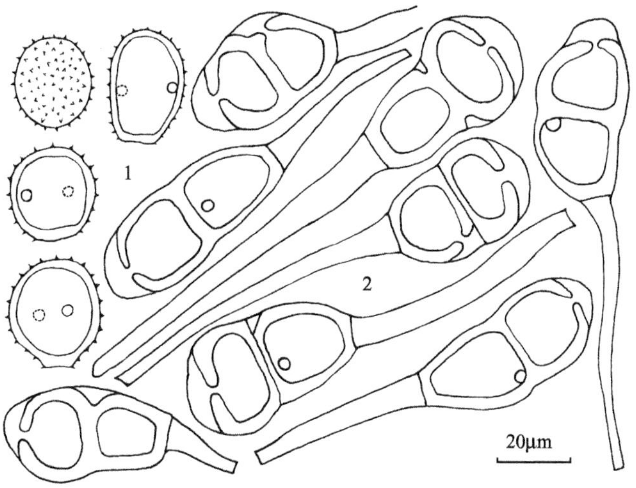

图 108　向日葵柄锈菌 *Puccinia helianthi* 的夏孢子（1）和冬孢子（2）（CFSZ 1956）

冬孢子堆叶两面生，以叶下面为主，散生或聚生，有时布满整个叶片，圆形或椭圆形，直径 0.2～1mm，裸露，垫状，较坚实，黑褐色；冬孢子椭圆形、倒卵形或棍棒形，32～55×18～30μm，顶端圆、锥尖或钝形，有明显的苍白色孔帽，隔膜处缢缩，基部圆形或渐狭，壁黄褐色、肉桂褐色，侧壁 2～3μm 厚，顶部 3～10μm 厚，光滑，上细胞芽孔顶生，下细胞芽孔近隔膜；柄淡黄色或近无色，长达 120μm，不脱落；偶见 1 室冬孢子。

（0），（I），II，III

向日葵 *Helianthus annuus* L.：巴彦淖尔市临河区八一 583，双河 482。包头市昆都仑区植物园 813；石拐区，杨俊平 656。赤峰市敖汉旗四家子镇热水 7081；巴林右旗赛罕乌拉自然保护区场部 8040；红山区 59、100、**1956**；喀喇沁旗牛家营子镇药王庙 6242，十家乡头道营子 8896；宁城县大明镇 1921，黑里河自然保护区西泉 5503，热水 212、5388；翁牛特旗乌丹，陈明 5116。鄂尔多斯市达拉特旗恩格贝 960；准格尔旗十二连城 763。呼和浩特市和林格尔县南天门 647；武川县，田慧敏 1780、1785；昭君墓 594。呼伦贝尔市阿荣旗三岔河镇辋窑，华伟乐 6356。通辽市开鲁县建华，张建 5547；科尔沁区育新 351，西辽河 345；库伦旗扣河子镇五星 8980。乌兰察布市集宁区老虎山公园 865；兴和县苏木山 5936。兴安盟科尔沁右翼中旗布敦化 7465。

千瓣葵 *Helianthus decapetalus* L. var. *multiflorus* Bailey：巴彦淖尔市临河区 587。

据庄剑云等（2003）报道，这个种生于向日葵上的分布区还有通辽市科尔沁左翼后旗和乌海市。在呼和浩特市的寄主还有小向日葵 *H. debilis* Nutt.。生于千瓣葵 *H. decapetalus* var. *multiflorus* 上的分布区还有通辽市科尔沁左翼后旗。

国内分布：黑龙江，吉林，辽宁，北京，河北，山西，内蒙古，山东，江苏，安徽，陕西，甘肃，青海，宁夏，新疆，云南，四川，贵州。

世界分布：世界广布。

山柳菊柄锈菌原变种 图 109

Puccinia hieracii (Röhl.) H. Mart., Prodr. Fl. Mosq., Edn 2: 227, 1817; Wang, Index Ured. Sin.: 57, 1951; Tai, Syll. Fung. Sin.: 645, 1979; Wei & Wang, Acta Mycol. Sin., Suppl. 1: 203, 1987 [1986]; Liu et al., J. Shenyang Agr. Univ. 22(4): 307, 1991; Zhuang & Wei, Mycosystema 7: 59, 1994; Wei & Zhuang, Fungi of Xiaowutai Mountains in Hebei Province: 117, 1997; Wei & Zhuang, Fungi of the Qinling Mountains: 58, 1997; Zhang et al., Mycotaxon 61: 69, 1997; Zhuang & Wei, J. Jilin Agr. Univ. 24(2): 9, 2002; Zhuang et al., Fl. Fung. Sin. 19: 222, 2003; Liu et al., J. Fungal Res. 2(3): 14, 2004; Liu et al., J. Inner Mongolia Univ. (Nat. Sci. Ed.) 46(3): 280, 2015; Liu et al., J. Fungal Res. 15(4): 246, 2017. var. **hieracii**

Puccinia flosculosorum Röhl. var. *hieracii* Röhl., Deutschl. Fl. 3(3): 131, 1813.

Puccinia taraxaci Plowr., Monograph Brit. Ured.: 186, 1889; Bai et al., J. Shenyang Agr. Univ. 18(3): 61, 1987.

Puccinia tinctoriicola Magnus, Öst. Bot. Z. 52: 491, 1902; Liu, J. Jilin Agr. Univ. 1983(2): 5, 1983.

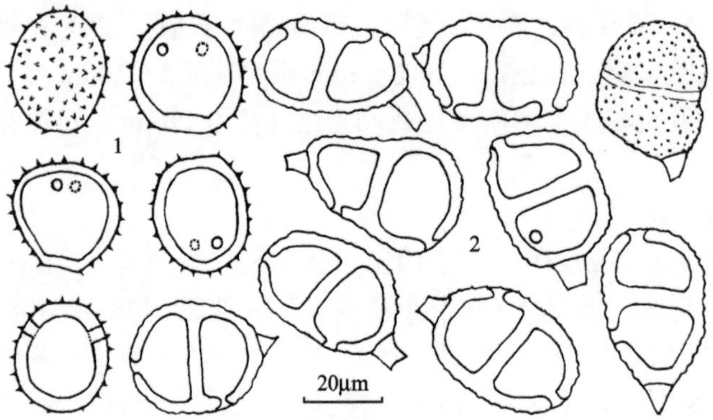

图 109 山柳菊柄锈菌原变种 *Puccinia hieracii* var. *hieracii* 的夏孢子（1）和冬孢子（2）（CFSZ 906）

性孢子器和春孢子器在引证标本上未见。

夏孢子堆叶两面生，也生于茎上，散生至聚生，有时连片，圆形或椭圆形，直径 0.2～0.8mm，粉状，周围有表皮围绕，肉桂褐色；夏孢子近球形、椭圆形或倒卵形，（22～）25～27（～32）×（18～）20～26（～29）μm，壁 1.5～2.5μm 厚，肉桂褐色，有刺，芽孔 2（～3）个，腰上生或近顶生。

冬孢子堆叶两面生，也生于茎上，散生或聚生，圆形或椭圆形，裸露，直径 0.2～1mm，茎上的长梭形，长达 2mm，粉状，栗褐色；冬孢子椭圆形、宽椭圆形或短棒形，（24～）27～40（～47.5）×（16～）19～24（～31）μm，顶端圆，隔膜处不缢缩或缢缩，基部圆形或渐狭，壁 1.5～2.5μm 厚，顶壁不增厚，肉桂褐色，有不明显的疣，上细胞芽孔顶生或稍偏下，下细胞芽孔稍离隔膜至中部；柄无色，短，易断，少数可达 35μm。

（0），（I），II，III

山柳菊 *Hieracium umbellatum* L.：赤峰市宁城县黑里河自然保护区大坝沟 54，三道河 8160。呼伦贝尔市鄂伦春自治旗乌鲁布铁 7539、7541、7559；鄂温克族自治旗红花尔基 7762、7768。兴安盟阿尔山市东山 7820。

日本毛连菜（兴安毛连菜）*Picris japonica* Thunb.（= *Picris davurica* Fisch. ex Hornem.）：赤峰市敖汉旗大黑山自然保护区 8838；喀喇沁旗美林镇韭菜楼 7997，旺业甸新开坝 6990；克什克腾旗桦木沟 7186，黄岗梁 9769；林西县富林林场 5690；宁城县黑里河自然保护区三道河 5588、8163，四道沟 942，打虎石 5411；松山区老府镇蒙古营子 5830。乌兰察布市凉城县蛮汉山二龙什台 6010；兴和县苏木山 5867。

亚洲蒲公英 *Taraxacum asiaticum* Dahlst.：赤峰市巴林右旗赛罕乌拉自然保护区西沟 6516；喀喇沁旗旺业甸 1124、9001，大店 8016；克什克腾旗桦木沟 7197，黄岗梁 6901。呼和浩特市赛罕区内蒙古农业大学西区 8297。呼伦贝尔市陈巴尔虎旗鄂温克民族乡 7756。锡林郭勒盟锡林河 1311。乌兰察布市凉城县岱海 6155、6254。

粉绿蒲公英 *Taraxacum dealbatum* Hand.-Mazz.：巴彦淖尔市临河区，杨俊平 478。

多裂蒲公英 *Taraxacum dissectum* (Ledeb.) Ledeb.：乌兰察布市商都县七台镇不冻河 8679。

淡红座蒲公英（红梗蒲公英）*Taraxacum erythropodium* Kitag.：呼伦贝尔市根河市得耳布尔 7716。兴安盟阿尔山市 7913。

蒙古蒲公英（蒲公英）*Taraxacum mongolicum* Hand.-Mazz. & Dahlst.：阿拉善盟阿拉善左旗贺兰山哈拉乌 793、796，雪岭子 8632。赤峰市阿鲁科尔沁旗高格斯台罕乌拉自然保护区 5782、5802；巴林右旗赛罕乌拉自然保护区砬子沟 9901，荣升 9484、9947，王坟沟 9536；喀喇沁旗美林镇韭菜楼 5065、7993，旺业甸 1099、6938、9015；克什克腾旗达里诺尔 6683，桦木沟 7180、7198，黄岗梁 540、6897，乌兰布统小河 7142；红山区西南地 1806；宁城县黑里河自然保护区大营子 5524，东打 5436，三道河 5595，上拐 8195，四道沟 519，小柳树沟 5509。呼和浩特市大青山哈拉沁沟 780；内蒙古大学 471，植物园 467。呼伦贝尔市阿荣旗得力其尔 9141，三岔河 7435；根河市阿龙山 9375，敖鲁古雅 7663、9405，满归镇凝翠山 9336；海拉尔区 911；莫力达瓦达斡尔族自治旗尼尔基 7480；新巴尔虎右旗达来东 **906**；新巴尔虎左旗诺干淖尔 7805；牙克石市博克图 9199；扎兰屯市秀水山庄 1689。通辽市霍林郭勒市公园 1719。乌兰察布市集宁师专 860。锡林郭勒盟东乌珠穆沁旗宝格达山 9437；锡林浩特市白银库伦 6721，白音锡勒 1860、1896；正蓝旗元上都 8731、8745。兴安盟科尔沁右翼前旗索伦牧场鸡冠山 1553。

异苞蒲公英 *Taraxacum multisectum* Kitag.：呼伦贝尔市根河市得耳布尔 891；海拉尔区 921。

东北蒲公英 *Taraxacum ohwianum* Kitag.：乌兰察布市卓资县巴音锡勒 8453。兴安盟阿尔山市白狼镇 1553、1575、1609、1634。

白缘蒲公英 *Taraxacum platypecidum* Diels ex H. Limpr.：乌兰察布市兴和县苏木山 5889。锡林郭勒盟锡林浩特市水库 6776。

华蒲公英 *Taraxacum sinicum* Kitag.：阿拉善盟阿拉善左旗巴彦浩特 8612。乌兰察布市凉城县岱海 6245。锡林郭勒盟苏尼特左旗白日乌拉 6810、6813。

凸尖蒲公英 *Taraxacum sinomongolicum* Kitag.（= *T. cuspidatum* Dahlst.）：包头市达尔

罕茂明安联合旗希拉穆仁草原 612。

蒲公英属 *Taraxacum* spp.：阿拉善盟阿拉善右旗阿拉腾朝格苏木，孟海龙 9463、9465。赤峰市喀喇沁旗马鞍山 5239、5272；宁城县热水 5349。呼伦贝尔市新巴尔虎左旗诺干淖尔 7803。乌兰察布市凉城县城关镇苗圃 6111，蛮汉山二龙什台 6015、6074、6089、6097。锡林郭勒盟正镶白旗明安图 6828。

据庄剑云等（2003）报道，这个变种在呼伦贝尔市满洲里还生于北方还阳参（还阳参）*Crepis crocea* (Lam.) Babc.上；在呼伦贝尔市海拉尔和满洲里以及呼和浩特市和林格尔生于麻花头 *Klasea centauroides* (L.) Cass. ex Kitag.（≡ *Serratula centauroides* L.）上；在呼和浩特市和林格尔和锡林郭勒盟草原保护区生于华北蒲公英 *Taraxacum borealisinense* Kitam.上；在兴安盟阿尔山生于芥叶蒲公英 *T. brassicifolium* Kitag.上；生于蒙古蒲公英 *T. mongolicum* 上的分布区还有呼伦贝尔市的满洲里；生于白缘蒲公英 *T. platypecidum* 上的分布区还有呼伦贝尔市海拉尔。刘振钦（1983）报道本变种（在 *Puccinia tinctoriicola* 名下）还分布于兴安盟阿尔山市五岔沟的牛汾台，寄生于麻花头上。

国内分布：黑龙江，吉林，辽宁，北京，河北，山西，内蒙古，山东，台湾，河南，陕西，甘肃，青海，宁夏，新疆，云南，四川，贵州，重庆，西藏。

世界分布：世界广布。

华蒲公英 *Taraxacum sinicum*（6245）的花葶上有异株薹草柄锈菌 *Puccinia dioicae* Magnus 的春孢子器寄生。

山柳菊柄锈菌猫儿菊变种　图 110

Puccinia hieracii (Röhl.) H. Mart. var. **hypochaeridis** (Oudem.) Jørst. [as‘*hypochoeridis*’], Kgl. Norske vidensk. Selsk. Skr. 38: 27, 1936 [1935]; Liu & Zhuang, Mycosystema 34: 342, 2015; Liu et al., J. Inner Mongolia Univ. (Nat. Sci. Ed.) 46(3): 280, 2015; Liu et al., J. Fungal Res. 15(4): 246, 2017.

Puccinia hypochaeridis Oudem. [as‘*hypochoeridis*’], Ned. Kruidk. Archf, sér. 1, 1: 175, 1873.

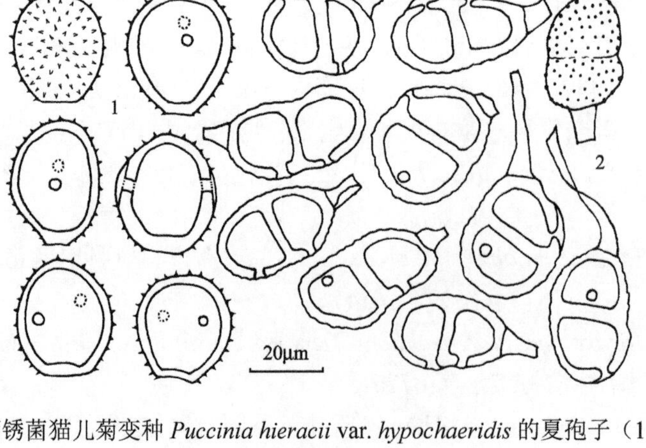

图 110　山柳菊柄锈菌猫儿菊变种 *Puccinia hieracii* var. *hypochaeridis* 的夏孢子（1）和冬孢子（2）（CFSZ 679）

性孢子器和春孢子器在引证标本上未见。

夏孢子堆叶两面生，散生，圆形或椭圆形，直径 0.1～0.5mm，裸露，粉状，肉桂褐色或栗褐色，有破裂的寄主表皮围绕；夏孢子球形、近球形或椭圆形，24～35×21～30μm，壁 1.5～2.5（～3）μm 厚，基部可达 4μm 厚，肉桂褐色，有细刺，芽孔 2 个，腰生或腰上生。

冬孢子堆叶两面生，散生至聚生，圆形或椭圆形，直径 0.1～0.6mm，裸露，粉状，黑褐色；冬孢子椭圆形或卵状椭圆形，25～40×19～25μm，两端圆或向基部渐狭，隔膜处不缢缩或稍缢缩，壁 1.5～2.5μm 厚，顶壁不增厚，肉桂褐色或栗褐色，有细疣，上细胞芽孔位置多变，多数侧生至近隔膜，少数近顶生，下细胞芽孔在中部至近隔膜，常有黄色小孔帽，柄无色，短，有时长达 60μm，易脱落。

（0），（Ⅰ），Ⅱ，Ⅲ

猫儿菊 *Hypochaeris ciliata* (Thunb.) Makino [≡ *Achyrophorus ciliatus* (Thunb.) Sch. Bip.]：赤峰市巴林右旗赛罕乌拉自然保护区大东沟 6452；巴林左旗浩尔吐乡乌兰坝 **679**（= HMAS 244806）；喀喇沁旗马鞍山 5290，十家乡头道营子 839、松树梁 6632。

国内分布：内蒙古。

世界分布：欧洲；亚洲（中国北部）。

本变种夏孢子芽孔多数腰上生，少数腰生，未见顶生者，颜色较重，常肉桂褐色；冬孢子上细胞芽孔多侧生至近隔膜，很少顶生（Liu and Zhuang 2015）。

山柳菊柄锈菌绿毛山柳菊变种　　图 111

Puccinia hieracii (Röhl.) H. Mart. var. **piloselloidearum** (Probst) Jørst. [as‘*piloselloidarum*’], Kgl. Norske vidensk. Selsk. Skr. 38: 27, 1936 [1935].

Puccinia piloselloidearum Probst, Centbl. Bakt. ParasitKde, Abt. Ⅱ 22: 712, 1909.

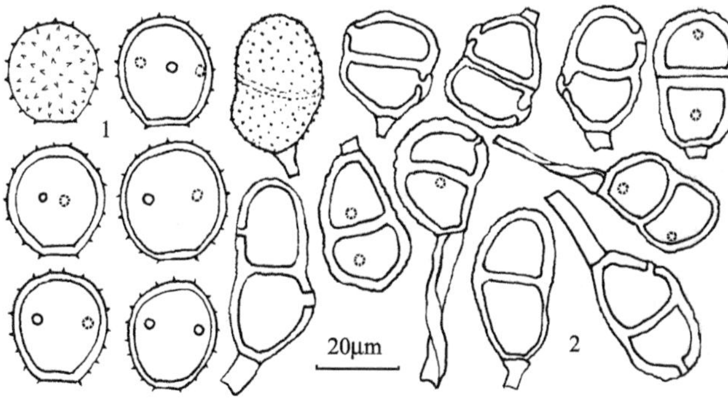

图 111　山柳菊柄锈菌绿毛山柳菊变种 *Puccinia hieracii* var. *piloselloidearum* 的夏孢子（1）和冬孢子（2）（CFSZ 7776）

性孢子器和春孢子器在引证标本上未见。

夏孢子堆叶两面生，散生，圆形或椭圆形，直径 0.1～0.5mm，裸露，粉状，肉桂褐色或栗褐色，有破裂的寄主表皮围绕；夏孢子球形、近球形或椭圆形，20～30×20～

27.5μm，壁 1.5～2.5μm 厚，肉桂褐色，有细刺，芽孔 2（～3）个，腰部略偏上生。

冬孢子堆叶两面生，散生至聚生，圆形或椭圆形，直径 0.1～0.6mm，裸露，粉状，黑褐色；冬孢子椭圆形或卵状椭圆形，25～40（～44）×17.5～25μm，两端圆或向基部渐狭，隔膜处不缢缩或稍缢缩，壁 1.5～2.5μm 厚，顶壁不增厚，肉桂褐色或栗褐色，有细疣，上细胞芽孔位置多变，顶生、侧生或近隔膜，下细胞芽孔在中部至近隔膜，常有黄色小孔帽；柄无色，短，有时长达 30μm，易脱落。

（0），（Ⅰ），Ⅱ，Ⅲ

*粗毛山柳菊 *Hieracium virosum* Pall.：呼伦贝尔市鄂温克族自治旗红花尔基 7766、**7776**（= HMAS 247626）。

国内分布：内蒙古。

世界分布：欧洲；亚洲（中国东北）。

本变种与原变种 var. *hieracii* 的区别仅在于夏孢子芽孔着生在腰部略偏上的位置，绝不近顶端，寄主仅限于绿毛山柳菊 *Hieracium pilosella* L.或其近似种（Wilson and Henderson 1966；庄剑云等 2003）。我们的菌夏孢子芽孔正是着生在腰部略偏上的位置，未见顶生者。本变种为中国新记录。

低滩苦荬菜柄锈菌　图 112

Puccinia lactucae-debilis Dietel, Annls Mycol. 6: 225, 1908; Tai, Syll. Fung. Sin.: 651, 1979; Wei & Wang, Acta Mycol. Sin., Suppl. 1: 201, 1987 [1986]; Wei & Zhuang, Fungi of Xiaowutai Mountains in Hebei Province: 118, 1997; Wei & Zhuang, Fungi of the Qinling Mountains: 59, 1997; Zhang et al., Mycotaxon 61: 70, 1997; Zhuang & Wei, J. Jilin Agr. Univ. 24(2): 9, 2002; Zhuang et al., Fl. Fung. Sin. 19: 228, 2003; Liu & Tian, J. Fungal Res. 12(4): 212, 2014; Liu et al., J. Inner Mongolia Univ. (Nat. Sci. Ed.) 46(3): 280, 2015; Liu et al., J. Fungal Res. 15(4): 247, 2017.

Puccinia ixeridis-oldhami Sawada, Trans. Nat. Hist. Soc. Formosa 32: 222, 1942; Tai, Syll. Fung. Sin.: 648, 1979.

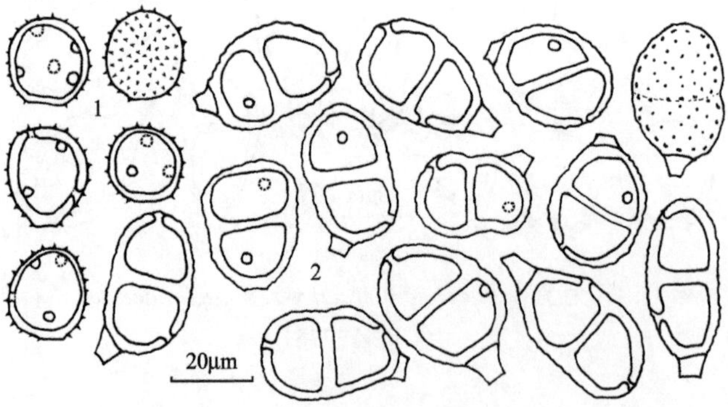

图 112　低滩苦荬菜柄锈菌 *Puccinia lactucae-debilis* 的夏孢子（1）和冬孢子（2）（CFSZ 1837）

性孢子器生于叶上面，聚生。

春孢子器叶两面生，以叶下面为主，聚生或散生，杯状，淡黄色；春孢子多角形、球形、近球形或椭圆形，15～25×12.5～17.5μm，壁约 1μm 厚，淡黄色或近无色，有细疣。

夏孢子堆叶两面生，以叶下面为主，散生，裸露，圆形或近圆形，直径 0.1～0.6mm，黄褐色或肉桂褐色，粉状；夏孢子球形、近球形或椭圆形，（18～）21～27（～30）×（15～）18～22（～25）μm，壁 1.5～2μm 厚，黄褐色或肉桂褐色，有细刺，芽孔 3～5 个，散生。

冬孢子堆叶两面生，以叶下面为主，散生，裸露，圆形或近圆形，直径 0.2～0.8mm，栗褐色；冬孢子椭圆形、宽椭圆形或倒卵形，25～36（～40）×18～24（～27.5）μm，两端圆，隔膜处不缢缩或稍缢缩，壁 1.5～2.5μm 厚，顶壁不增厚，肉桂褐色，有细疣，上细胞芽孔顶生或略偏下，下细胞芽孔在中部或近中部，柄无色，短，有时长达 20μm，易脱落，有时斜生。有 1 室冬孢子。

0，Ⅰ，Ⅱ，Ⅲ

黄瓜假还阳参（苦荬菜）*Crepidiastrum denticulatum* (Houtt.) J.H. Pak & Kawano [≡ *Ixeris denticulata* (Houtt.) Stebbins]：通辽市科尔沁左翼后旗大青沟 6304、6331。

尖裂假还阳参（抱茎苦荬菜）*Crepidiastrum sonchifolium* (Bunge) J.H. Pak & Kawano [≡ *Ixeris sonchifolia* (Bunge) Hance]：赤峰市敖汉旗四家子镇热水 7090；巴林右旗赛罕乌拉自然保护区正沟 9529；喀喇沁旗马鞍山 5261，十家乡头道营子 835、840，旺业甸 6979，大东沟 7043；红山区红山 6643；宁城县热水 5365、5368；元宝山区小五家 9663。

中华苦荬菜（山苦荬）*Ixeris chinensis* (Thunb.) Nakai：包头市达尔罕茂明安联合旗希拉穆仁草原 616。赤峰市敖汉旗四家子镇热水 7058；红山区赤峰学院 1160，钢铁西街西出口 5527，新城区 **1837**、5390、5577、6372。鄂尔多斯市伊金霍洛旗阿勒腾席热 8532。呼和浩特市赛罕区满都海公园 8282。呼伦贝尔市鄂温克族自治旗红花尔基 7793。乌海市海勃湾区植物园 8576。乌兰察布市凉城县岱海 6133；商都县七台 8413；兴和县大同窑 5954。锡林郭勒盟太仆寺旗永丰 8710；锡林浩特市植物园 6753。

丝叶苦荬菜 *Ixeris chinensis* (Thunb.) Nakai subsp. *graminifolia* (Ledeb.) Kitag.：锡林郭勒盟正镶白旗明安图 6845。

多色苦荬菜（狭叶中华苦荬菜）*Ixeris chinensis* (Thunb.) Nakai subsp. *versicolor* (Fisch.) Kitam. [= *I. chinensis* (Thunb.) Nakai var. *intermedia* (Kitag.) Kitag.]：赤峰市巴林左旗野猪沟 701。鄂尔多斯市准格尔旗十二连城 766。

翅果菊 *Lactuca indica* L. [≡ *Pterocypsela indica* (L.) C. Shih]：赤峰市敖汉旗大黑山自然保护区 8778；宁城县黑里河自然保护区三道河 5600、6173。呼伦贝尔市阿荣旗三岔河 7446，辋窑，华伟乐 7212。通辽市科尔沁左翼后旗大青沟 6345。

山莴苣（北山莴苣）*Lactuca sibirica* (L.) Benth. ex Maxim. [≡ *Lagedium sibiricum* (L.) Soják]：赤峰市巴林右旗赛罕乌拉自然保护区西沟 6514。呼伦贝尔市鄂伦春自治旗大杨树 7520；根河市敖鲁古雅 9395，满归镇凝翠山 9333；牙克石市博克图 9228。

乳苣 *Lactuca tatarica* (L.) C.A. Mey. [≡ *Mulgedium tataricum* (L.) DC.]：鄂尔多斯市伊金霍洛旗乌兰木伦，乔龙厅 8247。

据 Zhuang 和 Wei（2002b）、庄剑云等（2003）报道，这个种在兴安盟阿尔山生于高

莴苣 *L. raddeana* Maxim. var. *elata* (Hemsl.) Kitam.和山莴苣 *L. sibirica* 上。

国内分布：黑龙江，吉林，北京，河北，山西，内蒙古，福建，台湾，陕西，新疆，云南，四川，贵州，重庆。

世界分布：日本，中国，朝鲜半岛，俄罗斯远东地区。

苦荬菜柄锈菌　　图 113

Puccinia lactucae-denticulatae Dietel, Bot. Jb. 37: 103, 1905; Wang, Index Ured. Sin.: 59, 1951; Tai, Syll. Fung. Sin.: 651, 1979. p. p.; Wei & Wang, Acta Mycol. Sin., Suppl. 1: 212, 1987 [1986]; Liu et al., J. Shenyang Agr. Univ. 22(4): 307, 1991; Wei & Zhuang, Fungi of Xiaowutai Mountains in Hebei Province: 118, 1997; Wei & Zhuang, Fungi of the Qinling Mountains: 59, 1997; Zhuang et al., Fl. Fung. Sin. 19: 229, 2003; Liu et al., J. Inner Mongolia Univ. (Nat. Sci. Ed.) 46(3): 280, 2015.

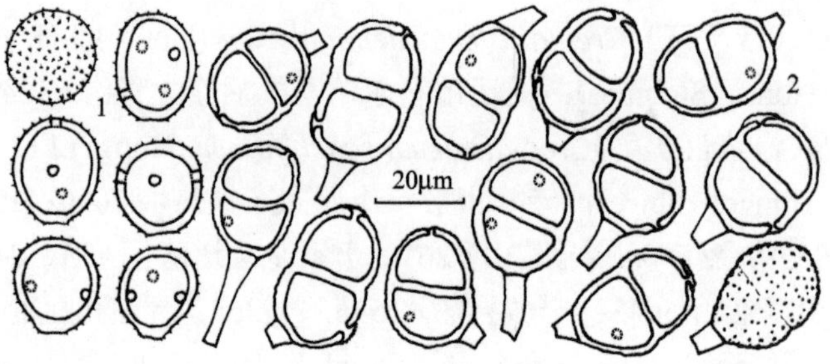

图 113　苦荬菜柄锈菌 *Puccinia lactucae-denticulatae* 的夏孢子（1）和冬孢子（2）（CFSZ 6189）

夏孢子堆叶两面生，以叶下面为主，散生，圆形或近圆形，裸露，直径 0.1～0.6mm，肉桂褐色，粉状；夏孢子球形、近球形或椭圆形，17.5～25×15～21μm，壁（1～）1.5～2μm 厚，基部有时达 3μm 厚，黄褐色或肉桂褐色，有细刺，芽孔 2～4 个，散生或近腰生。

冬孢子堆叶两面生，以叶下面为主，散生，裸露，圆形或近圆形，直径 0.2～0.6mm，粉状，栗褐色；冬孢子椭圆形、宽椭圆形或倒卵形，22.5～32.5×15～22.5μm，两端圆，隔膜处不缢缩或稍缢缩，壁 1.5～2μm 厚，顶壁不增厚，肉桂褐色，有细疣，上细胞芽孔顶生或略偏下，下细胞芽孔在中部或近中部，有时具不明显的小孔帽；柄无色，短，有时长达 25μm，易脱落，有时斜生。偶见 1 室冬孢子。

II，III

黄瓜假还阳参（苦荬菜）*Crepidiastrum denticulatum* (Houtt.) J.H. Pak & Kawano [≡ *Ixeris denticulata* (Houtt.) Stebbins]：赤峰市敖汉旗大黑山自然保护区 8806、8822；喀喇沁旗旺业甸 6944，大店 8014、8017，大东沟 7044；宁城县黑里河自然保护区上拐 8214，下拐 **6189**。

尖裂假还阳参（抱茎苦荬菜）*Crepidiastrum sonchifolium* (Bunge) J.H. Pak & Kawano [≡ *Ixeris sonchifolia* (Bunge) Hance]：乌兰察布市兴和县大同窑 5949、5953。

国内分布：黑龙江，吉林，北京，河北，内蒙古，山东，江西，福建，湖北。

世界分布：日本，中国，朝鲜半岛，俄罗斯远东地区。

本种与低滩苦荬菜柄锈菌 *Puccinia lactucae-debilis* 相似，区别仅在于其夏孢子和冬孢子均较小，夏孢子芽孔数目较少，为 2～4 个；后者夏孢子和冬孢子均较大，夏孢子芽孔为 3～5 个。

米努辛柄锈菌 图 114

Puccinia minussensis Thüm., Bull. Soc. Imp. Nat. Moscou 53: 214, 1878; Teng, Fungi of China: 350, 1963; Tai, Syll. Fung. Sin.: 658, 1979; Wei & Wang, Acta Mycol. Sin., Suppl. 1: 199, 1987 [1986]; Guo, Fungi and Lichens of Shennongjia: 134, 1989; Liu et al., J. Shenyang Agr. Univ. 22(4): 308, 1991; Zhuang & Wei, Mycosystema 7: 64, 1994; Wei & Zhuang, Fungi of the Qinling Mountains: 61, 1997; Zhang et al., Mycotaxon 61: 71, 1997; Zhuang et al., Fl. Fung. Sin. 19: 232, 2003; Liu & Tian, J. Fungal Res. 12(4): 212, 2014; Liu et al., J. Inner Mongolia Univ. (Nat. Sci. Ed.) 46(3): 280, 2015; Liu et al., J. Fungal Res. 15(4): 247, 2017.

Puccinia lactucae Dietel, Bot. Jb. 28(3): 285, 1900, p. p.; Wang, Index Ured. Sin.: 59, 1951; Teng, Fungi of China: 350, 1963.

Puccinia lactucicola Miura, *in* Sydow & Sydow, Annls Mycol. 11(2): 96, 1913; Wang, Index Ured. Sin.: 59, 1951.

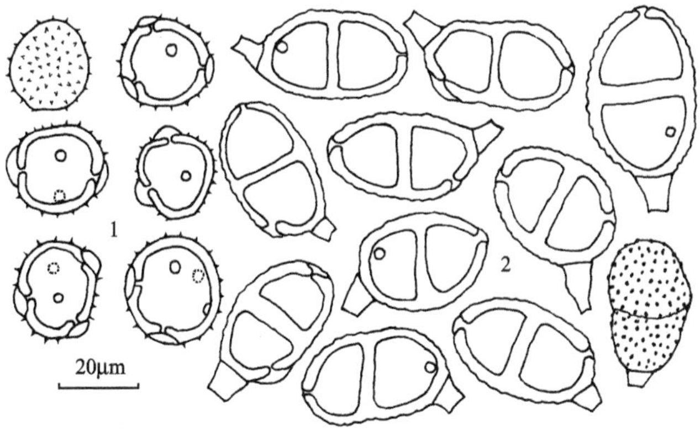

图 114 米努辛柄锈菌 *Puccinia minussensis* 的夏孢子（1）和冬孢子（2）（CFSZ 996）

性孢子器叶两面生，以叶上面为主，散生，淡黄色。

春孢子器叶两面生，也生于茎上，以叶下面为主，多沿叶脉发生，杯状，黄褐色；春孢子球形、近球形、倒卵形、椭圆形或多角形，15～32.5×12.5～27.5μm，壁 1～2（～2.5）μm 厚，淡黄色或近无色，有细疣。

夏孢子堆叶两面生，以叶下面为主，有破裂的寄主表皮细胞围绕，散生，圆形或近圆形，直径 0.1～0.6mm，粉状，肉桂褐色；夏孢子球形、近球形或宽椭圆形，（17.5～）21～27.5（～32.5）×（15～）20～22.5（～27.5）μm，壁 1.5～2μm 厚，黄褐色或肉桂褐色，有刺，芽孔 3～6 个，散生，有明显透明的孔帽。

冬孢子堆叶两面生，以叶下面为主，裸露，有破裂的寄主表皮围绕，散生，圆形或椭圆形，直径0.2～1.5mm，粉状，栗褐色；冬孢子宽椭圆形、椭圆形或倒卵形，（25～）30～37.5（～45）×（15～）17.5～24（～27.5）μm，两端圆或基部渐狭，隔膜处不缢缩或稍缢缩，壁1.5～2.5μm厚，顶壁不增厚，肉桂褐色，有明显的疣，上细胞芽孔顶生，下细胞芽孔在中部或中部以下，常有淡黄色小孔帽，柄无色，易断。1室冬孢子常见。

0，Ⅰ，Ⅱ，Ⅲ

翅果菊 *Lactuca indica* L. [≡ *Pterocypsela indica* (L.) C. Shih]：赤峰市巴林右旗赛罕乌拉自然保护区罕山1288、6503；喀喇沁旗十家乡头道营子992、**996**；宁城县黑里河自然保护区三道河5580、5590、7276，四道沟944、946；松山区老府镇五十家子5818。呼伦贝尔市根河市二道河7744；莫力达瓦达斡尔族自治旗甘河7491。通辽市科尔沁左翼后旗大青沟342。兴安盟科尔沁右翼前旗居力很930、936。

山莴苣（北山莴苣）*Lactuca sibirica* (L.) Benth. ex Maxim. [≡ *Lagedium sibiricum* (L.) Soják]：阿拉善盟阿拉善右旗阿拉腾朝格苏木，孟海龙9464。包头市赛罕塔拉公园820；土默特右旗萨拉齐8468。赤峰市敖汉旗四道湾子镇小河沿7130；巴林右旗赛罕乌拉自然保护区荣升6558；克什克腾旗白音敖包1347，达里诺尔1090。鄂尔多斯市伊金霍洛旗乌兰木伦，乔龙厅8243。呼伦贝尔市鄂温克族自治旗红花尔基7763；根河市阿龙山9374，敖鲁古雅7681，得耳布尔888。乌兰察布市凉城县岱海6150、6151、6159、6256、6262、6268、6269；商都县七台镇不冻河8688、8690。锡林郭勒盟锡林浩特市白银库伦6699。兴安盟阿尔山市伊尔施7863。

乳苣 *Lactuca tatarica* (L.) C.A. Mey. [≡ *Mulgedium tataricum* (L.) DC.]：鄂尔多斯市准格尔旗喇嘛湾775。

长裂苦苣菜（苣荬菜）*Sonchus brachyotus* DC.（*Sonchus arvensis* auct. non L.）：巴彦淖尔市临河区双河镇483。鄂尔多斯市准格尔旗喇嘛湾773。呼和浩特市昭君墓595。

国内分布：吉林，北京，河北，山西，内蒙古，山东，江苏，浙江，安徽，江西，福建，上海，台湾，湖北，海南，广东，广西，香港，陕西，甘肃，青海，宁夏，新疆，云南，四川，贵州，重庆，西藏。

世界分布：北温带广布。

采自包头市土默特右旗萨拉齐和乌兰察布市凉城县岱海，以及商都县七台镇不冻河寄主为山莴苣的10号标本没有镜检到夏孢子，1室冬孢子非常多，有时可达50%。

假球柄锈菌　　图115，图116

Puccinia pseudosphaeria Mont., *in* Webb & Berthelot, Hist. Nat. Iles Canar. 3(2): 89, 1840; Liu et al., J. Shenyang Agr. Univ. 22(4): 308, 1991; Wei & Zhuang, Fungi of the Qinling Mountains: 64, 1997; Zhuang et al., Fl. Fung. Sin. 19: 235, 2003; Liu et al., J. Fungal Res. 2(3): 14, 2004; Liu et al., J. Inner Mongolia Univ. (Nat. Sci. Ed.) 46(3): 281, 2015.

Miyagia pseudosphaeria (Mont.) Jørst., Nytt Mag. Bot. 9: 78, 1962 [1961]; Liu et al., J. Shanxi Univ. 1981(3): 47, 1981.

Puccinia sonchi Roberge ex Desm., Ann. Sci. Nat., Bot., sér. 3, 11: 274, 1849; Wang, Index Ured. Sin.: 73, 1951; Tai, Syll. Fung. Sin.: 682, 1979.

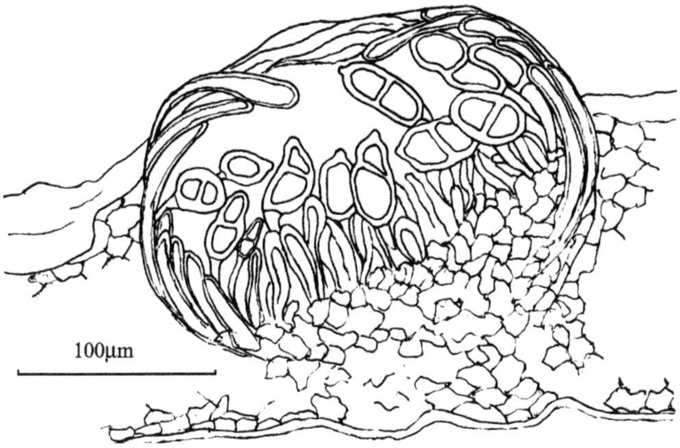

图 115 假球柄锈菌 *Puccinia pseudosphaeria* 的冬孢子堆（CFSZ 95）

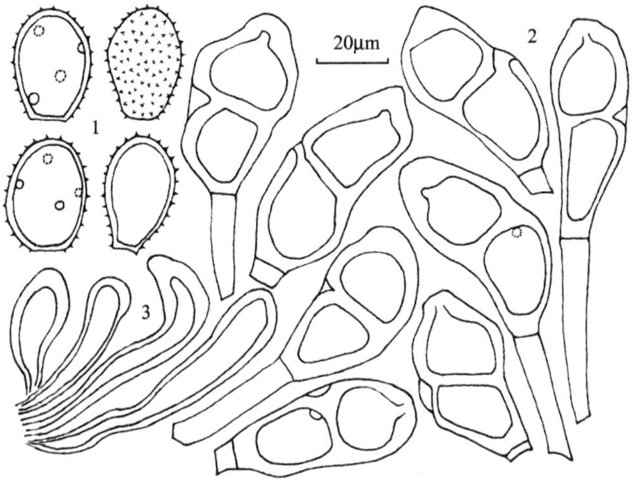

图 116 假球柄锈菌 *Puccinia pseudosphaeria* 的夏孢子（1）、冬孢子（2）和侧丝（3）（CFSZ 1716）

性孢子器和春孢子器未见。

夏孢子堆叶两面生，也生于茎上，以叶下面为主，散生或聚生，圆形、椭圆形或长椭圆形，直径 0.1～0.5mm，隆起，裸露，周围有侧面相连的侧丝环绕，橘黄色或淡褐色，粉状；侧丝棍棒状，厚壁，暗褐色；夏孢子椭圆形、倒卵形或长倒卵形，21～40×（13～）16～22.5（～27.5）μm，壁 1.5～3μm 厚，淡黄色，密生细疣，芽孔不清楚，似 4～5 个，散生。

冬孢子堆叶两面生，以叶下面为主，也生于茎上，散生或聚生，圆形至长椭圆形，直径 0.1～0.5mm，永久被寄主表皮覆盖或后期稍裸露，隆起，有棍棒状、厚壁、红褐色侧丝围绕，内部隔成数个小室，灰黑色；冬孢子卵形、椭圆形或长椭圆形，（34～）45～56（～65）×（16～）22～27（～30）μm，顶端圆、突尖或平钝，隔膜处不缢缩或稍缢缩，基部渐狭，壁黄褐色，侧壁 2～2.5（～3）μm 厚，顶部加厚，2.5～7（～10）μm 厚，有不明显的疣，上细胞芽孔顶生，下细胞芽孔近隔膜；柄近无色或淡褐色，长达 40μm，不脱落；1 室冬孢子常见，倒卵形、椭圆形或近棍棒形。

（0），（Ⅰ），Ⅱ，Ⅲ

长裂苦苣菜（苣荬菜）*Sonchus brachyotus* DC.（*Sonchus arvensis* auct. non L.）：赤峰市敖汉旗四道湾子镇小河沿 7120、7126；巴林右旗巴林桥 6924；克什克腾旗达里诺尔 **95**。呼伦贝尔市阿荣旗三岔河 7426；额尔古纳市上护林 7748；鄂伦春自治旗乌鲁布铁 7496、7573；莫力达瓦达斡尔族自治旗尼尔基 7478。通辽市霍林河市镜湖 **1716**。

国内分布：北京，内蒙古，陕西，四川，云南。

世界分布：欧亚大陆温带，非洲北部，大洋洲（新西兰）。

在 7748 号标本寄主上还有蔬食蓟柄锈菌 *Puccinia cnici-oleracei* Pers. ex Desm.寄生。

风毛菊柄锈菌　　图 117

Puccinia saussureae Thüm., Bull. Soc. Imp. Nat. Moscou 53: 214, 1878; Zhuang & Wei, Mycosystema 7: 70, 1994; Zhuang et al., Fl. Fung. Sin. 19: 237, 2003; Liu et al., J. Inner Mongolia Univ. (Nat. Sci. Ed.) 46(3): 281, 2015.

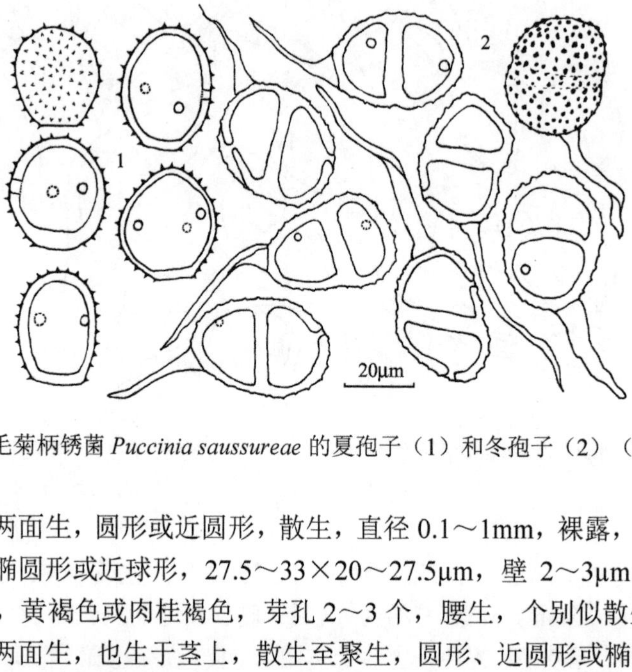

图 117　风毛菊柄锈菌 *Puccinia saussureae* 的夏孢子（1）和冬孢子（2）（CFSZ 474）

夏孢子堆叶两面生，圆形或近圆形，散生，直径 0.1～1mm，裸露，粉状，肉桂褐色；夏孢子倒卵形、椭圆形或近球形，27.5～33×20～27.5μm，壁 2～3μm 厚，基部有时增厚达 5μm，有刺，黄褐色或肉桂褐色，芽孔 2～3 个，腰生，个别似散生，有时有孔帽。

冬孢子堆叶两面生，也生于茎上，散生至聚生，圆形、近圆形或椭圆形，直径 0.2～2.5mm，有破裂的寄主表皮围绕，粉状，暗褐色；冬孢子椭圆形或矩圆形，30～45×25～30μm，两端圆，隔膜处不缢缩或略缢缩，壁 1.5～2.5μm 厚，均匀或顶壁略增厚达 4～5μm，表面布满疣，肉桂褐色，上细胞芽孔顶生或略偏下，下细胞芽孔多在中部以上，稀近隔膜或中部以下，柄无色，可达 90μm，常萎缩。

Ⅱ，Ⅲ

盐地风毛菊 *Saussurea salsa* (Pall.) Spreng.：巴彦淖尔市磴口县，侯振世 8314（=HNMAP 3648）；临河区 588，双河镇 **474**、477。

倒羽叶风毛菊（碱地风毛菊）*Saussurea runcinata* DC.：锡林郭勒盟苏尼特左旗白日乌拉 6809。

据庄剑云等（2003）报道，这个种在呼伦贝尔市海拉尔生于蓖苞风毛菊 *S. pectinata* Bunge ex DC.上，在阿拉善盟阿拉善左旗生于羽裂风毛菊 *S. pinnatidentata* Lipsch.上；生于盐地风毛菊上的分布区还有巴彦淖尔市的五原县。

国内分布：北京，河北，内蒙古，陕西，甘肃，新疆，西藏。

世界分布：俄罗斯西伯利亚，阿塞拜疆，哈萨克斯坦，印度北部，中国西部和北部。

华北柄锈菌　图 118

Puccinia sinoborealis S.X. Wei & Y.C. Wang, Acta Mycol. Sin., Suppl. 1: 209, 1987 [1986]; Zhuang et al., Fl. Fung. Sin. 19: 240, 2003; Liu et al., J. Inner Mongolia Univ. (Nat. Sci. Ed.) 46(3): 281, 2015.

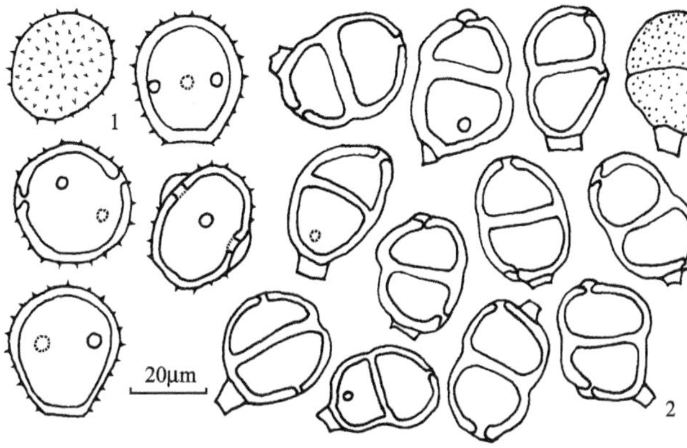

图 118　华北柄锈菌 *Puccinia sinoborealis* 的夏孢子（1）和冬孢子（2）（CFSZ 5328）

性孢子器和春孢子器在引证标本中未见。

夏孢子堆叶两面生，圆形或近圆形，散生，直径 0.2～0.6mm，裸露，有破裂的寄主表皮围绕，粉状，肉桂褐色；夏孢子倒卵形、宽椭圆形或近球形，25～32.5（～37.5）× 19～29μm，壁 1～2μm 厚，有刺，黄褐色，芽孔 2～3（～4）个，腰生，个别的似散生，有时有孔帽。

冬孢子堆叶两面生，散生至稍聚生，圆形、近圆形或椭圆形，直径 0.2～0.8mm，裸露，有破裂的寄主表皮围绕，粉状，栗褐色；冬孢子椭圆形、矩圆形或倒卵形，25～35（～50）×16～25μm，两端圆，隔膜处不缢缩或略缢缩，壁 1.5～2（～2.5）μm 厚，均匀，黄褐色或肉桂褐色，有不明显的细疣，上细胞芽孔顶生或略偏下，下细胞芽孔多近基部，稀在中部或近隔膜，有时有淡色至无色孔帽，柄无色，易在近孢子处断裂，有时斜生。

（0），（Ⅰ），Ⅱ，Ⅲ

鸦葱 *Scorzonera austriaca* Willd.：锡林郭勒盟锡林浩特市辉腾锡勒 6732、6735。

桃叶鸦葱 *Scorzonera sinensis* Lipsch. & Krasch.：赤峰市喀喇沁旗锦山镇北山 **5328**。

国内分布：北京，内蒙古，山东。

世界分布：中国。

魏淑霞和王云章（1987）、庄剑云等（2005）描述本种夏孢子芽孔腰生，冬孢子下细胞芽孔近基部。我们的菌夏孢子芽孔有的似散生，冬孢子下细胞芽孔的着生位置较不固定，多数近基部，但也有近中部的，偶尔还生在近隔膜处。生于鸦葱（6732、6735）上的菌未见夏孢子堆，镜检时见到的少数夏孢子体积较大，可长达 37.5μm，芽孔不清楚；个别冬孢子也较长，长达 50μm。

苏尼特柄锈菌 图 119

Puccinia sonidensis T.Z. Liu, *in* Liu & Zhuang, Mycosystema 34: 342, 2015; Liu et al., J. Inner Mongolia Univ. (Nat. Sci. Ed.) 46(3): 281, 2015.

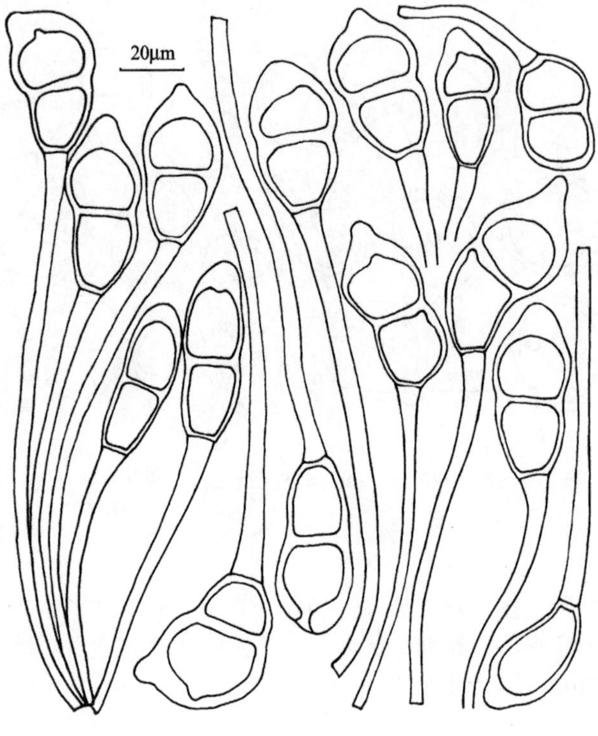

图 119 苏尼特柄锈菌 *Puccinia sonidensis* 的冬孢子（CFSZ 6790）

冬孢子堆叶两面生，也生于茎上，聚生，裸露，直径 0.5～2mm，圆形或椭圆形，常汇合围绕茎和叶一周，有时长达 2cm，垫状，坚实，栗褐色至暗褐色，周围有破裂的寄主表皮围绕；冬孢子椭圆形、宽椭圆形或长倒卵形，35～60（～67.5）×15～27.5（～32.5）μm，顶端锥尖或钝圆，基部圆或渐狭，隔膜处稍缢缩，侧壁 1～2.5μm 厚，顶壁 4～12.5（～17.5）μm 厚，肉桂褐色，光滑，上细胞芽孔顶生，下细胞芽孔近隔膜，孢子成熟后立即萌发，柄无色，长达 35～150（～180）μm，不脱落；有 1 室冬孢子混生。

III

拐轴鸦葱 *Scorzonera divaricata* Turcz.：阿拉善盟阿拉善左旗巴彦浩特 8613、8615。鄂尔多斯市伊金霍洛旗阿勒腾席热 8555。锡林郭勒盟苏尼特左旗满都拉图 **6790**（主模式）、6800（= HMAS 244817，副模式）。

国内分布：内蒙古。

世界分布：中国西北部。

本种发表以前，文献报道生于鸦葱属 *Scorzonera* 上的柄锈菌有 6 种，其中产生夏孢子和冬孢子的种有 5 个：*Puccinia hieracii* (Röhl.) H. Mart.（Azbukina 2005），*P. podospermi* DC.（Sydow and Sydow 1904），*P. jackyana* Gäum. ex Jørst.（1961）[= *P. scorzonerae* (Schumach.) Jacky（1899）]，*P. scorzonerae-limnophilae* Alé-Agha（Viennot-Bourgin and Alé-Agha 1985）和 *P. sinoborealis* S.X. Wei & Y.C. Wang（魏淑霞和王云章 1987；庄剑云等 2003）；产自伊朗的 *P. meshhedensis* Petr.（1939）虽然是短生活史的种，但非无眠冬孢型（lepto-form），并且冬孢子表面具有细疣，顶壁不增厚，柄短，易脱落。本种为无眠冬孢型的种，冬孢子光滑，具长柄，易与上述各种相区别。本种与 *P. cnici-oleracei* Pers. ex Desm.最近似，但前者的冬孢子柄明显长，长达 150（～180）μm，后者冬孢子柄较短，长达 50～78（～130）μm（Sydow and Sydow 1904；Gäumann 1959；Wilson and Henderson 1966；Cummins 1978；Hiratsuka et al. 1992；曹支敏和李振岐 1999；庄剑云等 2003；Azbukina 2005；Liu and Zhuang 2015）。

艾菊柄锈菌原变种　　图 120

Puccinia tanaceti DC., *in* Lamarck & de Candolle, Fl. Franç., Edn 3, 2: 222, 1805; Wang, Index Ured. Sin.: 74, 1951; Tai, Syll. Fung. Sin.: 686, 1979; Wei & Wang, Acta Mycol. Sin., Suppl. 1: 205, 1987 [1986]; Guo, Fungi and Lichens of Shennongjia: 139, 1989; Liu et al., J. Shenyang Agr. Univ. 22(4): 309, 1991; Zhuang & Wei, Mycosystema 7: 73, 1994; Wei & Zhuang, Fungi of Xiaowutai Mountains in Hebei Province: 126, 1997; Wei & Zhuang, Fungi of the Qinling Mountains: 70, 1997; Zhuang & Wei, J. Jilin Agr. Univ. 24(2): 10, 2002; Zhuang et al., Fl. Fung. Sin. 19: 241, 2003; Liu et al., J. Fungal Res. 2(3): 15, 2004; Liu & Tian, J. Fungal Res. 12(4): 212, 2014; Liu et al., J. Inner Mongolia Univ. (Nat. Sci. Ed.) 46(3): 281, 2015; Liu et al., J. Fungal Res. 15(4): 248, 2017. var. **tanaceti**

Puccinia absinthii DC., Encycl. Méth. Bot. 8: 245, 1808; Wang, Index Ured. Sin.: 39, 1951; Teng, Fungi of China: 349, 1963.

Puccinia artemisiella P. Syd. & Syd., Monogr. Ured. 1: 14, 1902 [1904]; Wang, Index Ured. Sin.: 43, 1951.

Puccinia chrysanthemi Roze, Bull. Soc. Mycol. Fr. 16: 92, 1900; Wang, Index Ured. Sin.: 47, 1951; Tai, Syll. Fung. Sin.: 624, 1979; Liu, J. Jilin Agr. Univ. 1983(2): 5, 1983.

夏孢子堆叶两面生，以叶下面为主，也生于苞片上，散生或聚生，圆形或椭圆形，直径 0.2～1mm，初期覆盖于寄主表皮下，后期表皮破裂裸露，粉状，黄褐色；夏孢子椭圆形、倒卵形或近球形，（19～）26～29（～37.5）×15～25μm，壁 1.5～2.5μm 厚，黄褐色，有细刺，芽孔（2～）3 个，腰生，有孔帽。

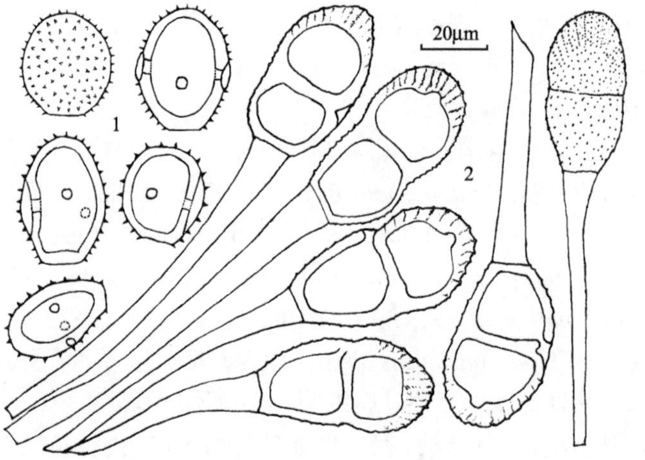

图 120　艾菊柄锈菌原变种 *Puccinia tanaceti* var. *tanaceti* 的夏孢子（1）和冬孢子（2）（CFSZ 1738）

冬孢子堆叶两面生，以叶下面为主，也生于茎和苞片上，散生或聚生，圆形或椭圆形，初期被表皮覆盖，后期裸露，直径 0.2～2.5mm，垫状，较坚实，黑褐色；冬孢子椭圆形、卵形、棍棒形，（29～）35～56（～60）×（18～）22～26（～30）μm，顶端圆、平钝或稍尖，隔膜处缢缩至不缢缩，基部渐狭，壁褐色或栗褐色，侧壁 1.5～3μm 厚，顶部多加厚，色深，3～6（～10）μm 厚，有细疣，顶端有皱纹，上细胞芽孔顶生或略下，下细胞芽孔近隔膜；柄无色，长达 110（～125）μm，不脱落；偶有 1 室和 3 室冬孢子。

Ⅱ，Ⅲ

碱蒿 *Artemisia anethifolia* Weber ex Stechm.：赤峰市敖汉旗四道湾子镇小河沿 7112。

莳萝蒿 *Artemisia anethoides* Mattf.：锡林郭勒盟锡林浩特市水库 6772。

黄花蒿 *Artemisia annua* L.：赤峰市阿鲁科尔沁旗高格斯台罕乌拉自然保护区 5764；敖汉旗四道湾子镇小河沿 7128，四家子镇热水 7101；巴林右旗赛罕乌拉自然保护区场部 9933；巴林左旗野猪沟 702；喀喇沁旗牛家营子镇于家营子 5016，十家乡头道营子 365；红山区 243、1969；宁城县热水 5382。鄂尔多斯市伊金霍洛旗阿勒腾席热 8560。呼和浩特市大青山生态园 622。呼伦贝尔市阿荣旗三岔河 7398。通辽市扎鲁特旗鲁北炮台山 7314。乌兰察布市凉城县城关镇苗圃 6120。锡林郭勒盟锡林浩特市水库 6771。兴安盟科尔沁右翼中旗布敦化 7472。

艾 *Artemisia argyi* H. Lév. & Vaniot：赤峰市喀喇沁旗十家乡头道营子 400；宁城县黑里河自然保护区三道河 6167，下拐 6201，热水 5384。

朝鲜艾（野艾）*Artemisia argyi* H. Lév. & Vaniot var. *gracilis* Pamp.：呼伦贝尔市鄂伦春自治旗大杨树 7517，加格达奇 7610。

茵陈蒿 *Artemisia capillaris* Thunb.：呼伦贝尔市鄂温克族自治旗红花尔基 7775。

沙蒿（漠蒿）*Artemisia desertorum* Spreng.：赤峰市敖汉旗大黑山自然保护区 8818。

细裂叶莲蒿（白莲蒿）*Artemisia gmelinii* Weber ex Stechm.（= *A. sacrorum* Ledeb.）：赤峰市阿鲁科尔沁旗高格斯台罕乌拉自然保护区 5753；敖汉旗大黑山自然保护区 8752；巴林右旗赛罕乌拉自然保护区大东沟 6451；喀喇沁旗锦山 5324、5336，马鞍山 5252，十家乡头道营子 849、8893，旺业甸新开坝 6997；克什克腾旗书声，于国林 43；红山区红山 6642，南山 12；林西县五十家子镇大冷山 5669；宁城县黑里河自然保护区道须沟 5475；松山区老府 122、1362。呼和浩特市和林格尔县南天门 646。呼伦贝尔市阿荣旗三岔河镇辋窑，华伟乐 6365、7229；根河市二道河 7736。通辽市科尔沁左翼后旗大青沟 6327，努古斯台镇衙门营子 7297。乌兰察布市凉城县蛮汉山二龙什台 6062；兴和县苏木山 5879。

灰莲蒿 *Artemisia gmelinii* Weber ex Stechm. var. *incana* (Besser) H.C. Fu [= *A. sacrorum* Ledeb. var. *incana* (Besser) Y.R. Ling]：赤峰市喀喇沁旗马鞍山 5227；宁城县热水 5371；松山区老府镇五十家子 1981。通辽市扎鲁特旗鲁北炮台山 7306。乌兰察布市兴和县苏木山 5932。

盐蒿 *Artemisia halodendron* Turcz. ex Besser：赤峰市巴林右旗赛罕乌拉自然保护区王坟沟 6607，荣升 8138。

野艾蒿 *Artemisia lavandulifolia* DC.：赤峰市宁城县黑里河自然保护区下拐 6203。

*东北牡蒿 *Artemisia manshurica* (Kom.) Kom.：呼伦贝尔市鄂温克族自治旗红花尔基 7780。

蒙古蒿 *Artemisia mongolica* (Fisch. ex Besser) Fisch. ex Nakai：包头市昆都仑区植物园 815。赤峰市敖汉旗大黑山自然保护区 8830、8832；喀喇沁旗马鞍山 5217、5226，旺业甸 5027；宁城县黑里河自然保护区八沟道 5494，上拐 8175；松山区老府 118、120。呼和浩特市赛罕区满都海公园 8278、8281。呼伦贝尔市阿荣旗三岔河 7379；鄂伦春自治旗乌鲁布铁 7574；根河市敖鲁古雅 7654；莫力达瓦达斡尔族自治旗甘河 7488。

红足蒿 *Artemisia rubripes* Nakai：赤峰市喀喇沁旗旺业甸 6963、6973、6980，新开坝 7014，大东沟 7020；宁城县黑里河自然保护区上拐 8179；热水 5380。

猪毛蒿 *Artemisia scoparia* Waldst. & Kit.：呼伦贝尔市鄂温克族自治旗红花尔基 7789。

大籽蒿 *Artemisia sieversiana* Ehrh. ex Willd.：阿拉善盟阿拉善左旗塔尔岭 8601。包头市昆都仑区植物园 814；石拐区，杨俊平 653。赤峰市阿鲁科尔沁旗高格斯台罕乌拉自然保护区 5737；敖汉旗四道湾子镇小河沿 7131；巴林右旗赛罕乌拉自然保护区白塔 6386，场部 6389，砬子沟 9899；巴林左旗浩尔吐乡乌兰坝 679，野猪沟 697；红山区赤峰学院 1135；喀喇沁旗马鞍山 5225，十家乡头道营子 220、371、394、844，旺业甸 5039、6991；克什克腾旗浩来呼热 8405，桦木沟 7201，黄岗梁 562；林西县新林镇哈什吐 9886，五十家子镇大冷山 5663；宁城县黑里河自然保护区三道河 6172，热水 5353、5374；松山区老府蒙古营子 1367、5826；翁牛特旗乌丹，陈明 5118；元宝山区小五家 9669。鄂尔多斯市达拉特旗恩格贝 967；东胜区植物园 8514；伊金霍洛旗阿勒腾席热 8533；准格尔旗大路 771。呼伦贝尔市阿荣旗三岔河镇辋窑，华伟乐 6359、7226；鄂温克族自治旗红花尔基 7772；莫力达瓦达斡尔族自治旗尼尔基 7475；扎兰屯市林业学校 1665，蘑菇气 7325。通辽市开鲁县建华，张建 5545；霍林郭勒市镜湖 1707，西山 **1738**。乌海市海勃湾区植物园 8590。乌兰察布市凉城县蛮汉山二龙什台 6124；集宁区老虎山公园 862、864；兴和县苏木山 5836。锡林郭勒盟太仆寺旗永丰 8705、8715；锡林浩特市白音锡勒 1858，辉腾锡勒 6744，植物园 6764；正蓝旗贺日苏台 708；正镶白旗乌宁巴图 6817。兴安盟科尔沁右翼中旗布敦化 7464；突泉县永安 7323。

阴地蒿 *Artemisia sylvatica* Maxim.：呼伦贝尔市鄂伦春自治旗乌鲁布铁 7569。

辽东蒿 *Artemisia verbenacea* (Kom.) Kitag.：鄂尔多斯市伊金霍洛旗乌兰木伦，乔龙厅 8237、8245。

小红菊 *Chrysanthemum chanetii* H. Lév. [≡ *Dendranthema chanetii* (H. Lév.) C. Shih]：阿拉善盟阿拉善左旗贺兰山哈拉乌 802。赤峰市敖汉旗大黑山自然保护区 9473；巴林右旗赛罕乌拉自然保护区大东沟 6450；喀喇沁旗旺业甸新开坝 7004；克什克腾旗黄岗梁 9824。乌兰察布市凉城县蛮汉山二龙什台 6014、6095。

楔叶菊 *Chrysanthemum naktongense* Nakai [≡ *Dendranthema naktongense* (Nakai) Tzvelev]：包头市石拐区矿区，杨俊平 654。呼和浩特市大青山 623。

紫花野菊 *Chrysanthemum zawadskii* Herb. [≡ *Dendranthema zawadskii* (Herb.) Tzvelev]：呼伦贝尔市鄂温克族自治旗红花尔基 7787；新巴尔虎左旗诺干淖尔 7808。

栉叶蒿 *Neopallasia pectinata* (Pall.) Poljakov：包头市达尔罕茂明安联合旗希拉穆仁草原 614。赤峰市阿鲁科尔沁旗天山 5694；红山区南山 4、127。乌兰察布市商都县七台镇不冻河 8677。锡林郭勒盟阿巴嘎旗别力古台 6782；锡林浩特市水库 6770。

据庄剑云等（2003）报道，这个变种生于细裂叶莲蒿（白莲蒿）*Artemisia gmelinii* 上的分布区还有兴安盟阿尔山；生于蒙古蒿 *A. mongolica* 上的分布区还有呼和浩特市和林格尔；在呼和浩特市还生于蒿属 *Artemisia* sp.上。刘振钦（1983）报道本变种（在 *Puccinia chrysanthemi* 名下）在兴安盟阿尔山市生于紫花野菊 *Chrysanthemum zawadskii* 上。

国内分布：黑龙江，吉林，北京，河北，山西，内蒙古，山东，江苏，安徽，台湾，湖南，湖北，陕西，甘肃，青海，宁夏，新疆，云南，四川，贵州，重庆，西藏。

世界分布：世界广布。

盘果菊柄锈菌　图 121

Puccinia tatarinovii Kom. & Tranzschel, *in* Tranzschel, Conspectus Uredinalium URSS: 393, 1939; Tai, Syll. Fung. Sin.: 687, 1979; Wei & Wang, Acta Mycol. Sin., Suppl. 1: 198, 1987 [1986]; Guo, Fungi and Lichens of Shennongjia: 140, 1989; Wei & Zhuang, Fungi of the Qinling Mountains: 70, 1997; Zhuang et al., Fl. Fung. Sin. 19: 246, 2003; Liu et al., J. Inner Mongolia Univ. (Nat. Sci. Ed.) 46(3): 281, 2015.

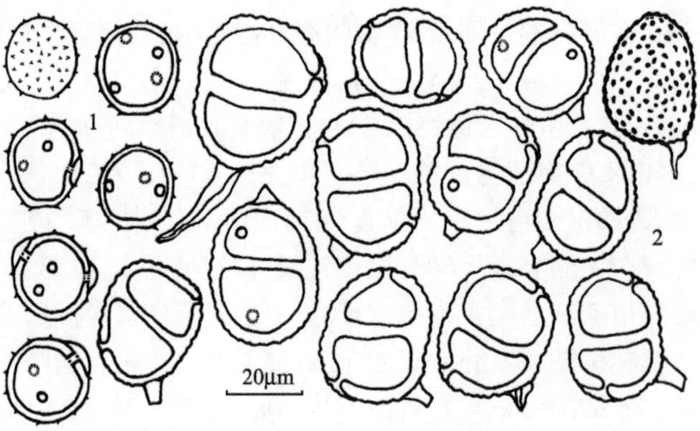

图 121　盘果菊柄锈菌 *Puccinia tatarinovii* 的夏孢子（1）和冬孢子（2）（CFSZ 6196）

性孢子器叶两面生，与春孢子器混生，球形或扁球形，直径 50～100μm，蜜黄色至黄褐色。

春孢子器生于叶下面，也生于叶柄上，聚生，杯状，直径 150～325μm，边缘撕裂，反卷；包被细胞多角形，20～35×15～25μm，壁 1.5～4μm 厚，内壁具细疣，外壁 4～7.5μm 厚，光滑，无色；春孢子角球形、卵形或椭圆形，14～20×11～15.5μm，壁不及 1μm 厚，无色，表面密生细疣。

夏孢子堆叶两面生，散生，圆形，直径 0.2～0.5mm，粉状，肉桂褐色，周围常有破裂的寄主表皮围绕；夏孢子近球形、倒卵形或椭圆形，19～25×17.5～22.5μm，壁 1.5～2μm 厚，黄褐色，有疏刺，芽孔 3～4 个，散生，有孔帽。

冬孢子堆叶两面生，散生，圆形或近圆形，裸露，直径 0.2～0.8mm，粉状，栗褐色，周围有破裂的寄主表皮围绕；冬孢子近球形、倒卵形或宽椭圆形，26～37.5×22.5～30μm，两端圆，隔膜处不缢缩或稍缢缩，壁 2～3μm 厚，顶壁不增厚，肉桂褐色，有粗疣，上细胞芽孔顶生或偏下，下细胞芽孔近中部或中部以下，常有孔帽；柄无色，长达 30μm，易脱落或易断，常斜生。

0，Ⅰ，Ⅱ，Ⅲ

盘果菊（福王草）*Prenanthes tatarinowii* Maxim. [≡ *Nabalus tatarinowii* (Maxim.) Nakai]：赤峰市宁城县黑里河自然保护区道须沟 9593（= HMAS 247617），上拐 8192，下拐 **6196**，张胡子沟 9974、9975。

国内分布：吉林，北京，内蒙古，湖北，陕西，甘肃，四川，重庆。

世界分布：俄罗斯远东地区，中国。

本种是单主长循环型的种。在赤峰地区其春孢子器发生在 5～6 月，并常导致罹病叶片或整株枯死，故在冬孢子成熟后的寄主上很难见到其性孢子器和春孢子器。上述 5 号标本中仅 9593 为春孢子阶段。Azbukina（2005）描述春孢子大小为 14～28×10～18μm，赤峰的菌春孢子略小，但仍在上述数据范围内。

德永柄锈菌　图 122

Puccinia tokunagai S. Ito & Kawai, *in* Kawai & Otani, Trans. Sapporo Nat. Hist. Soc. 11(4): 236, 1931; Wei & Wang, Acta Mycol. Sin., Suppl. 1: 191, 1987 [1986]; Wei & Zhuang, Fungi of Xiaowutai Mountains in Hebei Province: 127, 1997; Wei & Zhuang, Fungi of the Qinling Mountains: 71, 1997; Zhuang et al., Fl. Fung. Sin. 19: 247, 2003; Liu et al., J. Inner Mongolia Univ. (Nat. Sci. Ed.) 46(3): 281, 2015.

夏孢子堆生于叶下面，散生，圆形，直径 0.2～1mm，裸露，粉状，橘黄色或淡黄色，周围常有破裂的寄主表皮围绕，被寄主茸毛覆盖；夏孢子近球形、倒卵形或宽椭圆形，21～30×20～22.5μm，壁 1～1.5μm 厚，近无色或无色，有密刺，芽孔不清楚。

冬孢子堆生于叶下面，散生或聚生，圆形、椭圆形或不规则形，直径 0.2～1mm，裸露，垫状，黑褐色，周围有破裂的寄主表皮围绕，被寄主茸毛覆盖；冬孢子棍棒形或长椭圆形，（35～）45～80（～87.5）×19～30μm，顶端圆、锥尖或平截，基部圆或渐狭，隔膜处稍缢缩，侧壁 1～1.5μm 厚，顶壁 5～15μm 厚，光滑，栗褐色，上细胞芽孔顶生，下细胞芽孔近隔膜；柄无色或淡黄色，长达 35μm，易脱落或易断。偶有 1 室和 3 室冬孢子混生。

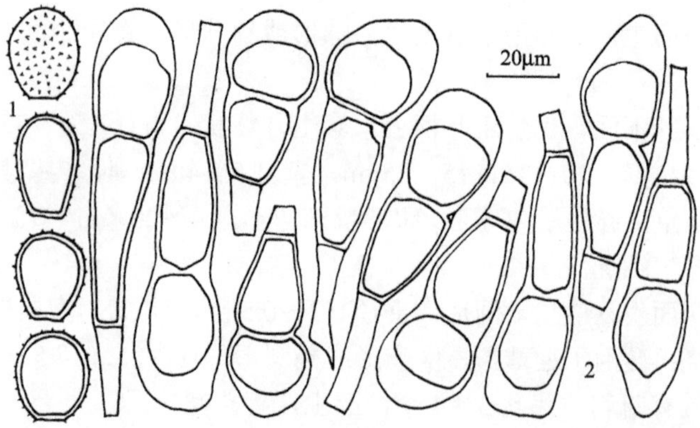

图 122　德永柄锈菌 *Puccinia tokunagai* 的夏孢子（1）和冬孢子（2）（CFSZ 7857）

Ⅱ，Ⅲ

团球火绒草 *Leontopodium conglobatum* (Turcz.) Hand.-Mazz.：兴安盟阿尔山市伊尔施 **7857**。

国内分布：河北，内蒙古，陕西，四川。

世界分布：俄罗斯远东地区，中国。

多变柄锈菌原变种　　图 123

Puccinia variabilis Grev., Scott. Crypt. Fl. 2: 75, 1824; Wei & Wang, Acta Mycol. Sin., Suppl. 1: 213, 1987 [1986]; Wei & Zhuang, Fungi of the Qinling Mountains: 71, 1997; Zhuang et al., Fl. Fung. Sin. 19: 249, 2003; Liu et al., J. Fungal Res. 2(3): 15, 2004; Liu et al., J. Inner Mongolia Univ. (Nat. Sci. Ed.) 46(3): 281, 2015. var. **variabilis**

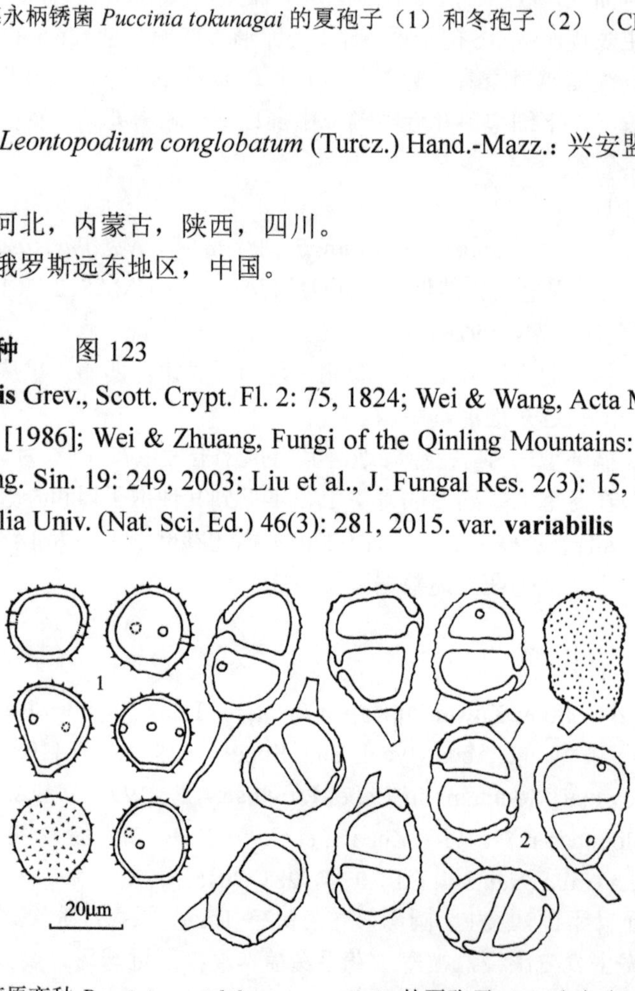

图 123　多变柄锈菌原变种 *Puccinia variabilis* var. *variabilis* 的夏孢子（1）和冬孢子（2）（CFSZ 651）

夏孢子堆叶两面生，散生，圆形或近圆形，直径 0.2～0.5mm，粉状，褐色；夏孢子球形、近球形或椭圆形，19～26（～29）×16～22μm，壁 1～1.5μm 厚，基部可达 2.5μm 厚，肉桂褐色，有刺，芽孔 2～3 个，腰生。

冬孢子堆叶两面生，散生或稍聚生，圆形或椭圆形，初期被表皮覆盖，后期裸露，直径 0.2～1.5mm，粉状，栗褐色；冬孢子椭圆形、矩圆形或不规则形，22～35（～37.5）×16～26（～30）μm，两端圆，有时渐狭，隔膜处不缢缩或稍缢缩，壁 1～2μm 厚，顶壁不增厚，肉桂褐色，有细疣，上细胞芽孔顶生或侧生，下细胞芽孔近中部或中部以下，偶见有近隔膜者，常有无色小孔帽；柄无色，易脱落，常斜生。

Ⅱ，Ⅲ

华蒲公英 *Taraxacum sinicum* Kitag.：包头市石拐区矿区，杨俊平 **651**。赤峰市克什克腾旗达里诺尔 277。

国内分布：北京，山西，内蒙古，陕西，甘肃，青海。

世界分布：北温带广布。

庄剑云等（2003）对本变种的描述中，夏孢子和冬孢子均较小。我们的数据与 Wilson 和 Henderson（1966）的描述接近。

凤仙花科 Balsaminaceae 上的种

银色柄锈菌　　图 124

Puccinia argentata (Schultz) G. Winter, Hedwigia 19: 38, 1880; Wang, Index Ured. Sin.: 42, 1951; Tai, Syll. Fung. Sin.: 615, 1979; Zhuang et al., Fl. Fung. Sin. 19: 92, 2003; Liu et al., J. Fungal Res. 15(4): 245, 2017.

Aecidium argentatum Schultz, Prodr. Fl. Starg.: 454, 1806.

Puccinia noli-tangere Corda [as'*nolitangeris*'], Icon. Fung. 4: 16, 1840.

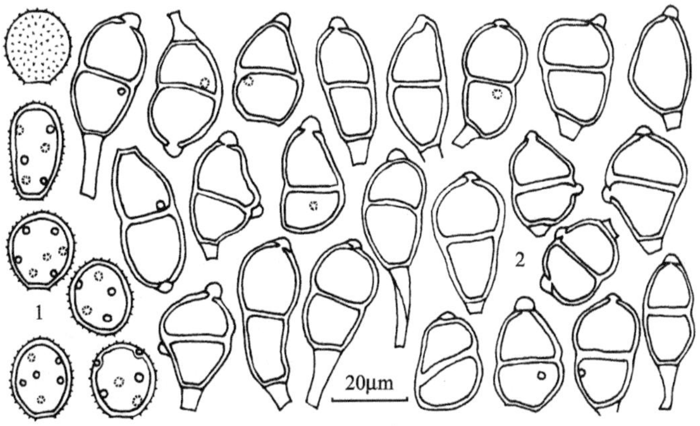

图 124　银色柄锈菌 *Puccinia argentata* 的夏孢子（1）和冬孢子（2）（CFSZ 8372）

夏孢子堆生于叶下面，散生或聚生，圆形或近圆形，直径 0.2～0.5mm，裸露，粉状，肉桂褐色；夏孢子近球形或椭圆形，17.5～22.5（～25）×15～20μm，壁 1～1.5μm 厚，黄色至肉桂褐色，有细刺，芽孔 4～7 个，多为 6 个，散生。

冬孢子堆似夏孢子堆，栗褐色；冬孢子椭圆形、卵形、倒卵形或矩圆形，（20～）25～40×14～21μm，顶端圆或渐狭，隔膜处不缢缩或稍缢缩，侧壁 1.5～2.5μm 厚，顶壁不增厚，光滑或有细而不明显的疣，肉桂褐色，上细胞芽孔顶生，下细胞芽孔近隔膜，有明显的无色孔帽，可高达 5μm；柄无色，短，个别长达 25μm，易脱落。1 室冬孢子偶见。

Ⅱ，Ⅲ

水金凤 *Impatiens noli-tangere* L.：赤峰市巴林右旗赛罕乌拉自然保护区大西沟 9120；宁城县黑里河自然保护区大坝沟 **8372**、8376。呼伦贝尔市牙克石市博克图 9184。

国内分布：黑龙江，吉林，内蒙古，台湾，新疆，贵州。

世界分布：北温带广布。

石竹科 Caryophyllaceae 上的种

分种检索表

1. 无夏孢子；冬孢子堆垫状，冬孢子顶壁（3～）5～7.5（～10）μm 厚，柄长达 110μm………………………………………………………………………………………………**蚤缀柄锈菌 *P. arenariae***
1. 产生夏孢子；冬孢子堆粉状，冬孢子顶壁 1.5～2.5μm 厚，柄长达 30μm，易断………………………………………………………………………………………………**白玉草柄锈菌 *P. behenis***

蚤缀柄锈菌　图 125

Puccinia arenariae (Schumach.) G. Winter, Hedwigia 19: 38, 1880; Wang, Index Ured. Sin.: 42, 1951; Tai, Syll. Fung. Sin.: 615, 1979; Zhuang & Wei, Mycosystema 7: 49, 1994; Zhuang et al., Fl. Fung. Sin. 19: 47, 2003; Liu et al., J. Inner Mongolia Univ. (Nat. Sci. Ed.) 46(3): 281, 2015.

Puccinia stellariae Liou & Y.C. Wang, Contr. Inst. Bot. Nat. Acad. Peiping 2: 162, 1934; Wang, Index Ured. Sin.: 73, 1951.

Puccinia stellariicola Cummins, Mycologia 43(1): 81, 1951; Wang, Index Ured. Sin.: 73, 1951; Zhang et al., Mycotaxon 61: 74, 1997.

Uredo arenariae Schumach., Enum. Pl. 2: 232, 1803.

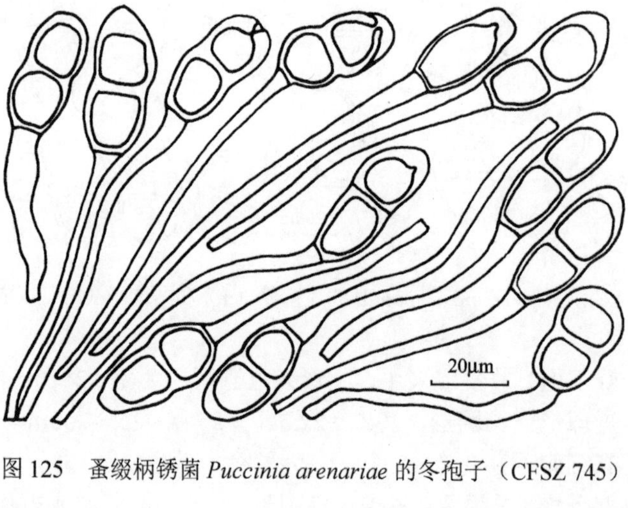

图 125　蚤缀柄锈菌 *Puccinia arenariae* 的冬孢子（CFSZ 745）

冬孢子堆生于叶下面和茎上，散生至聚生，圆形、椭圆形或长条形，长 0.2～3mm，有时环状排列或相互连合成长达 0.5cm 以上的大孢子堆，裸露，垫状，坚实，肉桂色至黑褐色，萌发后变灰褐色；冬孢子矩圆形、椭圆形或近棍棒形，（26～）30～45（～50）×12.5～20μm，顶端圆或钝，基部圆或渐狭，隔膜处稍缢缩，侧壁 1～1.5μm 厚，顶壁（3～）5～7.5（～10）μm 厚，光滑，黄褐色或淡黄褐色，两个细胞较易分开，上细胞芽孔顶生，下细胞芽孔近隔膜；柄无色或近孢子部分淡黄色，长达 110μm 或更长，不脱落。1 室冬孢子常见，稍短。

III

*种阜草 *Moehringia lateriflora* (L.) Fenzl：呼伦贝尔市根河市敖鲁古雅 7658，金林 9286。

林繁缕 *Stellaria bungeana* Fenzl：赤峰市喀喇沁旗旺业甸茅荆坝 8968；宁城县黑里河自然保护区三道河 6175、9747，上拐 8196，张胡子沟 9976。

叶苞繁缕（厚叶繁缕）*Stellaria crassifolia* Ehrh.：呼伦贝尔市海拉尔区 927。锡林郭勒盟正蓝旗元上都 8744。

细叶繁缕 *Stellaria filicaulis* Makino：锡林郭勒盟多伦县城关镇 **745**。

沼生繁缕 *Stellaria palustris* Ehrh. ex Hoffm.：赤峰市宁城县黑里河自然保护区西泉 5403。

国内分布：内蒙古，江苏，浙江，安徽，台湾，湖北，广西，陕西，新疆，云南，西藏。

世界分布：北温带广布，传播到新西兰。

白玉草柄锈菌　图 126

Puccinia behenis G.H. Otth, Mitt. Naturf. Ges. Bern 711-744: 113, 1871 [1870]; Wang, Index Ured. Sin.: 44, 1951; Tai, Syll. Fung. Sin.: 618, 1979; Zhuang et al., Fl. Fung. Sin. 19: 48, 2003.

Puccinia silenes J. Schröt., Rabenh. Krypt.-Fl., Edn 2, 1(1): 215, 1882.

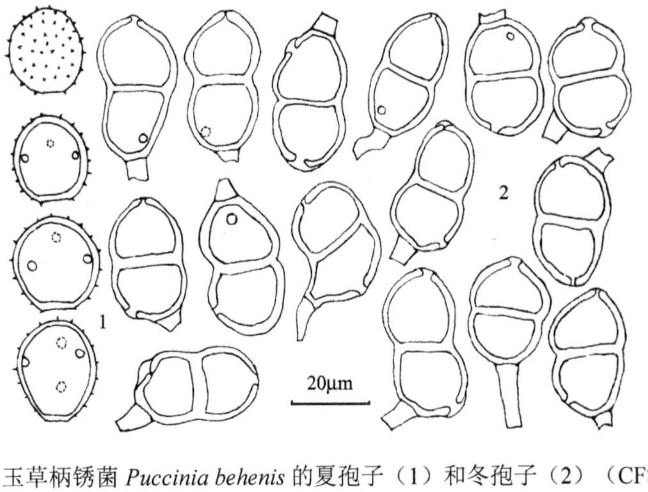

图 126　白玉草柄锈菌 *Puccinia behenis* 的夏孢子（1）和冬孢子（2）（CFSZ 9820）

夏孢子堆未见，夏孢子在冬孢子堆中偶见，近球形或椭圆形，20～25×17.5～22.5μm，壁 2～2.5μm 厚，表面有刺，淡褐色，芽孔 2～4 个，腰生或散生。

冬孢子堆叶两面生，散生至近聚生，圆形，直径 0.2～0.5mm，粉状，肉桂色至黑褐色；冬孢子椭圆形或矩圆形，22.5～40×17.5～25μm，顶端圆或钝，基部圆或渐狭，隔膜处稍缢缩，侧壁 1.5～2.5μm 厚，顶壁不加厚，光滑，肉桂褐色至栗褐色，上细胞芽孔顶生或略侧生，下细胞芽孔生于中部至近基部，常有扁平或半球形的无色孔帽；柄无色，长达 30μm，易断。

Ⅱ，Ⅲ

*兴安繁缕 *Stellaria cherleriae* (Fisch. ex Ser.) F.N. Williams：赤峰市克什克腾旗黄岗梁 **9820**。

国内分布：黑龙江，吉林，北京，河北，山西，内蒙古，山东，江苏，云南。

世界分布：欧亚大陆广布。

我们的菌未见夏孢子堆，夏孢子也很少，但其特征以及冬孢子堆和冬孢子特征均与本种特征相符（庄剑云等 2003）。本种为内蒙古新记录，繁缕属 *Stellaria* 为该种寄主国内新记录属。

旋花科 Convolvulaceae 上的种

旋花柄锈菌　图 127

Puccinia convolvuli (Pers.) Castagne, Observ. Uréd. 1: 16, 1843; Wang, Index Ured. Sin.: 48, 1951; Tai, Syll. Fung. Sin.: 627, 1979; Guo, Fungi and Lichens of Shennongjia: 128, 1989; Wei & Zhuang, Fungi of the Qinling Mountains: 52, 1997; Zhuang et al., Fl. Fung. Sin. 19: 154, 2003.

Uredo betae var. *convolvuli* Pers., Syn. Meth. Fung. 1: 221, 1801.

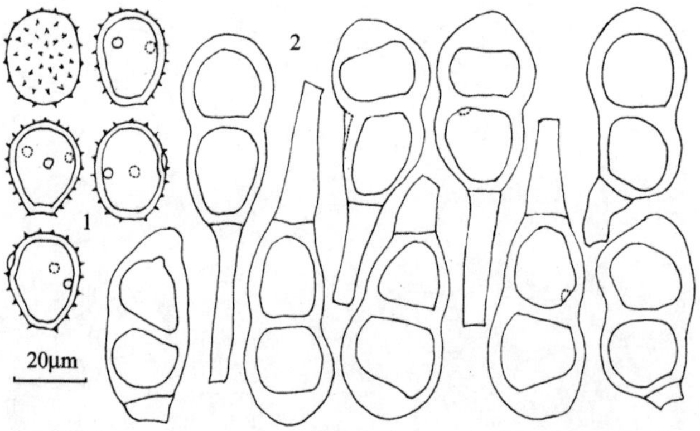

图 127　旋花柄锈菌 *Puccinia convolvuli* 的夏孢子（1）和冬孢子（2）（CFSZ 9671）

性孢子器和春孢子器在引证标本上未见。

夏孢子堆生于叶下面，散生或聚生，圆形或近圆形，直径 0.2～0.8mm，裸露，粉状，肉桂褐色；夏孢子椭圆形、倒卵形或近球形，20～32.5×17.5～25μm，壁 1.5～2.5μm 厚，淡褐色至肉桂褐色，有细刺，芽孔（2～）3（～4）个，近腰生或腰上生，有时具小孔帽。

冬孢子堆生于叶下面，散生或聚生，圆形或近圆形，直径 0.2～1mm，裸露，垫状，坚实，黑褐色；冬孢子矩圆形、椭圆形或棍棒形，40～65×20～30（～35）μm，顶端圆或钝，基部圆或渐狭，隔膜处缢缩或稍缢缩，侧壁 2～3μm 厚，顶壁 4～10（～12.5）μm 厚，光滑，黄褐色至栗褐色，二细胞较易分离，上细胞芽孔顶生，下细胞芽孔近隔膜；柄淡褐色至栗褐色，长达 50μm，不脱落。1 室冬孢子常见，3 室冬孢子偶见。

（0），（Ⅰ），Ⅱ，Ⅲ

打碗花 *Calystegia hederacea* Wall. ex Roxb.：赤峰市红山区赤峰学院 9949；元宝山区小五家乡水木原生态农业基地 **9671**（= HMAS 247621）、9672。

国内分布：北京，山西，内蒙古，山东，湖北，海南，陕西，云南，四川，贵州。

世界分布：北温带广布。

本种夏孢子芽孔数目的记载，不同文献略有差异，分别为 2～3 个（Gäumann 1959；Wilson and Henderson 1966；Hiratsuka et al. 1992；庄剑云等 1998）、2（～3）个（Ul'yanishchev 1978；Azbukina 2005）和 3 个（Arthur 1934）。我们的菌夏孢子芽孔绝大多数为 3 个，少数为 2 个，极少数为 4 个。本种为内蒙古新记录。

莎草科 Cyperaceae 上的种

分种检索表

（注：青森柄锈菌 *Puccinia aomoriensis* 和石生薹草柄锈菌 *P. rupestris* 因在内蒙古尚未发现夏孢子和冬孢子阶段而未列入分种检索表）

1. 生于水葱属 *Schoenoplectus* 和藨草属 *Scirpus* 上；夏孢子芽孔 2（～3）个，腰生至腰上生；冬孢子 35～65×14～27.5μm，顶壁 5～12.5μm 厚……………………………………………**渐狭柄锈菌 *P. angustata***

1. 生于薹草属 *Carex* 上……………………………………………………………………………………2

2. 夏孢子堆有侧丝……………………………………………………………………………………………3

2. 夏孢子堆无侧丝……………………………………………………………………………………………4

3. 夏孢子堆和从夏孢子堆形成的冬孢子堆外均有侧丝围绕，夏孢子较大，20～30×17.5～25μm；冬孢子顶壁 5～10（～12.5）μm 厚……………………………………………………**周丝柄锈菌 *P. saepta***

3. 夏孢子堆内有侧丝混生而无明显围绕，夏孢子较小，21～27.5×18～23μm；冬孢子顶壁 5～7.5（～10）μm 厚………………………………………………………**疏毛薹草柄锈菌 *P. caricis-pilosae***

4. 产生休眠夏孢子……………………………………………………………………………………………5

4. 无休眠夏孢子………………………………………………………………………………………………7

5. 休眠夏孢子顶壁不增厚或略增厚，2.5～6μm，表面有刺………………………**修氏柄锈菌 *P. sjuzevii***

5. 休眠夏孢子顶壁明显增厚，4～10μm，有明显的疣…………………………………………………6

6. 冬孢子较小，25～50×12.5～22.5μm……………………………………………**薹草生柄锈菌 *P. caricicola***

6. 冬孢子较大，（30～）40～65（～75）×15～25μm………………………………**黑棕柄锈菌 *P. atrofusca***

7. 夏孢子壁较厚，2～4（～5）μm，淡黄褐色或近无色，芽孔不清楚，似 2 个，腰生或近腰生………
………………………………………………………………………**点叶薹草柄锈菌 *P. caricis-hancockianae***

7. 夏孢子壁较薄，通常为 1.5～3μm，稀少可达 4μm，淡褐色至褐色，芽孔清楚……………………8

8. 夏孢子具（1～）2 个基生芽孔 ……………………………………………… **横手柄锈菌 *P. yokotensis***

8. 夏孢子芽孔非基生 ……………………………………………………………………………………9

9. 夏孢子芽孔 2 个 ……………………………………………………………………………………10

9. 夏孢子芽孔 2 个以上 ………………………………………………………………………………11

10. 夏孢子倒卵形或椭圆形，但较不对称；冬孢子顶端圆或钝锥形……………………………………………………………………………… **根状柄薹草柄锈菌 *P. caricis-rhizopodae***

10. 夏孢子倒卵形或椭圆形；冬孢子顶端圆、钝锥形或平截……………… **异株薹草柄锈菌 *P. dioicae***

11. 夏孢子较大，可超过 30μm……………………………………………………………………12

11. 夏孢子较小，一般不超过 30μm………………………………………………………………14

12. 夏孢子具 3～4 个腰生或近腰生芽孔；冬孢子顶壁 5～10μm 厚 ····· **矮丛薹草生柄锈菌 *P. humilicola***

12. 夏孢子具 2～3 个腰生或稍腰上生芽孔；冬孢子顶壁厚可超过 10μm ………………………13

13. 夏孢子较大，20～37.5×17.5～28μm；冬孢子顶壁 6～12.5μm 厚，柄长达 40μm ……………………………………………………………………… **软薹草柄锈菌 *P. caricis-molliculae***

13. 夏孢子较小，（20～）25～31×17.5～24μm；冬孢子顶壁（5～）7.5～15（～17.5）μm 厚，柄长达 70（～120）μm ………………………………… **宽叶薹草柄锈菌 *P. caricis-siderostictae***

14. 夏孢子具 2～3 个芽孔 ………………………………………………………………………15

14. 夏孢子具 2～4 个芽孔 ………………………………………………………………………16

15. 夏孢子具 2（～3）个近腰生或腰上生芽孔；冬孢子顶壁 5～19μm 厚……………………………………………………………… **假毒麦薹草柄锈菌 *P. caricis-pseudololiaceae***

15. 夏孢子具 2～3 个腰生芽孔；冬孢子顶壁 5～12.5μm 厚······· **钝鳞薹草柄锈菌 *P. caricis-amblyolepis***

16. 夏孢子芽孔（2～）3～4 个，腰生或近腰生，有时似散生；冬孢子顶端圆、钝圆或平截 ……………………………………………………………………………… **卡累利阿柄锈菌 *P. karelica***

16. 夏孢子芽孔 2～4 个，通常 3 个，腰生；冬孢子顶端圆、锥尖或平截 ……………………………17

17. 冬孢子较小，25～45×11～20μm，顶壁 5～12.5μm 厚 …………………… **藻岩山柄锈菌 *P. moiwensis***

17. 冬孢子较大，32.5～70（～75）×12.5～25（～27.5）μm，顶壁 5～15（～17.5）μm 厚……………………………………………………………………………… **薹草柄锈菌 *P. caricina***

渐狭柄锈菌　　图 128

Puccinia angustata Peck, Bull. Buffalo Soc. Nat. Sci. 1: 67, 1873 [1873-1874]; Liu, J. Jilin Agr. Univ. 1983(2): 4, 1983; Liu et al., J. Inner Mongolia Univ. (Nat. Sci. Ed.) 46(3): 282, 2015.

夏孢子堆叶两面生，也生于秆上，散生或排列成行，矩圆形或椭圆形，长 0.2～1mm，有时互相连合，长达 2.5mm，长期被寄主表皮覆盖或后期表皮开裂而裸露，粉状，肉桂褐色；夏孢子倒卵形、椭圆形或近球形，20～35×15～30μm，壁 1.5～2.5μm 厚，黄褐色至肉桂褐色，有刺，芽孔 2（～3）个，腰生至明显腰上生。

冬孢子堆叶两面生，以叶下面为主，矩圆形或椭圆形，散生或聚生，长 0.2～1mm，裸露，有时相互汇合达 15mm，有破裂的寄主表皮围绕，垫状，较坚实，黑褐色；冬孢子椭圆形、矩圆形、倒卵形或棍棒形，35～65×14～27.5μm，顶端圆、钝或锥尖，向下渐狭，隔膜处稍缢缩，侧壁 1.5～2.5μm 厚，顶壁 5～12.5μm 厚，肉桂褐色至栗褐色，光滑，上细胞芽孔顶生，下细胞芽孔近隔膜，柄淡黄褐色至近无色，柄长达 70μm，不脱落。有 1 室冬孢子。

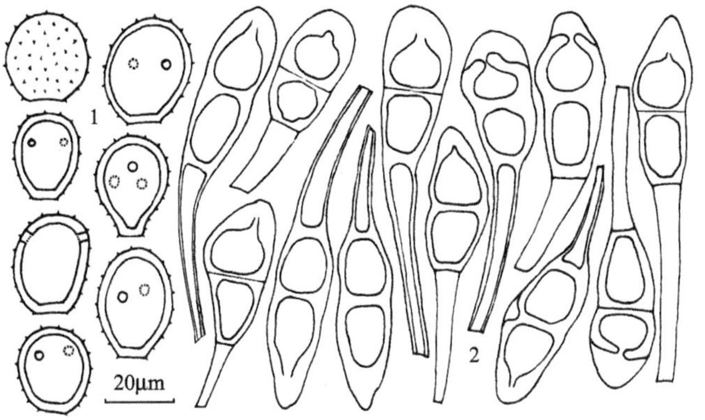

图 128　渐狭柄锈菌 *Puccinia angustata* 的夏孢子（1）和冬孢子（2）（CFSZ 5469）

II，III

三棱水葱（藨草）*Schoenoplectus triqueter* (L.) Palla（≡ *Scirpus triqueter* L.）：赤峰市克什克腾旗达里诺尔岗更诺尔 1077。锡林郭勒盟锡林浩特市白银库伦 6702。

东方藨草 *Scirpus orientalis* Ohwi：赤峰市宁城县黑里河自然保护区道须沟 **5469**（= HMAS 246755）、5474，小柳树沟 8392。

刘振钦（1983）报道本种在兴安盟阿尔山市牛汾台也生于东方藨草上。

国内分布：内蒙古。

世界分布：欧洲；亚洲（日本，朝鲜半岛，中国，俄罗斯远东地区）。

刘振钦（1983）报道本种时未给出描述。庄剑云等（1998）未见到本种可靠标本，而把它列为可疑记录。以往文献对本种的描述各不相同，Arthur（1934）描述夏孢子 23～32×16～26μm，芽孔 2 个，腰生或腰上生；冬孢子 35～67×14～23μm。Savile（1972）描述夏孢子 31～36（～38）×（16～）18～23.5（～25）μm，芽孔 2 个，稀少为 3 个，腰生至明显腰上生；冬孢子（33～）37～80（～86）×12～23（～25）μm。Hiratsuka 等（1992）和 Azbukina（2005）描述夏孢子 23～33×21～25μm，芽孔 2 个，腰生；冬孢子 45～68×14～26μm。

我们的菌夏孢子芽孔多为 2 个，少数为 3 个，腰生至明显腰上生，与 Savile（1972）的描述相符，但夏孢子和冬孢子均较短，其大小与 Arthur（1934）、Hiratsuka 等（1992）和 Azbukina（2005）的描述相符。

青森柄锈菌　图 129

Puccinia aomoriensis Syd. & P. Syd., Annls Mycol. 11: 104, 1913; Wang, Index Ured. Sin.: 42, 1951; Tai, Syll. Fung. Sin.: 614, 1979; Zhuang, Mycosystema 1: 137, 1988; Wei & Zhuang, Fungi of Xiaowutai Mountains in Hebei Province: 110, 1997; Wei & Zhuang, Fungi of the Qinling Mountains: 48, 1997; Zhuang et al., Fl. Fung. Sin. 10: 178, 1998;

Zhuang & Wei, J. Jilin Agr. Univ. 24(2): 8, 2002; Liu et al., J. Inner Mongolia Univ. (Nat. Sci. Ed.) 46(3): 282, 2015.

Aecidium atractylidis Dietel, Hedwigia 37: 212, 1898; Wang, Index Ured. Sin.: 1, 1951.

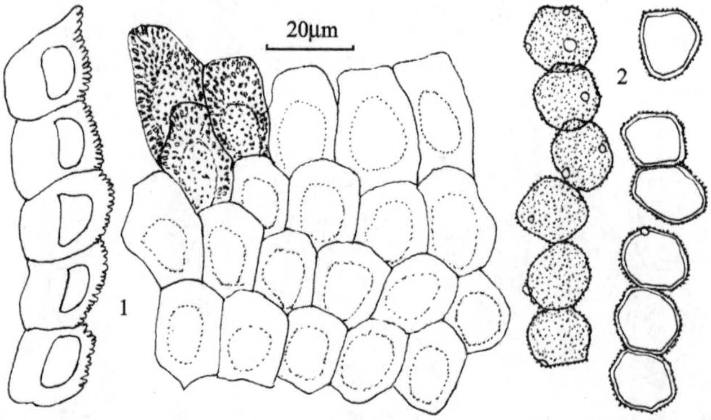

图 129　青森柄锈菌 *Puccinia aomoriensis* 的春孢子器包被细胞（1）和春孢子（2）（CFSZ 9604）

性孢子器叶两面生，聚生，埋于表皮下，近球形，直径 60～100μm，蜜黄色。

春孢子器生于叶下面，聚生，环状排列，杯状，直径 0.2～0.3mm，边缘直立，近全缘，淡黄色；包被细胞多角形，20～50×12.5～25μm，无色，壁 2～5μm 厚，外壁可达 7.5（～10）μm 厚，光滑，内壁有疣突；春孢子近球形、矩圆形、椭圆形、卵形或多角形，13～22×12～16μm，壁约 1μm 厚，密生细疣，并有数目不等的折光颗粒（孔塞），近无色。

0，I

苍术 *Atractylodes lancea* (Thunb.) DC.：赤峰市喀喇沁旗马鞍山 5253、8344，十家乡郎营子 **9604**，西桥镇雷家营子 9040；克什克腾旗新井 320；宁城县黑里河自然保护区三道河 7275。兴安盟科尔沁右翼前旗索伦牧场三队 1529。

据 Zhuang 和 Wei（2002b）报道，本种生于苍术上的分布区还有呼伦贝尔市鄂伦春自治旗的加格达奇。

国内分布：辽宁，吉林，北京，河北，山西，内蒙古，陕西，甘肃。

世界分布：日本，朝鲜，中国。

据庄剑云等（1998）报道，本种夏孢子堆和冬孢子堆生于大披针薹草 *Carex lanceolata* Boott 上，国内仅见于辽宁医巫闾山。主要特征是：夏孢子 27～35×25～31μm，壁 3～4μm 厚，有钝刺或疣，芽孔 2 个，腰生；冬孢子 30～55×17～29μm，壁光滑，顶端 7～12μm 厚，柄 50～110μm 长，不脱落。

黑棕柄锈菌　图 130

Puccinia atrofusca (Dudley & C.H. Thomps.) Holw., J. Mycol. 10(5): 228, 1904; Wang, Index Ured. Sin.: 44, 1951; Tai, Syll. Fung. Sin.: 618, 1979; Wang et al., Fungi of Xizang (Tibet): 45, 1983; Zhuang, Mycosystema 1: 117, 1988; Zhuang et al., Fl. Fung. Sin. 10:

179, 1998; Liu et al., J. Inner Mongolia Univ. (Nat. Sci. Ed.) 46(3): 282, 2015.

Uromyces atrofuscus Dudley & C.H. Thomps., J. Mycol. 10(2): 55, 1904.

Puccinia universalis Arthur, J. Mycol. 14(1): 21, 1908; Wang, Index Ured. Sin.: 75, 1951.

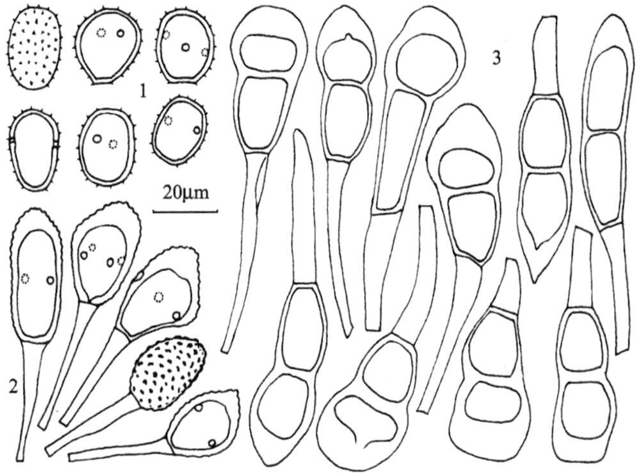

图 130　黑棕柄锈菌 *Puccinia atrofusca* 的夏孢子（1）、休眠夏孢子（2）和冬孢子（3）（CFSZ 7777）

性孢子器叶两面生，以叶上面为主，聚生，烧瓶形或近球形，直径约 100μm，蜜黄色或褐色，常被春孢子器包围。

春孢子器叶两面生，以叶下面为主，聚生，杯状，直径 0.2～0.4mm，边缘反卷，有缺刻，淡黄色或近白色；春孢子近球形、矩圆形、椭圆形或多角形，18～25×15～20.5μm，壁约 1μm 厚，近无色，有细疣或不明显。

夏孢子堆生于叶下面，散生或聚生，椭圆形或条形，直径 0.2～2mm，肉桂褐色，裸露，粉状，周围有破裂的寄主表皮围绕；夏孢子椭圆形、倒卵形或近球形，20～25（～29）×15～20（～22.5）μm，壁 1.5～2μm 厚，有细刺，淡黄褐色，芽孔 2（～3）个，腰生、近腰生或腰上生。休眠夏孢子堆栗褐色，形似夏孢子堆；休眠夏孢子倒卵形、椭圆形或梨形，21～40×15～22.5μm，侧壁 2～3μm 厚，顶端 4～10μm 厚，有明显的疣，栗褐色，芽孔 2（～4）个，腰生，柄无色，长达 50μm，易断或脱落。

冬孢子堆生于叶下面，散生或聚生，椭圆形或条形，长 0.2～2mm，裸露，垫状，较坚实，黑褐色；冬孢子棍棒形或矩圆棍棒形，（30～）40～65（～75）×15～25μm，顶端圆、钝或锥尖，基部稍狭，隔膜处缢缩或略缢缩，侧壁 1～2μm 厚，顶壁 5～12.5μm 厚，栗褐色或肉桂褐色，光滑，上细胞芽孔顶生，下细胞芽孔近隔膜，柄无色，长达 65μm，不脱落。

0，I

艾 *Artemisia argyi* H. Lév. & Vaniot：赤峰市喀喇沁旗十家乡郎营子 9602；宁城县黑里河自然保护区大营子 488（= HMAS 199186）。

II，III

薹草属 *Carex* sp.：呼伦贝尔市鄂温克族自治旗红花尔基 **7777**。

国内分布：吉林，内蒙古，甘肃，青海，新疆，西藏。

世界分布：北美洲；亚洲（中亚，西伯利亚，中国北部和西南部）。

薹草生柄锈菌 图 131

Puccinia caricicola Fuckel, Jb. Nassau. Ver. Naturk. 27-28: 16, 1873; Zhuang et al., Fl. Fung. Sin. 10: 183, 1998; Liu et al., J. Fungal Res. 2(3): 13, 2004; Liu & Tian, J. Fungal Res. 12(4): 212, 2014; Liu et al., J. Inner Mongolia Univ. (Nat. Sci. Ed.) 46(3): 282, 2015; Liu et al., J. Fungal Res. 15(4): 246, 2017.

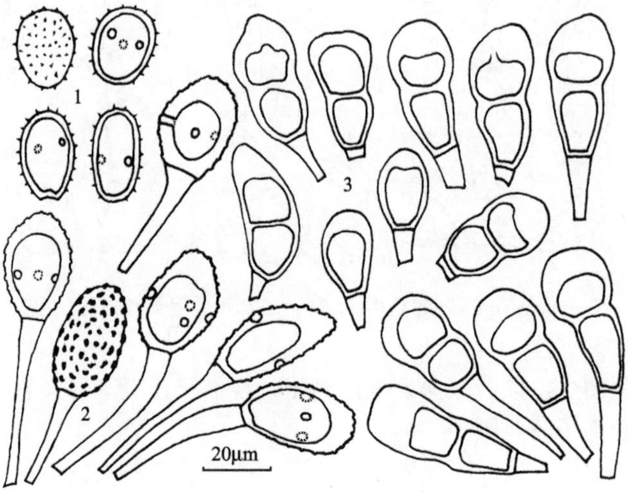

图 131 薹草生柄锈菌 *Puccinia caricicola* 的夏孢子（1）、休眠夏孢子（2）和冬孢子（3）（CFSZ 1095）

夏孢子堆生于叶下面，圆形或椭圆形，直径 0.2～0.5mm，黄褐色至肉桂褐色，裸露，粉状，常有破裂的寄主表皮围绕；夏孢子近球形、椭圆形或倒卵形，20～25×15～20μm，壁 1.5～2.5μm 厚，有刺，淡黄褐色，芽孔 2（～4）个，近腰生。休眠夏孢子堆栗褐色，形似夏孢子堆；休眠夏孢子倒卵形、椭圆形或梨形，22.5～37.5×15～22.5μm，侧壁 2～3μm 厚，顶端 5～10μm 厚，有明显的疣，栗褐色，芽孔 2～4 个，通常 3 个，腰生，柄无色，长达 60μm。

冬孢子与夏孢子和休眠夏孢子混生，棍棒形、矩圆形或倒卵形，25～50×12.5～22.5μm，顶端圆或钝，基部稍狭，隔膜处缢缩或略缢缩，侧壁 1～2μm 厚，顶壁 5～12.5μm 厚，黄褐色至栗褐色，顶端色淡，光滑，上细胞芽孔顶生，下细胞芽孔近隔膜，柄无色，长达 30μm 或更长，不脱落。1 室冬孢子常见。

Ⅱ，Ⅲ

黄囊薹草 *Carex korshinskyi* Kom.：赤峰市巴林右旗赛罕乌拉自然保护区王坟沟 6597、6603，正沟 9515；红山区红山 9035；克什克腾旗浩来呼热 6662。锡林郭勒盟西乌珠穆沁旗古日格斯台 8112。

柄状薹草（脚薹草）*Carex pediformis* C.A. Mey.：赤峰市巴林右旗赛罕乌拉自然保护区王坟沟 9531；克什克腾旗浩来呼热 6660，经棚 **1095**。呼伦贝尔市阿荣旗三岔河 7336。

薹草属 *Carex* spp.：赤峰市克什克腾旗白音敖包 9833、9837，黄岗梁 9762。通辽市科尔沁左翼后旗大青沟 6278、6317。呼伦贝尔市阿荣旗三岔河 7382。

国内分布：内蒙古，甘肃，新疆。

世界分布：欧洲（中部和东部）；亚洲（土耳其，哈萨克斯坦，中国）。

庄剑云等（1998）描述本种的夏孢子芽孔 2～4 个，通常 3 个，近腰生。我们的菌夏孢子芽孔多为 2 个，少数 3 或 4 个，近腰生。

薹草柄锈菌 图 132

Puccinia caricina DC., *in* de Candolle & Lamarck, Fl. Franç., Edn 3, 5/6: 60, 1815; Tai, Syll. Fung. Sin.: 622, 1979; Zhuang, Acta Mycol. Sin. 5: 138, 1986; Liu et al., J. Inner Mongolia Univ. (Nat. Sci. Ed.) 46(3): 282, 2015; Liu et al., J. Fungal Res. 15(4): 246, 2017.

Puccinia caricis Rebent., Prodr. Fl. Neomarch.: 356, 1804; Wang, Index Ured. Sin.: 46, 1951; Zhuang, Mycosystema 1: 119, 1988; Wei & Zhuang, Fungi of the Qinling Mountains: 50, 1997; Zhuang et al., Fl. Fung. Sin. 10: 184, 1998; Zhuang & Wei, J. Jilin Agr. Univ. 24(2): 8, 2002; Liu et al., J. Fungal Res. 2(3): 13, 2004.

Puccinia caricis J. Schröt., Jber. Schles. Ges. Vaterl. Kultur 50: 103, 1873; Teng, Fungi of China: 343, 1963.

Puccinia limosae Magnus, Tagebl. Nat. Vers. München 50: 199, 1877; Tai, Syll. Fung. Sin.: 653, 1979.

Puccinia paludosa Plowr., British Uredineae: 174, 1889.

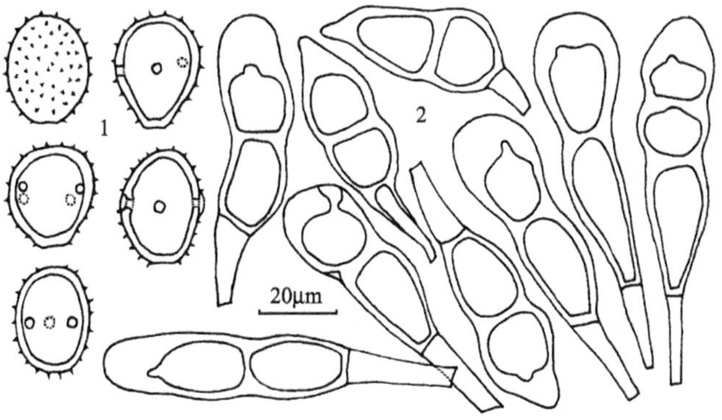

图 132 薹草柄锈菌 *Puccinia caricina* 的夏孢子（1）和冬孢子（2）（CFSZ 5037）

性孢子器叶两面生，以叶上面为主，聚生，近球形，直径 90～150μm，蜜黄色或褐色。

春孢子器生于叶下面，聚生，杯状，直径 0.2～0.3mm，边缘反卷，有缺刻，鲜时橙黄色，鲜艳，干后近白色，寄主受害部位略膨胀。春孢子椭圆形、球形或近球形，有的有角，14～20×12.5～18μm，壁 1～1.5μm 厚，近无色，有细疣。

夏孢子堆叶两面生，以叶下面为主，也生于茎秆上，散生，椭圆形、矩圆形或条形，长 0.2～1mm，裸露，粉状，褐色；夏孢子球形、近球形、倒卵形或椭圆形，（17.5～）20～30（～32.5）×（12.5～）17.5～25μm，壁 2～3μm 厚，黄褐色或肉桂褐色，有刺，芽孔 2～4 个，通常 3 个，腰生，有时有小孔帽。

冬孢子堆叶两面生，以叶下面为主，也生于茎秆上，散生或聚生，椭圆形、矩圆形或条形，长 0.2～1.8mm，有时相互连接可达 2cm 长，裸露，垫状，坚实，黑色；冬孢子棍棒形或宽棍棒形，32.5～70（～75）×12.5～25（～27.5）μm，顶端圆、锥尖或平截，基部狭窄，隔膜处缢缩或稍缢缩，侧壁 1～1.5μm 厚，顶壁 5～15（～17.5）μm 厚，黄褐色至栗褐色，光滑，上细胞芽孔顶生或稍偏下，下细胞芽孔近隔膜，柄淡黄色或近无色，长达 50μm。1 室冬孢子常见；3 室和 4 室冬孢子偶见。

0，I

红纹马先蒿 *Pedicularis striata* Pall.：赤峰市巴林右旗赛罕乌拉自然保护区砬子沟 85（= HMAS 199181）。

狭叶荨麻 *Urtica angustifolia* Fisch. ex Hornem.：赤峰市巴林右旗赛罕乌拉自然保护区荣升 9493、9619。

麻叶荨麻 *Urtica cannabina* L.：赤峰市阿鲁科尔沁旗高格斯台罕乌拉自然保护区 5777。

II，III

灰脉薹草 *Carex appendiculata* (Trautv.) Kük.：赤峰市宁城县黑里河自然保护区西泉 5606、5608。

短鳞薹草 *Carex augustinowiczii* Meinsh. ex Korsh.：赤峰市喀喇沁旗旺业甸新开坝 7003、7013；宁城县黑里河自然保护区大坝沟 8354、8364、8379、8381、8383、8386、8387、9564，下拐 6197。

丛薹草 *Carex caespitosa* L.：赤峰市喀喇沁旗旺业甸大东沟 7018；克什克腾旗黄岗梁 6895、6914。

扁囊薹草 *Carex coriophora* Fisch. & C.A. Mey. ex Kunth：锡林郭勒盟正蓝旗元上都 8723、8727、8733、8737、8740。

点叶薹草 *Carex hancockiana* Maxim.：赤峰市巴林右旗赛罕乌拉自然保护区正沟 9656。

异鳞薹草 *Carex heterolepis* Bunge：赤峰市宁城县黑里河自然保护区大坝沟 8388，四道沟 9047、9065。

湿薹草 *Carex humida* Y.L. Chang & Y.L. Yang：赤峰市巴林右旗赛罕乌拉自然保护区荣升 6542、6547，正沟 9516、9527。呼伦贝尔市根河市金林 9283；牙克石市博克图 9223。

鸭绿薹草 *Carex jaluensis* Kom.：赤峰市宁城县黑里河自然保护区西打 6232。

大披针薹草 *Carex lanceolata* Boott：赤峰市巴林右旗赛罕乌拉自然保护区大西沟 9110、9111、9113、9116。呼伦贝尔市阿荣旗得力其尔 9151。

柄状薹草（脚薹草）*Carex pediformis* C.A. Mey.：呼和浩特市和林格尔县南天门 637。呼伦贝尔市鄂伦春自治旗大杨树 7523。乌兰察布市凉城县蛮汉山二龙什台 5993、6000。锡林郭勒盟多伦县蔡木山 755。兴安盟阿尔山市伊尔施 7850。

锥囊薹草 *Carex raddei* Kük.：赤峰市宁城县黑里河自然保护区四道沟 9048。呼伦贝尔市根河市阿龙山 9372、9373、9382，敖鲁古雅 9399、9401、9402，得耳布尔 7709；牙克石市乌尔其汉 9243、9247。

大穗薹草 *Carex rhynchophysa* C.A. Mey.：赤峰市巴林右旗赛罕乌拉自然保护区荣升 6576、9495，乌兰坝 8050；克什克腾旗黄岗梁 9783。呼伦贝尔市阿荣旗得力其尔 9155，三岔河 7331、7408、7427、7451、7454；根河市敖鲁古雅 7674、7680、9400，得耳布尔 889、7697、7725，金河 9389。锡林郭勒盟东乌珠穆沁旗宝格达山 9422、9443。兴安盟阿尔山市伊尔施 7846。

灰株薹草 *Carex rostrata* Stokes ex With.：呼伦贝尔市阿荣旗得力其尔 9146、9148。

沙地薹草 *Carex sabulosa* Turcz. ex Kunth：赤峰市克什克腾旗浩来呼热 8401，乌兰布统小河 7138。

薹草属 *Carex* spp.：赤峰市阿鲁科尔沁旗高格斯台罕乌拉自然保护区 5801；敖汉旗大黑山自然保护区 9475；巴林右旗赛罕乌拉自然保护区荣升 6536、8132、9504、9943；喀喇沁旗美林镇韭菜楼 8002，旺业甸 **5037**，大东沟 7025，茅荆坝 8942、8947、8963，新开坝 6976、6988；克什克腾旗黄岗梁 9810；林西县新林镇哈什吐 9870、9873、9875；宁城县黑里河自然保护区八沟道 5485，大坝沟 8373，大营子 5398，东打 5444，三道河 6181，上拐 8174，西打 6228，小柳树沟 5504；小城子镇高桥 9960。呼伦贝尔市阿荣旗三岔河 7432，三号店 9158、9159；鄂伦春自治旗阿里河 7620，乌鲁布铁 7585；根河市阿龙山 9377，敖鲁古雅 7676，得耳布尔 886，金河 9386、9388，金林 9292，满归镇凝翠山 9322；莫力达瓦达斡尔族自治旗塔温敖宝镇，陈明 5259；牙克石市博克图 9214。

据庄剑云等（1998）报道，这个种的性孢子器和春孢子器阶段在兴安盟阿尔山还生于英吉利茶藨子（帕氏茶藨子）*Ribes palczewskii* (Jancz.) Pojark.上。Zhuang 和 Wei（2002b）报道本种在兴安盟阿尔山市生于锥囊薹草和薹草属 *Carex* sp.上。

国内分布：黑龙江，吉林，北京，内蒙古，福建，陕西，甘肃，青海，宁夏，新疆，四川，西藏。

世界分布：北温带广布，传播到新西兰。

钝鳞薹草柄锈菌　　图 133

Puccinia caricis-amblyolepis Homma, Trans. Sapporo Nat. Hist. Soc. 15: 122, 1938; Zhuang et al., Fl. Fung. Sin. 10: 186, 1998.

夏孢子堆生于叶下面，散生，近圆形或椭圆形，长 0.1～0.4mm，裸露，粉状，褐色；夏孢子椭圆形或倒卵形，17.5～22.5（～27）×14～17.5（～20）μm，壁 1～2μm 厚，黄褐色，有细刺，芽孔 2～3 个，腰生。

冬孢子堆生于叶下面，散生或聚生，圆形或椭圆形，长 0.1～0.4mm，长期被寄主表皮覆盖或后期裸露，垫状，黑色；冬孢子棍棒形或椭圆形，30～52.5×14～20μm，顶端钝圆、锥尖或平截，基部狭窄，隔膜处缢缩或稍缢缩，侧壁 1～2μm 厚，顶壁 5～12.5μm 厚，栗褐色，光滑，上细胞芽孔顶生，下细胞芽孔近隔膜，柄淡黄色或近无色，长达 40μm。1 室冬孢子常见。

II，III

薹草属 *Carex* sp.：呼伦贝尔市根河市满归镇九公里 **9337**（= HMAS 246806）。

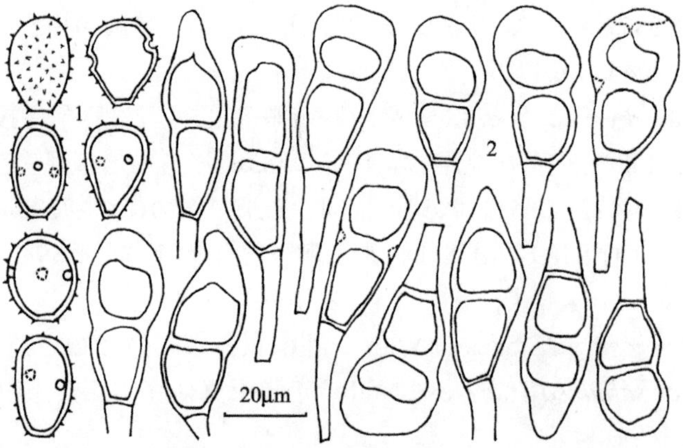

图 133　钝鳞薹草柄锈菌 *Puccinia caricis-amblyolepis* 的夏孢子（1）和冬孢子（2）（CFSZ 9337）

国内分布：黑龙江，内蒙古。

世界分布：俄罗斯远东地区[萨哈林岛（库页岛）]，中国东北。

庄剑云等（1998）描述本种的夏孢子大小为 23～30×18～22μm。我们的菌除夏孢子较短外，其他特征与上述文献描述无异。据庄剑云（个人通信）研究，本种的模式产地为俄罗斯远东地区的萨哈林岛（库页岛）。原始描述较含糊，特别是夏孢子，其大小为 23～29×21～22μm，宽度 21～22μm 太笼统，冬孢子柄长 18～21μm 也太笼统。本种为内蒙古新记录。

点叶薹草柄锈菌　　图 134

Puccinia caricis-hancockianae J.Y. Zhuang & S.X. Wei, Mycosystema 16: 81, 1997; Zhuang et al., Fl. Fung. Sin. 10: 191, 1998; Liu et al., J. Fungal Res. 15(4): 246, 2017.

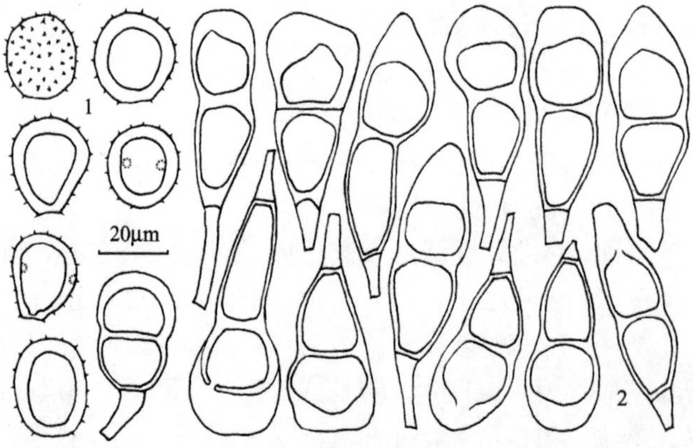

图 134　点叶薹草柄锈菌 *Puccinia caricis-hancockianae* 的夏孢子（1）和冬孢子（2）（CFSZ 8076）

夏孢子堆生于叶下面，散生，圆形或椭圆形，直径 0.1～0.5mm，裸露，淡褐色，粉状，周围有破裂的寄主表皮围绕；夏孢子近球形、倒卵形或椭圆形，17.5～26×15～22.5μm，壁 2～4（～5）μm 厚，淡黄褐色或近无色，表面具刺，芽孔不清楚，似 2 个，腰生或近腰生。

冬孢子堆生于叶下面，散生或聚生，圆形或椭圆形，直径 0.1～1mm，裸露，垫状，略坚实，黑褐色或黑色，周围有破裂的寄主表皮围绕；冬孢子棍棒形或长椭圆形，27.5～60（～70）×15～24（～29）μm，顶端圆、钝或平截，少数略尖，基部狭细或略圆，隔膜处稍缢缩，侧壁 1～1.5μm 厚，顶壁 4～15μm 厚，上细胞芽孔顶生，下细胞芽孔近隔膜，表面光滑，柄淡黄褐色，长达 40μm，不脱落。有 1 室冬孢子混生。

II，III

点叶薹草（华北薹草）*Carex hancockiana* Maxim.：赤峰市巴林右旗赛罕乌拉自然保护区乌兰坝 **8076**（= HMAS 246767）、8092。

国内分布：内蒙古，四川。

世界分布：中国。

本种模式标本采自四川王朗，其夏孢子壁（1.5～）2.5～3μm 厚，淡褐色或近无色，芽孔不清楚（Zhuang and Wei 1997；庄剑云等 1998）。我们的菌夏孢子壁略厚，达 2～4（～5）μm，绝大多数芽孔不清楚，但偶见颜色较深的夏孢子似具 2 个腰生或近腰生芽孔。庄剑云（个人通信）把我们的材料与模式作了对比，除了冬孢子极限长度较长外，其他特征相符，同意鉴定为本种。

软薹草柄锈菌　图 135

Puccinia caricis-molliculae Syd. & P. Syd., Annls Mycol. 11: 105, 1913; Tai, Syll. Fung. Sin.: 623, 1979; Zhuang, Mycosystema 1: 122, 1988; Zhuang et al., Fl. Fung. Sin. 10: 194, 1998; Liu et al., J. Inner Mongolia Univ. (Nat. Sci. Ed.) 46(3): 282, 2015.

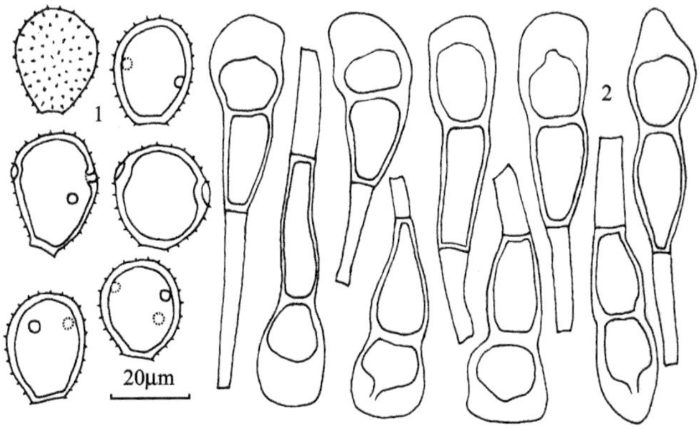

图 135　软薹草柄锈菌 *Puccinia caricis-molliculae* 的夏孢子（1）和冬孢子（2）（CFSZ 1613）

夏孢子堆生于叶下面，散生，椭圆形，直径 0.2～0.5mm，长期被寄主表皮覆盖或后期裸露，褐色；夏孢子近球形、倒卵形、椭圆形或矩圆形，20～37.5×17.5～28μm，壁 1～2μm 厚，淡黄褐色，表面具密刺，芽孔 2～3 个，腰生至稍腰上生，有时有小孔帽。

冬孢子堆生于叶下面，散生或条形排列，圆形或椭圆形，直径 0.2～0.5mm，裸露，周围常有破裂的寄主表皮围绕，垫状，略坚实，黑褐色；冬孢子棍棒形，30～65×12.5～

22.5μm，顶端圆或平截，少数略尖，基部狭，隔膜处缢缩或稍缢缩，侧壁 1～1.5μm 厚，顶壁 6～12.5μm 厚，上细胞芽孔顶生，下细胞芽孔近隔膜，表面光滑，柄淡黄褐色，长达 40μm，不脱落。

II，III

野笠薹草 *Carex drymophila* Turcz. ex Steud.：呼伦贝尔市鄂伦春自治旗克一河 7645。兴安盟阿尔山市白狼镇鸡冠山 **1613**（= HMAS 244808）。

国内分布：吉林，内蒙古。

世界分布：日本，俄罗斯远东地区、西伯利亚，中国东北。

疏毛薹草柄锈菌 图 136

Puccinia caricis-pilosae Miura ex S. Ito & Homma, Trans. Sapporo Nat. Hist. Soc. 15: 123, 1938; Zhuang, Mycosystema 1: 123, 1988; Zhuang et al., Fl. Fung. Sin. 10: 196, 1998; Zhuang & Wei, J. Jilin Agr. Univ. 24(2): 8, 2002; Liu et al., J. Inner Mongolia Univ. (Nat. Sci. Ed.) 46(3): 282, 2015; Liu et al., J. Fungal Res. 15(4): 246, 2017.

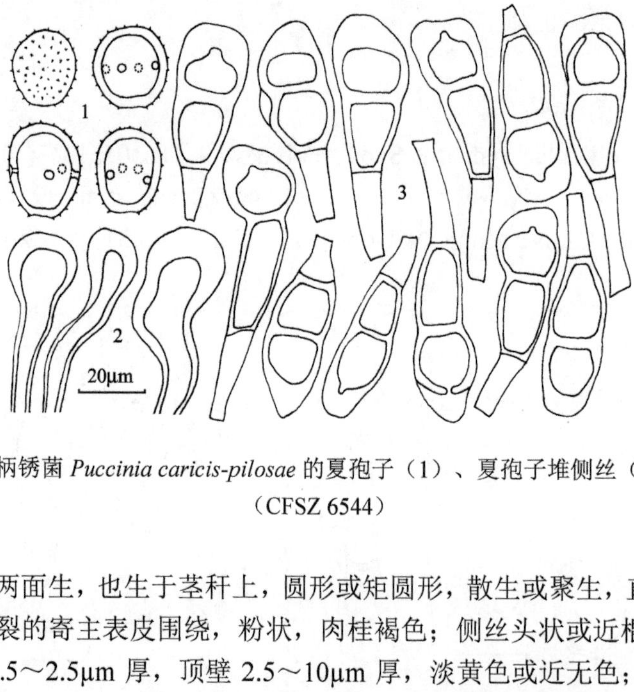

图 136 疏毛薹草柄锈菌 *Puccinia caricis-pilosae* 的夏孢子（1）、夏孢子堆侧丝（2）和冬孢子（3）（CFSZ 6544）

夏孢子堆叶两面生，也生于茎秆上，圆形或矩圆形，散生或聚生，直径 0.1～0.4mm，裸露，周围有破裂的寄主表皮围绕，粉状，肉桂褐色；侧丝头状或近棍棒状，40～65×10～20μm，壁 1.5～2.5μm 厚，顶壁 2.5～10μm 厚，淡黄色或近无色；夏孢子倒卵形、椭圆形或近球形，21～27.5×18～23μm，壁 1.5～2.5μm 厚，黄褐色，有刺，芽孔 4 个，腰生。

冬孢子堆叶两面生，也生于茎秆上，圆形、矩圆形或条形，散生或聚生，直径 0.1～1mm，常相互连合达 3mm 长，裸露，有破裂的寄主表皮围绕，垫状，较坚实，黑色；冬孢子棍棒形，35～60×（12.5～）15～20（～22.5）μm，顶端圆、钝、平截或锥尖，基部渐狭，隔膜处缢缩或稍缢缩，侧壁 1.5～2.5μm 厚，顶壁 5～7.5（～10）μm 厚，肉桂褐色至栗褐色，光滑，上细胞芽孔顶生，下细胞芽孔近隔膜，柄黄褐色至近无色，长 10～

35μm，不脱落。1 室冬孢子偶见。

II，III

从薹草 *Carex caespitosa* L.：赤峰市巴林右旗赛罕乌拉自然保护区荣升 6543、**6544**、9486、9490，正沟 6467；林西县新林镇哈什吐 9894。

据庄剑云等（1998）报道，这个种在国内仅见于内蒙古呼伦贝尔市的根河，寄主为薹草属 *Carex* sp.。随后，Zhuang 和 Wei（2002b）报道本种在兴安盟阿尔山市还生于点叶薹草（华北薹草）*Carex hancockiana* Maxim.和薹草属 *Carex* sp.上。

国内分布：内蒙古。

世界分布：日本，中国北部。

在庄剑云等（1998）的描述中，本种夏孢子与冬孢子混生，没有夏孢子堆的相关信息。我们的标本夏孢子堆清晰可见。

假毒麦薹草柄锈菌　　图 137

Puccinia caricis-pseudololiaceae Homma, Trans. Sapporo Nat. Hist. Soc. 15: 124, 1938; Zhuang, Mycosystema 1: 123, 1988; Zhuang et al., Fl. Fung. Sin. 10: 197, 1998; Zhuang & Wei, J. Jilin Agr. Univ. 24(2): 8, 2002; Liu et al., J. Inner Mongolia Univ. (Nat. Sci. Ed.) 46(3): 282, 2015.

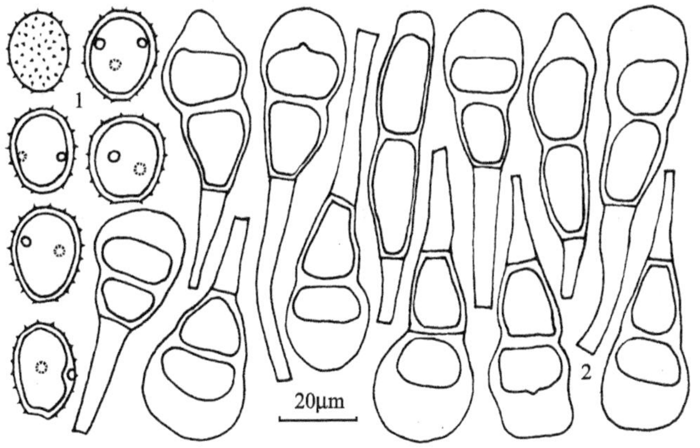

图 137　假毒麦薹草柄锈菌 *Puccinia caricis-pseudololiaceae* 的夏孢子（1）和冬孢子（2）（CFSZ 5223）

夏孢子堆生于叶下面，圆形或矩圆形，散生，直径 0.2～0.5mm，裸露，周围有破裂的寄主表皮围绕，粉状，黄褐色；夏孢子椭圆形或倒卵形，17.5～25×13～20μm，壁 1～2μm 厚，黄褐色或肉桂褐色，有刺，芽孔 2（～3）个，腰上生或近腰生。

冬孢子堆生于叶下面，圆形或矩圆形，散生或稍聚生，直径 0.2～1mm，裸露，周围有破裂的寄主表皮围绕，垫状，黑褐色；冬孢子棍棒形或近棍棒形，30～60×14～22.5（～30）μm，顶端圆、钝、平截或锥尖，基部狭，隔膜处缢缩或稍缢缩，侧壁 1.5～2μm 厚，顶壁 5～19μm 厚，肉桂褐色至栗褐色，光滑，上细胞芽孔顶生，下细胞芽孔近隔膜，柄淡黄色至近无色，长达 75μm，不脱落。

II，III

薹草属 *Carex* sp.：赤峰市喀喇沁旗马鞍山 **5223**（= HMAS 244810）、9712。

国内分布：吉林，黑龙江，内蒙古。

世界分布：萨哈林岛（库页岛），中国东北。

庄剑云等（1998）报道本种夏孢子与冬孢子混生，具 2 个明显的腰生或腰上生芽孔；冬孢子顶壁（7～）10～18（～22）μm 厚，柄长达 40μm。采自赤峰的菌与上述特征略有不同：产生单独的夏孢子堆，夏孢子芽孔多数为 2 个，偶尔为 3 个，腰生或腰上生；冬孢子顶壁 5～19μm 厚，柄长达 75μm。

根状柄薹草柄锈菌　图 138

Puccinia caricis-rhizopodae Miura, Trans. Sapporo Nat. Hist. Soc. 15: 125, 1938; Zhuang, Mycosystema 1: 124, 1988; Zhuang et al., Fl. Fung. Sin. 10: 198, 1998.

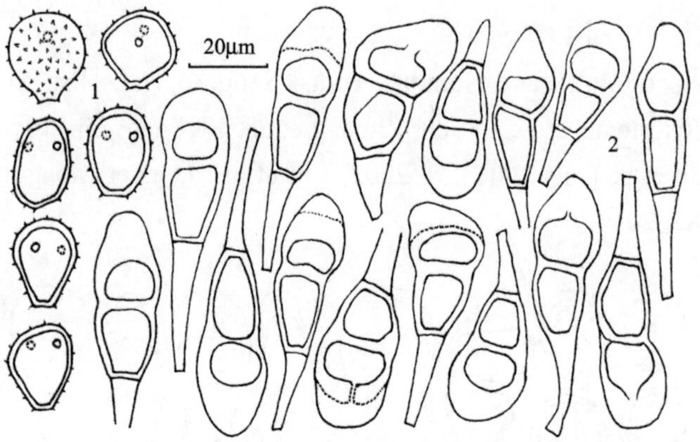

图 138　根状柄薹草柄锈菌 *Puccinia caricis-rhizopodae* 的夏孢子（1）和冬孢子（2）（CFSZ 9274）

夏孢子堆生于叶下面，散生，线状排列，矩圆形或椭圆形，长 0.2～0.5mm，被寄主表皮覆盖或缝隙状开裂，粉状，褐色；夏孢子倒卵形、椭圆形或长椭圆形，17.5～27.5×12.5～20μm，壁 1.5～2μm 厚，黄褐色或肉桂褐色，有刺，芽孔 2 个，腰上生或近顶生。

冬孢子堆生于叶下面，散生或聚生，椭圆形或条形，长 0.2～1mm，有时相互连接，裸露，垫状，黑色；冬孢子棍棒形或椭圆形，30～50×12.5～20μm，顶端圆或钝锥形，偶尔近平截，基部狭窄，隔膜处缢缩或稍缢缩，侧壁 1～2μm 厚，顶壁 6～12.5μm 厚，肉桂褐色至栗褐色，光滑，上细胞芽孔顶生，下细胞芽孔近隔膜，柄淡黄色或近无色，长达 35μm。1 室冬孢子常见。

II，III

疣囊薹草 *Carex pallida* C.A. Mey.：呼伦贝尔市根河市金林 9267、**9274**（= HMAS 246805）。

国内分布：吉林，内蒙古。

世界分布：日本，中国东北。

庄剑云等（1998）描述本种冬孢子大小为 32～63×13～23μm，顶壁厚 7～12μm；

Hiratsuka 等（1992）描述为 47～65×14～20μm，顶壁厚达 9.5μm。我们的菌除冬孢子较短外，其他特征与本种相符。本种为内蒙古新记录。

宽叶薹草柄锈菌　　图 139

Puccinia caricis-siderostictae (Henn.) Dietel, Ann. Mycol. 5: 72, 1907; Wang, Index Ured. Sin.: 47, 1951; Tai, Syll. Fung. Sin.: 623, 1979; Zhuang, Mycosystema 1: 124, 1988; Wei & Zhuang, Fungi of Xiaowutai Mountains in Hebei Province: 113, 1997; Zhuang et al., Fl. Fung. Sin. 10: 199, 1998; Liu et al., J. Inner Mongolia Univ. (Nat. Sci. Ed.) 46(3): 282, 2015.

Uredo caricis-siderostictae Henn., Bot. Jb. 34: 598, 1905.

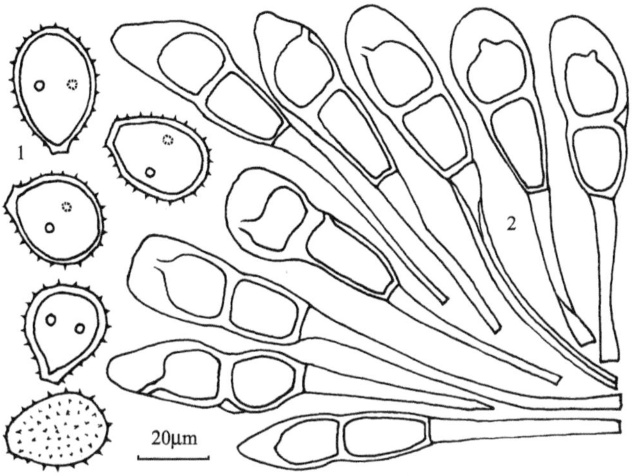

图 139　宽叶薹草柄锈菌 *Puccinia caricis-siderostictae* 的夏孢子（1）和冬孢子（2）（CFSZ 5471）

性孢子器生于叶上面，聚生，近球形，直径 100～160μm，蜜黄色。

春孢子器生于叶下面，密聚生，杯状，直径 0.2～0.5mm，边缘撕裂，反卷，白色；春孢子角球形、椭圆形或卵形，15～25×12.5～20μm，壁 1～1.5μm 厚，有细疣，淡黄色或无色。

夏孢子堆叶两面生，圆形或椭圆形，散生或聚生，直径 0.2～0.5mm，裸露，常被破裂的寄主表皮围绕，粉状，暗褐色；夏孢子倒卵形、梨形或近球形，(20～)25～31×17.5～24μm，壁 1～2μm 厚，黄褐色或肉桂褐色，有刺，芽孔 2（～3）个，腰生，有时不清楚。

冬孢子堆叶两面生，圆形或椭圆形，散生或聚生，直径 0.2～1mm，有时相互愈合成长条形，长达 10mm，裸露，有破裂的寄主表皮围绕，垫状，较坚实，黑褐色；冬孢子棍棒形或近棍棒形，（32.5～）40～61（～70）×15～22.5μm，顶端圆、钝锥形或平截，向下渐狭，隔膜处缢缩或稍缢缩，二细胞易断裂，侧壁 1～2μm 厚，顶壁（5～）7.5～15（～17.5）μm 厚，黄褐色、肉桂褐色至栗褐色，光滑，上细胞芽孔顶生或稍偏下，下细胞芽孔近隔膜，柄淡黄色至近无色，长 25～70（～120）μm，不脱落。淡黄色的 1 室冬孢子常见。

0，Ⅰ

山尖子 *Parasenecio hastatus* (L.) H. Koyama（≡ *Cacalia hastata* L.）：赤峰市宁城县黑里河自然保护区道须沟 9595。

Ⅱ，Ⅲ

宽叶薹草 *Carex siderosticta* Hance：赤峰市喀喇沁旗美林镇韭菜楼 7975，旺业甸茅荆坝 8935、8941；宁城县黑里河自然保护区道须沟 5458、**5471**，上拐 8178、8184、8212，小柳树沟 5510。

国内分布：内蒙古，河北，湖北。

世界分布：日本，朝鲜半岛，中国，俄罗斯远东地区。

异株薹草柄锈菌　　图 140

Puccinia dioicae Magnus, Amt. Ber. 50 Versammt. D. Naturf. Ärzte München: 199, 1877; Wang, Index Ured. Sin.: 50, 1951; Tai, Syll. Fung. Sin.: 632, 1979; Zhuang, Mycosystema 1: 125, 1988; Zhang et al., Mycotaxon 61: 68, 1997; Zhuang et al., Fl. Fung. Sin. 10: 203, 1998; Zhuang & Wei, J. Jilin Agr. Univ. 24(2): 8, 2002; Liu et al., J. Inner Mongolia Univ. (Nat. Sci. Ed.) 46(3): 283, 2015.

Aecidium asterum Schwein., Schr. Naturf. Ges. Leipzig 1: 67, 1822; Wang, Index Ured. Sin.: 1, 1951.

Puccinia extensicola Plowr., Monograph Brit. Ured.: 181, 1889; Wang, Index Ured. Sin.: 52, 1951; Teng, Fungi of China: 343, 1963; Tai, Syll. Fung. Sin.: 637, 1979; Liu, J. Jilin Agr. Univ. 1983(2): 3, 1983.

Puccinia silvatica J. Schröt., *in* Cohn, Beitr. Biol. Pfl. 3: 68, 1879; Wang, Index Ured. Sin.: 72, 1951; Teng, Fungi of China: 343, 1963.

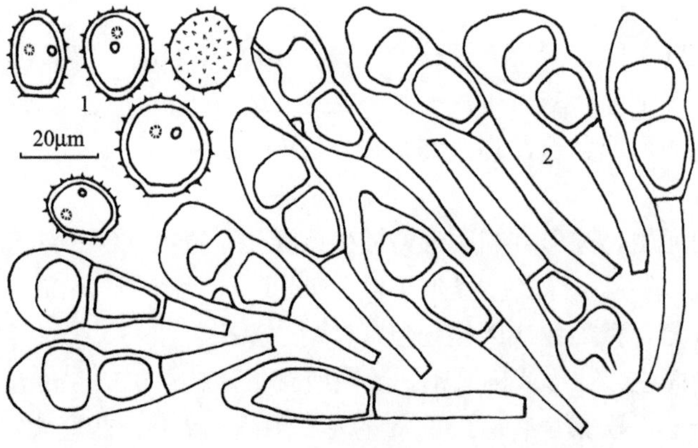

图 140　异株薹草柄锈菌 *Puccinia dioicae* 的夏孢子（1）和冬孢子（2）（CFSZ 547）

性孢子器大多生于叶上面，聚生，近球形，直径 100～125μm，蜜黄色。

春孢子器叶两面生，以叶下面为主，也生于花葶上，聚生，有时覆盖整个叶片，杯状，直径 0.2～0.5mm，边缘反卷，有缺刻，白色；春孢子角球形，12.5～22.5×11～17.5μm，壁不及 1μm 厚，有细疣，淡黄色或无色。

夏孢子堆生于叶下面，散生或排列成行，矩圆形或椭圆形，长 0.2～0.5mm，裸露，粉状，褐色；夏孢子倒卵形、椭圆形或近球形，（16～）18～30（～32.5）×（13～）15～23μm，壁 1～2.5μm 厚，肉桂褐色，有刺，芽孔 2 个，腰上生至近顶生。

冬孢子堆叶两面生，也生于秆上，圆形、矩圆形或椭圆形，散生，长 0.2～1mm，裸露，有破裂的寄主表皮围绕，垫状，较坚实，黑褐色；冬孢子椭圆形、矩圆形、倒卵形或棍棒形，（25～）39～60（～65）×13～23（～25）μm，顶端圆、钝锥形或平截，向下渐狭，隔膜处缢缩或稍缢缩，侧壁 1.5～2.5μm 厚，顶壁 7～15（～17.5）μm 厚，栗褐色，光滑，上细胞芽孔顶生或稍偏下，下细胞芽孔近隔膜，柄淡黄色至近无色，长 10～55（～70）μm，不脱落。1 室冬孢子常见，3 室冬孢子偶见。

0，I

狗娃花 *Aster hispidus* Thunb. [≡ *Heteropappus hispidus* (Thunb.) Less.]：赤峰市喀喇沁旗十家乡郎营子 9603。

山马兰 *Aster lautureanus* (Debeaux) Franch. [≡ *Kalimeris lautureana* (Debeaux) Kitam.]：赤峰市喀喇沁旗西桥镇雷家营子 9038。

全叶马兰 *Aster pekinensis* (Hance) F.H. Chen（= *Kalimeris integrifolia* Turcz. ex DC.）：赤峰市宁城县黑里河自然保护区四道沟 492（= HMAS 199187）。

东风菜 *Aster scaber* Thunb. [≡ *Doellingeria scabra* (Thunb.) Nees]：赤峰巴林右旗赛罕乌拉自然保护区大西沟 9613。

麻花头 *Klasea centauroides* (L.) Cass. ex Kitag.（≡ *Serratula centauroides* L.）：赤峰市巴林右旗赛罕乌拉自然保护区正沟 9608。

碗苞麻花头 *Klasea centauroides* (L.) Cass. ex Kitag. subsp. *chanetii* (H. Lév.) L. Martins（≡ *Serratula chanetii* H. Lév.）：赤峰市林西县五十家子镇大冷山 5659。

华蒲公英 *Taraxacum sinicum* Kitag.：乌兰察布市凉城县岱海 6245。

II，III

麻根薹草 *Carex arnellii* H. Christ ex Scheutz：赤峰市喀喇沁旗旺业甸茅荆坝 8943、8949、8960、8966、8967、8970；宁城县黑里河自然保护区道须沟 5480。

细秆薹草（纤弱薹草）*Carex capillaris* L.：赤峰市宁城县黑里河自然保护区西打 6233。

寸草 *Carex duriuscula* C.A. Mey.：兴安盟科尔沁右翼中旗巴彦胡硕 7317（= HMAS 246217）。锡林郭勒盟锡林浩特市白银库伦 6697（= HMAS 246216），白音锡勒扎格斯台 1883。

柄状薹草（脚薹草）*Carex pediformis* C.A. Mey.：赤峰市喀喇沁旗锦山 5338。呼伦贝尔市鄂伦春自治旗阿里河 7621，乌鲁布铁 7572；鄂温克族自治旗红花尔基 7795。乌兰察布市凉城县蛮汉山二龙什台 6078。

薹草属 *Carex* spp.：赤峰市克什克腾旗黄岗梁 **547**、550；宁城县黑里河自然保护区上拐 8218、8219，热水 5370。乌兰察布市凉城县岱海 6247。

据刘振钦（1983）报道，本种（在 *Puccinia extensicola* 名下）在兴安盟阿尔山的牛汾台生于锥囊薹草 *Carex raddei* Kük.上。Zhuang 和 Wei（2002b）报道本种性孢子和春孢子阶段在呼伦贝尔市的额尔古纳生于紫菀属 *Aster* sp.上，夏孢子和冬孢子阶段在兴安盟阿尔山市生于异穗薹草 *Carex heterostachya* Bunge 上。

国内分布：黑龙江，吉林，辽宁，北京，河北，山西，内蒙古，江苏，河南，陕西，甘肃，新疆，四川。

世界分布：欧洲；北美洲；亚洲；南美洲（偶见）。

Hiratsuka 等（1992）把日本东风菜 *Doellingeria scabra* 上的菌鉴定为 *Puccinia linosyridis-caricis* E. Fisch.的春孢子阶段。

矮丛薹草生柄锈菌 图 141

Puccinia humilicola Hasler, Ber. Schweiz. Bot. Ges. 47: 429, 1937; Zhuang, Mycosystema 1: 126, 1988; Zhuang et al., Fl. Fung. Sin. 10: 209, 1998; Liu et al., J. Inner Mongolia Univ. (Nat. Sci. Ed.) 46(3): 283, 2015.

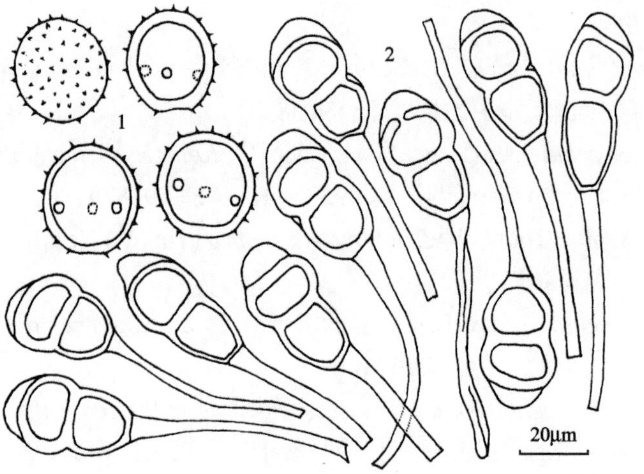

图 141 矮丛薹草生柄锈菌 *Puccinia humilicola* 的夏孢子（1）和冬孢子（2）（CFSZ 5489）

夏孢子堆生于叶下面，散生，圆形或椭圆形，直径 0.1～0.5mm，褐色，裸露，粉状，常有破裂的寄主表皮围绕，着生处形成褐色叶斑；夏孢子近球形、宽椭圆形或倒卵形，25～32.5×20～30μm，壁 1.5～2.5μm 厚，有疏刺（刺间距离 3.5～4.5μm），黄褐色，芽孔 3 个，稀 4 个，腰生或近腰生。

冬孢子堆生于叶下面，散生，圆形或椭圆形，长 0.1～0.5mm，黑褐色，裸露，粉状，常有破裂的寄主表皮围绕，着生处形成褐色叶斑；冬孢子棍棒形、矩圆形或倒卵形，30～50×15～22.5μm，顶端钝圆，稀锥尖，基部稍狭，隔膜处缢缩或略缢缩，侧壁 1.5～2.5μm 厚，顶壁 5～10μm 厚，栗褐色，顶端色淡而呈黄褐色，光滑，上细胞芽孔顶生，下细胞芽孔近隔膜，柄无色，长达 90μm，不脱落。1 室冬孢子偶见。

II，III

大披针薹草 *Carex lanceolata* Boott：包头市土默特右旗九峰山甘沟 8481、8487。

柄状薹草 *Carex pediformis* C.A. Mey.：呼伦贝尔市阿荣旗三岔河 7436；鄂伦春自治旗乌鲁布铁 7578。

薹草属 *Carex* spp.：赤峰市巴林右旗赛罕乌拉自然保护区砬子沟 9655；喀喇沁旗马鞍山 8862，旺业甸 6960；林西县新林镇哈什吐 9865；宁城县黑里河自然保护区八沟道 **5489**，小柳树沟 5507。呼和浩特市和林格尔县南天门 643。乌兰察布市凉城县蛮汉山二龙什台 6076。

据庄剑云等（1998）报道，这个种在乌兰察布市卓资县也生于大披针薹草上。

国内分布：黑龙江，内蒙古。

世界分布：欧洲；亚洲（中国北部）。

卡累利阿柄锈菌 图 142

Puccinia karelica Tranzschel, Trav. Mus. Bot. Acad. Sci. St. Petersburg 2: 16, 1905; Zhuang & Wei, Mycosystema 16: 84, 1997; Zhuang et al., Fl. Fung. Sin. 10: 213, 1998.

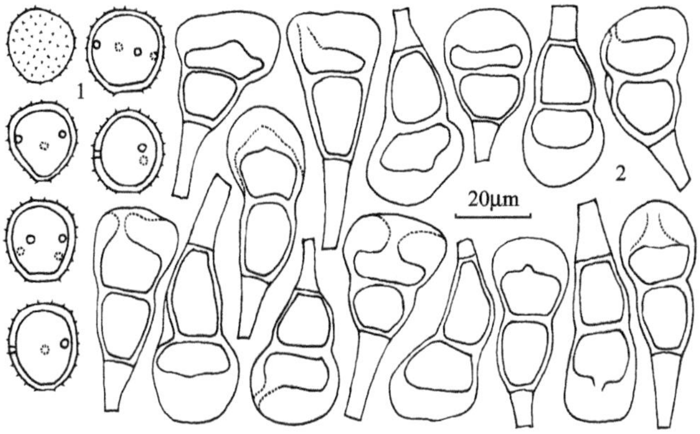

图 142 卡累利阿柄锈菌 *Puccinia karelica* 的夏孢子（1）和冬孢子（2）（CFSZ 7630）

夏孢子堆生于叶下面，散生或聚生，圆形或椭圆形，直径 0.2～0.5mm，肉桂褐色，裸露，粉状，周围常有破裂的寄主表皮围绕；夏孢子近球形、椭圆形或倒卵形，（17.5～）19～25（～27.5）×15～21μm，壁 1.5～2.5μm 厚，有细刺，黄褐色至淡肉桂褐色，芽孔（2～）3～4 个，腰生或近腰生，有时似散生。

冬孢子堆生于叶下面，散生或聚生，圆形或椭圆形，长 0.2～0.5mm，黑褐色，裸露，垫状，周围常有破裂的寄主表皮围绕；冬孢子棍棒形或倒卵形，（25～）30～50（～65）×15～22.5（～26）μm，顶端圆、钝圆或平截，基部稍狭，隔膜处缢缩或稍缢缩，侧壁 1～2.5μm 厚，顶壁 5～12.5μm 厚，肉桂褐色至栗褐色，光滑，上细胞芽孔顶生，下细胞芽孔近隔膜，柄淡黄褐色或近无色，长达 40μm，不脱落。1 室冬孢子常见。

II，III

薹草属 *Carex* spp.：呼伦贝尔市鄂伦春自治旗吉文 **7630**（= HMAS 246762）；根河市得耳布尔 7717（= HMAS 246764）。

国内分布：北京，内蒙古。

世界分布：北温带广布。

本种为内蒙古新记录。

藻岩山柄锈菌　图 143

Puccinia moiwensis Miura, *in* Sydow & Sydow, Annls Mycol. 11: 105, 1913; Zhuang, Mycosystema 1: 128, 1988; Zhuang et al., Fl. Fung. Sin. 10: 220, 1998; Zhuang & Wei, J. Jilin Agr. Univ. 24(2): 9, 2002; Liu et al., J. Inner Mongolia Univ. (Nat. Sci. Ed.) 46(3): 283, 2015.

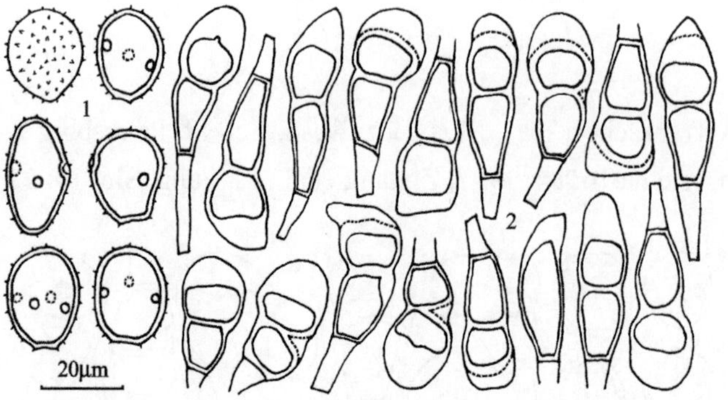

图 143　藻岩山柄锈菌 *Puccinia moiwensis* 的夏孢子（1）和冬孢子（2）（CFSZ 9408）

夏孢子堆生于叶下面，散生或线状排列，圆形或矩圆形，直径 0.2～0.5mm，肉桂褐色，裸露，粉状，周围常有破裂的寄主表皮围绕；夏孢子椭圆形或倒卵形，17.5～30×13～20μm，壁 1.5～2.5μm 厚，有细刺，黄褐色至淡肉桂褐色，芽孔（2～）3（～4）个，腰生。

冬孢子堆生于叶下面，散生或线状排列，圆形或矩圆形，长 0.2～0.5mm，黑褐色，裸露，垫状，周围常有破裂的寄主表皮围绕；冬孢子棍棒形或倒卵形，25～45×11～20μm，顶端圆、锥尖或平截，基部稍狭，隔膜处缢缩或稍缢缩，侧壁 1～2.5μm 厚，顶壁 5～12.5μm 厚，肉桂褐色至栗褐色，光滑，上细胞芽孔顶生，下细胞芽孔近隔膜，柄淡黄褐色或近无色，长达 35μm，不脱落。1 室冬孢子常见。

II，III

大披针薹草 *Carex lanceolata* Boott：锡林郭勒盟东乌珠穆沁旗宝格达山 **9408**、9410、9417、9435。

薹草属 *Carex* spp.：赤峰市克什克腾旗黄岗梁 9805。呼伦贝尔市牙克石市图里河，陈佑安 9703（= HMAS 43020）。

国内分布：黑龙江，内蒙古。

世界分布：日本北海道，俄罗斯远东地区，中国东北。

以往文献记载本种夏孢子大小分别是 18～25×15～18μm（Hiratsuka et al. 1992）、20～25×17～20μm（庄剑云等 1998）和 20～25×18～20μm（Azbukina 2005）。我们的菌部分夏孢子较长。

石生薹草柄锈菌　图 144

Puccinia rupestris Juel, Bot. Notiser: 56, 1893; Wang, Index Ured. Sin.: 71, 1951; Tai, Syll. Fung. Sin.: 677, 1979; Zhuang & Wei, J. Jilin Agr. Univ. 24(2): 9, 2002; Liu et al., J. Inner Mongolia Univ. (Nat. Sci. Ed.) 46(3): 283, 2015.

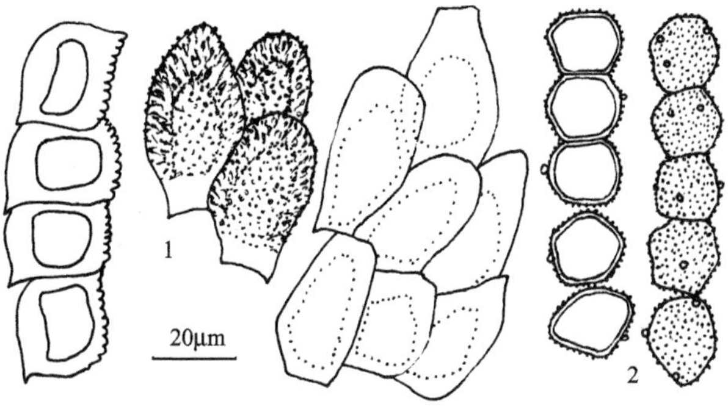

图 144　石生薹草柄锈菌 *Puccinia rupestris* 的春孢子器包被细胞（1）和春孢子（2）（CFSZ 1320）

性孢子器生于叶上面，聚生，球形，直径 70～125μm，蜜黄色至暗褐色。

春孢子器叶两面生，以叶下面为主，小群聚生，在叶上面有时单生，杯状，直径 0.2～0.4mm，边缘反卷，有缺刻，乳白色或淡黄色；包被细胞长方形或多角形，（25～）30～50（～55）×15～25（～35）μm，壁 1.5～5μm 厚，外壁可达 7.5μm 厚，无色，内壁有疣；春孢子串生，角球形或近球形，16～22.5×14～20μm，壁不及 1μm 厚，表面密生细疣，并或多或少具有直径 1～2μm 的疣或折光颗粒，近无色。

0，Ⅰ

草地风毛菊 *Saussurea amara* (L.) DC.：锡林郭勒盟锡林浩特市白银库伦 **1320**。

据 Zhuang 和 Wei（2002b）报道，本种的春孢子器阶段在呼伦贝尔市鄂伦春自治旗加格达奇有分布，寄主为齿苞风毛菊 *Saussurea odontolepis* Sch. Bip. ex Maxim.（HMAS 82805、82806）。

国内分布：内蒙古。

世界分布：瑞典，挪威，中国。

据 Gäumann（1959）、Sydow 和 Sydow（1904）报道，本种的夏孢子堆和冬孢子堆生于 *Carex rupestris* Bell.上。国内尚未发现（庄剑云等 1998）。

周丝柄锈菌　图 145

Puccinia saepta Jørst., Ark. Bot., sér. 2, 4: 340, 1959; Tai, Syll. Fung. Sin.: 677, 1979; Zhuang et al., Fl. Fung. Sin. 10: 222, 1998.

夏孢子堆叶两面生，以叶下面为主，椭圆形或矩圆形，散生或聚生，长 0.2～0.6mm，裸露，粉状，黄褐色或肉桂褐色；周围有侧丝围绕，常在夏孢子堆外形成明显的无色或淡褐色边缘，侧丝头状，30～70×12.5～25μm，壁厚不均匀，顶壁（2.5～）4～10μm 厚，多弯曲，无色或淡黄色；夏孢子近球形、椭圆形或倒卵形，20～30×17.5～25μm，壁 2～

3μm 厚，黄褐色，有细刺，芽孔 3～4 个，腰生。

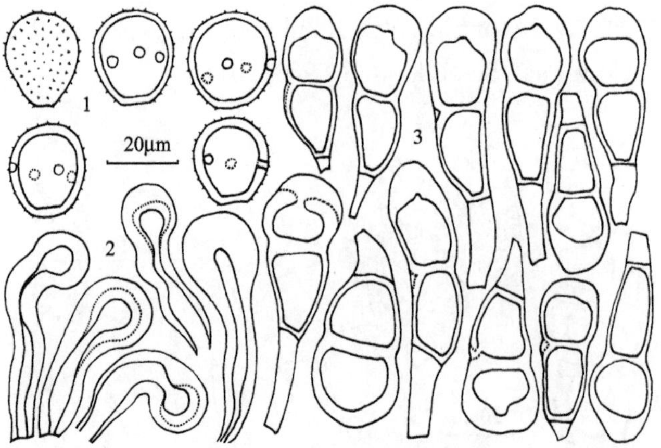

图 145　周丝柄锈菌 *Puccinia saepta* 的夏孢子（1）、夏孢子堆侧丝（2）和冬孢子（3）（CFSZ 7486）

冬孢子堆叶两面生，椭圆形或矩圆形，散生或聚生，长 0.2～1mm，点线状排列，常互相汇合，长达 1cm 或更长，垫状，裸露，黑褐色；从夏孢子堆形成的冬孢子堆外亦有侧丝围绕，形成明显的白色或淡褐色的边缘；冬孢子棍棒形或椭圆形，30～50（～60）×15～20（～25）μm，顶端钝圆、锥尖或平截，基部渐狭，隔膜处缢缩或稍缢缩，侧壁 1～2.5μm 厚，顶壁 5～10（～12.5）μm 厚，肉桂褐色至栗褐色，上细胞芽孔顶生，下细胞芽孔近隔膜，表面光滑，柄淡黄褐色，长达 30μm，不脱落。有 1 室和 3 室冬孢子混生。

II，III

瘤囊薹草（臌囊薹草）*Carex schmidtii* Meinsh.：呼伦贝尔市牙克石市博克图 9204、9211、9212、9226，乌尔其汉 9230。锡林郭勒盟东乌珠穆沁旗宝格达山 9430、9431。

胀囊薹草（膜囊薹草）*Carex vesicaria* L.：呼伦贝尔市阿荣旗阿力格亚 9170、9172；鄂伦春自治旗大杨树 7508、7515、7516；根河市阿龙山 9381；敖鲁古雅 9396；莫力达瓦达斡尔族自治旗尼尔基 **7486**（= HMAS 246219）；牙克石市博克图 9188、9194、9195。

薹草属 *Carex* sp.：赤峰市巴林右旗赛罕乌拉自然保护区大东沟 9659；林西县新林镇哈什吐 9862。

国内分布：内蒙古，河北。

世界分布：中国。

本种是 Jørstad（1959）根据采自我国河北省小五台山的一份标本建立的新种，寄主为鸭绿薹草 *Carex jaluensis* Kom.。据原描述，侧丝长达 65μm，夏孢子芽孔 4 个，腰生；冬孢子 29～51×13～23μm，顶壁 5～12μm 厚。庄剑云等（1998）的描述也来自模式标本，但测量结果稍有差异。我们的菌与上述描述最大区别是夏孢子具 3～4 个腰生芽孔，而不只是 4 个。本种为内蒙古新记录。

修氏柄锈菌　　图 146

Puccinia sjuzevii Tranzschel & Erem., Conspectus Uredinalium URSS: 128, 1939; Li &

Zhuang, Mycosystema 24: 598, 2005; Liu et al., J. Inner Mongolia Univ. (Nat. Sci. Ed.) 46(3): 283, 2015; Liu et al., J. Fungal Res. 15(4): 248, 2017.

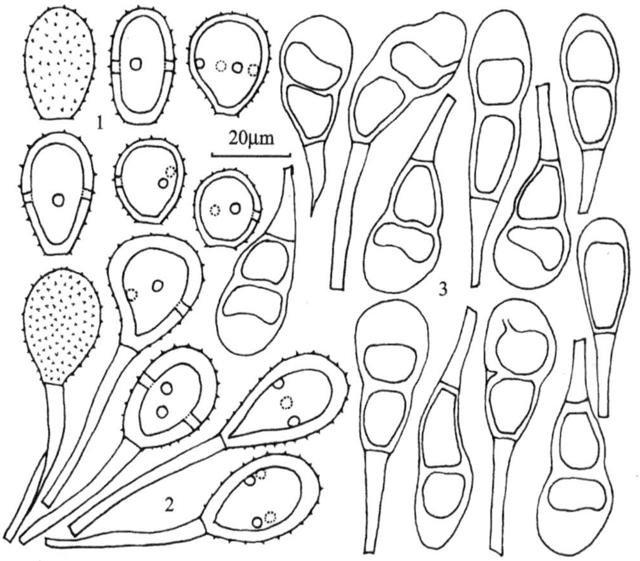

图 146 修氏柄锈菌 *Puccinia sjuzevii* 的夏孢子（1）、休眠夏孢子（2）和冬孢子（3）（CFSZ 5434）

夏孢子堆生于叶下面，圆形或椭圆形，直径 0.2～0.5mm，黄褐色至肉桂褐色，裸露，粉状，常有破裂的寄主表皮围绕；夏孢子近球形、椭圆形或倒卵形，17.5～30（～34）×14～20μm，壁 1.5～2μm 厚，有刺，淡黄褐色，芽孔 2～4 个，腰生或近腰生。休眠夏孢子堆栗褐色，形似夏孢子堆；休眠夏孢子倒卵形、椭圆形或梨形，22.5～40×15～24μm，侧壁 2～3μm 厚，顶壁 2.5～6μm 厚，有刺，栗褐色，芽孔 3～4 个，腰生，柄无色，长达 60μm。

冬孢子堆生于叶下面，圆形、椭圆形或条形，长 0.2～1.5mm，黑褐色，裸露，垫状，常有破裂的寄主表皮围绕；冬孢子矩圆形或棍棒形，25～50（～55）×12.5～20（～25）μm，顶端圆或钝，基部稍狭，隔膜处略缢缩，侧壁 1～1.5μm 厚，顶壁 5～12.5（～15）μm 厚，黄褐色至栗褐色，顶端色淡，光滑，上细胞芽孔顶生，下细胞芽孔近隔膜，柄无色，长达 30μm 或更长，不脱落。1 室冬孢子常见。

II，III

柄状薹草（脚薹草）*Carex pediformis* C.A. Mey.：赤峰市巴林右旗赛罕乌拉自然保护区大东沟 6429、9538、9541，荣升 9482，王坟沟 6601、9532，乌兰坝 8072，西沟 6526，正沟 1245、6494、9518、9520；喀喇沁旗马鞍山 5234、5248、8854、8858，旺业甸 6952，大东沟 7034，新开坝 6994、9017；克什克腾旗桦木沟 7170、7189，黄岗梁 552、6870、6871、6892、9765、9794；林西县新林镇哈什吐 9889；宁城县黑里河自然保护区大坝沟 8991，东打 **5434**、5435（= HMAS 244813）。呼伦贝尔市阿荣旗三岔河 7339、7399、7407；鄂伦春自治旗大杨树 7509，加格达奇 7612；鄂温克族自治旗红花尔基 7761、7788；根河市得耳布尔 7712。乌兰察布市凉城县蛮汉山二龙什台 6041。锡林郭勒盟多伦县蔡木山

760；西乌珠穆沁旗古日格斯台 8106、8118。兴安盟阿尔山市伊尔施 7867。

**楔囊薹草 *Carex reventa* V.I. Krecz.：赤峰市喀喇沁旗旺业甸新开坝 9020、9023；宁城县黑里河自然保护区四道沟 9053。

国内分布：黑龙江，内蒙古。

世界分布：中亚，俄罗斯远东地区，蒙古国，中国。

Azbukina（2005）、Li 和 Zhuang（2005）描述本种夏孢子大小分别为 17～24×17～18μm 和 17～23×14～18μm。与其比较，我们的菌夏孢子较大。

本种与薹草生柄锈菌 *Puccinia caricicola* Fuckel 近似，不同的是本种休眠夏孢子顶壁不增厚或略增厚，仅 2.5～6μm 厚，表面有刺而非疣；冬孢子多数形成单独冬孢子堆，只有少数与休眠夏孢子混生。

横手柄锈菌　　图 147

Puccinia yokotensis Miura, *in* Sydow & Sydow, Annls Mycol. 11(2): 104, 1913; Liu et al., J. Inner Mongolia Univ. (Nat. Sci. Ed.) 46(3): 283, 2015.

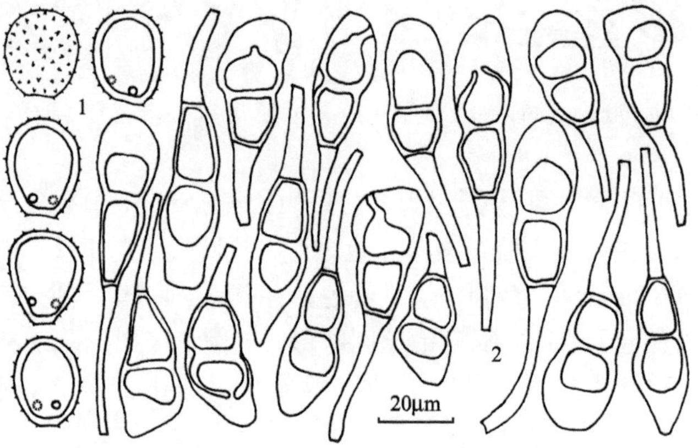

图 147　横手柄锈菌 *Puccinia yokotensis* 的夏孢子（1）和冬孢子（2）（CFSZ 6314）

夏孢子堆未见，夏孢子与冬孢子混生，倒卵形或矩圆倒卵形，17.5～25（～27.5）×14～17.5（～20）μm，壁 1.5～2（～2.5）μm 厚，黄褐色，有疏刺，芽孔（1～）2 个，基生。

冬孢子堆生于叶下面，偶尔也生于叶上面，矩圆形或椭圆形，散生或聚生，长 0.2～1mm，裸露，周围有破裂的寄主表皮围绕，垫状，黑褐色；冬孢子棍棒形或长椭圆形，26～47.5（～52.5）×10～20μm，顶端圆、钝、平截或锥尖，基部渐狭，隔膜处稍缢缩，侧壁 1～2.5μm 厚，顶壁 7.5～12.5（～15）μm 厚，黄褐色至栗褐色，光滑，上细胞芽孔顶生，下细胞芽孔近隔膜，柄淡黄色至近无色，长达 50μm，不脱落。

II，III

薹草属 *Carex* sp.：通辽市科尔沁左翼后旗大青沟 **6314**（= HMAS 246760）。

国内分布：内蒙古，四川。

世界分布：日本，俄罗斯远东地区，中国。

Hiratsuka 等（1992）在本种的分布区中列有中国。但是，Jørstad（1959）和戴芳澜（1979）都把本种列为横仓柄锈菌 *Puccinia yokogurae* Henn.的异名，庄剑云等（1998）支持并采纳了 Jørstad（1959）的意见。据 Ono（1987）、Hiratsuka 等（1992）和 Azbukina（2005）的描述，横手柄锈菌和横仓柄锈菌的主要区别是前者夏孢子具 2 个基生芽孔，后者夏孢子具 2 个腰下生或近腰生芽孔。

刘铁志和田慧敏（2014）曾根据庄剑云等（1998）的描述将此菌订为横仓柄锈菌，后采纳 Ono（1987）、Hiratsuka 等（1992）和 Azbukina（2005）的意见而予以订正（刘铁志等 2015）。

薯蓣科 Dioscoreaceae 上的种

薯蓣柄锈菌　图 148

Puccinia dioscoreae Kom., *in* Jaczewski, Komarov & Tranzschel, Fungi Rossiae Exsicc., Fasc. 6: 269, 1899; Tai, Syll. Fung. Sin.: 633, 1979; Zhuang, Mycosystema 2: 175, 1989; Zhuang & Wei, Mycosystema 7: 55, 1994; Zhang et al., Mycotaxon 61: 68, 1997; Zhuang et al., Fl. Fung. Sin. 10: 268, 1998; Liu et al., J. Fungal Res. 2(3): 13, 2004; Liu & Tian, J. Fungal Res. 12(4): 212, 2014; Liu et al., J. Inner Mongolia Univ. (Nat. Sci. Ed.) 46(3): 283, 2015; Liu et al., J. Fungal Res. 15(4): 246, 2017.

Rostrupia dioscoreae (Kom.) P. Syd. & Syd., *in* Saccardo, Syll. Fung., 16: 315, 1902; Wang, Index Ured. Sin.: 80, 1951.

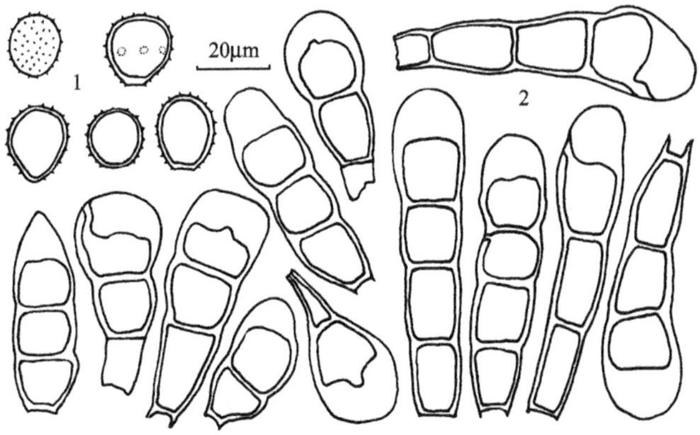

图 148　薯蓣柄锈菌 *Puccinia dioscoreae* 的夏孢子（1）和冬孢子（2）（CFSZ 6329）

夏孢子堆叶两面生，也生于叶柄上，散生或聚生，圆形、椭圆形或不规则形，直径 0.1～0.4mm，初期覆盖于寄主表皮下，锈褐色，丘状隆起，后期由顶端破裂裸露，粉状，黄褐色，周围寄主表皮较完整；夏孢子球形、近球形、宽椭圆形、卵形或近短柱状，（14～）16～22（～26）×10～17μm，壁淡黄色至淡黄褐色，1～1.5μm 厚，具细刺，芽孔不清楚，可能 2（～3）个，腰生。

冬孢子堆叶两面生，也生于叶柄上，散生或聚生，圆形、椭圆形或梭形，0.2～2.5mm，垫状，坚实，黑褐色，在叶下面常围绕夏孢子堆而呈环状；冬孢子棍棒状或圆柱状，（35～）50～90（～112）×15～22.5μm，2～4 室，顶端圆形或平截，隔膜处稍缢缩，壁淡黄褐色，侧壁 1.5～2.5（～3）μm 厚，顶部加厚，栗褐色并有微皱，7.5～15（～19）μm 厚，光滑，上细胞芽孔顶生或侧生，中、下细胞芽孔近隔膜；柄很短或近无柄，偶尔可达 15μm。1 室冬孢子偶见。

Ⅱ，Ⅲ

穿龙薯蓣 *Dioscorea nipponica* Makino：赤峰市巴林右旗赛罕乌拉自然保护区西沟 6513；宁城县黑里河自然保护区四道沟 9061；松山区老府镇五十家子 126。通辽市科尔沁左翼后旗大青沟 **6329**。

国内分布：黑龙江，吉林，北京，内蒙古，海南，甘肃，云南，四川，西藏。

世界分布：中国，俄罗斯远东地区，日本，印度。

龙胆科 Gentianaceae 上的种

分种检索表

1. 产生夏孢子；冬孢子堆后期裸露，粉状；生于龙胆属 *Gentiana* 上 ………… **龙胆柄锈菌 *P. gentianae***
1. 不产生夏孢子；冬孢子堆长期被寄主表皮覆盖，坚实；生于花锚属 *Halenia* 上 ………………………………………………………………………………………… **花锚柄锈菌 *P. haleniae***

龙胆柄锈菌　　图 149

Puccinia gentianae (F. Strauss) Röhl., *in* Sturm, Deutschl. Fl. 3(3): 131, 1813; Wang et al., Fungi of Xizang (Tibet): 47, 1983; Zhuang & Wei, Mycosystema 7: 57, 1994; Wei & Zhuang, Fungi of Xiaowutai Mountains in Hebei Province: 115, 1997; Wei & Zhuang, Fungi of the Qinling Mountains: 56, 1997; Zhuang et al., Fl. Fung. Sin. 19: 146, 2003; Liu et al., J. Inner Mongolia Univ. (Nat. Sci. Ed.) 46(3): 283, 2015.

Puccinia gentianae (F. Strauss) Link, *in* Willd., Sp. Pl., Edn 4, 6(1): 73, 1824.

Puccinia gentianae (F. Strauss) Mart., Prodromus Florae Mosquensis: 226, 1817; Wang, Index Ured. Sin.: 54, 1951; Tai, Syll. Fung. Sin.: 639, 1979; Liu, J. Jilin Agr. Univ. 1983(2): 5, 1983.

Uredo gentianae F. Strauss, Ann. Wetter. Gesellsch. Ges. Naturk. 2: 102, 1811 [1810].

性孢子器和春孢子器在引证标本上未见。

夏孢子堆叶两面生，以叶上面为主，很少见，散生，圆形，0.2～0.5mm，被表皮覆盖或裸露，粉状，肉桂褐色；夏孢子球形、倒卵形或椭圆形，22.5～30×19～25μm，壁 2～2.5μm 厚，淡褐色，有刺，芽孔 2（～3）个，腰生。

冬孢子堆叶两面生，以叶上面为主，散生或聚生，直径 0.2～1mm，圆形，初期被表皮覆盖，后期裸露，周围有破裂的寄主表皮围绕，粉状，黑褐色；冬孢子宽椭圆形或矩圆形，30～46×20～30μm，两端圆，隔膜处缢缩或不缢缩，壁 2～3μm 厚，均匀，栗褐色，光滑，上细胞芽孔顶生，有时侧生，下细胞芽孔近隔膜或略下，通常有无色小孔帽，柄无色，易断，可长达 45μm。1 室冬孢子常见，3 室冬孢子偶见。

（0），（Ⅰ），Ⅱ，Ⅲ

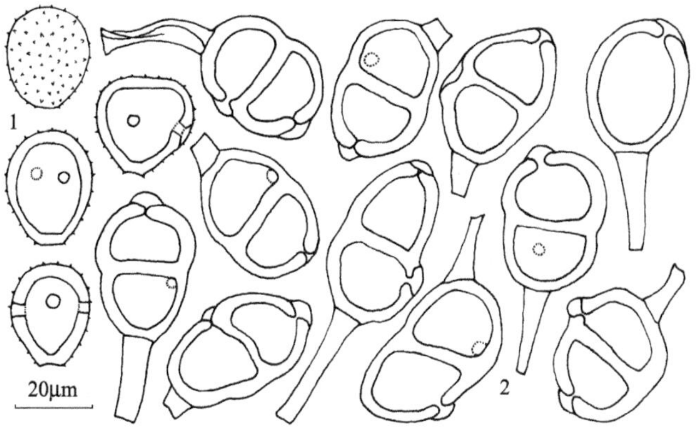

图 149　龙胆柄锈菌 *Puccinia gentianae* 的夏孢子（1）和冬孢子（2）（CFSZ 803）

达乌里秦艽（达乌里龙胆）*Gentiana dahurica* Fisch.：阿拉善盟阿拉善左旗贺兰山哈拉乌 **803**、806（= HMAS 242392）。

据刘振钦（1983）报道，本种还分布于兴安盟阿尔山市五岔沟镇的牛汾台，生于秦艽（大叶龙胆）*G. macrophylla* Pall.上。

国内分布：北京，河北，山西，内蒙古，甘肃，青海，新疆，云南，四川，西藏。

世界分布：北温带广布。

花锚柄锈菌　　图 150

Puccinia haleniae Arthur & Holw., *in* Arthur, Bull. Geol. Nat. Hist. Surv. Minn. 3: 30, 1887; Wang, Index Ured. Sin.: 56, 1951; Tai, Syll. Fung. Sin.: 642, 1979; Liu, J. Jilin Agr. Univ. 1983(2): 5, 1983; Wang et al., Fungi of Xizang (Tibet): 47, 1983; Bai et al., J. Shenyang Agr. Univ. 18(3): 61, 1987; Zhuang & Wei, Mycosystema 7: 58, 1994; Zhang et al., Mycotaxon 61: 69, 1997; Zhuang & Wei, J. Jilin Agr. Univ. 24(2): 9, 2002; Zhuang et al., Fl. Fung. Sin. 19: 148, 2003; Liu et al., J. Inner Mongolia Univ. (Nat. Sci. Ed.) 46(3): 283, 2015.

冬孢子堆生于叶上面，圆形或椭圆形，直径 0.2～1mm，常密集成不规则大群并相互连合成长达 1cm 以上的大孢子堆，长期被寄主表皮覆盖，隆起，坚实，黑褐色或黑色，有光泽，孢子堆外围有栗褐色侧丝束；冬孢子长圆柱形、棍棒形、长椭圆形或不规则形，27.5～65×10～16μm，顶端平截、钝圆或突尖，基部渐狭，隔膜处不缢缩或稍缢缩，肉桂褐色，下部渐淡，侧壁 1～1.5μm 厚，顶壁 2.5～7.5μm 厚，光滑，有时因相互挤压而出现纵棱，芽孔不清楚；柄淡褐色，长 5～25μm，不脱落。

III

花锚 *Halenia corniculata* (L.) Cornaz.：赤峰市巴林右旗赛罕乌拉自然保护区正沟 9918。呼伦贝尔市根河市金林 9266、9269、9273、9293，满归镇凝翠山 9311。乌兰察布市兴和县苏木山 **5872**。兴安盟阿尔山市 7914。

国内分布：吉林，北京，河北，山西，内蒙古，陕西，甘肃，青海，四川，西藏。

世界分布：北美洲；亚洲（俄罗斯远东地区，中国，朝鲜半岛，日本）。

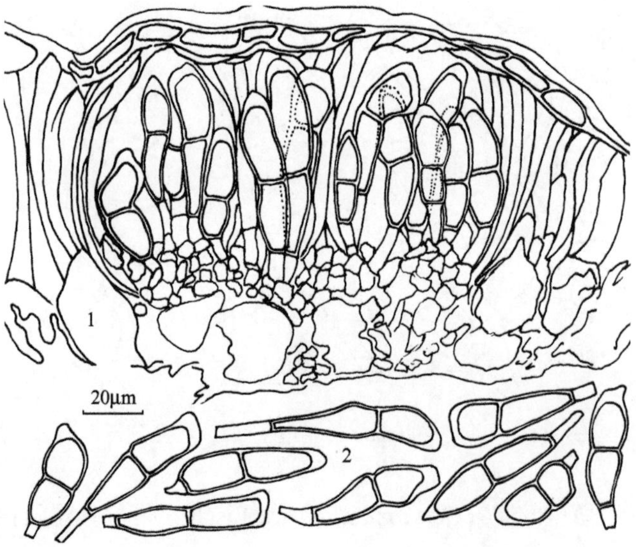

图 150　花锚柄锈菌 *Puccinia haleniae* 的冬孢子堆（1）和冬孢子（2）（CFSZ 5872）

鸢尾科 Iridaceae 上的种

分种检索表

1. 夏孢子较小，长 15～22.5μm，芽孔（4～）5～7 个，散生；生于鸢尾属 *Iris* 上 ………………………………………………………………………… **鸢尾柄锈菌多孔变种 *P. iridis*** var. ***polyporis***

1. 夏孢子较大，长常达 30μm 或更长，芽孔 2～5 个，腰生或散生 ……………………………… 2

2. 夏孢子芽孔 2～4（～5）个；冬孢子常见；生于鸢尾属 *Iris* 上 ………………………………………………………………………… **鸢尾柄锈菌原变种 *P. iridis*** var. ***iridis***

2. 夏孢子芽孔 3～5 个；在国内未见冬孢子；生于射干 *Belamcanda chinensis* 上 ………………………………………………………………………… **射干柄锈菌 *P. belamcandae***

射干柄锈菌　图 151

Puccinia belamcandae Dietel, Annls Mycol. 5: 71, 1907; Tai, Syll. Fung. Sin.: 618, 1979; Zhuang, Mycosystema 2: 176, 1989; Zhuang et al., Fl. Fung. Sin. 10: 269, 1998; Liu et al., J. Inner Mongolia Univ. (Nat. Sci. Ed.) 46(3): 283, 2015.

Uredo belamcandae Henn., Bot. Jb. 37: 158, 1905.

夏孢子堆叶两面生，散生或聚生，圆形、椭圆形或矩圆形，长 0.2～2.5mm，常汇合成条形大斑，长达 1.5cm，长期被寄主表皮覆盖或后期裸露，粉状，肉桂褐色或栗褐色，周围有破裂的寄主表皮围绕；夏孢子近球形、椭圆形或倒卵形，22.5～30（～37.5）×20～25μm，黄褐色或肉桂褐色，壁 2～4μm 厚，基部厚可达 5μm，有细刺，芽孔 3～5 个，散生或腰生，有时具明显的孔帽。

冬孢子堆及冬孢子未见。

Ⅱ，（Ⅲ）

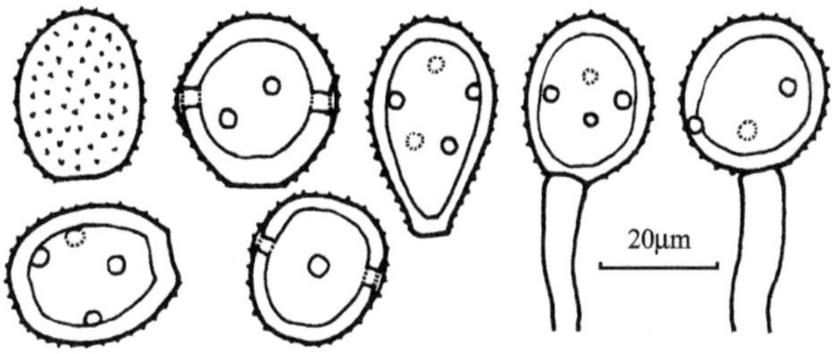

图 151 射干柄锈菌 *Puccinia belamcandae* 的夏孢子（CFSZ 6626）

射干 *Belamcanda chinensis* (L.) DC.：赤峰市敖汉旗大黑山自然保护区 8748；新城区博物馆 **6626**、7207、7209、7269、7288、8025、8223、8269、8974、8995、9970，九天广场 8976，同心圆 8915。

国内分布：北京，内蒙古，山东，贵州，云南。

世界分布：日本，中国。

庄剑云等（1998）描述本种的夏孢子大小为 27～38×20～30μm，冬孢子堆和冬孢子在我国未见。我们的菌夏孢子略小。

鸢尾柄锈菌原变种　图 152

Puccinia iridis Wallr., *in* Rabenhorst, Deutschl. Krypt.-Fl. 1: 23, 1844; Wang, Index Ured. Sin.: 58, 1951; Teng, Fungi of China: 346, 1963; Tai, Syll. Fung. Sin.: 648, 1979; Bai et al., J. Shenyang Agr. Univ. 18(3): 61, 1987; Zhuang, Mycosystema 2: 178, 1989; Zhuang & Wei, Mycosystema 7: 60, 1994; Wei & Zhuang, Fungi of Xiaowutai Mountains in Hebei Province: 117, 1997; Wei & Zhuang, Fungi of the Qinling Mountains: 58, 1997; Zhang et al., Mycotaxon 61: 70, 1997; Zhuang et al., Fl. Fung. Sin. 10: 270, 1998; Zhuang & Wei, J. Jilin Agr. Univ. 24(2): 9, 2002; Liu et al., J. Fungal Res. 2(3): 14, 2004; Liu & Tian, J. Fungal Res. 12(4): 212, 2014; Liu et al., J. Inner Mongolia Univ. (Nat. Sci. Ed.) 46(3): 283, 2015; Liu et al., J. Fungal Res. 15(4): 247, 2017. var. **iridis**

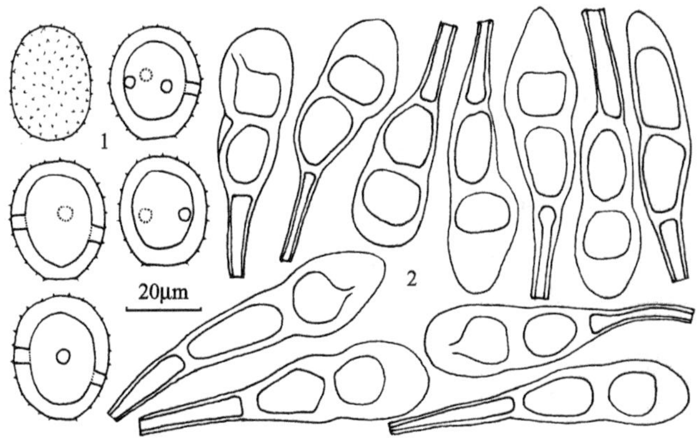

图 152 鸢尾柄锈菌原变种 *Puccinia iridis* var. *iridis* 的夏孢子（1）和冬孢子（2）（CFSZ 198）

性孢子器叶两面生，聚生，球形或扁球形，直径 90～125μm，鲜时蜜黄色，干后黄褐色。

春孢子器生于叶下面，聚生，杯状，直径 200～375μm，边缘反卷，啮蚀状，淡黄色；包被细胞多角形，20～30×12.5～25μm，外壁 5～6μm 厚，内壁具疣，近无色；春孢子球形、近球形或多角形，13～18×11～16μm，壁约 1μm 厚，近无色，表面密生细疣且具数目不等的折光颗粒（孔塞）。

夏孢子堆叶两面生，散生或聚生，圆形、椭圆形、长矩圆形或线形，0.2～0.8mm 长，有时汇合成 2～5mm 长的条纹，初期覆盖于寄主表皮下，后期裸露并被破裂的表皮围绕，粉状，肉桂褐色；夏孢子球形、椭圆形、倒卵形或长椭圆形，22～34（～45）×16～26μm，肉桂褐色，壁 2.5～3μm 厚，基部可加厚到 4μm，有细刺，芽孔 2～4（～5）个，腰生或散生，有时具明显的孔帽。

冬孢子堆叶两面生，散生或聚生，长矩圆形，有时连合成长条状，裸露，长可达 5mm，垫状，坚实，黑色；冬孢子椭圆形、矩圆形或棍棒形，26～61×13～22.5μm，顶端圆、平截或锥尖，隔膜处轻度缢缩至中度缢缩，基部狭，黄褐色，侧壁 1～1.5μm 厚，顶部加厚，肉桂褐色，6～14μm 厚，光滑，上细胞芽孔顶生，下细胞芽孔近隔膜；柄淡黄褐色，长达 40μm，不脱落。偶有 1 室冬孢子。

0，Ⅰ

缬草（毛节缬草）*Valeriana officinalis* L.（= *V. alternifolia* Bunge）：赤峰市巴林右旗赛罕乌拉自然保护区大西沟 9612；克什克腾旗经棚 307（= HMAS 199177）。

Ⅱ，Ⅲ

野鸢尾（射干鸢尾）*Iris dichotoma* Pall.：赤峰市敖汉旗大黑山自然保护区 8824。呼伦贝尔市鄂温克族自治旗红花尔基 7785；根河市二道河 7746。通辽市科尔沁左翼后旗大青沟 6337。乌兰察布市兴和县苏木山 5851、5922。兴安盟阿尔山市五岔沟 7958。

马蔺 *Iris lactea* Pall. var. *chinensis* (Fisch.) Koidz.：巴彦淖尔市临河区 586。包头市达尔罕茂明安联合旗希拉穆仁草原 607、610。赤峰市阿鲁科尔沁旗高格斯台罕乌拉自然保护区 5757；敖汉旗大黑山自然保护区 9557，四家子镇热水 7087；巴林右旗巴彦尔灯 46，赛罕乌拉自然保护区场部 6623；红山区 2、82、**198**；喀喇沁旗十家乡头道营子 215、373、829，旺业甸 1108、6961；克什克腾旗曼陀山 1051；宁城县黑里河自然保护区下拐 6211；热水 5377。呼和浩特市满都海公园 444、8275，内蒙古大学 606，内蒙古大学南区 1950。通辽市霍林郭勒市公园 1724。锡林郭勒盟苏尼特左旗满都拉图 6796；锡林浩特市白银库伦 6730。

*细叶鸢尾 *Iris tenuifolia* Pall.：鄂尔多斯市东胜区植物园 8525。

粗根鸢尾 *Iris tigridia* Bunge：包头市达尔罕茂明安联合旗希拉穆仁草原 620。

据庄剑云等（1998）、Zhuang 和 Wei（2002b）报道，这个变种在呼伦贝尔市的根河市还生于紫苞鸢尾（细茎鸢尾）*I. ruthenica* Ker Gawl.上；在兴安盟阿尔山的寄主还有鸢尾属 *Iris* sp.（白金铠等 1987）。

国内分布：黑龙江，北京，河北，山西，内蒙古，山东，陕西，甘肃，青海，新疆，四川，西藏。

世界分布：北温带广布，传播到新西兰。

我们的菌少数夏孢子具 5 个芽孔，与以往文献描述的 2～3 个（Wilson and Henderson 1966）、2～4 个（Gäumann 1959；Hiratsuka et al. 1992；庄剑云等 1998；Azbukina 2005）和 3～4 个（Arthur 1934；Ul'yanishchev 1978）略有不同。

鸢尾柄锈菌多孔变种　　图 153

Puccinia iridis Wallr. var. **polyporis** W.C. Liu, Acta Mycol. Sin. 12(3): 187, 1993; Zhuang et al., Fl. Fung. Sin. 10: 271, 1998; Zhuang & Wei, J. Jilin Agr. Univ. 24(2): 9, 2002; Liu et al., J. Inner Mongolia Univ. (Nat. Sci. Ed.) 46(3): 284, 2015; Liu et al., J. Fungal Res. 15(4): 247, 2017.

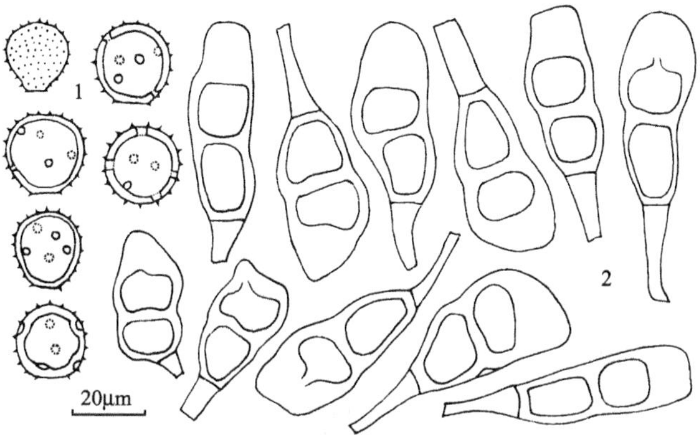

图 153　鸢尾柄锈菌多孔变种 *Puccinia iridis* var. *polyporis* 的夏孢子（1）和冬孢子（2）（CFSZ 5303）

夏孢子堆叶两面生，以叶下面为主，散生或聚生，圆形、椭圆形或长矩圆形，0.2～1mm 长，初期覆盖于寄主表皮下，后期裸露并有破裂的寄主表皮围绕，粉状，黄褐色；夏孢子球形、椭圆形或倒卵形，15～22.5×14～20μm，淡黄色或黄褐色，壁 1.5～2.5μm 厚，密生细刺，芽孔（4～）5～7 个，散生，有时不清楚。

冬孢子堆叶两面生，以叶下面为主，散生或聚生，圆形、长矩圆形，有时连合成长条状，长可达 3mm，裸露，周围有破裂的寄主表皮围绕，垫状，坚实，黑色；冬孢子椭圆形、矩圆形或棍棒形，30～60×15～22.5μm，顶端圆、平截或锥尖，隔膜处轻度缢缩至中度缢缩，基部狭，侧壁 1.5～2.5μm 厚，黄褐色，顶壁加厚，为 5～16μm，肉桂褐色，光滑，上细胞芽孔顶生，下细胞芽孔近隔膜；柄淡黄褐色，长达 30μm，不脱落。偶有 1 室冬孢子。

II，III

紫苞鸢尾 *Iris ruthenica* Ker Gawl.：赤峰市巴林右旗赛罕乌拉自然保护区乌兰坝 8078，西沟 6530；喀喇沁旗马鞍山 **5303**、5318、8853、8859，旺业甸大东沟 7026；克什克腾旗黄岗梁 6891、6905、9785、9788、9789，经棚 9636；林西县新林镇哈什吐 9840。

**单花鸢尾 *Iris uniflora* Pall. ex Link：呼伦贝尔市根河市敖鲁古雅 7686，得耳布尔 7726。锡林郭勒盟东乌珠穆沁旗宝格达山 9406。兴安盟阿尔山市东山 7816，五岔沟 7945。

据刘伟成（1993）和庄剑云等（1998）报道，这个变种的模式产地为兴安盟阿尔山，

寄主为溪荪 *I. sanguinea* Donn ex Hornem。

国内分布：内蒙古。

世界分布：中国东北。

本变种与原变种的区别在于夏孢子明显小，芽孔较多。王云章等（1983）发表的紫苞鸢尾夏孢锈菌 *Uredo iridis-ruthenicae* Y.C. Wang & B. Li 夏孢子大小为 20～25×19～22.5μm，芽孔 6～8 个，散生。它很可能为本变种的夏孢子阶段。

灯心草科 Juncaceae 上的种

滨海柄锈菌　　图 154

Puccinia littoralis Rostr., *in* Thümen, Mycoth. Univ., Cent. 4: 327, 1876; Tai, Syll. Fung. Sin.: 653, 1979; Zhuang, Acta Mycol. Sin. 2: 155, 1983; Zhuang, Acta Mycol. Sin. 5: 142, 1986; Zhuang, Acta Mycol. Sin. 8: 264, 1989; Zhuang, Mycosystema 2: 179, 1989; Zhuang et al., Fl. Fung. Sin. 10: 238, 1998.

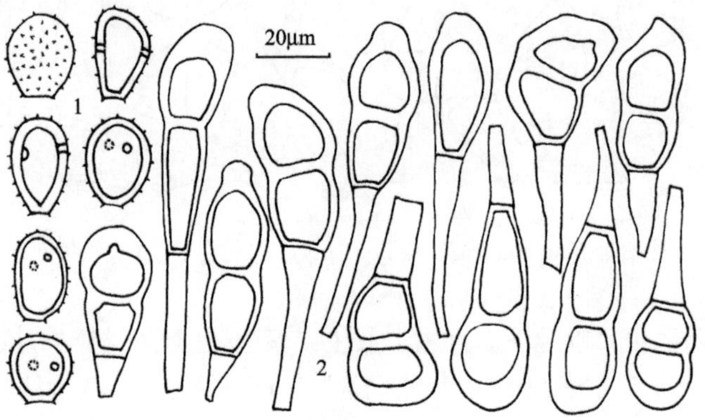

图 154　滨海柄锈菌 *Puccinia littoralis* 的夏孢子（1）和冬孢子（2）（CFSZ 9255）

夏孢子堆生于叶下面，散生或聚生，圆形、椭圆形或矩圆形，长 0.2～3mm，裸露，粉状，肉桂褐色，周围有破裂的寄主表皮围绕；夏孢子椭圆形或倒卵形，少数近球形，18～25×12.5～17.5μm，黄褐色或肉桂褐色，壁 1.5～2μm 厚，有细刺，芽孔 2 个，腰上生至近腰生。

冬孢子堆似夏孢子堆，垫状，坚实，黑色；冬孢子椭圆形或棍棒形，（21～）30～50（～60）×15～24μm，顶端钝圆或渐尖，少数平截，隔膜处不缢缩至稍缢缩，基部狭，侧壁 1～2.5μm 厚，黄褐色，顶壁加厚，为 4～10μm，肉桂褐色至栗褐色，光滑，上细胞芽孔顶生，下细胞芽孔近隔膜；柄淡黄褐色，长达 50μm，不脱落。1 室冬孢子常见。

II，III

扁茎灯心草 *Juncus gracillimus* (Buch.-Ham.) V.I. Krecz. & Gontsch.：呼伦贝尔市牙克石市乌尔其汉 9251、**9255**（= HMAS 247623）、9260。

国内分布：‘东北’，内蒙古，甘肃，新疆，云南，西藏。

世界分布：欧亚温带广布。

本种夏孢子和冬孢子的大小在不同文献中的差异较大。庄剑云等（1998）记载夏孢子为 20～32×13～23μm；冬孢子为 30～63（～73）×13～25μm，顶壁 5～12（～17）μm 厚。Hiratsuka 等（1992）和 Azbukina（2005）的描述与庄剑云等（1998）基本一致。而 Gäumann（1959）描述夏孢子为 18～28×12～20μm；冬孢子为 30～55×15～23μm，顶壁 4～8μm 厚。Ul'yanishchev（1978）的描述与 Gäumann（1959）基本一致。我们的材料孢子大小与 Gäumann 的数据基本相同，但夏孢子芽孔明显为腰上生，少数近腰生，与以上所有文献描述的芽孔腰生都不同。本种为内蒙古新记录。

唇形科 Lamiaceae（Labiatae）上的种

分种检索表

1. 产生夏孢子；冬孢子表面具明显的疣；生于多属植物上 ………………………… **薄荷柄锈菌 *P. menthae***
1. 不产生夏孢子；冬孢子表面光滑 ……………………………………………………………… 2
2. 冬孢子较小，2 型，休眠型冬孢子（27～）30～45（～50）×15～22（～27.5）μm；无眠型冬孢子（17.5～）25～38（～42.5）×10～20μm；生于糙苏属 *Phlomis* 上 ………………… **糙苏生柄锈菌 *P. phlomidicola***
2. 冬孢子较大，1 型，32.5～55（～65）×（14～）18～30（～32.5）μm；生于青兰属 *Dracocephalum* 和裂叶荆芥属 *Schizonepeta* 上 …………………………………………… **裂叶荆芥柄锈菌 *P. schizonepetae***

薄荷柄锈菌 图 155

Puccinia menthae Pers., Syn. Meth. Fung., 1: 227, 1801; Wang, Index Ured. Sin.: 62, 1951; Teng, Fungi of China: 348, 1963; Tai, Syll. Fung. Sin.: 657, 1979; Liu, J. Jilin Agr. Univ. 1983(2): 5, 1983; Wang et al., Fungi of Xizang (Tibet): 49, 1983; Bai et al., J. Shenyang Agr. Univ. 18(3): 61, 1987; Guo, Fungi and Lichens of Shennongjia: 133, 1989; Wei, Mycosystema 3: 47, 1990; Liu et al., J. Shenyang Agr. Univ. 22(4): 308, 1991; Wei & Zhuang, Fungi of Xiaowutai Mountains in Hebei Province: 119, 1997; Wei & Zhuang, Fungi of the Qinling Mountains: 60, 1997; Zhang et al., Mycotaxon 61: 71, 1997; Zhuang et al., Fl. Fung. Sin. 19: 166, 2003; Liu et al., J. Fungal Res. 2(3): 14, 2004; Liu & Tian, J. Fungal Res. 12(4): 212, 2014; Liu et al., J. Inner Mongolia Univ. (Nat. Sci. Ed.) 46(3): 284, 2015; Liu et al., J. Fungal Res. 15(4): 247, 2017.

夏孢子堆生于叶下面，散生，圆形或近圆形，裸露，直径 0.2～1mm，粉状，黄色或橙黄色，偶见白色，有破裂的寄主表皮围绕；夏孢子球形、椭圆形或倒卵形，20～30×15～23μm，淡黄褐色，1.5～2μm 厚，具细刺，芽孔 3～4 个，腰生，不清楚。

冬孢子堆生于叶下面，也生于茎、叶柄和花萼上，聚生或散生，有时布满整个叶面，圆形或椭圆形，直径 0.2～1.2mm，茎上的常数个连接成条形或梭形，长达 3mm，裸露，粉状或疏松垫状，黑褐色；冬孢子椭圆形、矩圆形或近球形，22～34×16～25μm；两端圆，隔膜处不缢缩或稍缢缩，肉桂褐色或栗褐色，壁 2～2.5μm 厚，均匀，具明显的疣，上细胞芽孔顶生，下细胞芽孔近隔膜，有黄色至近无色孔帽；柄无色，长达 110μm，不脱落，易折断。

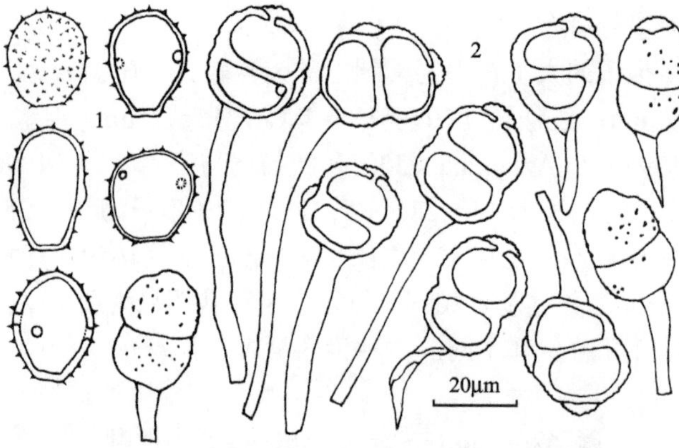

图 155　薄荷柄锈菌 *Puccinia menthae* 的夏孢子（1）和冬孢子（2）（CFSZ 5015）

Ⅱ，Ⅲ

*麻叶风轮菜（风车草）*Clinopodium urticifolium* (Hance) C.Y. Wu & S.J. Hsuan ex H.W. Li：赤峰市敖汉旗大黑山自然保护区 8777；喀喇沁旗美林镇韭菜楼 7960。

薄荷（加拿大薄荷）*Mentha canadensis* L.（= *M. haplocalyx* Briq.）：赤峰市阿鲁科尔沁旗高格斯台罕乌拉自然保护区 5789；巴林右旗赛罕乌拉自然保护区白塔 6585，场部 8045，大东沟 9545；喀喇沁旗马鞍山 8865，美林镇韭菜楼 7972，十家乡头道营子 384、845、1149，旺业甸新开坝 7008；克什克腾旗达里诺尔 96、9622，岗更诺尔 1075，经棚 6658；林西县富林林场 5680，新林镇哈什吐 9850；宁城县黑里河自然保护区大坝沟 28，大营子 5399，东打 5449，上拐 8191，下拐 6200，热水 5385；松山区五三 13，老府镇五十家子 114、1363、2000。呼和浩特市昭君墓 598、603。呼伦贝尔市阿荣旗三岔河 7353、7417，辋窑，华伟乐 7215；海拉尔区公园 895。乌兰察布市兴和县苏木山 5904。通辽市科尔沁左翼后旗大青沟 6341。

裂叶荆芥 *Nepeta tenuifolia* Benth. [≡ *Schizonepeta tenuifolia* (Benth.) Briq.]：赤峰市喀喇沁旗牛家营子镇于家营子 **5015**。

据刘振钦（1983）、白金铠等（1987）报道，本种生于野薄荷 *Mentha sachalinensis* (Briq. ex Miyabe & Miyake) Kudo 上的分布区还有兴安盟阿尔山市的五岔沟。

国内分布：吉林，北京，河北，山西，内蒙古，江苏，浙江，安徽，江西，台湾，湖北，广西，陕西，甘肃，青海，宁夏，新疆，云南，四川，贵州，重庆，西藏。

世界分布：世界广布。

糙苏生柄锈菌　　图 156

Puccinia phlomidicola T.Z. Liu, *in* Liu & Zhuang, Mycosystema 35: 550, 2016.

冬孢子堆叶两面生，也生于叶柄和茎上，散生至聚生，圆形或近圆形，直径 0.2～2.5mm，在叶柄和茎上者多为长梭形，可长达 10mm，裸露，休眠型冬孢子堆栗褐色，粉状，无眠型冬孢子堆灰白色或黄色，垫状，坚实，有时孢子堆的中央为无眠型，外围是休眠型或二者各占一侧；冬孢子梭状椭圆形、长椭圆形或纺锤形，休眠型冬孢子（27～）30～45（～50）×15～22（～27.5）μm，顶端圆形，因孔帽存在而呈乳头状突起，隔膜处不缢缩或稍缢缩，基部圆或渐狭，壁黄褐色，侧壁（1.5～）2～2.5μm 厚，顶壁（连同孔帽）4～7.5μm 厚，无眠型冬孢子（17.5～）25～38（～42.5）×10～20μm，壁无色或淡黄色，侧壁 1～1.5μm 厚，顶壁 2.5～7.5μm 厚，光滑，上细胞芽孔顶生或稍偏下，下细胞芽孔近隔膜，有淡黄色孔帽；柄无色，无眠型冬孢子柄长达 35μm，休眠型冬孢子柄长达 65μm，偶尔可达 85μm，易断。担孢子圆形或卵圆形，5～10×5～7.5μm，无色，壁不及 1μm 厚，光滑。

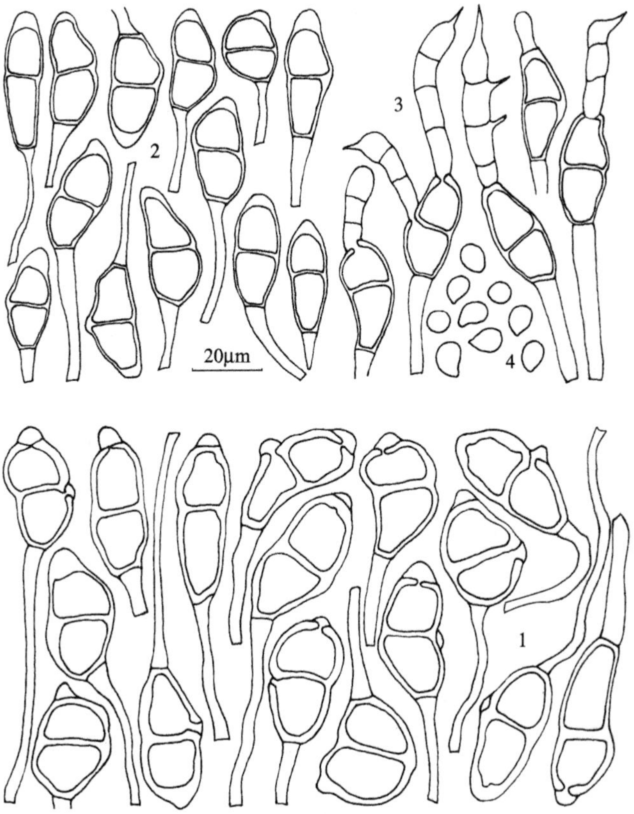

图 156　糙苏生柄锈菌 *Puccinia phlomidicola* 的休眠型冬孢子（1）、无眠型冬孢子（2）、产生担子的无眠型冬孢子（3）和担孢子（4）（CFSZ 5482）

III

糙苏 *Phlomis umbrosa* Turcz.：赤峰市喀喇沁旗美林镇韭菜楼 7961，旺业甸新开坝 6970（= HMAS 245267）；宁城县黑里河自然保护区大坝沟 24，道须沟 **5482**（主模式）（= HMAS 245275，等模式），上拐 8180、8188，张胡子沟 9977。

国内分布：内蒙古。

世界分布：中国。

本种以产生两种类型的冬孢子堆和冬孢子，与唇形科上报道的所有柄锈菌属的种相区别。此前生于糙苏属 *Phlomis* 上的 *Puccinia* 有 2 种，分别是高大柄锈菌 *P. excelsa* Barclay（Sydow and Sydow 1904；曹支敏和李振岐 1999；Cao et al. 2000b；Azbukina 2005）和糙

苏柄锈菌 *P. phlomidis* Thüm.（Sydow and Sydow 1904；Gäumann 1959；庄剑云等 2003；Azbukina 2005）。前者为冬孢型（micro-form）的种，仅产生休眠型冬孢子；后者是缺夏孢型（opsis-form）的种，产生春孢子器和冬孢子堆，缺少夏孢子堆。刘铁志等（2004）未注意到无眠型冬孢子堆和冬孢子，而把该种的一份标本（24）误订为高大柄锈菌 *P. excelsa*（Liu and Zhuang 2016）。

裂叶荆芥柄锈菌　图 157

Puccinia schizonepetae Tranzschel, *in* Ganecsin, Trav. Mus. Bot. Acad. Imp. Sci. St. Petersb. 10: 203, 1913; Wei & Zhuang, Fungi of Xiaowutai Mountains in Hebei Province: 124, 1997; Zhuang et al., Fl. Fung. Sin. 19: 171, 2003; Liu et al., J. Inner Mongolia Univ. (Nat. Sci. Ed.) 46(3): 284, 2015.

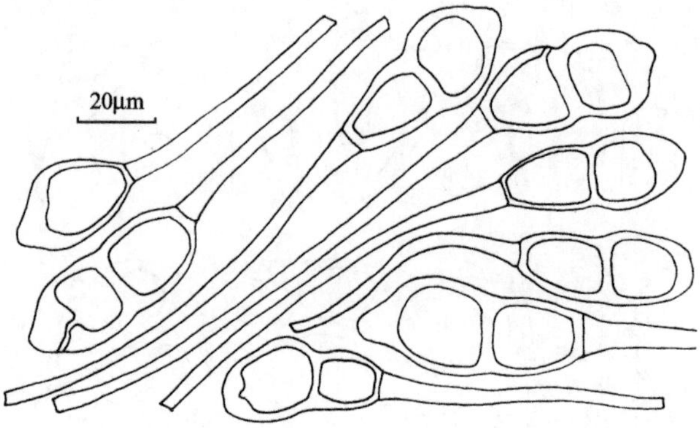

图 157　裂叶荆芥柄锈菌 *Puccinia schizonepetae* 的冬孢子（CFSZ 923）

冬孢子堆生于叶下面，聚生，有时环形排列，圆形或宽椭圆形，直径 0.2～1mm，常相互汇合，长达 2.4mm，栗褐色或孢子萌发后呈灰褐色，垫状，坚实，隆起；冬孢子倒卵形、宽椭圆形或长椭圆形，32.5～55（～65）×（14～）18～30（～32.5）μm，顶端圆或钝，基部圆或渐狭，隔膜处稍缢缩，侧壁 1.5～2（～3）μm 厚，顶壁 5～10μm 厚，光滑，黄褐色至肉桂褐色，上细胞芽孔顶生或略偏下，下细胞芽孔近隔膜；柄无色，长达 110（～140）μm，不脱落。1 室冬孢子常见，3 室冬孢子偶见。孢子成熟后立即萌发。

III

毛建草 *Dracocephalum rupestre* Hance：包头市土默特右旗萨拉齐 8466。赤峰市喀喇沁旗旺业甸棒槌山 1115、1120、1122，大东沟 7047，茅荆坝 8940，美林镇韭菜楼 5073、7963。

多裂叶荆芥 *Nepeta multifida* L. [≡ *Schizonepeta multifida* (L.) Briq.]：呼伦贝尔市海拉尔区 **923**。

国内分布：‘东北’，河北，内蒙古。

世界分布：俄罗斯远东地区，日本，中国。

百合科 Liliaceae 上的种

分种检索表

1. 夏孢子有细疣……………………………………………………………………………………2
1. 夏孢子有细刺……………………………………………………………………………………3
2. 夏孢子芽孔 3～4（～5）个，腰生；冬孢子堆裸露；冬孢子柄可长达 100μm 或更长；生于天门冬属 *Asparagus* 上……………………………………………………………… **天冬柄锈菌 *P. asparagi***
2. 夏孢子芽孔不清楚；冬孢子堆长期被寄主表皮覆盖；冬孢子柄短，少数可长达 35μm；生于萱草属 *Hemerocallis* 上 ……………………………………………………… **黄花菜柄锈菌 *P. hemerocallidis***
3. 夏孢子较大，常超过 30μm 长；冬孢子柄较短，不及 30μm 长；生于葱属 *Allium* 上…………………………………………………………………………………………… **葱柄锈菌 *P. allii***
3. 夏孢子较小，极少超过 30μm 长；冬孢子柄较长，可长达 40μm 或更长；生于其他植物上 ………4
4. 夏孢子芽孔不清楚；冬孢子顶壁 2.5～10μm 厚；生于天门冬属 *Asparagus* 上…………………………………………………………………………… **天门冬柄锈菌 *P. asparagi-lucidi***
4. 夏孢子芽孔 2（～3）个，腰生；冬孢子顶壁 7.5～17.5μm 厚；生于藜芦属 *Veratrum* 上……………………………………………………………………… **异纳茜菜柄锈菌 *P. metanarthecii***

葱柄锈菌　　图 158，图 159

Puccinia allii (DC.) F. Rudolphi, Linnaea 4: 392, 1829; Wang, Index Ured. Sin.: 41, 1951; Tai, Syll. Fung. Sin.: 613, 1979; Guo, Fungi and Lichens of Shennongjia: 125, 1989; Zhuang, Mycosystema 2: 183, 1989; Wei & Zhuang, Fungi of Xiaowutai Mountains in Hebei Province: 110, 1997; Wei & Zhuang, Fungi of the Qinling Mountains: 47, 1997; Zhang et al., Mycotaxon 61: 65, 1997; Zhuang et al., Fl. Fung. Sin. 10: 241, 1998; Liu et al., J. Fungal Res. 2(3): 12, 2004; Liu & Tian, J. Fungal Res. 12(4): 212, 2014; Liu et al., J. Inner Mongolia Univ. (Nat. Sci. Ed.) 46(3): 284, 2015.

Puccinia porri (Sowerby) G. Winter, Rabenh. Krypt.-Fl., Edn 2, 1.1: 200, 1881 [1884]; Wang, Index Ured. Sin.: 68, 1951; Teng, Fungi of China: 344, 1963.

Uredo porri Sowerby, Col. Fig. Engl. Fung. Mushr., 3: pl. 411, 1810.

Xyloma allii DC., *in* de Candolle & Lamarck, Fl. Franç., Edn 3, 5/6: 156, 1815.

性孢子器和春孢子器在引证标本上未见。

夏孢子堆生于叶上，散生至聚生，有时盖满整个叶片，圆形至梭形，直径 0.2～3.5mm，数个连接可长达 8.5mm，初期被寄主表皮覆盖，后期裸露，外围有破裂的寄主表皮围绕，较完整，粉状，黄色或黄褐色；夏孢子近球形、椭圆形或倒卵形，（19～）22.5～32×（13～）20～26μm，黄色、淡黄色至近无色，壁 1～2μm 厚，有细刺，芽孔 6～12 个，散生，有时不清楚。

冬孢子堆生于叶上，也生于花葶上，散生至聚生，圆形、椭圆形或不规则形，长期被寄主表皮覆盖或后期裸露，长 0.2～0.8mm，黑褐色；具褐色侧丝；冬孢子形状不规则，多为棒状、椭圆形或矩圆形，26～60（～75）×13～25μm，顶端圆、平截或突尖，隔膜处缢缩或稍缢缩，基部多狭细，黄色或黄褐色，侧壁 1.5～2.5μm 厚，顶部略增厚，色较深，2～5μm 厚，尖头者可达 12μm 厚，光滑，芽孔不清楚；柄淡黄褐色至无色，短，长达 20μm；1 室冬孢子常见。

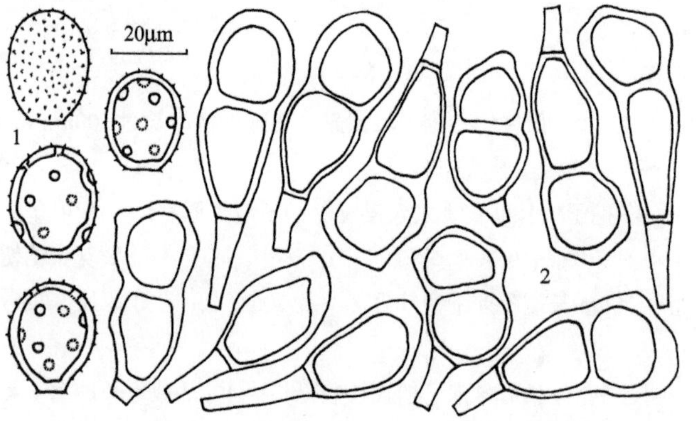

图 158　葱柄锈菌 *Puccinia allii* 的夏孢子（1）和冬孢子（2）（CFSZ 244）

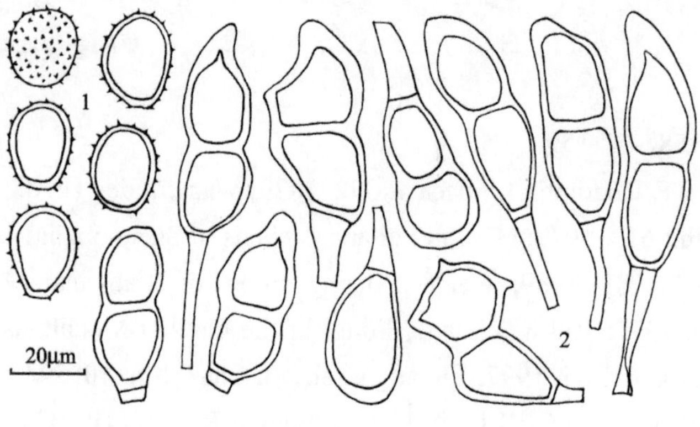

图 159　葱柄锈菌 *Puccinia allii* 的夏孢子（1）和冬孢子（2）（CFSZ 5268）

（0），（Ⅰ），Ⅱ，Ⅲ

葱 *Allium fistulosum* L.：赤峰市巴林左旗林东 **244**；喀喇沁旗牛家营子 5346；翁牛特旗乌丹 31、241。通辽市科尔沁左翼后旗大青沟 340。

*硬皮葱 *Allium ledebourianum* Schult. & Schult. f.：锡林郭勒盟正蓝旗元上都 8730、8732、8736。

球序薤（球序韭）*Allium thunbergii* G. Don：赤峰市喀喇沁旗马鞍山 **5268**（= HMAS 244811）、5315；宁城县黑里河自然保护区八沟道 5519。

国内分布：吉林，北京，河北，山西，内蒙古，山东，台湾，湖北，海南，陕西，甘肃，新疆，云南，四川。

世界分布：世界广布。

球序薤上的菌夏孢子较小，为 19～25（～27.5）×15～20μm，芽孔完全不清楚（图 159），但因其冬孢子着生方式、大小和形状与葱柄锈菌无明显差异，故暂定为该种，有待进一步的分子系统学研究。

天冬柄锈菌 图 160

Puccinia asparagi DC., *in* Lamarck & de Candolle, Fl. Franç., Edn 3, 2: 595, 1805; Tai, Syll. Fung. Sin.: 617, 1979; Zhuang, Mycosystema 2: 184, 1989; Zhuang et al., Fl. Fung. Sin. 10: 243, 1998.

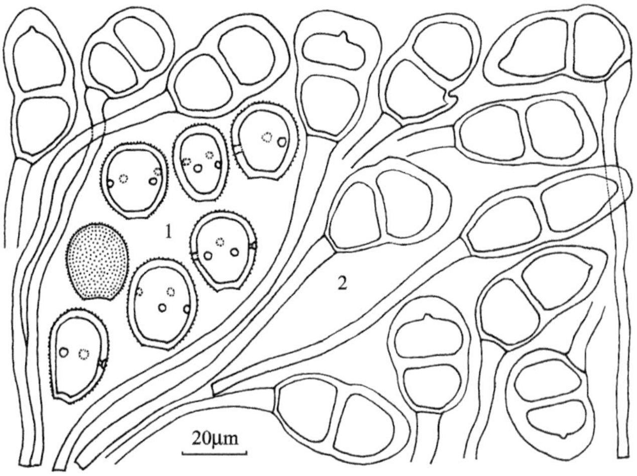

图 160 天冬柄锈菌 *Puccinia asparagi* 的夏孢子（1）和冬孢子（2）（CFSZ 8594）

性孢子器生于茎上，聚生，黄色。

春孢子器生于茎上，散生或聚生，杯状，边缘撕裂，直径 250～350μm；春孢子近球形或角球形，20～27.5×15～20μm，壁 1μm 厚或不及，无色，密生细疣。

夏孢子堆生于茎和叶状枝上，散生或稍聚生，梭形或长条形，长 0.2～2mm，长期被寄主表皮覆盖或裸露，肉桂褐色，粉状；夏孢子近球形、椭圆形或倒卵形，20～27.5（～30）×18～22.5（～25）μm，壁 1.5～2.5μm 厚，黄褐色至肉桂褐色，密生细疣，芽孔 3～4（～5）个，腰生。

冬孢子堆生于茎和叶状枝上，散生至聚生，矩圆形或长条形，长 0.2～2mm，有时相互汇合，裸露，垫状，略坚实，黑褐色或黑色；冬孢子矩圆形、椭圆形或棍棒形，30～50（～55）×19～27.5（～30）μm，顶端钝圆或近平截，隔膜处稍缢缩或不缢缩，基部圆或渐狭，肉桂褐色至栗褐色，侧壁 1.5～2.5μm 厚，顶壁 3～7.5（～10）μm 厚，光滑，上细胞芽孔顶生，下细胞芽孔近隔膜；柄淡黄色至近无色，长达 100（～125）μm，不脱落；1 室冬孢子偶见。

0，Ⅰ，Ⅱ，Ⅲ

*戈壁天门冬 *Asparagus gobicus* N.A. Ivanova ex Grubov：乌海市海勃湾区植物园 **8594**。

国内分布：内蒙古，新疆。

世界分布：欧洲；北美洲；非洲北部；亚洲中部和东部。

庄剑云等（1998）描述夏孢子表面有刺，芽孔 3～4 个，腰生。Ul’yanishchev（1978）描述夏孢子表面密生细疣，芽孔 4～5 个，腰生。采自内蒙古的菌夏孢子表面密生细疣，芽孔 3～4（～5）个，腰生。本种为内蒙古新记录。

天门冬柄锈菌　　图 161

Puccinia asparagi-lucidi Dietel, Bot. Jb. 32: 625, 1903; Wang, Index Ured. Sin.: 43, 1951; Tai, Syll. Fung. Sin.: 617, 1979; Zhuang, Mycosystema 2: 185, 1989; Zhuang et al., Fl. Fung. Sin. 10: 245, 1998; Liu et al., J. Inner Mongolia Univ. (Nat. Sci. Ed.) 46(3): 284, 2015.

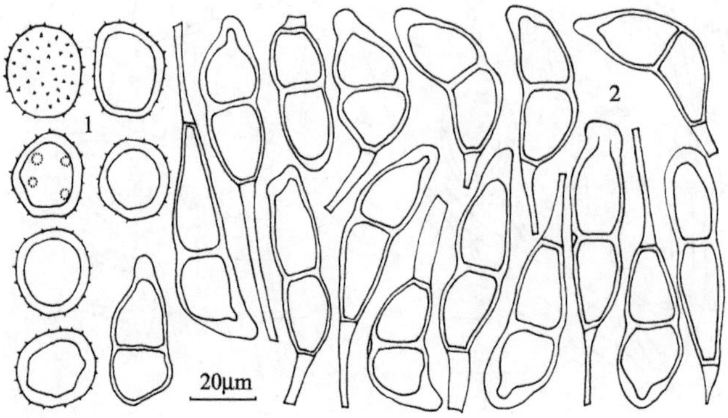

图 161　天门冬柄锈菌 *Puccinia asparagi-lucidi* 的夏孢子（1）和冬孢子（2）（CFSZ 8202）

夏孢子堆生于叶状枝两面，也生于茎上，散生，圆形或矩圆形，直径 0.1～0.5mm，长期被寄主表皮覆盖，栗褐色，鲜时金黄色或橘黄色，粉状；夏孢子球形或椭圆形，20～27.5×17.5～22.5μm，壁 1.5～2.5μm 厚，淡黄色至近无色，表面有细刺，鲜时含橘黄色内含物，芽孔不清楚。

冬孢子堆生于叶状枝两面，也生于茎上，散生至密聚生，圆形或矩圆形，直径 0.1～0.5mm，常汇合长达 2mm，长期被寄主表皮覆盖或部分后期裸露，有褐色侧丝，垫状，黑褐色或黑色；冬孢子棍棒形、长椭圆形或长梭形，35～65×12.5～22.5μm，顶端突尖、斜尖、钝圆或平截，隔膜处稍缢缩或不缢缩，基部多狭细，黄褐色至肉桂褐色，侧壁 1～1.5μm 厚，顶壁 2.5～10μm 厚，颜色略深，光滑，上细胞芽孔顶生，下细胞芽孔近隔膜；柄淡黄色至近无色，细软，长达 40μm，不脱落；偶有 1 室冬孢子混生。

II，III

龙须菜 *Asparagus schoberioides* Kunth：赤峰市宁城县黑里河自然保护区上拐 **8202**，张胡子沟 9973、9979。

国内分布：内蒙古，江西，台湾。

世界分布：日本，中国。

黄花菜柄锈菌　　图 162

Puccinia hemerocallidis Thüm., Bull. Soc. Imp. Nat. Moscou 55: 81, 1880; Wang, Index Ured. Sin.: 56, 1951; Teng, Fungi of China: 344, 1963; Tai, Syll. Fung. Sin.: 644, 1979; Guo, Fungi and Lichens of Shennongjia: 132, 1989; Liu, J. Jilin Agr. Univ. 1983(2): 4,

1983; Zhuang, Mycosystema 2: 189, 1989; Wei & Zhuang, Fungi of the Qinling Mountains: 57, 1997; Zhuang et al., Fl. Fung. Sin. 10: 248, 1998; Zhuang & Wei, J. Jilin Agr. Univ. 24(2): 9, 2002; Liu et al., J. Inner Mongolia Univ. (Nat. Sci. Ed.) 46(3): 284, 2015; Liu et al., J. Fungal Res. 15(4): 246, 2017.

Aecidium patriniae Henn., Hedwigia 41: 21, 1902; Wang, Index Ured. Sin.: 6, 1951.

Puccinia funkiae Dietel, Hedwigia 37: 214, 1898; Wang, Index Ured. Sin.: 54, 1951; Tai, Syll. Fung. Sin.: 638, 1979.

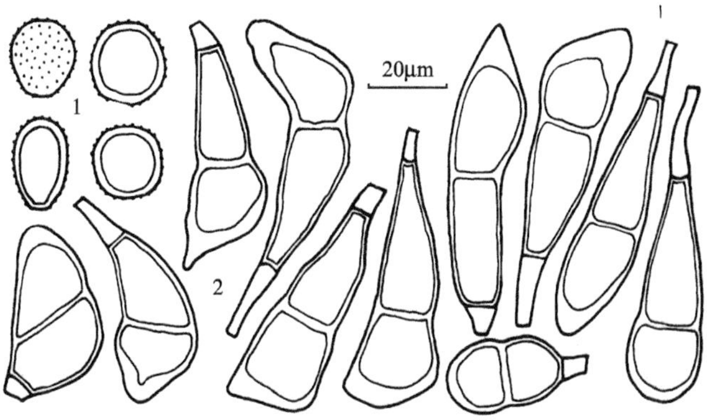

图 162　黄花菜柄锈菌 *Puccinia hemerocallidis* 的夏孢子（1）和冬孢子（2）（CFSZ 6531）

性孢子器生于叶上面，聚生，球形，直径 70～125μm，蜜黄色。

春孢子器生于叶下面，聚生，杯状，直径 200～375μm，边缘反卷，啮蚀状，淡黄色。包被细胞多角形，15～35×15～27.5μm，外壁 7.5～10μm 厚，内壁 3～5μm 厚，具疣，近无色；春孢子椭圆形、卵形或角球形，12.5～19×11～15μm，壁约 1μm 厚，无色，有细疣，新鲜时内含物橘黄色。

夏孢子堆叶两面生，也生于花葶上，散生，圆形或椭圆形，直径 0.2～0.5mm，有时汇合可达 2mm，被寄主表皮覆盖或后期裸露，鲜时金黄色或橘黄色，粉状；夏孢子近球形、椭圆形或倒卵形，（15～）18～25×（11～）15～20μm，壁 2～3μm 厚，淡黄色至近无色，表面有细疣，内有橘黄色内含物，芽孔不清楚。

冬孢子堆叶两面生，也生于花葶上，散生或密聚生，圆形或椭圆形，直径 0.1～0.2mm，常汇合成大斑，长达 2mm，长期被寄主表皮覆盖，有褐色侧丝围绕，垫状，坚实，黑褐色或黑色；冬孢子形状不规则，多为棒状、椭圆形或矩圆形，32.5～65（～70）×14～22.5（～27.5）μm，顶端圆、平截或突尖，隔膜处缢缩或稍缢缩，基部多狭细，黄褐色至肉桂褐色，侧壁 1～2μm 厚，顶壁 3～10μm 厚，颜色略深，光滑，上细胞芽孔顶生，下细胞芽孔不清楚；柄淡黄褐色至近无色，短，少数可长达 35μm，不脱落；有 1 室和 3 室冬孢子混生。

0，I

败酱 *Patrinia scabiosifolia* Fisch. ex Trevir.：赤峰市巴林右旗赛罕乌拉自然保护区大西沟 9119。锡林郭勒盟东乌珠穆沁旗宝格达山 9416。

II，III

小黄花菜 *Hemerocallis minor* Mill.：赤峰市巴林右旗赛罕乌拉自然保护区正沟 6478、9913，西沟 **6531**；喀喇沁旗旺业甸茅荆坝 8939；克什克腾旗经棚 9634。呼伦贝尔市额尔古纳市上护林 7751；鄂伦春自治旗克一河 7644；鄂温克族自治旗红花尔基 7760、7778；根河市二道河 7740，满归镇九公里 9349；牙克石市乌尔其汉 9254。锡林郭勒盟东乌珠穆沁旗宝格达山 9409、9433。兴安盟阿尔山市伊尔施 7881、7884。

据庄剑云等（1998）报道，这个种在呼伦贝尔市的根河市（额尔古纳左旗）和牙克石市图里河分别生于岩败酱 *Patrinia rupestris* (Pall.) Juss.和北黄花菜 *Hemerocallis lilioasphodelus* L.上。

国内分布：黑龙江，北京，河北，内蒙古，山东，江苏，浙江，安徽，江西，福建，上海，台湾，湖南，湖北，河南，海南，广西，陕西，云南，四川，贵州。

世界分布：俄罗斯远东地区，朝鲜半岛，中国，日本。

异纳茜菜柄锈菌　　图 163

Puccinia metanarthecii Pat., Revue Mycol., Toulouse 8: 80, 1886; Zhuang, Mycosystema 2: 192, 1989; Zhuang et al., Fl. Fung. Sin. 10: 249, 1998.

Puccinia pachycephala Dietel, Annls Mycol. 4(4): 305, 1906; Tai, Syll. Fung. Sin.: 665, 1979; Zhuang, Acta Mycol. Sin. 2: 155, 1983; Guo, Fungi and Lichens of Shennongjia: 135, 1989.

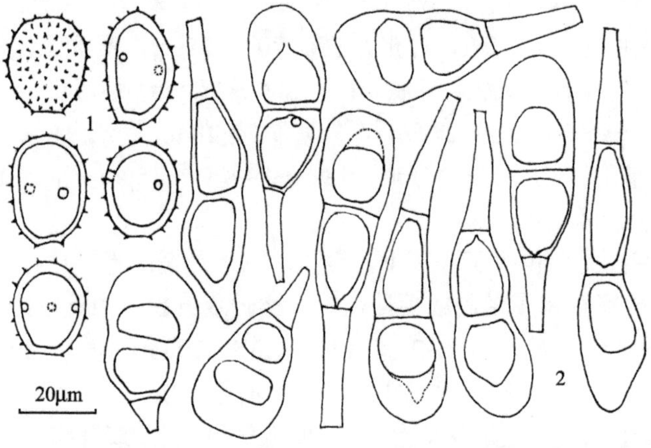

图 163　异纳茜菜柄锈菌 *Puccinia metanarthecii* 的夏孢子（1）和冬孢子（2）（CFSZ 9648）

夏孢子堆生于叶下面，散生，圆形或椭圆形，直径 0.2～0.5mm，裸露，褐色，粉状；夏孢子椭圆形、倒卵形或近球形，20～30×15～20μm，壁 2～3μm 厚，黄褐色，表面有刺，芽孔 2（～3）个，腰生。

冬孢子堆叶两面生，以叶下面为主，散生或稍聚生，有时布满整个叶片，圆形或椭圆形，直径 0.1～1mm，裸露，垫状，较坚实，黑褐色或黑色；冬孢子棍棒形、椭圆形或矩圆形，35～60（～72.5）×17.5～25（～30）μm，顶端钝圆、平截或突尖，隔膜处缢缩或稍缢缩，基部渐狭，黄褐色至栗褐色，侧壁 1～2.5μm 厚，顶壁 7.5～17.5μm 厚，光滑，上细胞芽孔顶生，下细胞芽孔近隔膜，二细胞易分离；柄淡黄褐色至近无色，长达

50μm，不脱落；有 1 室冬孢子混生。

Ⅱ，Ⅲ

藜芦 *Veratrum nigrum* L.：赤峰市宁城县黑里河自然保护区三道河 **9648**（= HMAS 247622）、9649。

国内分布：北京，河北，内蒙古，江苏，安徽，江西，福建，湖北，湖南。

世界分布：日本，朝鲜半岛，俄罗斯远东地区，中国。

关于本种夏孢子芽孔数目，以往文献均记载为 2 个（Ul'yanishchev 1978；Hiratsuka et al. 1992；庄剑云等 1998；Azbukina 2005），但我们的菌少数夏孢子具有清晰可见的 3 个芽孔。本种为内蒙古新记录。

禾本科 Poaceae（Gramineae）上的种

分种检索表

1. 冬孢子顶端具指状突起……2
1. 冬孢子顶端无指状突起，或仅少数具 2～3 个指状突起……5
2. 冬孢子柄长达 25μm；生于羊茅属 *Festuca* 上（夏孢子和冬孢子阶段在内蒙古尚未发现）……**狐茅柄锈菌 *P. festucae***
2. 冬孢子柄短于 20μm；生于其他属植物上……3
3. 冬孢子细长，（35～）50～100（～137.5）×（11～）14～20（～25）μm，突起（包括顶壁）长 5～35μm……**鹿角柄锈菌 *P. rangiferina***
3. 冬孢子短粗，26～75×10～22.5μm，指状突起（包括顶壁）长 5～17.5μm……4
4. 夏孢子堆无侧丝或偶尔有侧丝；夏孢子较大，16～26×14～19μm，壁 1～1.5μm 厚；冬孢子堆长期被寄主表皮覆盖或后期裸露，偶有褐色侧丝……**冠柄锈菌原变种 *P. coronata* var. *coronata***
4. 夏孢子堆侧丝常见；夏孢子较小，（12.5～）14～20（～22.5）×12.5～17.5μm，壁 0.5～1μm 厚；冬孢子堆裸露，无侧丝……**冠柄锈菌喜马拉雅变种 *P. coronata* var. *himalensis***
5. 夏孢子堆有侧丝……6
5. 夏孢子堆无侧丝或偶见……13
6. 冬孢子堆长期埋生于寄主表皮下或后期裸露，冬孢子柄短，大多在 20μm 以下……7
6. 冬孢子堆裸露，垫状，冬孢子柄与孢子等长或更长；生于芦苇 *Phragmites australis* 上……12
7. 夏孢子堆侧丝头下缢缩呈颈状；生于早熟禾属 *Poa* 上……**短柄草柄锈菌林地早熟禾变种 *P. brachypodii* var. *poae-nemoralis***
7. 夏孢子堆侧丝头下不缢缩呈颈状……8
8. 夏孢子堆和冬孢子堆呈明显的点线形排列；冬孢子堆褐色侧丝多……**条形柄锈菌原变种 *P. striiformis* var. *striiformis***
8. 夏孢子堆和冬孢子堆不呈点线形排列，但有时可连合成条形，冬孢子堆侧丝少或无……9
9. 夏孢子壁无色至黄色，芽孔完全不清楚；生于芨芨草属 *Achnatherum* 和针茅属 *Stipa* 上……**鲜卑芨芨草柄锈菌 *P. achnatheri-sibirici***
9. 夏孢子壁淡黄色至黄褐色，芽孔虽不清楚，但可见多个散生；生于其他属植物上……10
10. 夏孢子堆侧丝较少；冬孢子较长，长（35～）50～70（～90）μm；生于野青茅属 *Deyeuxia* 上……**矮柄锈菌砂禾变种 *P. pygmaea* var. *ammophilina***

10. 夏孢子堆侧丝较多；冬孢子较短，长 30～65（～72.5）μm··· 11

11. 侧丝头部常萎缩，颈部不缢缩；夏孢子（25～）27.5～32.5（～35）×（17～）20～25（～27.5）μm；冬孢子 30～55（～65）×12.5～22.5（～25）μm；生于拂子茅属 *Calamagrostis* 和野青茅属 *Deyeuxia* 上··· **矮柄锈菌原变种 *P. pygmaea* var. *pygmaea***

11. 侧丝头部不萎缩，颈部偶尔稍缢缩；夏孢子 20～34×17.5～22.5μm；冬孢子 35～65（～72.5）×10～20（～25）μm；生于披碱草属 *Elymus* 上··· **短柄草柄锈菌燕麦草变种 *P. brachypodii* var. *arrhenatheri***

12. 夏孢子芽孔 6～10 个，散生；冬孢子柄长达 65（～80）μm·········· **马格纳斯柄锈菌 *P. magnusiana***

12. 夏孢子芽孔 4～6（～8）个，腰生至散生；冬孢子柄长达 160μm········ **盛冈柄锈菌 *P. moriokaensis***

13. 冬孢子堆长期埋生于寄主表皮下或后期裸露，冬孢子柄短，大多在 20μm 以下 ······················ 14

13. 冬孢子堆裸露，通常垫状，冬孢子柄与孢子近等长或更长··· 18

14. 冬孢子（1～）2～4（～5）室··· **披碱草柄锈菌 *P. elymi***

14. 冬孢子通常 2 室，1 室或 3 室偶见 ··· 15

15. 夏孢子芽孔可达 10 个；冬孢子堆褐色侧丝多 ··· 16

15. 夏孢子芽孔少于 8 个；冬孢子堆褐色侧丝无或少··· 17

16. 夏孢子芽孔 7～10 个；冬孢子 37.5～62.5（～72.5）×14～25（～30）μm，壁光滑或有疏密不均的细疣，有时具 1 至数条纵脊··· **大麦柄锈菌 *P. hordei***

16. 夏孢子芽孔 6～10 个；冬孢子（32～）40～65（～110）×（10～）13～25（～30）μm，光滑，有时有 1 至数条孢子相互挤压而形成的纵棱··· **隐匿柄锈菌 *P. recondita***

17. 夏孢子堆偶有头状侧丝；夏孢子壁近无色至淡黄色，芽孔似 5～8 个；冬孢子 25～55×12.5～25μm；生于早熟禾属 *Poa* 上 ··· **早熟禾柄锈菌 *P. poarum***

17. 夏孢子堆无侧丝；夏孢子壁淡黄褐色，芽孔 6～8 个；冬孢子 35～60×14～22.5μm；生于虉草属 *Phalaris* 上··· **无柄柄锈菌 *P. sessilis***

18. 夏孢子具疣··· 19

18. 夏孢子具刺··· 21

19. 产生休眠夏孢子；夏孢子壁 3～4μm 厚；冬孢子较小，（25～）30～40×（19～）23～29μm；生于白羊草 *Bothriochloa ischaemum* 上 ··· **塞萨特柄锈菌 *P. cesatii***

19. 不产生休眠夏孢子；夏孢子壁 2～3μm 厚；冬孢子较大，常超过 40μm 长；生于大油芒 *Spodiopogon sibiricus* 上··· 20

20. 夏孢子芽孔 3～4 个，腰生，冬孢子较窄，宽 17.5～27.5μm··· **三吉柄锈菌原变种 *P. miyoshiana* var. *miyoshiana***

20. 夏孢子芽孔 5～10 个，散生，冬孢子较宽，宽 20～32.5μm··· **三吉柄锈菌大油芒变种 *P. miyoshiana* var. *spodiopogonis***

21. 夏孢子壁无色，芽孔不清楚；生于毛秆野古草 *Arundinella hirta* 上 ··· **畸穗野古草柄锈菌 *P. arundinellae-anomalae***

21. 夏孢子壁有色，芽孔较清楚；生于其他植物上··· 22

22. 夏孢子芽孔腰生··· 23

22. 夏孢子芽孔散生··· 27

23. 冬孢子顶壁较厚，可达 17.5（～23）μm，部分顶端有 2～3 个指状突起；生于披碱草属 *Elymus* 上

…………………………………………………………………………………………春杰柄锈菌 ***P. chunjiei***

23. 冬孢子顶壁较薄，不超过 15μm 厚，无指状突起……………………………………………… 24

24. 夏孢子芽孔 3～4 个，未见 5 个者……………………………………………………………… 25

24. 夏孢子芽孔（3～）4～5（～6）个……………………………………………………………… 26

25. 夏孢子壁 2.5～5μm 厚；冬孢子（25～）30～47.5（～52.5）×20～30μm，柄长 100～400μm；生于芦苇 *Phragmites australis* 上……………………………………………北非芦苇柄锈菌 ***P. isiacae***

25. 夏孢子壁 1.5～2.5μm 厚；冬孢子 29～42（～50）×15～24μm，柄长达 100μm；生于玉蜀黍 *Zea mays* 上…………………………………………………………………………………高粱柄锈菌 ***P. sorghi***

26. 夏孢子（16～）22.5～30（～35）×（13～）15～20（～22.5）μm；冬孢子（35～）40～60（～75）×（14～）17.5～22.5（～29）μm，柄长达 200（～240）μm；生于芦苇 *Phragmites australis* 上……………………………………………………………………………………芦苇柄锈菌 ***P. phragmitis***

26. 夏孢子（19～）22.5～35（～45）×（11～）12.5～20μm；冬孢子 32～56（～67.5）×12.5～25μm，柄长达 110μm；生于其他植物上……………………………………………………禾柄锈菌 ***P. graminis***

27. 夏孢子壁黄色至近无色，芽孔不清楚，似 8～10 个；生于隐子草属 *Cleistogenes* 上……………… 28

27. 夏孢子壁黄色至黄褐色，芽孔清楚；生于其他属植物上………………………………………… 29

28. 冬孢子较窄，24～40（～45）×16～25μm……………………………………南方柄锈菌 ***P. australis***

28. 冬孢子较宽，31～45（～50）×20～32.5μm……………………………………混淆柄锈菌 ***P. permixta***

29. 冬孢子较小，27.5～42.5×15～25μm，不超过 45μm 长，顶端圆，基部圆或渐狭；生于臭草属 *Melica* 上……………………………………………………………………………乱子草柄锈菌 ***P. schedonnardi***

29. 冬孢子较大，可超过 45μm 长，顶端圆或锥尖，基部圆或渐狭；生于其他属植物上……………… 30

30. 冬孢子常超过 55μm 长，柄较粗壮僵硬…………………………………………………………… 31

30. 冬孢子通常短于 55μm，柄较细弱柔软…………………………………………………………… 32

31. 冬孢子 42.5～70（～82.5）×19～28μm，顶壁 5～15μm 厚；生于沙鞭 *Psammochloa villosa* 上……………………………………………………………………………………沙鞭柄锈菌 ***P. psammochloae***

31. 冬孢子（35～）38～66（～70）×16～27（～30）μm，顶壁 5～13μm 厚；生于芨芨草 *Achnatherum splendens* 上…………………………………………………………………针茅柄锈菌 ***P. stipae***

32. 夏孢子 16～24×13～20μm；冬孢子 26～50（～55）×13～23（～25）μm，顶壁 5～12（～15）μm 厚……………………………………………………………………………羽茅柄锈菌 ***P. stipae-sibiricae***

32. 夏孢子 20～25（～30）×20～22.5（～25）μm；冬孢子（30～）40～55（～65）×（15～）20～25（～30）μm，顶壁 5～11μm 厚……………………………………………狼针草柄锈菌 ***P. stipina***

鲜卑芨芨草柄锈菌　图 164

Puccinia achnatheri-sibirici Y.C. Wang, Acta Phytotax. Sin. 10: 291. 1965; Cummins, The Rust Fungi of Cereals, Grasses and Bamboos: 419, 1971; Tai, Syll. Fung. Sin.: 610, 1979; Wang & Wei, Taxonomic Studies on Graminicolous Rust Fungi of China: 66, 1983; Wei & Zhuang, Fungi of Xiaowutai Mountains in Hebei Province: 109, 1997; Zhuang et al., Fl. Fung. Sin. 10: 32, 1998; Liu et al., J. Fungal Res. 2(3): 12, 2004; Liu et al., J. Inner Mongolia Univ. (Nat. Sci. Ed.) 46(3): 284, 2015; Liu et al., J. Fungal Res. 15(4): 245, 2017.

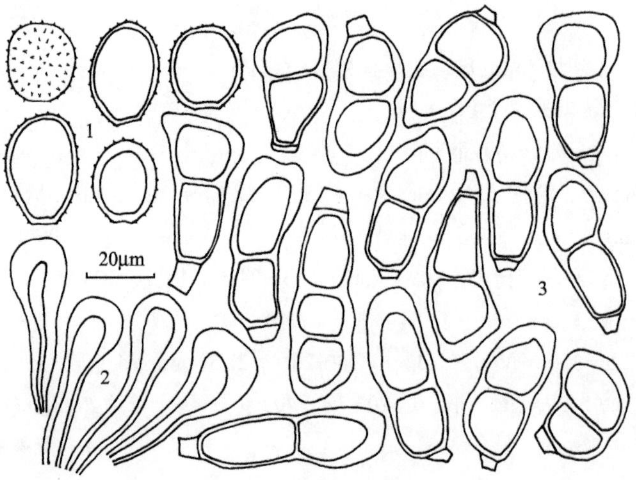

图 164　鲜卑芨芨草柄锈菌 *Puccinia achnatheri-sibirici* 的夏孢子（1）、夏孢子堆侧丝（2）和冬孢子（3）（CFSZ 225）

夏孢子堆生于叶上面，也生于叶鞘上，散生或聚生，椭圆形，0.5～1mm 长，常相互连合成长条形，初期覆盖于寄主表皮下，后期裸露，周围有破裂表皮围绕，粉状，黄褐色；侧丝头状或棒状，宽 9～19μm，顶壁加厚，厚 6～10μm，无色或黄褐色；夏孢子球形、椭圆形、倒卵形，个别近柱状，19～32×15～21μm，壁无色至黄色，1～2.5μm 厚，有细刺，芽孔不清楚。

冬孢子堆生于叶两面和叶鞘上，以叶下面为主，长椭圆形，0.5～2mm，虚线状排列，有时连接成条状，长期被寄主表皮覆盖或后期裸露，垫状，黑色；冬孢子棒形或矩圆状棒形，（26～）32～56.5×13～20（～26）μm，顶端圆、平截或突尖，隔膜处不缢缩或轻微缢缩，基部渐狭，壁黄褐色或栗褐色，顶部色深，侧壁 1～1.5μm 厚，顶部 2.5～5（～7）μm 厚，光滑，芽孔不清楚；柄褐色，短，常不超过 10μm；偶见 3 室冬孢子。

Ⅱ，Ⅲ

远东芨芨草 *Achnatherum extremiorientale* (H. Hara) Keng ex P.C. Kuo：赤峰市喀喇沁旗锦山 5333、5337，马鞍山 9713，茅荆坝 8955，旺业甸 5025、6968；宁城县黑里河自然保护区东打 5421，三道河 6179。

朝阳芨芨草 *Achnatherum nakaii* (Honda) Tateoka：赤峰市喀喇沁旗十家乡头道营子 **225**、8889，旺业甸 6967。

毛颖芨芨草 *Achnatherum pubicalyx* (Ohwi) Keng ex P.C. Kuo：赤峰市巴林右旗赛罕乌拉自然保护区西沟 6528，正沟 6459。

羽茅 *Achnatherum sibiricum* (L.) Keng：赤峰市克什克腾旗浩来呼热 6664；宁城县黑里河自然保护区东打 5426，小柳树沟 8396。

长芒草 *Stipa bungeana* Trin. ex Bunge：赤峰市宁城县热水 208、209。

国内分布：黑龙江，河北，内蒙古，河南，新疆。

世界分布：中国，日本。

在长芒草（208、209）上的菌未产生冬孢子。远东芨芨草（6968）上除本种外还有

羽茅柄锈菌 *Puccinia stipae-sibiricae* S. Ito 寄生。

畸穗野古草柄锈菌　　图 165

Puccinia arundinellae-anomalae Dietel, Bot. Jb. 37: 100, 1905; Wang, Index Ured. Sin.: 43, 1951; Teng, Fungi of China: 336, 1963; Cummins, The Rust Fungi of Cereals, Grasses and Bamboos: 337, 1971; Tai, Syll. Fung. Sin.: 616, 1979; Wang & Wei, Taxonomic Studies on Graminicolous Rust Fungi of China: 58, 1983; Wei & Zhuang, Fungi of Xiaowutai Mountains in Hebei Province: 111, 1997; Zhuang et al., Fl. Fung. Sin. 10: 43, 1998; Liu et al., J. Inner Mongolia Univ. (Nat. Sci. Ed.) 46(3): 284, 2015.

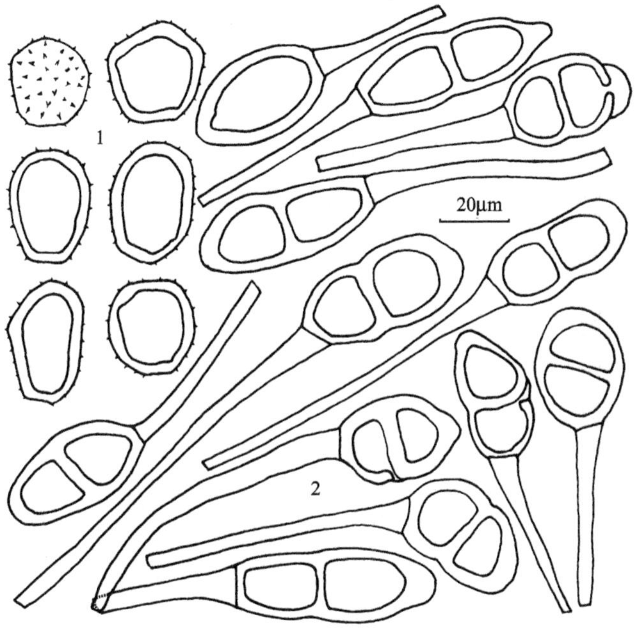

图 165　畸穗野古草柄锈菌 *Puccinia arundinellae-anomalae* 的夏孢子（1）和冬孢子（2）（CFSZ 6221）

夏孢子堆叶两面生，也生于叶鞘上，散生，椭圆形或条形，0.5～1.5mm 长，长期覆盖于寄主表皮下，或后期缝裂露出粉状孢子堆，淡黄色；夏孢子近球形、椭圆形、倒卵形或不规则形，常有不明显的角，22.5～35×17.5～27.5μm，壁无色，2～4（～5）μm 厚，有细刺，芽孔不清楚。

冬孢子堆生于叶两面和叶鞘上，散生至聚生，椭圆形或条形，0.5～2mm，有时相互连接成长条状，裸露，常有破裂的寄主表皮围绕，垫状，黑褐色；冬孢子椭圆形、矩圆椭圆形或棍棒形，30～57.5×17.5～25（～30）μm，顶端圆、稍尖或近平截，基部圆或渐狭，隔膜处不缢缩或稍缢缩，侧壁 1.5～3μm 厚，顶壁 2.5～7.5（～10）μm 厚，黄褐色或栗褐色，光滑，上细胞芽孔顶生，下细胞芽孔近隔膜；柄淡黄褐色，长可达 115μm，不脱落。1 室冬孢子偶见。

II，III

毛秆野古草（野古草）*Arundinella hirta* (Thunb.) Tanaka：赤峰市宁城县黑里河自然保护区三道河 8154、9749、9755、9756，西打 **6221**、6231。

国内分布：吉林，辽宁，北京，河北，内蒙古，山东，江苏，浙江，安徽，江西，福建，湖南，广东，云南，四川。

世界分布：日本，中国。

庄剑云等（1998）描述本种夏孢子侧壁 2～4μm 厚，顶壁 3～8μm 厚，芽孔不清楚。Cummins（1971）描述本种夏孢子侧壁 2～3（～4）μm 厚，顶壁与侧壁相同或经常达 4～8μm 厚（或达 12μm），芽孔不清楚，约 6～8 个，散生，但往往是在“赤道”处。我们的菌夏孢子顶壁不加厚，芽孔不清楚。

南方柄锈菌　图 166

Puccinia australis Körn., *in* Thümen, Fung. Austr.: 842, 1873; Wang, Index Ured. Sin.: 44, 1951; Teng, Fungi of China: 337, 1963; Cummins, The Rust Fungi of Cereals, Grasses and Bamboos: 347, 1971; Wang & Wei, Taxonomic Studies on Graminicolous Rust Fungi of China: 55, 1983; Wei & Zhuang, Fungi of Xiaowutai Mountains in Hebei Province: 111, 1997; Zhuang et al., Fl. Fung. Sin. 10: 47, 1998; Liu & Tian, J. Fungal Res. 12(4): 212, 2014; Liu et al., J. Inner Mongolia Univ. (Nat. Sci. Ed.) 46(3): 284, 2015; Liu et al., J. Fungal Res. 15(4): 245, 2017.

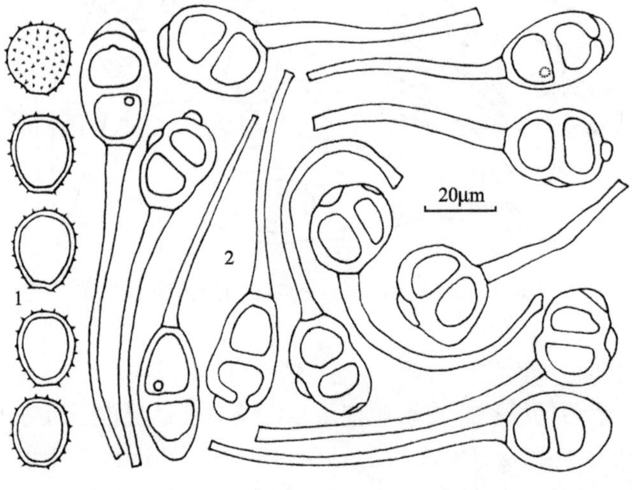

图 166　南方柄锈菌 *Puccinia australis* 的夏孢子（1）和冬孢子（2）（CFSZ 5262）

性孢子器叶两面生，小群聚生，球形或近瓶形，直径 85～140μm，黄色至黄褐色。

春孢子器叶两面生，也生于茎上，聚生，圆柱形，高 1～1.2mm，直径 0.2～0.4mm，后期包被顶端开裂，边缘略反卷，包被细胞多角形，15～30×12.5～20μm，内壁具疣，无色；春孢子堆淡黄色至黄色，春孢子球形、不规则球形、椭圆形或倒卵形，15～21×12.5～20μm，壁 1μm 厚，近无色，表面密生细疣，且具数目不等、直径为 2～5μm 的折光颗粒（孔塞）。

夏孢子堆生于叶两面，散生，椭圆形，长0.2～0.8mm，粉状，淡黄色至淡黄褐色；夏孢子球形或倒卵形，17.5～25×15～20（～22.5）μm，壁1.5～3μm厚，淡黄色至近无色，具细刺，芽孔不清楚，似8～10个，散生。

冬孢子堆生于叶两面，以叶下面为主，散生或聚生，椭圆形，长0.2～1mm，常汇合成长条状，垫状，稍坚实，裸露，暗褐色至黑色；冬孢子椭圆形或宽椭圆形，24～40（～45）×16～25μm，两端圆，隔膜处不缢缩或稍缢缩，侧壁2～2.5μm厚，顶壁4～10μm厚，肉桂褐色至栗褐色，有时形成黄褐色的孔帽，光滑，上细胞芽孔顶生，下细胞芽孔近隔膜；柄淡黄褐色至近无色，长达100μm，偶尔可达160μm，不脱落，常斜生。

0，I

钝叶瓦松 *Orostachys malacophylla* (Pall.) Fisch.：赤峰市克什克腾旗经棚311（= HMAS 199183）。

费菜 *Phedimus aizoon* (L.) 't Hart（≡ *Sedum aizoon* L.）：赤峰市克什克腾旗大青山298，经棚309（= HMAS 199175）。

II，III

朝阳隐子草（中华隐子草）*Cleistogenes hackelii* (Honda) Honda [= *Cleistogenes chinensis* (Maxim.) Keng]：赤峰市巴林右旗赛罕乌拉自然保护区场部9928，东山6592；喀喇沁旗旺业甸新开坝7007。

北京隐子草 *Cleistogenes hancei* Keng：赤峰市敖汉旗大黑山自然保护区8755；喀喇沁旗马鞍山5215、**5262**；宁城县黑里河自然保护区西泉5499。通辽市科尔沁左翼后旗大青沟6336。

多叶隐子草 *Cleistogenes polyphylla* Keng ex P.C. Keng & L. Liou：赤峰市宁城县黑里河自然保护区八沟道5483。

据庄剑云等（1998）报道，这个种在锡林郭勒盟也生于朝阳隐子草上。

国内分布：北京，河北，内蒙古，江苏，河南，陕西，新疆。

世界分布：欧亚温带广布。

短柄草柄锈菌燕麦草变种　　图167

Puccinia brachypodii G.H. Otth var. **arrhenatheri** (Kleb.) Cummins & H.C. Greene, Mycologia 58(5): 709, 1966; Cummins, The Rust Fungi of Cereals, Grasses and Bamboos: 168, 1971; Zhang et al., Mycotaxon 61: 66, 1997; Zhuang et al., Fl. Fung. Sin. 10: 51, 1998; Zhuang & Wei, J. Jilin Agr. Univ. 24(2): 8, 2002; Liu et al., J. Inner Mongolia Univ. (Nat. Sci. Ed.) 46(3): 284, 2015.

Puccinia perplexans Plowr. f. *arrhenatheri* Kleb., Abh. Naturw. Ver. Bremen 12: 366, 1892.

夏孢子堆生于叶上面，椭圆形，长0.2～0.5mm，散生，裸露，粉状，黄色或黄褐色；侧丝多数，头状，颈部不缢缩，偶尔稍缢缩，淡黄色至黄褐色，头部宽6～17.5μm，壁1～1.5（～2.5）μm厚，长达70μm；夏孢子球形、倒卵形或宽椭圆形，20～34×17.5～22.5μm，壁1～1.5μm厚，淡黄褐色至黄褐色，有细刺，芽孔多不清楚，似6～8个，散生。

冬孢子堆叶两面生，以叶下面为主，也生于叶鞘和茎秆上，椭圆形或条状，长0.2～1mm，散生至聚生，常相互汇合，长期被寄主表皮覆盖，黑褐色；冬孢子棒状或矩圆形，

35～65（～72.5）×10～20（～25）μm，顶端圆、平截或锥尖，基部渐狭，隔膜处不缢缩或稍缢缩，侧壁 1～1.5μm 厚，顶壁 2.5～7.5μm 厚，黄褐色或栗褐色，光滑，芽孔不清楚；柄短，通常短于 10μm，淡褐色至褐色。

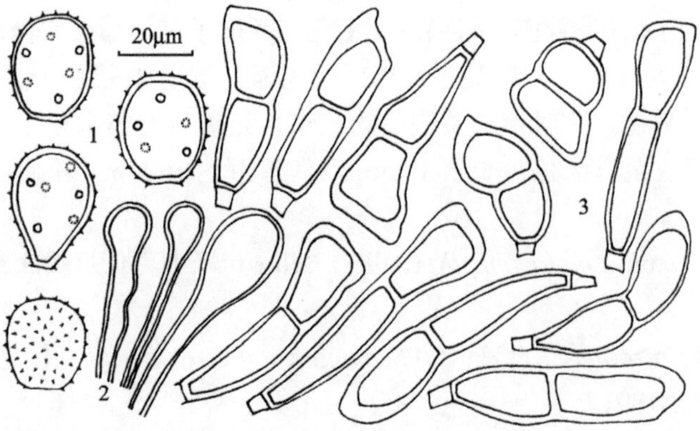

图 167 短柄草柄锈菌燕麦草变种 *Puccinia brachypodii* var. *arrhenatheri* 的夏孢子（1）、夏孢子堆侧丝（2）和冬孢子（3）（CFSZ 5213）

Ⅱ，Ⅲ

披碱草 *Elymus dahuricus* Turcz. ex Griseb.：赤峰市喀喇沁旗马鞍山 **5213**；宁城县黑里河自然保护区三道河 9748。通辽市霍林郭勒市公园 1726。

据庄剑云等（1998）报道，这个变种在兴安盟阿尔山生于早熟禾属 *Poa* sp.上。

国内分布：内蒙古，陕西，新疆，四川。

世界分布：世界广布。

Cummins（1971）描述本变种夏孢子芽孔不清楚，8～12 个，散生。我们的菌夏孢子芽孔也多不清楚，有时能见到 6～8 个，散生。

短柄草柄锈菌林地早熟禾变种　　图 168

Puccinia brachypodii G.H. Otth var. **poae-nemoralis** (G.H. Otth) Cummins & H.C. Greene, Mycologia 58(5): 705, 1966; Cummins, The Rust Fungi of Cereals, Grasses and Bamboos: 166, 1971; Tai, Syll. Fung. Sin.: 619, 1979; Wei & Zhuang, Fungi of Xiaowutai Mountains in Hebei Province: 112, 1997; Wei & Zhuang, Fungi of the Qinling Mountains: 48, 1997; Zhuang et al., Fl. Fung. Sin. 10: 52, 1998; Zhuang & Wei, J. Jilin Agr. Univ. 24(2): 8, 2002; Liu et al., J. Fungal Res. 2(3): 13, 2004; Liu et al., J. Inner Mongolia Univ. (Nat. Sci. Ed.) 46(3): 285, 2015; Liu et al., J. Fungal Res. 15(4): 245, 2017.

Puccinia poae-nemoralis G.H. Otth, Mitt. Naturf. Ges. Bern: 113, 1871 [1870]; Wang & Wei, Taxonomic Studies on Graminicolous Rust Fungi of China: 23, 1983; Guo, Fungi and Lichens of Shennongjia: 136, 1989.

Puccinia poae-sudeticae Jørst., Nytt Mag. Natur. 70: 325, 1932; Wang, Index Ured. Sin.: 67, 1951.

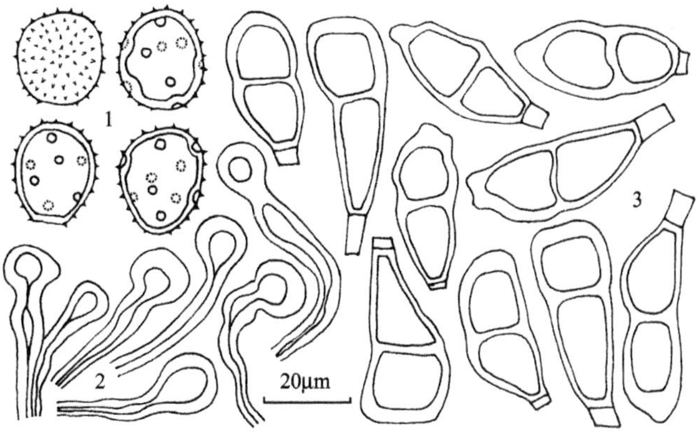

图 168　短柄草柄锈菌林地早熟禾变种 *Puccinia brachypodii* var. *poae-nemoralis* 的夏孢子（1）、夏孢子堆侧丝（2）和冬孢子（3）（CFSZ 5075）

夏孢子堆叶两面生，以叶上面为主，也生于叶鞘和茎秆上，圆形、椭圆形或条形，长 0.2～0.8mm，多散生，裸露，粉状，黄色至栗褐色；侧丝多数，头状，下部常缢缩呈颈状，无色或淡黄褐色，头部宽 7.5～17.5μm，顶部厚 2.5～6.5μm，长达 70μm；夏孢子球形、倒卵形或宽椭圆形，（16～）21～25（～27.5）×（11～）17.5～20（～22.5）μm，壁 1.5～2（～3）μm 厚，无色、黄色至黄褐色，有细刺，芽孔（7～）8～12 个，散生，明显，常有柄，长达 22μm。

冬孢子堆叶两面生，以叶下面为主，也生于叶鞘上，椭圆形或条状，长 0.1～0.6mm，散生至聚生，常相互汇合，长期被寄主表皮覆盖或后期裸露，垫状，黑褐色；冬孢子短棒状或矩圆形，（25～）30～50（～55）×15～25μm，顶端圆、平截或波状，基部圆或渐狭，隔膜处不缢缩或稍缢缩，侧壁 1～1.5μm 厚，顶壁 2.5～7.5μm 厚，黄褐色或栗褐色，光滑，芽孔不清楚；柄短，通常短于 10μm，淡褐色至褐色。

II，III

喜巴早熟禾 *Poa hylobates* Bor：乌兰察布市兴和县苏木山 5933。

林地早熟禾 *Poa nemoralis* L.：赤峰市喀喇沁旗旺业甸 9024。呼伦贝尔市根河市阿龙山 9383。

多叶早熟禾 *Poa plurifolia* Keng：赤峰市克什克腾旗白音高勒 322。

草地早熟禾 *Poa pratensis* L.：呼和浩特市赛罕区满都海公园 8280。

硬质早熟禾 *Poa sphondylodes* Trin. ex Bunge：赤峰市巴林右旗赛罕乌拉自然保护区正沟 6460；红山区南山 3；喀喇沁旗美林镇韭菜楼 **5075**。乌兰察布市卓资县巴音锡勒 8454。

早熟禾属 *Poa* sp.：赤峰市宁城县黑里河自然保护区小柳树沟 5511。

据庄剑云等（1998）报道，这个变种在兴安盟阿尔山生于草地早熟禾、西伯利亚早熟禾 *P. sibirica* Roshev.和早熟禾属 *Poa* sp.上；在乌兰察布市化德县和察哈尔右翼前旗（陶林）分别生于朝鲜碱茅 *Puccinellia chinampoensis* Ohwi 和碱茅 *P. distans* (Jacq.) Parl.上。

国内分布：黑龙江，吉林，北京，河北，山西，内蒙古，江苏，浙江，湖北，陕西，甘肃，青海，宁夏，新疆，云南，四川，西藏。

世界分布：世界广布。

庄剑云等（1998）描述本变种与原变种的区别在于孢子堆非条状排列，冬孢子较长（30～63×15～23μm）；夏孢子大小近似原变种，18～25×15～23μm。没有提及本变种的夏孢子的芽孔数目。Cummins（1971）描述本变种夏孢子大小为（20～）22～27（～29）×（16～）18～23（～25）μm，芽孔 8～12 个，散生；冬孢子大小为（31～）35～50（～64）×（14～）17～23（～25）μm。我们的菌除冬孢子略短外，其他特征与文献描述基本相符。

塞萨特柄锈菌　图 169

Puccinia cesatii J. Schröt., *in* Cohn, Beitr. Biol. Pfl. 3: 70, 1879; Wang, Index Ured. Sin.: 47, 1951; Teng, Fungi of China: 336, 1963; Cummins, The Rust Fungi of Cereals, Grasses and Bamboos: 390, 1971; Tai, Syll. Fung. Sin.: 623, 1979; Wang & Wei, Taxonomic Studies on Graminicolous Rust Fungi of China: 63, 1983; Wei & Zhuang, Fungi of Xiaowutai Mountains in Hebei Province: 114, 1997; Wei & Zhuang, Fungi of the Qinling Mountains: 51, 1997; Zhuang et al., Fl. Fung. Sin. 10: 59, 1998; Liu et al., J. Fungal Res. 2(3): 13, 2004; Liu et al., J. Inner Mongolia Univ. (Nat. Sci. Ed.) 46(3): 285, 2015.

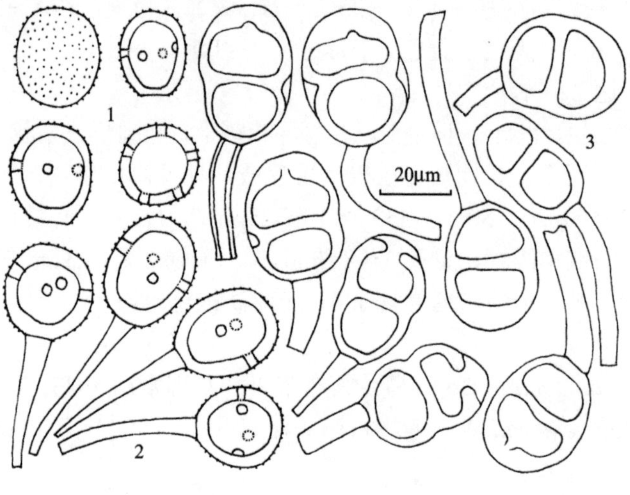

图 169　塞萨特柄锈菌 *Puccinia cesatii* 的夏孢子（1）、休眠夏孢子（2）和冬孢子（3）（CFSZ 205）

夏孢子堆生于叶下面，椭圆形，长 0.2～2mm，散生或聚生，常相互连接成线形，有破裂的寄主表皮围绕，粉状，黄褐色至肉桂褐色；夏孢子球形、倒卵形或宽椭圆形，22～29×18～26μm，淡褐色至肉桂褐色，壁 3～4μm 厚，密生细疣，芽孔 3～5（～6）个，腰生；休眠夏孢子和夏孢子相似，23～30（～32.5）×20～27.5（～30）μm，壁 3～5μm 厚，有时顶壁可达 7μm，柄无色，长达 100μm，易脱落。

冬孢子堆生于叶下面，圆形或椭圆形，长 0.2～1mm，散生，裸露，垫状，黑褐色；冬孢子椭圆形或宽椭圆形，（25～）30～40×（19～）23～29μm，两端圆或有时基部稍狭，隔膜处不缢缩或稍缢缩，侧壁 2～4μm 厚，顶壁 4～7.5μm 厚，栗褐色或肉桂褐色，光滑；上细胞芽孔顶生，下细胞芽孔近隔膜；柄无色或淡黄褐色，长达 50μm，易断。1

室冬孢子常见，较小。

II，III

白羊草 *Bothriochloa ischaemum* (L.) Keng：赤峰市宁城县热水 **205**。鄂尔多斯市准格尔旗喇嘛湾 772。

国内分布：北京，河北，山西，内蒙古，江苏，福建，陕西，甘肃，新疆，云南，贵州。

世界分布：欧洲（法国，意大利）；非洲（埃及）；亚洲（土耳其，伊朗，印度，巴基斯坦，中国）；北美洲（墨西哥，美国）。

我们仅采到 2 号标本，其中鄂尔多斯的标本还未产生冬孢子，赤峰市的标本冬孢子堆也很少，并多产生于夏孢子堆上。有时在夏孢子堆中可发现刚刚产生还未成熟的冬孢子。

春杰柄锈菌（阿拉善柄锈菌） 图 170

Puccinia chunjiei M. Liu, C.J. Li & Hambl. [as'*chunjii*'], Mycologia 104(5): 1060, 2012.

Puccinia alxaensis T.Z. Liu, X.P. Yang & J.Y. Zhuang, Mycosystema 33: 774, 2014; Liu et al., J. Inner Mongolia Univ. (Nat. Sci. Ed.) 46(3): 284, 2015.

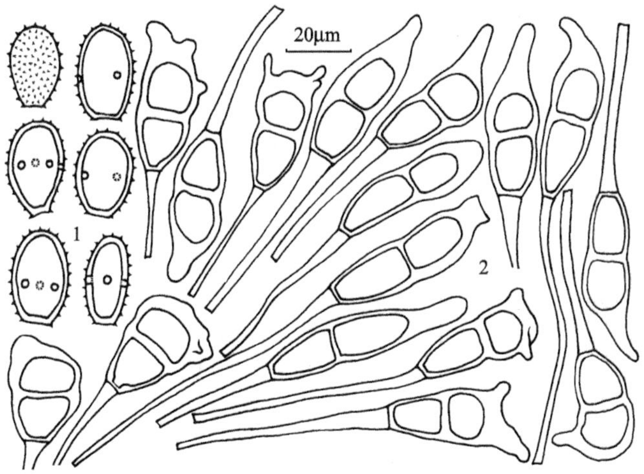

图 170 春杰柄锈菌 *Puccinia chunjiei* 的夏孢子（1）和冬孢子（2）（CFSZ 809）

夏孢子堆生于叶鞘和茎秆上，散生或聚生，椭圆形或条形，长 0.2～2mm，裸露，粉状，周围有破裂的寄主表皮围绕；夏孢子长卵形、卵形或椭圆形，（20～）25～30（～35）×12～17.5μm，淡黄色，壁 1.5～2.5μm 厚，有刺，芽孔 2～4 个，腰生。

冬孢子堆生于叶鞘、茎秆、穗轴、颖片和外稃上，椭圆形或条形，长 0.2～5mm，常汇合成大块病斑，长达 5cm 或更长，裸露，垫状，黑褐色；冬孢子棍棒形、长椭圆形或矩圆形，29～70×12.5～27.5μm，顶端圆、锥尖或平截，或有时具 2～3 个指状突起，基部渐狭，隔膜处不缢缩或稍缢缩，侧壁 1～2μm 厚，顶壁（包括指状突起）（3～）5～17.5（～23）μm 厚，肉桂褐色或栗褐色，光滑，上细胞芽孔顶生，下细胞芽孔不清楚；柄淡黄褐色，长达 100μm，不脱落。

II，III

披碱草 *Elymus dahuricus* Turcz.：阿拉善盟阿拉善左旗贺兰山哈拉乌 799，雪岭子 8638。

圆柱披碱草 *Elymus dahuricus* Turcz. ex Griseb. var. *cylindricus* Franch. [≡ *E. cylindricus* (Franch.) Honda]：阿拉善盟阿拉善左旗贺兰山哈拉乌 801、**809**（= HMAS 244807）。

垂穗披碱草 *Elymus nutans* Griseb.：阿拉善盟阿拉善左旗贺兰山雪岭子 8640。

麦宾草 *Elymus tangutorus* (Nevski) Hand.-Mazz.：阿拉善盟阿拉善左旗贺兰山雪岭子 8634、8636。

国内分布：内蒙古，甘肃。

世界分布：中国。

本种冬孢子顶端常有 2～3 个指状突起，顶壁很厚，可达 17.5（～23）μm，与日本猬草柄锈菌 *Puccinia asperellae-japonicae* Hara 很相似，其区别在于前者夏孢子较长，芽孔 2～4 个，腰生，冬孢子较宽；后者夏孢子较短，长 18～20μm，芽孔不清楚，散生，冬孢子较窄，宽（12～）14～22（～24）μm（Cummins 1971；Liu et al. 2014）。

Puccinia alxaensis T.Z. Liu, X.P. Yang & J.Y. Zhuang 和 *P. chunjiei* M. Liu, C.J. Li & Hambl.的冬孢子堆及冬孢子形态特征基本一致，寄主同属，且二者的分子数据 ITS 和 CO I 的相似度分别为 98.57%和 99.66%（杨晓坡等，未发表），故本志将前者列为后者的异名。Liu 和 Hambleton（2012）在发表 *P. chunjiei* 时未见夏孢子堆，仅见冬孢子堆上的零星夏孢子，未能提供夏孢子芽孔数目及着生信息。本种在内蒙古西部的贺兰山很常见。

在圆柱披碱草（801）的叶片上有条形柄锈菌原变种 *Puccinia striiformis* Westend. var. *striiformis* 寄生。

冠柄锈菌原变种　　图 171

Puccinia coronata Corda, Icon. Fung. 1: 6, 1837; Wang, Index Ured. Sin.: 49, 1951; Teng, Fungi of China: 341, 1963; Cummins, The Rust Fungi of Cereals, Grasses and Bamboos: 141, 1971; Tai, Syll. Fung. Sin.: 628, 1979; Wang & Wei, Taxonomic Studies on Graminicolous Rust Fungi of China: 38, 1983; Guo, Fungi and Lichens of Shennongjia: 128, 1989; Wei & Zhuang, Fungi of Xiaowutai Mountains in Hebei Province: 114, 1997; Wei & Zhuang, Fungi of the Qinling Mountains: 52, 1997; Zhang et al., Mycotaxon 61: 67, 1997; Zhuang et al., Fl. Fung. Sin. 10: 61, 1998; Zhuang & Wei, J. Jilin Agr. Univ. 24(2): 8, 2002; Liu et al., J. Fungal Res. 2(3): 13, 2004; Liu & Tian, J. Fungal Res. 12(4): 212, 2014; Liu et al., J. Inner Mongolia Univ. (Nat. Sci. Ed.) 46(3): 285, 2015; Liu et al., J. Fungal Res. 15(4): 246, 2017. var. **coronata**

Puccinia deyeuxiae F.L. Tai & C.C. Cheo, Bull. Chin. Bot. Soc. 3: 65, 1937; Tai, Syll. Fung. Sin.: 631, 1979.

Puccinia epigejos S. Ito, Journal of the Coll. Agric. Tohaku Imper. Univ. 3(2): 192, 1909; Wang, Index Ured. Sin.: 51, 1951; Tai, Syll. Fung. Sin.: 635, 1979; Liu, J. Jilin Agr. Univ. 1983(2): 4, 1983.

Puccinia hierochloae S. Ito, J. Coll. Agric. Tohuko Imper. Univ. 3(2): 193, 1909; Wang, Index Ured. Sin.: 57, 1951; Tai, Syll. Fung. Sin.: 646, 1979.

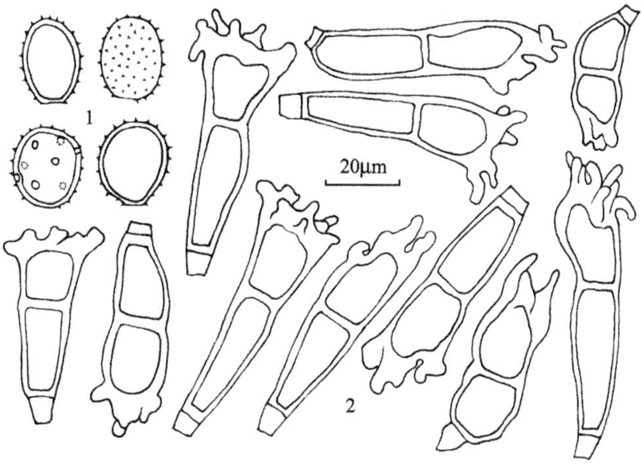

图 171　冠柄锈菌原变种 *Puccinia coronata* var. *coronata* 的夏孢子（1）和冬孢子（2）（CFSZ 941）

性孢子器叶两面生，以叶上面为主，小群聚生于黄色病斑中央，球形或烧瓶形，直径 75～115μm，黄色至褐色。

春孢子器生于叶下面，小群聚生，杯状，直径 0.2～0.4mm；包被细胞多角形，20～30×15～27.5μm，壁 1.5～5μm 厚，内壁具疣，外壁可达 7.5μm 厚，光滑，无色；春孢子近球形、椭圆形、卵形、多角形或不规则形，17.5～25（～27.5）×14～20μm，壁 1～1.5（～2.5）μm 厚，无色，密生细疣，新鲜时内含物橘黄色。

夏孢子堆叶两面生，以叶上面为主，散生，椭圆形，长 0.2～1mm，橘黄色或黄褐色，裸露，粉状；偶尔有侧丝；夏孢子近球形、椭圆形或倒卵形，16～26×14～19μm，壁 1～1.5μm 厚，淡黄色或淡黄褐色，有细刺，芽孔 6～9 个，散生，大多不清楚。

冬孢子堆叶两面生，散生或聚生，圆形或椭圆形，长 0.2～1mm，常相互连接成条形，可长达 3mm，长期被寄主表皮覆盖或后期裸露，垫状，黑褐色；偶有褐色侧丝；冬孢子棍棒形，26～75（～80）×12.5～22.5μm，顶端有不分枝的指状突起（突起处可宽达 30μm），基部渐狭，隔膜处不缢缩或稍缢缩，侧壁 1～1.5μm 厚，指状突起（包括顶壁）长 5～15μm，栗褐色，光滑，芽孔不清楚；柄淡黄色，很短，长达 12.5μm。偶见 3 室冬孢子，长达 87.5μm。

0，I

鼠李 *Rhamnus dahurica* Pall.：赤峰市巴林右旗赛罕乌拉自然保护区大西沟 9124、9614，王坟沟 6602；宁城县黑里河自然保护区大坝沟 9033，道须沟 9598。

小叶鼠李 *Rhamnus parvifolia* Bunge：赤峰市喀喇沁旗西桥镇雷家营子 9039。

II，III

华北剪股颖 *Agrostis clavata* Trin.：赤峰市喀喇沁旗旺业甸新开坝 7002。

歧序剪股颖 *Agrostis divaricatissima* Mez：赤峰市敖汉旗大黑山自然保护区 8781；巴林右旗赛罕乌拉自然保护区荣升 6539、6549、6562，王坟沟 9530；喀喇沁旗美林镇韭菜楼 5047，十家乡头道营子 363；林西县新林镇哈什吐 9854；宁城县黑里河自然保护区藏龙谷 5416，三道河 6177。呼伦贝尔市陈巴尔虎旗鄂温克民族乡 7753；根河市金林 9268、9277，满归镇凝翠山 9314。兴安盟阿尔山市东山 7826，伊尔施 7889。

巨序剪股颖 *Agrostis gigantea* Roth：赤峰市敖汉旗大黑山自然保护区 8803；巴林右旗赛罕乌拉自然保护区白塔 6584，王坟沟 9092；喀喇沁旗美林镇韭菜楼 5076，十家乡头道营子 401；宁城县黑里河自然保护区上拐 8208，四道沟 9063。呼伦贝尔市鄂伦春自治旗阿里河 7623。乌兰察布市兴和县苏木山 5905。

西伯利亚剪股颖 *Agrostis stolonifera* L.：赤峰市喀喇沁旗十家乡头道营子 385。乌兰察布市凉城县蛮汉山二龙什台 6001。

剪股颖属 *Agrostis* sp.：赤峰市宁城县黑里河自然保护区道须沟 5477。

光稃香草（光稃茅香）*Anthoxanthum glabrum* (Trin.) Veldkamp（≡ *Hierochloë glabra* Trin.）：赤峰市喀喇沁旗美林镇韭菜楼 5063；宁城县黑里河自然保护区三道河 6165，四道沟 943，西泉 5497；热水 5350、5360。

无芒雀麦 *Bromus inermis* Leyss.：锡林郭勒盟锡林浩特市白音锡勒扎格斯台 1895；西乌珠穆沁旗古日格斯台 8103。

甘蒙雀麦 *Bromus korotkiji* Drobow：锡林郭勒盟锡林浩特市白银库伦 6696。

拂子茅 *Calamagrostis epigeios* (L.) Roth：呼伦贝尔市阿荣旗三岔河镇辋窑，华伟乐 7246。

拂子茅属 *Calamagrostis* spp.：赤峰市敖汉旗四家子镇热水 7078。通辽市科尔沁左翼后旗大青沟 6342。

大叶章 *Deyeuxia purpurea* (Trin.) Kunth [= *D. langsdorffii* (Link) Kunth]：呼伦贝尔市阿荣旗得力其尔 9145，三岔河 7352；鄂伦春自治旗阿里河 7617；根河市敖鲁古雅 7679。兴安盟阿尔山市伊尔施 7854。

披碱草 *Elymus dahuricus* Turcz. ex Griseb.：赤峰市巴林右旗赛罕乌拉自然保护区大西沟 9114，荣升 8146；克什克腾旗黄岗梁 6882；宁城县黑里河自然保护区四道沟 **941**，道须沟 5455、5463、5472。兴安盟阿尔山市伊尔施 7852。

肥披碱草 *Elymus excelsus* Turcz. ex Griseb.：赤峰市巴林右旗赛罕乌拉自然保护区大西沟 9103。

直穗披碱草（直穗鹅观草）*Elymus gmelinii* (Ledeb.) Tzvelev [≡ *Roegneria gmelinii* (Ledeb.) Kitag.]：兴安盟阿尔山市伊尔施 7851。

本田披碱草（河北鹅观草）*Elymus hondae* (Kitag.) S.L. Chen（≡ *Roegneria hondae* Kitag.）：赤峰市敖汉旗大黑山自然保护区 8840。

垂穗披碱草 *Elymus nutans* Griseb.：赤峰市巴林右旗赛罕乌拉自然保护区正沟 6457、6463；喀喇沁旗美林镇韭菜楼 5046；克什克腾旗桦木沟 7190，黄岗梁 6879；宁城县黑里河自然保护区道须沟 5459、5460、5473，小柳树沟 8393。呼伦贝尔市鄂伦春自治旗大杨树 7505，乌鲁布铁 7561、7563。兴安盟阿尔山市东山 7810。

*紫穗披碱草（紫穗鹅观草）*Elymus purpurascens* (Keng) S.L. Chen（≡ *Roegneria purpurascens* Keng）：赤峰市巴林右旗赛罕乌拉自然保护区大西沟 9099，乌兰坝 8080、8095。

老芒麦 *Elymus sibiricus* L.：赤峰市宁城县黑里河自然保护区道须沟 5457。呼伦贝尔市鄂伦春自治旗阿里河 7614。兴安盟阿尔山市伊尔施 7841。

中间披碱草（中间鹅观草）*Elymus sinicus* (Keng) S.L. Chen var. *medius* (Keng) S.L. Chen & G. Zhu（≡ *Roegneria sinica* Keng var. *media* Keng）：赤峰市敖汉旗大黑山自然保护区 8791；巴林右旗赛罕乌拉自然保护区正沟 6461。

披碱草属 *Elymus* spp.：赤峰市敖汉旗大黑山自然保护区 8758、8768；宁城县黑里河自然保护区小柳树沟 5508。呼伦贝尔市牙克石市博克图 9206。通辽市科尔沁左翼后旗大青沟 6284。兴安盟阿尔山市五岔沟 7941；伊尔施 7896。

白草 *Pennisetum flaccidum* Griseb.（= *P. centrasiaticum* Tzvelev）：赤峰市喀喇沁旗牛家营子镇于家营子 5004；宁城县热水 5376、5387。呼和浩特市昭君墓 599。呼伦贝尔市阿荣旗三岔河 7409、7445；鄂温克族自治旗红花尔基 7781。

早熟禾属 *Poa* sp.：赤峰市宁城县黑里河自然保护区东打 5443。

据庄剑云等（1998）报道，这个变种在呼伦贝尔市扎兰屯（布特哈旗）生于拂子茅上；在牙克石市图里河和根河市生于拂子茅属 *Calamagrostis* sp. 上；在兴安盟阿尔山生于野青茅属 *Deyeuxia* sp.上。

国内分布：黑龙江，吉林，辽宁，北京，河北，山西，内蒙古，山东，江苏，浙江，安徽，江西，福建，上海，台湾，湖北，河南，海南，陕西，甘肃，青海，宁夏，新疆，云南，四川，贵州，重庆，西藏。

世界分布：世界广布。

Liu 和 Hambleton（2013）根据分子系统学研究，把广义的 *Puccinia coronata* 分成了 8 个种和变种，以上寄主上的菌至少可分成 6 个种和变种，本志暂不采纳。

在拂子茅（7246）上除本变种外还有矮柄锈菌 *Puccinia pygmaea* Erikss.寄生。在本田披碱草（8840）和披碱草属（8768）上除本变种外还有披碱草柄锈菌 *Puccinia elymi* Westend.寄生。

冠柄锈菌喜马拉雅变种　图 172

Puccinia coronata Corda var. **himalensis** Barclay, Trans. Linn. Soc. London 3(4): 227, 1891; Cummins, The Rust Fungi of Cereals, Grasses and Bamboos: 145, 1971; Zhuang, Acta Mycol. Sin. 5: 139, 1986; 8: 263, 1989; Guo, Fungi and Lichens of Shennongjia: 129, 1989; Zhang et al., Mycotaxon 61: 68, 1997; Zhuang et al., Fl. Fung. Sin. 10: 65, 1998; Liu et al., J. Inner Mongolia Univ. (Nat. Sci. Ed.) 46(3): 285, 2015.

Puccinia himalensis (Barclay) Dietel, *in* Engler & Prantl, Nat. Pflanzenfam., Teil. Ⅰ 1: 63, 1897; Wang, Index Ured. Sin.: 57, 1951; Wang et al., Fungi of Xizang (Tibet): 49, 1983.

夏孢子堆生于叶下面，散生，圆形至矩圆形，长 0.1～0.2mm，橘黄色或金黄色，裸露，粉状；侧丝圆柱形或棍棒形，37.5～50×7.5～11μm，淡黄色或无色，壁 0.5～1μm 厚，顶壁可达 3μm 厚；夏孢子近球形、椭圆形或倒卵形，（12.5～）14～20（～22.5）×12.5～17.5μm，壁 0.5～1μm 厚，淡黄色或无色，有细刺，芽孔不清楚。

冬孢子堆生于叶下面，散生，圆形至矩圆形，长 0.1～0.2mm，裸露，垫状，栗褐色或黑褐色；冬孢子椭圆形或棍棒形，30～55（～65）×10～16（～20）μm，顶端有指状突起（突起处可宽达 30μm），基部渐狭，隔膜处不缢缩或稍缢缩，侧壁 1～1.5μm 厚，指状突起（包括顶壁）长 5～15（～17.5）μm，淡黄褐色至肉桂褐色，基部细胞常近无色，顶壁和突起色深，光滑，芽孔不清楚；柄无色或淡黄色，很短，长达 10μm。有 1 室冬孢子混生。

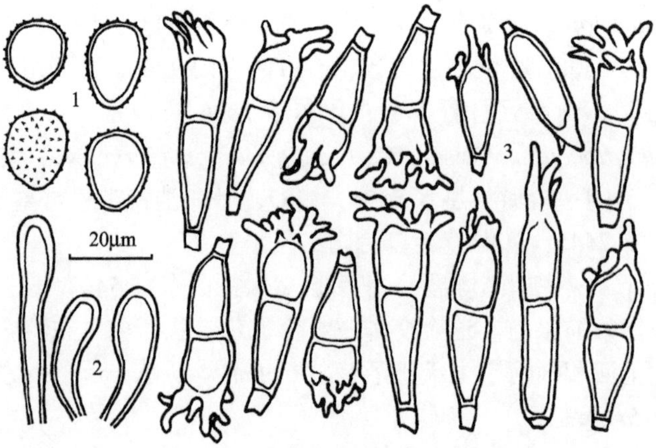

图 172　冠柄锈菌喜马拉雅变种 *Puccinia coronata* var. *himalensis* 的夏孢子（1）、夏孢子堆侧丝（2）和冬孢子（3）（CFSZ 6877）

Ⅱ，Ⅲ

裂稃茅 *Schizachne purpurascens* (Torr.) Swallen subsp. *callosa* (Turcz.) T. Koyama & Kawano：赤峰市克什克腾旗黄岗梁 **6877**。

国内分布：北京，内蒙古，湖北，陕西，新疆，云南，四川，西藏。

世界分布：亚洲（日本，中国，印度，巴基斯坦，伊朗）；欧洲；南美洲；北美洲。

披碱草柄锈菌　图 173

Puccinia elymi Westend., Bull. Acad. R. Sci. Belg., Cl. Sci. sér. 5,18(2): 409, 1851; Cummins, The Rust Fungi of Cereals, Grasses and Bamboos: 288, 1971; Tai, Syll. Fung. Sin.: 634, 1979; Wang & Wei, Taxonomic Studies on Graminicolous Rust Fungi of China: 42, 1983; Zhuang et al., Fl. Fung. Sin. 10: 73, 1998; Zhuang & Wei, J. Jilin Agr. Univ. 24(2): 8, 2002; Liu et al., J. Fungal Res. 2(3): 13, 2004; Liu et al., J. Inner Mongolia Univ. (Nat. Sci. Ed.) 46(3): 285, 2015; Liu et al., J. Fungal Res. 15(4): 246, 2017.

Rostrupia elymi (Westend.) Lagerh., J. Bot., Paris 3: 188, 1889; Wang, Index Ured. Sin.: 80, 1951.

夏孢子堆生于叶上面，散生，椭圆形，长 0.2～1mm，淡肉桂褐色，裸露，粉状，周围常有破裂的寄主表皮围绕；夏孢子近球形、倒卵形或宽椭圆形，（17.5～）20～30（～35.5）×15～25μm，壁 1～2μm 厚，黄褐色，具细刺，芽孔 8～10 个，散生。

冬孢子堆生于叶下面，也生于叶鞘和茎秆上，长期被寄主表皮覆盖，散生或聚生，圆形、椭圆形或条形，长 0.2～1mm，常相互汇合达 5mm，铅灰色，具褐色侧丝；冬孢子圆柱形或棍棒形，35～75（～90）×14～22.5（～25）μm，（1～）2～4（～5）室，顶部平截、圆形或波状，偶尔稍尖，基部多渐狭，隔膜处不缢缩或稍缢缩，侧壁 1～1.5μm 厚，顶壁 2.5～5（～7.5）μm 厚，栗褐色或黄褐色，基部较淡，光滑，细胞芽孔不清楚；柄褐色，很短，通常短于 10μm。

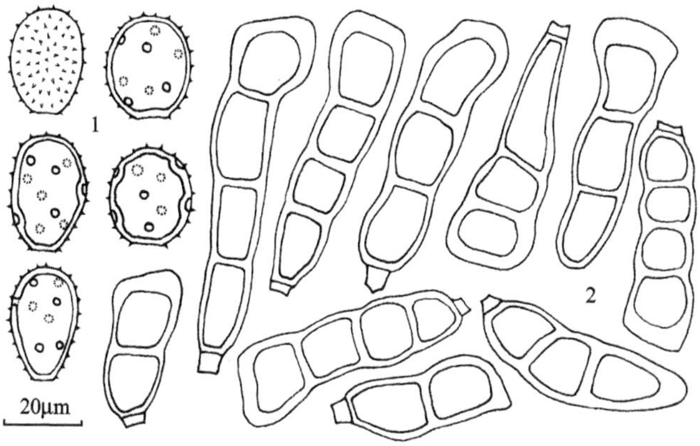

图 173　披碱草柄锈菌 *Puccinia elymi* 的夏孢子（1）和冬孢子（2）（CFSZ 749）

Ⅱ，Ⅲ

**冰草 *Agropyron cristatum* (L.) Gaertn.：呼伦贝尔市新巴尔虎左旗诺干淖尔 7796（= HMAS 246777）。

披碱草 *Elymus dahuricus* Turcz. ex Griseb.：赤峰市巴林左旗浩尔吐乡乌兰坝 684。呼伦贝尔市阿荣旗得力其尔 9150。

圆柱披碱草 *Elymus dahuricus* Turcz. ex Griseb. var. *cylindricus* Franch. [≡ *E. cylindricus* (Franch.) Honda]：赤峰市克什克腾旗黄岗梁 546、549。

*大芒披碱草（大芒鹅观草）*Elymus gmelinii* (Ledeb.) Tzvelev var. *macratherus* (Ohwi) S.L. Chen & G. Zhu [≡ *Roegneria gmelinii* (Ledeb.) Kitag. var. *macranthera* (Ohwi) Kitag.]：赤峰市喀喇沁旗美林镇韭菜楼 7994。呼伦贝尔市根河市敖鲁古雅 9390。

本田披碱草（河北鹅观草）*Elymus hondae* (Kitag.) S.L. Chen（≡ *Roegneria hondae* Kitag.）：赤峰市敖汉旗大黑山自然保护区 8840。

肃草 *Elymus strictus* (Keng) S.L. Chen [≡ *Roegneria stricta* (Keng) S.L. Chen; = *R. varia* Keng]：赤峰市巴林右旗赛罕乌拉自然保护区大东沟 6442；喀喇沁旗旺业甸大东沟 7045；宁城县黑里河自然保护区三道河 5598。

*麦宾草 *Elymus tangutorus* (Nevski) Hand.-Mazz.：锡林郭勒盟正蓝旗元上都 8741。

披碱草属 *Elymus* spp.：赤峰市敖汉旗大黑山自然保护区 8768；喀喇沁旗马鞍山 5298。

羊草 *Leymus chinensis* (Trin. ex Bunge) Tzvelev：赤峰市巴林右旗赛罕乌拉自然保护区正沟 1413。乌海市海勃湾区植物园 8586。锡林郭勒盟多伦县蔡木山 **749**；锡林浩特市白银库伦 6695。

赖草 *Leymus secalinus* (Georgi) Tzvelev：呼伦贝尔市莫力达瓦达斡尔族自治旗塔温敖宝镇霍日里绰罗，陈明 5154。锡林郭勒盟苏尼特左旗满都拉图 6787（= HMAS 245253）。

据庄剑云等（1998）、Zhuang 和 Wei（2002b）报道，这个种在兴安盟阿尔山和呼伦贝尔市加格达奇生于直穗披碱草（直穗鹅观草）*Elymus gmelinii* (Ledeb.) Tzvelev [= *Roegneria turczaninovii* (Drobow) Nevski]上。

国内分布：吉林，北京，内蒙古，甘肃，四川。

世界分布：欧洲；亚洲（土耳其，中国，日本）。

生于冰草上的菌（7796）冬孢子虽然很狭长（可达 90μm），但均为横隔，下部看不到斜隔或纵隔，因此它应属本种而非冰草生柄锈菌 *Puccinia agropyricola* Hirats.f.。

大芒披碱草（9390）和肃草（7045）上除本种外还有禾柄锈菌 *Puccinia graminis* Pers. 寄生。赖草（6787）上除本种外在叶下面还有条形柄锈菌原变种 *Puccinia striiformis* Westend. var. *striiformis* 和禾柄锈菌混生。

狐茅柄锈菌　图 174

Puccinia festucae Plowr., Grevillea 21: 109, 1893; Wang, Index Ured. Sin.: 53, 1951; Teng, Fungi of China: 341, 1963; Cummins, The Rust Fungi of Cereals, Grasses and Bamboos: 282, 1971; Tai, Syll. Fung. Sin.: 638, 1979; Zhuang et al., Fl. Fung. Sin. 10: 77, 1998; Zhuang & Wei, J. Jilin Agr. Univ. 24(2): 8, 2002; Liu et al., J. Inner Mongolia Univ. (Nat. Sci. Ed.) 46(3): 285, 2015.

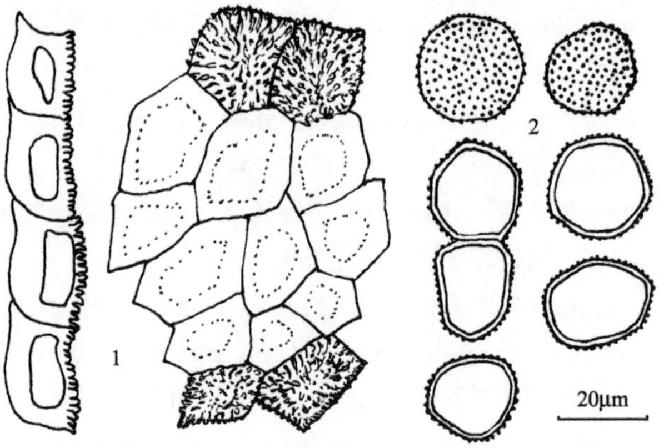

图 174　狐茅柄锈菌 *Puccinia festucae* 的春孢子器包被细胞（1）和春孢子（2）（CFSZ 9985）

性孢子器生于叶上面，小群聚生于黄色病斑中央，扁球形或烧瓶形，直径 100～180μm，黄色至褐色。

春孢子器生于叶下面，小群聚生，杯状，直径 0.2～0.4mm；包被细胞多角形，22.5～32.5×17.5～25μm，侧壁 1.5～2.5μm 厚，内壁具疣，外壁可达 6μm 厚，光滑，无色；春孢子近球形、椭圆形、卵形或多角形，17.5～25（～30）×15～22.5μm，壁 1～1.5μm 厚，无色，密生细疣。

0，I

蓝果忍冬（蓝靛果忍冬）*Lonicera caerulea* L.（= *L. caerulea* L. var. *edulis* Turcz. ex Herder）：兴安盟阿尔山市兴安林场，庄剑云、魏淑霞 **9985**（=HMAS 67586）。

国内分布：山西，内蒙古，江苏，甘肃，四川。

世界分布：欧洲；亚洲（土耳其，印度，中国，朝鲜半岛，日本，俄罗斯远东地区）；北美洲（美国）；传播到大洋洲（新西兰）。

据庄剑云等（1998）报道，本种冬孢子堆生于叶上面，裸露，黑褐色；冬孢子棍棒形，36～63×13～18μm（不包括角状突起），隔膜处稍缢缩，基部渐狭，侧壁 1.5μm，顶壁 3～6μm 厚（不包括角状突起），角状突起 7～20μm，栗褐色，光滑，芽孔不清楚；柄褐色，长达 25μm，不脱落。生于羊茅 *Festuca ovina* L.上，分布于四川。

禾柄锈菌　图 175

Puccinia graminis Pers., Neues Mag. Bot. 1: 119, 1794; Wang, Index Ured. Sin.: 55, 1951; Teng, Fungi of China: 340, 1963; Cummins, The Rust Fungi of Cereals, Grasses and Bamboos: 208, 1971; Tai, Syll. Fung. Sin.: 640, 1979; Wang & Wei, Taxonomic Studies on Graminicolous Rust Fungi of China: 33, 1983; Guo, Fungi and Lichens of Shennongjia: 131, 1989; Wei & Zhuang, Fungi of Xiaowutai Mountains in Hebei Province: 116, 1997; Wei & Zhuang, Fungi of the Qinling Mountains: 57, 1997; Zhang et al., Mycotaxon 61: 69, 1997; Zhuang et al., Fl. Fung. Sin. 10: 82, 1998; Liu et al., J. Fungal Res. 2(3): 14, 2004; Liu et al., J. Inner Mongolia Univ. (Nat. Sci. Ed.) 46(3): 285, 2015; Liu et al., J. Fungal Res. 15(4): 246, 2017.

Puccinia culmicola Dietel, Bot. Jb. 37: 100, 1905; Tai, Syll. Fung. Sin.: 630, 1979.

Puccinia elymina Miura, Flora of Manchuria and East Mongolia 3: 280, 1928; Wang, Index Ured. Sin.: 51, 1951.

Aecidium berberidis Pers., *in* Gmelin, Syst. Nat., Edn 13, 2(2): 1473, 1792.

Uredo deschampsiae-caespitosae Y.C. Wang, Acta Phytotax. Sin. 10: 298, 1965.

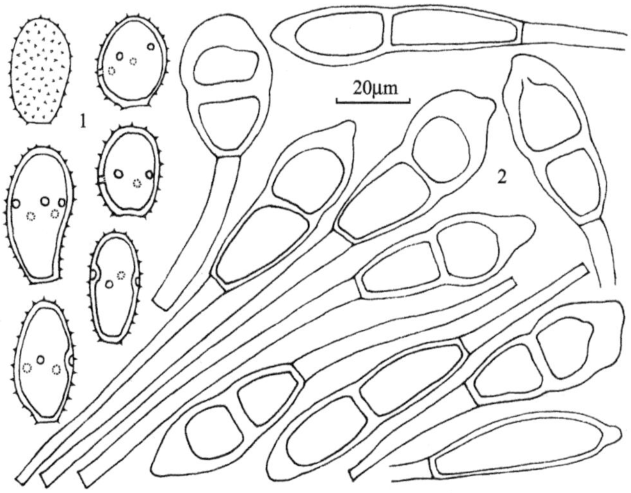

图 175　禾柄锈菌 *Puccinia graminis* 的夏孢子（1）和冬孢子（2）（CFSZ 1888）

性孢子器生于叶上面，小群聚生，球形或烧瓶形，直径 75～115μm，蜜黄色至褐色，寄主受害部位出现红色病斑。

春孢子器生于叶下面，聚生或单生，杯状或短柱状，直径 0.2～0.4mm，边缘撕裂，反卷，黄色；包被细胞多角形，17.5～40×12.5～25μm，壁 1.5～5μm 厚，内壁具粗疣，外壁可达 7.5μm 厚，光滑，无色；春孢子角球形、近球形或椭圆形，14～25×12.5～20μm，壁 1μm 厚，无色，有细疣。

夏孢子堆叶两面生，也生于叶鞘、茎秆、穗轴和颖片上，椭圆形或线形，长 0.5～3mm，有时汇合长达 1cm，裸露，粉状，肉桂褐色，周围有破裂的寄主表皮围绕；夏孢子长卵形、卵形、长椭圆形或椭圆形，（19～）22.5～35（～45）×（11～）12.5～20μm，淡黄色，壁 1.5～2μm 厚，顶部常略增厚，可达 3～4μm，有刺，芽孔（3～）4～5 个，腰生。

冬孢子堆形似夏孢子堆，常汇合成大块病斑，裸露，垫状，黑褐色；冬孢子矩圆形、棍棒形或长椭圆形，32～56（～67.5）×12.5～25μm，顶端圆或锥形，基部渐狭，隔膜处不缢缩或稍缢缩，侧壁 1.5～2μm 厚，顶部 5～10（～15）μm 厚，栗褐色，光滑，上细胞芽孔顶生，下细胞芽孔近隔膜；柄黄褐色，长达 110μm，不脱落。1 室冬孢子常见。

0，I

黄芦木 *Berberis amurensis* Rupr.：赤峰市巴林右旗赛罕乌拉自然保护区大西沟 9122；喀喇沁旗旺业甸 9022，新开坝大西沟 9742；宁城县黑里河自然保护区道须沟 9599，四道沟 523。

II，III

冰草 *Agropyron cristatum* (L.) Gaertn.：赤峰市巴林右旗赛罕乌拉自然保护区东山 6589；克什克腾旗浩来呼热 6663、6672，乌兰布统小河 7157。锡林郭勒盟锡林浩特市白音锡勒扎格斯台 1882、**1888**。

毛节毛盘草 *Elymus barbicallus* (Ohwi) S.L. Chen var. *pubinodis* (Keng) S.L. Chen（≡ *Roegneria barbicalla* Ohwi var. *pubinodis* Keng）：赤峰市宁城县黑里河自然保护区大坝沟 8385，四道沟 9051。锡林郭勒盟正蓝旗桑根达来 722。

大芒披碱草（大芒鹅观草）*Elymus gmelinii* (Ledeb.) Tzvelev var. *macratherus* (Ohwi) S.L. Chen & G. Zhu [≡ *Roegneria gmelinii* (Ledeb.) Kitag. var. *macranthera* (Ohwi) Kitag.]：呼伦贝尔市根河市敖鲁古雅 9390。

多秆缘毛草（多秆鹅观草）*Elymus pendulinus* (Nevski) Tzvelev subsp. *multiculmis* (Kitag.) á. Löve（≡ *Roegneria multiculmis* Kitag.）：赤峰市宁城县热水 204。

肃草（多变鹅观草）*Elymus strictus* (Keng) S.L. Chen （= *Roegneria varia* Keng）：赤峰市喀喇沁旗旺业甸大东沟 7045。

披碱草属 *Elymus* spp.：赤峰市宁城县黑里河自然保护区东打 5422。呼伦贝尔市陈巴尔虎旗鄂温克民族乡 7758；根河市得耳布尔 7713。

短芒大麦 *Hordeum brevisubulatum* (Trin.) Link：锡林郭勒盟正蓝旗贺日苏台 705。

赖草 *Leymus secalinus* (Georgi) Tzvelev：锡林郭勒盟苏尼特左旗满都拉图 6787（= HMAS 245253）。

*草地早熟禾 *Poa pratensis* L.：赤峰市敖汉旗四家子镇热水 7052；喀喇沁旗锦山 5531；新城区春城家园 1128、1159，同心园 8233，锡伯河绿化带 6272。

据庄剑云等（1998）报道，这个种在乌兰察布市卓资县生于黑麦 *Secale cereale* L.上。

国内分布：黑龙江，吉林，辽宁，北京，河北，山西，内蒙古，江苏，浙江，安徽，江西，福建，台湾，湖北，河南，广东，陕西，甘肃，青海，宁夏，新疆，云南，四川，贵州，重庆，西藏。

世界分布：世界广布。

在上述引证标本中，所有草地早熟禾上的菌均未产生冬孢子，其夏孢子大小为 20～45×12.5～20μm，壁 1.5～2μm 厚，顶部可达 3～4μm，芽孔（2～）3～4 个，腰生。

大麦柄锈菌　图 176

Puccinia hordei G.H. Otth, Mitt. Naturf. Ges. Bern: 114, 1871 [1870]; Wang, Index Ured. Sin.: 57, 1951; Cummins, The Rust Fungi of Cereals, Grasses and Bamboos: 317, 1971; Tai, Syll. Fung. Sin.: 646, 1979; Wang & Wei, Taxonomic Studies on Graminicolous Rust Fungi of China: 43, 1983; Wei & Zhuang, Fungi of Xiaowutai Mountains in Hebei Province: 117, 1997; Zhuang et al., Fl. Fung. Sin. 10: 88, 1998; Liu et al., J. Fungal Res. 2(3): 14, 2004; Liu et al., J. Inner Mongolia Univ. (Nat. Sci. Ed.) 46(3): 286, 2015.

Puccinia anomala Rostr., *in* Thümen, Herb. Myc. Oeconom.: 451, 1877; Wang, Index Ured. Sin.: 42, 1951; Teng, Fungi of China: 340, 1963.

Puccinia schismi Bubák, Ann. Naturh. Hofmus. Wien 28(1-2): 193, 1914; Jørstad, Ark. Bot. 4: 353, 1959.

Puccinia simplex Erikss. & Henning, Z. PflKrankh. PflSchutz 4: 260, 1894; Wang, Index Ured. Sin.: 72, 1951.

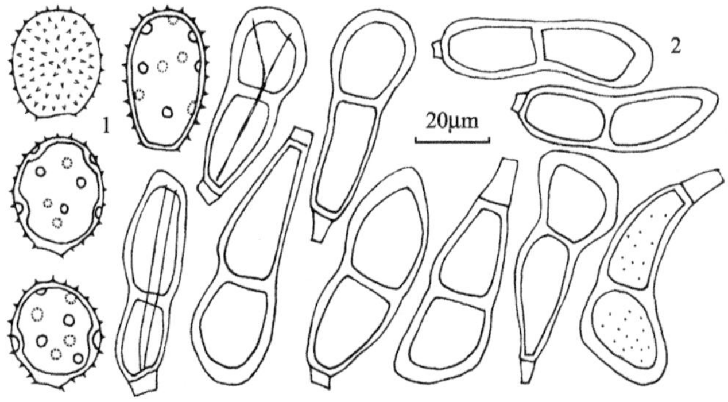

图 176　大麦柄锈菌 *Puccinia hordei* 的夏孢子（1）和冬孢子（2）（CFSZ 557）

性孢子器叶生，小群聚生，球形，直径 120～170μm，黄褐色。

春孢子器叶生，密聚生，杯状，直径 0.2～0.4mm，边缘反卷，有缺刻；包被细胞多角形，25～45×15～25μm，侧壁 2～3μm 厚，内壁具粗疣，外壁 6～7.5μm 厚，光滑，无色；春孢子角球形、近球形、椭圆形或卵形，17.5～25（～30）×14～20（～27.5）μm，壁 1～1.5μm 厚，无色，表面有细疣。

夏孢子堆叶两面生，以叶上面为主，也生于叶鞘上，散生，椭圆形或矩圆形，长 0.5～

1mm，孢子堆常缝裂，裸露或半裸露，粉状，黄色或黄褐色；夏孢子球形、宽椭圆形或倒卵形，20～31（～35）×17.5～25（～29）μm，淡黄色至淡黄褐色，壁1.5～2μm厚，有刺，芽孔7～10个，多不清楚，并常有不明显的孔帽。

冬孢子堆叶两面生，以叶下面为主，也生于叶鞘上，多数长期被寄主表皮覆盖，少数生于叶上面者后期裸露，周围被破裂的寄主表皮围绕，垫状，黑褐色，具褐色侧丝；冬孢子矩圆棍棒形、棍棒形或椭圆形，常有棱角，37.5～62.5（～72.5）×14～25（～30）μm，顶端圆、平截或斜尖，基部渐窄，隔膜处不缢缩或稍缢缩，侧壁1～2.5μm厚，向上逐渐增厚，顶壁2.5～7.5μm厚，栗褐色至黄褐色，表面光滑或有疏密不等的细疣，有时具1至数条纵脊，芽孔不清楚；柄短，淡黄色，长多不及10μm。1室冬孢子常见。

0，I

蒙古韭 *Allium mongolicum* Regel：锡林郭勒盟苏尼特左旗满都拉图，王长荣 5163。

II，III

大麦属 *Hordeum* sp.：赤峰市克什克腾旗黄岗梁 **557**。

国内分布：北京，河北，山西，内蒙古，江苏，浙江，河南，甘肃，青海，新疆，云南，四川，西藏。

世界分布：世界广布。

Cummins（1971）描述本种夏孢子大小为（18～）21～30（～32）×（15～）18～25（～28）μm，芽孔 7~9 个；冬孢子大小为（36～）45～63（～74）×（15～）19～25（～32）μm。庄剑云等（1998）描述夏孢子大小为 22～32×16～24μm，芽孔 8～12 个；冬孢子大小为37～63×20～25（～28）μm。我们测得的数据与前者更近似。与上述文献不同的是我们的菌有些冬孢子表面具疏密不均的细疣。

据 Cummins（1971）报道，本种的春孢子阶段为 *Aecidium ornithogaleum* Bubák，生于葱属 *Allium*、虎眼万年青属 *Ornithogalum* 和景天属 *Sedum* 上，春孢子大小为（18～）20～26（～29）×（15～）18～21（～22）μm，壁 1.5（～2）μm。我们蒙古韭上的菌春孢子大小与其近似，故定为该种。

北非芦苇柄锈菌　　图 177

Puccinia isiacae (Thüm.) G. Winter, *in* Kunze, Plantae Orient-ross.: 127, 1887; Cummins, The Rust Fungi of Cereals, Grasses and Bamboos: 275, 1971; Wang & Wei, Taxonomic Studies on Graminicolous Rust Fungi of China: 31, 1983; Zhuang et al., Fl. Fung. Sin. 10: 93, 1998; Liu et al., J. Inner Mongolia Univ. (Nat. Sci. Ed.) 46(3): 286, 2015.

Uredo isiacae Thüm., Grevillea 8: 50, 1879.

夏孢子堆叶两面生，聚生，矩圆形或条形，长 1～3mm，常汇合成片，粉状，淡褐色，周围有破裂的寄主表皮围绕；夏孢子倒卵形或椭圆形，17.5～30×14～22.5μm，黄褐色或肉桂褐色，壁2.5～5μm厚，具明显的粗刺，芽孔3～4个，腰生，有时不明显。

冬孢子堆叶两面生，也生于叶鞘上，常汇合成梭形或长条形，长1～7cm，裸露，垫状，黑褐色；冬孢子椭圆形或宽椭圆形，（25～）30～47.5（～52.5）×20～30μm，顶端圆形，基部圆形或略渐狭，隔膜处不缢缩或稍缢缩，侧壁2.5～5μm厚，顶壁（4～）5～7.5（～10）μm 厚，黄褐色或肉桂褐色，光滑，上细胞芽孔顶生，下细胞芽孔近隔膜；

柄无色，长 100～400μm，不脱落。偶见 1 室冬孢子。

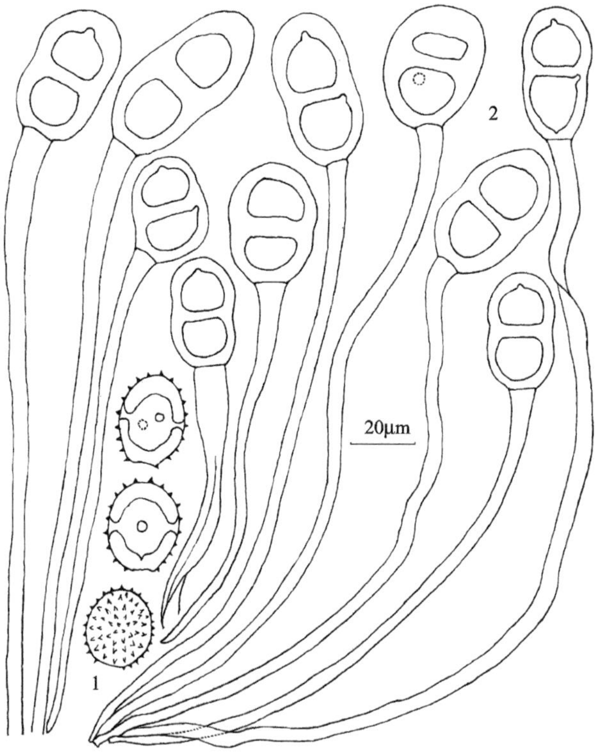

图 177　北非芦苇柄锈菌 *Puccinia isiacae* 的夏孢子（1）和冬孢子（2）（CFSZ 6755）

II，III

芦苇 *Phragmites australis* (Cav.) Trin. ex Steud.：锡林郭勒盟锡林浩特市植物园 **6755**、6759。

国内分布：内蒙古，新疆。

世界分布：非洲（摩洛哥，埃及）；亚洲（中国，巴基斯坦，土库曼斯坦）；欧洲（德国，西班牙）。

在 6755 号标本的寄主上除本种外还有马格纳斯柄锈菌 *Puccinia magnusiana* Körn.寄生；在 6759 号标本的寄主上除本种外还有芦苇柄锈菌 *P. phragmitis* (Schumach.) Körn.寄生。

马格纳斯柄锈菌　图 178

Puccinia magnusiana Körn., Hedwigia 15: 179, 1876; Wang, Index Ured. Sin.: 61, 1951; Teng, Fungi of China: 338, 1963; Cummins, The Rust Fungi of Cereals, Grasses and Bamboos: 182, 1971; Tai, Syll. Fung. Sin.: 656, 1979; Wang & Wei, Taxonomic Studies on Graminicolous Rust Fungi of China: 21, 1983; Wei & Zhuang, Fungi of Xiaowutai Mountains in Hebei Province: 119, 1997; Wei & Zhuang, Fungi of the Qinling Mountains: 60, 1997; Zhuang et al., Fl. Fung. Sin. 10: 103, 1998; Liu & Tian, J. Fungal

Res. 12(4): 212, 2014; Liu et al., J. Inner Mongolia Univ. (Nat. Sci. Ed.) 46(3): 286, 2015; Liu et al., J. Fungal Res. 15(4): 247, 2017.

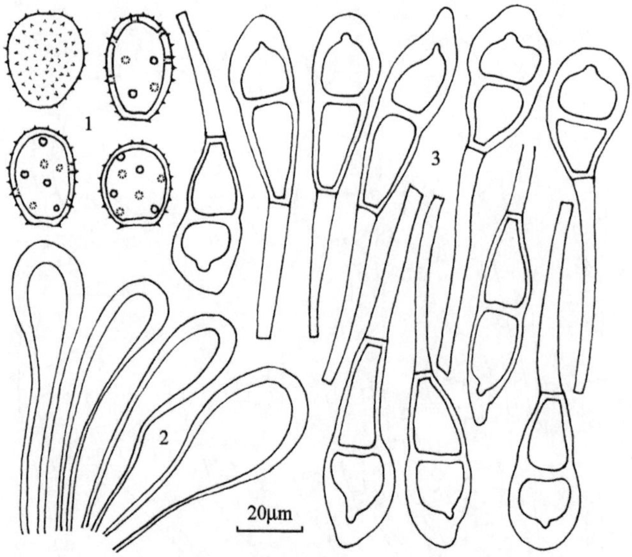

图 178　马格纳斯柄锈菌 *Puccinia magnusiana* 的夏孢子（1）、夏孢子堆侧丝（2）和冬孢子（3）（CFSZ 1041）

性孢子器生于叶上面，聚生，球形，直径 60～90μm，蜜黄色或淡黄色。

春孢子器生于叶下面，聚生，杯状，直径 0.2～0.4mm，边缘反卷，撕裂状，白色。包被细胞多角形，25～35×20～25μm，外壁 5～10μm 厚，光滑，内壁 3～4.5μm 厚，具疣，无色；春孢子椭圆形、卵形或角球形，20～28×16～20μm，壁 1～1.5μm 厚，近无色，有细疣，新鲜时内含物橘黄色。

夏孢子堆叶两面生，散生，有时密布全叶，矩圆形或椭圆形，长 0.3～2mm，粉状，淡褐色，周围有破裂的寄主表皮围绕；侧丝棒状或头状，（35～）40～80（～100）×10～20（～27.5）μm，侧壁 1～2μm 厚，顶壁 2～7.5μm 厚，黄色或黄褐色，很多；夏孢子倒卵形或椭圆形，22.5～30（～37.5）×15～22.5μm，黄色或黄褐色，壁 1.5～2（～2.5）μm 厚，具刺，芽孔 6～10 个，散生，常不明显。

冬孢子堆叶两面生，也生于叶鞘上，椭圆形或矩圆形，长 0.3～2mm，裸露，垫状，坚实，黑褐色；冬孢子长椭圆形、椭圆形或棍棒形，（25～）35～58（～67.5）×12.5～22.5（～24）μm，细而长的冬孢子可长达 85μm，顶端圆或钝尖，基部渐狭，隔膜处稍缢缩或不缢缩，侧壁 1.5～2μm 厚，顶壁 5～12（～15）μm 厚，光滑，栗褐色或肉桂褐色，向下色渐淡，上细胞芽孔顶生，下细胞芽孔近隔膜；柄黄褐色，略与孢子等长，长（15～）30～65（～80）μm，不脱落。有 1 室冬孢子混生。

0，I

毛茛 *Ranunculus japonicus* Thunb.：赤峰市喀喇沁旗旺业甸 9003。

II，III

芦苇 *Phragmites australis* (Cav.) Trin. ex Steud.：赤峰市敖汉旗金厂沟梁 9478，四道湾子镇小河沿 7118、7124；巴林右旗赛罕乌拉自然保护区白塔 6588，正沟 9517、9519；喀喇沁旗四十家子 5082、5084；克什克腾旗达里诺尔 **1041**、1045、6676。呼伦贝尔市阿荣旗三岔河 7333。通辽市科尔沁左翼后旗大青沟 6319；扎鲁特旗鲁北 7459。乌兰察布市凉城县岱海 6142、6144、6147、6148、6248、6250。

国内分布：黑龙江，吉林，辽宁，北京，天津，河北，内蒙古，山东，江苏，浙江，河南，海南，陕西，青海，新疆，四川。

世界分布：世界广布。

Cummins（1971）在种下讨论时提到本种冬孢子趋向二态性，有长而窄且色淡的冬孢子与宽而色深的冬孢子混生。这种现象在我们的材料中也较普遍，尤其在 7118 号标本上细而长（75μm）的冬孢子很常见，偶尔长达 85μm。在 6588 号和 9519 号标本上除本种外还有芦苇柄锈菌 *Puccinia phragmitis* (Schumach.) Körn.寄生。

三吉柄锈菌原变种　图 179

Puccinia miyoshiana Dietel, Bot. Jb. 28: 569, 1899; Wang, Index Ured. Sin.: 63, 1951; Teng, Fungi of China: 339, 1963; Cummins, The Rust Fungi of Cereals, Grasses and Bamboos: 388, 1971; Tai, Syll. Fung. Sin.: 660, 1979; Wang & Wei, Taxonomic Studies on Graminicolous Rust Fungi of China: 62, 1983; Liu, J. Jilin Agr. Univ. 1983(2): 4, 1983; Guo, Fungi and Lichens of Shennongjia: 134, 1989; Wei & Zhuang, Fungi of Xiaowutai Mountains in Hebei Province: 120, 1997; Wei & Zhuang, Fungi of the Qinling Mountains: 62, 1997; Zhuang et al., Fl. Fung. Sin. 10: 112, 1998; Liu et al., J. Inner Mongolia Univ. (Nat. Sci. Ed.) 46(3): 286, 2015. var. **miyoshiana**

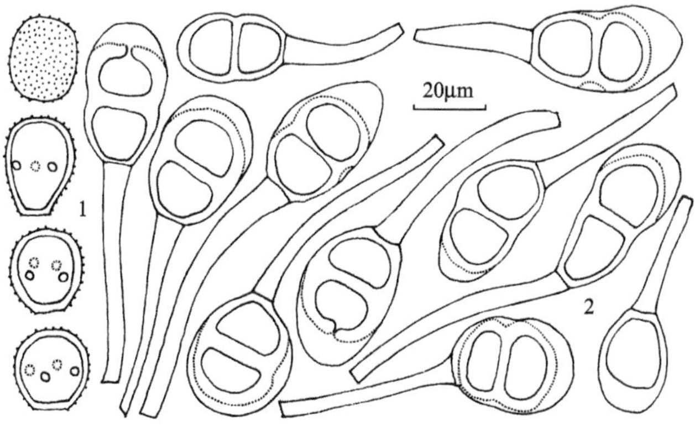

图 179　三吉柄锈菌原变种 *Puccinia miyoshiana* var. *miyoshiana* 的夏孢子（1）和冬孢子（2）（CFSZ 5257）

夏孢子堆生于叶下面，散生或聚生，圆形或椭圆形，长 0.2～0.8mm，粉状，淡黄褐色，有破裂的寄主表皮围绕；夏孢子球形或倒卵形，20～27.5×17.5～22.5μm，壁 2～3μm 厚，黄褐色，表面密生细疣，芽孔 3～4 个，腰生。

冬孢子堆生于叶下面，散生或聚生，椭圆形，长 0.2～1mm，有时汇合成长条状，裸露，垫状，稍坚实，暗褐色至黑色，外围常有破裂的寄主表皮围绕；冬孢子椭圆形、宽椭圆形或矩圆椭圆形，25～52.5×17.5～27.5μm，两端圆或基部渐狭，隔膜处不缢缩或稍缢缩，侧壁 2～3μm 厚，顶壁 4～12.5μm 厚，栗褐色，光滑，上细胞芽孔顶生，下细胞芽孔近隔膜；柄淡黄褐色至无色，长达 100μm，不脱落。1 室冬孢子常见。

II，III

大油芒 *Spodiopogon sibiricus* Trin.：赤峰市喀喇沁旗马鞍山 5236、5243、**5257**，旺业甸新开坝 6989；宁城县黑里河自然保护区三道河 8152，下拐 6193。

据刘振钦（1983）报道，本变种生于大油芒上的分布区还有兴安盟阿尔山市的五岔沟。

国内分布：黑龙江，吉林，北京，河北，内蒙古，山东，江苏，浙江，安徽，江西，福建，湖北，河南，广西，陕西，甘肃，四川。

世界分布：中国，日本，俄罗斯远东地区。

本变种夏孢子和冬孢子的大小在不同的文献中略有差异。庄剑云等（1998）描述夏孢子 21～29×19～26μm；冬孢子 30～42×18～26μm，顶壁 5～10μm 厚。Hiratsuka 等（1992）描述夏孢子（20～）22～26×19～23（～25）μm；冬孢子（29～）30～43（～48）×（16～）19～26（～28）μm，顶壁 6～10（～14）μm 厚。我们的数据与后者比较接近。

三吉柄锈菌大油芒变种　图 180

Puccinia miyoshiana Dietel var. **spodiopogonis** T.Z. Liu & J.Y. Zhuang, *in* Liu et al., Mycosystema 35: 1490, 2016.

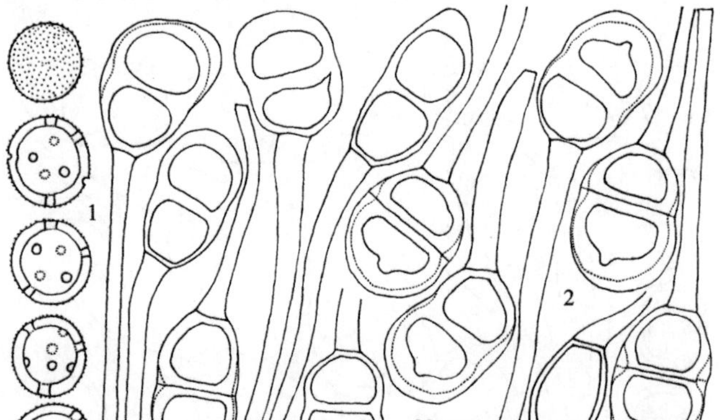

图 180　三吉柄锈菌大油芒变种 *Puccinia miyoshiana* var. *spodiopogonis* 的夏孢子（1）和冬孢子（2）（CFSZ 7790）

夏孢子堆叶两面生，散生或聚生，椭圆形或条形，长 0.2～1mm，粉状，黄褐色，外围有破裂的寄主表皮围绕；夏孢子球形或近球形，20～27.5×17.5～22.5μm，壁 2～3μm 厚，黄褐色，表面密生细疣，芽孔 5～10 个，散生。

冬孢子堆叶两面生，散生或聚生，椭圆形或条形，长 0.2～1mm，常呈点线状排列，相互汇合长达 1cm 或更长，裸露，垫状，稍坚实，暗褐色至黑褐色，外围常有破裂的寄主表皮围绕；冬孢子椭圆形、宽椭圆形或矩圆椭圆形，30～54×20～32.5μm，两端圆或基部渐狭，隔膜处不缢缩或稍缢缩，侧壁 1.5～3μm 厚，顶壁 5～10μm 厚，肉桂褐色至栗褐色，光滑，上细胞芽孔顶生，下细胞芽孔近隔膜；柄淡黄褐色至无色，长达 125μm，不脱落。1 室冬孢子常见。

II，III

大油芒 *Spodiopogon sibiricus* Trin.：呼伦贝尔市阿荣旗三岔河 7401（= HMAS 246215），锎窑，华伟乐 7224；鄂伦春自治旗乌鲁布铁 7568；鄂温克族自治旗红花尔基 **7790**（主模式）（= HMAS 246218 等模式）。

国内分布：内蒙古。

世界分布：中国东北。

本变种的夏孢子和冬孢子的大小及形状与生于同一寄主上的原变种几乎一致，不同在于前者夏孢子芽孔 5～10 个，散生，冬孢子较宽，宽 20～32.5μm；后者夏孢子芽孔 3～4 个，腰生，冬孢子较窄，宽（16～）19～26（～28）μm（Cummins 1971；庄剑云等 1998；Hiratsuka et al. 1992；Liu et al. 2016b）。

盛冈柄锈菌　图 181

Puccinia moriokaensis S. Ito, J. Coll. Agr. Tohoku Imp. Univ. 3(2): 224, 1909; Wang, Index Ured. Sin.: 63, 1951; Cummins, The Rust Fungi of Cereals, Grasses and Bamboos: 127, 1971; Tai, Syll. Fung. Sin.: 661, 1979; Zhuang et al., Fl. Fung. Sin. 10: 114, 1998; Liu et al., J. Inner Mongolia Univ. (Nat. Sci. Ed.) 46(3): 286, 2015.

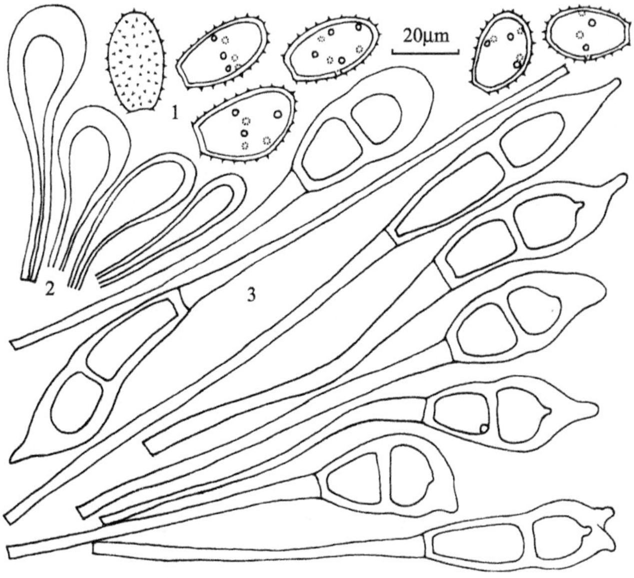

图 181　盛冈柄锈菌 *Puccinia moriokaensis* 的夏孢子（1）、夏孢子堆侧丝（2）和冬孢子（3）（CFSZ 581）

夏孢子堆叶两面生，散生，椭圆形或矩圆形，长 0.5～1mm，裸露，粉状，黄褐色或肉桂褐色，周围有破裂的寄主表皮围绕；侧丝棒状或头状，40～80×15～22.5μm，壁厚均匀或顶壁稍加厚，淡黄褐色；夏孢子倒卵形、椭圆形或长椭圆形，（20～）25～35×13～20μm，壁 1～2μm 厚，淡黄色至淡黄褐色，有刺，芽孔 4～6（～8）个，腰生至散生。

冬孢子堆叶两面生，也生于叶鞘和茎上，散生或聚生，在叶上者椭圆形、矩圆形或条形，长 0.2～5mm，在叶鞘上常相互愈合成长条形，长达 6cm，裸露，垫状，坚实，黑褐色，周围有破裂的寄主表皮围绕；冬孢子形状多变，纺锤形、椭圆形、长椭圆形或棍棒形，（35～）45～70（～80）×（14～）18～25（～29）μm，顶端圆形或锥尖，有时具 2～3 个锥状突起，基部渐狭，隔膜不缢缩或稍缢缩，侧壁从基部向顶端渐厚，厚 1.5～4.5μm，顶壁（5～）7～18（～20）μm 厚，栗褐色，光滑，上细胞芽孔顶生，下细胞芽孔近隔膜；柄淡黄褐色至近无色，长达 160μm，不脱落。

Ⅱ，Ⅲ

芦苇 *Phragmites australis* (Cav.) Trin. ex Steud.：巴彦淖尔市临河区八一 **581**，双河镇 475。包头市赛罕塔拉公园 818，曹文绪 8328；土默特右旗九峰山甘沟 8484。赤峰市敖汉旗大黑山自然保护区 8784、8801、8808、8812、9555；喀喇沁旗王爷府 5081。呼和浩特市赛罕区满都海公园 445、449、8274，树木园 460；玉泉区南湖湿地公园 8284、8286、8287、8288、8290，昭君墓 591。

国内分布：北京，内蒙古。

世界分布：日本，中国，俄罗斯远东地区。

混淆柄锈菌　图 182

Puccinia permixta P. Syd. & Syd., Annls Mycol. 10: 216, 1912; Cummins, The Rust Fungi of Cereals, Grasses and Bamboos: 349, 1971; Tai, Syll. Fung. Sin.: 666, 1979; Zhuang et al., Fl. Fung. Sin. 10: 125, 1998; Liu et al., J. Inner Mongolia Univ. (Nat. Sci. Ed.) 46(3): 286, 2015; Liu et al., J. Fungal Res. 15(4): 247, 2017.

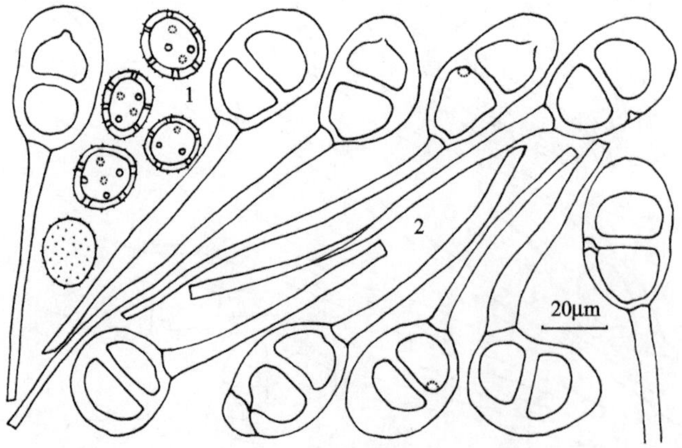

图 182　混淆柄锈菌 *Puccinia permixta* 的夏孢子（1）和冬孢子（2）（CFSZ 6661）

性孢子器叶两面生，也生于花葶上，常被春孢子器包围，埋于寄主表皮下，球形，直径 75～125μm。

春孢子器叶两面生，也生于花葶和小花柄上，聚生，杯状或柱状，直径 0.3～0.4mm，边缘反卷，有缺刻。包被细胞多角形，19～27.5×12.5～22.5μm，壁具疣，近无色；春孢子角球形、球形、矩圆形或椭圆形，15～25×11～17.5μm，壁 1～1.5μm 厚，近无色，密生细疣。

夏孢子堆叶两面生，散生，圆形或椭圆形，长 0.2～0.8mm，粉状，淡黄褐色；夏孢子近球形或倒卵形，15～25×12.5～20μm，壁 2～3μm 厚，淡黄褐色，具细刺，芽孔 8～10 个，散生，常不清楚。

冬孢子堆叶两面生，散生或聚生，圆形或椭圆形，长 0.2～1mm，常汇合成长条状，长达 3mm，垫状，稍坚实，裸露，暗褐色至黑色；冬孢子近球形、宽椭圆形或倒卵形，31～45（～50）×（20～）25～30（～32.5）μm，两端圆，隔膜处不缢缩，侧壁 2～4μm 厚，顶壁 5～10μm 厚，肉桂褐色至栗褐色，光滑，上细胞芽孔顶生，下细胞芽孔近隔膜；柄淡黄褐色至近无色，长达 110μm，少数可达 135μm，不脱落，有时斜生。少数 1 室冬孢子混生。

0，Ⅰ

野韭 *Allium ramosum* L.：赤峰市巴林右旗幸福之路 7291。锡林郭勒盟锡林浩特市白银库伦 1014。

山韭 *Allium senescens* L.：赤峰市克什克腾旗达里诺尔嘎松山 1769。

Ⅱ，Ⅲ

糙隐子草 *Cleistogenes squarrosa* (Trin. ex Ledeb.) Keng：赤峰市巴林右旗赛罕乌拉自然保护区荣升 8128，幸福之路 7293；克什克腾旗浩来呼热 **6661**，乌兰布统小河 7139。锡林郭勒盟锡林浩特市白银库伦 1038，白音锡勒扎格斯台 1884。兴安盟阿尔山市伊尔施 7879。

国内分布：河北，内蒙古。

世界分布：俄罗斯，蒙古国，阿富汗，中国。

本种与南方柄锈菌 *Puccinia australis* Körn.近似，主要区别在于本种冬孢子较大[（32～）36～43（～46）×（20～）24～27（～32）μm]，后者冬孢子较小[（27～）30～40（～42）×（17～）21～24（～26）μm]；本种夏孢子壁颜色较深（淡黄色至淡金黄色），后者夏孢子壁颜色较浅（淡黄色至无色）（Cummins 1971）。我们对产自内蒙古的这 2 个种的观测结果与上述区别基本一致。庄剑云等（1998）在比较二者时描述本种夏孢子略带浅色，此项记述可能有误。

Cummins（1971）和 Azbukina（2005）描述本种的春孢子大小为 16～22×11～16μm，与其相比，我们测得的数据稍偏大。另外，在蒙古国本种的性孢子器和春孢子器阶段生于葱属的多种植物上，其中也包括山韭（Braun 1999）。

芦苇柄锈菌　　图 183

Puccinia phragmitis (Schumach.) Körn., Hedwigia 15: 179, 1876; Wang, Index Ured. Sin.: 66, 1951; Teng, Fungi of China: 338, 1963; Cummins, The Rust Fungi of Cereals,

Grasses and Bamboos: 273, 1971; Tai, Syll. Fung. Sin.: 667, 1979; Wang & Wei, Taxonomic Studies on Graminicolous Rust Fungi of China: 32, 1983; Wei & Zhuang, Fungi of the Qinling Mountains: 63, 1997; Zhuang et al., Fl. Fung. Sin. 10: 127, 1998; Liu & Tian, J. Fungal Res. 12(4): 212, 2014; Liu et al., J. Inner Mongolia Univ. (Nat. Sci. Ed.) 46(3): 286, 2015; Liu et al., J. Fungal Res. 15(4): 247, 2017.

Uredo phragmitis Schumach., Enum. Pl. 2: 231, 1803.

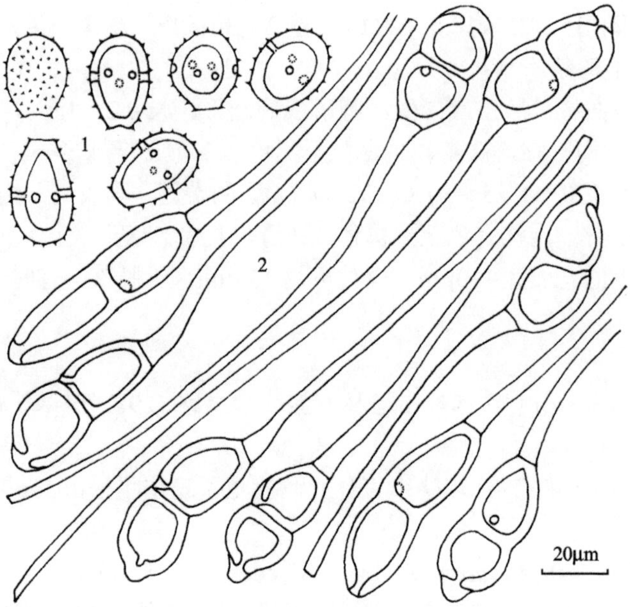

图 183　芦苇柄锈菌 *Puccinia phragmitis* 的夏孢子（1）和冬孢子（2）（CFSZ 1710）

性孢子器生于叶上面，小群聚生，黄褐色。

春孢子器生于叶下面，聚生，杯状，直径 0.2～0.3mm；春孢子椭圆形、多角形至近球形，16～21×13～18μm，壁 1～1.5μm 厚，无色，有疣。

夏孢子堆叶两面生，散生或聚生，矩圆形，长 0.5～1mm，有时汇合成条状，长达 1cm 以上，裸露，粉状，肉桂褐色，周围常有破裂的寄主表皮围绕；夏孢子倒卵形或椭圆形，（16～）22.5～30（～35）×（13～）15～20（～22.5）μm，壁 2～3.5（～4.5）μm 厚，黄褐色，有刺，芽孔（3～）4～5（～6）个，腰生，有时有不明显的无色孔帽。

冬孢子堆生于叶两面和叶鞘上，散生或聚生，长矩圆形，1～5mm 长，常汇合成条状达 1cm 以上，裸露，垫状，坚实，黑褐色；冬孢子椭圆形或长椭圆形，（35～）40～60（～75）×（14～）17.5～22.5（～29）μm，两端圆，隔膜处略缢缩，侧壁 2～3μm 厚，顶壁 4～7.5（～10）μm 厚，光滑，褐色或栗褐色，上细胞芽孔顶生，下细胞芽孔近隔膜；柄淡黄色至近无色，纤细，长（30～）70～200（～240）μm，不脱落。1 室和 3 室冬孢子偶见。

0，Ⅰ

毛脉酸模 *Rumex gmelinii* Turcz. ex Ledeb.：赤峰市克什克腾旗白音敖包 294（= HMAS

199178）。

Ⅱ，Ⅲ

芦苇 *Phragmites australis* (Cav.) Trin. ex Steud.：赤峰市阿鲁科尔沁旗高格斯台罕乌拉自然保护区 5786、5796；巴林右旗赛罕乌拉自然保护区白塔 6588，正沟 9519；克什克腾旗白音敖包 1342、1344，经棚 6648、6650；松山区老府镇五十家子 1985、1993；翁牛特旗勃隆克 6931。鄂尔多斯市伊金霍洛旗阿勒腾席热 8561。呼伦贝尔市海拉尔区 917；牙克石市免渡河农场四队，侯振世等 8320（= HNMAP 3313）。通辽市霍林郭勒市镜湖 **1710**；科尔沁左翼后旗大青沟 341、6325、6328。锡林郭勒盟锡林浩特市水库 6774，植物园 6759。

国内分布：北京，河北，山西，内蒙古，江苏，浙江，陕西，甘肃，新疆，云南，四川，西藏。

世界分布：世界广布。

早熟禾柄锈菌 图 184

Puccinia poarum Nielsen, Bot. Tidsskr. 3(2): 34, 1877; Wang, Index Ured. Sin.: 67, 1951; Cummins, The Rust Fungi of Cereals, Grasses and Bamboos: 315, 1971; Zhuang et al., Fl. Fung. Sin. 10: 130, 1998; Liu et al., J. Fungal Res. 15(4): 247, 2017.

Puccinia paihuashanensis Y.C. Wang, Acta Phytotax. Sin. 10: 292, 1965; Tai, Syll. Fung. Sin.: 665, 1979; Wang & Wei, Taxonomic Studies on Graminicolous Rust Fungi of China: 49, 1983.

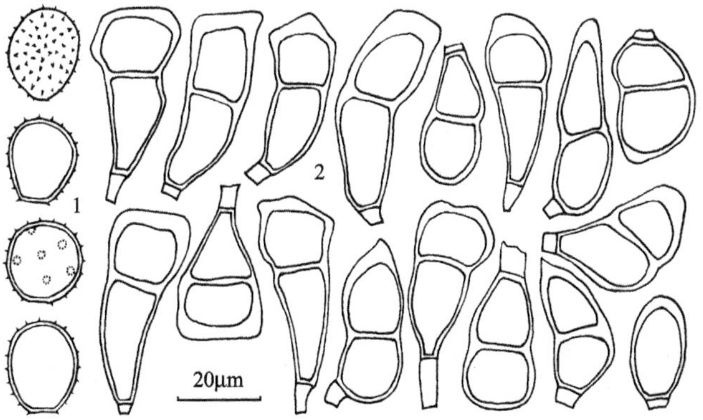

图 184 早熟禾柄锈菌 *Puccinia poarum* 的夏孢子（1）和冬孢子（2）（CFSZ 5518）

夏孢子堆叶两面生，以叶上面为主，也生于叶鞘上，散生或聚生，圆形或椭圆形，直径 0.1～0.5mm，裸露，粉状，黄色或淡黄色，周围有破裂的寄主表皮围绕；偶有少数头状侧丝；夏孢子球形、椭圆形或倒卵形，（15～）17.5～25（～32.5）×13～21μm，近无色至淡黄色，壁 1～1.5μm 厚，有刺，芽孔不清楚，似 5～8 个，散生。

冬孢子堆叶两面生，也生于叶鞘上，散生或聚生，矩圆形或线形，长 0.2～2mm，长期被寄主表皮覆盖或后期部分裸露，黑褐色；有少数褐色侧丝；冬孢子矩圆棒形、圆柱形或椭圆形，25～55×12.5～25μm，顶端圆、平截或稍尖，隔膜处不缢缩或稍缢缩，基部狭，侧壁 1～1.5μm 厚，顶壁 2.5～7.5μm 厚，肉桂褐色或栗褐色，光滑，上细胞芽孔顶生，下细胞芽孔不清楚；柄褐色，很短，常在 15μm 以下。1 室冬孢子常见，3 室冬孢子偶见。

II，III

泽地早熟禾 *Poa palustris* L.：赤峰市宁城县黑里河自然保护区小柳树沟 5512、**5518**。

早熟禾属 *Poa* spp.：赤峰市巴林右旗赛罕乌拉自然保护区荣升 6572；宁城县黑里河自然保护区上拐 8171，西泉 5607。

国内分布：北京，内蒙古，新疆。

世界分布：欧洲；亚洲；北美洲；南美洲。

本种与隐匿柄锈菌 *Puccinia recondita* Roberge ex Desm.非常近似，区别仅在于其夏孢子堆和夏孢子颜色较淡，冬孢子堆内侧丝较少（Cummins 1971）。

沙鞭柄锈菌　图 185

Puccinia psammochloae Y.C. Wang, Acta Phytotax. Sin. 10: 293, 1965; Cummins, The Rust Fungi of Cereals, Grasses and Bamboos: 384, 1971; Tai, Syll. Fung. Sin.: 671, 1979; Wang & Wei, Taxonomic Studies on Graminicolous Rust Fungi of China: 57, 1983; Zhuang et al., Fl. Fung. Sin. 10: 136, 1998; Liu et al., J. Inner Mongolia Univ. (Nat. Sci. Ed.) 46(3): 286, 2015.

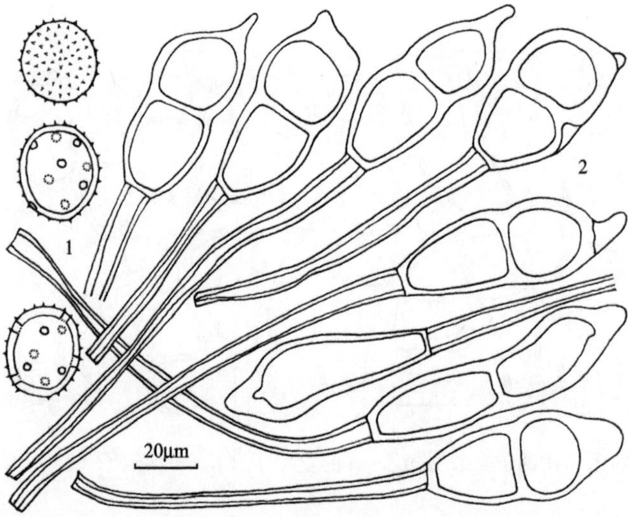

图 185　沙鞭柄锈菌 *Puccinia psammochloae* 的夏孢子（1）和冬孢子（2）（CFSZ 1023）

夏孢子堆生于叶上面、叶鞘和茎秆上，叶下面偶见，椭圆形至长条形，长 0.5～1mm，裸露，粉状，黄褐色，寄主表皮常从孢子堆一侧或两侧的基部开裂，破裂的表皮较完整；夏孢子球形至近椭圆形，22.5～29×19～25μm，壁 1.5～2.5μm 厚，黄色至黄褐色，具粗刺，芽孔（7～）8～9（～10）个，散生。

冬孢子堆似夏孢子堆，长 0.5～6mm，有时相互愈合长达 2cm，垫状，黑褐色；冬孢子椭圆形、长椭圆形或倒卵形，42.5～70（～82.5）×19～28μm，顶部圆、锥尖或斜尖，基部渐狭，隔膜处不缢缩至稍缢缩，侧壁 1.5～3μm 厚，顶壁 5～15μm 厚，栗褐色，光滑，上细胞芽孔顶生或稍偏下，下细胞芽孔近隔膜；柄黄褐色，长达 120（～175）μm，不脱落。1 室冬孢子常见，椭圆形、倒卵形或长梨形，27.5～62.5×17.5～27.5μm。

II，III

沙鞭 *Psammochloa villosa* (Trin.) Bor：鄂尔多斯市杭锦旗哈达图 8566。锡林郭勒盟阿巴嘎旗别力古台 6780；锡林浩特市白银库伦 1012、**1023**，白音锡勒 1859；正蓝旗贺日苏台 703，伊和海尔罕 734。

国内分布：内蒙古。

世界分布：中国，蒙古国。

庄剑云等（1998）描述本种夏孢子球形，直径 26～28μm，芽孔 8～9 个，散生；冬孢子大小为（40～）50～58（～70）×20～23（～28）μm，顶壁 5～9μm 厚。我们的菌夏孢子芽孔数目变幅较大，有时具 7 个或 10 个芽孔；冬孢子较长，顶壁较厚。

矮柄锈菌原变种　图 186

Puccinia pygmaea Erikss., Bot. Centralbl. 64: 381. 1895; Wang, Index Ured. Sin.: 69, 1951; Cummins, The Rust Fungi of Cereals, Grasses and Bamboos: 154, 1971; Tai, Syll. Fung. Sin.: 673, 1979; Wang & Wei, Taxonomic Studies on Graminicolous Rust Fungi of China: 26, 1983; Wei & Zhuang, Fungi of Xiaowutai Mountains in Hebei Province: 122, 1997; Wei & Zhuang, Fungi of the Qinling Mountains: 65, 1997; Zhang et al., Mycotaxon 61: 73, 1997; Zhuang et al., Fl. Fung. Sin. 10: 141, 1998; Zhuang & Wei, J. Jilin Agr. Univ. 24(2): 9, 2002; Liu et al., J. Inner Mongolia Univ. (Nat. Sci. Ed.) 46(3): 286, 2015; Liu et al., J. Fungal Res. 15(4): 247, 2017. var. **pygmaea**

Puccinia ishikawai S. Ito, Journal of the Coll. Agric. Tohaku Imper. Univ. 3: 210, 1909; Wang, Index Ured. Sin.: 58, 1951.

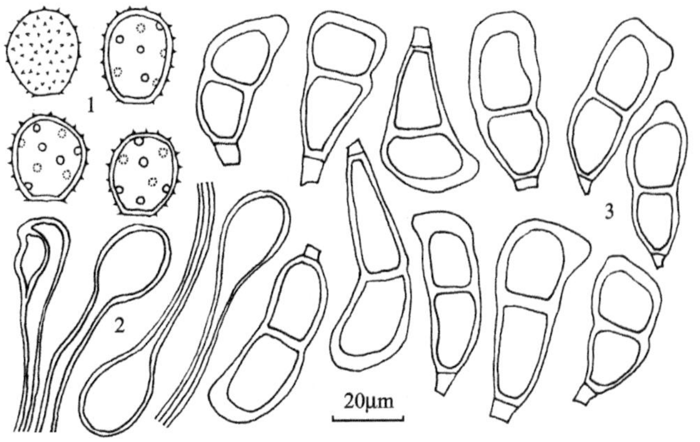

图 186　矮柄锈菌原变种 *Puccinia pygmaea* var. *pygmaea* 的夏孢子（1）、夏孢子堆侧丝（2）和冬孢子（3）（CFSZ 495）

夏孢子堆生于叶上面，也生于叶鞘和茎秆上，椭圆形或条形，长 0.2～0.8mm，散生，裸露，粉状，淡褐色，周围有破裂的寄主表皮围绕；侧丝多数，头状，无色，长达 80μm，头部宽 10～20（～30）μm，壁 1～1.5μm 厚，均匀，头部常萎缩；夏孢子球形、近球形或椭圆形，（25～）27.5～32.5（～35）×（17～）20～25（～27.5）μm，壁 1.5～2μm 厚，淡黄色或肉桂褐色，密生细刺，芽孔（6～）8～10 个，多不清楚，散生。

冬孢子堆生于叶下面，也生于叶鞘和茎秆上，椭圆形或条形，长 0.2～1mm，散生或聚生成行，相互愈合可长达 5mm，长期被寄主表皮覆盖，或后期寄主表皮缝裂而稍裸露，偶尔裸生于叶上面的夏孢子堆上，垫状，黑褐色；有时具褐色侧丝；冬孢子短棍棒形或短柱形，30～55（～65）×12.5～22.5（～25）μm，顶端平截、圆形或斜尖，基部多狭细，隔膜处略缢缩或不缢缩，侧壁 1～1.5μm 厚，顶壁 2.5～6μm 厚，栗褐色或淡褐色，顶端色深，光滑，芽孔不清楚；柄短，常不超过 15μm，偶尔长达 30μm，淡褐色。1 室冬孢子常见。

II，III

拂子茅 *Calamagrostis epigeios* (L.) Roth：赤峰市敖汉旗大黑山自然保护区 8764，四道湾子镇小河沿 7110，四家子镇热水 7057；巴林右旗赛罕乌拉自然保护区王坟沟 6614、6621；克什克腾旗乌兰布统小河 7152、7155。呼伦贝尔市阿荣旗三岔河 7452，輞窑，华伟乐 7246。锡林郭勒盟锡林浩特市白音锡勒扎格斯台 1901。

假苇拂子茅 *Calamagrostis pseudophragmites* (Hallier f.) Koeler：包头市赛罕塔拉公园 819。赤峰市红山区体育馆 9572，锡伯河 422；喀喇沁旗十家乡头道营子 217、364、403、406；宁城县热水 206；松山区老府镇五十家子 1999，新城区景泰苑小区 8261，龙熙园 8908。乌海市海勃湾区植物园 8582。

*兴安野青茅 *Deyeuxia korotkyi* (Litv.) S.M. Phillips & Wen L. Chen：呼伦贝尔市阿荣旗得力其尔 9135。

大叶章 *Deyeuxia purpurea* (Trin.) Kunth [= *D. langsdorffii* (Link) Kunth]：赤峰市巴林右旗赛罕乌拉自然保护区大西沟 9106、9108，乌兰坝 8088、8093，正沟 6473、6483；喀喇沁旗马鞍山 5282、5300、8864，美林镇韭菜楼 5048、5056、7995，旺业甸大东沟 7024，茅荆坝 8938；克什克腾旗桦木沟 7200；宁城县黑里河自然保护区大坝沟 8353、8390，道须沟 5456、5622，小柳树沟 **495**。呼伦贝尔市鄂伦春自治旗阿里河 7615，乌鲁布铁 7555。兴安盟阿尔山市白狼镇 7918。

野青茅 *Deyeuxia pyramidalis* (Host) Veldkamp [= *D. arundinacea* (L.) P. Beauv.]：赤峰市敖汉旗四家子镇热水 7103；喀喇沁旗锦山 5339，马鞍山 5250，十家乡头道营子 8883，旺业甸 5079，新开坝 6974；宁城县黑里河自然保护区打虎石 5407，大营子 5397，道须沟 5468，三道河 8150、9745，上拐 8200，四道沟 945，下拐 6190。呼伦贝尔市阿荣旗三岔河 7410、7450。

野青茅属 *Deyeuxia* sp.：呼和浩特市和林格尔县南天门 635。

据庄剑云等（1998）、Zhuang 和 Wei（2002b）报道，这个种生于野青茅属上的分布区还有兴安盟阿尔山。

国内分布：黑龙江，吉林，北京，河北，内蒙古，陕西，甘肃，青海，宁夏，新疆，云南，四川。

世界分布：世界广布。

矮柄锈菌砂禾变种　图 187

Puccinia pygmaea Erikss. var. **ammophilina** (Mains) Cummins & H.C. Greene, Mycologia 58(5): 714, 1966; Cummins, The Rust Fungi of Cereals, Grasses and Bamboos: 156, 1971; Liu et al., Mycosystema 33: 775, 2014; Liu et al., J. Inner Mongolia Univ. (Nat. Sci. Ed.) 46(3): 286, 2015.

Puccinia ammophilina Mains, Bulletin of the Torrey Botanical Club 66: 617, 1939.

Puccinia ammophilina Mains ex Cummins, Mycologia 48(4): 604, 1956.

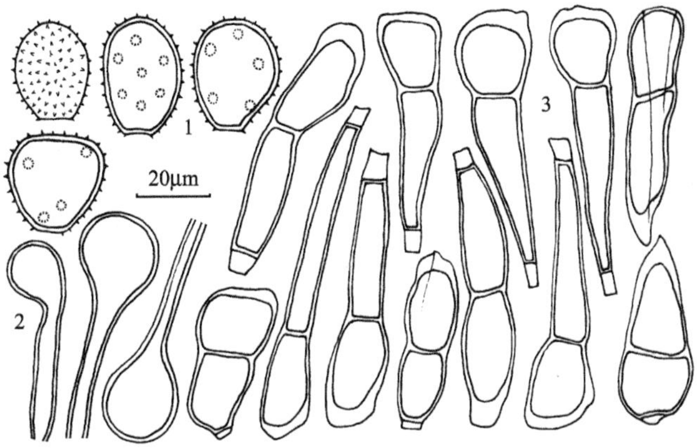

图 187　矮柄锈菌砂禾变种 *Puccinia pygmaea* var. *ammophilina* 的夏孢子（1）、夏孢子堆侧丝（2）和冬孢子（3）（CFSZ 5367）

夏孢子堆生于叶上面，也生于叶鞘和茎秆上，椭圆形或条形，长 0.2～1mm，散生或聚生成行，裸露，粉状，金黄色至淡褐色，周围有破裂的寄主表皮围绕；侧丝较少，头状，无色，长达 75μm，头部宽 10～20（～25）μm，壁 1～1.5μm 厚，均匀，头部常萎缩；夏孢子近球形、椭圆形或倒卵形，（22.5～）25～30（～35）×17.5～25μm，壁 1.5～2.5μm 厚，淡黄色至黄褐色，密生细刺，芽孔不清楚，多个，散生。

冬孢子堆主要生于叶下面、叶鞘和茎秆上，椭圆形或条形，长 0.2～1mm，散生或聚生成行，相互愈合可长达 5mm，叶下面上的长期被寄主表皮覆盖，叶鞘和茎秆上的后期多裸露，垫状，黑褐色；冬孢子棍棒形或长柱形，（35～）50～70（～90）×11～20（～22.5）μm，顶端平截、圆形或斜尖，基部多狭细，隔膜处略缢缩或不缢缩，侧壁 1～1.5μm 厚，顶壁 2.5～5（～7.5）μm 厚，栗褐色或淡褐色，顶端色深，光滑，芽孔不清楚；柄短，常不超过 10μm。3 室冬孢子偶见。

II，III

野青茅 *Deyeuxia pyramidalis* (Host) Veldkamp [= *D. arundinacea* (L.) P. Beauv.]：赤峰市宁城县热水 **5367**（= HMAS 244812）。呼伦贝尔莫力达瓦达斡尔族自治旗尼尔基 7477。

国内分布：内蒙古。

世界分布：欧洲；北美洲（美国）；亚洲（中国）。

本变种与原变种的区别在于其夏孢子堆侧丝较少，冬孢子堆侧丝缺乏（Cummins and Greene 1966；Cummins 1971）。Cummins 和 Greene（1966）描述本变种夏孢子大小为（26～）28～35（～40）×20～25（～28）μm，冬孢子大小为（38～）43～63（～70）×（14～）16～22（～26）μm。上述引证标本除冬孢子稍长外其他特征符合矮柄锈菌砂禾变种的原始描述，故鉴定为此名（Liu et al. 2014）。

鹿角柄锈菌　图 188

Puccinia rangiferina S. Ito, J. Coll. Agr. Tohoku Imp. Univ. 3(2): 194, 1909; Wang, Index Ured. Sin.: 69, 1951; Tai, Syll. Fung. Sin.: 673, 1979; Wang & Wei, Taxonomic Studies on Graminicolous Rust Fungi of China: 41, 1983; Wei & Zhuang, Fungi of Xiaowutai Mountains in Hebei Province: 123, 1997; Wei & Zhuang, Fungi of the Qinling Mountains: 66, 1997; Zhuang et al., Fl. Fung. Sin. 10: 143, 1998; Liu & Tian, J. Fungal Res. 12(4): 212, 2014; Liu et al., J. Inner Mongolia Univ. (Nat. Sci. Ed.) 46(3): 286, 2015; Liu et al., J. Fungal Res. 15(4): 248, 2017.

Puccinia coronata Corda var. *rangiferina* (S. Ito) Cummins, The Rust Fungi of Cereals, Grasses and Bamboos: 147, 1971.

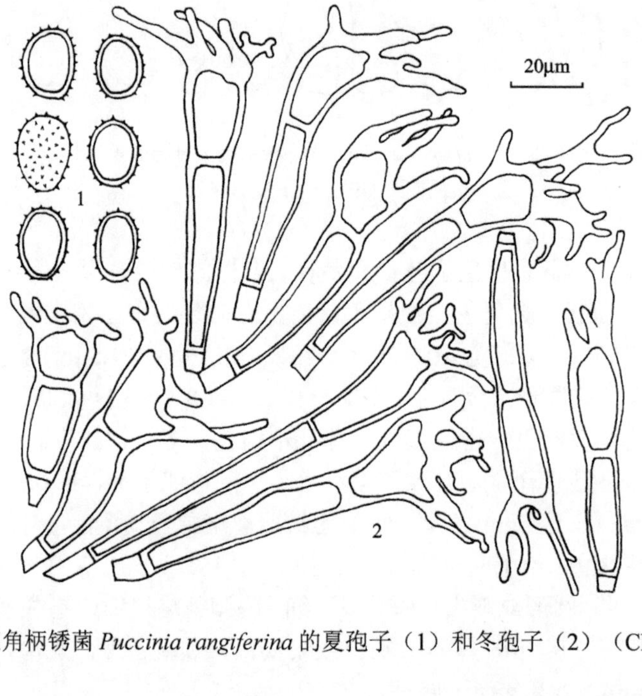

图 188　鹿角柄锈菌 *Puccinia rangiferina* 的夏孢子（1）和冬孢子（2）（CFSZ 5420）

夏孢子堆叶两面生，也生于叶鞘及茎秆上，以叶上面为主，椭圆形，长 0.2～1mm，裸露，粉状，黄褐色；有时有侧丝，细柱形至棍棒形，可达 65×15μm，壁约 1μm 厚，均匀，淡黄褐色；夏孢子椭圆形、倒卵形或近球形，15～25（～30）×12.5～20（～25）μm，壁 1～1.5μm 厚，淡黄色，具细刺，芽孔不清楚，散生。

冬孢子堆叶两面生，也生于叶鞘、茎秆和花序轴上，椭圆形或长条形，长 0.2～5mm，有时汇合连片，裸露，垫状，黑褐色，破裂的寄主表皮较完整；冬孢子棒状，（35～）50～100（～137.5）×（11～）14～20（～25）μm，顶端有鹿角状突起，突起长 5～35μm，基部狭细，隔膜处不缢缩或稍缢缩，侧壁 1～1.5μm 厚，顶壁 3～5μm 厚，栗褐色，光滑，芽孔不清楚；柄短，褐色，通常不及 20μm。

Ⅱ，Ⅲ

无芒雀麦 *Bromus inermis* Leyss.：赤峰市巴林右旗赛罕乌拉自然保护区正沟 1424、6487、6488；克什克腾旗黄岗梁 6884，乌兰布统小河 7145。乌兰察布市凉城县蛮汉山二龙什台 5998、6056。锡林郭勒盟锡林浩特市白银库伦 6725。

拂子茅 *Calamagrostis epigeios* (L.) Roth：赤峰市巴林右旗赛罕乌拉自然保护区王坟沟 6621；克什克腾旗经棚 6655。呼和浩特市树木园 458。

假苇拂子茅 *Calamagrostis pseudophragmites* (Hallier f.) Koeler：呼和浩特市内蒙古大学 439、440、453。

拂子茅属 *Calamagrostis* spp.：赤峰市宁城县黑里河自然保护区大坝沟 9565，打虎石 5412，东打 5439，三道河 6178；新城区兴安南麓植物园 9567。

野青茅 *Deyeuxia pyramidalis* (Host) Veldkamp [= *D. arundinacea* (L.) P. Beauv.]：赤峰市敖汉旗大黑山自然保护区 8754、8771、8807、8835；喀喇沁旗十家乡头道营子 8883；宁城县热水 5369。

垂穗披碱草 *Elymus nutans* Griseb.：呼伦贝尔市阿荣旗三岔河镇辋窑，华伟乐 7236、7237、7242、7243。

羊草 *Leymus chinensis* (Trin. ex Bunge) Tzvelev：赤峰市巴林右旗赛罕乌拉自然保护区正沟 1409、1413；克什克腾旗达里诺尔 6678；浩来呼热 6671、6674。通辽市科尔沁左翼后旗大青沟 6277、6330。锡林郭勒盟多伦县蔡木山 749。

白草 *Pennisetum flaccidum* Griseb.（= *P. centrasiaticum* Tzvelev）：呼和浩特市满都海公园 442、443。

早熟禾 *Poa annua* L.：兴安盟阿尔山市伊尔施 7883。

草地早熟禾 *Poa pratensis* L.：赤峰市红山区体育馆 9571；新城区同心园 8233，锡伯河 9951。

硬质早熟禾 *Poa sphondylodes* Trin. ex Bunge：赤峰市巴林右旗赛罕乌拉自然保护区正沟 1414、6460；喀喇沁旗马鞍山 8847，美林镇韭菜楼 5075；林西县五十家子镇大冷山 5653；宁城县黑里河自然保护区八沟道 5487，东打 **5420**。

早熟禾属 *Poa* spp.：赤峰市喀喇沁旗旺业甸新开坝 6982；宁城县黑里河自然保护区三道河 9751、9752。

鹅观草属 *Roegneria* spp.：赤峰市巴林右旗赛罕乌拉自然保护区西沟 6518；宁城县黑里河自然保护区大坝沟 8992。呼伦贝尔市鄂伦春自治旗加格达奇 7598。

国内分布：黑龙江，吉林，北京，河北，山西，内蒙古，河南，陕西。

世界分布：中国，日本，俄罗斯远东地区。

庄剑云等（1998）描述本种夏孢子大小为 23～30×20～25μm；冬孢子大小为 50～108×10～15μm。Cummins（1971）把它作为冠柄锈菌 *Puccinia coronata* Corda 的一个变种，描述夏孢子大小为（22～）24～30（～35）×（17～）19～24（～26）μm；冬孢子

大小为（55～）65～95（～105）×（12～）14～17（～19）μm。我们的菌夏孢子较小，冬孢子则较大。在硬质早熟禾（5075、6460）上除本种外还有短柄草柄锈菌林地早熟禾变种 *Puccinia brachypodii* G.H. Otth var. *poae-nemoralis* (G.H. Otth) Cummins & H.C. Greene 寄生。在垂穗披碱草（7243）、羊草（6678）和白草（442、443）上除本种外还有隐匿柄锈菌 *Puccinia recondita* Roberge ex Desm.寄生。在拂子茅（6621）和野青茅（8883）上除本种外还有矮柄锈菌原变种 *Puccinia pygmaea* Erikss. var. *pygmaea* 寄生。在草地早熟禾（8233）上除本种外还有禾柄锈菌 *Puccinia graminis* Pers.的夏孢子。

隐匿柄锈菌　　图 189，图 190

Puccinia recondita Roberge ex Desm., Bull. Soc. Bot. Fr. 4: 798, 1857; Cummins, The Rust Fungi of Cereals, Grasses and Bamboos: 320, 1971; Tai, Syll. Fung. Sin.: 673, 1979; Wang & Wei, Taxonomic Studies on Graminicolous Rust Fungi of China: 44, 1983; Guo, Fungi and Lichens of Shennongjia: 137, 1989; Wei & Zhuang, Fungi of Xiaowutai Mountains in Hebei Province: 123, 1997; Wei & Zhuang, Fungi of the Qinling Mountains: 66, 1997; Zhuang et al., Fl. Fung. Sin. 10: 144, 1998; Zhuang & Wei, J. Jilin Agr. Univ. 24(2): 9, 2002; Liu et al., J. Fungal Res. 2(3): 15, 2004; Liu et al., J. Inner Mongolia Univ. (Nat. Sci. Ed.) 46(3): 287, 2015; Liu et al., J. Fungal Res. 15(4): 248, 2017.

Puccinia agropyri Ellis & Everh., J. Mycol. 7(2): 131, 1892; Wang, Index Ured. Sin.: 41, 1951.

Puccinia bromi-japonicae S. Ito, J. Coll. Agric. Tohuko Imper. Univ. 3(2): 205, 1909; Tai, Syll. Fung. Sin.: 620, 1979.

Puccinia dispersa Erikss. & Henning, Bull. Inst. Bot. Univ. Belgrade 12: 315, 1894.

Puccinia dispersa f. sp. *tritici* Erikss. & Henning, Z. PflKrankh. PflSchutz 4: 175, 1894.

Puccinia elymi-sibirici S. Ito, J. Coll. Agr. Tohoku Imp. Univ. 3(2): 202, 1909; Tai, Syll. Fung. Sin.: 635, 1979; Liu, J. Jilin Agr. Univ. 1983(2): 3, 1983.

Puccinia recondita f. sp. *bromina* D.M. Hend., Notes R. Bot. Gdn Edinb. 23(4): 504, 1961; Liu, J. Jilin Agr. Univ. 1983(2): 3, 1983.

Puccinia rubigo-vera (DC.) G. Winter, Rabenh. Krypt.-Fl. 1: 217, 1881 [1884]; Wang, Index Ured. Sin.: 70, 1951; Teng, Fungi of China: 340, 1963.

Puccinia rubigo-vera agropyri (Erikss.) Arthur, Manual of the Rusts in United States and Canada: 178, 1934; Wang, Index Ured. Sin.: 70, 1951.

Puccinia rubigo-vera tritici (Erikss. & Henning) Carleton, Bull. U. S. Dept. Agr. 16: 19, 1899; Wang, Index Ured. Sin.: 70, 1951.

Puccinia triticina Erikss., Annls Sci. Nat., Bot., sér. 8, 9: 270, 1899; Wang, Index Ured. Sin.: 75, 1951.

性孢子器叶两面生，以叶上面为主，小群聚生，球形或烧瓶形，直径 75～125μm，蜜黄色至黄褐色。

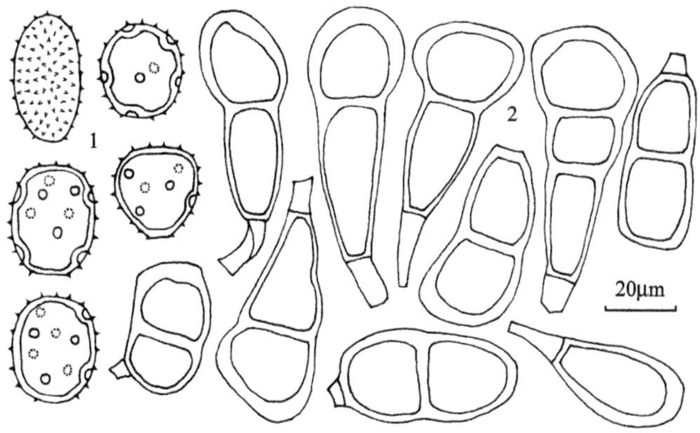

图 189　隐匿柄锈菌 *Puccinia recondita* 的夏孢子（1）和冬孢子（2）（CFSZ 1044）

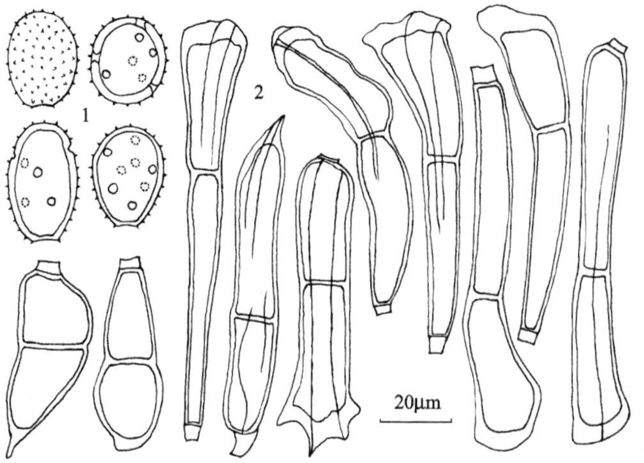

图 190　隐匿柄锈菌 *Puccinia recondita* 的夏孢子（1）和冬孢子（2）（CFSZ 7163）

春孢子器叶两面生，也生于叶柄和茎上，聚生，杯状或短柱状，直径 0.2～0.5mm，罹病组织常肿胀或畸形；包被细胞多角形，21～29（～35）×18～22（～29）μm，壁 2.5～3μm 厚，内壁具疣，外壁可达 7.5μm 厚，光滑，近无色或淡黄色；春孢子椭圆形、矩圆形、球形或角球形，（16～）18～30×（13～）16～26μm，壁 1～1.5μm 厚，近无色至淡黄色，密生细疣，新鲜时含橘黄色内含物。

夏孢子堆叶两面生，以叶上面为主，也生于叶鞘、茎秆和花序轴上，散生或聚生，椭圆形或长椭圆形，长 0.1～1mm，裸露，粉状，肉桂褐色，周围有破裂的寄主表皮围绕；夏孢子球形、椭圆形、宽椭圆形或倒卵形，（16～）22～30（～35）×（15～）17～25（～28.5）μm，黄色、黄褐色至肉桂褐色，壁 1～2μm 厚，有刺，芽孔 6～10 个，散生。

冬孢子堆叶两面生，也生于叶鞘、茎秆和花序轴上，散生，椭圆形，长 0.2～2mm，长期被寄主表皮覆盖，黑褐色；有深褐色侧丝把孢子堆分成若干小室；冬孢子多为矩圆棒形或圆柱形，少数为椭圆形，形状、大小变化很大，（32～）40～65（～110）×（10～）13～25（～30）μm，顶端圆、平截或稍尖，有时略呈鸭爪状，隔膜处不缢缩或稍缢缩，基部狭，侧壁 1～1.5（～2.5）μm 厚，顶壁 3～7（～10）μm 厚，肉桂褐色或栗褐色，光滑，有时有 1 至数条孢子相互挤压而形成的纵棱，上细胞芽孔顶生或偏侧生，下细胞芽孔不清楚；柄褐色，很短，常不及 20μm。1 室冬孢子常见，3 室冬孢子偶见。

0，Ⅰ

北乌头（草乌头）*Aconitum kusnezoffii* Rchb.：赤峰市宁城县黑里河自然保护区大坝沟 9007，四道沟 948（= HMAS 199182）。

兴安升麻 *Cimicifuga dahurica* (Turcz. ex Fisch. & C.A. Mey.) Maxim.：赤峰市巴林右旗赛罕乌拉自然保护区大西沟 9112。

棉团铁线莲 *Clematis hexapetala* Pall.：赤峰市巴林右旗赛罕乌拉自然保护区大西沟 9115，正沟 1256；喀喇沁旗十家乡郎营子 9601。

*黄花铁线莲 *Clematis intricata* Bunge：阿拉善盟阿拉善左旗巴彦浩特 8609。巴彦淖尔市临河区，杨俊平 8659。包头市土默特右旗萨拉齐公园 8474。

大果琉璃草 *Cynoglossum divaricatum* Steph. ex Lehm.：赤峰市克什克腾旗达里诺尔 275（= HMAS 199180）。鄂尔多斯市伊金霍洛旗阿勒腾席热 8548。

亚欧唐松草 *Thalictrum minus* L.：赤峰市巴林右旗赛罕乌拉自然保护区大西沟 9097，正沟 1238；克什克腾旗阿斯哈图 284（= HMAS 199179）；宁城县黑里河自然保护区大坝沟 9031，道须沟 9596，四道沟 9050。

箭头唐松草 *Thalictrum simplex* L.：赤峰市巴林右旗赛罕乌拉自然保护区大西沟 9101。

展枝唐松草 *Thalictrum squarrosum* Stephan ex Willd.：赤峰市巴林右旗赛罕乌拉自然保护区大东沟 6430。

Ⅱ，Ⅲ

冰草 *Agropyron cristatum* (L.) Gaertn.：赤峰市克什克腾旗浩来呼热 6663、6672；黄岗梁 6880；乌兰布统小河 7157、**7163**（= HMAS 245252）。锡林郭勒盟锡林浩特市白银库伦 1016，植物园 6758；正镶白旗明安图 6835。

沙芦草 *Agropyron mongolicum* Keng：锡林郭勒盟锡林浩特市白银库伦 1019。

巨序剪股颖 *Agrostis gigantea* Roth：赤峰市巴林右旗赛罕乌拉自然保护区正沟 1405；克什克腾旗白音敖包 1341。

苇状看麦娘 *Alopecurus arundinaceus* Poir.：乌兰察布市兴和县苏木山 5929。

短穗看麦娘 *Alopecurus brachystachyus* M. Bieb.：赤峰市克什克腾旗白音敖包 1334、1340。

无芒雀麦 *Bromus inermis* Leyss.：赤峰市阿鲁科尔沁旗高格斯台罕乌拉自然保护区 5805；巴林右旗赛罕乌拉自然保护区王坟沟 1426、6617，西沟 6520、6525，正沟 1258、1424、9921；喀喇沁旗马鞍山 5207、5247，美林镇韭菜楼 5045、5051，旺业甸大店 8015，新开坝 6986；克什克腾旗白音敖包 1073，浩来呼热 8403，桦木沟 7171、7174，黄岗梁 545、555、563、1060、6884、9802，乌兰布统小河 7143、7145、7148；林西县五十家子镇大冷山 5660，富林林场 5676；松山区老府镇蒙古营子 1375、1379、1382、1792。呼和浩特市和林格尔县南天门 636。呼伦贝尔市海拉尔区 925；新巴尔虎左旗诺干淖尔 7802。乌兰察布市察哈尔右翼中旗辉腾锡勒 8430；兴和县苏木山 5843、5862、5881。锡林郭勒盟多伦县蔡木山 751；太仆寺旗永丰 8711；锡林浩特市白银库伦 6725；西乌珠穆沁旗古日格斯台 8110。

大叶章 *Deyeuxia purpurea* (Trin.) Kunth：赤峰市巴林右旗赛罕乌拉自然保护区正沟 9510。

野青茅 *Deyeuxia pyramidalis* (Host) Veldkamp [= *D. arundinacea* (L.) P. Beauv.]：赤峰市喀喇沁旗马鞍山 8852，十家乡头道营子 223、372、380、391，旺业甸 6942、6946、6948、6962，茅荆坝 8957。克什克腾旗白音敖包 1335。

披碱草 *Elymus dahuricus* Turcz. ex Griseb.：赤峰市敖汉旗大黑山自然保护区 15、8769；巴林右旗赛罕乌拉自然保护区大西沟 9114，正沟 1411；喀喇沁旗十家乡头道营子 408，旺业甸 5031、6959，茅荆坝 8937；红山区林研所 416；宁城县黑里河自然保护区三道河 8153，四道沟 1494。呼和浩特市内蒙古大学 452。呼伦贝尔市阿荣旗三岔河 7355、7374、7387，辋窑，华伟乐 7218、7220、7221；根河市二道河 7743。兴安盟阿尔山市伊尔施 7852、7865。

圆柱披碱草 *Elymus dahuricus* Turcz. ex Griseb. var. *cylindricus* Franch. [≡ *E. cylindricus* (Franch.) Honda]：赤峰市巴林右旗赛罕乌拉自然保护区正沟 6485。

肥披碱草 *Elymus excelsus* Turcz. ex Griseb.：赤峰市阿鲁科尔沁旗高格斯台罕乌拉自然保护区 5797；巴林右旗赛罕乌拉自然保护区正沟 6486；喀喇沁旗马鞍山 8849。呼伦贝尔市阿荣旗得力其尔 9136。

垂穗披碱草 *Elymus nutans* Griseb.：赤峰市克什克腾旗桦木沟 7190。呼伦贝尔市阿荣旗三岔河镇辋窑，华伟乐 7243，三号店 9161；鄂伦春自治旗乌鲁布铁 7544。乌兰察布市凉城县蛮汉山二龙什台 6004、6080。

*紫穗披碱草（紫穗鹅观草）*Elymus purpurascens* (Keng) S.L. Chen （≡ *Roegneria purpurascens* Keng）：赤峰市巴林右旗赛罕乌拉自然保护区乌兰坝 8074、8096。

老芒麦 *Elymus sibiricus* L.：呼伦贝尔市阿荣旗得力其尔 9153。兴安盟阿尔山市白狼镇鸡冠山 1614。

披碱草属 *Elymus* spp.：赤峰市巴林右旗赛罕乌拉自然保护区正沟 6492；喀喇沁旗旺业甸茅荆坝 8962；松山区老府镇蒙古营子 1374。呼伦贝尔市根河市得耳布尔 7688。

羊草 *Leymus chinensis* (Trin. ex Bunge) Tzvelev：赤峰市巴林右旗赛罕乌拉自然保护区正沟 1415；克什克腾旗达里诺尔 6678。锡林郭勒盟锡林浩特市白银库伦 6723。

赖草 *Leymus secalinus* (Georgi) Tzvelev：赤峰市敖汉旗四道湾子镇小河沿 7111；喀喇沁旗十家乡头道营子 409、410；克什克腾旗达里诺尔 274。鄂尔多斯市伊金霍洛旗乌兰木伦，乔龙厅 8238。锡林郭勒盟苏尼特左旗满都拉图 6778。

白草 *Pennisetum flaccidum* Griseb.（= *P. centrasiaticum* Tzvelev）：鄂尔多斯市伊金霍洛旗乌兰木伦，乔龙厅 8240。呼和浩特市满都海公园 442、443。

朝鲜碱茅 *Puccinellia chinampoensis* Ohwi：乌兰察布市凉城县岱海 6267。

碱茅 *Puccinellia distans* (Jacq.) Parl.：赤峰市克什克腾旗达里诺尔 **1044**、1046、1354。锡林郭勒盟锡林浩特市白银库伦 6724。

鹤甫碱茅 *Puccinellia hauptiana* (Trin.) V.I. Krecz.：乌兰察布市凉城县岱海 6263。

西伯利亚三毛草 *Trisetum sibiricum* Rupr.：赤峰市宁城县黑里河自然保护区四道沟 500、512。

小麦 *Triticum aestivum* L.：赤峰市巴林左旗浩尔吐乡乌兰坝 680；红山区 11，新城区

1960。呼和浩特市昭君墓 592。

据庄剑云等（1998）报道，这个种在乌兰察布市卓资县生于瓣蕊唐松草 *Thalictrum petaloideum* L.（性孢子器和春孢子器阶段）和剪股颖属 *Agrostis* sp.上；在兴安盟阿尔山生于耐酸草 *Bromus richardsonii* Link、小叶章 *Deyeuxia angustifolia* (Kom.) Y.L. Chang、直穗披碱草（直穗鹅观草）*Elymus gmelinii* (Ledeb.) Tzvelev [= *Roegneria turczaninovii* (Drobow) Nevski]和西伯利亚三毛草 *Trisetum sibiricum* 上。刘振钦（1983）报道本种（在雀麦隐匿柄锈菌 *Puccinia recondita* f. sp. *bromina* 和老芒麦柄锈菌 *P. elymi-sibirici* 名下）在兴安盟阿尔山市寄生于无芒雀麦 *Bromus inermis* 和老芒麦 *Elymus sibiricus* [≡ *Clinelymus sibiricus* (L.) Nevski]上。

国内分布：黑龙江，吉林，辽宁，北京，河北，山西，内蒙古，山东，江苏，浙江，安徽，江西，福建，上海，台湾，湖北，河南，广东，广西，陕西，甘肃，青海，宁夏，新疆，云南，四川，西藏。

世界分布：世界广布。

本种冬孢子长度在不同文献中的差异很大，如 36～65μm（Wilson and Henderson 1966）、(32～) 40～60（～75）μm（Cummins 1971）、30～65（～75）μm（庄剑云等 1998）、(37～) 40～60（～80）μm（Azbukina 2005）。在我们的标本中，生于冰草（如 6758、6835、7157、7163）和披碱草（7743）上的菌冬孢子常很长，部分可长达 100（～110）μm（图 190）。

在无芒雀麦（6725、6884）上除本种外还有鹿角柄锈菌 *Puccinia rangiferina* S. Ito 寄生；在披碱草（9114）和垂穗披碱草（7190）上除本种外还有冠柄锈菌原变种 *Puccinia coronata* Corda var. *coronata* 寄生。

乱子草柄锈菌　　图 191

Puccinia schedonnardi Kellerm. & Swingle, J. Mycol. 4(9): 95, 1888; Cummins, The Rust Fungi of Cereals, Grasses and Bamboos: 361, 1971; Zhuang & Wei, Mycosystema 6: 43, 1993; Zhuang et al., Fl. Fung. Sin. 10: 152, 1998; Liu et al., J. Inner Mongolia Univ. (Nat. Sci. Ed.) 46(3): 287, 2015.

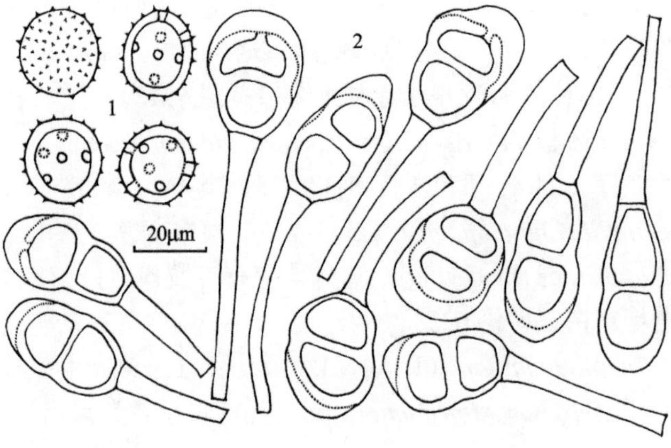

图 191　乱子草柄锈菌 *Puccinia schedonnardi* 的夏孢子（1）和冬孢子（2）（CFSZ 5049）

夏孢子堆生于叶上面，散生，近圆形或椭圆形，长 0.2～0.6mm，黄褐色至肉桂褐色，裸露，粉状；夏孢子近球形或宽椭圆形，19～28×17.5～24μm，壁 1.5～2.5（～3）μm 厚，黄色或黄褐色，有刺，芽孔 5～8 个，散生。

冬孢子堆生于叶上面，圆形或椭圆形，长 0.2～1mm，有时汇合成长条状，裸露，垫状，黑褐色；冬孢子椭圆形、宽椭圆形、卵形或倒卵形，27.5～42.5×15～25μm，顶端圆，基部圆或渐狭，隔膜处不缢缩或稍缢缩，侧壁 1.5～2.5μm 厚，顶壁 3～8（～10）μm 厚，栗褐色，光滑，上细胞芽孔顶生，下细胞芽孔近隔膜，柄淡黄色，长达 100μm，不脱落。1 室冬孢子常见，较小，多未成熟。

II，III

大臭草 *Melica turczaninowiana* Ohwi：赤峰市巴林右旗赛罕乌拉自然保护区正沟 9917；喀喇沁旗美林镇韭菜楼 **5049**、5055。

国内分布：内蒙古，云南，西藏。

世界分布：北美洲；南美洲；亚洲（菲律宾，日本，中国）。

在不同文献上本种的冬孢子大小略有不同：庄剑云等（1998）描述为 23～31×16～23μm。Cummins（1971）和 Hiratsuka 等（1992）描述为（24～）28～36（～45）×（16～）18～25（～29）μm。我们的菌与后者更为接近。

无柄柄锈菌　图 192

Puccinia sessilis W.G. Schneid., *in* Schroeter, Abh. Schles. Nat. Abth. 1869-1872: 19, 1870; Cummins, The Rust Fungi of Cereals, Grasses and Bamboos: 311, 1971; Tai, Syll. Fung. Sin.: 680, 1979; Wang & Wei, Taxonomic Studies on Graminicolous Rust Fungi of China: 48, 1983; Zhuang et al., Fl. Fung. Sin. 10: 153, 1998; Liu et al., J. Inner Mongolia Univ. (Nat. Sci. Ed.) 46(3): 287, 2015.

Aecidium majanthae Schumach., Enum. Pl. 2: 224, 1803.

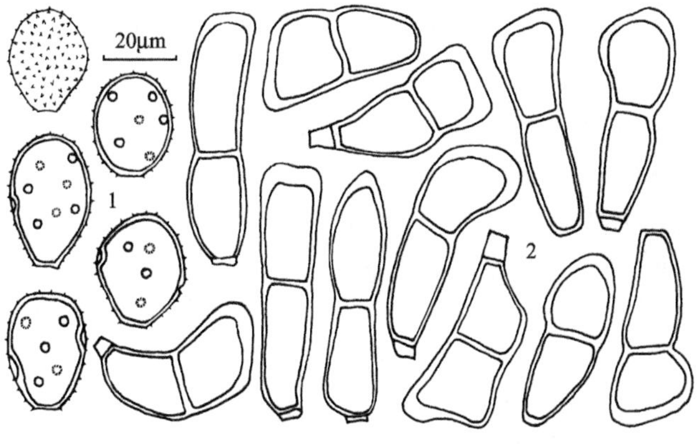

图 192　无柄柄锈菌 *Puccinia sessilis* 的夏孢子（1）和冬孢子（2）（CFSZ 6213）

性孢子器叶两面生，聚生，近球形，直径 100～140μm，蜜黄色。

春孢子器生于叶下面，聚生，杯状，直径 0.2～0.4mm，顶端撕裂，反卷，乳白色；

包被细胞多角形，20～35×17.5～24μm，壁 2.5～4μm 厚，具疣，近无色或淡黄色；春孢子形状多样，椭圆形、矩圆形、卵形、球形或角球形，20～32.5×15～22.5μm，壁 1～1.5μm 厚，近无色至淡黄色，密生细疣，鲜时含橘黄色内含物。

夏孢子堆叶两面生，以叶上面为主，也生于叶鞘上，散生，椭圆形或矩圆形，长 0.5～1mm，橙黄色或黄褐色，裸露，粉状，周围有破裂的寄主表皮围绕；夏孢子近球形、宽椭圆形或倒卵形，20～32.5×17.5～24μm，壁 1～1.5μm 厚，淡黄褐色，有细刺，芽孔 6～8 个，散生。

冬孢子堆叶两面生，以叶下面为主，也生于叶鞘上，散生或聚生，椭圆形或矩圆形，长 0.5～1mm，常汇合成长条状，可达 4cm 或更长，长期被寄主表皮覆盖，褐色侧丝无或极少，黑褐色；冬孢子椭圆形、矩圆形或矩圆棒形，35～60×14～22.5μm，顶端平截或钝圆，基部常渐狭，隔膜处不缢缩或稍缢缩，侧壁 1～1.5μm 厚，顶壁 2～6μm 厚，淡栗褐色，下部色较淡，光滑，芽孔不清楚；柄褐色，很短，常不及 10μm，有时无柄。1 室冬孢子常见。

0，I

玉竹 *Polygonatum odoratum* (Mill.) Druce：赤峰市宁城县黑里河自然保护区道须沟 9597。

II，III

虉草 *Phalaris arundinacea* L.：赤峰市宁城县黑里河自然保护区下拐 6188、**6213**。

国内分布：内蒙古，新疆，西藏。

世界分布：北温带广布。

本种春孢子阶段为国内首次发现。

高粱柄锈菌　　图 193

Puccinia sorghi Schwein., Trans. Am. Phil. Soc., New Series 2(4): 295, 1832; Wang, Index Ured. Sin.: 73, 1951; Teng, Fungi of China: 336, 1963; Cummins, The Rust Fungi of Cereals, Grasses and Bamboos: 260, 1971; Tai, Syll. Fung. Sin.: 683, 1979; Wang & Wei, Taxonomic Studies on Graminicolous Rust Fungi of China: 32, 1983; Wei & Zhuang, Fungi of the Qinling Mountains: 69, 1997; Zhang et al., Mycotaxon 61: 74, 1997; Zhuang et al., Fl. Fung. Sin. 10: 158, 1998; Liu et al., J. Fungal Res. 2(3): 15, 2004; Liu et al., J. Inner Mongolia Univ. (Nat. Sci. Ed.) 46(3): 287, 2015.

夏孢子堆叶两面生，散生或聚生，圆形、椭圆形或梭形，长 0.2～2mm，可聚集成群，长达 2cm，初期覆盖于寄主表皮下，后期裸露，常从一侧破裂，表皮覆盖于其上，粉状，肉桂褐色；夏孢子球形、近球形或宽椭圆形，22～32×20～30μm，淡褐色，壁 1.5～2.5μm 厚，密生细刺，芽孔 3～4 个，腰生或近腰生，不很清楚，有时有孔帽。

冬孢子堆叶两面生，散生或聚生，椭圆形或矩圆形，长 1～2mm，长期被寄主表皮覆盖或后期裸露，垫状，黑褐色；冬孢子椭圆形、长椭圆形或矩圆形，29～42（～50）×15～24μm，顶端圆或近圆，隔膜处不缢缩或稍缢缩，基部稍狭，栗褐色，侧壁 1.5～2（～3）μm 厚，顶壁 4～10（～12）μm 厚，光滑，上细胞芽孔顶生，下细胞芽孔近隔膜；柄淡黄色，基部近无色，长达 100μm，不脱落；偶见 1 室冬孢子。

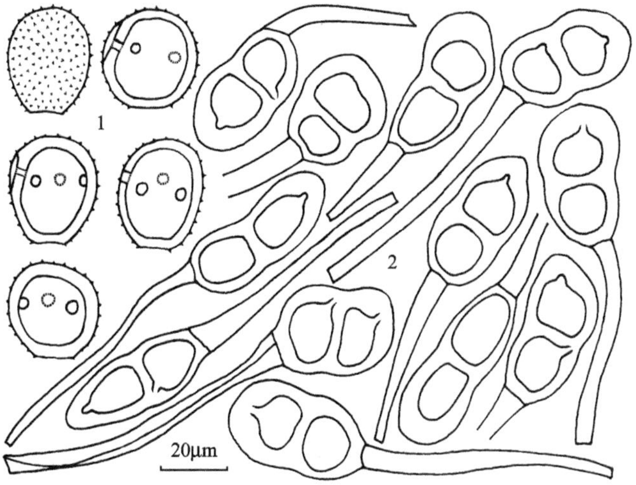

图 193　高粱柄锈菌 *Puccinia sorghi* 的夏孢子（1）和冬孢子（2）（CFSZ 116）

II，III

玉蜀黍 *Zea mays* L.：赤峰市红山区林研所 8、356，种子公司 360；喀喇沁旗旺业甸 5023。松山区老府镇五十家子 **116**。呼和浩特市昭君墓 602。

国内分布：吉林，河北，山西，内蒙古，浙江，湖北，海南，广西，陕西，甘肃，新疆，云南，四川，贵州，西藏。

世界分布：世界广布。

针茅柄锈菌　　图 194

Puccinia stipae Arthur, Bull. Iowa Agric. Coll. Dept. Bot.: 160, 1884; Wang, Index Ured. Sin.: 74, 1951; Cummins, The Rust Fungi of Cereals, Grasses and Bamboos: 368, 1971; Wang & Wei, Taxonomic Studies on Graminicolous Rust Fungi of China: 59, 1983; Wei & Zhuang, Fungi of Xiaowutai Mountains in Hebei Province: 125, 1997; Zhuang et al., Fl. Fung. Sin. 10: 159, 1998; Liu et al., J. Fungal Res. 2(3): 15, 2004; Liu et al., J. Inner Mongolia Univ. (Nat. Sci. Ed.) 46(3): 287, 2015; Liu et al., J. Fungal Res. 15(4): 248, 2017.

夏孢子堆生于叶上面，散生至聚生，椭圆形，长 0.2～2mm，初期被寄主表皮覆盖，后期裸露，粉状，肉桂褐色，破裂的寄主表皮较完整；夏孢子球形、椭圆形或卵圆形，26～38×22～29μm，壁 1.5～2.5μm 厚，黄褐色，密生细刺，芽孔 6～8（～10）个，散生。

冬孢子堆生于叶上面，也生于叶鞘上，散生至聚生，圆形或椭圆形，直径 0.2～2mm，有时汇合连片，黑褐色，垫状，坚实，周围破裂的寄主表皮较完整；冬孢子椭圆形、矩圆形或棍棒形，（35～）38～66（～70）×16～27（～30）μm，顶端尖或圆，基部常渐狭，隔膜处稍缢缩，侧壁 1～2.5μm 厚，顶壁 5～13μm 厚，黄褐色或栗褐色，光滑，上细胞芽孔顶生或稍偏生，下细胞芽孔近隔膜；柄淡黄色，长达 130μm，不脱落。1 室冬孢子常见。

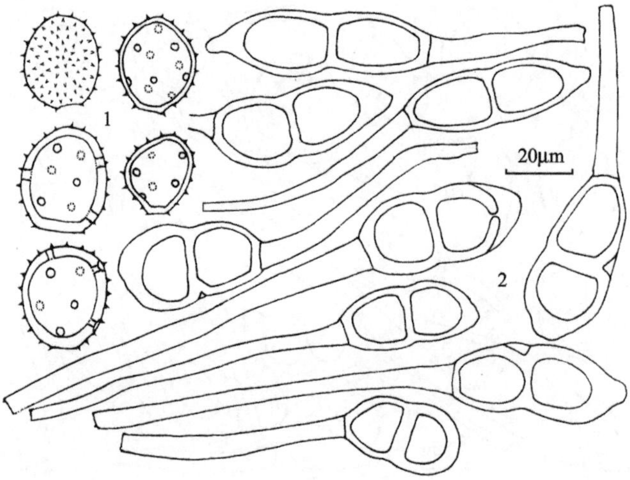

图 194 针茅柄锈菌 *Puccinia stipae* 的夏孢子（1）和冬孢子（2）（CFSZ 1880）

II，III

芨芨草 *Achnatherum splendens* (Trin.) Nevski：包头市达尔罕茂明安联合旗希拉穆仁草原 615、617、621。赤峰市巴林右旗赛罕乌拉自然保护区场部 6496；克什克腾旗达里诺尔 276、6677、6680。呼和浩特市满都海公园 446。乌兰察布市化德县长顺镇小昔尼乌素 8696。锡林郭勒盟锡林浩特市白音锡勒扎格斯台 **1880**；正蓝旗元上都 8719；正镶白旗明安图 6841。

据庄剑云等（1998）报道，这个种在乌兰察布市丰镇生于短花针茅 *Stipa breviflora* Griseb.上。

国内分布：北京，河北，内蒙古，陕西，新疆。

世界分布：北美洲（美国，墨西哥）；南美洲（玻利维亚）；欧洲（德国，瑞士，俄罗斯）；亚洲（土耳其，巴基斯坦，中国）。

羽茅柄锈菌 图 195

Puccinia stipae-sibiricae S. Ito, J. Coll. Agr. Tohoku Imp. Univ. 3(2): 228, 1909; Wang & Wei, Taxonomic Studies on Graminicolous Rust Fungi of China: 59, 1983; Wei & Zhuang, Fungi of Xiaowutai Mountains in Hebei Province: 125, 1997; Zhuang et al., Fl. Fung. Sin. 10: 161, 1998; Liu et al., J. Fungal Res. 2(3): 15, 2004; Liu et al., J. Inner Mongolia Univ. (Nat. Sci. Ed.) 46(3): 288, 2015; Liu et al., J. Fungal Res. 15(4): 248, 2017.

Puccinia stipae Arthur var. *stipae-sibiricae* (S. Ito) H.C. Greene & Cummins, Mycologia 50(1): 22, 1958; Cummins, The Rust Fungi of Cereals, Grasses and Bamboos: 369, 1971; Tai, Syll. Fung. Sin.: 683, 1979.

Puccinia achnatheri-inebriantis Z.Y. Zhao, Acta Mycol. Sin. 4(1): 35, 1985.

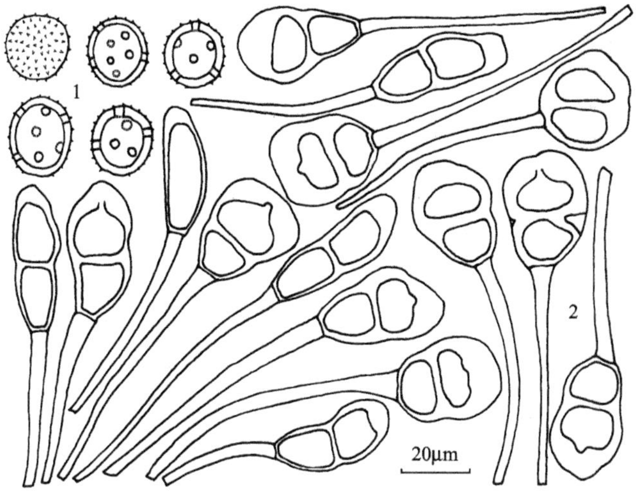

图 195　羽茅柄锈菌 *Puccinia stipae-sibiricae* 的夏孢子（1）和冬孢子（2）（CFSZ 119）

性孢子器叶两面生，聚生，被春孢子器包围，球形或烧瓶形，直径 75～125μm，蜜黄色至暗褐色。

春孢子器叶两面生，聚生，囊状，初期封闭，后顶端包被开裂呈丝状，壁细胞菱形、梭形、多边形或不规则形，20～55×12.5～22.5μm，相互紧密镶嵌，内壁具纵条纹；春孢子成堆时粉状，黄褐色，单个春孢子球形、近球形、椭圆形或卵形，17.5～32×15～25μm，壁（1.5～）2～5μm 厚，黄色，密生细疣，芽孔 5～8 个，散生。

夏孢子堆生于叶上面，散生或聚生，椭圆形或长椭圆形，长 0.3～0.8mm，裸露，粉状，黄褐色；夏孢子球形或椭圆形，16～24×13～20μm，黄色，壁 1.5～2μm 厚，密生细刺，芽孔（4～）5～8（～10）个，散生。

冬孢子堆叶两面生，以叶上面为主，散生或聚生，椭圆形或矩圆形，长 0.3～1mm，密布整个叶面，裸露，粉状，黑褐色；冬孢子宽椭圆形或短棍棒形，26～50（～55）×13～23（～25）μm，顶端圆、锥形或平截，基部圆或狭细，隔膜处不缢缩或稍缢缩，栗褐色，侧壁 1～2.5μm 厚，顶壁 5～12（～15）μm 厚，光滑，上细胞芽孔顶生，下细胞芽孔近隔膜；柄无色，长达 100μm，不脱落；1 室冬孢子常见。

0，I

防风 *Saposhnikovia divaricata* (Turcz.) Schischk.：赤峰市克什克腾旗经棚 308（=HMAS 199176）。呼伦贝尔市海拉尔区 919。

II，III

远东芨芨草 *Achnatherum extremiorientale* (H. Hara) Keng ex P.C. Kuo：赤峰市巴林右旗赛罕乌拉自然保护区大东沟 9539；喀喇沁旗旺业甸新开坝 6968；松山区老府 **119**。呼伦贝尔市阿荣旗三岔河 7372。

羽茅 *Achnatherum sibiricum* (L.) Keng：赤峰市林西县新林镇哈什吐 9851。

芨芨草属 *Achnatherum* sp.：呼伦贝尔市海拉尔区 924。

国内分布：黑龙江，北京，河北，内蒙古，甘肃，新疆，西藏。

世界分布：日本，中国，俄罗斯西伯利亚，蒙古国。

庄剑云等（1998）描述本种的冬孢子柄长达 200μm。我们的材料冬孢子柄均较短，其中 7372 号冬孢子柄仅长达 75μm。

根据 Ul'yanishchev（1978）的记载，防风 *Saposhnikovia divaricata* 上的春孢子器为羽茅柄锈菌 *Puccinia stipae-sibiricae* 的春孢子阶段。Cummins（1971）记载羽茅柄锈菌的春孢子阶段可侵染景天科 Crassulaceae 和伞形科 Apiaceae（Umbelliferae）的多种植物，春孢子大小为（16～）18～26（～30）×（15～）17～21（～22）μm，壁 1.5～2（～4）μm 厚，与其比较，我们的菌春孢子壁略厚。

狼针草柄锈菌　图 196

Puccinia stipina Tranzschel, Krypt.-Fl. Brandenburg 5a: 477, 1913; Yang et al., Mycosystema 37: 265, 2018.

Puccinia stipae Arthur var. *stipina* (Tranzschel) H.C. Greene & Cummins, Mycologia 50(1): 21, 1958; Cummins, The Rust Fungi of Cereals, Grasses and Bamboos: 370, 1971; Tai, Syll. Fung. Sin.: 684, 1979.

Aecidium thymi Fuckel, Fungi Rhenani Exsic., Suppl., Fasc. 7(nos 2101-2200): no. 2113, 1868.

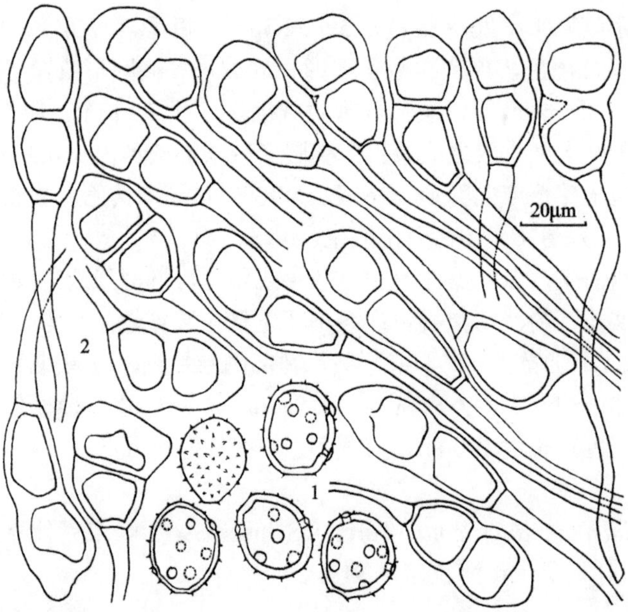

图 196　狼针草柄锈菌 *Puccinia stipina* 的夏孢子（1）和冬孢子（2）（CFSZ 9492）

性孢子器生于叶上面，小群聚生，近球形，直径 75～120μm，蜜黄色。

春孢子器生于叶下面，小群聚生，偶尔单生于叶上面，直径 0.2～0.7mm，初期有白色膜状包被，后破裂，杯状，撕裂，反卷，包被细胞近圆形、多角形或不规则形，25～45×15～22.5μm，无色，内壁具疣；春孢子近球形、椭圆形或卵形，16～27.5×15～22.5μm，壁 1～2μm 厚，近无色，表面密生细疣，芽孔 6～8（～10）个，散生，有小孔帽。

夏孢子堆生于叶上面，散生或聚生，椭圆形或长椭圆形，长 0.2～0.8mm，裸露，粉状，黄褐色；夏孢子近球形、椭圆形或倒卵形，20～25（～30）×20～22.5（～25）μm，淡黄色至黄褐色，壁 1.5～2.5μm 厚，具细刺，芽孔 6～8（～10）个，散生。

冬孢子堆生于叶上面，散生或聚生，椭圆形或长条形，长 0.2～1mm，有时互相愈合达 5mm，裸露，粉状，黑褐色；冬孢子宽椭圆形或棍棒形，（30～）40～55（～65）×（15～）20～25（～30）μm，顶端圆、锥形或平截，基部圆或狭细，隔膜处不缢缩或稍缢缩，肉桂褐色至栗褐色，侧壁 1.5～3μm 厚，顶壁 5～11μm 厚，光滑，上细胞芽孔顶生，下细胞芽孔近隔膜；柄无色，长达 150μm，不脱落；1 室冬孢子常见。

0，Ⅰ

白花枝子花 *Dracocephalum heterophyllum* Benth.：阿拉善盟阿拉善左旗贺兰山雪岭子 8627（= HMAS 246799）。

Ⅱ，Ⅲ

西北针茅（克氏针茅）*Stipa sareptana* Becker var. *krylovii* (Roshev.) P.C. Kuo & Y.H. Sun（≡ *S. krylovii* Roshev.）：赤峰市巴林右旗赛罕乌拉自然保护区荣升 **9492**（= HMAS 246779）。

国内分布：内蒙古。

世界分布：欧洲（瑞士，法国）；亚洲（哈萨克斯坦，俄罗斯西伯利亚，蒙古国，中国）。

Nevodovski（1956）在哈萨克斯坦锈菌志中称狼针草柄锈菌的春孢子阶段寄主包括唇形科 Lamiaceae（Labiatae）的筋骨草属 *Ajuga*、青兰属 *Dracocephalum*、活血丹属 *Glechoma*、野芝麻属 *Lamium*、益母草属 *Leonurus*、牛至属 *Origanum*、鼠尾草属 *Salvia*、百里香属 *Thymus*、新塔花属 *Ziziphora* 等；毛茛科 Ranunculaceae 的白头翁属 *Pulsatilla*；玄参科 Scrophulariaceae 的野胡麻属 *Dodartia*；牻牛儿苗科 Geraniaceae 的老鹳草属 *Geranium*；桔梗科 Campanulaceae 的风铃草属 *Campanula*；茜草科 Rubiaceae 的茜草属 *Rubia* 和豆科 Fabaceae（Leguminosae）的黄耆属 *Astragalus*。Azbukina（2005）称此菌春孢子阶段寄主包括唇形科、毛茛科、茜草科、桔梗科、牻牛儿苗科等科的多种植物。Kherlenchimeg 和 Burenbaatar（2017）记载在蒙古国此菌春孢子阶段生于青兰属 *Dracocephalum* 上。我们采自贺兰山的标本春孢子大小与前人描述基本相符，但春孢子上有清晰可见的芽孔，这在以往文献中却没有详细记载（Nevodovski 1956；Gäumann 1959；Cummins 1971；Ul'yanishchev 1978；Azbukina 2005）。此外，在赤峰市喀喇沁旗旺业甸采到的另外两号春孢子阶段的标本，寄主为紫斑风铃草 *Campanula punctata* Lam.（9021 = HMAS 246801、9029），也可能是该种，性孢子器叶两面生，小群聚生，球形，直径 85～125μm，蜜黄色或淡黄色。春孢子器生于叶下面，圆形，常聚生成环状，直径 0.2～0.5mm，后期裸露，周围有破裂的寄主表皮围绕；包被细胞多角形，35～65×20～35μm，壁 1～6μm 厚，内壁具疣；春孢子球形或近球形，20～28×20～25μm，壁 2.5～4.5μm 厚，黄色或淡黄色，表面密生细疣，芽孔不清楚，似 4～7 个，散生。因春孢子器包被细胞较大，春孢子芽孔数目较少，与白花枝子花上的菌略有不同，故单独描述附记于此。

条形柄锈菌原变种　图 197

Puccinia striiformis Westend., Bull. Acad. R. Sci. Belg., Cl. Sci. 21(2): 235, 1854; Cummins, The Rust Fungi of Cereals, Grasses and Bamboos: 151, 1971; Tai, Syll. Fung. Sin.: 684, 1979; Wang et al., Fungi of Xizang (Tibet): 52, 1983; Wang & Wei, Taxonomic Studies on Graminicolous Rust Fungi of China: 22, 1983; Guo, Fungi and Lichens of Shennongjia: 139, 1989; Wei & Zhuang, Fungi of Xiaowutai Mountains in Hebei Province: 126, 1997; Wei & Zhuang, Fungi of the Qinling Mountains: 69, 1997; Zhuang et al., Fl. Fung. Sin. 10: 163, 1998; Zhuang & Wei, J. Jilin Agr. Univ. 24(2): 9, 2002; Liu et al., J. Inner Mongolia Univ. (Nat. Sci. Ed.) 46(3): 288, 2015; Liu et al., J. Fungal Res. 15(4): 248, 2017. var. **striiformis**

Puccinia glumarum Erikss. & Henning, Z. PflKrankh. PflSchutz 4: 197, 1894; Wang, Index Ured. Sin.: 54, 1951; Teng, Fungi of China: 341, 1963.

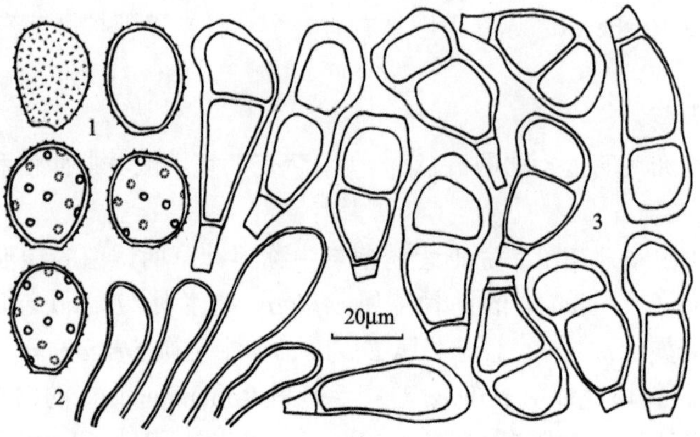

图 197　条形柄锈菌原变种 *Puccinia striiformis* var. *striiformis* 的夏孢子（1）、夏孢子堆侧丝（2）和冬孢子（3）（CFSZ 5847）

夏孢子堆叶两面生，以叶上面为主，点线形，长 0.5～1mm，常相互连合成长条形，粉状，橘黄色；侧丝柱状、囊状或头状，宽 10～25μm，无色；夏孢子宽椭圆形、倒卵形、球形或近球形，21～32（～35）×16～26μm，壁近无色，内部橘黄色至红褐色，壁 1.5～2.5μm 厚，密生细刺，芽孔 10～15 个，散生，多不清楚。

冬孢子堆叶两面生，以叶下面为主，形似夏孢子堆，线形或虚线形排列，长期被寄主表皮覆盖，或部分后期寄主表皮缝裂而呈条形裸露，垫状，黑色；有褐色侧丝；冬孢子棒形或矩圆棒形，（25～）30～60（～75）×12.5～22（～25）μm，顶端宽，圆顶、平顶或稍尖，向下稍狭，隔膜处轻微缢缩，侧壁 1～1.5μm 厚，顶壁 3～7（～10）μm 厚，黄褐色或栗褐色，上部色深，光滑，芽孔不清楚；柄短，淡褐色，常不及 10μm。1 室冬孢子有时很多，偶见 3 室冬孢子。

Ⅱ，Ⅲ

光稃香草（光稃茅香）*Anthoxanthum glabrum* (Trin.) Veldkamp（≡ *Hierochloë glabra* Trin.）：赤峰市喀喇沁旗十家乡头道营子 830。

菵草 *Beckmannia syzigachne* (Steud.) Fernald：赤峰市巴林右旗赛罕乌拉自然保护区荣升 8143；喀喇沁旗十家乡头道营子 396、413。

无芒雀麦 *Bromus inermis* Leyss.：赤峰市宁城县黑里河自然保护区上拐 8186。

*拂子茅 *Calamagrostis epigeios* (L.) Roth：通辽市库伦旗扣河子镇五星，卜范博 8978。

披碱草 *Elymus dahuricus* Turcz. ex Griseb.：阿拉善盟阿拉善左旗贺兰山 805。包头市石拐矿区，杨俊平 655。赤峰市喀喇沁旗十家乡头道营子 834。

圆柱披碱草 *Elymus dahuricus* Turcz. ex Griseb. var. *cylindricus* Franch. [≡ *E. cylindricus* (Franch.) Honda]：阿拉善盟阿拉善左旗贺兰山哈拉乌 801。

披碱草属 *Elymus* sp.：赤峰市宁城县黑里河自然保护区道须沟 5478。

羊草 *Leymus chinensis* (Trin. ex Bunge) Tzvelev：包头市达尔罕茂明安联合旗希拉穆仁草原 619。赤峰市阿鲁科尔沁旗高格斯台罕乌拉自然保护区 5733；巴林右旗赛罕乌拉自然保护区大东沟 6418，西山 6405；喀喇沁旗十家乡头道营子 213；克什克腾旗浩来呼热 6671、6674，桦木沟 7175；红山区赤峰市林研所 228、433；林西县五十家子镇大冷山 5652，富林林场 5677；宁城县黑里河自然保护区三道河 5596。呼伦贝尔市阿荣旗三岔河镇辋窑，华伟乐 6360。锡林郭勒盟苏尼特左旗白日乌拉 6807；锡林浩特市白银库伦 1015、6716，白音锡勒扎格斯台 1885、1890；正镶白旗乌宁巴图 6821。

赖草 *Leymus secalinus* (Georgi) Tzvelev：阿拉善盟阿拉善左旗贺兰山 788。包头市昆都仑区植物园 817。赤峰市敖汉旗四家子镇热水 7098；红山区林研所 199、432；喀喇沁旗牛家营子 1451，旺业甸 5030。乌兰察布市商都县七台镇不冻河 8681、8685；兴和县大同窑 5978，苏木山 5832、**5847**。锡林郭勒盟苏尼特左旗满都拉图 6787（= HMAS 245253）；锡林浩特市白音锡勒牧场 1861。

据庄剑云等（1998）、Zhuang 和 Wei（2002b）报道，这个变种在兴安盟阿尔山和伊尔施分别生于本田披碱草（河北鹅观草）*Elymus hondae* (Kitag.) S.L. Chen（≡ *Roegneria hondae* Kitag.）和披碱草属（鹅观草属）*Elymus* sp.（= *Roegneria* sp.）上。

国内分布：北京，天津，河北，山西，内蒙古，山东，江苏，浙江，安徽，湖北，河南，广东，广西，陕西，甘肃，新疆，云南，四川，贵州，重庆，西藏。

世界分布：世界广布。

在羊草 *Leymus chinensis*（6671、6674）上除本种外还有鹿角柄锈菌 *Puccinia rangiferina* S. Ito 寄生。

蓼科 Polygonaceae 上的种

分种检索表

1. 不产生夏孢子；冬孢子孔帽明显，柄长达 75μm 或更长；生于酸模属 *Rumex* 上 ……………………………………………… **饰顶柄锈菌 *P. ornata***
1. 产生夏孢子 ……………………………………………… 2
2. 夏孢子淡黄褐色或近无色，芽孔多不清楚；生于酸模属 *Rumex* 上 ………… **大谷柄锈菌 *P. otaniana***
2. 夏孢子颜色较深，芽孔明显 ……………………………………………… 3
3. 夏孢子芽孔明显顶生或基生 ……………………………………………… 4
3. 夏孢子芽孔在其他位置 ……………………………………………… 6

4. 夏孢子芽孔 1 个，顶生；生于蓼属 *Polygonum* 上…………………… **箭叶蓼柄锈菌 *P. polygoni-sieboldii***
4. 夏孢子芽孔 1～2 个，基生……………………………………………………………………………………5
5. 夏孢子壁 1.5～2μm 厚，均匀；冬孢子下细胞芽孔近隔膜或偏下至中部，柄短，易断；生于蓼属 *Polygonum* 上…………………………………………………………………… **雾灵柄锈菌 *P. wulingensis***
5. 夏孢子壁 2～2.5μm 厚，顶壁有时增厚可达 6μm；冬孢子下细胞芽孔近隔膜，柄长达 90μm，不脱落；生于蓼属 *Polygonum* 上 …………………………………………… **岩手山柄锈菌 *P. iwateyamensis***
6. 夏孢子芽孔 4～6 个，散生；冬孢子光滑或有细疣，疣常呈线状纵向或斜向排列；生于蓼属拳参组 *Polygonum* sect. *Bistorta* 上 ……………………………………………………… **拳参柄锈菌 *P. bistortae***
6. 夏孢子芽孔 2～4 个，非散生；冬孢子光滑或有疣…………………………………………………………7
7. 冬孢子堆垫状；冬孢子顶壁加厚，可达 5～10μm 或更厚，柄长达 40μm 或更长………………………8
7. 冬孢子堆粉状；冬孢子壁厚度均匀，通常在 5μm 以内，柄短，少数可达 25μm，易断或脱落 ····· 10
8. 冬孢子较大，32～65×17～27.5μm；生于酸模属 *Rumex* 上 ……………………… **赫尔顿柄锈菌 *P. hultenii***
8. 冬孢子较小，27.5～55×12～24μm；生于蓼属 *Polygonum* 或首乌属 *Fallopia* 上………………………9
9. 夏孢子芽孔 2（～3）个，腰上生或近顶生；冬孢子堆较小，直径 0.1～1.5mm；生于蓼属 *Polygonum* 上 ……………………………………… **两栖蓼柄锈菌原变种 *P. polygoni-amphibii* var. *polygoni-amphibii***
9. 夏孢子芽孔 2（～3）个，腰上生或近腰生；冬孢子堆较大，直径 0.2～4mm；生于首乌属 *Fallopia* 上… ……………………………………… **两栖蓼柄锈菌卷茎蓼变种 *P. polygoni-amphibii* var. *convolvuli***
10. 冬孢子壁 2～5μm 厚，表面布满细疣；夏孢子芽孔 2（～3）个，腰上生或近顶生；生于酸模属 *Rumex* 上 ……………………………………………………………………………………………… 11
10. 冬孢子壁 1～2μm 厚，表面光滑或有少数细疣；夏孢子芽孔腰生或近基生；生于蓼属 *Polygonum* 上 ……………………………………………………………………………………………… 12
11. 冬孢子下细胞芽孔近隔膜……………………………… **酸模柄锈菌原变种 *P. acetosae* var. *acetosae***
11. 冬孢子下细胞芽孔位于中部或偏下……………… **酸模柄锈菌直根酸模变种 *P. acetosae* var. *thyrsiflori***
12. 夏孢子芽孔 2 个，腰生至近基生；冬孢子较大，29～47.5×17.5～22.5（～25）μm，下细胞芽孔近隔膜，偶尔偏下至近中部………………………………………………………… **头巾状柄锈菌 *P. calumnata***
12. 夏孢子芽孔（2～）3～4 个，腰生；冬孢子较小，22～37.5×14～24μm，下细胞芽孔位于中部或略偏下，有时近基部……………………………………………………………………… **微亮柄锈菌 *P. nitidula***

酸模柄锈菌原变种　　图 198

Puccinia acetosae (Schumach.) Körn., Hedwigia 15: 184, 1876; Wang, Index Ured. Sin.: 40, 1951; Tai, Syll. Fung. Sin.: 610, 1979; Li, Mycosystema 1: 165, 1988; Zhuang et al., Fl. Fung. Sin. 19: 8, 2003; Liu et al., J. Inner Mongolia Univ. (Nat. Sci. Ed.) 46(3): 288, 2015; Liu et al., J. Fungal Res. 15(4): 245, 2017. var. **acetosae**

夏孢子堆生于叶两面、叶柄和茎上，散生或聚生，长期被寄主表皮包被或裸露，圆形或椭圆形，直径 0.1～0.5mm，肉桂褐色至栗褐色，粉状；夏孢子近球形、椭圆形或倒卵形，21～32.5×19～24μm，壁 1.5～2.5μm 厚，肉桂褐色，有刺，芽孔 2 个，腰上生或近顶生。

冬孢子未见。

II，（III）

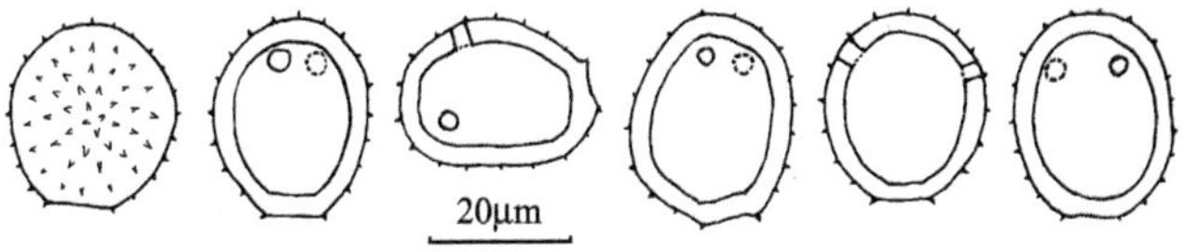

图 198 酸模柄锈菌原变种 *Puccinia acetosae* var. *acetosae* 的夏孢子（CFSZ 6426）

酸模 *Rumex acetosa* L.：赤峰市巴林右旗赛罕乌拉自然保护区大东沟 **6426**。

国内分布：内蒙古，江苏，安徽，台湾，湖北，甘肃，新疆，云南。

世界分布：北温带广布。

本变种冬孢子在我国未见（庄剑云等 2003）。据 Arthur（1934）的描述，冬孢子堆叶两面生，巧克力褐色；冬孢子椭圆形或矩圆形，30～46×19～26μm，两端圆，隔膜处稍缢缩，壁 2～3μm 厚，均匀，栗褐色，有细疣，上细胞芽孔顶生，有时有无色乳头形孔帽，下细胞芽孔近隔膜，柄无色，短，易断。

酸模柄锈菌直根酸模变种 图 199

Puccinia acetosae (Schumach.) Körn. var. **thyrsiflori** T.Z. Liu & J.Y. Zhuang, Mycosystema 35: 551, 2016; Liu et al., J. Fungal Res. 15(4): 245, 2017.

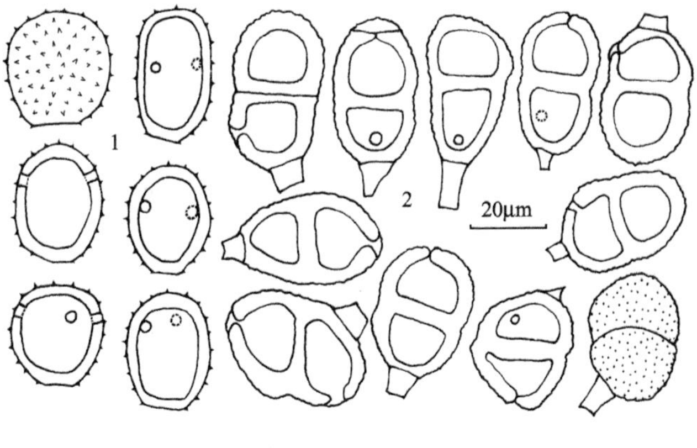

图 199 酸模柄锈菌直根酸模变种 *Puccinia acetosae* var. *thyrsiflori* 的夏孢子（1）和冬孢子（2）（CFSZ 6437）

夏孢子堆生于叶两面、叶柄和茎上，散生或聚生，长期被寄主表皮包被或裸露，圆形或椭圆形，直径 0.1～0.5mm，茎上者梭形或长条形，可达 4mm，肉桂褐色至栗褐色，粉状；夏孢子近球形、椭圆形或矩圆形，（20～）24～30（～32.5）×17.5～26μm，壁 1.5～2.5μm 厚，肉桂褐色，有刺，芽孔 2（～3）个，腰上生或近顶生。

冬孢子堆叶两面生，散生，圆形或椭圆形，直径 0.1～0.5mm，黑褐色，粉状；冬孢子椭圆形或倒卵形，25～40（～45）×18～25（～27.5）μm，顶端圆，隔膜处稍缢缩，基部圆形或渐狭，壁 2～5μm 厚，均匀，肉桂褐色至栗褐色，有细疣，上细胞芽孔顶生，下细胞芽孔位于中部或中部偏下，常有黄褐色或近无色的孔帽，孔帽高约 2.5μm，柄短，无色，长 5～25μm，易脱落。偶见 1 室冬孢子。

Ⅱ，Ⅲ

直根酸模 *Rumex thyrsiflorus* Fingerh.：赤峰市巴林右旗赛罕乌拉自然保护区大东沟 **6437**（主模式）（=HMAS 245251，等模式），场部 6504、9085、9927、9931。呼伦贝尔市海拉尔区 914；新巴尔虎左旗嵯岗镇 909，诺干淖尔 7799。

国内分布：内蒙古。

世界分布：中国东北。

本变种与原变种的区别：前者冬孢子下细胞芽孔位于中部或中部偏下；后者冬孢子下细胞芽孔近隔膜（Arthur 1934；Wilson and Henderson 1966；Hiratsuka et al. 1992；Liu and Zhuang 2016）。

拳参柄锈菌　图 200

Puccinia bistortae DC., *in* de Candolle & Lamarck, Fl. Franç., Edn 3, 5/6: 61, 1815; Wang, Index Ured. Sin.: 45, 1951; Teng, Fungi of China: 346, 1963; Tai, Syll. Fung. Sin.: 619, 1979; Liu, J. Jilin Agr. Univ. 1983(2): 4, 1983; Bai et al., J. Shenyang Agr. Univ. 18(3): 61, 1987; Li, Mycosystema 1: 157, 1988; Zhuang & Wei, Mycosystema 7: 50, 1994; Wei & Zhuang, Fungi of Xiaowutai Mountains in Hebei Province: 111, 1997; Zhang et al., Mycotaxon 61: 65, 1997; Zhuang & Wei, J. Jilin Agr. Univ. 24(2): 8, 2002; Zhuang et al., Fl. Fung. Sin. 19: 11, 2003; Liu et al., J. Fungal Res. 2(3): 13, 2004; Liu et al., J. Inner Mongolia Univ. (Nat. Sci. Ed.) 46(3): 288, 2015; Liu et al., J. Fungal Res. 15(4): 245, 2017.

Puccinia cari-bistortae Kleb., Z. PflKrankh. PflSchutz 9: 157, 1899.

Puccinia polygoni-vivipari P. Karst., Not. Sällsk. Fauna Fl. Fenn. Förh. 8: 221, 1866.

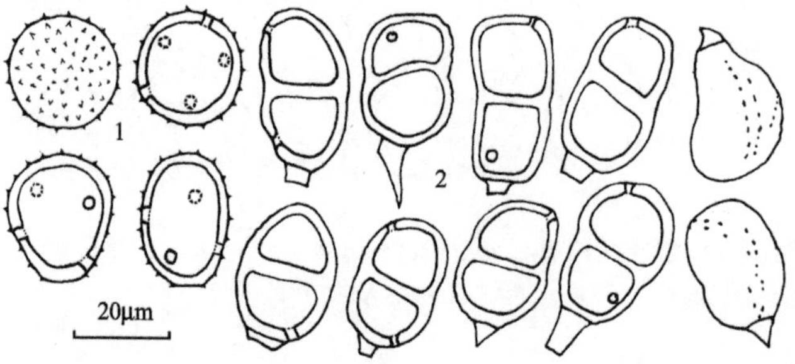

图 200　拳参柄锈菌 *Puccinia bistortae* 的夏孢子（1）和冬孢子（2）（CFSZ 1584）

性孢子器和春孢子器在引证标本上未见。

夏孢子堆生于叶下面，散生或聚生，裸露，直径 0.1～1mm，肉桂褐色，粉状；夏孢子近球形或宽卵圆形，20～28（～33）×16～22.5（～24.5）μm，壁 1.5～2.5μm 厚，黄褐色，有细刺，芽孔 4～6 个，散生，大多不清晰。

冬孢子堆生于叶下面和茎上，散生或聚生，圆形或椭圆形，直径 0.1～1mm，深褐色或黑褐色，粉状；冬孢子椭圆形或矩圆形，20～37.5（～45）×12.5～22.5（～25）μm，两端圆或基部稍窄，隔膜处不缢缩或稍缢缩，壁 1～1.5（～2）μm 厚，均匀，栗褐色，光滑或有细疣，疣常呈线状纵向或斜向排列，上细胞芽孔顶生或近顶生，下细胞芽孔多数在中部或中部偏下至近基部，孔帽多不明显，淡黄褐色至近无色，柄短，偶尔长达 25μm，无色，易断。

（0），（Ⅰ），Ⅱ，Ⅲ

*狐尾拳参（狐尾蓼）*Polygonum alopecuroides* Turcz. ex Besser.：赤峰市喀喇沁旗美林镇韭菜楼 7974；克什克腾旗黄岗梁 9760；林西县新林镇哈什吐 9879。锡林郭勒盟正蓝旗元上都 8725、8739。

拳参 *Polygonum bistorta* L.：赤峰市巴林右旗赛罕乌拉自然保护区荣升 6567。

耳叶拳参（耳叶蓼）*Polygonum manshuriense* Petr. ex Kom.：赤峰市喀喇沁旗马鞍山 5280、5305、5321、8863。

珠芽拳参（珠芽蓼）*Polygonum viviparum* L.：阿拉善盟阿拉善左旗贺兰山雪岭子 8631。赤峰市巴林右旗赛罕乌拉自然保护区荣升 9618；克什克腾旗阿斯哈图 9627，黄岗梁 556。乌兰察布市兴和县苏木山 5857。兴安盟阿尔山市白狼镇西山 **1584**。

据庄剑云等（2003）报道，这个种生于拳参上的分布区还有兴安盟阿尔山市伊尔施。

国内分布：北京，河北，内蒙古，山东，陕西，甘肃，青海，新疆，四川，西藏。

世界分布：北温带广布。

头巾状柄锈菌　图 201

Puccinia calumnata Syd. & P. Syd., Annls Mycol. 11: 102, 1913; Wang, Index Ured. Sin.: 45, 1951; Tai, Syll. Fung. Sin.: 621, 1979; Li, Mycosystema 1: 154, 1988; Zhuang et al., Fl. Fung. Sin. 19: 13, 2003; Liu et al., J. Inner Mongolia Univ. (Nat. Sci. Ed.) 46(3): 288, 2015; Liu et al., J. Fungal Res. 15(4): 246, 2017.

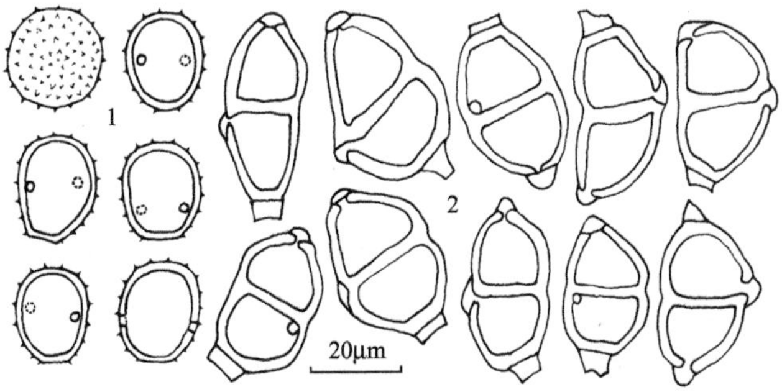

图 201　头巾状柄锈菌 *Puccinia calumnata* 的夏孢子（1）和冬孢子（2）（CFSZ 1071）

夏孢子堆生于叶下面，散生，裸露，圆形，直径 0.1～1mm，肉桂褐色，粉状；夏孢子近球形或倒卵形，17.5～27.5×15～24μm，壁 1.5～2μm 厚，有刺，黄褐色至近无色，芽孔 2 个，腰生至近基生。

冬孢子堆叶两面生，以叶下面为主，散生，裸露，圆形或椭圆形，直径 0.1～1mm，栗褐色或黑褐色；冬孢子椭圆形、矩圆形、卵形或略呈纺锤形，29～47.5×17.5～22.5

（～25）μm，两端圆或渐狭，隔膜处不缢缩或略缢缩，壁 1～2μm 厚，光滑或有少数细疣，黄褐色至肉桂褐色，上细胞芽孔顶生，下细胞芽孔近隔膜，偶尔偏下至近中部，孔上有无色小孔帽（约 2.5μm 高），柄无色，短，易断。

II，III

叉分神血宁（叉分蓼）*Polygonum divaricatum* L.：赤峰市阿鲁科尔沁旗高格斯台罕乌拉自然保护区 5798；巴林右旗赛罕乌拉自然保护区正沟 1421；克什克腾旗黄岗梁 **1071**、9798、9806、9818。

国内分布：黑龙江，河北，内蒙古。

世界分布：俄罗斯远东地区，中国东北和华北。

赫尔顿柄锈菌　　图 202

Puccinia hultenii Tranzschel & Jørst., Skrift. Norske Vidensk. Akad. Oslo I, Mat.-Nat. Kl. 9: 107, 1934; Li, Mycosystema 1: 167, 1988; Zhuang et al., Fl. Fung. Sin. 19: 17, 2003; Liu et al., J. Fungal Res. 2(3): 14, 2004; Liu et al., J. Inner Mongolia Univ. (Nat. Sci. Ed.) 46(3): 288, 2015; Liu et al., J. Fungal Res. 15(4): 247, 2017.

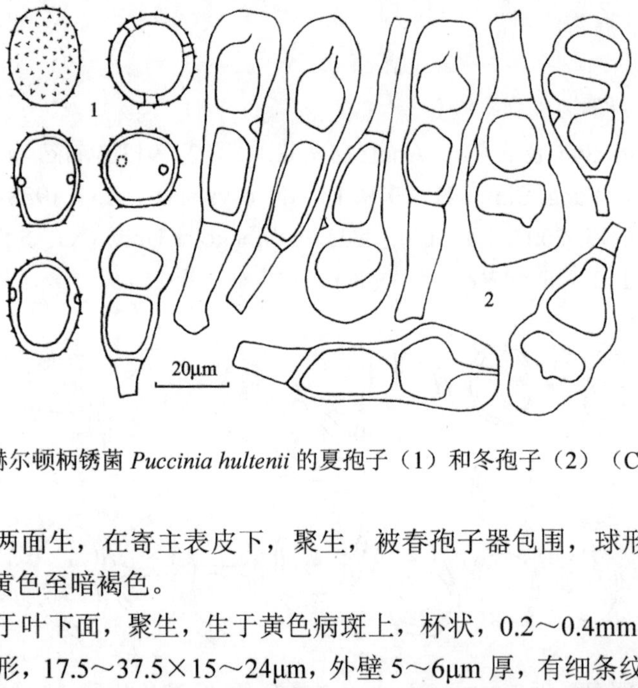

图 202　赫尔顿柄锈菌 *Puccinia hultenii* 的夏孢子（1）和冬孢子（2）（CFSZ 543）

性孢子器叶两面生，在寄主表皮下，聚生，被春孢子器包围，球形或烧瓶形，直径 90～150μm，蜜黄色至暗褐色。

春孢子器生于叶下面，聚生，生于黄色病斑上，杯状，0.2～0.4mm。包被细胞菱形、椭圆形或不规则形，17.5～37.5×15～24μm，外壁 5～6μm 厚，有细条纹，内壁 2.5～4μm 厚，有粗疣；春孢子球形、近球形、椭圆形或多角形，15～25×13～20μm，壁 1～1.5μm 厚，近无色，密生细疣。

夏孢子堆叶两面生，散生至聚生，裸露，圆形，直径 0.1～0.5mm，肉桂褐色，粉状；夏孢子椭圆形、倒卵圆形或近球形，26～30（～35）×17.5～25μm，壁 2～2.5μm 厚，淡肉桂褐色，有刺，芽孔 2（～3）个，近腰生或腰上生，有时不清楚。

冬孢子堆生于叶两面和茎上，散生至聚生，圆形或椭圆形，直径 0.1～1mm，茎上者常梭形，长达 5mm，相互愈合达 2.5cm，黑褐色，垫状，略坚实；冬孢子椭圆形、矩圆形或棍棒形，32～65×17～27.5μm，顶端圆、钝或平截，隔膜处稍缢缩或不缢缩，基部多渐狭，侧壁 1.5～2.5μm 厚，顶壁 5～16μm 厚，光滑，肉桂褐色，上细胞芽孔顶生，下细胞芽孔近隔膜；柄淡褐色至近无色，长达 40μm。3 室冬孢子偶见。

0，I

灰背老鹳草 *Geranium wlassowianum* Fisch. ex Link：呼伦贝尔市额尔古纳市莫尔道嘎 882。

II，III

酸模 *Rumex acetosa* L.：赤峰市巴林右旗赛罕乌拉自然保护区荣升 6554，正沟 6477；克什克腾旗黄岗梁 **543**，经棚 9631。

国内分布：内蒙古，湖北，四川。

世界分布：俄罗斯远东地区，日本，中国。

本种与大谷柄锈菌 *Puccinia otaniana* Hirats. f. 的区别在于其夏孢子较短，芽孔较明显，冬孢子顶壁较厚。

岩手山柄锈菌　图 203

Puccinia iwateyamensis Hirats. f., Mem. Tottori Agr. Coll. 3: 140, 1935; Li, Mycosystema 1: 153, 1988; Zhuang & Wei, J. Jilin Agr. Univ. 24(2): 9, 2002; Zhuang et al., Fl. Fung. Sin. 19: 18, 2003; Liu et al., J. Inner Mongolia Univ. (Nat. Sci. Ed.) 46(3): 288, 2015; Liu et al., J. Fungal Res. 15(4): 247, 2017.

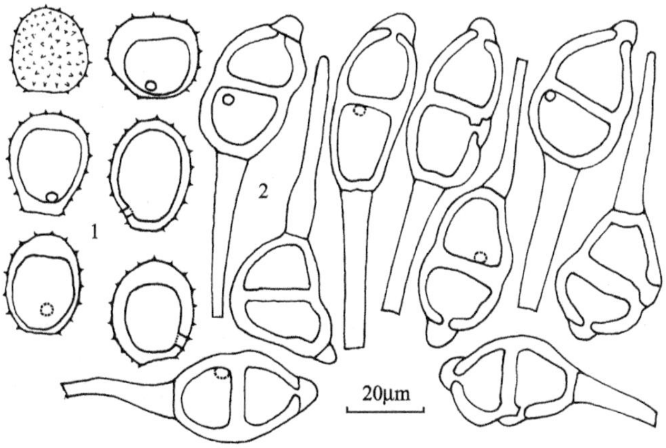

图 203　岩手山柄锈菌 *Puccinia iwateyamensis* 的夏孢子（1）和冬孢子（2）（CFSZ 1117）

夏孢子堆生于叶下面，散生，圆形，直径 0.2～1mm，裸露，粉状，肉桂褐色；夏孢子近球形或椭圆形，21～30×19～22.5μm，壁 2～2.5μm 厚，顶壁不增厚或增厚，可达 6μm 厚，有刺，淡黄褐色，芽孔 1（～2）个，基生。

冬孢子堆生于叶下面，散生，裸露，圆形或长圆形，直径 0.2～1mm，有时密布整个叶面，常相互愈合，垫状，稍坚实，黑褐色；冬孢子椭圆形、矩圆形、卵形或近纺锤形，有时不规则，25～50×14～27.5μm，两端圆或略狭，隔膜处不缢缩或稍缢缩，壁 1.5～2μm 厚，均匀，栗褐色，光滑，上细胞芽孔顶生，偶侧生，下细胞芽孔近隔膜，孔上有明显的无色孔帽，高 2.5～5μm；柄无色，长达 90（～100）μm，不脱落。偶有 3 室冬孢子混生。

II，III

高山神血宁（高山蓼）*Polygonum alpinum* All.：赤峰市喀喇沁旗美林镇韭菜楼 5053、7965、7998，旺业甸 **1117**，大东沟 7033、7037；克什克腾旗经棚 9632、9638。呼伦贝尔市鄂伦春自治旗克一河 7637。乌兰察布市凉城县蛮汉山二龙什台 6019。锡林郭勒盟东乌珠穆沁旗宝格达山 9424。兴安盟阿尔山市 7831、7834、7900，五岔沟 7930、7932、7935、7938、7942。

叉分神血宁（叉分蓼）*Polygonum divaricatum* L：赤峰市巴林右旗赛罕乌拉自然保护区大西沟 9109，荣升 6552、9944，西沟 6523；克什克腾旗阿斯哈图 9623；林西县新林镇哈什吐 9860。呼伦贝尔市额尔古纳市上护林 7749；鄂伦春自治旗克一河 7648；根河市二道河 7742。乌兰察布市凉城县蛮汉山二龙什台 6072。兴安盟阿尔山市 7827、7830、7832、7904、7908，五岔沟 7956，伊尔施 7892。

国内分布：内蒙古。

世界分布：日本，俄罗斯远东地区，中国。

本种与微亮柄锈菌 *Puccinia nitidula* Tranzschel 常有混生现象（7830、7831、7832、7834、7892、7900、7908）。

微亮柄锈菌　图 204

Puccinia nitidula Tranzschel, *in* Tranzschel & Serebrianikow, Mycotheca Ross. Exs. III-IV: 158, 1911; Wang, Index Ured. Sin.: 64, 1951; Tai, Syll. Fung. Sin.: 662, 1979; Li, Mycosystema 1: 154, 1988; Zhuang & Wei, Mycosystema 7: 65, 1994; Zhuang & Wei, J. Jilin Agr. Univ. 24(2): 9, 2002; Zhuang et al., Fl. Fung. Sin. 19: 24, 2003; Liu et al., J. Fungal Res. 2(3): 14, 2004; Liu et al., J. Inner Mongolia Univ. (Nat. Sci. Ed.) 46(3): 288, 2015; Liu et al., J. Fungal Res. 15(4): 247, 2017.

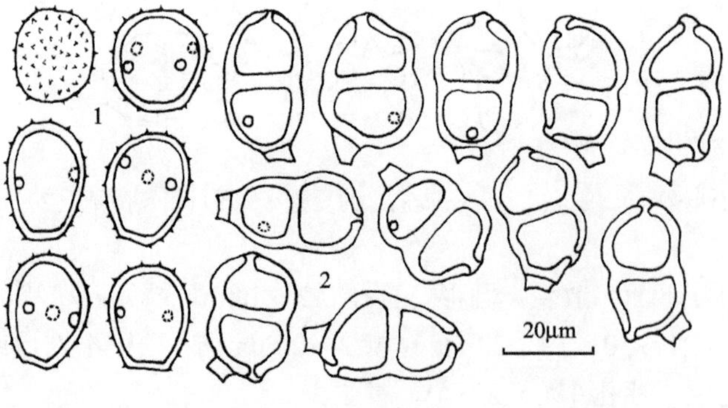

图 204　微亮柄锈菌 *Puccinia nitidula* 的夏孢子（1）和冬孢子（2）（CFSZ 291）

性孢子器和春孢子器未见。

夏孢子堆叶两面生，以叶下面为主，散生至聚生，椭圆形或长圆形，直径 0.1～0.6mm，初期覆盖于寄主表皮下，后期裸露，肉桂褐色，粉状，周围有寄主表皮围绕；夏孢子椭圆形或卵圆形，18～28×15～22μm，壁 1～2μm 厚，有刺，黄褐色，芽孔（2～）3～4个，腰生，不很清楚。

冬孢子堆叶两面生，以叶下面为主，散生至聚生，裸露，圆形或长圆形，直径 0.1～1mm，黑褐色，粉状；冬孢子椭圆形、卵圆形或矩圆形，22～37.5×14～24μm，顶端圆或稍尖，隔膜处不缢缩或稍缢缩，基部圆形，壁 1～2μm 厚，均匀，肉桂褐色，光滑，上细胞芽孔顶生，下细胞芽孔位于中部或略偏下，有时近基部，孔上有明显的无色小孔帽；柄短，无色，脱落或易断。

（0），（Ⅰ），Ⅱ，Ⅲ

高山神血宁（高山蓼）*Polygonum alpinum* All.：赤峰市喀喇沁旗美林镇韭菜楼 5044、7970、7980、7992。呼伦贝尔市阿荣旗得力其尔 9137；牙克石市博克图 9196、9205。乌兰察布市兴和县苏木山 5906、5920。兴安盟阿尔山市 7831、7834、7900，白狼镇 7921。

狭叶神血宁（细叶蓼）*Polygonum angustifolium* Pall.：赤峰市克什克腾旗阿斯哈图 9626，黄岗梁 554、561、1063，乌兰布统 6382。呼伦贝尔市根河市二道河 7745；新巴尔虎左旗诺干淖尔 7801。

叉分神血宁（叉分蓼）*Polygonum divaricatum* L.：赤峰市巴林右旗赛罕乌拉自然保护区大东沟 6415、9537、9544，砬子沟 9903，荣升 9489、9491、9942，王坟沟 1221，乌兰坝 8073，正沟 6491；克什克腾旗白音敖包 9832，白音高勒 **291**，黄岗梁 564，经棚 6652。乌兰察布市兴和县苏木山 5915。锡林郭勒盟多伦县蔡木山 747；锡林浩特市白银库伦 6693、6700，白音锡勒扎格斯台 1892；正蓝旗贺日苏台 711，桑根达来 6854。兴安盟阿尔山市 7830、7832、7904、7908，伊尔施 7892。

白山神血宁（白山蓼）*Polygonum ocreatum* L.：赤峰市克什克腾旗黄岗梁 6890、6894、6912。

国内分布：辽宁，河北，山西，内蒙古，新疆，西藏。

世界分布：欧洲；亚洲（克什米尔巴基斯坦实际控制区，俄罗斯远东地区，蒙古国，中国，日本）。

饰顶柄锈菌　　图 205

Puccinia ornata Arthur & Holw., *in* Arthur, Bulletin of the Geological and Natural History Survey of Minnesota 3: 30, 1887; Li, Mycosystema 1: 153, 1988; Zhuang & Wei, J. Jilin Agr. Univ. 24(2): 9, 2002; Zhuang et al., Fl. Fung. Sin. 19: 26, 2003; Liu et al., J. Inner Mongolia Univ. (Nat. Sci. Ed.) 46(3): 288, 2015; Liu et al., J. Fungal Res. 15(4): 247, 2017.

冬孢子堆生于叶下面，圆形小孢子堆常环状聚生并相互愈合，轮廓为圆形或椭圆形，直径可达 7mm，裸露，垫状，栗褐色，坚实，孢子萌发后变灰褐色；冬孢子矩圆形或椭圆形，35～58×17～25μm，两端圆或基部略狭，隔膜处微缢缩，二细胞易分离，侧壁 2～2.5μm 厚，顶端连同淡褐色或近无色孔帽达 4～5μm 厚，肉桂褐色，光滑，上细胞芽孔顶生，下细胞芽孔近隔膜，柄无色，长 20～75（～100）μm，不脱落。

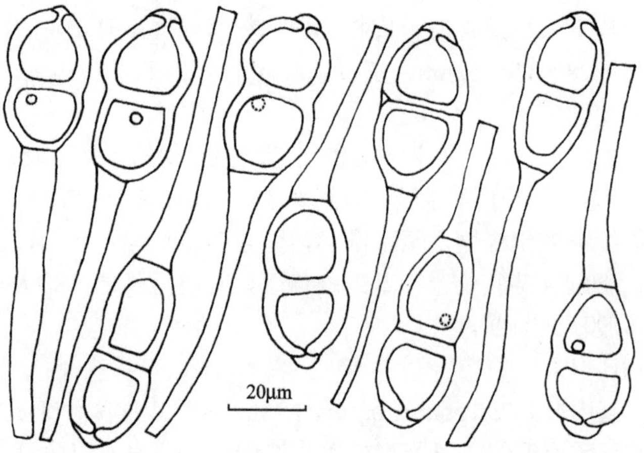

图 205　饰顶柄锈菌 *Puccinia ornata* 的冬孢子（CFSZ 1339）

III

毛脉酸模 *Rumex gmelinii* Turcz. ex Ledeb.：赤峰市巴林右旗赛罕乌拉自然保护区荣升 6570、6578、6581，乌兰坝 8091；克什克腾旗白音敖包 **1339**，桦木沟 7196。呼伦贝尔市鄂伦春自治旗大杨树 7531；根河市敖鲁古雅 7669、9392，得耳布尔 7707；牙克石市乌尔其汉 9240。乌兰察布市兴和县苏木山 5861、5885。锡林郭勒盟东乌珠穆沁旗宝格达山 9436；锡林浩特市白银库伦 6720。兴安盟阿尔山市 7915，五岔沟 7959。

据 Zhuang 和 Wei（2002b）、庄剑云等（2003）报道，这个种还分布于兴安盟阿尔山伊尔施和呼伦贝尔市的根河市，寄主分别是水生酸模 *Rumex aquaticus* L.和刺酸模（长刺酸模）*R. maritimus* L.。

国内分布：内蒙古。

世界分布：北美洲；亚洲（俄罗斯远东地区，日本，中国北部）。

大谷柄锈菌　图 206

Puccinia otaniana Hirats. f., Trans. Mycol. Soc. Japan 8(1): 11, 1967; Zhuang & Wei, Mycosystema 18: 230, 1999; Zhuang et al., Fl. Fung. Sin. 19: 26, 2003; Liu et al., J. Fungal Res. 2(3): 14, 2004; Liu et al., J. Inner Mongolia Univ. (Nat. Sci. Ed.) 46(3): 288, 2015; Liu et al., J. Fungal Res. 15(4): 247, 2017.

Puccinia orientalis Otani & Akechi, Trans. Mycol. Soc. Japan 3: 130, 1962.

夏孢子堆叶两面生，主要在叶下面，散生，圆形，直径 0.2～0.6mm，暗褐色，粉状；夏孢子近球形、倒卵形或椭圆形，20～31×（15～）17～25（～29）μm，壁 1～1.5（～2）μm 厚，淡黄褐色或近无色，有细刺，芽孔可能为 2～3 个，腰生，多不清楚，有时在夏孢子边缘可见不明显的孔帽。

冬孢子堆叶两面生，散生或聚生，有时呈环状排列，圆形或椭圆形，直径 0.2～0.5mm，相互愈合直径可达 3.5mm，黑褐色，垫状；冬孢子矩圆形或棍棒形，(29～)35～68×(14～)

18～25μm，顶端圆、钝或锥尖，基部或多或少变狭，隔膜处略缢缩，侧壁 1～2.5μm 厚，顶壁 4～8（～10）μm 厚，光滑，肉桂褐色，上细胞芽孔顶生，下细胞芽孔近隔膜，柄淡黄色或近无色，短，长 16～68μm。有 1 室和 3 室冬孢子。

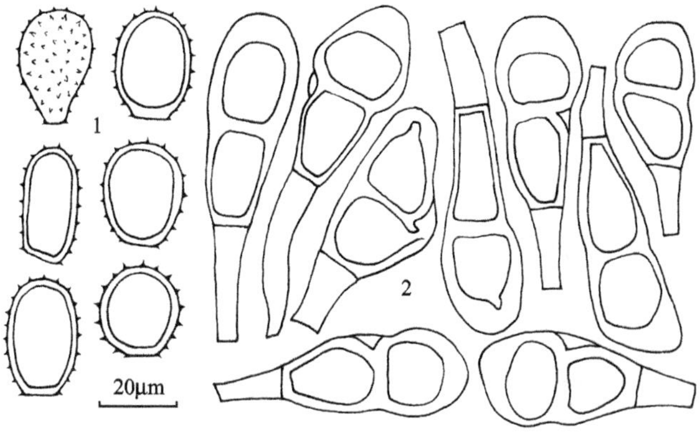

图 206　大谷柄锈菌 *Puccinia otaniana* 的夏孢子（1）和冬孢子（2）（CFSZ 541）

II，III

毛脉酸模 *Rumex gmelinii* Turcz. ex Ledeb.：赤峰市巴林右旗赛罕乌拉自然保护区砬子沟 9902、9904，荣升 6540、6570、6578、6581、8129、9487、9496，乌兰坝 8087、8091、8094；喀喇沁旗旺业甸大东沟 7036；克什克腾旗桦木沟 7172、7196，黄岗梁 **541**，乌兰布统小河 7151；林西县新林镇哈什吐 9861、9878、9882、9885、9887、9893；宁城县黑里河自然保护区道须沟 5481，东打 5424、5451，上拐 8173，下拐 6215。呼和浩特市和林格尔县南天门 648。呼伦贝尔市鄂伦春自治旗大杨树 7522，乌鲁布铁 7591、7594、7649；根河市阿龙山 9378、9379，敖鲁古雅 7669，得耳布尔 890、7707、7721；莫力达瓦达斡尔族自治旗塔温敖宝镇霍日里绰罗，陈明 1755、5145；牙克石市博克图 9200、9208。锡林郭勒盟东乌珠穆沁旗宝格达山 9429；多伦县蔡木山 746、753；锡林浩特市白银库伦 6691、6717；正蓝旗元上都 8728、8742。兴安盟阿尔山市 7915，白狼镇 1588（= HMAS 242391）、1646、7920，五岔沟 7925、7949，伊尔施 7842、7847。

据庄剑云等（2003）报道，这个种在兴安盟阿尔山还生于水生酸模 *R. aquaticus* L. 上。

国内分布：内蒙古，湖北，陕西，甘肃，宁夏，云南，四川，重庆，西藏。

世界分布：日本，俄罗斯远东地区，中国。

本种与饰顶柄锈菌 *Puccinia ornata* Arthur & Holw.混生现象很常见，二者生于寄主植物的同一叶片或不同叶片上，从冬孢子堆的形态特征即可区别，前者黑褐色，后者栗褐色（孢子未萌发）或灰褐色（孢子萌发后）。

两栖蓼柄锈菌原变种　　图 207

Puccinia polygoni-amphibii Pers., Syn. Meth. Fung. 1: 227, 1801; Wang, Index Ured. Sin.: 67, 1951; Teng, Fungi of China: 346, 1963; Tai, Syll. Fung. Sin.: 667, 1979; Bai et al., J.

Shenyang Agr. Univ. 18(3): 61, 1987; Li, Mycosystema 1: 168, 1988; Guo, Fungi and Lichens of Shennongjia: 136, 1989; Wei & Zhuang, Fungi of the Qinling Mountains: 64, 1997; Zhang et al., Mycotaxon 61: 73, 1997; Zhuang & Wei, J. Jilin Agr. Univ. 24(2): 9, 2002; Zhuang et al., Fl. Fung. Sin. 19: 30, 2003; Liu et al., J. Inner Mongolia Univ. (Nat. Sci. Ed.) 46(3): 289, 2015; Liu et al., J. Fungal Res. 15(4): 247, 2017. var. **polygoni-amphibii**

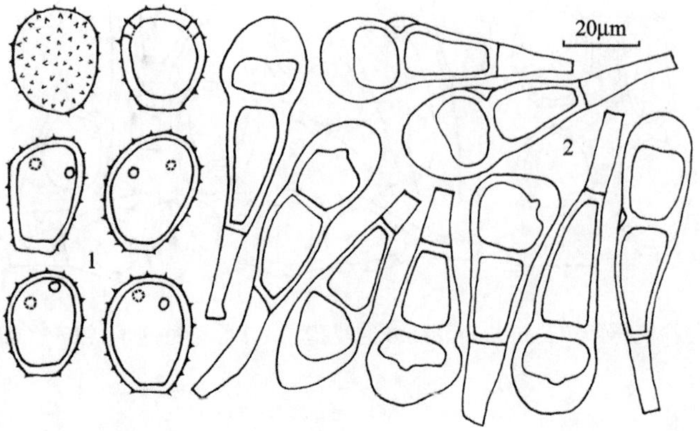

图 207 两栖蓼柄锈菌原变种 *Puccinia polygoni-amphibii* var. *polygoni-amphibii* 的夏孢子（1）和冬孢子（2）（CFSZ 1989）

性孢子器叶两面生，球形，直径 90～120μm，黄色。

春孢子器生于叶下面，聚生，杯状，直径 0.2～0.4mm。春孢子球形、椭圆形、矩圆形或多角形，13～18×13～16μm，壁 1～1.5μm 厚，近无色，密生细疣。

夏孢子堆叶两面生，以叶下面为主，散生或聚生，圆形，裸露，直径 0.1～0.5mm，淡褐色至肉桂褐色，粉状；夏孢子近球形、倒卵形或椭圆形，20～30×16～23μm，壁 1～2μm 厚，具刺，浅黄褐色，芽孔 2（～3）个，腰上生或近顶生。

冬孢子堆叶两面生，以叶下面为主，散生或聚生，圆形，直径 0.1～1.5mm，有时互相愈合，黑褐色，垫状，坚实，基部有破裂的寄主表皮围绕；冬孢子长矩圆形、椭圆形或棍棒形，29～55×13.5～22.5μm，顶端圆、钝、平截或斜尖，基部圆或渐狭，隔膜处不缢缩或稍缢缩，侧壁 1～2μm 厚，顶壁 5～10μm 厚，光滑，肉桂褐色至栗褐色，上细胞芽孔顶生，下细胞芽孔近隔膜，柄淡黄色或近无色，长 10～40μm，不脱落。

0，I

鼠掌老鹳草 *Geranium sibiricum* L.：赤峰市巴林右旗赛罕乌拉自然保护区王坟沟 9610，正沟 9080；喀喇沁旗西桥镇雷家营子 9037；克什克腾旗白音高勒 288；宁城县黑里河自然保护区大营子 487（= HMAS 199185）。锡林郭勒盟多伦县蔡木山 748。

II，III

两栖蓼 *Polygonum amphibium* L.：赤峰市巴林右旗赛罕乌拉自然保护区王坟沟 6606、6615，荣升 6559，正沟 9525；阿鲁科尔沁旗高格斯台罕乌拉自然保护区 5724、5762、5774；松山区老府镇五十家子 **1989**。呼和浩特市树木园 969（= HMAS 242388）。呼伦贝尔市额尔古纳市上护林 7747；鄂伦春自治旗乌鲁布铁 7583；扎兰屯林业学校 1667；牙克石市乌尔其汉 9250。通辽市霍林郭勒市公园 1729。锡林郭勒盟锡林浩特市白银库伦 6686；正蓝旗元上都 8724。兴安盟阿尔山市伊尔施 7853；科尔沁右翼前旗索伦牧场鸡冠山 1566、1568，三队 1518。

据 Zhuang 和 Wei（2002b）、庄剑云等（2003）报道，这个变种在兴安盟阿尔山市伊尔施生于蚕茧蓼 *Polygonum japonicum* Meisn.（= *P. macranthum* Meisn.）上。在阿尔山还生于宽叶蓼 *P. platyphyllum* S.X. Li & Y.L. Chang 上（白金铠等 1987）。

国内分布：吉林，北京，河北，山西，内蒙古，江苏，浙江，江西，福建，台湾，湖南，湖北，河南，广东，陕西，云南，四川，重庆。

世界分布：世界广布。

两栖蓼柄锈菌卷茎蓼变种　图 208

Puccinia polygoni-amphibii Pers. var. **convolvuli** Arthur, Manual of the Rusts in United States and Canada: 233, 1934; Zhuang et al., Fl. Fung. Sin. 19: 33, 2003; Liu et al., J. Fungal Res. 2(3): 14, 2004; Liu et al., J. Inner Mongolia Univ. (Nat. Sci. Ed.) 46(3): 289, 2015; Liu et al., J. Fungal Res. 15(4): 247, 2017.

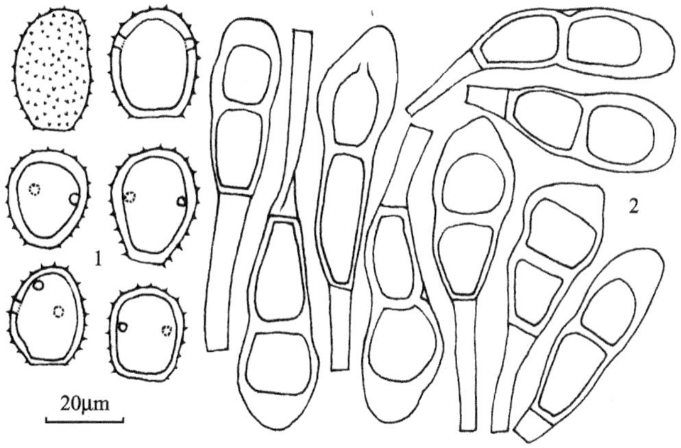

图 208　两栖蓼柄锈菌卷茎蓼变种 *Puccinia polygoni-amphibii* var. *convolvuli* 的夏孢子（1）和冬孢子（2）（CFSZ 1664）

夏孢子堆生于叶下面，散生或聚生，圆形，直径 0.1～0.8mm，初期覆盖于寄主表皮下，后期裸露，常被破裂的寄主表皮围绕，粉状，淡褐色至肉桂褐色；夏孢子近球形、倒卵形、椭圆形或长椭圆形，13～32×13～25μm，壁 1～2μm 厚，淡黄褐色，生细刺，芽孔 2（～3）个，腰上生或近腰生。

冬孢子堆生于茎上和叶下面，散生或稍聚生，圆形、椭圆形或长梭形，初期被表皮覆盖，后期裸露，常被破裂的寄主表皮围绕，直径 0.2～4mm，垫状，较坚实，黑色；冬孢子长椭圆形、矩圆形或棍棒形，27.5～49（～55）×12～24μm，顶端圆、钝、平截或斜尖，隔膜处不缢缩或稍缢缩，基部狭或圆，侧壁 1～2μm 厚，顶壁 5～10（～13）μm

厚，肉桂褐色或栗褐色，光滑，上细胞芽孔顶生，下细胞芽孔近隔膜；柄淡黄色，长达 40（～50）μm，不脱落。1 室和 3 室冬孢子偶见。

II，III

蔓首乌（卷茎蓼）*Fallopia convolvulus* (L.) á. Löve（≡ *Polygonum convolvulus* L.）：赤峰市阿鲁科尔沁旗高格斯台罕乌拉自然保护区 5730、5783；巴林右旗赛罕乌拉自然保护区场部 1407、8030，苗圃 6412，正沟 6482、9522；巴林左旗浩尔吐乡 689；红山区林研所 5187；喀喇沁旗马鞍山 5208，美林镇韭菜楼 7976，旺业甸 5024、6971；克什克腾旗桦木沟 7195；林西县新林镇哈什吐 9856；宁城县黑里河自然保护区大坝沟 152、8367，三道河 1937、5592、7284，四道沟 528，西打 6229；松山区老府镇蒙古营子 1368。呼伦贝尔市阿荣旗得力其尔 9156；三岔河 7390，辋窑，华伟乐 6363、7240；根河市敖鲁古雅 9404；扎兰屯市林业学校 **1664**。乌兰察布市兴和县苏木山 5858、5919。锡林郭勒盟太仆寺旗永丰 8703；正镶白旗乌宁巴图 6816。兴安盟阿尔山市 7818、7903；科尔沁右翼前旗索伦牧场三队 1528。

齿翅首乌（齿翅蓼）*Fallopia dentatoalata* (F. Schmidt ex Maxim.) Holub（≡ *Polygonum dentatoalatum* F. Schmidt ex Maxim.）：赤峰市敖汉旗大黑山自然保护区 8800、8841；宁城县黑里河自然保护区下拐 6219。

国内分布：吉林，北京，内蒙古，甘肃，宁夏。

世界分布：北温带广布。

箭叶蓼柄锈菌　图 209

Puccinia polygoni-sieboldii (Hirats. f. & S. Kaneko) B. Li, Mycosystema 1: 171, 1988; Zhuang et al., Fl. Fung. Sin. 19: 35, 2003; Liu et al., J. Inner Mongolia Univ. (Nat. Sci. Ed.) 46(3): 289, 2015.

Puccinia polygoni-amphibii Pers. var. *polygoni-sieboldii* Hirats. f. & S. Kaneko, Rept. Tottori Mycol. Inst. 10: 130, 1973.

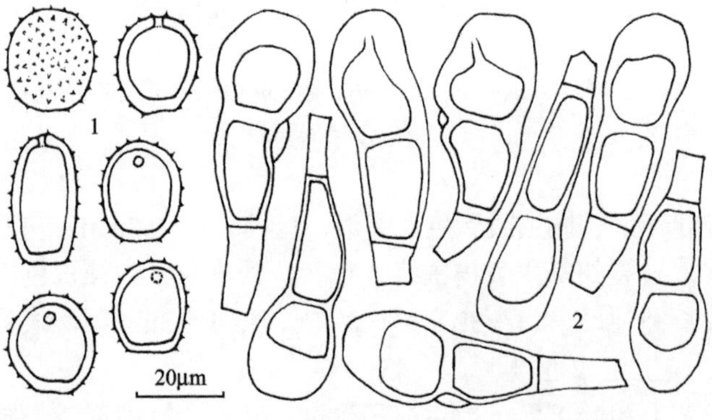

图 209　箭叶蓼柄锈菌 *Puccinia polygoni-sieboldii* 的夏孢子（1）和冬孢子（2）（CFSZ 1123）

夏孢子堆生于叶下面，散生或聚生，圆形，直径 0.1～0.5mm，栗褐色，粉状；夏孢子近球形或宽椭圆形，20～25×18～23μm，壁 1.5～2.5μm 厚，有刺，肉桂褐色，芽孔 1

个，顶生。

冬孢子堆生于叶下面，偶尔也生于茎上，散生或聚生，长期埋于寄主表皮下或裸露，常被破裂的寄主表皮围绕，圆形，直径 0.1～0.5mm，黑褐色，较坚实；冬孢子矩圆形、长倒卵形或棍棒形，30～60×16～25μm，顶端圆、平截或稀钝角状，基部圆或渐狭，隔膜处不缢缩或略缢缩，侧壁 1～1.5（～2.5）μm 厚，顶壁 4～10μm 厚，光滑，栗褐色，上细胞芽孔顶生，下细胞芽孔近隔膜，有时有无色小孔帽；柄短，长达 25μm，淡黄褐色，不脱落。

Ⅱ，Ⅲ

箭头蓼（箭叶蓼）*Polygonum sagittatum* L.（= *P. sieboldii* Meisn.）：赤峰市喀喇沁旗马鞍山 8866，旺业甸 **1123**、5035，大店 8012；宁城县黑里河自然保护区大营子 5402，三道河 5589、6180，小柳树沟 5514。呼伦贝尔市阿荣旗三岔河 7423、7453；鄂伦春自治旗加格达奇 7613。

据庄剑云等（2003）报道，这个种还分布于兴安盟阿尔山市。

国内分布：黑龙江，吉林，内蒙古。

世界分布：日本，朝鲜，中国。

雾灵柄锈菌　图 210

Puccinia wulingensis B. Li, Mycosystema 1: 160, 1988; Zhuang et al., Fl. Fung. Sin. 19: 45, 2003; Liu et al., J. Inner Mongolia Univ. (Nat. Sci. Ed.) 46(3): 289, 2015; Liu et al., J. Fungal Res. 15(4): 248, 2017.

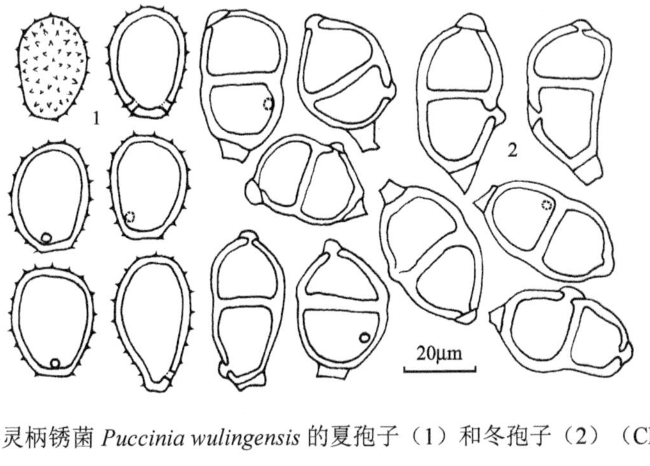

图 210　雾灵柄锈菌 *Puccinia wulingensis* 的夏孢子（1）和冬孢子（2）（CFSZ 691）

夏孢子堆生于叶下面，散生，裸露，圆形，直径 0.1～0.5mm，肉桂褐色，粉状；夏孢子椭圆形、倒卵形或长倒卵形，17.5～32.5×16～22.5μm，壁 1.5～2μm 厚，有刺，淡黄褐色，芽孔 1～2 个，基生。

冬孢子堆叶两面生，以叶下面为主，散生至聚生，圆形，直径 0.1～0.5mm，深栗褐色，粉状；冬孢子矩圆形、椭圆形或近纺锤形，27.5～45（～50）×18～28μm，两端圆或狭，隔膜处不缢缩或略缢缩，壁 1～2.5μm 厚，光滑，栗褐色，上细胞芽孔顶生，下细胞芽孔近隔膜或偏下至中部，孔上有明显的无色孔帽（2～4μm）；柄短，无色，易断。

II，III

高山神血宁（高山蓼）*Polygonum alpinum* All.：赤峰市阿鲁科尔沁旗高格斯台罕乌拉自然保护区 5711、5713、5731、5756。锡林郭勒盟正镶白旗明安图 6829。

叉分神血宁（叉分蓼）*Polygonum divaricatum* L.：赤峰市巴林右旗赛罕乌拉自然保护区王坟沟 6609，荣升 6563、6565、6579、8133、8145、8148，乌兰坝 8082，正沟 9083；巴林左旗浩尔吐乡乌兰坝 **691**；克什克腾旗黄岗梁 9835。锡林郭勒盟西乌珠穆沁旗古日格斯台 8107、8115。兴安盟阿尔山市伊尔施 7855。

国内分布：河北，内蒙古。

世界分布：中国北部。

报春花科 Primulaceae 上的种

北极柄锈菌　图 211

Puccinia arctica Lagerh., *in* P. Sydow & H. Sydow, Monogr. Ured. 1: 349, 1902 [1904]; Zhuang & Wei, Mycosystema 20: 449, 2001; Zhuang et al., Fl. Fung. Sin. 19: 141, 2003; Liu et al., J. Inner Mongolia Univ. (Nat. Sci. Ed.) 46(3): 289, 2015; Liu et al., J. Fungal Res. 15(4): 245, 2017.

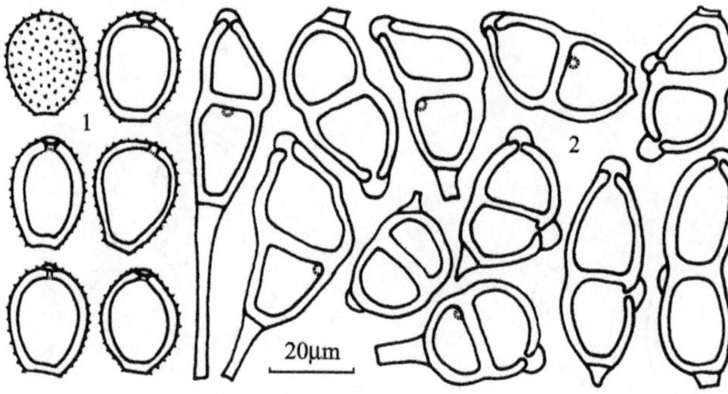

图 211　北极柄锈菌 *Puccinia arctica* 的夏孢子（1）和冬孢子（2）（CFSZ 6575）

性孢子器和春孢子器在引证标本上未见。

夏孢子堆叶两面生，散生或稍聚生，圆形或椭圆形，直径 0.1～0.5mm，被寄主表皮覆盖或裸露，粉状，黄褐色或肉桂褐色，周围有破裂的寄主表皮围绕；夏孢子倒卵形、椭圆形、近球形或矩圆形，20～30×14～22.5μm，壁 1.5～2.5μm 厚，黄褐色，有细刺，芽孔 1 个，顶生，常有不明显的无色孔帽。

冬孢子堆叶两面生，散生至聚生，圆形或椭圆形，直径 0.1～0.8mm，裸露，粉状，栗褐色，周围有破裂的寄主表皮围绕；冬孢子椭圆形、梭状椭圆形、长椭圆形或矩圆形，（25～）30～50（～55）×16～25μm，顶端圆，因孔帽存在而呈乳头状突起，隔膜处不缢缩或稍缢缩，基部圆或渐狭，壁均匀，1.5～2.5μm 厚，光滑，黄褐色，上细胞芽孔顶生或略偏下，下细胞芽孔近隔膜，有明显的淡色或无色孔帽，2.5～5μm 高；柄无色，长达 40μm，脱落或易断。1 室冬孢子偶见。

（0），（Ⅰ），Ⅱ，Ⅲ

天山报春 *Primula nutans* Georgi：赤峰市巴林右旗赛罕乌拉自然保护区荣升 **6575**。锡林郭勒盟锡林浩特市白银库伦 6685。

国内分布：内蒙古，青海，新疆。

世界分布：欧洲北部，俄罗斯西伯利亚，亚洲中部，中国北部。

据庄剑云等（2003）描述，“性孢子器生于叶上面，聚生，近球形，蜜黄色。春孢子器生于叶下面，聚生，杯状，淡黄色，直径约 200～300μm，边缘反卷，有缺刻，春孢子角球形或近椭圆形，直径 17～20μm 或 17～20×15～18μm，壁不及 1μm 厚，表面密生细疣，无色”。已知本种在我国分布于青海的德令哈和新疆的乌恰，寄主也是天山报春（Zhuang and Wei 2001b；庄剑云等 2003；Xu et al. 2013）。

毛茛科 Ranunculaceae 上的种

分种检索表

1. 产生夏孢子；生于驴蹄草属 *Caltha* 上 ……………………………………………… 2
1. 不产生夏孢子；生于其他属植物上 ………………………………………………… 3
2. 冬孢子较窄，其宽度小于 24μm，壁光滑，柄长达 75（～80）μm………… **驴蹄草柄锈菌 *P. calthae***
2. 冬孢子较宽，其宽度大于 24μm，壁有细疣，柄短，易断 ……………… **驴蹄草生柄锈菌 *P. calthicola***
3. 冬孢子壁有疣，柄短，长达 20μm；生于银莲花属 *Anemone* 上…………………………………………………………………… **多被银莲花柄锈菌 *P. anemones-raddeanae***
3. 冬孢子壁有细皱纹，柄长，长达 150μm；生于铁线莲属 *Clematis* 上…………………………………………………………………… **赛铁线莲柄锈菌 *P. atragenes***

多被银莲花柄锈菌　图 212

Puccinia anemones-raddeanae S. Ito, Dr. Miyabe Festchrift: 59, 1911; Zhao & Zhuang, Mycosystema 28: 638, 2009; Liu et al., J. Inner Mongolia Univ. (Nat. Sci. Ed.) 46(3): 289, 2015.

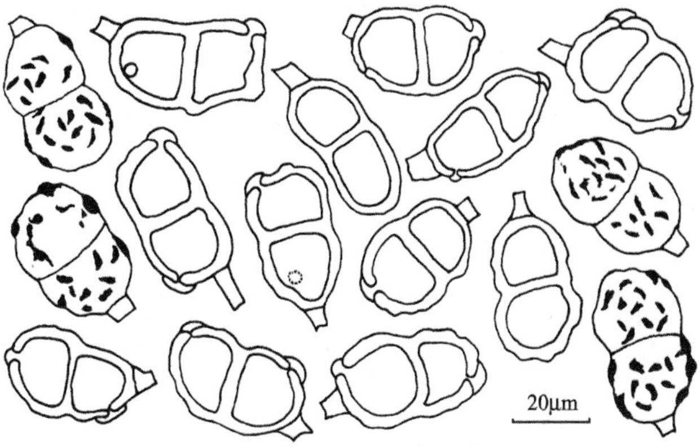

图 212　多被银莲花柄锈菌 *Puccinia anemones-raddeanae* 的冬孢子（CFSZ 5052）

冬孢子堆生于叶下面，圆形或椭圆形，直径 0.1～0.5mm，聚生，互相愈合达 5mm，裸露，粉状，暗褐色；冬孢子椭圆形、倒卵形或棍棒形，27.5～42.5×15～22.5μm，两端圆或向基部渐狭，隔膜处稍缢缩，壁 2～2.5μm 厚，厚度均匀，有时顶壁略增厚，栗褐色，有疣，偶尔下细胞表面近光滑，上细胞芽孔顶生，下细胞芽孔位于中部至近基部，孔上有无色或黄色小孔帽；柄无色，短，长达 20μm，不脱落。1 室和 3 室冬孢子偶见。

III

长毛银莲花 *Anemone narcissiflora* L. subsp. *crinita* (Juz.) Tamura（≡ *A. crinita* Juz.）：赤峰市喀喇沁旗美林镇韭菜楼 **5052**（= HMAS 242390）。

国内分布：甘肃，内蒙古。

世界分布：日本，俄罗斯远东地区，中国。

Hiratsuka 等（1992）描述本种的冬孢子大小为 30～44×16～22μm，偶尔长达 50μm，生于多被银莲花 *A. reddeana* Regel 上，产于日本北海道。在俄罗斯远东地区也生于相同的寄主上（Azbukina 2005）。本种在我国为 Zhao 和 Zhuang（2009）首次报道，分布于甘肃榆中的兴隆山，寄主为钝裂银莲花 *A. obtusiloba* D. Don，其冬孢子大小为 25～43×15～22μm。我们的数据与上述文献相符。

赛铁线莲柄锈菌　　图 213

Puccinia atragenes W. Hausm., Erb. Critt. Ital., Ser. 1, Fasc.: 550, 1861; Zhuang, Mycosystema 4: 74, 1991; Wei & Zhuang, Fungi of Xiaowutai Mountains in Hebei Province: 111, 1997; Zhuang et al., Fl. Fung. Sin. 19: 50, 2003; Liu et al., J. Inner Mongolia Univ. (Nat. Sci. Ed.) 46(3): 289, 2015.

Puccinia lakanensis M.M. Chen & Y.Z. Wang, Acta phytopath. Sin. 9(1): 26, 1979.

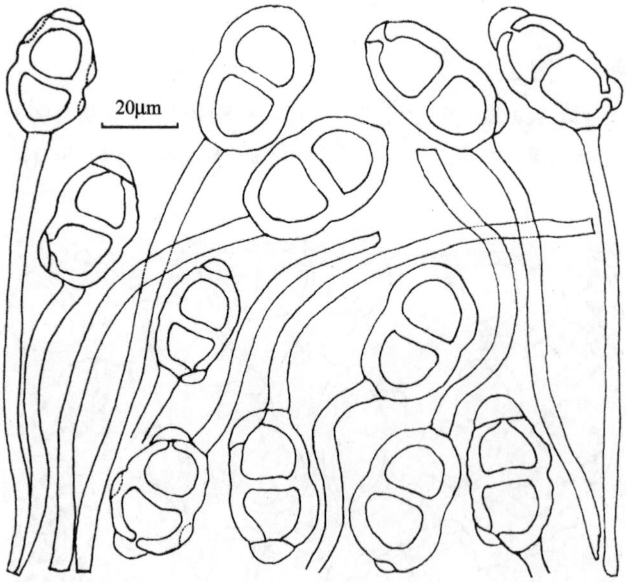

图 213　赛铁线莲柄锈菌 *Puccinia atragenes* 的冬孢子（CFSZ 808）

冬孢子堆叶两面生，也生于叶柄上，聚生，同心圆状排列，常相互愈合成 2～3mm 的环状孢子堆，裸露，基部有破裂的寄主表皮围绕，粉状，暗褐色至黑褐色；冬孢子椭圆形或矩圆形，30～48×18～32μm，两端圆，隔膜处稍缢缩或不缢缩，壁 2.5～5μm 厚，厚度均匀，有时顶壁略增厚，包括孔帽达 7.5μm 厚，栗褐色，表面布满细皱纹，上细胞芽孔顶生，下细胞芽孔近基部，孔上有无色孔帽，柄无色，常偏生，长达 150μm，不脱落。

III

长瓣铁线莲 *Clematis macropetala* Ledeb.：阿拉善盟阿拉善左旗贺兰山哈拉乌 **808**。

国内分布：北京，内蒙古，四川，西藏。

世界分布：欧亚温带广布。

文献记载本种冬孢子大小分别为 35～60×22～30μm（Gäumann 1959；Ul'yanishchev 1978）、36～60×22～30μm（Azbukina 2005）和 35～55×23～30μm（庄剑云等 2003），我们的菌冬孢子略小。

驴蹄草柄锈菌 图 214

Puccinia calthae Link, *in* Willd., Sp. Pl. Edn 4, 6(2): 79, 1825; Wang, Index Ured. Sin.: 45, 1951; Tai, Syll. Fung. Sin.: 621, 1979; Chen & Liu, Journal of Anhui Agri. Sci. 39(4): 1988, 2011; Liu et al., J. Inner Mongolia Univ. (Nat. Sci. Ed.) 46(3): 289, 2015.

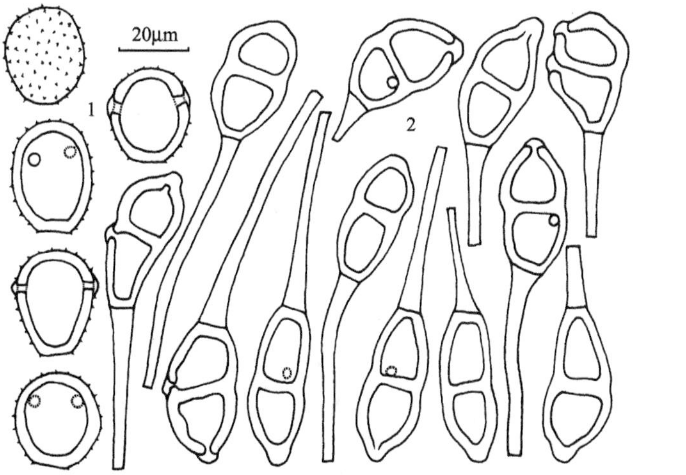

图 214 驴蹄草柄锈菌 *Puccinia calthae* 的夏孢子（1）和冬孢子（2）（CFSZ 1635）

性孢子器和春孢子器在引证标本上未见。

夏孢子堆主要生于叶下面，散生，圆形，0.1～0.4mm，初期被表皮覆盖，后期裸露，粉状，肉桂褐色；夏孢子近球形、倒卵形或椭圆形，22～31×20～26μm，壁 1.5～2μm 厚，肉桂褐色，有刺，芽孔 2（～3）个，腰上生，有时有无色透明的小孔帽。

冬孢子堆叶两面生，不规则散生，或排列成圆环状，直径 0.2～1mm，初期被表皮覆盖，后期裸露，基部有破裂的寄主表皮围绕，粉状，棕褐色；冬孢子椭圆形、宽披针形、棍棒形或拟纺锤形，（30～）32.5～45（～47.5）×14～22.5μm，两端圆或变窄，隔膜处不缢缩或稍缢缩，壁 1.5～2μm 厚，顶部稍增厚，有淡色的乳头状孔帽，顶壁连孔帽 5～7.5μm 厚，栗褐色，光滑，上细胞芽孔顶生，下细胞芽孔近隔膜，多不清晰，柄无色，宿存，长达 75（～80）μm。

（0），（Ⅰ），Ⅱ，Ⅲ

驴蹄草 *Caltha palustris* L.：兴安盟阿尔山市白狼镇洮儿河 **1635**。

三角叶驴蹄草 *Caltha palustris* L. var. *sibirica* (Regel) Hultén：内蒙古呼伦贝尔市额尔古纳市莫尔道嘎 881（= HMAS 240870）。

国内分布：内蒙古。

世界分布：欧洲；亚洲[俄罗斯西伯利亚和萨哈林岛（库页岛），日本，中国]。

本种与生于驴蹄草属 *Caltha* spp.上的驴蹄草生柄锈菌 *Puccinia calthicola* J. Schröt.易于区别：前者冬孢子较窄，其宽度小于 24μm，顶端常变窄，颜色较浅，壁光滑，柄长；后者冬孢子较宽，其宽度大于 24μm，顶端不变窄，颜色较深，壁有细疣，柄短（Wilson and Henderson 1966；陈明和刘铁志 2011）。

驴蹄草生柄锈菌　图 215

Puccinia calthicola J. Schröt., *in* Cohn, Beitr. Biol. Pfl. 3: 61, 1879; Tai, Syll. Fung. Sin.: 621, 1979; Zhuang, Mycosystema 4: 76, 1991; Zhuang & Wei, Mycosystema 7: 51, 1994; Zhuang et al., Fl. Fung. Sin. 19: 52, 2003; Liu et al., J. Inner Mongolia Univ. (Nat. Sci. Ed.) 46(3): 289, 2015.

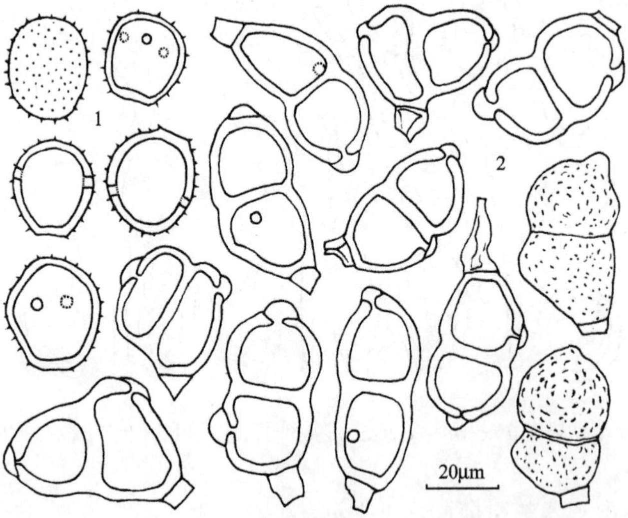

图 215　驴蹄草生柄锈菌 *Puccinia calthicola* 的夏孢子（1）和冬孢子（2）（CFSZ 5506）

性孢子器和春孢子器在引证标本上未见。

夏孢子堆主要生于叶下面，散生，圆形，0.2～0.5mm，初期被表皮覆盖，后期裸露，粉状，肉桂褐色或栗褐色；夏孢子近球形、倒卵形或椭圆形，22.5～31×20～27.5μm，壁 1.5～2（～2.5）μm 厚，肉桂褐色，有刺，芽孔 2（～3）个，腰上生。

冬孢子堆叶两面生，以叶下面为主，散生或稍聚生，圆形，直径 0.2～1mm，初期被表皮覆盖，后期裸露，常有破裂的寄主表皮围绕，粉状，黑褐色；冬孢子椭圆形、矩圆形、宽披针形、棍棒形或不规则形，（32.5～）40～55（～60）×（22.5～）25～27.5（～34）μm，顶端圆或钝，基部圆或渐狭，隔膜处不缢缩或稍缢缩，壁 2～3（～4）μm 厚，厚度均匀，孔帽处包括孔帽 5～7.5μm 厚，栗褐色，有细疣，上细胞芽孔顶生或略侧生，下细胞芽孔近隔膜至中部，多数在隔膜偏下 1/3 处，有明显的孔帽，淡褐色至无色；柄短，无色，易断，有时斜生。3 室和 1 室冬孢子偶见。

（0），（Ⅰ），Ⅱ，Ⅲ

驴蹄草 *Caltha palustris* L.：赤峰市宁城县黑里河自然保护区小柳树沟 **5506**。

国内分布：吉林，内蒙古，西藏。

世界分布：北温带广布。

茜草科 Rubiaceae 上的种

分种检索表

1. 夏孢子芽孔腰上生或近腰生；冬孢子较小，30～52.5×15～22.5μm……………………………………………………………………………………………………… **车叶草柄锈菌 *P. asperulae-aparines***

1. 夏孢子芽孔腰生或近腰生；冬孢子较大，32～55（～62）×（12.5～）16～30μm…………………………………………………………………………………………………… **斑点柄锈菌 *P. punctata***

车叶草柄锈菌　图 216

Puccinia asperulae-aparines Picb., Práce Mor. Přirodověd. Společn. Brno 4: 492, 1927; Zhuang & Wei, Mycosystema 20: 450, 2001; Zhuang et al., Fl. Fung. Sin. 19: 185, 2003; Liu et al., J. Inner Mongolia Univ. (Nat. Sci. Ed.) 46(3): 289, 2015.

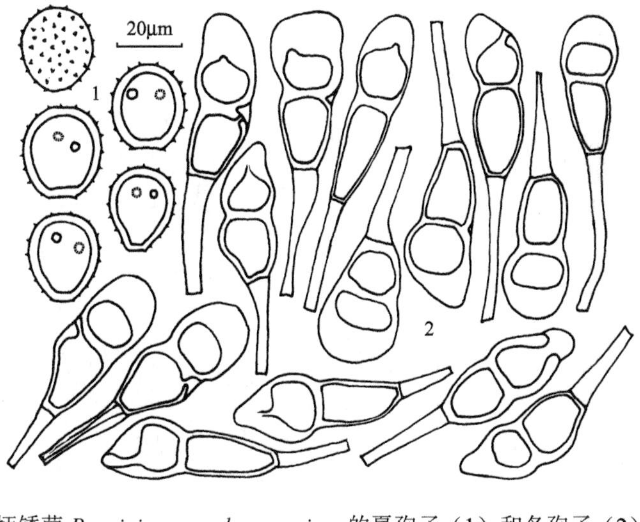

图 216　车叶草柄锈菌 *Puccinia asperulae-aparines* 的夏孢子（1）和冬孢子（2）（CFSZ 5999）

夏孢子堆生于叶下面，散生，圆形，直径0.2～1mm，裸露，粉状，栗褐色，周围常有破裂的寄主表皮围绕；夏孢子近球形或倒卵形，20～25（～30）×18～24μm，黄褐色或肉桂褐色，壁1.5～2.5μm厚，具细刺，芽孔2个，腰上生或近腰生。

冬孢子堆生于叶下面和茎上，散生至稍聚生，生于叶下面的为圆形，直径0.1～1mm，茎上的为梭形或长梭形，长达3mm，垫状，较坚实，黑褐色；冬孢子椭圆形、矩圆形、矩圆状倒卵形或近棍棒形，30～52.5×15～22.5μm，顶端圆、锥尖或平截，基部圆或渐狭，隔膜处略缢缩，侧壁1～2μm厚，顶壁7.5～15μm厚，光滑，栗褐色，上细胞芽孔顶生，下细胞芽孔近隔膜；柄无色或淡黄色，长达45μm，不脱落。

II，III

喀喇套拉拉藤（中亚猪殃殃）*Galium karataviense* (Pavlov) Pobed. [≡ *Asperula karataviensis* Pavlov; = *Galium rivale* (Sibth. & Sm.) Griseb.; ≡ *Asperula rivalis* Sibth. & Sm.]：乌兰察布市凉城县蛮汉山二龙什台 **5999**（= HMAS 244814）、6055；兴和县苏木山5884。

国内分布：内蒙古，新疆。

世界分布：欧洲东部和中部，高加索地区，俄罗斯西伯利亚，中国西北。

据庄剑云等（2003）报道，本种与斑点柄锈菌 *Puccinia punctata* Link 极为近似，不同之处仅在于其冬孢子较小，宽度较窄，顶壁厚度不如后者。另外，二者夏孢子虽然都有2个芽孔，但着生位置不同，本种为腰上生或近腰生，后者为腰生或近腰生。

斑点柄锈菌　图217

Puccinia punctata Link, Mag. Gesell. Naturf. Freunde, Berlin 7: 30, 1815; Wang, Index Ured. Sin.: 69, 1951; Tai, Syll. Fung. Sin.: 672, 1979; Wei & Zhuang, Fungi of Xiaowutai Mountains in Hebei Province: 122, 1997; Wei & Zhuang, Fungi of the Qinling Mountains: 65, 1997; Zhuang & Wei, J. Jilin Agr. Univ. 24(2): 9, 2002; Zhuang et al., Fl. Fung. Sin. 19: 187, 2003; Liu et al., J. Fungal Res. 2(3): 14, 2004; Liu et al., J. Inner Mongolia Univ. (Nat. Sci. Ed.) 46(3): 289, 2015; Liu et al., J. Fungal Res. 15(4): 247, 2017.

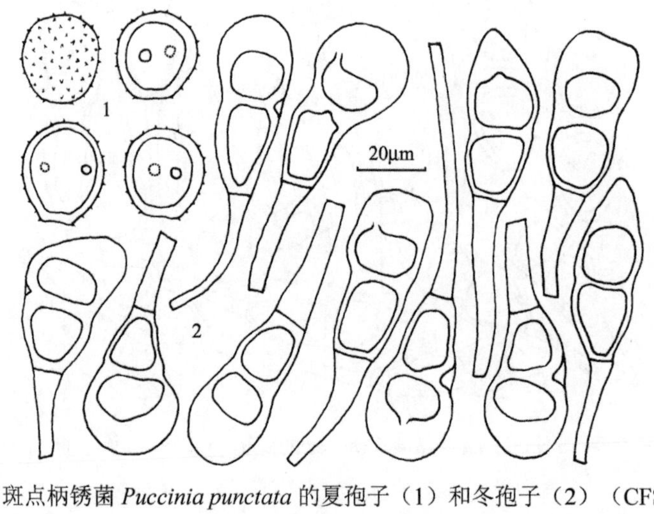

图217　斑点柄锈菌 *Puccinia punctata* 的夏孢子（1）和冬孢子（2）（CFSZ 1617）

性孢子器和春孢子器在引证标本中未见。

夏孢子堆叶两面生，散生或聚生，圆形或椭圆形，直径 0.1～0.5mm，裸露，粉状，肉桂褐色；夏孢子球形、近球形、倒卵形或宽椭圆形，19～28×17～25μm，淡褐色或肉桂褐色，壁 1.5～2.5μm 厚，具细刺，芽孔 2 个，腰生或近腰生。

冬孢子堆生于叶两面和茎上，散生至聚生，生于叶下面的似夏孢子堆，直径 0.1～0.8mm，茎上的前期被表皮覆盖，后期表皮纵裂裸露，梭形或长梭形，长达 4mm，垫状，较坚实，黑褐色或黑色；冬孢子椭圆形或近棍棒形，32～55（～62）×（12.5～）16～30μm，顶端圆、锥尖或平截，基部渐狭，隔膜处略缢缩，侧壁 1～2.5μm 厚，顶壁 6～15μm 厚，光滑，栗褐色，上细胞芽孔顶生，下细胞芽孔近隔膜；柄无色，长达 50μm，不脱落。1 室冬孢子常见。

（0），（Ⅰ），Ⅱ，Ⅲ

大叶猪殃殃 *Galium dahuricum* Turcz. ex Ledeb.：呼伦贝尔市根河市满归镇凝翠山 9304、9305。

喀喇套拉拉藤（中亚猪殃殃）*Galium karataviense* (Pavlov) Pobed. [≡ *Asperula karataviensis* Pavlov; = *Galium rivale* (Sibth. & Sm.) Griseb.; ≡ *Asperula rivalis* Sibth. & Sm.]：呼和浩特市和林格尔县南天门 634、641。

蓬子菜 *Galium verum* L.：赤峰市阿鲁科尔沁旗高格斯台罕乌拉自然保护区 5709；敖汉旗大黑山自然保护区 8828；巴林右旗赛罕乌拉自然保护区大东沟 9543，场部 8044，西山 6399、6402；喀喇沁旗马鞍山 5212，美林镇韭菜楼 5066，十家乡头道营子 850、8885，旺业甸 6939、6993；克什克腾旗白音敖包 9830，黄岗梁 544、9801，经棚 303，乌兰布统小河 7147、7153；林西县富林林场 5675；宁城县黑里河自然保护区大坝沟 18，东打 5432；松山区老府镇蒙古营子 1364、1384，五十家子 117、1982、5821。呼伦贝尔市阿荣旗三岔河 7373；鄂温克族自治旗红花尔基 7783；根河市敖鲁古雅 9398，得耳布尔 7728；海拉尔区公园 899；牙克石市博克图 9198。乌兰察布市察哈尔右翼中旗辉腾锡勒 8428；凉城县蛮汉山二龙什台 6005、6038；兴和县苏木山 5838、5839。锡林郭勒盟东乌珠穆沁旗宝格达山 9450；锡林浩特市白音锡勒扎格斯台 1877，辉腾锡勒 6745；西乌珠穆沁旗古日格斯台 8105；正蓝旗元上都 8720。兴安盟阿尔山市白狼镇鸡冠山 **1617**，伊尔施 7891。

国内分布：黑龙江，吉林，河北，内蒙古，山东，台湾，陕西，甘肃，新疆，云南，四川。

世界分布：世界广布。

玄参科 Scrophulariaceae 上的种

分种检索表

1. 冬孢子顶壁 4～11μm 厚，柄长达 50μm 或更长；生于穗花属 *Pseudolysimachion*（婆婆纳属 *Veronica*）上 ……………………………………………… **长尾婆婆纳柄锈菌 *P. veronicae-longifoliae***

1. 冬孢子顶壁（3～）5～7.5μm 厚，柄长达 100μm；生于马先蒿属 *Pedicularis* 和腹水草属 *Veronicastrum* 上 ……………………………………………… **威灵仙柄锈菌 *P. veronicarum***

长尾婆婆纳柄锈菌　图 218

Puccinia veronicae-longifoliae Savile, Can. J. Bot. 46: 635, 1968; Zhuang, Mycosystema 5: 150, 1992; Zhuang & Wei, J. Jilin Agr. Univ. 24(2): 10, 2002; Zhuang et al., Fl. Fung. Sin. 19: 177, 2003; Liu et al., J. Inner Mongolia Univ. (Nat. Sci. Ed.) 46(3): 290, 2015; Liu et al., J. Fungal Res. 15(4): 248, 2017.

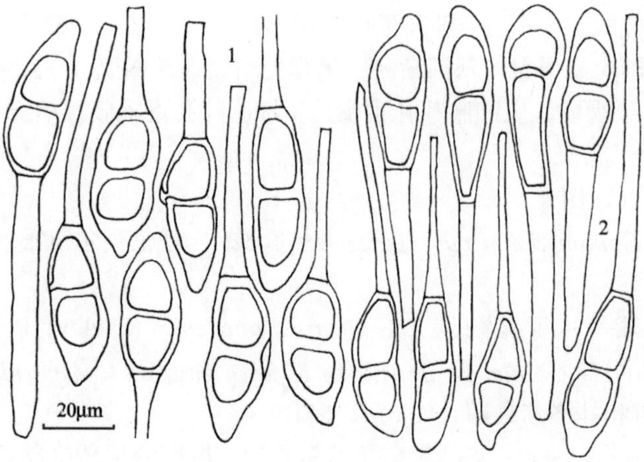

图 218　长尾婆婆纳柄锈菌 *Puccinia veronicae-longifoliae* 的休眠型冬孢子（1）和无眠型冬孢子（2）（CFSZ 887）

冬孢子堆生于叶下面，散生，圆形，直径 0.5～1.4mm，裸露，休眠型冬孢子堆呈栗褐色，粉状，无眠型冬孢子堆呈灰褐色，垫状，坚实；冬孢子椭圆形或近棍棒形，两端圆或渐狭，隔膜处微缢缩或中度缢缩，休眠型冬孢子 30～55×14～22.5μm，栗褐色，二细胞易分开，无眠型冬孢子 35～47.5×12.5～15μm，淡黄色或近无色，壁光滑，侧壁 1～2μm 厚，顶壁 4～11μm 厚，上细胞芽孔顶生，下细胞芽孔近隔膜，柄淡黄色或近无色，长达 50μm 或更长，不脱落，稍易断。

III

大穗花（大婆婆纳）*Pseudolysimachion dauricum* (Steven) Holub （≡ *Veronica dahurica* Steven）：兴安盟阿尔山市白狼镇鸡冠山 1606。

兔儿尾苗（长尾婆婆纳）*Pseudolysimachion longifolium* (L.) Opiz（≡ *Veronica longifolia* L.）：赤峰市巴林右旗赛罕乌拉自然保护区荣升 6546、6560，西沟 6522；克什克腾旗桦木沟 7173，黄岗梁 6913。呼伦贝尔市额尔古纳市莫尔道嘎 **887**；根河市金林 9280、9297。兴安盟阿尔山市东山 7828，白狼镇鸡冠山 1620。

国内分布：内蒙古。

世界分布：瑞典，芬兰，拉脱维亚，中国。

威灵仙柄锈菌　图 219

Puccinia veronicarum DC., *in* Lamarck & de Candolle, Fl. Franç., Edn 3, 2: 594, 1805; Tai, Syll. Fung. Sin.: 689, 1979; Bai et al., J. Shenyang Agr. Univ. 18(3): 61, 1987; Zhuang,

Mycosystema 5: 151, 1992; Zhuang & Wei, J. Jilin Agr. Univ. 24(2): 10, 2002; Zhuang et al., Fl. Fung. Sin. 19: 178, 2003; Liu et al., J. Inner Mongolia Univ. (Nat. Sci. Ed.) 46(3): 290, 2015; Liu et al., J. Fungal Res. 15(4): 248, 2017.

Puccinia albulensis Magnus, Ber. Dt. Bot. Ges. 8: 169, 1890. (Species Fungorum)

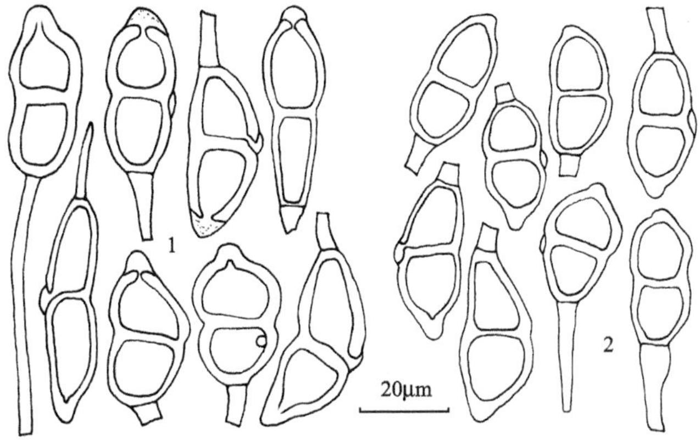

图 219　威灵仙柄锈菌 *Puccinia veronicarum* 的休眠型冬孢子（1）和无眠型冬孢子（2）（CFSZ 1554）

冬孢子堆叶两面生，以叶下面为主，散生或聚生，圆形，并互相连接，直径 0.2～1.5mm，休眠型冬孢子堆呈栗褐色，粉状；无眠型冬孢子堆呈灰褐色，垫状，较坚实；冬孢子椭圆形或矩圆形，两端圆或渐狭，隔膜处稍缢缩或中度缢缩，休眠型冬孢子 27.5～50×12.5～20μm，褐色或黄褐色，无眠型冬孢子 27.5～37.5×12.5～17.5μm，淡黄褐色至近无色，侧壁 1.5～2μm 厚，顶壁连同孔帽（3～）5～7.5μm 厚，表面光滑，上细胞芽孔顶生，下细胞芽孔近隔膜，有明显的无色孔帽，柄无色，长达 100μm。

III

**返顾马先蒿 *Pedicularis resupinata* L.：赤峰市宁城县黑里河自然保护区下拐 6207（= HMAS 244816）。

草本威灵仙 *Veronicastrum sibiricum* (L.) Pennell：赤峰市巴林右旗赛罕乌拉自然保护区大西沟 9121，荣升 6534、6548、6553，正沟 6465；克什克腾旗经棚 9633；宁城县黑里河自然保护区道须沟 5467，下拐 6187。呼伦贝尔市阿荣旗得力其尔 9128，三岔河 7385，三号店 9168；鄂伦春自治旗克一河 7642，乌鲁布铁 7565；根河市得耳布尔 7710，满归镇九公里 9350；牙克石市乌尔其汉 9238。锡林郭勒盟东乌珠穆沁旗宝格达山 9438、9442、9444。兴安盟阿尔山市东山 7819、7835，五岔沟 7946，伊尔施 7860；科尔沁右翼前旗索伦牧场鸡冠山 1549、**1554**。

国内分布：黑龙江，内蒙古，西藏。

世界分布：北温带广布。

在现有返顾马先蒿上的锈菌报道中，从欧洲到俄罗斯远东地区、中国直至日本，只有克林顿柄锈菌 *Puccinia clintonii* Peck 一个种（Gäumann 1959；Wilson and Henderson 1966；Hiratsuka et al. 1992；庄剑云等 2003；Azbukina 2005）。而威灵仙柄锈菌的寄主至今有婆婆纳属 *Veronica* spp.、草本威灵仙 *Veronicastrum sibiricum*（= *Veronica sibirica*)和

Paederota ageria（Sydow and Sydow 1904；Gäumann 1959；Wilson and Henderson 1966；Hiratsuka et al. 1992；庄剑云等 2003；Azbukina 2005）。我们的返顾马先蒿上的菌冬孢子堆也生于叶柄和茎上，常相互愈合成 5mm 以上的大孢子堆，冬孢子形状、大小都与草本威灵仙上的基本一致，尤其是休眠型冬孢子壁表面光滑，与具有细纵条纹的克林顿柄锈菌区别明显，故鉴定为此名。

马先蒿属 *Pedicularis* 是威灵仙柄锈菌的世界寄主新记录属、返顾马先蒿是世界寄主新记录种。

庄剑云（个人通信）认为返顾马先蒿（= HMAS 244816）上的菌采集较早，具有细纵条纹的休眠型冬孢子可能还未产生，因此他把这号标本鉴定为克林顿柄锈菌。

荨麻科 Urticaceae 上的种

梭孢柄锈菌　图 220

Puccinia fusispora P. Syd. & Syd., Monogr. Ured. 1: 590, 1903 [1904]; Wang, Index Ured. Sin.: 54, 1951; Tai, Syll. Fung. Sin.: 639, 1979; Zhang et al., Mycotaxon 61: 69, 1997; Zhuang et al., Fl. Fung. Sin. 19: 1, 2003; Liu & Tian, J. Fungal Res. 12(4): 212, 2014; Liu et al., J. Inner Mongolia Univ. (Nat. Sci. Ed.) 46(3): 290, 2015.

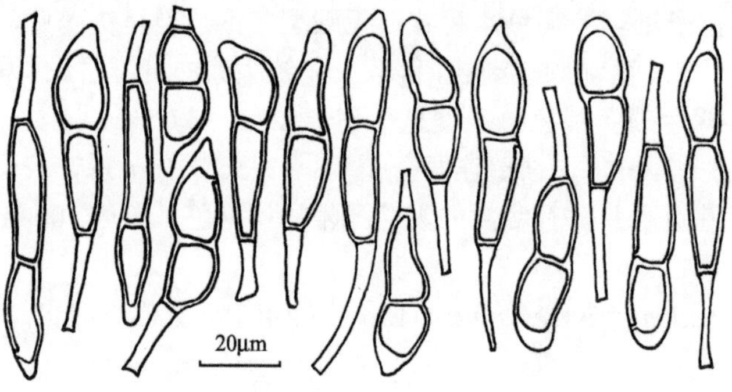

图 220　梭孢柄锈菌 *Puccinia fusispora* 的冬孢子（CFSZ 6301）

冬孢子堆生于叶下面，散生或聚生，圆形，直径 0.5～1mm，有时相互愈合，直径达 3mm，裸露，垫状，坚实，暗褐色，孢子萌发后呈灰褐色或褐色；冬孢子梭形、长椭圆形或棍棒形，35～55×7.5～15μm，顶端钝或尖，基部渐狭，隔膜处略缢缩，侧壁约 1μm 厚，均匀，顶壁 3～8μm 厚，光滑，淡黄褐色或近无色，上细胞芽孔顶生，下细胞芽孔近隔膜；柄无色，长达 40μm，不脱落。

III

狭叶荨麻 *Urtica angustifolia* Fisch. ex Hornem.：通辽市科尔沁左翼后旗大青沟 **6301**、6305。

国内分布：吉林，内蒙古，台湾，贵州，重庆。

世界分布：巴基斯坦，俄罗斯远东地区，中国，日本，乌干达，肯尼亚。

堇菜科 Violaceae 上的种

堇菜柄锈菌　图 221

Puccinia violae DC., *in* de Candolle & Lamarck, Fl. Franç., 6: 62, 1815; Wang, Index Ured. Sin.: 76, 1951; Tai, Syll. Fung. Sin.: 690, 1979; Guo, Fungi and Lichens of Shennongjia: 142, 1989; Liu et al., J. Shenyang Agr. Univ. 22(4): 309, 1991; Zhuang & Wei, Mycosystema 7: 75, 1994; Zhuang et al., Fl. Fung. Sin. 19: 100, 2003; Liu et al., J. Inner Mongolia Univ. (Nat. Sci. Ed.) 46(3): 290, 2015.

Aecidium violae Schumach., Enum. Pl. 2: 224, 1803.

Puccinia violae-reniformis Y.Z. Wang & S.X. Wei, *in* Wang et al., Acta Microb. Sin. 20: 19, 1980; Wang et al., Fungi of Xizang (Tibet): 52, 1983.

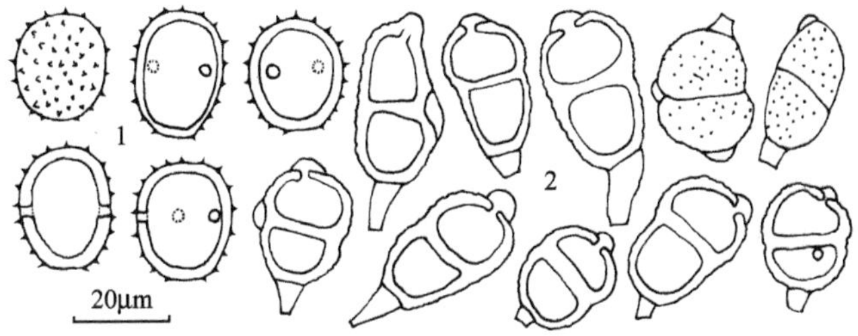

图 221　堇菜柄锈菌 *Puccinia violae* 的夏孢子（1）和冬孢子（2）（CFSZ 5062）

性孢子器叶两面生，以叶下面为主，聚生于春孢子器之间，近球形或扁球形，直径 90～230μm，蜜黄色。

春孢子器叶两面生，以叶下面为主，也生于叶柄上，聚生，杯状，直径 250～400μm，边缘反卷，有缺刻，黄色或淡黄色，被侵染的寄主组织常出现肿胀和变形；春孢子角球形或椭圆形，15～25×12.5～17.5μm，壁不及 1μm 厚，有细疣，无色。

夏孢子堆叶两面生，散生或聚生，圆形，直径 0.1～0.5mm，裸露，粉状，肉桂褐色；夏孢子近球形、宽椭圆形或倒卵形，20～25（～30）×15～22.5μm，壁 2～2.5μm 厚，有刺，肉桂褐色，芽孔 2（～3）个，腰生。

冬孢子堆叶两面生，也生于叶柄上，散生或聚生，圆形或椭圆形，直径 0.2～0.5mm，裸露，粉状，黑褐色，周围有寄主表皮围绕；冬孢子椭圆形、矩圆形或倒卵形，20～35（～40）×15～20（～25）μm，两端圆或渐狭，隔膜处不缢缩或略缢缩，壁 1.5～2.5μm 厚，均匀，表面密生细疣，栗褐色，上细胞芽孔顶生，下细胞芽孔近隔膜，有淡黄褐色或无色孔帽；柄短，无色，易断或脱落。偶见 1 室冬孢子。

0，Ⅰ，Ⅱ，Ⅲ

鸡腿堇菜 *Viola acuminata* Ledeb.：赤峰市喀喇沁旗美林镇韭菜楼 **5062**、5067；宁城县黑里河自然保护区道须沟 5618，东打 5428，三道河 7277，四道沟 9052，下拐 6216，小柳树沟 5515。呼伦贝尔市根河市金林 9287。

球果堇菜 *Viola collina* Besser：赤峰市喀喇沁旗旺业甸大东沟 7022，新开坝大西沟 9732；宁城县黑里河自然保护区八沟道 5486、5496，大坝沟 9607，道须沟 5614，三道河 7283、8155。

早开堇菜 *Viola prionantha* Bunge：赤峰市红山区赤峰学院 7267、7268、7270、7272、7273、8254、9982。

*库页堇菜 *Viola sacchalinensis* H. Boissieu：呼伦贝尔市根河市金林 9278、9285。

国内分布：吉林，北京，河北，内蒙古，江苏，浙江，安徽，福建，台湾，湖南，湖北，陕西，甘肃，云南，四川，贵州，重庆，西藏。

世界分布：世界广布。

关于本种冬孢子的大小，不同文献有较大差异，庄剑云等（2003）描述为（20～）30～45×17～23（～28）μm；Hiratsuka 等（1992）描述为 20～40×15～23μm。我们的菌冬孢子数据与后者接近。

（20）单胞锈菌属 **Uromyces** (Link) Unger

Exanth. Pflanzen: 277, 1833 nom. cons.

Alveomyces Bubák, Annln. Naturh. Hofmus. Wien 28: 190, 1914.
Groveola Syd., Annls Mycol. 19: 173, 1921.
Haplopyxis Syd. & P. Syd., Annls Mycol. 17: 105, 1920 [1919].
Haplotelium Syd., Annls Mycol. 20: 124, 1922.
Klebahnia Arthur, Résult. Sci. Congr. Bot. Wien 1905: 345, 1906.
Nielsenia Syd., Annls Mycol. 19: 171, 1921.
Ontotelium Syd., Annls Mycol. 19: 174, 1921.
Poliotelium Syd., Annls Mycol. 20: 124, 1922.
Puccinella Fuckel, Jb. Nassau. Ver. Naturk. 15: 18, 1860.
Pucciniola L. Marchand, Bijdr. Natuurk. Wetensch. 4: 47, 1829.
Teleutospora Arthur & Bisby, Bull. Torrey Bot. Club 48: 38, 1921.
Telospora Arthur, Résult. Sci. Congr. Bot. Wien 1905: 346, 1906.
Uromycopsis Arthur, Résult. Sci. Congr. Bot. Wien 1905: 345, 1906.

性孢子器生于寄主表皮下，近球形或瓶形，有缘丝（4 型）。春孢子器初生于寄主表皮下，后裸露，多数杯状，具包被；春孢子串生，有疣；有些种春孢子器为夏型春孢子器（初生夏孢子堆），春孢子单生于柄上，具刺（初生夏孢子）。夏孢子堆初生于寄主表皮下，后裸露或长期被寄主表皮覆盖，少数种有侧丝；夏孢子单生于柄上，表面有刺或疣。冬孢子堆初生于寄主表皮下，后裸露或长期被寄主表皮覆盖；冬孢子单生于柄上，单细胞，表面光滑或有各种纹饰，芽孔 1 个，顶生，孢壁大多有色。担子外生。

模式种：*Uromyces appendiculatus* (Pers.) Unger (Conserved type)

≡ *Uredo appendiculatus* Pers.

寄主：*Phaseolus vulgaris* L. (Fabaceae)

产地：欧洲。

本属全世界约有 800 种，生于被子植物上，尤其在豆科 Fabaceae（Leguminosae）蝶形花亚科 Faboideae 上的种类丰富，世界广布（Kirk et al. 2008；Cummins and Hiratsuka 2003）。国内已知 119 种和变种（庄剑云等 2005；徐彪等 2008b，2009；Zhao and Zhuang 2009；Zhuang and Wei 2011，2012；支叶等 2014；Liu et al. 2016a；杨晓坡等 2018），内蒙古已报道 34 种和变种（尚衍重 1997；刘铁志等 2004，2014；庄剑云等 2005；支叶等 2014；Liu et al. 2016a；杨晓坡等 2018），目前确认有 37 种和变种，其中粟单胞锈菌 *Uromyces setariae-italicae* Yoshino、白车轴草单胞锈菌 *U. trifolii-repentis* Liro 和藜芦单胞锈菌 *U. veratri* (DC.) J. Schröt.等 3 种为内蒙古新记录。

藜科 Chenopodiaceae 上的种

分种检索表

1. 植物病部（茎）产生木质肿瘤；生于梭梭属 *Haloxylon* 上……………………**赛多单胞锈菌 *U. sydowii***
1. 植物病部不产生肿瘤……………………………………………………………………2
2. 冬孢子顶壁 3～7.5μm 厚；生于猪毛菜属 *Salsola* 上………………………**猪毛菜单胞锈菌 *U. salsolae***
2. 冬孢子顶壁 2.5～5μm 厚；生于碱蓬属 *Suaeda* 上……………………………**藜单胞锈菌 *U. chenopodii***

藜单胞锈菌　图 222

Uromyces chenopodii (Duby) J. Schröt., *in* Kunze, Fung. Sel. Exs.: 214, 1880; Tai, Syll. Fung. Sin.: 780, 1979; Zhuang et al., Fl. Fung. Sin. 25: 8, 2005; Liu et al., J. Inner Mongolia Agr. Univ. (Nat. Sci. Ed.) 35(6): 56, 2014.

Uredo chenopodii Duby, Bot. Gall., Edn 2, 2: 899, 1830.

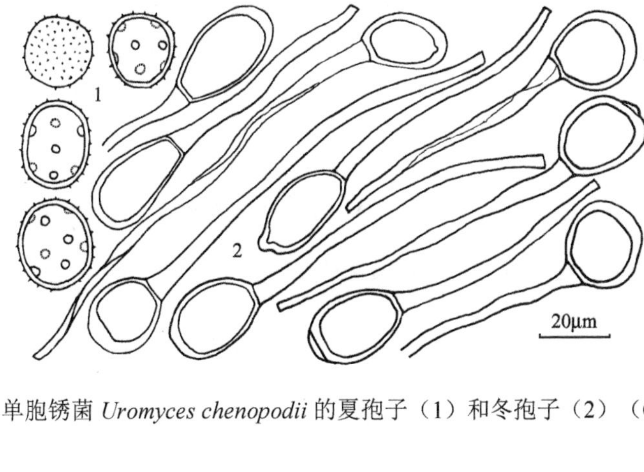

图 222　藜单胞锈菌 *Uromyces chenopodii* 的夏孢子（1）和冬孢子（2）（CFSZ 6775）

性孢子器和春孢子器在引证标本中未见。

夏孢子堆未见；夏孢子在冬孢子堆上，椭圆形或近圆形，20～25×18～20μm，壁 1.5～2.5μm 厚，表面有细刺，淡黄褐色，芽孔不清楚，约 6～8 个，散生。

冬孢子堆生于叶两面和茎上，叶上者圆形或近圆形，直径 0.5～2mm，散生或聚生，茎上者呈纺锤形，隆起，长度不等，可达 2cm，裸露，垫状，略坚实，黑褐色；冬孢子近球形、椭圆形、倒卵形或近梨形，（20～）22.5～35（～45）×15～23（～25.5）μm，顶端圆形，少数略平或略尖，基部圆或略狭，侧壁 1.5～2μm 厚，顶壁 2.5～5μm 厚，表面光滑，肉桂褐色至栗褐色；柄淡黄褐色或近无色，长达 130μm 或更长，有的达 200μm，不脱落。

（0），（Ⅰ），Ⅱ，Ⅲ

盐地碱蓬 *Suaeda salsa* (L.) Pall.：巴彦淖尔市临河区双河镇 479、480。锡林郭勒盟锡林浩特市水库 **6775**。

国内分布：内蒙古，新疆。

世界分布：北温带广布。

在巴彦淖尔市的 2 号标本上未能见到夏孢子堆及夏孢子，锡林郭勒盟的标本上仅检测到在冬孢子堆上的夏孢子，数量很少。与庄剑云等（2005）对本种的描述比较，我们的菌夏孢子较小，冬孢子较窄。

猪毛菜单胞锈菌　　图 223

Uromyces salsolae Reichardt, Verh. Zool.-Bot. Ges. Wien 27: 842, 1877; Tai, Syll. Fung. Sin.: 793, 1979; Guo & Wang, Acta Mycol. Sin., Suppl. 1: 113, 1987 [1986]; Zhuang et al., Fl. Fung. Sin. 25: 11, 2005; Liu et al., J. Inner Mongolia Agr. Univ. (Nat. Sci. Ed.) 35(6): 57, 2014.

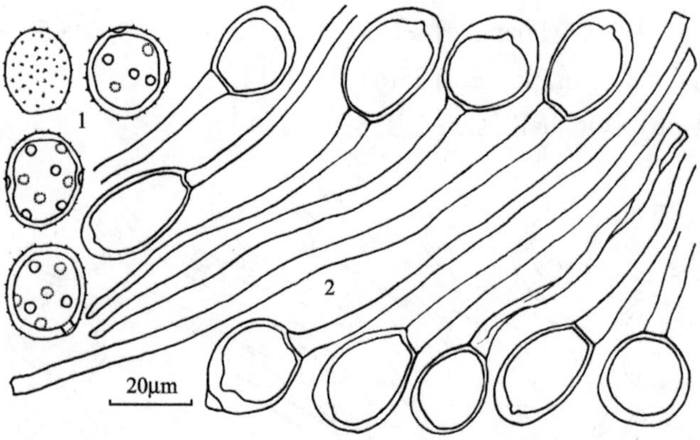

图 223　猪毛菜单胞锈菌 *Uromyces salsolae* 的夏孢子（1）和冬孢子（2）（CFSZ 6667）

性孢子器生于叶下面，小群聚生，常与春孢子器混生，近球形，直径 100～150μm，黄色。

春孢子器生于叶下面，小群聚生，杯状，直径 200～380μm，边缘撕裂，反卷，淡黄白色；包被细胞多角形，17.5～30×12.5～25μm，无色，内壁有疣；春孢子角球形、近球形、卵形或椭圆形，17.5～25（～30）×14～20μm，壁 1～1.5μm 厚，表面有细疣，无色，鲜时含橘黄色内含物。

夏孢子堆叶两面生，也生于茎上，圆形或椭圆形，直径 0.2～2mm，散生或聚生，裸露，粉状，肉桂褐色，周围有破裂的寄主表皮围绕；夏孢子近球形、椭圆形或矩圆形，

20～25（～30）×15～21μm，壁 1.5～2.5μm 厚，表面有刺，黄褐色，芽孔 5～10 个，散生，常有不明显的无色孔帽。

冬孢子堆叶两面生，也生于茎上，圆形或椭圆形，直径 0.2～3mm，茎上呈条形者长 2～5mm，散生或聚生，常相互汇合长达 1.5cm 或更长，裸露或被寄主表皮覆盖，垫状，略坚实，黑褐色或黑色；冬孢子近球形、椭圆形、倒卵形或矩圆形，20～35×16～22.5μm，顶端圆形，少数钝圆或平截，基部圆或略狭，侧壁 1～2.5μm 厚，顶壁 3～7.5μm 厚，表面光滑，肉桂褐色；柄淡黄褐色至无色，长达 135μm，不脱落。孢子成熟后立即萌发。

0，Ⅰ，Ⅱ，Ⅲ

*猪毛菜 *Salsola collina* Pall.：阿拉善盟阿拉善左旗贺兰山北寺 8643、8647。

红翅猪毛菜 *Salsola intramongolica* H.C. Fu & Z.Y. Chu：锡林郭勒盟阿巴嘎旗别力古台 6777；苏尼特左旗满都拉图 6788。

刺沙蓬 *Salsola tragus* L.：赤峰市克什克腾旗浩来呼热 **6667**、6673、6675。锡林郭勒盟苏尼特左旗白日乌拉 6806。

国内分布：内蒙古，新疆。

世界分布：欧亚温带及非洲北部。

本种为单主长循环型的种。庄剑云等（2005）根据新疆乌鲁木齐的两份标本描述本种的夏孢子大小为 22～30（～33）×17～25μm，冬孢子大小为 25～35（～40）×17～30（～33）μm，在这两份标本上未见性孢子器和春孢子器。在我们的材料中，猪毛菜（8643、8647）上产生了性孢子器和春孢子器，这是国内首次发现。与上述数据比较，我们的菌夏孢子和冬孢子都略小。

赛多单胞锈菌　图 224

Uromyces sydowii Z.K. Liu & L. Guo, Acta Mycol. Sin. 4(2): 93, 1985; Guo & Wang, Acta Mycol. Sin., Suppl. 1: 112, 1987 [1986]; Zhuang et al., Fl. Fung. Sin. 25: 12, 2005; Liu et al., J. Inner Mongolia Agr. Univ. (Nat. Sci. Ed.) 35(6): 58, 2014.

Uromyces heteromallus Syd., Annls Mycol. 37: 439, 1939.

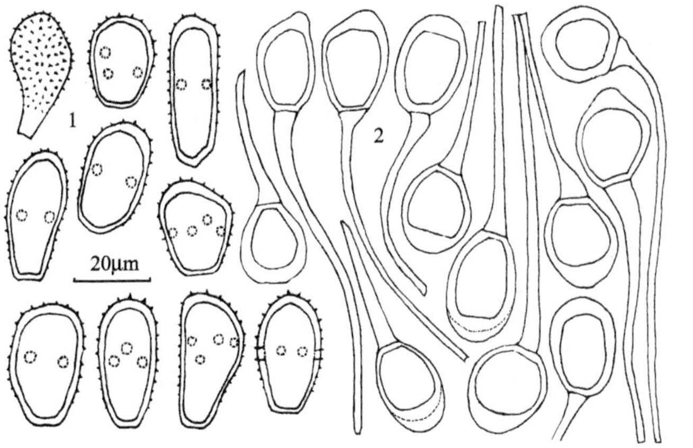

图 224　赛多单胞锈菌 *Uromyces sydowii* 的夏孢子（1）和冬孢子（2）（CFSZ 9704）

夏孢子堆生于茎上，受害部位形成球形、纺锤形或不规则形大瘤，孢子堆在瘤上相连成片，锈褐色，粉状；夏孢子椭圆形、矩圆形、长椭圆形、长倒卵形、梨形或不规则形，（20～）22.5～35（～40）×13～22.5μm，侧壁 1～2μm 厚，顶壁可达 2.5（～3）μm 厚，表面上部多刺，向下刺渐小或无，淡黄褐色，顶部颜色常较深而呈黄褐色，芽孔不清楚，似 2～4 个，腰生或近腰生。

冬孢子堆未见；冬孢子稀少，混生于夏孢子堆中，椭圆形、倒卵形或近球形，20～30×15～22.5μm，两端圆形，基部略狭，侧壁 1～1.5μm 厚，顶壁 2.5～6μm 厚，表面有极细网纹或近光滑，肉桂褐色，顶端近无色；柄无色，长达 125μm，易断。

Ⅱ，Ⅲ

梭梭 *Haloxylon ammodendron* (C.A. Mey.) Bunge ex Fenzl：阿拉善盟阿拉善左旗巴彦浩特 8622、8625。巴彦淖尔市磴口县，尚衍重 7265。乌海市 106 治沙工区，袁秀英 **9704**（=HMAS 82262）。

国内分布：内蒙古，甘肃，新疆。

世界分布：印度西北，巴基斯坦，中国西北。

在上述 4 号引证标本中仅采自乌海的 9704 有冬孢子。

莎草科 Cyperaceae 上的种

原单胞锈菌　图 225

Uromyces haraeanus Syd. & P. Syd., Uredinea 2: 169, 1912; Tai, Syll. Fung. Sin.: 785, 1979; Zhuang et al., Fl. Fung. Sin. 25: 130, 2005; Liu et al., J. Inner Mongolia Agr. Univ. (Nat. Sci. Ed.) 35(6): 56, 2014.

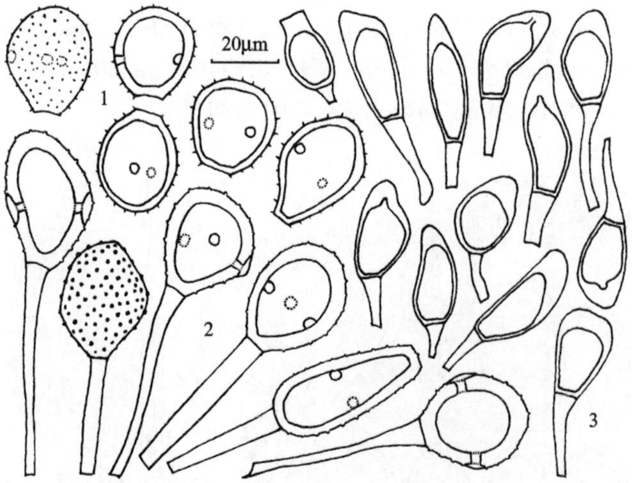

图 225　原单胞锈菌 *Uromyces haraeanus* 的夏孢子（1）、休眠夏孢子（2）和冬孢子（3）（CFSZ 5148）

夏孢子堆叶两面生，圆形、椭圆形或矩圆形，直径 0.2～1mm，散生至聚生，常相互连接成长条形，长达 2.5mm，初期被寄主表皮覆盖，后裸露，粉状，常有破裂的寄主表皮围绕，肉桂褐色至栗褐色；夏孢子近球形、椭圆形或倒卵形，24～32.5×20～25μm，壁 1.5～2μm 厚，表面有刺，黄色至黄褐色，芽孔 2～3 个，腰生。休眠夏孢子球形、倒卵形、椭圆形或多角形，25～40（～45）×17.5～27.5μm，壁 2.5～3μm 厚，顶壁有时达 4μm 厚，表面有刺疣，肉桂褐色至栗褐色，芽孔 2～3 个，腰生，有淡褐色或无色孔帽；柄无色或淡色，长达 65μm，不脱落。

冬孢子与夏孢子混生，棍棒形、长椭圆形、卵形或倒卵形，20～36×10～15μm，顶端钝圆、锥尖或平截，基部圆形或渐狭，侧壁约 1μm 厚或不及，顶壁 5～10μm 厚，表面光滑，淡黄色至肉桂褐色，顶端色深，柄无色至淡黄色，长达 25μm，常从孢子基部处断裂。

II，III

藨草属 *Scirpus* sp.：呼伦贝尔市莫力达瓦达斡尔族自治旗塔温敖宝镇霍日里绰罗，陈明 **5148**（= HMAS 244809）。

国内分布：黑龙江，内蒙古。

世界分布：日本，俄罗斯远东地区，中国东北。

据庄剑云等（2005）报道，本种在我国的分布记录是 Hiratsuka 于 1940 年采自黑龙江省的牡丹江，他们未能研究该标本，从译自 Ito（1950）的描述来看，休眠夏孢子光滑；冬孢子堆似夏孢子堆。Hiratsuka 等（1992）也描述本种休眠夏孢子几乎光滑。我们的菌休眠夏孢子有明显的刺疣；冬孢子与夏孢子混生。

大戟科 Euphorbiaceae 上的种

分种检索表

1. 产生夏孢子；冬孢子较小，15～22.5×12.5～17.5μm ……………………**大戟单胞锈菌 *U. euphorbiae***
1. 不产生夏孢子；冬孢子较大 ……………………………………………………………………2
2. 冬孢子表面或多或少有散生或斜向排列成行的细疣 ……………………**卡尔马斯单胞锈菌 *U. kalmusii***
2. 冬孢子表面布满纵向排列的长条状或疣状突起 ………………………………**细纹单胞锈菌 *U. striatellus***

大戟单胞锈菌　图 226

Uromyces euphorbiae Cooke & Peck, *in* Peck, Ann. Rep. Reg. Univ. St. N. Y. 25: 90, 1873 [1872]; Guo & Wang, Acta Mycol. Sin., Suppl. 1: 132, 1987 [1986]; Liu et al., J. Fungal Res. 2(3): 15, 2004; Zhuang et al., Fl. Fung. Sin. 25: 82, 2005; Liu et al., J. Inner Mongolia Agr. Univ. (Nat. Sci. Ed.) 35(6): 56, 2014; Liu et al., J. Fungal Res. 15(4): 248, 2017.

Uromyces proëminens (DC.) Lév., Ann. Sci. Nat., Bot., sér. 3, 8: 371, 1847; Wang, Index Ured. Sin.: 94, 1951; Tai, Syll. Fung. Sin.: 792, 1979.

性孢子器未见。

春孢子器生于叶下面，聚生，常布满整个叶面，杯状，直径 160～320μm，深陷于寄主组织中，边缘齿裂，略反卷，露于寄主外，淡黄色至乳白色；春孢子角球形、近球形或宽椭圆形，12.5～17.5×11～15μm，密生细疣，淡黄色或近无色。

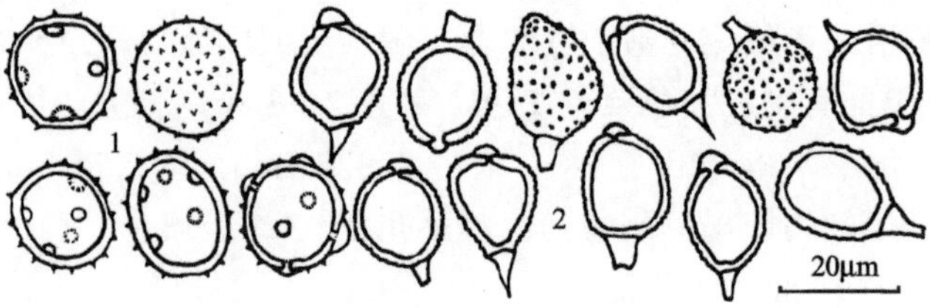

图 226　大戟单胞锈菌 *Uromyces euphorbiae* 的夏孢子（1）和冬孢子（2）（CFSZ 904）

夏孢子堆叶两面生，散生或小群聚生，圆形或近圆形，直径 0.2～0.5mm，裸露，外有破裂的寄主表皮围绕，粉状，肉桂褐色；夏孢子球形、近球形或宽椭圆形，16～22.5×14～17.5μm，壁 1.5～2μm 厚，表面疏生细刺，黄褐色，芽孔 4～6 个，散生，有不明显的无色孔帽。

冬孢子堆叶两面生，散生或小群聚生，圆形或近圆形，直径 0.2～1mm，裸露，外有破裂的寄主表皮围绕，粉状，暗褐色；冬孢子近球形、倒卵形或椭圆形，15～22.5×12.5～17.5μm，两端圆，壁均匀，1～1.5μm 厚，表面布满粗疣和条状突起，肉桂褐色，具扁平的无色孔帽，顶壁和孔帽约 2.5μm 厚；柄无色，脱落或易断。

（0），Ⅰ，Ⅱ，Ⅲ

地锦 *Euphorbia humifusa* Willd. ex Schltdl.：包头市青山区稀土开发区，刘小荣 1462。赤峰市阿鲁科尔沁旗扎嘎斯台 571；巴林右旗赛罕乌拉自然保护区荣升 9508；红山区植物园 5086。鄂尔多斯市达拉特旗恩格贝 958。呼伦贝尔市新巴尔虎右旗贝尔 **904**。锡林郭勒盟锡林浩特市植物园 6756。

国内分布：北京，内蒙古，山东，宁夏。

世界分布：北温带广布。

卡尔马斯单胞锈菌　　图 227

Uromyces kalmusii Sacc., Michelia 2(6): 45, 1880; Wang, Index Ured. Sin.: 91, 1951; Tai, Syll. Fung. Sin.: 786, 1979; Zhuang et al., Fl. Fung. Sin. 25: 84, 2005; Liu et al., J. Inner Mongolia Agr. Univ. (Nat. Sci. Ed.) 35(6): 56, 2014.

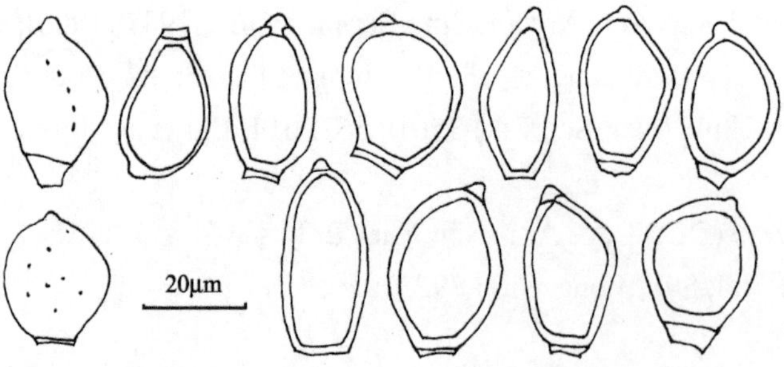

图 227　卡尔马斯单胞锈菌 *Uromyces kalmusii* 的冬孢子（CFSZ 9686）

冬孢子堆叶两面生，散生，圆形，直径 0.2～0.5mm，常均匀布满整个叶面，长期被寄主表皮覆盖，后期寄主表皮开裂成小孔而露出，粉状，栗褐色；冬孢子卵形、倒卵形或椭圆形，20～35（～40）×15～25μm，个别者长达 47.5μm，壁均匀，1.5～2μm 厚，表面或多或少有散生或斜向排列成行的细疣，肉桂褐色，具无色孔帽，孔帽 1.5～2.5μm 厚；柄无色，纤细，长达 70μm 或更长，脱落或在近孢子处断裂。

III

乳浆大戟 *Euphorbia esula* L.：包头市南约 60km，杨绍明 **9686**（= HMAS 64213）。鄂尔多斯市伊金霍洛旗红海子乡掌岗图，杨绍明 9687（= HMAS 64210）、9688（= HMAS 64211）、9689（= HMAS 64212）。

国内分布：内蒙古。

世界分布：欧亚大陆温带广布。

细纹单胞锈菌 图 228

Uromyces striatellus Tranzschel, Annls Mycol. 8: 24, 1910; Zhuang, Mycosystema 6: 34, 1993; Zhuang et al., Fl. Fung. Sin. 25: 86, 2005; Liu et al., J. Inner Mongolia Agr. Univ. (Nat. Sci. Ed.) 35(6): 58, 2014.

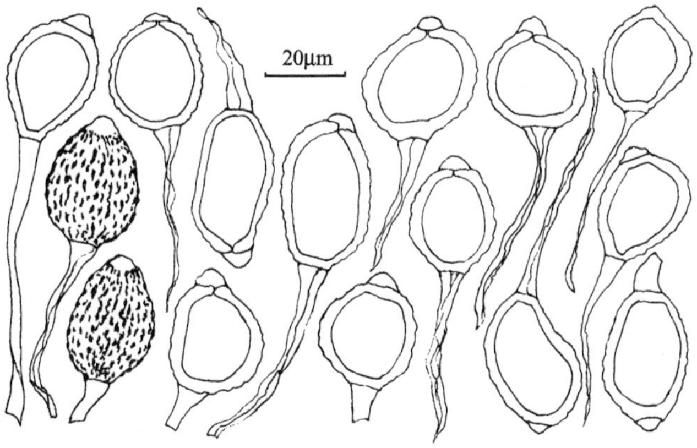

图 228 细纹单胞锈菌 *Uromyces striatellus* 的冬孢子（CFSZ 9694）

性孢子器生于叶下面，散生，直径 100～120μm。

冬孢子堆生于叶下面，散生，圆形，直径 0.2～0.5mm，初期被寄主表皮覆盖，泡状，后裸露，粉状，黑褐色；冬孢子椭圆形、矩圆形或近球形，20～35（～40）×17.5～25（～27.5）μm，两端圆，壁均匀，1.5～2μm 厚，表面布满纵向排列的长条状或疣状突起，黄褐色至栗褐色，具半球形或扁平的无色孔帽，孔帽 1.5～4μm 厚；柄 70～100μm 长，无色，纤细，大多萎缩或易断。

0，III

乳浆大戟 *Euphorbia esula* L.：鄂尔多斯市伊金霍洛旗红海子，杨绍明 **9694**（= HMAS 64208）、9695（= HMAS 64209）。

国内分布：内蒙古。

世界分布：乌克兰，亚美尼亚，俄罗斯，伊朗，中国。

豆科 Fabaceae（Leguminosae）上的种
分种检索表

1. 不产生夏孢子或产生与杯状春孢子器相似的夏孢子堆（次生春孢子器）……………………………2
1. 产生夏孢子；夏孢子堆无包被………………………………………………………………………3
2. 冬孢子表面密被疣或形成网状皱纹，孔帽明显（与顶壁 4～7.5μm 厚）；生于岩黄耆属 *Hedysarum* 上……………………………………………………**暗味岩黄耆单胞锈菌 *U. hedysari-obscuri***
2. 冬孢子表面有或多或少散生或成行排列的小疣，孔帽不明显（与顶壁不及 4μm 厚）；生于车轴草属 *Trifolium* 上……………………………………………………………**车轴草单胞锈菌 *U. trifolii***
3. 冬孢子表面光滑……………………………………………………………………………………4
3. 冬孢子表面或多或少有疣或条纹………………………………………………………………9
4. 夏孢子芽孔 3～5 个………………………………………………………………………………5
4. 夏孢子芽孔 2（～3）个……………………………………………………………………………6
5. 夏孢子堆有侧丝；夏孢子芽孔腰生或近腰生，常不明显；生于胡枝子属 *Lespedeza* 上……………………………………………………………**平铺胡枝子单胞锈菌 *U. lespedezae-procumbentis***
5. 夏孢子堆无侧丝；夏孢子芽孔散生或近腰生，明显，具小孔帽；生于山黧豆属 *Lathyrus* 和野豌豆属 *Vicia* 上……………………………………………………………**蚕豆单胞锈菌 *U. viciae-fabae***
6. 夏孢子芽孔 2 个，腰上生或近顶生；生于豇豆属 *Vigna* 上……………………**豇豆单胞锈菌 *U. vignae***
6. 夏孢子芽孔 2（～3）个，腰生……………………………………………………………………7
7. 冬孢子顶壁明显增厚，达 5～10μm 厚，柄长达 70μm，不脱落或易断；生于野豌豆属 *Vicia* 上……………………………………………………………………**野豌豆单胞锈菌 *U. ervi***
7. 冬孢子顶壁不增厚，有孔帽，柄短，脱落或易断…………………………………………………8
8. 夏孢子芽孔 2 个；冬孢子孔帽和顶壁厚 3～6.5μm；生于甘草属 *Glycyrrhiza* 上……………………………………………………………………**甘草单胞锈菌 *U. glycyrrhizae***
8. 夏孢子芽孔 2（～3）个；冬孢子孔帽和顶壁厚 2.5～7.5μm；生于赤豆 *Vigna angularis* 上……………………………………………**疣顶单胞锈菌赤豆变种 *U. appendiculatus* var. *azukiicola***
9. 夏孢子芽孔 2～4 个………………………………………………………………………………10
9. 夏孢子芽孔 3～5 个或 5 个以上…………………………………………………………………12
10. 冬孢子 21～38×19～28μm，侧壁 2～4μm 厚，孔帽和顶壁 4～8（～10）μm 厚，柄不脱落，长达 40μm；生于菜豆属 *Phaseolus* 和豇豆属 *Vigna* 上……………………………………………**疣顶单胞锈菌原变种 *U. appendiculatus* var. *appendiculatus***
10. 冬孢子较小，通常不超过 30μm 长，壁较薄（1～2.5μm），孔帽薄或不明显，与顶壁厚小于 4μm，柄短且脱落或易断……………………………………………………………………………11
11. 冬孢子表面有粗疣或条状突起；生于草木犀属 *Melilotus* 上……………………………………………………………**博伊姆勒单胞锈菌 *U. baeumlerianus***
11. 冬孢子表面或多或少有散生或排列成行的小疣，有时光滑；生于车轴草属 *Trifolium* 上……………………………………………………………**白车轴草单胞锈菌 *U. trifolii-repentis***
12. 夏孢子芽孔较少，通常 3～5 个，稀达 6 个…………………………………………………13

12. 夏孢子芽孔较多，4～8 个……………………………………………………………………………………………… 20
13. 夏孢子较大，有些可超过 30μm 长 ……………………………………………………………………………… 14
13. 夏孢子较小，一般不超过 30μm 长 ……………………………………………………………………………… 15
14. 夏孢子芽孔 3～4（～5）个；冬孢子 17.5～25×12.5～20μm；生于沙冬青属 *Ammopiptanthus* 上 …
…………………………………………………………………………………………… **欧黄华单胞锈菌 *U. anagyridis***
14. 夏孢子芽孔 2～4(～5)个；冬孢子 17.5～30(～32.5)×12.5～22.5μm；生于山竹子属 *Corethrodendron*（岩黄耆属 *Hedysarum*）上…………………………………………………… **驴豆单胞锈菌 *U. onobrychidis***
15. 冬孢子表面有排列不规则的小疣……………………………………………………………………………… 16
15. 冬孢子表面有纵向排列的疣或脊……………………………………………………………………………… 17
16. 夏孢子芽孔 3～5 个；冬孢子 20～30×16～25μm；生于野豌豆属 *Vicia* 上……………………………
……………………………………………………………………………………… **海梅尔单胞锈菌 *U. heimerlianus***
16. 夏孢子芽孔（3～）4～5（～6）个；冬孢子 19～32.5×15～22.5μm；生于米口袋属 *Gueldenstaedtia* 上
……………………………………………………………………………………………… **近藤单胞锈菌 *U. kondoi***
17. 夏孢子芽孔 3～5（～6）个；生于苦马豆 *Sphaerophysa salsula* 上……………………………………
…………………………………………………………………………………… **苦马豆单胞锈菌 *U. sphaerophysae***
17. 夏孢子芽孔 3～5 个；生于其他植物上 ………………………………………………………………………… 18
18. 夏孢子堆不常见；生于锦鸡儿属 *Caragana* 上 …………………………………… **毒豆单胞锈菌 *U. laburni***
18. 夏孢子堆常见；生于其他属上…………………………………………………………………………………… 19
19. 冬孢子球形、近球形、卵形或短柱状，15～27×13～19μm；生于苜蓿属 *Medicago*（扁蓿豆属 *Melilotoides*）上…………………………………………………………………… **条纹单胞锈菌 *U. striatus***
19. 冬孢子近球形、椭圆形、矩圆形或倒卵形，16～25（～27.5）×14～17.5（～20）μm；生于棘豆属 *Oxytropis* 上 ………………………………………… **斑点单胞锈菌原变种 *U. punctatus* var. *punctatus***
20. 夏孢子较大，20～30×17.5～22.5μm，芽孔 6～8 个；生于野决明属 *Thermopsis* 上 ………………
…………………………………………………………………………………………… **黄华单胞锈菌 *U. thermopsidis***
20. 夏孢子较小，长度通常小于 25μm，少数可达 27.5μm，芽孔数目变化较大，（4～）5～7（～8）个；生于其他植物上…………………………………………………………………………………………………… 21
21. 冬孢子表面布满散生或呈纵向排列的疣，孔帽无色，小而不明显，与顶壁厚小于 5μm；生于黄耆属 *Astragalus* 上……………………………… **斑点单胞锈菌达乌里黄耆变种 *U. punctatus* var. *dahuricus***
21. 冬孢子表面密被疣，孔帽淡褐色至近无色，大而明显，与顶壁（2.5～）5～7.5μm 厚；生于岩黄耆属 *Hedysarum* 上 ……………………………………………………… **八岳山单胞锈菌 *U. yatsugatakensis***

欧黄华单胞锈菌　图 229

Uromyces anagyridis Roum., Fungi Selecti Galliaei Exs.: 743, 1880; Tai, Syll. Fung. Sin.: 779, 1979; Guo & Wang, Acta Mycol. Sin., Suppl. 1: 127, 1987 [1986]; Zhuang & Wei, Mycosystema 7: 81, 1994; Zhuang et al., Fl. Fung. Sin. 25: 27, 2005; Liu et al., J. Inner Mongolia Agr. Univ. (Nat. Sci. Ed.) 35(6): 55, 2014.

Coeomurus anagyridis (Roum.) Kuntze [as'*Caeomurus*'], Revis. Gen. Pl. 3(2): 449, 1898.

Uredo piptanthus M.M. Chen, Acta Phytopath. Sin. 12: 27, 1982.

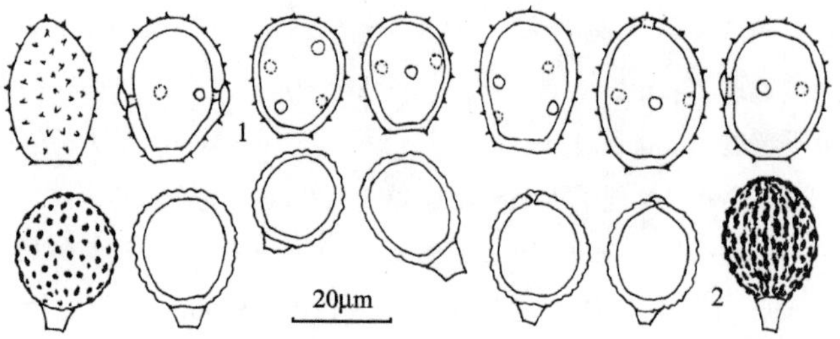

图 229　欧黄华单胞锈菌 *Uromyces anagyridis* 的夏孢子（1）和冬孢子（2）（CFSZ 9707）

夏孢子堆叶两面生，圆形或椭圆形，直径 0.5～1mm，散生，初期埋生于寄主表皮下，后期表皮缝裂而暴露，粉状，肉桂褐色；夏孢子近球形、倒卵形或椭圆形，20～30（～35）×15～25μm，肉桂褐色，壁 1.5～2.5μm 厚，表面有刺，芽孔 3～4（～5）个，腰生或散生，常有小孔帽。

冬孢子堆似夏孢子堆，栗褐色至黑褐色；冬孢子近球形、椭圆形或倒卵形，17.5～25×12.5～20μm，两端圆形，壁均匀，1.5～2μm 厚，表面有纵向排列的粗疣或条状突起，栗褐色；柄短，无色，脱落或易断。

II，III

沙冬青 *Ammopiptanthus mongolicus* (Maxim. ex Kom.) S.H. Cheng：巴彦淖尔市磴口县，中国林业科学研究院治沙站，袁秀英 **9707**（= HMAS 80744）。

国内分布：内蒙古，甘肃，新疆，四川，西藏。

世界分布：地中海地区、西亚至中国西部。

疣顶单胞锈菌原变种　图 230

Uromyces appendiculatus (Pers.) Unger, Einfl. Bodens: 216, 1836; Tai, Syll. Fung. Sin.: 779, 1979; Guo & Wang, Acta Mycol. Sin., Suppl. 1: 120, 1987 [1986]; Guo, Fungi and Lichens of Shennongjia: 143, 1989; Wei & Zhuang, Fungi of Xiaowutai Mountains in Hebei Province: 129, 1997; Wei & Zhuang, Fungi of the Qinling Mountains: 76, 1997; Zhang et al., Mycotaxon 61: 76, 1997; Zhuang & Wei, Mycotaxon 72: 387, 1999; Liu et al., J. Fungal Res. 2(3): 15, 2004; Zhuang et al., Fl. Fung. Sin. 25: 28, 2005; Liu et al., J. Inner Mongolia Agr. Univ. (Nat. Sci. Ed.) 35(6): 55, 2014. var. **appendiculatus**

Uromyces appendiculatus (Pers.) Link, Mag. Gesell. Naturf. Freunde, Berlin 8: 30, 1816 [1815]; Wang, Index Ured. Sin.: 87, 1951.

Uredo appendiculata α *phaseoli* Pers., Ann. Bot. 15: 17, 1795.

Uromyces phaseoli (Pers.) G. Winter, Hedwigia 19: 37, 1880; Wang, Index Ured. Sin.: 93, 1951; Teng, Fungi of China: 329, 1963.

Uromyces phaseoli typica Arthur, Manual of the Rusts in United States and Canada: 296, 1934; Wang, Index Ured. Sin.: 94, 1951.

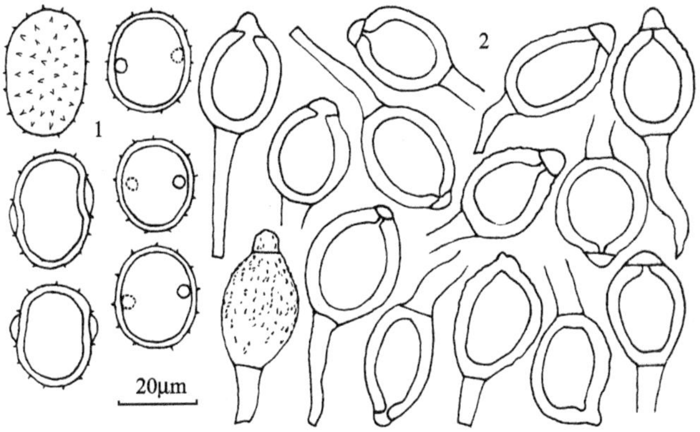

图 230　疣顶单胞锈菌原变种 *Uromyces appendiculatus* var. *appendiculatus* 的夏孢子（1）和冬孢子（2）（CFSZ 5242）

性孢子器和春孢子器在引证标本上未见。

夏孢子堆叶两面生，也生于茎和荚果上，圆形或近圆形，直径 0.1～1mm，茎上者长梭形，可达 3mm，散生或聚生，有时密布整个叶片，裸露，外有破裂的寄主表皮围绕，粉状，肉桂褐色；夏孢子近球形、倒卵形或椭圆形，19～26（～33）×16～22.5μm，肉桂褐色或黄褐色，壁 1.5～2μm 厚，表面疏生细刺，芽孔 2 个，腰生，常有小孔帽。

冬孢子堆似夏孢子堆，暗褐色至黑色；冬孢子近球形、卵形或椭圆形，21～38×19～28μm，两端圆形，侧壁 2～4μm 厚，顶部有无色半球状孔帽，孔帽和顶壁 4～8（～10）μm 厚，表面有小疣或近光滑，黄褐色至栗褐色；柄无色，短或有时长达 40μm，易断。

（0），（Ⅰ），Ⅱ，Ⅲ

菜豆 *Phaseolus vulgaris* L.：巴彦淖尔市临河区八一 584。赤峰市敖汉旗四家子镇热水 7064；红山区大三家 1907、1966，南山 1，西南地 78、190，林研所 1970；喀喇沁旗马鞍山 **5242**，十家乡头道营子 827、1141；宁城县热水 5389；新城区同心园 8221；翁牛特旗乌丹 578。通辽市科尔沁区育新 352。兴安盟科尔沁右翼前旗居力很 931。

绿豆 *Vigna radiata* (L.) R. Wilczek [≡ *Phaseolus radiatus* L.; ≡ *Azukia radiata* (L.) Ohwi]：赤峰市红山区林研所 81。

据庄剑云等（2005）报道，这个种生于菜豆上的分布区还有呼和浩特市。

国内分布：吉林，北京，河北，山西，内蒙古，山东，江苏，浙江，安徽，江西，福建，上海，台湾，湖南，湖北，海南，广西，陕西，甘肃，云南，四川，贵州，重庆，西藏。

世界分布：世界广布。

疣顶单胞锈菌赤豆变种　　图 231

Uromyces appendiculatus (Pers.) Unger var. **azukiicola** (Hirata) Hirats. f. [as'*azukicola*'], *in* Hiratsuka et al., The Rust Flora of Japan: 958, 1992.

Uromyces azukiicola Hirata [as'*azukicola*'], Ann. Phytopath. Soc. Japan 16: 18, 1952.

Uromyces phaseoli (Rebent.) G. Winter var. *azukiicola* (Hirata) Hirats. f. [as'*azukicola*'], Rep.

Tottori Mycol. Inst. 10: 35, 1973.

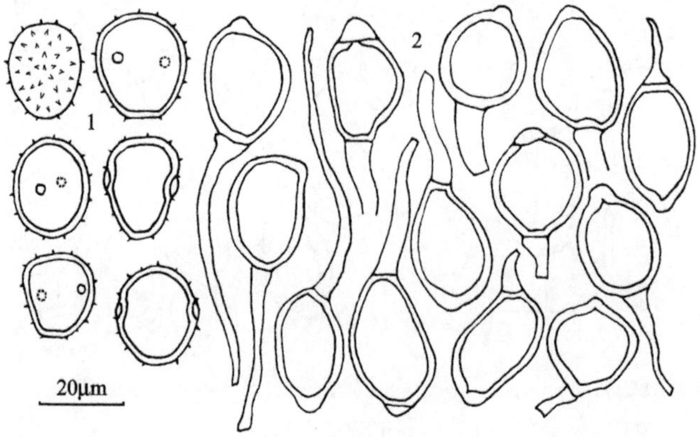

图 231　疣顶单胞锈菌赤豆变种 *Uromyces appendiculatus* var. *azukiicola* 的夏孢子（1）和冬孢子（2）（CFSZ 8985）

性孢子器和春孢子器在引证标本上未见。

夏孢子堆叶两面生，圆形，直径 0.1～1mm，散生或聚生，裸露，外有破裂的寄主表皮围绕，粉状，肉桂褐色；夏孢子近球形、倒卵形或椭圆形，20～25×16～22.5μm，肉桂褐色或黄褐色，壁 1～2μm 厚，表面疏生细刺，芽孔 2（～3）个，腰生，有时有小孔帽。

冬孢子堆似夏孢子堆，暗褐色至黑色；冬孢子近球形、倒卵形或椭圆形，22.5～35×12.5～22.5μm，顶端圆形或稍尖，基部圆形或渐狭，侧壁 1.5～2.5μm 厚，顶部有无色孔帽，孔帽和顶壁 2.5～7.5μm 厚，表面光滑，黄褐色至栗褐色；柄无色，长达 45（～70）μm，易断。

（0），（Ⅰ），Ⅱ，Ⅲ

赤豆 *Vigna angularis* (Willd.) Ohwi & H. Ohashi [≡ *Phaseolus angularis* (Willd.) W. Wight ≡ *Azukia angularis* (Willd.) Ohwi]：通辽市库伦旗扣河子镇五星，卜范博 **8985**。

国内分布：黑龙江，河北，内蒙古，山东，浙江，湖南，陕西，云南，重庆。

世界分布：日本，中国，朝鲜半岛。

本变种与原变种的区别在于前者冬孢子壁光滑，较薄（1.2～2μm），柄短（Hirata 1952; Hiratsuka et al. 1992）。庄剑云等（2005）在研究中国标本时没有划分变种。Chung 等（2003）通过接种实验和分子数据表明两个变种是不同的。支叶等（2014）基于夏孢子的芽孔位置、冬孢子壁的厚度、疣顶单胞锈菌及豇豆单胞锈菌特异性引物检测结果和 ITS 序列分析，把产自黑龙江省牡丹江市和内蒙古呼和浩特市的 5 份赤豆（小豆）锈病菌鉴定为 *Uromyces azukiicola* Hirata。我们的菌冬孢子壁 1.5～2.5μm 厚，光滑，但柄较长，并且少数可达 70μm。

此外，在黑龙江省大庆市林甸县，赤豆（红小豆）还可被豇豆单胞锈菌 *Uromyces vignae* Barclay 侵染引起严重的锈病（郑素娇等 2015）。

博伊姆勒单胞锈菌 图 232

Uromyces baeumlerianus Bubák, Hedwigia 47: 363, 1908; Wang, Index Ured. Sin.: 87, 1951; Tai, Syll. Fung. Sin.: 779, 1979; Guo & Wang, Acta Mycol. Sin., Suppl. 1: 127, 1987 [1986]; Wei & Zhuang, Fungi of the Qinling Mountains: 76, 1997; Zhuang et al., Fl. Fung. Sin. 25: 32, 2005; Liu et al., J. Inner Mongolia Agr. Univ. (Nat. Sci. Ed.) 35(6): 55, 2014.

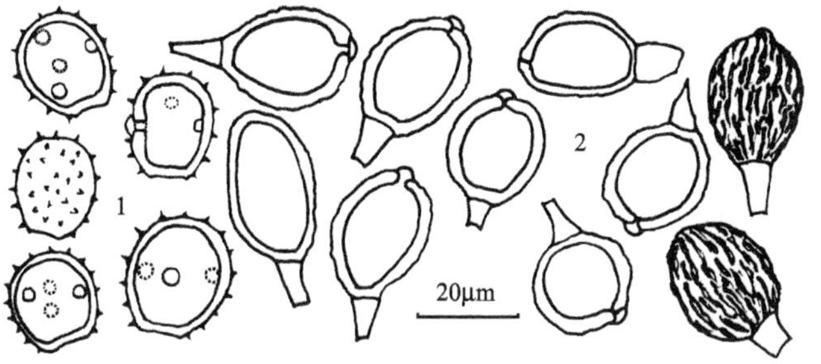

图 232 博伊姆勒单胞锈菌 *Uromyces baeumlerianus* 的夏孢子（1）和冬孢子（2）（CFSZ 451）

夏孢子堆生于叶两面和茎上，圆形或椭圆形，直径 0.2～0.5mm，散生或环状排列并连合，直径可达 1mm，裸露，常有破裂的寄主表皮围绕，肉桂褐色，粉状；夏孢子近球形或椭圆形，15～25×15～20μm，壁 1.5～2.5μm 厚，黄褐色，有细刺，芽孔（2～）3～4 个，腰生或散生，有时具无色小孔帽。

冬孢子堆生于叶两面和茎上，圆形或椭圆形，直径 0.2～1.2mm，裸露，常有破裂的寄主表皮围绕，栗褐色，粉状；冬孢子近球形、倒卵形、椭圆形或矩圆形，17.5～30×15～17.5μm，两端圆形或基部略狭，黄褐色至栗褐色，壁 1.5～2（～2.5）μm 厚，表面布满纵向排列或不规则排列的条状突起或粗疣，顶部不增厚，有无色小孔帽；柄无色，长 10～30μm，脱落或易断。

II，III

白花草木犀（白花草木樨）*Melilotus albus* Medik. ex Desr.：呼和浩特市赛罕区内蒙古大学 **451**。

国内分布：河北，内蒙古，湖北，河南，陕西，四川。

世界分布：欧亚温带广布。

庄剑云等（2005）描述本种的夏孢子大小为 18～28×17～22μm，冬孢子大小为 20～30（～35）×15～22μm。与之相比，我们的菌孢子略小。

野豌豆单胞锈菌 图 233

Uromyces ervi Westend., Bull. Acad. R. Sci. Belg., Cl. Sci. 21(2): 246, 1854; Wang, Index Ured. Sin.: 89, 1951; Tai, Syll. Fung. Sin.: 782, 1979; Guo & Wang, Acta Mycol. Sin., Suppl. 1: 118, 1987 [1986]; Bai et al., J. Shenyang Agr. Univ. 18(3): 62, 1987; Zhang et al., Mycotaxon 61: 77, 1997; Zhuang et al., Fl. Fung. Sin. 25: 36, 2005; Liu et al., J.

Inner Mongolia Agr. Univ. (Nat. Sci. Ed.) 35(6): 56, 2014; Liu et al., J. Fungal Res. 15(4): 248, 2017.

Aecidium ervi Wallr., Fl. Crypt. Germ. 2: 247, 1833.

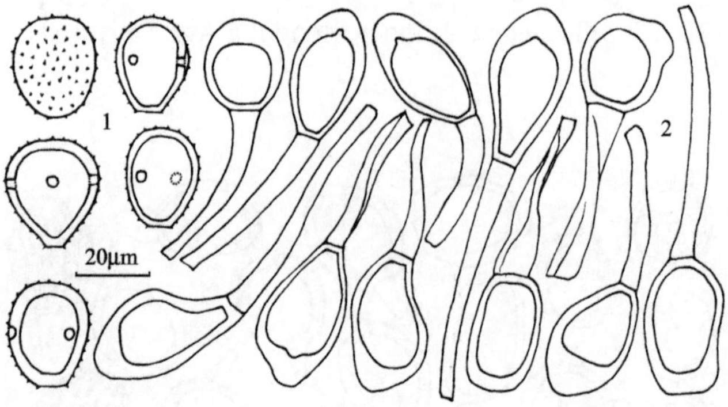

图 233　野豌豆单胞锈菌 *Uromyces ervi* 的夏孢子（1）和冬孢子（2）（CFSZ 6409）

性孢子器叶两面生，埋生于表皮下，球形，直径 90～140μm，蜜黄色至褐色。

春孢子器叶两面生，以叶下面为主，常生于叶脉上，散生或小群聚生，杯状，直径 0.2～0.4mm，白色或黄色，边缘有缺刻，反卷；包被细胞椭圆形、近圆形或多角形，20～40×17.5～27.5μm，无色，壁 2～5μm 厚，内壁有细疣，外壁光滑；春孢子近球形或椭圆形，17.5～25×15～20μm，壁 1～1.5μm 厚，表面有细疣，无色或淡黄色。

夏孢子堆生于叶两面、叶柄和茎上，圆形或椭圆形，直径 0.1～0.6mm，散生或有时稍聚生，裸露，周围有破裂的寄主表皮围绕，金黄色或肉桂褐色，粉状；夏孢子近球形、倒卵形或椭圆形，20～30（～35）×17.5～25μm，壁 1.5～2.5（～3）μm 厚，黄褐色或淡黄褐色，有细刺，芽孔 2（～3）个，腰生，具无色小孔帽。

冬孢子堆生于叶两面、叶柄和茎上，圆形或椭圆形，直径 0.2～1.2mm，有时汇合长达 5mm，散生或聚生，长期被寄主表皮覆盖或后期裸露，周围有破裂的寄主表皮围绕，栗褐色或黑褐色，垫状至略呈粉状；冬孢子近球形、倒卵形、椭圆形或矩圆形，22.5～42.5×16～25μm，顶端圆、钝或稀平截，基部圆形或渐狭，侧壁 1～2.5μm 厚，顶壁 5～10μm 厚，肉桂褐色至栗褐色，表面光滑；柄淡黄褐色至黄褐色，长达 70μm，不脱落或易断。

0，Ⅰ，Ⅱ，Ⅲ

大叶野豌豆 *Vicia pseudo-orobus* Fisch. & C.A. Mey.：呼伦贝尔市鄂伦春自治旗乌鲁布铁 7551、7571。

歪头菜 *Vicia unijuga* A. Braun：赤峰市巴林右旗赛罕乌拉自然保护区大西沟 9125，苗圃 **6409**、6413，荣升 9615、9617、9937、9939，正沟 9514。锡林郭勒盟西乌珠穆沁旗古日格斯台 8108。

据白金铠等（1987）报道，这个种在兴安盟阿尔山市生于山野豌豆 *V. amoena* Fisch. ex DC.上。

国内分布：黑龙江，吉林，内蒙古，台湾，陕西，新疆，云南，四川。

世界分布：北温带广布。

甘草单胞锈菌　图 234

Uromyces glycyrrhizae (Rabenh.) Magnus, Ber. Dt. Bot. Ges. 8: 383, 1890; Wang, Index Ured. Sin.: 90, 1951; Tai, Syll. Fung. Sin.: 784, 1979; Guo & Wang, Acta Mycol. Sin., Suppl. 1: 120, 1987 [1986]; Liu et al., J. Fungal Res. 2(3): 15, 2004; Zhuang et al., Fl. Fung. Sin. 25: 38, 2005; Liu et al., J. Inner Mongolia Agr. Univ. (Nat. Sci. Ed.) 35(6): 56, 2014; Liu et al., J. Fungal Res. 15(4): 248, 2017.

Puccinia glycyrrhizae Rabenh., Bot. Ztg. 8: 438, 1850.

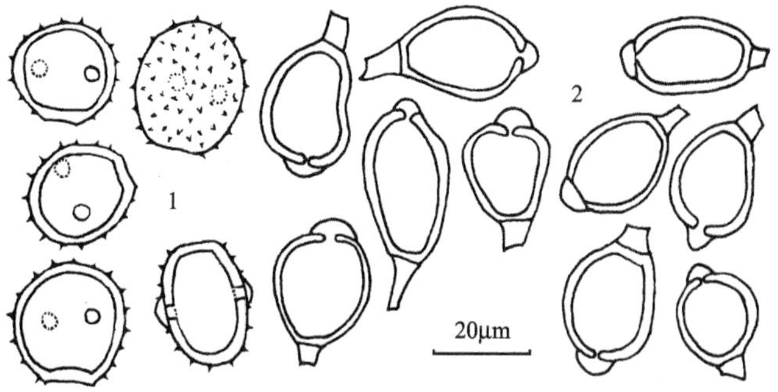

图 234　甘草单胞锈菌 *Uromyces glycyrrhizae* 的夏孢子（1）和冬孢子（2）（CFSZ 5115）

性孢子器未见。

春孢子器生于叶下面，系统性产生，为夏孢型春孢子器（初生夏孢子堆），圆形，直径 0.2～0.5mm，常密布全叶并相互连合，裸露，粉状，肉桂褐色；春孢子似夏孢子，椭圆形、宽倒卵形或近球形，20～30×17.5～24μm，壁 1.5～2μm 厚，表面有刺，肉桂褐色，芽孔 2 个，腰生。

夏孢子堆系统性产生或局部产生，与夏型春孢子器相似，夏孢子与夏型春孢子亦无区别。

冬孢子堆主要生于叶下面，圆形，直径 0.2～0.6mm，裸露，粉状，栗褐色或黑褐色，系统性产生或局部产生，常密布全叶并互相连合；冬孢子椭圆形、倒卵形、近球形或短柱状等，19～29（～32）×14～19（～22）μm，顶端圆形，有无色或淡黄色孔帽，基部圆形或稍狭，栗褐色，侧壁 1.5～2μm 厚，孔帽和顶壁 3～6.5μm 厚，表面光滑；柄无色，短，脱落或易断。

（0），Ⅰ，Ⅱ，Ⅲ

甘草 *Glycyrrhiza uralensis* Fisch. ex DC.：赤峰市阿鲁科尔沁旗高格斯台罕乌拉自然保护区 5754、5767，天山 5701；敖汉旗四道湾子镇小河沿 7117，四家子镇热水 7072。巴林右旗赛罕乌拉自然保护区荣升 6538、9507，幸福之路 7292；红山区红山 253、265、6641，南山 5、237；克什克腾旗大青山 297，经棚 6651，热水 6858，书声，于国林 41；翁牛特旗乌丹，陈明 **5115**，五分地 6926。通辽市库伦旗扣河子镇五星，卜范博 8987；扎鲁特旗鲁北炮台山 7309。锡林郭勒盟阿巴嘎旗别力古台 6785。

据庄剑云等（2005）报道，这个种生于甘草上的分布区还有通辽市科尔沁左翼后旗。

国内分布：山西，内蒙古，甘肃，宁夏，新疆。

世界分布：北温带广布。

庄剑云等（2005）记载本种性孢子器生于叶下面，系统性产生，常分布全叶。上述引证标本中有多号是春孢子阶段，但未镜检到性孢子器。

暗味岩黄耆单胞锈菌 图 235

Uromyces hedysari-obscuri (DC.) Carestia & Picc., *in* Orbigny, Erb. Critt. Ital., sér. 2, Fasc. 9: 447, 1871; Tai, Syll. Fung. Sin.: 785, 1979; Liu, J. Jilin Agr. Univ. 1983(2): 6, 1983; Zhuang & Wei, Mycosystema 7: 82, 1994; Zhuang et al., Fl. Fung. Sin. 25: 40, 2005; Liu et al., J. Inner Mongolia Agr. Univ. (Nat. Sci. Ed.) 35(6): 56, 2014.

Puccinia hedysari-obscuri DC., Bot. Gall.: 46, 1806.

Uromyces hedysari-obscuri (DC.) Lév. *in* Orbigny, Dict. Univ. Hist. Nat. 12: 786, 1849; Guo & Wang, Acta Mycol. Sin., Suppl. 1: 123, 1987 [1986]; Wei & Zhuang, Fungi of Xiaowutai Mountains in Hebei Province: 130, 1997; Wei & Zhuang, Fungi of the Qinling Mountains: 77, 1997; Zhuang & Wei, J. Jilin Agr. Univ. 24(2): 10, 2002.

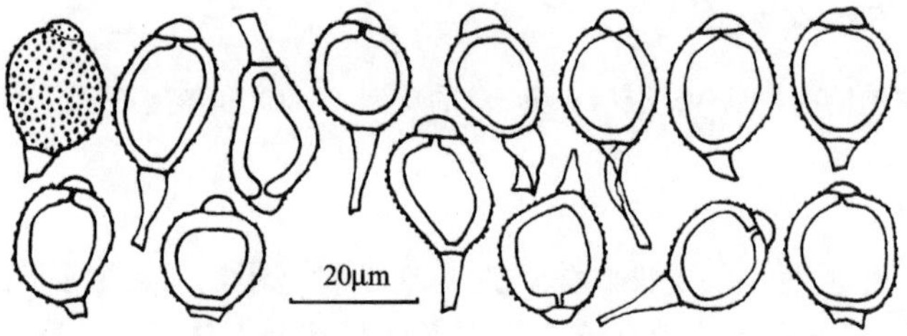

图 235 暗味岩黄耆单胞锈菌 *Uromyces hedysari-obscuri* 的冬孢子（CFSZ 794）

性孢子器多生于叶上面，小群聚生，近球形，直径 90～120μm，蜜黄色。

春孢子器生于叶下面，聚生，杯状，直径 180～300μm，边缘齿裂，略反卷，淡黄白色；春孢子角球形、近球形、卵形或宽椭圆形，15～22.5×14～19μm，壁 1～1.5μm 厚，表面有细疣，无色或淡色。

冬孢子堆生于叶上面，偶尔生于叶下面，散生或聚生，圆形，0.1～0.6mm，裸露，黑褐色，粉状；冬孢子椭圆形、倒卵形或近球形，（17.5～）20～27.5（～30）×（12.5～）15～17.5（～20）μm，两端圆，壁 1.5～2.5（～3）μm 厚，孔帽和顶壁 4～7.5μm 厚，表面密被疣，栗褐色，孔帽淡褐色至近无色；柄短，长达 15μm，无色，易断或脱落。

0，Ⅰ，Ⅲ

宽叶岩黄耆（宽叶多序岩黄耆）*Hedysarum polybotrys* Hand.-Mazz. var. *alaschanicum* (B. Fedtsch.) H.C. Fu & Z.Y. Chu：阿拉善盟阿拉善左旗贺兰山 **794**、796。

国内分布：吉林，河北，山西，内蒙古，陕西，新疆，西藏。

世界分布：北温带广布。

据庄剑云等（2005）报道，本种产生次生春孢子器或称杯状夏孢子堆，其夏孢子似春孢子。在我们的标本上未发现次生春孢子器。

海梅尔单胞锈菌 图 236

Uromyces heimerlianus Magnus, Ber. Dt. Bot. Ges. 25: 253, 1907; Tai, Syll. Fung. Sin.: 785, 1979; Guo & Wang, Acta Mycol. Sin., Suppl. 1: 126, 1987 [1986]; Guo, Fungi and Lichens of Shennongjia: 144, 1989; Wei & Zhuang, Fungi of the Qinling Mountains: 78, 1997; Zhuang & Wei, J. Jilin Agr. Univ. 24(2): 10, 2002; Zhuang et al., Fl. Fung. Sin. 25: 42, 2005; Liu et al., J. Inner Mongolia Agr. Univ. (Nat. Sci. Ed.) 35(6): 56, 2014.

Uromyces viciae-unijugae S. Ito, Ann. Mycol. 20: 82, 1922; Wang, Index Ured. Sin.: 97, 1951.

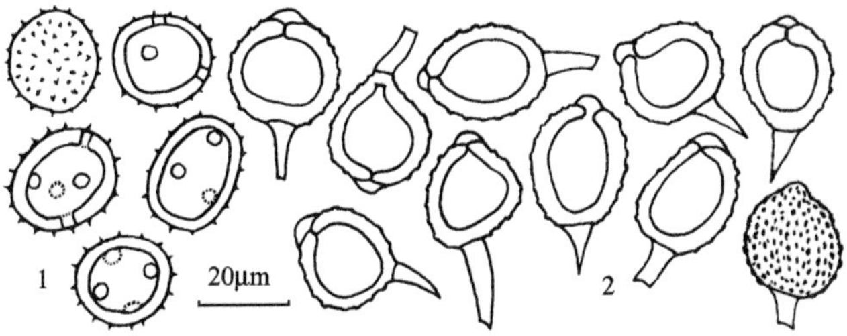

图 236 海梅尔单胞锈菌 *Uromyces heimerlianus* 的夏孢子（1）和冬孢子（2）（CFSZ 5271）

夏孢子堆未见；夏孢子较少，混生于冬孢子堆中，近球形、椭圆形或倒卵形，19～25×17.5～21μm，壁 1.5～2.5μm 厚，表面有细刺，淡黄色，芽孔 3～5 个，近腰生或散生。

冬孢子堆生于叶下面，散生或聚生，圆形，0.2～0.6mm，多相互连合而密布全叶，裸露，栗褐色，粉状；冬孢子椭圆形、矩圆形、卵形、倒卵形或近球形，20～30×16～25μm，两端圆或渐狭，壁均匀，2～3μm 厚，孔帽和顶壁 4～5μm 厚，表面密被小疣，肉桂褐色或栗褐色，孔帽小，淡褐色；柄无色，长达 40μm，脱落或易断。

II，III

广布野豌豆 *Vicia cracca* L.：赤峰市喀喇沁旗马鞍山 5299；克什克腾旗黄岗梁 6896。

多茎野豌豆 *Vicia multicaulis* Ledeb.：赤峰市克什克腾旗乌兰布统小河 7158。锡林郭勒盟锡林浩特市辉腾锡勒 6736、6742。

歪头菜 *Vicia unijuga* A. Braun：赤峰市喀喇沁旗马鞍山 **5271**、5277、5316；克什克腾旗白音敖包 9831，桦木沟 7184，黄岗梁 6864、6872、6885。

据庄剑云等（2005）报道，这个种还分布于呼伦贝尔市鄂伦春自治旗甘河，寄主为大叶野豌豆 *V. pseudo-orobus* Fisch. & C.A. Mey.。

国内分布：黑龙江，吉林，北京，内蒙古，山东，湖北，陕西，新疆，四川。

世界分布：欧亚温带广布。

近藤单胞锈菌 图 237

Uromyces kondoi Miura, Flora of Manchuria and East Mongolia 3: 262, 1928; Wang, Index Ured. Sin.: 92, 1951; Tai, Syll. Fung. Sin.: 786, 1979; Guo & Wang, Acta Mycol. Sin., Suppl. 1: 125, 1987 [1986]; Zhuang et al., Fl. Fung. Sin. 25: 43, 2005; Liu et al., J. Inner Mongolia Agr. Univ. (Nat. Sci. Ed.) 35(6): 56, 2014.

Uromyces gueldenstaedtiae Liou & Y.C. Wang, Contrib. Inst. Bot. Nat. Acad. Peiping 3: 358, 1935; Wang, Index Ured. Sin.: 90, 1951.

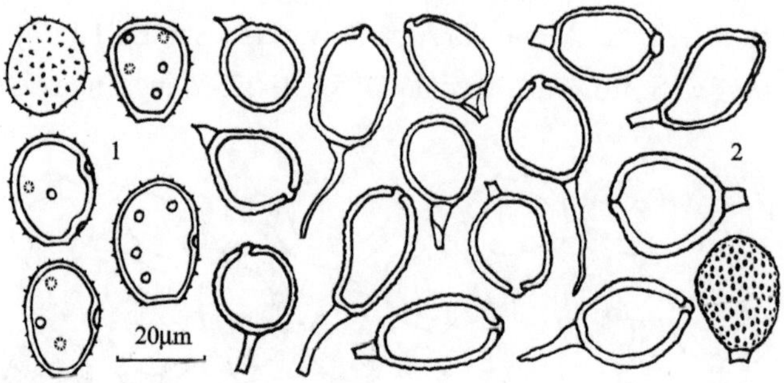

图 237 近藤单胞锈菌 *Uromyces kondoi* 的夏孢子（1）和冬孢子（2）（CFSZ 5750）

夏孢子叶两面生，散生至近聚生，圆形，0.1～0.5mm，裸露，常有破裂的寄主表皮围绕，粉状，肉桂褐色；夏孢子近球形、椭圆形或倒卵形，（17.5～）20～27.5×（13～）17.5～22.5μm，壁（1～）1.5～2.5μm 厚，表面有细刺，淡黄褐色，芽孔（3～）4～5（～6）个，散生，有薄的小孔帽。

冬孢子堆叶两面生，散生至近聚生，圆形，0.1～0.5mm，裸露，常有破裂的寄主表皮围绕，粉状，栗褐色；冬孢子椭圆形、矩圆形、卵形、倒卵形、近球形或不规则形，19～32.5×15～22.5μm，两端圆或渐狭，壁 1.5～2.5μm 厚，顶壁不增厚，表面密被细疣，肉桂褐色或栗褐色，顶端有无色小孔帽，有时不明显；柄无色，长达 40μm，脱落或易断。

II，III

少花米口袋 *Gueldenstaedtia verna* (Georgi) Boriss.：赤峰市阿鲁科尔沁旗高格斯台罕乌拉自然保护区 **5750**。

国内分布：北京，河北，山西，内蒙古，山东，陕西，青海，云南。

世界分布：中国。

毒豆单胞锈菌 图 238

Uromyces laburni (DC.) G.H. Otth, Mitt. Naturf. Ges. Bern: 87, 1863; Tai, Syll. Fung. Sin.: 787, 1979; Guo & Wang, Acta Mycol. Sin., Suppl. 1: 127, 1987 [1986]; Liu et al., J. Fungal Res. 2(3): 16, 2004; Zhuang, Acta Mycol. Sin. 8: 267, 1989; Zhuang et al., Fl. Fung. Sin. 25: 45, 2005; Liu et al., J. Inner Mongolia Agr. Univ. (Nat. Sci. Ed.) 35(6): 56, 2014.

Puccinia laburni DC., *in* Lamarck & de Candolle, Fl. Franç., Edn 3, 2: 224, 1805.

Uromyces genistae-tinctoriae G. Winter, Hedwigia 19: 36, 1880; Wang, Index Ured. Sin.: 90, 1951.

Uromyces pisi-sativi (Pers.) Liro, Bidr. Känn. Finl. Nat. Folk 65: 100, 1908. (Species Fungorum)

Uredo pisi-sativi Pers., Syn. Meth. Fung. (Göttingen) 1: 1-706, 1801.

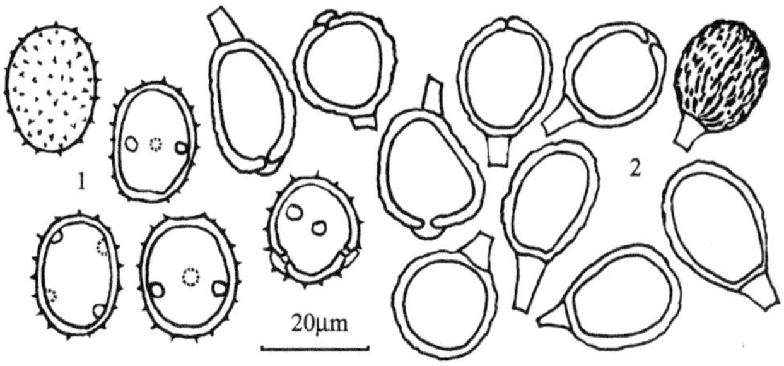

图 238 毒豆单胞锈菌 *Uromyces laburni* 的夏孢子（1）和冬孢子（2）（CFSZ 437）

夏孢子堆未见；夏孢子较少，与冬孢子混生，近球形、椭圆形、矩圆形或倒卵形，18～22.5×15～20μm，壁 1～1.5（～2）μm 厚，表面有细刺，黄褐色，芽孔 3～5 个，腰生、近腰生或散生。

冬孢子堆叶两面生，以叶下面为主，也生于叶轴上，散生或聚生，有时布满整个叶片，圆形或椭圆形，裸露，直径 0.2～1mm，粉状，肉桂褐色至栗褐色；冬孢子近球形、倒卵形或椭圆形，16～26×13～19μm，顶端圆形，基部圆或渐狭，壁 1～1.5（～2）μm 厚，肉桂褐色，顶壁不增厚，有小而无色的孔帽，表面密生不规则或纵向排列的疣或条状突起；柄无色，短，脱落。

II，III

柠条锦鸡儿 *Caragana korshinskii* Kom.：赤峰市红山区林研所 414。鄂尔多斯市达拉特旗恩格贝 966。

小叶锦鸡儿 *Caragana microphylla* Lam.：鄂尔多斯市伊金霍洛旗乌兰木伦，乔龙厅 8251。呼和浩特市赛罕区内蒙古大学 434。呼伦贝尔市新巴尔虎左旗诺干淖尔 7800。锡林郭勒盟锡林浩特市白银库伦 6692；正蓝旗桑根达来 6853。

甘蒙锦鸡儿 *Caragana opulens* Kom.：呼和浩特市和林格尔县南天门 645。

红花锦鸡儿 *Caragana rosea* Turcz.：赤峰市红山区南山 123；喀喇沁旗十家乡头道营子 366。

树锦鸡儿 *Caragana sibirica* Fabr.：赤峰市红山区南山 124。呼和浩特市赛罕区内蒙古大学 **437**。锡林郭勒盟锡林浩特市植物园 6747。

锦鸡儿属 *Caragana* sp.：赤峰市红山区林研所 426、5525。

国内分布：吉林，北京，河北，内蒙古，甘肃，宁夏，新疆。

世界分布：欧亚温带及非洲北部广布。

在上述引证标本中，均未见到夏孢子堆，只是在 437 号和 966 号标本中检测到少数夏孢子。测得的数据比庄剑云等（2005）记录的小。

平铺胡枝子单胞锈菌　图 239

Uromyces lespedezae-procumbentis (Schwein.) M.A. Curtis, Cat. Pl. No. Car.: 123, 1867; Wang, Index Ured. Sin.: 92, 1951; Teng, Fungi of China: 328, 1963; Zhuang, Acta Mycol. Sin. 2: 152, 1983; Guo & Wang, Acta Mycol. Sin., Suppl. 1: 116, 1987 [1986]; Bai et al., J. Shenyang Agr. Univ. 18(3): 62, 1987; Guo, Fungi and Lichens of Shennongjia: 145, 1989; Zhuang & Wei, Mycosystema 7: 83, 1994; Wei & Zhuang, Fungi of Xiaowutai Mountains in Hebei Province: 131, 1997; Wei & Zhuang, Fungi of the Qinling Mountains: 79, 1997; Zhang et al., Mycotaxon 61: 78, 1997; Liu et al., J. Fungal Res. 2(3): 16, 2004; Zhuang et al., Fl. Fung. Sin. 25: 51, 2005; Liu & Tian, J. Fungal Res. 12(4): 213, 2014; Liu et al., J. Inner Mongolia Agr. Univ. (Nat. Sci. Ed.) 35(6): 57, 2014; Liu et al., J. Fungal Res. 15(4): 249, 2017.

Puccinia lespedezae-procumbentis Schwein., Schr. Naturf. Ges. Leipzig 1: 73, 1822.

Uromyces itoanus Hirats. f., *in* Hiratsuka & Tobinaga, Ann. Phytopath. Soc. Japan 4: 161, 1935; Wang, Index Ured. Sin.: 91, 1951; Tai, Syll. Fung. Sin.: 786, 1979; Zhuang, Acta Mycol. Sin. 2: 152, 1983.

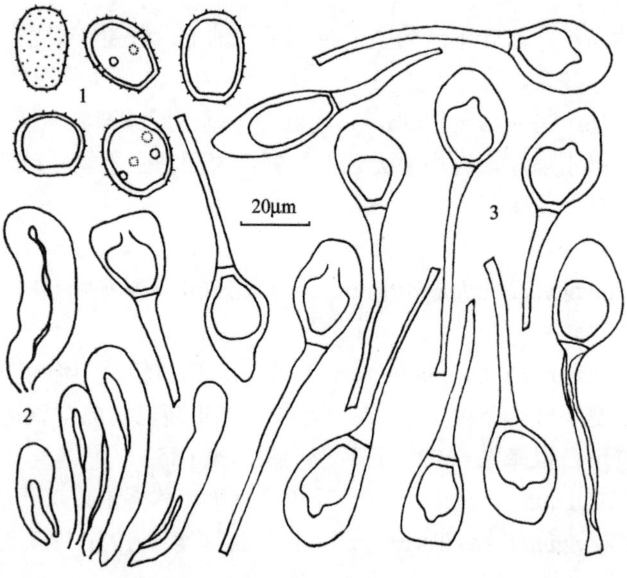

图 239　平铺胡枝子单胞锈菌 *Uromyces lespedezae-procumbentis* 的夏孢子（1）、夏孢子堆侧丝（2）和冬孢子（3）（CFSZ 575）

性孢子器生于叶上面，聚生，球形或梨形，直径 70～120μm，蜜黄色。

春孢子器生于叶下面，聚生，杯状，直径 180～270μm，白色，边缘反卷，有缺刻；春孢子椭圆形或角球形，15～22.5×12.5～17.5μm，壁近无色，约 1μm，密布细疣。

夏孢子堆叶两面生，以叶下面为主，散生至聚生，圆形或近圆形，直径 0.2～0.6mm，早期覆盖于寄主表皮下，后期裸露，粉状，黄褐色；侧丝棒状，无色；侧丝圆柱形或棍棒形，直立或向内弯曲，25～75×7～15μm，厚壁，有时几乎无腔，无色或淡黄色；夏孢子近球形、椭圆形或倒卵形，18～26×12.5～19μm，壁近无色，1～1.5μm 厚，有细刺，芽孔 3～5 个，腰生或近腰生，常不明显。

冬孢子堆叶两面生，以叶下面为主，散生或聚生，常布满整个叶片，圆形或椭圆形，直径 0.2～0.8mm，垫状，暗褐色；冬孢子近球形、不规则卵形、棍棒形，20～35（～40）×10～22.5μm，顶端圆、平截或突尖，基部多渐狭，肉桂褐色或栗褐色，侧壁 1～2μm 厚，顶壁加厚，5～13μm 厚，色深，表面光滑；柄无色，不脱落，长达 65μm。

0，Ⅰ，Ⅱ，Ⅲ

胡枝子 *Lespedeza bicolor* Turcz.：赤峰市敖汉旗大黑山自然保护区 8833、9679，李亚娜 7211；宁城县黑里河自然保护区 16，八沟道 5521。呼伦贝尔市阿荣旗三岔河 7360、7363、7389，辋窑，华伟乐 6355；鄂伦春自治旗大杨树 7530；莫力达瓦达斡尔族自治旗尼尔基 7479。通辽市科尔沁左翼后旗大青沟 6276、6291。

兴安胡枝子（达乌里胡枝子）*Lespedeza davurica* (Laxm.) Schindl.：赤峰市阿鲁科尔沁旗高格斯台罕乌拉自然保护区 5785，扎嘎斯台 570；敖汉旗大黑山自然保护区 8753、8760、8775；四家子镇热水 7096、7100；巴林右旗赛罕乌拉自然保护区东山 6593，荣升 9506；巴林左旗白音沟 **575**；喀喇沁旗马鞍山 5210，十家乡头道营子 222、375、831、837、852、8884、9965、9980，旺业甸 6964；克什克腾旗经棚 6653，热水 6859，书声，于国林 40；宁城县黑里河自然保护区打虎石 5408，热水 5359、5361、5363、5386；松山区老府镇五十家子 1974；翁牛特旗勃隆克 6932；元宝山区小五家 9664。鄂尔多斯市达拉特旗德胜太 8505；伊金霍洛旗乌兰木伦，乔龙厅 8239。通辽市扎鲁特旗鲁北 7461，炮台山 7302。兴安盟科尔沁右翼中旗巴彦呼硕 7318。

多花胡枝子 *Lespedeza floribunda* Bunge：赤峰市喀喇沁旗十家乡头道营子 9963；宁城县黑里河自然保护区西泉 5501，热水 5355、5358。

尖叶铁扫帚（尖叶胡枝子）*Lespedeza juncea* (L. f.) Pers.：赤峰市阿鲁科尔沁旗高格斯台罕乌拉自然保护区 5734；敖汉旗大黑山自然保护区 8756；喀喇沁旗马鞍山 5232，十家乡头道营子 219、838、842，旺业甸新开坝 7005；克什克腾旗书声，于国林 39。呼伦贝尔市阿荣旗三岔河 7367，辋窑，华伟乐 6367、7222；鄂伦春自治旗大杨树 7494，乌鲁布铁 7567；莫力达瓦达斡尔族自治旗塔温敖宝，陈明 1751。通辽市科尔沁左翼后旗大青沟 6318。兴安盟突泉县永安 7325。

据白金铠等（1987）报道，这个种在兴安盟阿尔山市也生于兴安胡枝子（达乌里胡枝子）上。

国内分布：黑龙江，吉林，辽宁，北京，河北，山西，内蒙古，山东，江苏，浙江，安徽，江西，福建，上海，台湾，湖南，湖北，河南，广东，广西，陕西，甘肃，云南，四川，贵州，重庆，西藏。

世界分布：北美洲；亚洲（日本，中国，朝鲜半岛，俄罗斯远东地区，印度，尼泊尔，巴基斯坦）。

驴豆单胞锈菌　　图 240

Uromyces onobrychidis (Desm.) Lév., Ann. Sci. Nat., Bot., sér. 3, 8: 371, 1847; Yuan & Han, Mycosystema 19: 295, 2000; Zhuang et al., Fl. Fung. Sin. 25: 57, 2005; Liu et al., J. Inner Mongolia Agr. Univ. (Nat. Sci. Ed.) 35(6): 57, 2014; Liu et al., J. Fungal Res. 15(4): 249, 2017.

Uredo onobrychidis Desm., Catal. Des Plantes Omis.: 25, 1823.

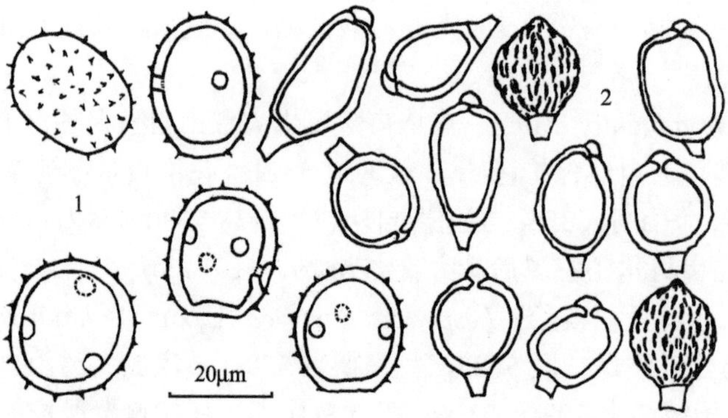

图 240　驴豆单胞锈菌 *Uromyces onobrychidis* 的夏孢子（1）和冬孢子（2）（CFSZ 744）

夏孢子堆叶两面生，也生于叶柄和茎上，散生，叶面上的圆形或近圆形，直径 0.2～0.6mm，叶柄和茎上的椭圆形，长可达 1mm，裸露，常有破裂的寄主表皮围绕，粉状，肉桂褐色；夏孢子近球形、椭圆形或倒卵形，20～32.5×15～22.5μm，壁 1.5～2.5μm 厚，淡褐色，有刺，芽孔 2～4（～5）个，腰生、近腰生或散生，有不明显的无色孔帽。

冬孢子堆似夏孢子堆，栗褐色；冬孢子近球形、椭圆形、矩圆形或倒卵形，17.5～30（～32.5）×12.5～22.5μm，两端圆或基部渐狭，壁 1.5～2μm 厚，顶端不增厚，黄褐色或肉桂褐色，表面有纵向线状或不规则排列的脊或疣，有无色孔帽；柄无色，短，脱落。

II，III

山竹子（山竹岩黄耆）*Corethrodendron fruticosum* (Pall.) B.H. Choi & H. Ohashi（≡ *Hedysarum fruticosum* Pall.）：赤峰市巴林右旗赛罕乌拉自然保护区荣升 9494、9497，西拉沐沦 7462。锡林郭勒盟多伦县城关镇 743、**744**。

木山竹子（木岩黄耆）*Corethrodendron lignosum* (Trautv.) L.R. Xu & B.H. Choi [≡ *Hedysarum fruticosum* Pall. var. *lignosum* (Trautv.) Kitag.]：赤峰市克什克腾旗浩来呼热 6659。呼伦贝尔市新巴尔虎左旗嘎拉布尔 910。通辽市科尔沁左翼后旗努古斯台镇衙门营子 7298。锡林郭勒盟锡林浩特市白音锡勒 1865，扎格斯台 1900；西乌珠穆沁旗古日格斯台 8102；正蓝旗桑根达来 6849。

细枝山竹子（细枝岩黄耆）*Corethrodendron scoparium* (Fischer & C.A. Meyer) Fisch. & Basiner（≡ *Hedysarum scoparium* Fisch. & C.A. Mey.）：鄂尔多斯市准格尔旗十二连城 765。

据 Yuan 和 Han（2000）、庄剑云等（2005）报道，这个种还分布在鄂尔多斯市乌审旗和鄂托克旗，寄主分别是蒙古山竹子（蒙古岩黄耆）*C. fruticosum* (Pall.) B.H. Choi & H. Ohashi var. *mongolicum* (Turcz.) Turcz. ex Kitag.（≡ *H. mongolicum* Turcz.）和塔落山竹子（塔落岩黄耆）*C. lignosum* (Trautv.) L.R. Xu & B.H. Choi var. *laeve* (Maxim.) L.R. Xu & B.H. Choi（≡ *H. laeve* Maxim.）；另外，生于细枝山竹子（细枝岩黄耆）*C. scoparium* （≡ *H. scoparium*）的分布区还有鄂尔多斯市乌审旗和呼和浩特市。

国内分布：内蒙古，宁夏，陕西。

世界分布：欧洲，高加索地区，中亚，西伯利亚南部，蒙古国，中国北部。

斑点单胞锈菌原变种 图 241

Uromyces punctatus J. Schröt., Abh. Schles. Ges. Vaterl. Kult. Abth. Naturwiss. 48: 10, 1870 [1869]; Wang, Index Ured. Sin.: 94, 1951; Tai, Syll. Fung. Sin.: 792, 1979; Guo & Wang, Acta Mycol. Sin., Suppl. 1: 125, 1987 [1986]; Liu et al., J. Fungal Res. 2(3): 16, 2004; Zhuang et al., Fl. Fung. Sin. 25: 59, 2005; Liu et al., J. Inner Mongolia Agr. Univ. (Nat. Sci. Ed.) 35(6): 57, 2014. var. **punctatus**

Uromyces astragali Sacc., Atti Soc. Veneto-Trent. Sci. Nat. 2(1): 208, 1873; Wang, Index Ured. Sin.: 87, 1951.

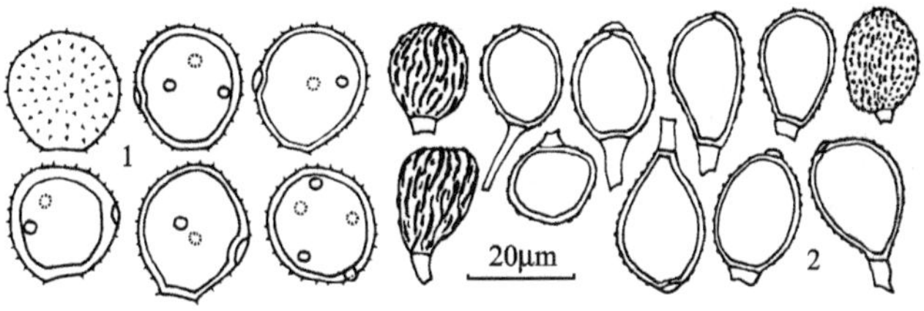

图 241 斑点单胞锈菌原变种 *Uromyces punctatus* var. *punctatus* 的夏孢子(1)和冬孢子(2)(CFSZ 720)

夏孢子堆叶两面生，也生于茎上，散生至稍聚生，圆形或椭圆形，直径 0.2～1mm，生于茎上的长梭形，长达 4mm，裸露，外有破裂的寄主表皮围绕，粉状，肉桂褐色；夏孢子倒卵形、椭圆形或近圆形，17.5～27.5×16～21μm，淡黄褐色，壁 1.5～2.5μm 厚，表面有刺，芽孔 3～4（～5）个，腰生或散生，有无色小孔帽。

冬孢子堆似夏孢子堆，栗褐色；冬孢子近球形、椭圆形、矩圆形或倒卵形，16～25（～27.5）×14～17.5（～20）μm，两端圆或基部渐狭，壁 1～2μm 厚，顶端不增厚，有小孔帽，表面布满散生或呈纵向排列的疣或条状突起，栗褐色，孔帽无色，多不明显；柄无色，短，易断或脱落。

II，III

蓝花棘豆 *Oxytropis caerulea* (Pall.) DC.：赤峰市克什克腾旗黄岗梁 6887、9790、9819。

黄毛棘豆 *Oxytropis ochrantha* Turcz.：锡林郭勒盟正蓝旗桑根达来 **720**，伊和海尔罕 730。

砂珍棘豆 *Oxytropis racemosa* Turcz.（= *O. gracillima* Bunge）：鄂尔多斯市伊金霍洛旗阿勒腾席热 8535、8539；乌兰木伦，乔龙厅 8250。锡林郭勒盟锡林浩特市植物园 6749，白银库伦 1032、6704；正蓝旗贺日苏台 712，桑根达来 726。

国内分布：辽宁，北京，河北，山西，内蒙古，浙江，台湾，湖北，河南，甘肃，新疆，云南，四川。

世界分布：北温带广布。

有关本变种夏孢子芽孔的数目不同文献的记载不尽相同，分别为：3～4 个（Hiratsuka et al. 1992）；3～4（～5）个（Azbukina 2005）和 3～5 个（Cummins 1978；庄剑云等 2005）。我们的材料中（如 1032、8250、8535、8539）少数夏孢子具 2 个芽孔。

斑点单胞锈菌达乌里黄耆变种 图 242

Uromyces punctatus J. Schröt. var. **dahuricus** T.Z. Liu & J.Y. Zhuang, *in* Liu et al., Mycosystema 35: 1486, 2016.

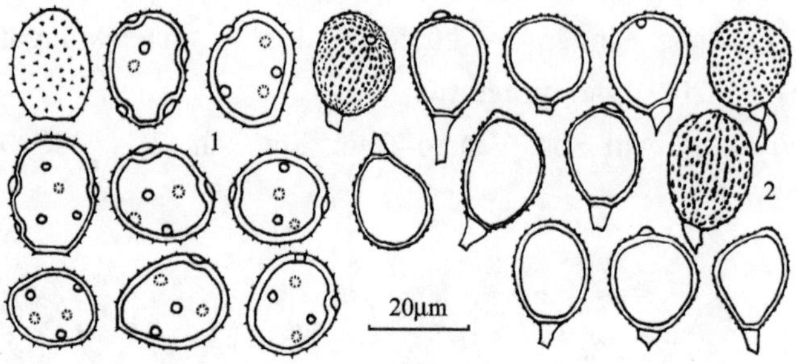

图 242 斑点单胞锈菌达乌里黄耆变种 *Uromyces punctatus* var. *dahuricus* 的夏孢子（1）和冬孢子（2）（CFSZ 5372）

夏孢子堆叶两面生，也生于茎上，散生至稍聚生，圆形或椭圆形，直径 0.2～1mm，生于茎上的长梭形，长达 4mm，裸露，外有破裂的寄主表皮围绕，粉状，肉桂褐色；夏孢子倒卵形、椭圆形或近圆形，（15～）17.5～25（～27.5）×12.5～20μm，淡黄褐色，壁 1.5～2.5μm 厚，表面有刺，芽孔（4～）5～7（～8）个，大多 6 个，散生，有无色小孔帽。

冬孢子堆似夏孢子堆，栗褐色；冬孢子近球形、椭圆形、矩圆形或倒卵形，（16～）17.5～22.5（～25）×（12.5～）14～19μm，两端圆或基部渐狭，壁 1～1.5（～2.5）μm 厚，顶端不增厚，有小孔帽，表面布满散生或呈纵向排列的疣，栗褐色，孔帽无色，多不明显；柄无色，短，易断或脱落。

II，III

达乌里黄耆 *Astragalus dahuricus* (Pall.) DC.：赤峰市敖汉旗大黑山自然保护区 9471，四家子镇热水 7063；喀喇沁旗十家乡头道营子 399、836，旺业甸大店 8011；宁城县热水 5362、**5372**（主模式，HMAS 246756 等模式）。乌兰察布市凉城县蛮汉山二龙什台 6096。

国内分布：内蒙古。

世界分布：中国。

本变种与原变种的区别在于其夏孢子芽孔较多，（4～）5～7（～8）个，大多 6 个，散生；原变种夏孢子芽孔较少，3～4（～5）个，腰生或散生。

本变种与分布于中欧和东欧（德国，奥地利，匈牙利，瑞士，俄罗斯欧洲部分）生于黄耆属 *Astragalus* 上的 *Uromyces jordianus* Bubák 相似，但后者夏孢子芽孔为 6～8 个，变幅较小。另外，这个种在西伯利亚和中亚没有分布记录（Sydow and Sydow 1910；Gäumann 1959；Kuprevich and Ul'yanishchev 1975），因此，斑点单胞锈菌达乌里黄耆变种与其为同种的可能性不大（Liu et al. 2016a）。

据庄剑云等（2005）报道，赤峰市巴林左旗达乌里黄耆上鉴定为斑点单胞锈菌 *Uromyces punctatus* 的菌很可能也是该变种。

苦马豆单胞锈菌　图 243

Uromyces sphaerophysae Pospelov ex Nevod., Not. Syst. Crypt. Inst. Bot. Acad. Sci. URSS. 6: 183, 1950; Xu et al., Mycosystema 27: 828, 2008; Liu et al., J. Inner Mongolia Agr. Univ. (Nat. Sci. Ed.) 35(6): 57, 2014.

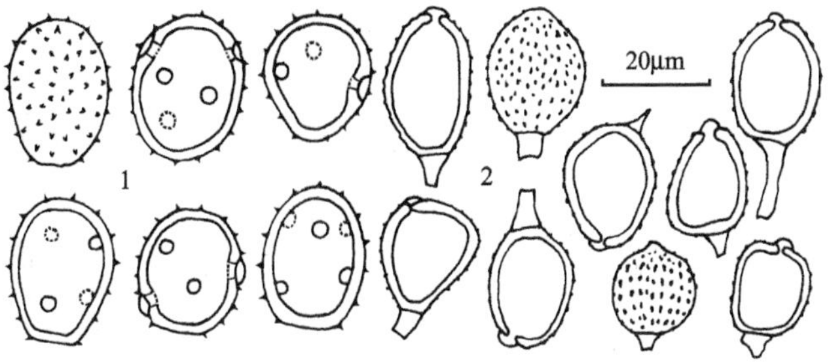

图 243　苦马豆单胞锈菌 *Uromyces sphaerophysae* 的夏孢子（1）和冬孢子（2）（CFSZ 481）

夏孢子堆叶两面生，也生于叶柄上，叶片上的为圆形，直径 0.2～0.5mm，叶柄上的为条形或梭形，长达 1mm，散生，裸露，常有破裂的寄主表皮围绕，肉桂褐色，粉状；夏孢子椭圆形、宽椭圆形或宽倒卵形，20～27.5×17.5～22.5μm，壁 1.5～2（～2.5）μm 厚，有细刺，黄色至黄褐色，芽孔 3～5（～6）个，散生，有时有小孔帽。

冬孢子堆叶两面生，散生或稍聚生，圆形或近圆形，直径 0.2～0.8mm，裸露，常有破裂的寄主表皮围绕，粉状，栗褐色；冬孢子椭圆形、卵形、倒卵形或近球形，（16～）17.5～30×14～20μm，顶端圆形，基部圆或稍狭，黄褐色至栗褐色，壁 1～1.5（～2）μm 厚，均匀，表面布满散生或呈纵向排列的疣或条状突起，顶端有无色或淡黄色小孔帽；柄无色，短，偶尔长达 20μm，脱落。

II，III

苦马豆 *Sphaerophysa salsula* (Pall.) DC.：巴彦淖尔市临河区八一 582（= HMAS 244805），双河镇 **481**。赤峰市敖汉旗四道湾子镇小河沿 7108。鄂尔多斯市达拉特旗德胜太 8507，恩格贝 968。呼和浩特市昭君墓 590、596。

国内分布：内蒙古，新疆。

世界分布：澳大利亚，俄罗斯，中亚，中国。

Nevodovski（1950，1956）描述本种夏孢子大小为 19～29×19～23μm，芽孔 4～6

个，多为 5 个，散生；冬孢子大小为 20～32×18～25μm。徐彪等（2008b）报道产自新疆的菌夏孢子大小为 20～32×19～33μm，芽孔 3～5 个，腰生（可能为笔误？）；冬孢子大小为 22～31×17～27μm。我们的菌与原始描述比较，虽然夏孢子和冬孢子都较小，但夏孢子的芽孔数和着生方式与其相符，故鉴定为此名。

条纹单胞锈菌　图 244

Uromyces striatus J. Schröt., Abh. Schles. Ges. Vaterl. Kult. Abth. Naturwiss. 48: 11, 1870 [1896]; Wang, Index Ured. Sin.: 95, 1951; Teng, Fungi of China: 328, 1963; Tai, Syll. Fung. Sin.: 794, 1979; Guo & Wang, Acta Mycol. Sin., Suppl. 1: 127, 1987 [1986]; Zhuang, Acta Mycol. Sin. 8: 267, 1989; Wei & Zhuang, Fungi of the Qinling Mountains: 81, 1997; Liu et al., J. Fungal Res. 2(3): 16, 2004; Zhuang et al., Fl. Fung. Sin. 25: 65, 2005; Liu et al., J. Inner Mongolia Agr. Univ. (Nat. Sci. Ed.) 35(6): 58, 2014.

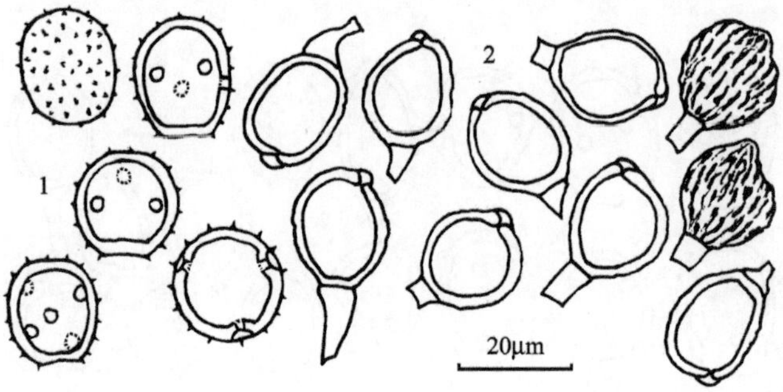

图 244　条纹单胞锈菌 *Uromyces striatus* 的夏孢子（1）和冬孢子（2）（CFSZ 767）

性孢子器和春孢子器在引证标本中未见。

夏孢子堆生于叶下面，圆形，直径 0.2～0.8mm，散生，裸露，常有破裂的寄主表皮围绕，肉桂褐色，粉状；夏孢子近球形或椭圆形，18～25×15～20μm，壁 1.5～2.5μm 厚，有细刺，黄褐色，芽孔 3～4（～5）个，腰生、近腰生或散生。

冬孢子堆叶两面生，散生或聚生，以叶下面为主，圆形或近圆形，直径 0.2～0.8mm，裸露，边缘有破裂的寄主表皮围绕，粉状，栗褐色；冬孢子球形、近球形、卵形或短柱状，15～27×13～19μm，顶端圆形，有无色或淡黄色小孔帽，基部圆或稍狭，黄褐色，壁 1.5～2μm 厚，表面有条形疣，纵向排列；柄无色，短，脱落。

（0），（Ⅰ），Ⅱ，Ⅲ

花苜蓿（扁蓿豆）*Medicago ruthenica* (L.) Trautv. [≡ *Melilotoides ruthenica* (L.) Soják]：包头市达尔罕茂明安联合旗希拉穆仁草原 608。赤峰市红山区南山 6；克什克腾旗乌兰布统小河 7141。锡林郭勒盟阿巴嘎旗别力古台 6779；多伦县蔡木山 762；锡林浩特市白银库伦 6712；正蓝旗桑根达来 6850。

紫苜蓿（紫花苜蓿）*Medicago sativa* L.：赤峰市敖汉旗新惠石羊石虎山 7132；红山区林研所 239，锡伯河 5094、5104、5191，赤峰学院 5107。鄂尔多斯市东胜区植物园 8510、8523；伊金霍洛旗阿勒腾席热 8541；准格尔旗十二连城 764、**767**。呼和浩特市赛罕区大学西路 605。乌兰察布市凉城县岱海 6138、6270。锡林郭勒盟阿巴嘎旗别力古台 6784；锡林浩特市植物园 6765。

杂花苜蓿 *Medicago* sp.：赤峰市红山区林研所 240。

国内分布：辽宁，北京，山西，内蒙古，江苏，台湾，湖北，陕西，新疆，云南，贵州，西藏。

世界分布：世界广布。

黄华单胞锈菌　图 245

Uromyces thermopsidis (Thüm.) P. Syd. & Syd., Monogr. Ured. 4: 587, 1924; Tai, Syll. Fung. Sin.: 795, 1979; Guo & Wang, Acta Mycol. Sin., Suppl. 1: 125, 1987 [1986]; Liu et al., J. Fungal Res. 2(3): 16, 2004; Zhuang et al., Fl. Fung. Sin. 25: 66, 2005; Liu et al., J. Inner Mongolia Agr. Univ. (Nat. Sci. Ed.) 35(6): 58, 2014.

Uredo thermopsidis Thüm., Bull. Soc. Imp. Nat. Moscou 52: 139, 1877.

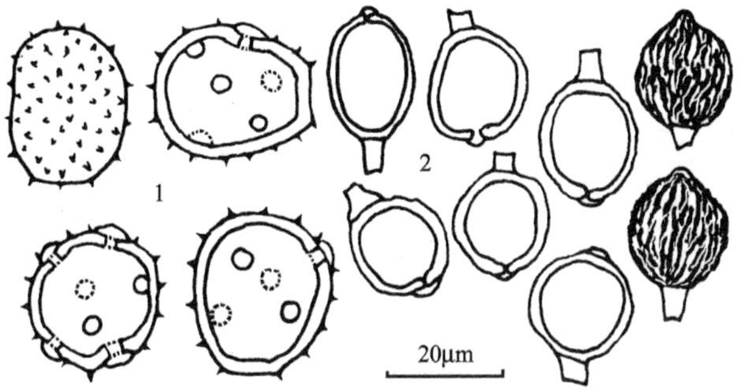

图 245　黄华单胞锈菌 *Uromyces thermopsidis* 的夏孢子（1）和冬孢子（2）（CFSZ 538）

夏孢子堆叶两面生，圆形或椭圆形，直径 0.2～1mm，散生或环状排列，裸露，常有破裂的寄主表皮围绕，肉桂褐色，粉状；夏孢子近球形或椭圆形，20～30×17.5～22.5μm，壁 1.5～2.5μm 厚，有细刺，黄褐色，芽孔 6～8 个，散生，具小孔帽。

冬孢子堆叶两面生，圆形或椭圆形，直径 0.2～1mm，裸露，边缘有破裂表皮围绕，粉状，栗褐色；冬孢子近球形、椭圆形或倒卵形，15～25×12.5～17.5μm，两端圆形，壁 1.5～2μm 厚，黄褐色，表面有纵向排列且常相互连合的疣或脊，顶端有无色孔帽；柄短，无色，长 5～15μm，易断。

II，III

披针叶野决明（披针叶黄华）*Thermopsis lanceolata* R. Br.：赤峰市敖汉旗四道湾子镇小河沿 7129；克什克腾旗巴彦查干 **538**。鄂尔多斯市达拉特旗德胜太 8500，东胜区植物园 8508，恩格贝 962、965；伊金霍洛旗乌兰木伦，乔龙厅 8252。呼和浩特市树木园 462。乌兰察布市凉城县岱海 6264。锡林郭勒盟锡林浩特市白银库伦 6728；正蓝旗贺日苏台 706。

据庄剑云等（2005）报道，这个种还分布于锡林郭勒盟西乌珠穆沁旗。

国内分布：河北，内蒙古，甘肃，青海。

世界分布：俄罗斯西伯利亚地区，中国北部。

车轴草单胞锈菌　　图 246

Uromyces trifolii (R. Hedw. ex DC.) Fuckel, Symb. Mycol.: 63, 1870; Zhuang, Acta Mycol. Sin. 8: 268, 1989; Zhang et al., Mycotaxon 61: 78, 1997; Zhuang et al., Fl. Fung. Sin. 25: 67, 2005; Liu et al., J. Inner Mongolia Agr. Univ. (Nat. Sci. Ed.) 35(6): 58, 2014.

Puccinia neurophila Grognot, Pl. Crypt.-Cellul. Saône-et-Loire: 154, 1863.

Puccinia trifolii R. Hedw., *in* Lamarck & de Candolle, Fl. Franç., Edn 3, 2: 225, 1805.

Uromyces flectens Lagerh., Svensk Bot. Tidskr. 3(2): 36, 1909; Wang, Index Ured. Sin.: 90, 1951; Tai, Syll. Fung. Sin.: 784, 1979; Guo & Wang, Acta Mycol. Sin., Suppl. 1: 122, 1987 [1986].

Uromyces nerviphilus (Grognot) Hotson, Publ. Puget Sound Biol. Sta. Univ. Wash. 4: 368, 1925; Tai, Syll. Fung. Sin.: 791, 1979.

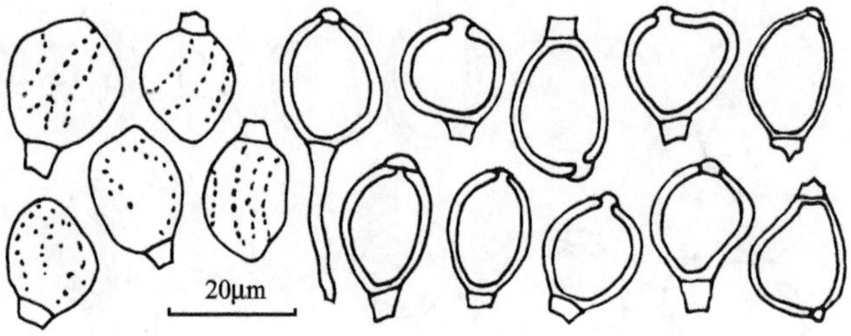

图 246　车轴草单胞锈菌 *Uromyces trifolii* 的冬孢子（CFSZ 6920）

冬孢子堆生于叶下面，圆形或椭圆形，直径 0.2～0.8mm，裸露，周围有破裂的寄主表皮围绕，散生或聚生，粉状，栗褐色；冬孢子近球形、椭圆形或倒卵形，15～25×12.5～19μm，两端圆或基部略狭，壁均匀，1～2μm 厚，黄褐色或肉桂褐色，表面有或多或少散生或成行排列的小疣，顶端有无色孔帽；柄短，无色，长达 15μm，易断。

III

野火球 *Trifolium lupinaster* L.：赤峰市克什克腾旗黄岗梁 **6920**。

国内分布：内蒙古，新疆，云南，四川，重庆。

世界分布：欧洲、亚洲和南北美洲广布，传播到新西兰。

庄剑云等（2005）描述本种冬孢子大小为（15～）20～28（～35）×（12～）15～20（～23）μm。我们的材料冬孢子较小。

白车轴草单胞锈菌　　图 247

Uromyces trifolii-repentis Liro, Acta Soc. Fauna Flora Fenn. 29(6): 15, 1906; Guo & Wang, Acta Mycol. Sin., Suppl. 1: 121, 1987 [1986]; Zhuang, J. Anhui Agr. Univ. 26: 265, 1999; Zhuang et al., Fl. Fung. Sin. 25: 68, 2005.

Uromyces trifolii Lév., Annls Sci. Nat., Bot., sér. 3, 8: 371, 1847; Tai, Syll. Fung. Sin.: 795,

1979.

Uromyces trifolii (Alb. & Schwein.) G. Winter, Die Pilze, I.: 159, 1884; Wang, Index Ured. Sin.: 96, 1951.

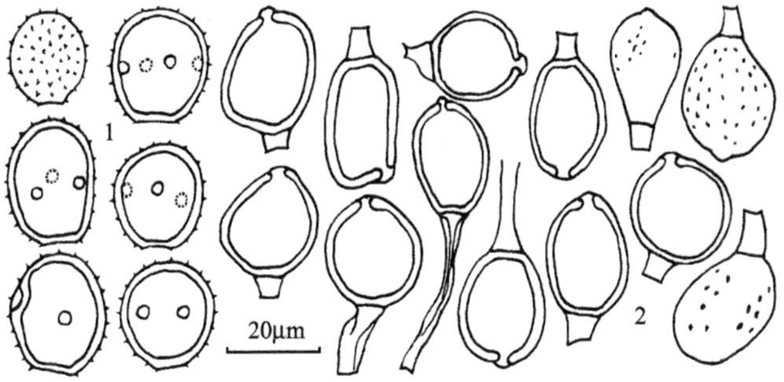

图 247　白车轴草单胞锈菌 *Uromyces trifolii-repentis* 的夏孢子（1）和冬孢子（2）（CFSZ 7824）

性孢子器生于叶上面，小群聚生，扁球形或近球形，直径 90～120μm，蜜黄色。

春孢子器叶两面生，以叶下面为主，也生于叶柄上，聚生，杯状，直径 180～220μm，边缘直立或反卷，撕裂状，黄白色；春孢子近球形、椭圆形、矩圆形或不规则形，14～23×10～17.5μm，壁 1μm 厚或不及，表面密生细疣，无色，鲜时具橘黄色内含物。

夏孢子堆叶两面生，也生于叶柄上，圆形或椭圆形，直径 0.2～0.5mm，散生或聚生，裸露，周围有破裂的寄主表皮围绕，肉桂褐色，粉状；夏孢子椭圆形、倒卵形或近球形，20～30×15～21μm，壁 1.5～2.5μm 厚，有细刺，黄褐色，芽孔 2～3（～4）个，腰生，具小孔帽。

冬孢子堆似夏孢子堆，栗褐色；冬孢子椭圆形、倒卵形或近球形，19～30×15～22.5μm，顶端圆形，基部渐狭或圆形，壁 1～2.5μm 厚，均匀，表面或多或少有散生或排列成行的小疣，有时光滑，肉桂褐色至栗褐色，顶端具不明显的小孔帽；柄无色，长达 35μm，易断。

0，Ⅰ，Ⅱ，Ⅲ

白车轴草 *Trifolium repens* L.：兴安盟阿尔山市 **7824**。

国内分布：黑龙江，内蒙古，新疆。

世界分布：世界广布。

庄剑云等（2005）描述本种夏孢子具 2～3 个芽孔；Wilson 和 Henderson（1966）、Hiratsuka 等（1992）则记载为 2～4 个。我们的菌夏孢子多具 2～3 个芽孔，少数为 4 个。本种为内蒙古新记录。

蚕豆单胞锈菌　图 248

Uromyces viciae-fabae (Pers.) J. Schröt., Hedwigia 14: 161, 1875; Wang et al., Fungi of Xizang (Tibet): 54, 1983; Guo & Wang, Acta Mycol. Sin., Suppl. 1: 119, 1987 [1986]; Zhuang, Acta Mycol. Sin. 8: 268, 1989; Wei & Zhuang, Fungi of Xiaowutai Mountains in Hebei Province: 132, 1997; Wei & Zhuang, Fungi of the Qinling Mountains: 82, 1997;

Zhuang & Wei, J. Jilin Agr. Univ. 24(2): 10, 2002; Liu et al., J. Fungal Res. 2(3): 16, 2004; Zhuang et al., Fl. Fung. Sin. 25: 72, 2005; Liu et al., J. Inner Mongolia Agr. Univ. (Nat. Sci. Ed.) 35(6): 58, 2014; Liu et al., J. Fungal Res. 15(4): 249, 2017.

Uredo viciae-fabae Pers., Syn. Meth. Fung. 1: 221, 1801.

Uromyces fabae de Bary, Ann. Sci. Nat. Bot. IV. 20: 80, 1863; Wang, Index Ured. Sin.: 89, 1951; Teng, Fungi of China: 329, 1963; Tai, Syll. Fung. Sin.: 783, 1979; Liu, J. Jilin Agr. Univ. 1983(2): 5, 1983; Zhuang, Acta Mycol. Sin. 2: 152, 1983.

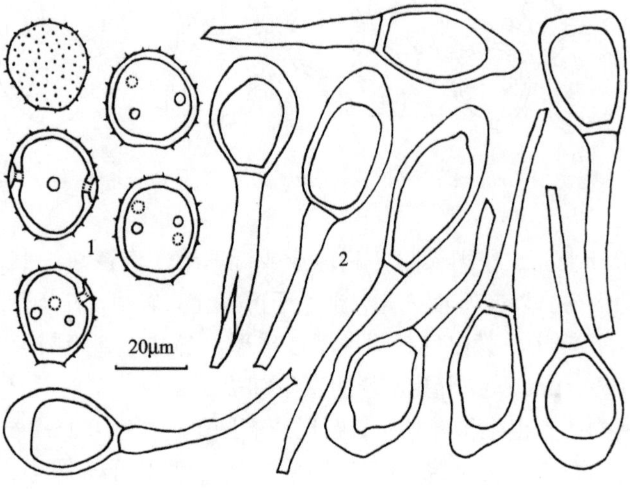

图 248　蚕豆单胞锈菌 *Uromyces viciae-fabae* 的夏孢子（1）和冬孢子（2）（CFSZ 769）

性孢子器叶两面生，多在叶下面，小群聚生，近球形，直径 75～150μm，蜜黄色。

春孢子器叶两面生，以叶下面为主，也生于叶柄上，聚生，杯状，直径 150～250μm，边缘直立或反卷，撕裂状，黄白色。包被细胞多角形，15～30×12.5～27.5μm，壁 1.5～4μm 厚，外壁可达 5μm；春孢子角球形、椭圆形或卵形，17.5～25×15～20μm，壁约 1（～1.5）μm 厚，表面密生细疣，无色，鲜时具橘黄色内含物。

夏孢子堆叶两面生，也生于叶柄和茎上，生于叶上的为圆形，直径 0.2～1mm，生于叶柄、茎和叶脉上的为梭形，长达 2mm，散生，常密布全叶，裸露，外有破裂的寄主表皮围绕，肉桂褐色，粉状；夏孢子宽椭圆形或倒卵形，22.5～33（～40）×17.5～25μm，壁 1.5～2.5μm 厚，有细刺，黄褐色，芽孔 3～5 个，散生或近腰生，具小孔帽。

冬孢子堆叶两面生，也生于叶柄和茎上，叶上的为圆形或椭圆形，直径 0.2～1mm，叶柄和茎上的多为椭圆形和梭形，长达 8mm，裸露，边缘有破裂的寄主表皮围绕，垫状，坚实，黑褐色或黑色；冬孢子椭圆形、倒卵形或近球形，25～38（～45）×17.5～25μm，顶端圆形，稀钝角或平截，基部渐狭或圆形，侧壁 1.5～3μm 厚，顶壁 5～10μm 厚，表面光滑，肉桂褐色至栗褐色；柄长达 80μm 或更长，淡黄色或淡黄褐色，不脱落。

0，Ⅰ，Ⅱ，Ⅲ

矮山黧豆 *Lathyrus humilis* (Ser.) Fisch. ex Spreng.：赤峰市克什克腾旗黄岗梁 6921。

毛山黧豆 *Lathyrus palustris* L. var. *pilosus* (Cham.) Ledeb.：赤峰市克什克腾旗达里诺

尔 1088。呼伦贝尔市根河市敖鲁古雅 7653。

山黧豆 *Lathyrus quinquenervius* (Miq.) Litv.：赤峰市巴林右旗赛罕乌拉自然保护区荣升 6535。呼伦贝尔市根河市阿龙山 9301；牙克石市乌尔其汉 9263。锡林郭勒盟锡林浩特市白银库伦 1327、6687。

山野豌豆 *Vicia amoena* Fisch. ex DC.：赤峰市阿鲁科尔沁旗高格斯台罕乌拉自然保护区 5779；巴林右旗赛罕乌拉自然保护区大东沟 6417、6428、6436、6445，荣升 6569、8124，西山 6395；红山区林研所 533、826；克什克腾旗阿斯哈图 9624，白音敖包 9834，桦木沟 7199，黄岗梁 6903、9793。锡林郭勒盟锡林浩特市白银库伦 6718。呼伦贝尔市鄂伦春自治旗大杨树 7507，乌鲁布铁 7595、7597；鄂温克族自治旗红花尔基 7779；根河市敖鲁古雅 9393，得耳布尔 7695；新巴尔虎左旗诺干淖尔 7797。锡林郭勒盟东乌珠穆沁旗宝格达山 9426。兴安盟阿尔山市伊尔施 7894。

广布野豌豆 *Vicia cracca* L.：赤峰市喀喇沁旗旺业甸 6949；克什克腾旗桦木沟 7193；宁城县黑里河自然保护区三道河 8349。乌兰察布市凉城县岱海 6136。锡林郭勒盟锡林浩特市白音锡勒牧场 1862。兴安盟阿尔山市白狼镇 1632。

灰野豌豆 *Vicia cracca* L. var. *canescens* Maxim. ex Franch. & Sav.：赤峰市敖汉旗四道湾子镇小河沿 7107。呼伦贝尔市鄂伦春自治旗加格达奇 7608。

蚕豆 *Vicia faba* L.：鄂尔多斯市准格尔旗东孔兑 **769**。呼和浩特市内蒙古大学 464。

东方野豌豆 *Vicia japonica* A. Gray：赤峰市阿鲁科尔沁旗高格斯台罕乌拉自然保护区 5806。呼伦贝尔市阿荣旗三岔河 7364；根河市得耳布尔 7730。

多茎野豌豆 *Vicia multicaulis* Ledeb.：赤峰市克什克腾旗黄岗梁 6915。呼伦贝尔市根河市金林 9271。兴安盟阿尔山市 7898。

*北野豌豆 *Vicia ramuliflora* (Maxim.) Ohwi：赤峰市巴林右旗赛罕乌拉自然保护区乌兰坝 8071、8090。呼伦贝尔市根河市敖鲁古雅 7660。

国内分布：黑龙江，吉林，北京，河北，山西，内蒙古，江苏，浙江，江西，福建，上海，台湾，河南，广西，陕西，甘肃，青海，宁夏，新疆，云南，四川，贵州，重庆，西藏。

世界分布：世界广布。

豇豆单胞锈菌　图 249

Uromyces vignae Barclay, Journal of the Asiatic Society of Bengal 60(2): 211, 1891; Wang, Index Ured. Sin.: 97, 1951; Tai, Syll. Fung. Sin.: 796, 1979; Zhuang, Acta Mycol. Sin. 2: 152, 1983; Guo & Wang, Acta Mycol. Sin., Suppl. 1: 121, 1987 [1986]; Guo, Fungi and Lichens of Shennongjia: 147, 1989; Wei & Zhuang, Fungi of the Qinling Mountains: 82, 1997; Liu et al., J. Fungal Res. 2(3): 16, 2004; Zhuang et al., Fl. Fung. Sin. 25: 75, 2005; Liu et al., J. Inner Mongolia Agr. Univ. (Nat. Sci. Ed.) 35(6): 58, 2014.

Uromyces phaseoli (Pers.) G. Winter var. *vignae* (Barclay) Arthur, Manual of the Rusts in the United States & Canada: 297, 1934; Wang, Index Ured. Sin.: 94, 1951; Teng, Fungi of China: 329, 1963.

性孢子器和春孢子器在引证标本中未见。

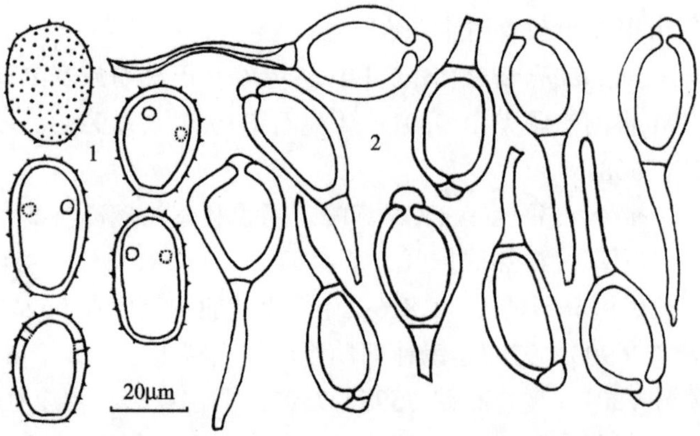

图 249　豇豆单胞锈菌 *Uromyces vignae* 的夏孢子（1）和冬孢子（2）（CFSZ 350）

夏孢子堆叶两面生，散生，圆形或近圆形，直径 0.2～1mm，裸露，粉状，外有破裂的寄主表皮围绕，肉桂褐色；夏孢子球形、近球形、椭圆形或倒卵形，20～29（～35）×（13～）16～26μm，黄褐色，壁 1.5～2μm 厚，表面有刺，芽孔 2 个，腰上生或近顶生。

冬孢子堆叶两面生，散生或聚生，圆形或近圆形，沿叶脉生者长椭圆形，裸露，直径 0.2～2.5mm，有时相互汇合长达 4.5mm，粉状，暗褐色；冬孢子近球形、椭圆形或倒卵形，26～38（～40）×17.5～25（～29）μm；两端圆形，侧壁 2.5～4μm 厚，顶部有无色或淡黄褐色的孔帽，顶壁和孔帽 5～8μm 厚，栗褐色，表面光滑；柄无色，长达 50μm，不脱落。

（0），（Ⅰ），Ⅱ，Ⅲ

豇豆 *Vigna unguiculata* (L.) Walp. [= *V. sinensis* (L.) Endl. ex Hassk.]：赤峰市红山区大三家 57、200。呼和浩特市土默特左旗沙尔营，田慧敏 1782。通辽市科尔沁区育新 **350**。

眉豆（饭豆）*Vigna unguiculata* (L.) Walp. subsp. *cylindrica* (L.) Verdc. [≡ *V. cylindrica* (L.) Skeels]：赤峰市敖汉旗四家子镇热水 7054。通辽市科尔沁区育新 346。

国内分布：北京，河北，山西，内蒙古，山东，江苏，浙江，安徽，江西，福建，上海，台湾，湖南，湖北，河南，海南，广东，陕西，甘肃，新疆，云南，四川，贵州，重庆，西藏。

世界分布：世界广布。

八岳山单胞锈菌　　图 250

Uromyces yatsugatakensis Hirats. f., Mem. Tottori Agric. Coll. 3(2): 147, 1935; Liu et al., Mycosystema 35: 1487, 2016; Liu et al., J. Fungal Res. 15(4): 249, 2017.

性孢子器和春孢子器在引证标本上未见。

夏孢子堆生于叶上面，散生，圆形，直径 0.1～0.3mm，裸露，常有破裂的寄主表皮围绕，粉状，肉桂褐色；夏孢子球形、椭圆形或倒卵形，（15～）18～22.5（～27.5）×（14～）17.5～22.5μm，壁 1.5～2.5μm 厚，表面有细刺，黄褐色，芽孔（4～）6～7（～8）个，散生，有不明显的小孔帽。

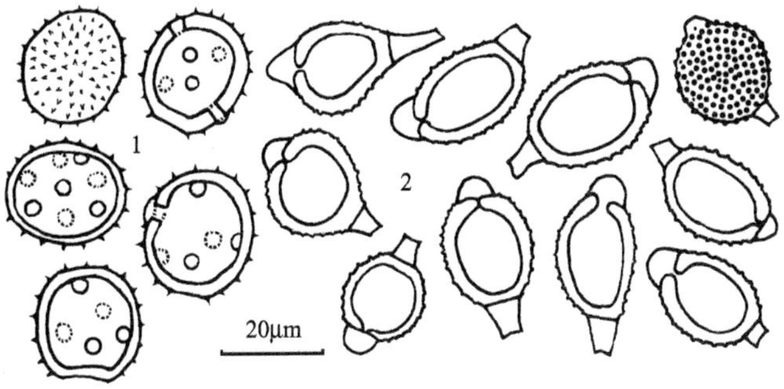

图 250　八岳山单胞锈菌 *Uromyces yatsugatakensis* 的夏孢子（1）和冬孢子（2）（CFSZ 879）

冬孢子堆生于叶上面，偶尔生于叶下面，散生或聚生，圆形，0.1～0.6mm，裸露，黑褐色，粉状；冬孢子椭圆形、倒卵形或近球形，（17.5～）19～27.5×（12.5～）15～17.5μm，两端圆，壁 1.5～2.5（～3）μm 厚，孔帽和顶壁（2.5～）5～7.5μm 厚，表面密被疣，栗褐色，孔帽淡褐色至近无色；柄短，长达 30μm，无色，易断或脱落。

（0），（Ⅰ），Ⅱ，Ⅲ

山岩黄耆 *Hedysarum alpinum* L.：赤峰市巴林右旗赛罕乌拉自然保护区荣升 6561、6573（= HMAS 246758）、8126、9948，王坟沟 1430；克什克腾旗黄岗梁 6916；林西县新林镇哈什吐 9846、9877。呼伦贝尔市额尔古纳市莫尔道嘎 **879**（= HMAS 246757）；鄂伦春自治旗乌鲁布铁 7588；根河市得耳布尔 7701；牙克石市博克图 9186。兴安盟阿尔山市 7909，五岔沟 7926。

国内分布：内蒙古。

世界分布：日本，俄罗斯远东地区，中国。

本种与暗味岩黄耆单胞锈菌 *Uromyces hedysari-obscuri* (DC.) Carestia & Picc.的主要区别是前者生活史为单主长循环型，后者生活史为短循环型。Hiratsuka（1935）和 Hiratsuka 等（1992）描述本种夏孢子大小为 22～27×18～24μm，未提及芽孔数目与着生方式。Azbukina（2005）描述的夏孢子大小与前述文献相同，具 6 个散生芽孔。我们的材料芽孔（4～）6～7（～8）个，散生（Liu et al. 2016a）。

据 Zhuang 和 Wei（2002b）、庄剑云等（2005）报道，兴安盟阿尔山市山岩黄耆上鉴定为暗味岩黄耆单胞锈菌的菌也很可能是该种。

牻牛儿苗科 Geraniaceae 上的种

老鹳草单胞锈菌　图 251

Uromyces geranii (DC.) Lév., Annls Sci. Nat. Bot. sér. 3, 8: 371, 1847; Guo & Wang, Acta Mycol. Sin., Suppl. 1: 129, 1987 [1986]; Zhuang & Wei, J. Jilin Agr. Univ. 24(2): 10, 2002; Zhuang et al., Fl. Fung. Sin. 25: 79, 2005; Liu & Tian, J. Fungal Res. 12(4): 213, 2014; Liu et al., J. Inner Mongolia Agr. Univ. (Nat. Sci. Ed.) 35(6): 56, 2014.

Uredo geranii DC., Bot. Gall.: 47, 1806.

Uromyces geranii (DC.) Fr., Summa Veg. Scand: 514, 1849; Teng, Fungi of China: 330, 1963;

Tai, Syll. Fung. Sin.: 784, 1979; Zhang et al., Mycotaxon 61: 77, 1997.

Uromyces geranii (DC.) G.H. Otth & Wartm., Annls Sci. Nat., Bot., ser. 3, 8: 371, 1847; Wang, Index Ured. Sin.: 90, 1951; Liu et al., J. Fungal Res. 2(3): 15, 2004.

Uromyces kabatianus Bubák, Sber. K. Böhm. Ges. Wiss. Prag (46): 1, 1902.

Uromyces geranii (DC.) Lév. var. *kabatianus* (Bubák) U. Braun, Feddes Repert. Spec. Nov. Regni Veg. 93(3-4): 294, 1982.

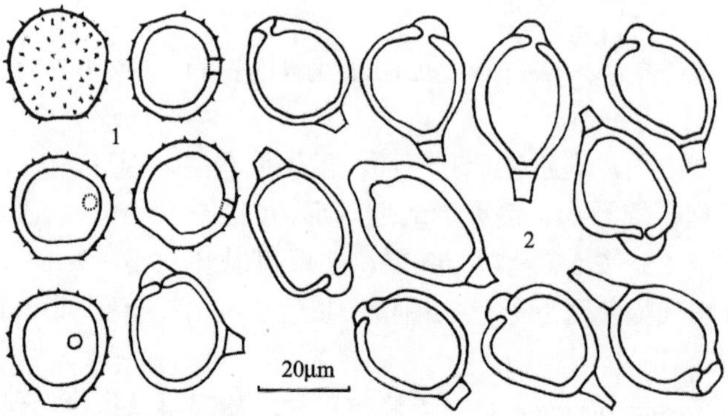

图 251 老鹳草单胞锈菌 *Uromyces geranii* 的夏孢子（1）和冬孢子（2）（CFSZ 248）

性孢子器和春孢子器在引证标本中未见。

夏孢子堆叶两面生，散生或聚生，圆形、椭圆形，直径 0.2～1mm，裸露，常有破裂的寄主表皮围绕，粉状，黄褐色至肉桂褐色；夏孢子球形、近球形、椭圆形或倒卵形，（17.5～）22～26×（15～）19～25μm，黄褐色，1～2.5μm 厚，基部可增厚到 3μm，表面刺明显，芽孔 1（～2）个，腰生、顶生或位置不定。

冬孢子堆生于叶下面，散生或聚生，圆形、椭圆形，直径 0.2～1.5mm，裸露，粉状，肉桂褐色或黑褐色；冬孢子近球形、椭圆形、长椭圆形或倒卵形，（22.5～）29～35（～37.5）×（14～）20～26（～29）μm，两端圆或基部稍狭，肉桂褐色，壁 2～2.5μm 厚，均匀，顶壁和孔帽 4～6.5μm 厚，表面光滑，孔帽淡色或无色；柄短，无色，易脱落。

（0），（Ⅰ），Ⅱ，Ⅲ

鼠掌老鹳草 *Geranium sibiricum* L.：赤峰市喀喇沁旗十家乡头道营子 **248**、368、846、1143，旺业甸 6958，大东沟 7039，新开坝 6985、7010，王爷府 5083；松山区老府镇神仙沟 1393。呼伦贝尔市阿荣旗三岔河 7392。通辽市科尔沁左翼后旗大青沟 334、336。

老鹳草 *Geranium wilfordii* Maxim.：通辽市科尔沁左翼后旗大青沟 6303。

据 Zhuang 和 Wei（2002b）、庄剑云等（2005）报道，这个种生于鼠掌老鹳草上的分布区还有呼伦贝尔市鄂伦春自治旗加格达奇。

国内分布：黑龙江，吉林，河北，内蒙古，浙江，安徽，江西，福建，台湾，湖南，湖北，陕西，甘肃，新疆，云南，四川，西藏。

世界分布：北温带广布。

庄剑云等（2005）描述本种的夏孢子大小为 20～30×17～25（～28）μm，我们的菌夏孢子稍小，其他特征基本一致。

百合科 Liliaceae 上的种

分种检索表

1\. 不产生夏孢子；生于顶冰花属 *Gagea* 和洼瓣花属 *Lloydia* 上……………… **顶冰花单胞锈菌 *U. gageae***

1\. 产生夏孢子；生于藜芦属 *Veratrum* 上……………………………………………… **藜芦单胞锈菌 *U. veratri***

顶冰花单胞锈菌　　图 252

Uromyces gageae Beck, Verh. Zool.-Bot. Ges. Wien 30: 26, 1880; Yang et al., Mycosystema 37: 269, 2018.

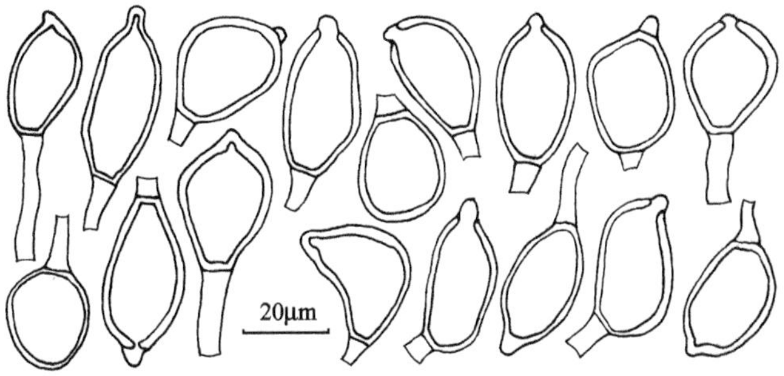

图 252　顶冰花单胞锈菌 *Uromyces gageae* 的冬孢子（CFSZ 9011）

冬孢子堆生于叶下面，圆形或椭圆形，直径 0.2～0.5mm，散生，被寄主表皮覆盖，后期裸露，粉状，暗褐色；冬孢子椭圆形、卵形或近球形，25～40×17.5～22.5μm，顶端圆或锥形，有透明的乳头状突起，可达 5μm 高，基部圆或略狭，壁 1～2.5μm 厚，表面光滑，黄褐色至栗褐色；柄无色，短，少数长达 35μm，易脱落。

III

三花洼瓣花（三花顶冰花）*Lloydia triflora* (Ledeb.) Baker [≡ *Gagea triflora* (Ledeb.) Schult. & Schult. f.]：赤峰市巴林右旗赛罕乌拉自然保护区乌兰坝 **9011**。

国内分布：内蒙古。

世界分布：欧洲；亚洲（阿塞拜疆，俄罗斯远东地区，日本，中国）。

藜芦单胞锈菌　　图 253

Uromyces veratri (DC.) J. Schröt., Jber. Schles. Ges. Vaterl. Kultur 49: 10, 1872; Wang, Index Ured. Sin.: 97, 1951; Tai, Syll. Fung. Sin.: 796, 1979; Guo & Wang, Acta Mycol. Sin., Suppl. 1: 138, 1987 [1986]; Zhuang et al., Fl. Fung. Sin. 25: 141, 2005.

Uredo veratri DC., Encycl. Méth. Bot. 8: 224, 1808.

夏孢子堆生于叶下面，圆形，直径 0.2～0.5mm，散生或聚生，常相互连合，裸露，有破裂的寄主表皮围绕，粉状，栗褐色；夏孢子近球形、倒卵形或椭圆形，20～27.5（～31）×17.5～22.5μm，壁 1.5～2.5μm 厚，表面有细刺，黄褐色至肉桂褐色，芽孔 2 个，腰生。

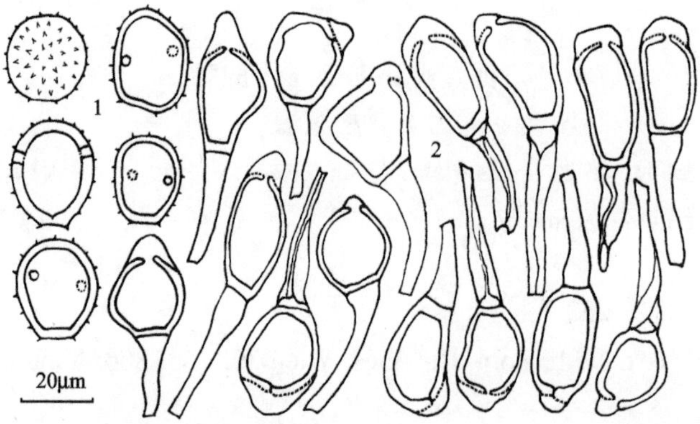

图 253　藜芦单胞锈菌 *Uromyces veratri* 的夏孢子（1）和冬孢子（2）（CFSZ 9348）

冬孢子堆似夏孢子堆，栗褐色；冬孢子椭圆形、长椭圆形、卵形或倒卵形，20～37.5（～42.5）×12.5～22.5μm，顶端圆或渐尖，有半球形或圆锥形孔帽，基部圆或渐狭，壁1～2.5μm 厚，顶壁和孔帽 3～10μm 厚，表面光滑，肉桂褐色至栗褐色，孔帽淡黄褐色至无色；柄淡黄色或无色，长达 50μm，不脱落或萎缩。

Ⅱ，Ⅲ

兴安藜芦 *Veratrum dahuricum* (Turcz.) O. Loes.：呼伦贝尔市根河市满归镇九公里 **9348**、9353、9358。

国内分布：黑龙江，吉林，内蒙古，四川。

世界分布：欧亚温带广布。

本种为内蒙古新记录。

白花丹科 Plumbaginaceae 上的种

补血草单胞锈菌　　图 254

Uromyces limonii (DC.) Lév., *in* Orbigny, Dict. Univ. Hist. Nat. 12: 786, 1849; Wang, Index Ured. Sin.: 93, 1951; Tai, Syll. Fung. Sin.: 790, 1979; Guo & Wang, Acta Mycol. Sin., Suppl. 1: 132, 1987 [1986]; Zhuang, Acta Mycol. Sin. 8: 267, 1989; Wei & Zhuang, Fungi of the Qinling Mountains: 80, 1997; Zhuang et al., Fl. Fung. Sin. 25: 91, 2005; Liu et al., J. Inner Mongolia Agr. Univ. (Nat. Sci. Ed.) 35(6): 57, 2014; Liu et al., J. Fungal Res. 15(4): 249, 2017.

Puccinia limonii DC., *in* Lamarck & de Candolle, Fl. Franç., Edn 3, 2: 595, 1805.

Uromyces statices-sinensis Liou & Y.C. Wang (as '*staticae-sinensis*'), Contr. Inst. Bot. Nat. Acad. Peiping 3: 32, 1935; Wang, Index Ured. Sin.: 95, 1951.

性孢子器和春孢子器在引证标本中未见。

夏孢子堆叶两面生，圆形或近圆形，直径 0.1～0.5mm，散生，裸露，常有破裂的寄主表皮围绕，粉状，肉桂褐色；夏孢子近球形、倒卵形或椭圆形，17.5～25×15～25μm，壁 1.5～2μm 厚，表面密生细疣，黄褐色，芽孔 2～3 个，腰生。

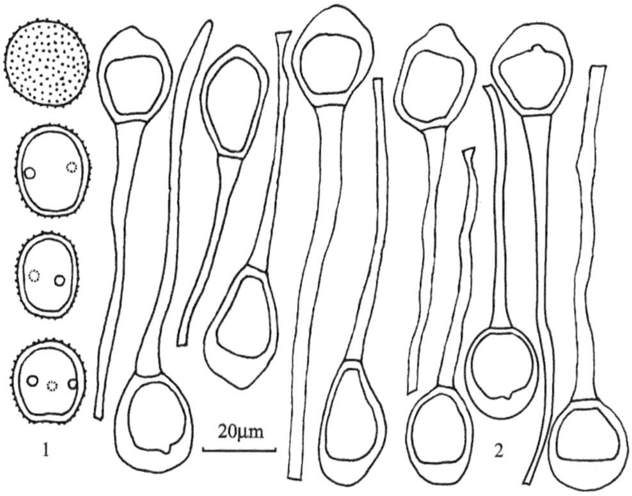

图 254　补血草单胞锈菌 *Uromyces limonii* 的夏孢子（1）和冬孢子（2）（CFSZ 1074）

冬孢子堆生于叶两面、茎和苞片上，圆形或椭圆形，直径 0.2～2mm，散生至近聚生，裸露，垫状，坚实，黑褐色；冬孢子近球形、椭圆形、长椭圆形或倒卵形，20～35（～37.5）×15～25（～27.5）μm，顶端圆或稍尖，基部圆或略狭，侧壁 1～2.5μm 厚，顶壁 4～10μm 厚，表面光滑，黄褐色至栗褐色；柄无色，长 50～150μm，不脱落。

（0），（Ⅰ），Ⅱ，Ⅲ

二色补血草 *Limonium bicolor* (Bunge) Kuntze：赤峰市巴林右旗赛罕乌拉自然保护区王坟沟 6613、6618、9087、9609；克什克腾旗白音敖包 **1074**，浩来呼热 6666、8409。锡林郭勒盟锡林浩特市白银库伦 6688，白音锡勒中国科学院草原生态定位站 1871，扎格斯台 1889、1903；正蓝旗桑根达来 6851。

据庄剑云等（2005）报道，这个种在乌兰察布市商都也生于二色补血草上。

国内分布：河北，山西，内蒙古，山东，陕西，甘肃，宁夏，新疆。

世界分布：北温带广布。

禾本科 Poaceae（Gramineae）上的种

分种检索表

1. 夏孢子较小，15～25×14～20μm，芽孔约 5～10 个，散生；生于看麦娘属 *Alopecurus* 和三毛草属 *Trisetum* 上……………………………………………………………… **鸭茅单胞锈菌 *U. dactylidis***
1. 夏孢子较大，25～37.5×17.5～30μm，芽孔 3 个，腰生或近腰生；生于狗尾草属 *Setaria* 上……………………………………………………………………………… **粟单胞锈菌 *U. setariae-italicae***

鸭茅单胞锈菌　图 255

Uromyces dactylidis G.H. Otth, Mitt. Nat. Ges. Bern 1861: 85, 1861; Zhuang et al., Fl. Fung. Sin. 25: 116, 2005; Liu et al., J. Inner Mongolia Agr. Univ. (Nat. Sci. Ed.) 35(6): 56, 2014; Liu et al., J. Fungal Res. 15(4): 248, 2017.

Uromyces alopecuri Seym., Proc. Boston Soc. Nat. Hist. 24: 186, 1889; Wang, Index Ured. Sin.: 87, 1951; Teng, Fungi of China: 325, 1963; Tai, Syll. Fung. Sin.: 778, 1979; Wang & Wei, Taxonomic Studies on Graminicolous Rust Fungi of China: 72, 1983; Guo & Wang, Acta Mycol. Sin., Suppl. 1: 136, 1987 [1986]; Guo, Fungi and Lichens of Shennongjia: 143, 1989; Wei & Zhuang, Fungi of the Qinling Mountains: 76, 1997; Zhuang & Wei, J. Jilin Agr. Univ. 24(2): 10, 2002.

Uromyces alopecuri Seym. var. *japonicus* S. Ito, J. Coll. Agric. Tohuko Imper. Univ. 3(2): 184, 1909; Wang, Index Ured. Sin.: 87, 1951.

Uromyces poae Rabenh., Unio Itineraria: 38, 1866.

Uromyces dactylidis G.H. Otth var. *poae* (Rabenh.) Cummins, The Rust Fungi of Cereals, Grasses and Bamboos: 474, 1971; Zhuang & Wei, J. Jilin Agr. Univ. 24(2): 10, 2002.

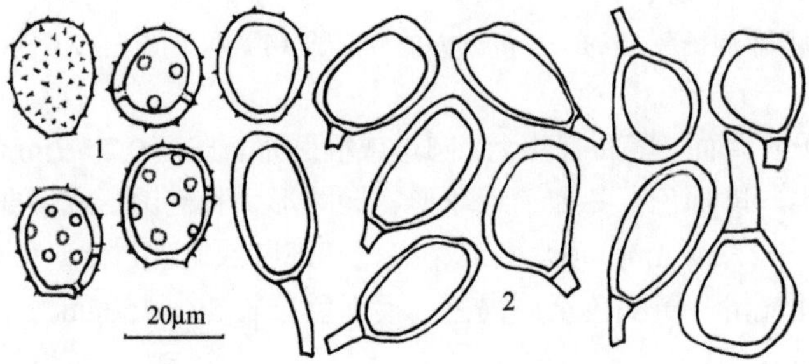

图 255 鸭茅单胞锈菌 *Uromyces dactylidis* 的夏孢子（1）和冬孢子（2）（CFSZ 1521）

夏孢子堆生于叶两面和叶鞘上，椭圆形或长椭圆形，长 0.1～1mm，散生至聚生，裸露，外有寄主表皮围绕，粉状，橙黄色；夏孢子椭圆形、倒卵形或近球形，15～25×14～20μm，壁 1～2μm 厚，淡黄色或近无色，表面有细刺，芽孔多数，约 5～10 个，散生，不清楚。

冬孢子堆生于叶两面和叶鞘上，椭圆形或长椭圆形，长 0.5～5mm，散生或聚生，常相互愈合连合成线形，长期埋生于寄主表皮下，稍隆起，不破裂，由黏结紧密的褐色侧丝分成若干室，栗褐色至黑褐色；冬孢子椭圆形、倒卵形、矩圆形或近球形，20～30×12.5～22.5μm，顶端圆、钝或平截，基部圆形或渐狭，侧壁 1～1.5μm 厚，顶壁 2.5～5μm 厚，表面光滑，黄褐色或淡黄褐色；柄淡褐色，长 5～20μm，不脱落。

II，III

看麦娘 *Alopecurus aequalis* Sobol.：赤峰市巴林右旗赛罕乌拉自然保护区场部 8043，荣升 9505；喀喇沁旗旺业甸 5033；宁城县黑里河自然保护区大营子 5400。呼伦贝尔市阿荣旗三岔河 7431；根河市敖鲁古雅 7664，金林 9281。兴安盟阿尔山市白狼镇洮儿河 1647；科尔沁右翼前旗索伦三队 **1521**。

据庄剑云等（2005）报道，这个种在兴安盟阿尔山还生于西伯利亚三毛草 *Trisetum sibiricum* Rupr.上。

国内分布：吉林，山西，内蒙古，江苏，浙江，安徽，江西，福建，台湾，湖北，广西，陕西，云南，四川，贵州。

世界分布：北温带广布，传播到新西兰。

粟单胞锈菌　　图 256

Uromyces setariae-italicae Yoshino, Bot. Mag., Tokyo 20: 247, 1906; Wang, Index Ured. Sin.: 95, 1951; Tai, Syll. Fung. Sin.: 793, 1979; Wang & Wei, Taxonomic Studies on Graminicolous Rust Fungi of China: 68, 1983; Zhuang, Acta Mycol. Sin. 2: 152, 1983; Guo & Wang, Acta Mycol. Sin., Suppl. 1: 137, 1987 [1986]; Wei & Zhuang, Fungi of the Qinling Mountains: 81, 1997; Zhuang et al., Fl. Fung. Sin. 25: 123, 2005.

Uromyces leptodermus Syd. & P. Syd., *in* Sydow, Sydow & Butler, Annls Mycol. 4(5): 430, 1906; Wang, Index Ured. Sin.: 92, 1951; Tai, Syll. Fung. Sin.: 788, 1979.

Uromyces eriochloae Syd., P. Syd. & E.J. Butler, Annls Mycol. 5: 492, 1907; Tai, Syll. Fung. Sin.: 782, 1979.

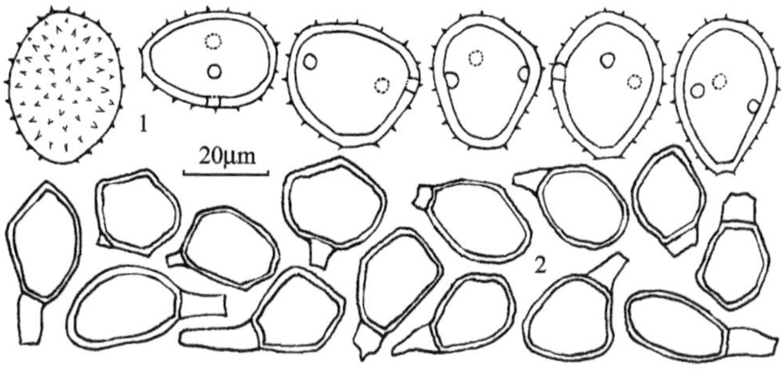

图 256　粟单胞锈菌 *Uromyces setariae-italicae* 的夏孢子（1）和冬孢子（2）（CFSZ 9966）

性孢子器和春孢子器在引证标本上未见。

夏孢子堆生于叶两面和叶鞘上，矩圆形，长 0.2～0.8mm，散生，裸露，外有破裂的寄主表皮围绕，粉状，肉桂褐色；夏孢子椭圆形或宽倒卵形，（25～）27.5～35（～37.5）×（17.5～）20～25（～30）μm，壁 1.5～2.5μm 厚，肉桂褐色，表面有细刺，芽孔 3 个，腰生或近腰生。

冬孢子堆生于叶下面和叶鞘上，矩圆形，长 0.2～0.5mm，长期被寄主表皮覆盖，散生，灰黑色；冬孢子角球形或倒卵形，17.5～30×15～25μm，壁均匀，1～2μm 厚，红褐色至栗褐色，光滑，柄无色，短，长达 20μm，易断。

（0），（Ⅰ），Ⅱ，Ⅲ

粟 *Setaria italica* (L.) P. Beauv.：赤峰市喀喇沁旗十家乡头道营子 **9966**、9967、9981。通辽市库伦旗扣河子镇五星，卜范博 9547、9569。

狗尾草 *Setaria viridis* (L.) P. Beauv.：通辽市库伦旗扣河子镇五星，卜范博 9546。

国内分布：北京，河北，山西，内蒙古，山东，江苏，安徽，福建，台湾，河南，海南，广东，广西，陕西，云南，四川，贵州，西藏。

世界分布：世界广布。

本种为内蒙古新记录。

蓼科 Polygonaceae 上的种

分种检索表

1\. 夏孢子芽孔 3～4 个，腰生；冬孢子顶壁加厚，柄长，可达 120μm，不脱落；生于蓼属 *Polygonum* 和小酸模 *Rumex acetosella* 上……………………………………………… **萹蓄单胞锈菌 *U. polygoni-avicularis***

1\. 夏孢子芽孔（2～）3 个，近腰生、腰上生或近顶生；冬孢子顶壁不加厚，柄短，脱落或近孢子处断裂；生于酸模属 *Rumex* 上……………………………………………………………… **酸模单胞锈菌 *U. rumicis***

萹蓄单胞锈菌　图 257

Uromyces polygoni-avicularis (Pers.) P. Karst. [as'*polygoni-avicularae*'], Bidr. Känn. Finl. Nat. Folk 4: 12, 1879; Teng, Fungi of China: 327, 1963; Tai, Syll. Fung. Sin.: 791, 1979; Wang et al., Fungi of Xizang (Tibet): 54, 1983; Guo & Wang, Acta Mycol. Sin., Suppl. 1: 112, 1987 [1986]; Zhuang, Acta Mycol. Sin. 8: 267, 1989; Wei & Zhuang, Fungi of the Qinling Mountains: 80, 1997; Zhang et al., Mycotaxon 61: 78, 1997; Liu et al., J. Fungal Res. 2(3): 16, 2004; Zhuang et al., Fl. Fung. Sin. 25: 2, 2005; Liu et al., J. Inner Mongolia Agr. Univ. (Nat. Sci. Ed.) 35(6): 57, 2014; Liu et al., J. Fungal Res. 15(4): 249, 2017.

Puccinia polygoni-avicularis Pers. [as'*polygoni-avicularae*'], Syn. Meth. Fung. 1: 227, 1801.

Uromyces polygoni (Pers.) Fuckel, Jb. Nassau. Ver. Naturk. 23-24: 64, 1870 [1869-1870]; Wang, Index Ured. Sin.: 94, 1951.

Uromyces polygoni-avicularis (Pers.) G.H. Otth, Mitt. Naturf. Ges. Bern 531-552: 87, 1864 [1863].

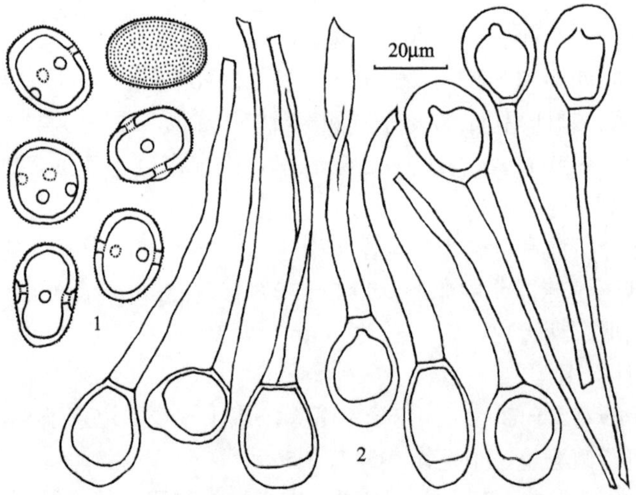

图 257　萹蓄单胞锈菌 *Uromyces polygoni-avicularis* 的夏孢子（1）和冬孢子（2）（CFSZ 312）

性孢子器和春孢子器在引证标本上未见。

夏孢子堆生于叶两面和茎上，散生或聚生，圆形或近圆形，直径 0.2～2mm，周围有破裂的寄主表皮围绕，粉状，肉桂褐色；夏孢子椭圆形、倒卵形或近球形，17.5～27.5

（～30）×16～22.5μm，壁 1.5～2μm 厚，黄褐色或肉桂褐色，表面密生细疣，芽孔 3～4 个，腰生。

冬孢子堆生于叶两面和茎上，叶上者圆形或近圆形，散生或聚生，0.2～2mm，茎上者长条形，长达 4mm，并常相互连接，达 1cm 以上，垫状，坚韧，黑褐色；冬孢子椭圆形、卵形或近球形，（20～）22.5～37.5（～45）×16～25μm，顶端多圆形，少数稍平截或微尖，基部圆形，侧壁 1～2.5μm 厚，黄褐色，顶壁 3.5～10μm 厚，栗褐色，光滑；柄黄色，长达 120μm，不脱落。

（0），（Ⅰ），Ⅱ，Ⅲ

萹蓄 *Polygonum aviculare* L.：阿拉善盟阿拉善左旗巴彦浩特公园 8605。巴彦淖尔市临河区八一 585。赤峰市阿鲁科尔沁旗高格斯台罕乌拉自然保护区 5720；巴林右旗赛罕乌拉自然保护区场部 8042、9480，荣升 6566，西山 6393；红山区火车站 6244；喀喇沁旗牛家营子镇药王庙 6240，马鞍山 5241；克什克腾旗白音敖包 569、1348，达里诺尔 279，浩来呼热 8408，曼陀山 1048，新井 **312**。呼和浩特市内蒙古大学 823、970。呼伦贝尔市陈巴尔虎旗鄂温克民族乡 7752；海拉尔区 912；新巴尔虎右旗贝尔 905，达来东 907；牙克石市乌尔其汉 9237。通辽市霍林郭勒市公园 1718。乌兰察布市凉城县岱海 6246，蛮汉山二龙什台 6063、6099；商都县七台镇不冻河 8686；兴和县大同窑 5947，苏木山 5841、5912、5927。锡林郭勒盟阿巴嘎旗别力古台 6783；锡林浩特市白银库伦 6709，白音锡勒 1009、1866、1876；正蓝旗上都 741。兴安盟阿尔山市白狼镇洮儿河 1652，伊尔施 7885。

小酸模 *Rumex acetosella* L.：赤峰市巴林右旗赛罕乌拉自然保护区荣升 6564；克什克腾旗乌兰布统小河 7161。

据庄剑云等（2005）报道，这个种生于萹蓄 *Polygonum aviculare* 上的分布区还有包头市达尔罕茂明安联合旗。

国内分布：黑龙江，北京，河北，山西，内蒙古，山东，江苏，安徽，台湾，湖南，湖北，河南，广西，陕西，甘肃，青海，宁夏，新疆，云南，四川，西藏。

世界分布：世界广布。

酸模单胞锈菌　　图 258

Uromyces rumicis (Schumach.) G. Winter, Hedwigia 19: 37, 1880; Wang, Index Ured. Sin.: 95, 1951; Teng, Fungi of China: 327, 1963; Tai, Syll. Fung. Sin.: 793, 1979; Guo & Wang, Acta Mycol. Sin., Suppl. 1: 112, 1987 [1986]; Zhuang et al., Fl. Fung. Sin. 25: 4, 2005; Liu et al., J. Inner Mongolia Agr. Univ. (Nat. Sci. Ed.) 35(6): 57, 2014.

Uredo rumicis Schumach., Enum. Pl. 2: 231, 1803.

夏孢子堆叶两面生，以叶下面为主，圆形或近圆形，散生至聚生，直径 0.2～0.5mm，裸露，外有破裂的寄主表皮围绕，粉状，锈褐色；夏孢子椭圆形、矩圆形、倒卵形或近球形，22.5～35×17～24μm，壁 1.5～2（～2.5）μm 厚，淡褐色，表面有细刺，芽孔（2～）3 个，近腰生、腰上生或近顶生。

冬孢子堆似夏孢子堆，栗褐色或黑褐色；冬孢子椭圆形、倒卵形、卵形或近球形，22.5～35.5×16～25μm，两端圆形或基部渐狭，芽孔多顶生，有时侧生，孔上有无色小孔帽，壁 1.5～3μm 厚，均匀，栗褐色，光滑；柄无色，脱落或近孢子处断裂。

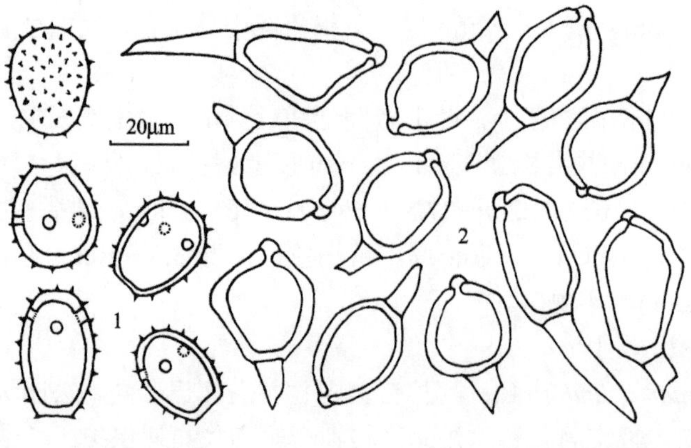

图 258　酸模单胞锈菌 *Uromyces rumicis* 的夏孢子（1）和冬孢子（2）（CFSZ 798）

II，III

皱叶酸模 *Rumex crispus* L.：赤峰市新城区大板路 9710、9717。

巴天酸模 *Rumex patientia* L.：阿拉善盟阿拉善左旗贺兰山哈拉乌 **798**。

酸模属 *Rumex* sp.：呼和浩特市玉泉区南湖湿地公园 8292。

国内分布：内蒙古，江苏，江西，新疆，四川。

世界分布：欧亚温带及北非广布，传播到新西兰。

11　式样属 Form genera

尚未发现冬孢子的种都归入式样属，如春孢锈菌属 *Aecidium*、夏孢锈菌属 *Uredo* 等无性型属，习惯上仍置于柄锈菌目的不完全锈菌类（Pucciniales imperfecti）。世界已知锈菌无性型 13 属（Cummins and Hiratsuka 2003），国内报道 5 属（Zhuang 1994；庄剑云等 1998；庄剑云和魏淑霞 2016a，2016b；刘铁志和庄剑云 2018），内蒙古有 2 属（刘铁志等 2017a；刘铁志和庄剑云 2018）。

（21）春孢锈菌属 **Aecidium** Pers.

Observ. Mycol. 1: 97, 1796

Sphaerotheca Desv., Mém. Soc. Imp. Nat. Moscou 5: 68, 1817.

Symperidium Klotzsch, Nova Acta Acad. Caes. Leop.-Carol. Nat. Cur. Dresden 19(Suppl. 1): 245, 1843.

春孢子器初生于寄主表皮下，后裸露，杯状，具有发达的包被；包被细胞或多或少地呈长斜方形（长菱形），有疣；春孢子串生，通常有疣。

模式种：*Aecidium berberidis* Pers.

= *Puccinia graminis* Pers.

寄主：*Berberis vulgaris* L. (Berberidaceae)

产地：欧洲。

全世界约有 600 种，生于被子植物上，世界广布（Kirk et al. 2008；Cummins and Hiratsuka 2003）。国内报道 78 种（王云章 1951；戴芳澜 1979；庄剑云和魏淑霞 2016a；刘铁志和庄剑云 2018），内蒙古已知 4 种（刘铁志等 2017a；刘铁志和庄剑云 2018）。

小红菊春孢锈菌 图 259

Aecidium chrysanthemi-chanetii T.Z. Liu & J.Y. Zhuang, Mycosystema 37: 685, 2018.

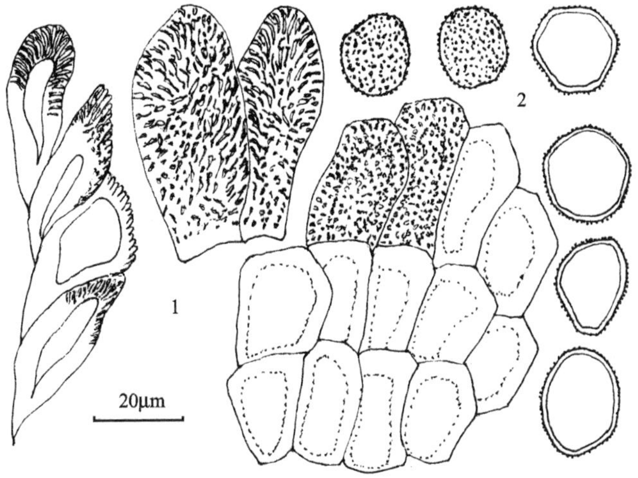

图 259 小红菊春孢锈菌 *Aecidium chrysanthemi-chanetii* 的春孢子器包被细胞（1）和春孢子（2）（CFSZ 8639）

性孢子器生于叶上面，小群聚生，近球形，直径 85～140μm，蜜黄色。

春孢子器生于叶下面，小群聚生，有时在叶上面单生，杯状，直径 200～450μm，边缘撕裂，反卷；包被细胞长梭形、多角形或不规则形，20～50×15～25μm，无色，内壁 2～5μm 厚，有疣，外壁光滑，可达 9μm 厚；春孢子近球形、椭圆形、矩圆形或卵形，17.5～25×15～20μm，壁 1（～1.5）μm 厚，近无色，表面密生细疣。

0，I

小红菊 *Chrysanthemum chanetii* H. Lév. [≡ *Dendranthema chanetii* (H. Lév.) C. Shih]：内蒙古阿拉善盟阿拉善左旗贺兰山雪岭子 8635（= HMAS 247614 副模式），CFSZ **8639**（主模式）。

国内分布：内蒙古。

世界分布：中国。

菊属 *Chrysanthemum*（包括 *Dendranthema*）上的春孢锈菌较罕见。已知多毛剪股颖柄锈菌 *Puccinia lasiagrostis* Tranzschel [其夏孢子和冬孢子阶段生于芨芨草 *Achnatherum splendens* (Trin.) Nevski; ≡ *Lasiagrostis splendens* (Trin.) Kunth]在西伯利亚南部可在紫花野菊 *Chrysanthemum zawadskii* Herb. [≡ *Dendranthema zawadskii* (Herb.) Tzvelev]上产生春孢子器和春孢子，其春孢子很大，24～35×24～27μm（Ul'yanishchev 1978）。欧洲产山地薹草 *Carex montana* L.上的菊薹柄锈菌 *Puccinia aecidii-leucanthemi* E. Fisch.的春孢子阶

段生于滨菊（白花茼蒿）*Leucanthemum vulgare* Lam.(= *Chrysanthemum leucanthemum* L.)上，其春孢子很小，直径 14～18μm（Sydow & Sydow 1904；Gäumann 1959；刘铁志和庄剑云 2018）。

芯芭春孢锈菌　　图 260

Aecidium cymbariae T.Z. Liu & J.Y. Zhuang, Mycosystema 37: 686, 2018.

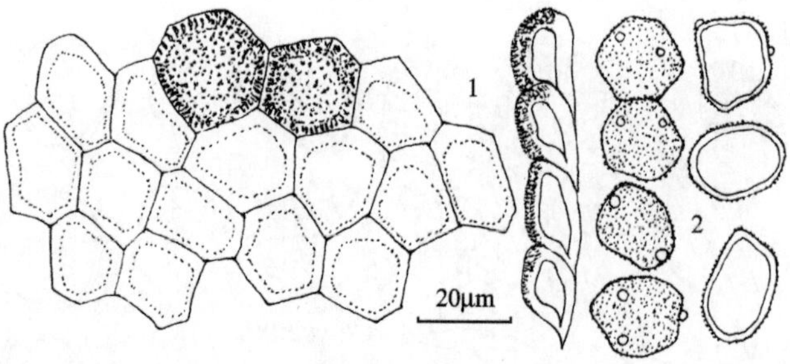

图 260　芯芭春孢锈菌 *Aecidium cymbariae* 的春孢子器包被细胞（1）和春孢子（2）（CFSZ 9127）

性孢子器叶两面生，与春孢子器混生，球形，直径 50～90μm，蜜黄色至黄褐色。

春孢子器叶两面生，圆柱形，高达 1mm，直径 130～235μm，新鲜时橘黄色；包被细胞不规则多角形，17.5～35×15～22.5μm，正面观侧壁 2～4μm 厚，外壁光滑，内壁具细疣，无色；春孢子角球形、卵形或椭圆形，15.5～25×14～20μm，壁不及 1μm 厚，无色，表面密生细疣，并有数目不等的折光颗粒（孔塞），新鲜时内含物橘黄色。

0，Ⅰ

达乌里芯芭 *Cymbaria dahurica* L.：内蒙古兴安盟科尔沁右翼前旗额尔格图 **9127**（主模式）(= HMAS 247615 等模式)。

国内分布：内蒙古。

世界分布：中国。

芯芭属 *Cymbaria* 植物仅知 4 种，分布于俄罗斯欧洲部分南部、中亚、蒙古国至俄罗斯远东地区（Wielgorskaya 1995），其上的春孢锈菌在该地区有关文献中未见记载（Tranzschel 1939；Nevodovski 1956；Kuprevich and Ul'yanishchev 1975；Teterevnikova-Babayan 1977；Ul'yanishchev 1978；Puntsag 1979；Ul'yanishchev et al. 1985；Ramazanova et al. 1986；Korbonskaja 1986；Azbukina 2005）。我们认为这是春孢锈菌在芯芭属上的首次报道。此菌可能是某种柄锈菌 *Puccinia* 的春孢子阶段（刘铁志和庄剑云 2018）。

桑春孢锈菌　　图 261

Aecidium mori Barclay, J. Asiat. Soc. Bengal, Pt. 2, Nat. Sci. 60(2): 225, 1891; Wang, Index Ured. Sin.: 6, 1951; Tai, Syll. Fung. Sin.: 364, 1979; Wang et al., Fungi of Xizang (Tibet): 56, 1983; Guo, Fungi and Lichens of Shennongjia: 151, 1989; Wei & Zhuang, Fungi of the Qinling Mountains: 26, 1997; Liu et al., J. Inner Mongolia Univ. (Nat. Sci. Ed.) 48(6): 656, 2017.

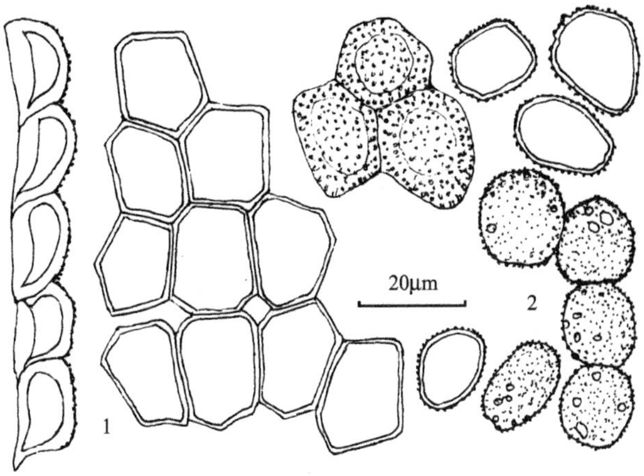

图 261　桑春孢锈菌 *Aecidium mori* 的春孢子器包被细胞（1）和春孢子（2）（CFSZ 8810）

性孢子器未见。

春孢子器叶两面生，以叶下面为主，常在叶脉上或沿叶脉小群聚生或单生，杯状，直径 150～215μm，边缘齿裂，反卷，淡黄色；包被细胞长方形或多角形，17.5～30×16～22.5μm，壁 1.5～2μm 厚，外壁可达 5μm 厚，无色，内壁有细疣；春孢子角球形、近球形、卵形或椭圆形，14～24×12.5～20μm，壁 1.5～2μm 厚，表面密生细疣，并或多或少具有直径 1～2（～3）μm 的疣或折光颗粒（孔塞），近无色，鲜时含橘黄色内含物。

（0），Ⅰ

蒙桑 *Morus mongolica* (Bureau) C.K. Schneid.：赤峰市敖汉旗大黑山自然保护区 8767、**8810**（= HMAS 247618）、8826、8836、9472、9476。

国内分布：北京，河北，内蒙古，江苏，浙江，安徽，江西，福建，台湾，湖南，湖北，河南，广东，广西，甘肃，云南，西藏。

世界分布：印度，印度尼西亚，中国，日本。

香茶菜春孢锈菌　　图 262

Aecidium plectranthi Barclay, J. Asiat. Soc. Bengal, Pt. 2, Nat. Sci. 59(2): 104, 1890; Wang, Index Ured. Sin.: 7, 1951; Tai, Syll. Fung. Sin.: 365, 1979; Liu et al., J. Inner Mongolia Univ. (Nat. Sci. Ed.) 48(6): 656, 2017.

性孢子器生于叶上面，小群聚生，近球形，直径 80～120μm，黄色至黄褐色。

春孢子器生于叶下面，聚生在黄褐色病斑上，杯状，直径 160～300μm，边缘齿裂，略反卷，淡黄白色；包被细胞方形至长菱形，22.5～40×17.5～30μm，无色，壁 2～5μm 厚，内壁有疣突；春孢子角球形、近球形、卵形或椭圆形，18～30（～35）×15～24μm，壁 1～1.5μm 厚，表面有细疣，无色，鲜时含橘黄色内含物。

0，Ⅰ

毛叶香茶菜蓝萼变种（蓝萼香茶菜）*Isodon japonicus* (Burm. f.) H. Hara var. *glaucocalyx* (Maxim.) H.W. Li [≡ *Plectranthus glaucocalyx* Maxim.; ≡ *Plectranthus japonicus* (Burm. f.) Koidz. var. *glaucocalyx* (Maxim.) Koidz.; ≡ *Rabdosia japonica* (Burm. f.) H. Hara var. *glaucocalyx* (Maxim.) H. Hara]：赤峰市宁城县黑里河自然保护区三道河 **7274**（= HMAS 247619），四道沟 9060。

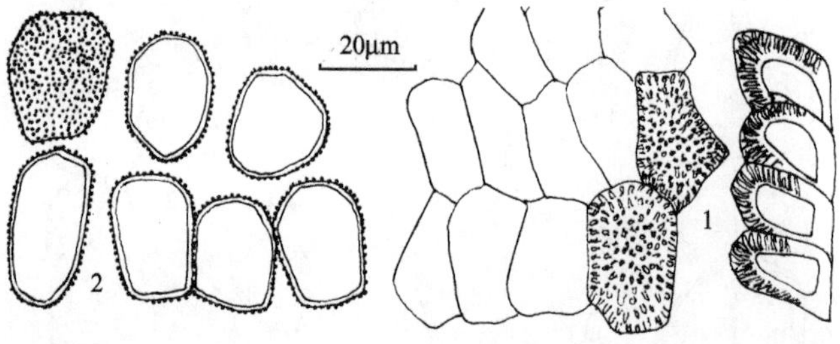

图 262　香茶菜春孢锈菌 *Aecidium plectranthi* 的春孢子器包被细胞（1）和春孢子（2）（CFSZ 7274）

国内分布：河北，内蒙古。

世界分布：印度，中国，日本，俄罗斯远东地区。

（22）夏孢锈菌属 **Uredo** Pers.

Syn. Meth. Fung. 1: 214, 1801.

Mapea Pat., Bull. Soc. Mycol. Fr. 22: 46, 1906.

Nigredo (Pers.) Roussel, Fl. Calvados, Edn 2: 47, 1806.

Peridipes Buriticá & J.F. Hennen, Revta Acad. Colomb. Cienc. Exact. fís. Nat. 19(72): 50, 1994.

Rubigo (Pers.) Roussel, Fl. Calvados, Edn 2: 46, 1806.

Trichobasis Lév., *in* Orbigny, Dict. Univ. Hist. Nat. 12: 785, 1849.

孢子堆没有确切的边界结构，但可能有侧丝混杂。孢子生于小柄上，典型的具有小刺，有时有疣。

模式种：*Uredo euphorbiae-helioscopiae* Pers.（lectotype）

= *Melampsora euphorbiae* (Ficinus & C. Schub.) Castagne

寄主：*Euphorbia helioscopia* L. (Euphorbiaceae)

产地：欧洲。

全世界约有 500 种，世界广布，尤其是热带（Kirk et al. 2008；Cummins and Hiratsuka 2003）。国内报道 77 种（王云章 1951；戴芳澜 1979；庄剑云和魏淑霞 2016b；刘铁志和庄剑云 2018），内蒙古已知 1 种（刘铁志和庄剑云 2018）。

三脉紫菀夏孢锈菌　图 263

Uredo asteris-ageratoidis J.Y. Zhuang & S.X. Wei, *in* Liu & Zhuang, Mycosystema 37: 687, 2018.

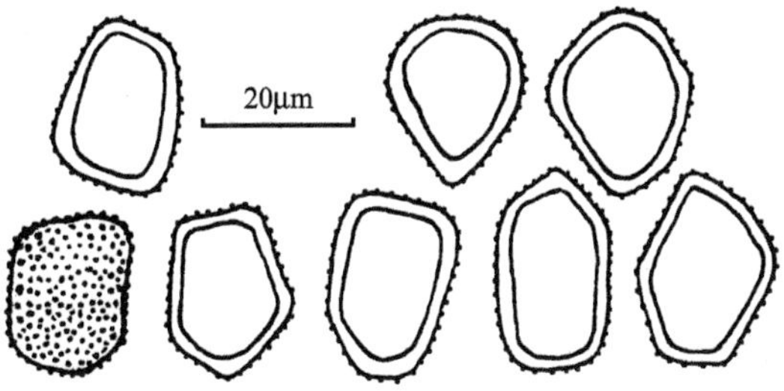

图 263　三脉紫菀夏孢锈菌 *Uredo asteris-ageratoidis* 的夏孢子（CFSZ 6088）

夏孢子堆生于叶下面，也生于茎上，散生或稍聚生，圆形，直径 0.1～0.4mm，长期被寄主表皮覆盖，包被半球形，发育完好，坚实；近孔口处包被细胞不规则多角形，8～18×7～15μm，向下呈长条形，壁约 1μm 厚，孔口细胞分化不明显；孢子堆橘黄色，粉状；夏孢子近球形、椭圆形、矩圆形、卵形或不规则形，多具角，16.5～27.5×12.5～20μm，壁 1.5～3μm 厚，近无色，密生细疣，内含物橘黄色。

II

三脉紫菀 *Aster ageratoides* Turcz.：呼和浩特市和林格尔县南天门 640。乌兰察布市凉城县蛮汉山二龙什台 **6088**。

紫菀 *Aster tataricus* L. f.：赤峰市巴林右旗赛罕乌拉自然保护区正沟 6481。通辽市科尔沁左翼后旗大青沟 338。

阿尔泰狗娃花 *Aster altaicus* Willd. [≡ *Heteropappus altaicus* (Willd.) Novopokr.]：鄂尔多斯市伊金霍洛旗乌兰木伦，乔龙厅 8235（= HMAS 246765）。呼和浩特市和林格尔南天门，庄剑云 9991（= HMAS 82756）。

蒙古马兰 *Aster mongolicus* Franch. [≡ *Kalimeris mongolica* (Franch.) Kitam.]：赤峰市宁城县黑里河自然保护区大坝沟 26，小城子镇高桥 9953、9954、9962。

全叶马兰 *Aster pekinensis* (Hance) F.H. Chen （= *Kalimeris integrifolia* Turcz. ex DC.）：赤峰市敖汉旗大黑山自然保护区 9560；喀喇沁旗十家乡头道营子 828；科尔沁右翼中旗布敦化 7468。

国内分布：北京，内蒙古，甘肃，宁夏，四川。

世界分布：中国。

本种夏孢子堆有发育完好的包被，其包被及包被细胞形态特征与紫菀盖痂锈菌 *Thekopsora asterum* Tranzschel 的几乎无差异，但其夏孢子多为角状近球形、椭圆形、矩圆形、近卵形或无定形，表面密布粒状细疣（疣不及 1μm 宽），而紫菀盖痂锈菌的夏孢子近球形、椭圆形或倒卵形，表面具细刺，与此菌的夏孢子有明显区别。此菌可能是某种盖痂锈菌 *Thekopsora* 或膨痂锈菌 *Pucciniastrum* 的夏孢子阶段（刘铁志和庄剑云 2018）。以上引证标本除 640、9953、9954、9962 号外的寄主植物上均有紫菀盖痂锈菌的夏孢子混生。阿尔泰狗娃花（8235 = HMAS 246765）上的本种曾被误订为狗娃花夏孢锈菌 *Uredo heteropappi* Henn.（庄剑云和魏淑霞 2016b）。

参考文献

白金铠, 梁景颐, 李玉, 张凌宇, 孙军德. 1987. 内蒙古阿尔山真菌种类资源调查. 沈阳农业大学学报, 18(3): 59-63

白鹏华, 冯友仁, 刘宝生, 张惠超. 2015. 一种杨树锈病病原菌的形态学与分子鉴定. 山东农业科学, 47(3): 49-51

曹支敏, 李振岐. 1999. 秦岭锈菌. 北京: 中国林业出版社: 1-188

陈明, 刘铁志. 2011. 柄锈菌属的一个中国新记录种. 安徽农业科学, 39(4): 1988, 1991

戴芳澜. 1979. 中国真菌总汇. 北京: 科学出版社: 1-1527

戴玉成, 沈瑞祥, 周仲铭. 1989. 北京地区木本植物锈菌区系的研究. 林业科学研究, 2(3): 254-260

邓叔群. 1963. 中国的真菌. 北京: 科学出版社: 1-808

方中达. 1998. 植病研究方法. 3 版. 北京: 中国农业出版社: 1-427

高鹏, 南志标, 吴永娜, 刘起棠, 孟繁杰, 段廷玉. 2017. 罗布麻锈病病原菌鉴定. 植物保护学报, 44(1): 129-136

郭林. 1989. 神农架锈菌//中国科学院神农架真菌地衣考察队. 神农架真菌与地衣. 北京: 世界图书出版公司: 107-156

纪景欣. 2017. 吉林省锈菌区系调查与 6 种锈菌生活史的研究. 长春: 吉林农业大学硕士学位论文: 1-157

李瑾. 2009. 中国菊科植物鞘锈菌分类学研究. 北京: 北京林业大学硕士学位论文: 1-77

李茹光. 1991. 吉林省真菌志(第一卷 担子菌亚门). 长春: 东北师范大学出版社: 1-528

李宗英, 刘德容. 1987. 山西太岳山锈菌初报. 山西大学学报, (3): 75-78

林晓民, 夏彦飞, 王少先, 胡梅. 2012. 河南菌物志. 北京: 中国林业出版社: 1-398

刘波, 李宗英, 杜复. 1981. 中国锈菌 107 种名录. 山西大学学报, (3): 46-52

刘铁志, 侯振世. 2015. 珊瑚胶锈菌冬孢子在中国的发现. 菌物研究, 13(3): 136-137

刘铁志, 尚衍重, 侯振世. 2004. 内蒙古赤峰地区的锈菌Ⅰ. 柄锈菌属和单胞锈菌属. 菌物研究, 2(3): 12-17

刘铁志, 尚衍重, 侯振世. 2006. 内蒙古赤峰地区的锈菌Ⅱ. 鞘锈菌属等 8 属. 菌物研究, 4(1): 49-52

刘铁志, 田慧敏. 2014. 大青沟自然保护区的白粉菌和锈菌. 菌物研究, 12(4): 210-213

刘铁志, 田慧敏, 侯振世. 2014. 内蒙古的锈菌Ⅰ. 胶锈菌和单胞锈菌. 内蒙古农业大学学报(自然科学版), 35(6): 54-59

刘铁志, 田慧敏, 侯振世. 2015. 内蒙古的锈菌Ⅱ. 柄锈菌. 内蒙古大学学报(自然科学版), 46(3): 277-291

刘铁志, 田慧敏, 侯振世. 2017a. 内蒙古的锈菌Ⅲ. 柄锈菌科之外的种. 内蒙古大学学报(自然科学版), 48(6): 646-657

刘铁志, 田慧敏, 文静, 杨晓坡, 鲍清泉, 向昌林, 刘波. 2017b. 赛罕乌拉国家级自然保护区白粉菌、黑粉菌和锈菌编目. 菌物研究, 15(4): 238-250

刘铁志, 庄剑云. 2018. 中国锈菌五个新式样种. 菌物学报, 37(6): 685-692
刘伟成. 1993. 鸢尾柄锈菌一新变种及柄锈属国内一新记录. 真菌学报, 12(3): 187-189
刘伟成, 宋镇庆, 白金铠. 1991. 东北地区柄锈菌属的分类研究. 沈阳农业大学学报, 22(4): 305-311
刘文霞. 2006. 内蒙古杨柳科(Salicaceae)植物上栅锈菌属(*Melampsora*)的分类研究. 呼和浩特: 内蒙古农业大学硕士学位论文: 1-44
刘文霞, 尚衍重, 侯振世, 邹晓林. 2006. 栅锈菌属的一个中国新记录种. 菌物学报, 25(4): 686-687
刘振坤, 郭林. 1984. 梭梭锈菌新种. 真菌学报, 4(2): 93-94
刘振钦. 1983. 内蒙古阿尔山地区锈菌调查初报. 吉林农业大学学报, (2): 1-6
刘振钦. 1986. 锈菌四个国内新记录种. 吉林农业大学学报, 8(3): 32-34
潘学仁, 薛煜. 1992. 一种短循环型鞘锈菌新记录. 真菌学报, 11(3): 247-248
裴明浩, 尚衍重. 1984. 青杨叶锈病的研究. 东北林学院学报, 12(2): 40-49
戚佩坤, 白金铠, 朱桂香. 1966. 吉林省栽培植物真菌病害志. 北京: 科学出版社: 1-479
尚衍重. 1986. 对十种林木病原真菌拉丁学名的讨论. 华北农学报, 1(3): 86-90
尚衍重. 1997. 内蒙古资源大辞典菌类资源分册//马玉明. 内蒙古资源大辞典. 呼和浩特: 内蒙古人民出版社: 935-1078
尚衍重. 2012a. 种子植物名称 卷 1 拉汉英名称[A-D]. 北京: 中国林业出版社: 1-1991
尚衍重. 2012b. 种子植物名称 卷 2 拉汉英名称[E-O]. 北京: 中国林业出版社: 1992-3976
尚衍重. 2012c. 种子植物名称 卷 3 拉汉英名称[P-Z]. 北京: 中国林业出版社: 3977-5970
尚衍重, 郝俊贞, 袁秀英. 1990a. 内蒙古的杨树栅锈菌. 华北农学报, 5(2): 86-92
尚衍重, 侯振世, 任玉柱, 邹立杰, 特木钦. 1998. 荒漠植物锈菌研究. 吉林农业大学学报, 20(增刊): 210
尚衍重, 李荣禧, 王东升. 1990b. 栅锈菌属一新种. 真菌学报, 9(2): 109-112
尚衍重, 裴明浩. 1984. 山杨叶锈病的研究. 东北林学院学报, 12(1): 47-55
尚衍重, 裴明浩, 袁志文. 1986a. 杨树上锈菌一新种. 真菌学报, 增刊Ⅰ: 180-184
尚衍重, 袁秀英, 郝俊贞. 1986b. 杨属上栅锈菌的分类问题. 内蒙古林学院学报, (1): 126-133
邵力平, 曹成龙, 金振浩. 1988. 红松松针锈病病原菌的研究. 东北林业大学学报, 16(5): 1-6
谌谟美. 1984. 金锈科(Chrysomyxaceae)的一新属——束梗锈属(*Stilbechrysomyxa* Chen gen. nov.). 林业科学, 20(3): 267-270
田呈明, 游崇娟. 2017. 中国鞘锈菌. 杨凌: 西北农林科技大学出版社: 1-168
田黎, 赵震宇, 白金铠, 吕巡贤, 范兆田. 1991. 新疆菊科植物柄锈菌属分类研究. 八一农学院学报, 14(3): 42-50
王宽仓, 查仙芳, 沈瑞清. 2009. 宁夏荒漠菌物志. 银川: 宁夏人民出版社: 1-278
王丽丽, 李克梅, 黄雅婕. 2018. 新疆锈菌 4 个新记录种. 菌物研究, 16(2): 92-94
王云章. 1951. 中国锈菌索引. 北京: 中国科学院: 1-155
王云章, 郭林. 1985. 中国胶锈菌属的分类研究. 真菌学报, 4(1): 24-34
王云章, 韩树金, 魏淑霞, 郭林, 谌谟美. 1980. 中国西部锈菌新种. 微生物学报, 20(1): 16-28
王云章, 韩树金, 魏淑霞, 郭林, 谌谟美, 陈礼琢. 1983. 冬孢菌纲//中国科学院青藏高原综合科学考察队. 西藏真菌. 北京: 科学出版社: 31-61
王云章, 魏淑霞. 1983. 中国禾本科植物锈菌分类研究. 北京: 科学出版社: 1-92
王云章, 庄剑云, 李滨. 1983. 中国锈菌新种. 真菌学报, 2(1): 4-11

魏淑霞, 王云章. 1987 (1986). 中国菊科植物柄锈属分类研究. 真菌学报, (增刊) Ⅰ: 185-226
魏淑霞, 庄剑云. 1997a. 锈菌目//小五台山菌物科学考察队. 河北小五台山菌物. 北京: 中国农业出版社: 103-133
魏淑霞, 庄剑云. 1997b. 秦岭地区的锈菌名录//卯晓岚, 庄剑云. 秦岭真菌. 北京: 中国农业科学技术出版社: 24-83
徐彪, 张利莉, 赵震宇. 2008b. 新疆荒漠植物的锈菌Ⅰ. 豆科和藜科植物上的单胞锈菌. 菌物学报, 27(6): 825-831
徐彪, 张利莉, 赵震宇. 2009. 新疆荒漠植物的锈菌Ⅱ. 6 科植物上的单胞锈菌. 新疆农业大学学报, 32(6): 31-33
徐彪, 赵震宇, 张利莉. 2008a. 柄锈菌属一中国新记录种. 菌物学报, 27(5): 763-764
徐彪, 赵震宇, 张利莉. 2011. 新疆荒漠真菌识别手册. 北京: 中国农业出版社: 1-182
徐灵芝, 玛依拉, 王纯利, 庄剑云. 1996. 阿勒泰的锈菌. 新疆农业大学学报, 19(2): 31-37
徐灵芝, 袁自清, 赵震宇. 1995. 新疆灌木多胞锈菌属的分类研究. 八一农学院学报, 18(2): 81-86
薛煜, 李俊雁, 张明, 肖向阳. 1997. 明痂锈菌属新记录种. 植物研究, 17(1): 54-55
薛煜, 邵力平. 1995. 鞘锈菌属一新种. 真菌学报, 14(4): 248-249
薛煜, 邵力平, 靳桂敏. 1995. 拟夏孢锈属(*Uredinopsis*)新记录种. 植物研究, 15(2): 189-190
严进, 吴品珊, 施宗伟, 巫燕. 2006. 中国鞘锈菌属一新记录种. 菌物学报, 25(2): 327-328
杨婷. 2015. 广义膨痂锈菌属的系统分类学研究. 北京: 北京林业大学博士学位论文: 1-109
杨晓坡, 刘铁志, 李婧. 2019. 内蒙古龟背竹锈病病原菌的鉴定. 植物病理学报, doi:10.13926/j.cnki.apps.000326
杨晓坡, 刘铁志, 庄剑云. 2018. 中国柄锈菌科三个新记录种. 菌物学报, 37(2): 264-272
游崇娟. 2012. 中国鞘锈菌的分类学和分子系统发育研究. 北京: 北京林业大学博士学位论文: 1-207
喻璋, 任国兰. 1999a. 河南锈菌新记录(Ⅰ). 河南农业大学学报, 33(1): 35-39
喻璋, 任国兰. 1999b. 河南锈菌新记录(Ⅱ). 河南农业大学学报, 33(2): 198-201
袁毅. 1984. 我国杨树叶锈病菌种类的研究. 北京林学院学报, (1): 48-82
查仙芳, 沈瑞清, 南宁丽. 2009. 宁夏锈菌多样性研究. 安徽农业科学, 37(32): 15882-15883
赵震宇. 1985. 新疆醉马芨芨草上柄锈菌属一新种. 真菌学报, 4(1): 35-37
赵震宇, 姜本华. 1986. 新疆胶锈菌属分类的研究(一). 八一农学院学报, (2): 30-33
赵震宇, 徐彪. 2007. 柄锈菌属一中国新记录种. 新疆农业大学学报, 30(1): 15-16
郑素娇, 柯希望, 殷丽华, 崔冬梅, 张海涛, 台莲梅, 左豫虎. 2015. 黑龙江省一株红小豆锈病病原菌鉴定. 微生物学报, 55(4): 425-432
郑晓慧, 戚佩坤, 姜子德. 2001. 广州地区天南星科观赏植物上的几种新真菌病害——Ⅱ. 华南农业大学学报, 22(2): 39-41
支叶, 段灿星, 孙素丽, 王晓鸣, 朱振东. 2014. 小豆锈病病原菌鉴定. 植物病理学报, 44(6): 581-585
庄剑云. 1983. 福建武夷山的锈菌. 真菌学报, 2(4): 237-241
庄剑云. 1984. 南迦巴瓦峰地区锈菌区系概貌. 山地研究, 2(3): 198-203
庄剑云, 魏淑霞. 2016a. 中国无性型锈菌新资料Ⅰ. 春孢子阶段的几个式样种. 菌物学报, 35(12): 1468-1474
庄剑云, 魏淑霞. 2016b. 中国无性型锈菌新资料Ⅱ. 夏孢子阶段的一些式样种. 菌物学报, 35(12):

1475-1484
庄剑云, 魏淑霞, 王云章. 1998. 中国真菌志[第十卷, 锈菌目(一)]. 北京: 科学出版社: 1-335
庄剑云, 魏淑霞, 王云章. 2003. 中国真菌志[第十九卷, 锈菌目(二)]. 北京: 科学出版社: 1-324
庄剑云, 魏淑霞, 王云章. 2005. 中国真菌志[第二十五卷, 锈菌目(三)]. 北京: 科学出版社: 1-183
庄剑云, 魏淑霞, 王云章. 2012. 中国真菌志[第四十一卷, 锈菌目(四)]. 北京: 科学出版社: 1-254
庄剑云, 郑晓慧. 2017. 中国金锈菌属 *Chrysomyxa* Unger(锈菌目, 金锈菌科)已知种. 西昌学院学报(自然科学版), 31(4): 1-9, 26
平塚保之. 2003. さび病菌の形態, 生活史, 分類に関する研究. 日菌報, 44: 37-44
三浦道哉. 1928. 满蒙植物志, 第三辑, 隐花植物、菌类. 南满洲铁道株式会社: 1-549
Afshan NS, Iqbal SH, Khalid AN, Niazi AR. 2011. Some additions to the Uredinales of Azad Jammu and Kashmir (AJ & K), Pakistan. *Pak J Bot*, 43(2): 1373-1379
Afshan NS, Khalid AN. 2013. Checklist of the rust fungi on Poaceae in Pakistan. *Mycotaxon*, 125: 303 (attachment: 1-17)
Afshan NS, Khalid AN, Niazi AR. 2012. Some new rust fungi (Uredinales) from Fairy Meadows, Northern Areas, Pakistan. *Journal of Yeast and Fungal Research*, 3(5): 65-73
Ainsworth GC, Sparrow FK, Sussman AS. 1973. The Fungi: An Advanced Treatise Vol. VI-B. A Taxonomic Review with Keys: Basidiomycetes and Lower Fungi. New York and London: Academic Press: 247-279
Arthur JC. 1934. Manual of the Rusts in United States and Canada. New York: Hafner Publishing Company: 1-438
Azbukina ZM. 1974. Rust Fungi of the Soviet Far East. Moscow: "NAUKA": 1-527
Azbukina ZM. 2005. Plantae non Vasculares, Fungi et Bryopsidae Orientis Extremi Rossica. Fungi. Tomus 5. Uredinales. Vladivostok: Dalnauka: 1-615
Azbukina ZM, Zhuang JY. 2011. Urediniomycetes: Uredinales. *In*: Li Y, Azbukina ZM. Fungi of Ussuri River Valley. Beijing: Science Press: 294-306
Bagyanarayana G. 2005. The species of *Melampsora* on *Salix* (Salicaceae). *In*: Pei MH, McCracken AR. Rust Diseases of Willow and Poplar. Wallingford: CABI Publishing: 20-50
Bahcecioglu Z, Kabaktepe S. 2012. Checklist of rust fungi in Turkey. *Mycotaxon*, 119: 494 (attachment: 1-81)
Barnes CW, Szabo LJ. 2007. Detection and identification of four common rust pathogens of cereals and grasses using real-time polymerase chain reaction. *Phytopathology*, 97: 717-727
Bennett C, Aime MC, Newcombe G. 2011. Molecular and pathogenic variation within *Melampsora* on *Salix* in western North America reveals numerous cryptic species. *Mycologia*, 103(5): 1004-1018
Braun U. 1999. An annotated list of Mongolian phytoparasitic micromycetes. *Schlechtendalia*, 3: 1-32
Cao B, Han FZ, Tian CM, Liang YM. 2017. *Gymnosporangium przewalskii* sp. nov. (Pucciniales, Basidiomycota) from China and its life cycle. *Phytotaxa*, 311(1): 67-76
Cao B, Tao SQ, Tian CM, Liang YM. 2018. *Coleopuccinia* in China and its relationship to *Gymnosporangium*. *Phytotaxa*, 347 (3): 235-242
Cao B, Tian CM, Liang YM. 2016. *Gymnosporangium huanglongense* sp. nov. from western China. *Mycotaxon*, 131(2): 375-383
Cao ZM, Li ZQ, Zhuang JY. 2000a. Uredinales from the Qinling Mountains. *Mycosystema*, 19(1): 13-23

Cao ZM, Li ZQ, Zhuang JY. 2000b. Uredinales from the Qinling Mountains (Continued Ⅰ). *Mycosystema*, 19(2): 181-192

Cao ZM, Li ZQ, Zhuang JY. 2000c. Uredinales from the Qinling Mountains (Continued Ⅱ). *Mycosystema*, 19(3): 312-316

Chung WH, Ono Y, Kakishima M, Haung JW. 2009. The new geographical distribution of rust fungi from Taiwan. *Taiwania*, 54(3): 279-282

Chung WH, Ono Y, Kakishima M. 2003. Life cycle of *Uromyces appendiculatus* var. *azukicola* on *Vigna angularis*. *Mycoscience*, 44(6): 425-430

Cummins GB. 1950. Uredinales of continental China collected by S. Y. Cheo I. *Mycologia*, 42: 779-797

Cummins GB. 1962. Supplement to Arthur's Manual of the Rusts in United States and Canada. New York: Hafner Publ Comp: 1A-24A

Cummins GB. 1971. The Rust Fungi of Cereals, Grasses and Bamboos. New York: Springer-Verlag: 1-570

Cummins GB. 1978. Rust Fungi on Legumes and Composites in North America. Tucson: Univ Arizona Press: 1-424

Cummins GB, Greene HC. 1966. A review of the grass rust fungi that have uredial paraphyses and aecia on *Berberis-Mahonia*. *Mycologia*, 58: 702-721

Cummins GB, Hiratsuka Y. 1983. Illustrated Genera of Rust Fungi. Revised ed. St. Paul Minnesota: APS Press: 1-152

Cummins GB, Hiratsuka Y. 1984. Families of Uredinales. *Rept Tottori Mycol Inst*, 22: 191-208

Cummins GB, Hiratsuka Y. 2003. Illustrated Genera of Rust Fungi. Third ed. St. Paul Minnesota: APS Press: 1-225

Cunningham GH. 1931. The Rust Fungi of New Zealand. Dunedin: John McIndoe: 1-261

Dai YC, Shen RX. 1993. A numerical taxonomic study on the position of *Maravalia* and other genera of Uredinales. *Mycotaxon*, 48: 193-200

Damadi SM, Pei MH, Smith JA, Abbasi M. 2011 A new species of *Melampsora* rust on *Salix elbursensis* from Iran. *For Pathol*, 41: 392-397

Dietel P. 1928. Uredinales. *In*: Engler A, Prantl KA. Die Natürlichen Pflanzenfamilien, 6: 24-98

Feau N, Vialle A, Allaire M, Maier W, Hamelin RC. 2011. DNA barcoding in the rust genus *Chrysomyxa* and its implications for the phylogeny of the genus. *Mycologia*, 103(6): 1250-1266

Gäumann E. 1949. Die Pilze, Grundzüge ihrer Entwicklungsgeschichte und Morphologie. Basel: Birkhauser: 1-382

Gäumann E. 1959. Die Rostpilze Mitteleuropas. Bern: Buchdruckerei Buechler & Co.: 1-1407

Ghasemi Kazeroni E, Abbasi M, Rezaee S. 2010. Additions to the rust fungi (Pucciniales) of Fars province, Southern Iran. *Iran J Plant Path*, 45(2): 31-35

Gjaerum HB. 1986. Rust fungi (Uredinales) from Iran and Afghanistan. *Sydowia*, 39: 68-100

Greene HC, Cummins GB. 1958. A synopsis of the Uredinales which parasitize grasses of the genera *Stipa* and *Nasella*. *Mycologia*, 50: 6-36

Grove WB. 1913. The British Rust Fungi (Uredinales), Their Biology and Classification. Cambridge: Cambridge University Press: 1-412

Guo L, Wang YZ. 1987 (1986). Taxonomic study of the genus *Uromyces* from China. *Acta Mycologica Sinica*, Suppl. Ⅰ: 107-148

Hantula J, Kurkela T, Hendry S, Yamaguchi T. 2009. Morphological measurements and ITS sequences show that the new alder rust in Europe is conspecific with *Melampsoridium hiratsukanum* in eastern Asia. *Mycologia*, 101(5): 622-631

Hara K. 1921. Notes on fungi collected in Shizuoka. *Transactions of the Shizuoka Society of Agricultural Science*, 286: 47-48 (in Japanese)

Hirata S. 1952. On the rust fungi of cowpea, kidney bean and small red bean. *Annals of the Phytopathologicial Society of Japan*, 16(1): 13-18 (in Japanese)

Hiratsuka N. 1935. A contribution to the knowledge of the rust-flora in the alpine regions of high mountains in Japan. *Memoirs of the Tottori Agricultural College*, 3: 125-247

Hiratsuka N. 1955. Uredinological Studies. Tokyo: Kasai Publ Co.: 1-382

Hiratsuka N, Sato S, Katsuya K, Kakishima M, Hiratsuka Y, Kaneko S, Ono Y, Sato T, Harada Y, Hiratsuka T, Nakayama K. 1992. The Rust Flora of Japan. Tsukuba Shuppankai: 1-1205

Hiratsuka Y, Cummins GB. 1963. Morphology of the spermogonia of the rust fungi. *Mycologia*, 55: 487-507

Hiratsuka Y, Hiratsuka N. 1980. Morphology of spermogonia and taxonomy of rust fungi. *Rept Tottori Mycol Inst*, 18: 257-268

Ito S. 1950. Mycological flora of Japan. 2(3), Basidiomycetes, Uredinales: Pucciniaceae, Uredinales Imperfecti. Tokyo: Yokendo: 1-435 (in Japanese)

Jacky E. 1899. Die Compositem bewohnenden Puccinien von Typus der *Puccinia hieracii* und deren Spezialisierung. *Zeitschrift für Pflanzenkrankheiten*, 9: 193-194, 263-295, 330-346

Jørstad I. 1959. On some Chinese rusts chiefly collected by Dr. Harry Smith. *Arkiv Bot* Ser 2, 4: 333-370

Jørstad I. 1961. The rust on *Scorzonera* and *Tragopogon*. Bulletin of the Research Council of Israel, Section D. *Botany*, 10: 179-186

Kabaktepe Ş, Mutlu B, Karakuş Ş, Akata I. 2016. *Puccinia marrubii* (Pucciniaceae), a new rust species on *Marrubium globosum* subsp. *globosum* from Niğde and Malatya in Turkey. *Phytotaxa*, 272(4): 277-286

Kaneko S. 1981. The species of *Coleosporium*, the causes of pine needle rusts, in the Japanese Archipelago. *Reports of the Tottori Mycological Institute*, 19: 1-159

Kaneko S. 2000. *Cronartium orientale*, sp. nov., segregation of the pine gall rust in eastern Asia from *Cronartium quercuum*. *Mycoscience*, 41: 115-122

Kern FD. 1973. A Revised Taxonomic Account of *Gymnosporangium*. University Park and London: The Pennsylvania State Univ Press: 1-134

Kherlenchimeg N, Burenbaatar G. 2017. Conspectus of the Higher Fungi of Mongolia. Ulaanbaatar, Mongolia: "Bembi San" Press: 1-240

Kirk PM, Cannon PF, Minter DW, Stalpers JA. 2008. Ainsworth & Bisby's Dictionary of The Fungi. 10th Edition. Oxon: CAB International: 1-771

Korbonskaja Ja I. 1986. Species uredinalium novae e Tadzhikistania. *Novosti Sistematiki Nizshikh Rastenii*, 23: 131-134

Kuprevich VF, Tranzschel W. 1957. Flora Plantarum Cryptogamarum URSS. Vol. 4. Fungi (1) Uredinales No.

1. Melampsoraceae: 1-419

Kuprevich VF, Ul'yanishchev VI. 1975. Key to Rust Fungi of the USSR. Part 1. Minsk: Naukai Tekhnika: 1-334

Laundon GF. 1975. Taxonomy and nomenclature notes on Uredinales. *Mycotaxon*, 3: 133-161

Li B. 1988. A taxonomic study of *Puccinia* on Polygonaceae from China. *Mycosystema*, 1: 149-177

Li B. 1989. A taxonomic study on the *Puccinia* species on the Umbelliferae in China. *Mycosystema*, 2: 199-216

Li Z, Zhuang JY. 2005. The occurrence of *Puccinia monticola* Kom. and *Puccinia sjuzevii* Tranzschel & Erem. in China. *Mycosystema*, 24(4): 597-599

Liang YM. 2006. Taxonomic evaluation of morphologically similar species of *Pucciniastrum* in Japan based on comparative analyses of molecular phylogeny and morphology. Tsukuba, Japan: University of Tsukuba: 1-103

Liro JI. 1908. Uredineae Fennicae. Finlands Rostsvampar. *Bidr Findl Nat Folk*, 65: 1-640

Liu M, Hambleton S. 2010. Taxonomic study of stripe rust, *Puccinia striiformis* sensu lato, based on molecular and morphological evidence. *Fungal Biology*, 114: 881-899

Liu M, Hambleton S. 2012. *Puccinia chunjii*, a close relative of the cereal stem rusts revealed by molecular phylogeny and morphological study. *Mycologia*, 104(5): 1056-1067

Liu M, Hambleton S. 2013. Laying the foundation for a taxonomic review of *Puccinia coronata* s. l. in a phylogenetic context. *Mycological Progress*, 12: 63-89

Liu TZ, Yang XP, Zhuang JY. 2014. A new species and a new record of *Puccinia* on Poaceae from China. *Mycosystema*, 33(4): 773-776

Liu TZ, Zhuang JY. 2015. A new species and a new Chinese record of *Puccinia* on Asteraceae from China. *Mycosystema*, 34(3): 341-344

Liu TZ, Zhuang JY. 2016. A new species of *Puccinia* and a new variety of *P. acetosae* from Inner Mongolia, China. *Mycosystema*, 35(5): 549-552

Liu TZ, Zhuang JY, Yang XP. 2016a. A new variety and a new Chinese record of *Uromyces* on Fabaceae. *Mycosystema*, 35(12): 1485-1488

Liu TZ, Zhuang JY, Yang XP. 2016b. A new variety and a new record of *Puccinia* from China. *Mycosystema*, 35(12): 1489-1492

Lu GZ, Yang H, Sun XD, Yang RX, Zhao ZH. 2004. *Puccinia xanthii* f. sp. *ambrosiae-trifidae*, a newly recorded rust taxon on ambrosia in China. *Mycosystema*, 23(2): 310-311

Mckenzie EHC. 1998. Rust fungi of New Zealand—An introduction, and list of recorded species. *New Zealand Journal of Botany*, 36: 233-271

Müller J. 2010. Contribution to the mycofloristic research of downy mildews, rusts and smuts in the mountain Králický Sněžník and environs. *Czech Mycol*, 62(1): 87-101

Nakamura H, Kaneko S, Yamaoka Y, Kakishima M. 1998. Differentiation of *Melampsora rust* species on willows in Japan using PCR-RFLP analysis of ITS regions of ribosomal DNA. *Mycoscience*, 39: 105-113

Nevodovski GS. 1950. Mycoflorae Kazachstanicae species novae nec non minus cognitae. *Not Syst Inst Bot Acad Sci URSS*, 6: 172-185

Nevodovski GS. 1956. Cryptogamic Flora of Kazakhstan. Vol. 1. Rust Fungi. Alma-Ata: Soviet Union Kazakh Republic Institute: 1-431

Ono Y. 1987 (1986). Taxonomy of caricicolous *Puccinia* that have the aecial stage on *Viola*. *Acta Mycologica Sinica*, Suppl Ⅰ: 169-179

Pei MH, McCracken AR. 2005. Rust diseases of willow and poplar. Wallingford: CABI Publishing: 1-264

Petrak F. 1939. Fungi. *In*: Rechinger KH, Baumgartner J, Patrak F, Szatala Ö. Ergebnisse einer botanischen Reise nach dem Iran, 1937. *Annalen des Naturhistorischen Museums in Wien*, 50: 414-521

Pfunder M, Schürch S, Roy BA. 2001. Sequence variation and geographic distribution of pseudoflower-forming rust fungi (*Uromyces pisi* s. lat) on *Euphorbia cyparissias*. *Mycological Research*, 105(1): 57-66

Puntsag T. 1979. Mycoflora of the Mongolian People's Republic. Vol. 1. Uredinales, Ustilaginales, Erysiphales. Ulan Bator: Mongolian Academy of Sciences: 1-334

Ramazanova SS, Faizieva FKH, Sagdullaeva MSH, Kirgizbaeva KHM, Gaponenko NI. 1986. Fangal flora of Uzbekistan Vol. 3. Rust fungi. Taskent: 1-229

Roy BA, Vogler DR, Bruns TD, Szaro TM. 1998. Cryptic species in the *Puccinia monoica* complex. *Mycologia*, 90(5): 846-853

Saba M, Khalid AN. 2013. Species diversity of genus *Puccinia* (Basidiomycota, Uredinales) parasitizing poaceous hosts in Pakistan. *International Journal of Agriculture & Biology*, 15: 580-584

Saho H. 1966. Notes on Japanese rust fungi Ⅱ. Contribution to the *Coleosporium* needle rust of five-needled pines. *Trans Mycol Soc Japan*, 7: 58-72

Sato S, Katsuya K, Hiratsuka Y. 1993. Morphology, taxonomy and nomenclature of *Tsuga*- Ericaceae rusts. *Trans Mycol Soc Japan*, 34: 47-62

Savchenko KG, Heluta VP, Wasser SP, Nevo E. 2014a. Rust fungi (Pucciniales) of Israel. Ⅰ. All genera except *Puccinia* and *Uromyces* with *Caeoma origani* sp. nov. *Nova Hedwigia*, 98(1-2): 163-178

Savchenko KG, Heluta VP, Wasser SP, Nevo E. 2014b. Rust fungi (Pucciniales) of Israel. Ⅱ. The genus *Uromyces*. *Nova Hedwigia*, 98(3-4): 393-407

Savchenko KG, Heluta VP, Wasser SP, Nevo E. 2014c. Rust fungi (Pucciniales) of Israel. Ⅲ. The genus *Puccinia*. *Nova Hedwigia*, 99(1-2): 27-47

Savile DBO. 1972. Some rust of *Scirpus* and allied genera. *Can J Bot*, 50: 2579-2596

Săvulescu T. 1953. Monografia Uredinalelor din Republica Populară Română. Bukarest: Academia Reipublicae Popularis Romanicae: 1-1166

Schröter J. 1872. Die Brand- und Rostpilze Schlesiens. Abhandlungen der Schlesischen Gesellschaft für vaterländishche Cultur. *Abtheilung für Naturwissenschaften und Medicin*, 1869/1872: 1-31

Shaw DE. 1991. Rust of Monstera deliciosa in Australia. *Mycological Research*, 95(6): 665-678

Smith JA, Newcombe G. 2004. Molecular and morphological characterization of the willow rust fungus, *Melampsora epitea*, from arctic and temperate hosts in North America. *Mycologia*, 96(6): 1330-1338

Spanbayev A, Tulegenova Z, Abiev S, Eken C. 2009. Rust fungi on plants in gardens and parks of Astana and Karaganda provinces, Kazakhstan. *Atatürk Üniv Ziraat Fak Derg*, 40(2): 11-13

Sydow H, Sydow P. 1913. Descriptions of some new Philippine fungi. *Philippine Journal of Science, C,*

Botany, 8(3): 195-196

Sydow P, Sydow H. 1904. Monographia Uredinearum Vol. Ⅰ. Lipsiae: Fratres Borntraeger: 1-972

Sydow P, Sydow H. 1910. Monographia Uredinearum Vol. Ⅱ. Lipsiae: Fratres Borntraeger: 1-396

Sydow P, Sydow H. 1915. Monographia Uredinearum Vol. Ⅲ. Lipsiae: Fratres Borntraeger: 1-726

Sydow P, Sydow H. 1924. Monographia Uredinearum Vol. Ⅳ. Lipsiae: Fratres Borntraeger: 1-671

Tanner RA, Ellison CA, Seier MK, Kovács GM, Kassai-Jáger E, Berecky Z, Varia S, Djeddour D, Singh MC, Csiszar A, Csontos P, Kiss L, Evans HC. 2015. *Puccinia komarovii* var. *glanduliferae* var. nov.: a fungal agent for the biological control of Himalayan balsam (*Impatiens glandulifera*). *European Journal of Plant Pathology*, 141: 247-266

Teterevnikova-Babayan DN. 1977. Mycoflora of Armenian SSR. Vol. Ⅳ. Rust fungi. Erevan: 1-482

Tian CM, Kakishima M. 2005. Current taxonomic status of *Melampsora* species on poplars in China. *In*: Pei MH, McCracken AR. Rust Diseases of Willow and Poplar. Wallingford: CABI Publishing: 99-112

Tian CM, Shang YZ, Zhuang JY, Wang Q, Kakishima M. 2004. Morphological and molecular phylogenetic analysis of *Melampsora* species on poplars in China. *Mycoscience*, 45(1): 56-66

Tranzschel W. 1904. über die Möglichkeit, die Biologie wirtswechselnder Rostpilze auf Grund morphologischcr Merkmale vorauszusehen. *Arb St Petersb Naturf Ges*, 35: 286-297, 311-312

Tranzschel W. 1939. Conspectus uredinalium URSS. Moscow: URSS Academy of Sciences: 1-426

Ul'yanishchev VI. 1978. Key to rust fungi of the USSR. Part 2. Leningrad: Nauka: 1-382

Ul'yanishchev VI, Babayan DN, Melia MS. 1985. Key to rust fungi of Transcaucasia. Baku: RLM: 1-574

Viennot-Bourgin G, Alé-Agha N. 1985. étude d'urédinées du Moyen-Orient. *Cryptogamie Mycologie*, 6(1): 29-42

Virtudazo EV, Nakamura H, Kakishima M. 2001. Phylogenetic analysis of sugarcane rusts of ITS, 5. 8S rDNA and D1/D2 regions of based on sequences LSU rDNA. *Journal of General Plant Pathology*, 67: 28-36

Vogler DR, Bruns TD. 1998. Phylogenetic relationships among the pine stem rust fungi (*Cronartium* and *Peridermium* spp.). *Mycologia*, 90(2): 244-257

Wei SX. 1988. A taxonomic study of the genus *Phragmidium* of China. *Mycosystema*, 1: 179-210

Wei SX. 1990. Species of *Puccinia* on the Labiatae from China. *Mycosystema*, 3: 43-52

Wielgorskaya T. 1995. Dictionary of Generic Names of Seed Plants. New York: Colombia University Press: 1-570

Wilson M, Henderson DM. 1966. British Rust Fungi. Cambridge: Cambridge University Press: 1-384

Xu B, Zhao ZY, Zhuang JY. 2013. Rust fungi hitherto known from Xinjiang (Sinkiang), northwestern China. *Mycosystem*, 32(Suppl): 170-189

Yang T, Tian CM, Liang YM, Kakishima M. 2014. *Thekopsora ostryae* (Pucciniastraceae, Pucciniales), a new species from Gansu, northwestern China. *Mycoscience*, 55: 246-251

Yang T, Tian CM, Lu HY, Liang YM, Kakishima M. 2015. Two new rust fungi of *Thekopsora* on *Cornus* (Cornaceae) from western China. *Mycoscience*, 56(5): 461-469

You CJ, Liang YM, Li J, Tian CM. 2010. A new rust species of *Coleosporium* on *Ligularia fischeri* from China. *Mycotaxon*, 111: 233-239

Yuan XY, Han YJ. 2000. *Uromyces onobrychidis* new to China. *Mycosystema*, 19(2): 295

Yun HY, Hong SG, Rossman AY, Lee SK, Lee KJ, Bae KS. 2009. The rust fungus *Gymnosporangium* in Korea including two new species, *G. monticola* and *G. unicorne*. *Mycologia*, 101(6): 790-809

Yun HY, Minnis AM, Kim YH, Castlebury LA, Aime MC. 2011. The rust genus *Frommeella* revisited: a later synonym of *Phragmidium* after all. *Mycologia*, 103(6): 1451-1463

Zambino PJ, Szabo LJ. 1993. Phylogenetic relationships of selected cereal and grass rusts based on rDNA sequence analysis. *Mycologia*, 85(3): 401-414

Zhang N, Zhuang JY, Wei SX. 1997. Fungal flora of the Daba Mountains: Uredinales. *Mycotaxon*, 61: 49-79

Zhao P, Liu F, Li YM, Cai L. 2016. Inferring phylogeny and speciation of *Gymnosporangium* species, and their coevolution with host plants. *Scientific Reports*, 6: 29339

Zhao P, Tian CM, Yao YJ, Hou ZS, Wang Q, Yamaoka Y, Kakishima M. 2013. New records of *Melampsora* species on willows in China. *Mycotaxon*, 123: 81-89

Zhao P, Tian CM, Yao YJ, Wang Q, Kakishima M, Yamaoka Y. 2014. *Melampsora salicis-sinicae* (Melampsoraceae, Pucciniales), a new rust fungus found on willows in China. *Mycoscience*, 55: 390-399

Zhao P, Tian CM, Yao YJ, Wang Q, Yamaoka Y, Kakishima M. 2015. Two new species and one new record of *Melampsora* on willows from China. *Mycological Progress*, 14: 66

Zhao ZY, Zhuang JY. 2009. Some noteworthy rust fungi from northwestern China. *Mycosystema*, 28(5): 637-640

Zhou TS, Zhuang JY. 2005. The finding of *Puccinia pelargonii-zonalis* Doidge in China. *Journal of Fungal Research*, 3(2): 50-51

Zhuang JY. 1983. A provisional list of Uredinales of Fujian province, China. *Acta Mycologica Sinica*, 2(3): 146-158

Zhuang JY. 1986. Uredinales from East Himalaya. *Acta Mycologica Sinica*, 5(3): 138-155

Zhuang JY. 1988. Species of *Puccinia* on the Cyperaceae in China. *Mycosystema*, 1: 115-148

Zhuang JY. 1989a. Rust fungi from the desert of Northern Xinjiang. *Acta Mycologica Sinica*, 8(4): 259-269

Zhuang JY. 1989b. Species of *Puccinia* on the Liliiflorae in China. *Mycosystema*, 2: 175-198

Zhuang JY. 1991. A taxonomic revision of the Chinese species of Puccinia on the plants belonging to Ranales. *Mycosystema*, 4: 73-86

Zhuang JY. 1992. Notes on Chinese species of *Puccinia* parasitic on Scrophulariales. *Mycosystema*, 5: 135-153

Zhuang JY. 1993. Further data on the genus *Uromyces* on China. *Mycosystema*, 6: 31-37

Zhuang JY. 1994. A review of floristic investigations of rust fungi in China. *Trans Mycol Soc ROC*, 9(1): 81-94

Zhuang JY. 1999. Rust Fungi from the Altai. *Journal of Anhui Agricultural University*, 6(3): 261-265

Zhuang JY, Wang SR. 2006. Uredinales of Gansu in Northwestern China. *Journal of Fungal Research*, 4(3): 1-11

Zhuang JY, Wei SX. 1993. Materials for study on rust fungi of eastern rimland of Qinghai-Xizang (Tibet) Plateau III. Some noteworthy species of *Puccinia* on Gramineae. *Mycosystema*, 6: 39-46

Zhuang JY, Wei SX. 1994. An annotated checklist of rust fungi from the Mt. Qomolangma region (Tibetan Everest Himalaya). *Mycosystema*, 7: 37-87

Zhuang JY, Wei SX. 1997. Further studies on the Chinese species of *Puccinia* parasitic on *Carex*. *Mycosystema*, 16(2): 81-87

Zhuang JY, Wei SX. 1999a. Materials for study on rust fungi of eastern rimland of Qinhai-Xizang (Tibet) Plateau Ⅵ. Two new species of *Puccinia*. *Mycosystema*, 18(2): 117-120

Zhuang JY, Wei SX. 1999b. Additional notes on the Chinese Species of *Puccinia*. *Mycosystema*, 18(3): 229-233

Zhuang JY, Wei SX. 1999c. Fungal flora of tropical Guangxi, China: a preliminary checklist of rust fungi. *Mycotaxon*, 72: 377-388

Zhuang JY, Wei SX. 2000. Materials for study on rust fungi of eastern rimland of Qinhai-Xizang (Tibet) Plateau Ⅶ. Some noteworthy *Puccinia* species on Polygonaceae. *Mycosystema*, 19(2): 153-156

Zhuang JY, Wei SX. 2001a. Basidiomycota, Teliomycetes, Uredinales. *In*: Zhuang WY. Higher fungi of tropical China. Ithaca, New York: Mycotaxon Ltd.: 352-388

Zhuang JY, Wei SX. 2001b. Notes on some species of *Puccinia* from western China. *Mycosystema*, 20(4): 449-453

Zhuang JY, Wei SX. 2002a. Materials for study on rust fungi of eastern rimland of Qinhai-Xizang (Tibet) Plateau Ⅷ. A new *Puccinia* species on *Geranium*. *Mycosystema*, 21(1): 1-2

Zhuang JY, Wei SX. 2002b. A preliminary checklist of rust fungi in the Greater Khingan Mountains. *Journal of Jilin Agricultural University*, 24(2): 5-10

Zhuang JY, Wei SX. 2005. Urediniomycetes, Uredinales. *In*: Zhuang WY. Fungi of northwestern China. Ithaca, New York: Mycotaxon Ltd.: 233-290

Zhuang JY, Wei SX. 2011. Additional materials for the rust flora of Hainan Province, China. *Mycosystema*, 30(6): 853-860

Zhuang JY, Wei SX. 2012. Additional notes of rust fungi from southwestern China. *Mycosystema*, 31(4): 480-485

寄主汉名索引

E

F

G

H

J

K

L

M

N

P

Q

R

S

Y

Z

锈菌汉名索引

A

B

C

J

K

L

M

N

O

P

Q

R

S

T

W

X

Y

Z

寄主学名索引

B

C

D

H

I

N

O

P

Q

R

S

T

U

V

Y

Z

锈菌学名索引

A

B

C

D

E

F

G

H

R

S

W

X

Z